U0268075

Technical Introduction to
Solid Rocket Motors of Tactical Missiles and Rockets

战术导弹与火箭固体发动机技术概论

卜昭献　王春光　李宏岩　编著

北京理工大学出版社
BEIJING INSTITUTE OF TECHNOLOGY PRESS

内容简介

本书通过汇总一些国内外的固体推进剂发动机，对其结构组成、弹道性能、使用特点、制造工艺及应用情况等内容，进行归纳与概括，给出各种类型发动机的总体要求、结构特点、主要性能及应用分析等内容。

本书编著者按照假设的固体推进剂发动机设计技术要求和发动机结构、虚拟的弹道性能参数，围绕发动机的功能设计和性能设计，给出不同推进形式的设计实例，以二维、三维图形和弹道曲线图的形式，说明所设计的各类发动机的技术特点、设计思路和设计方法，并对其应用前景进行了分析，为从事固体推进剂发动机专业人员的设计、研制和研究提供参考。

图书在版编目（CIP）数据

战术导弹与火箭固体发动机技术概论/卜昭献，王春光，李宏岩编著. —北京：北京理工大学出版社，2020. 8（2024.1重印）
ISBN 978 - 7 - 5682 - 8975 - 7

Ⅰ. ①战…　Ⅱ. ①卜…　②王…　③李…　Ⅲ. ①战术导弹 - 固体推进剂火箭发动机 - 研究　Ⅳ. ①TJ761. 1

中国版本图书馆 CIP 数据核字（2020）第 163494 号

出版发行／北京理工大学出版社有限责任公司
社　　址／北京市海淀区中关村南大街 5 号
邮　　编／100081
电　　话／（010）68914775（总编室）
　　　　　（010）82562903（教材售后服务热线）
　　　　　（010）68948351（其他图书服务热线）
网　　址／http：//www. bitpress. com. cn
经　　销／全国各地新华书店
印　　刷／北京虎彩文化传播有限公司
开　　本／710 毫米 × 1000 毫米　1/16
印　　张／27
字　　数／470 千字
版　　次／2020 年 8 月第 1 版　2024 年 1 月第 2 次印刷
定　　价／88. 00 元

责任编辑／张鑫星
文案编辑／张鑫星
责任校对／周瑞红
责任印制／李志强

前言

战术导弹与火箭等武器系统是用来毁伤敌方目标，包括打击战役战术纵深内的阵地、集结的部队、坦克、飞机、舰船、雷达、指挥所、军用机场、军用港口、铁路枢纽和桥梁等军事目标，是现代战争中的重要武器系统之一。这些武器的种类繁多，作战用途各异。在这庞大的武器群中，采用固体推进剂发动机作为导弹和火箭动力推进系统的较为普遍。

近年来，随着这些武器的使用和发展，新型高能推进剂的使用，新技术、新材料和先进工艺技术的应用，各国都先后研制出各种先进的固体推进剂发动机，不断地改善着各类武器的动力推进效能，不断研制出高性能的战术火箭、导弹和其他固体动力推进的武器。

本书在大量收集和查阅资料的基础上，经过深入分析、核算、比较和归纳，汇集了一些国内外公开发表的典型固体推进剂发动机产品，并以二维、三维图形和弹道曲线图的形式，给出各类发动机的结构组成、主要弹道性能、技术特点、设计思路和设计要点等，并对其应用前景进行了分析；对典型的装药药形设计，提高发动机效能的技术措施等，给出设计分析；对典型结构给出三维图或局部放大图等。

全书共分6章：第1章反坦克火箭发动机；第2章战术火箭发动机；第3章反坦克导弹发动机；第4章航空火箭发动机；第5章战术导弹发动机；第6章特种用途发动机。其中，第1、2、4章由固体火箭发动机专家卜昭献研究员编写；第3、5、6章由王春光研究员编写，全书由王春光研究员统稿；李宏岩副研究员对全书进行了校对和排版工作。书中的实例由卜昭献研究员和李宏岩副研究员提供。在各章节中，除包括汇编的产品发动机以外，编著者还按假设的发动机设计技术要求，采用虚拟的结构尺寸和弹道性能参数，给出不同类型常用结构尺寸发动机的设计计算结果。全书共汇总近百种发动机产品和设计实例，各种产品和设计实例都按照“结构组成”“弹道参数”“性能特点”“应用分析”等内容予以介绍，可为固体推进剂发动机研发人员选择结构和确定性能参数等方面提供参考。

该书与2013 年由国防工业出版社公开发行的《固体推进剂装药设计》《单室多推力固体推进剂发动机》一起，都属于固体推进技术方面的专著，有一定连续性，编著者力图从工程设计、研制和使用的角度，阐述固体推进剂发动机的工程设计方法，汇总和分析不同类型产品的结构、性能和使用特点等，一并为固体推进剂发动机专业人员设计、研制和研究等提供参考。

编著者在本书中所汇集的固体推进剂发动机图例、所进行的技术分析、所阐述的技术观点等，定有错误、遗漏和不妥之处，旨在共同交流和探讨，请广大读者批评指正。

本书的出版得到了北京凌空天行科技有限责任公司的全额资助，特此感谢！北京凌空天行科技有限责任公司是国家级高新企业，公司基于自身在高超飞行器领域丰富的工程经验，致力于为政府、科研院所及航空航天高校提供一体化的飞行解决方案与飞行试验服务等。

王春光于西安

目　录

概　　述

固体推进剂发动机，作为战术导弹、火箭的动力推进系统及其他固体推进装置的动力源，与液体推进剂发动机、冲压发动机和涡扇发动机动力推进系统相比，除具有结构紧凑、设计灵活、使用方便、推进效能高等优点外，还具有很好的战场机动性、良好的生存能力和较好的性价比等优点。因此，在各种导弹、火箭武器及其他动力装置中，采用固体推进剂发动机作为动力推进系统的较多。

固体推进剂发动机广泛用作战术武器的动力推进系统。这些战术武器包括各种战术导弹，如地对地导弹、地对空导弹、空对空导弹、空对地导弹、舰对地导弹、舰对舰导弹、潜对舰导弹、反潜导弹、反坦克导弹、反雷达导弹和多用途导弹等；战术武器还包括各种无控火箭，如战术火箭、反坦克火箭、航空火箭等，这些武器系统采用固体推进剂发动机更为普遍。

由于各国的战略方针、经济技术基础不同，对各类武器系统的设计思想、所采取的技术途径也有很大的不同。随着这些武器的使用和发展，火箭推进技术和固体推进剂发动机的应用范围也不断发展和扩大。加上新型高性能推进剂的使用，新技术、新材料和先进工艺技术的应用，近年来，各国都先后研制出各种先进的固体推进剂发动机，不断地改善着各类武器的动力推进效能，不断研制出高性能的战术火箭、导弹和其他固体动力推进的武器。

由于各种武器的作战要求不同，对固体推进剂发动机或其他固体推进剂动力推进系统的战术技术要求也不同。已形成各种不同尺寸和结构，不同弹道性能和用途的固体推进剂发动机动力推进系统。通过汇总国内外已公开的各类固体推进剂发动机产品，并对它们的弹道性能、功能特性和使用特点进行归纳和分析，可为产品研制与新产品开发提供参考。

本书通过汇总一些国内外的固体推进剂发动机，将其结构组成、弹道性能、使用特点、制造工艺及应用情况等内容，进行归纳与概括，以二维和三维结构图解的方式，给出各种类型发动机的总体要求、结构特点、主要性能及应用分析等内容。

所汇总的国内外固体推进剂发动机型号中，有的属于早年研制的产品，与近年列装的产品发动机相比，技术性能和推进效能都较低，但对发动机总体设计、总体结构及药形设计、装填结构与点火形式选择等，仍值得从事固体推进剂发动机设计和研究人员借鉴。

为阐述固体推进剂发动机一些新的设计思路，本书编著者按照假设的固体推进剂发动机设计技术要求和发动机典型结构、虚拟的弹道性能参数、围绕固体推进剂发动机的工程设计，给出不同推进形式的固体推进剂发动机设计实例，并以二维、三维图形和弹道曲线图的形式，说明所设计发动机的技术特点、设计思路和设计方法。通过所列举的设计实例，重点对固体推进剂发动机的性能设计、功能设计、装填设计、密封设计、热防护设计、高装填密度装药设计、多推力组合装药设计、多推力分立结构发动机设计等，给出不同的结构形式和性能设计结果，并对其应用前景进行了分析，可为从事固体推进剂发动机专业人员的设计、研制和研究提供参考。

本书所述的功能设计，是指在满足导弹或火箭总体弹道性能要求的设计中，所注重的是对其要实现的动力推进功能进行的设计。如作为发射动力的固体推进剂发动机，往往要通过选择高燃速的推进剂，设计薄燃层厚的大燃烧面药形，实现在短燃烧时间内能提供较大推力的发射功能。

对于有些战术导弹发动机，在导弹发射后，需要增速飞行；为达到较远的射程，导弹需要长时间的续航飞行；有的导弹在飞行末段，需要发动机能提供较大的飞行速度和过载，以满足其控制要求或达到最佳的毁伤效果。对这些具有多种功能要求的发动机，常采用多发动机组合的动力推进系统，也有采用单室多推力发动机推进系统，以满足这些功能设计要求。

在炮射导弹的设计中，所采用的增程发动机，需要具有抗高过载的功能。发动机的设计，特别是推进剂的选择和装药设计，需满足这种适应高过载炮发射的受力要求。这些类型的动力推进系统已经在战术导弹中应用。

在无控战术火箭发动机中，为减少其落点散布，还常常增加能使火箭低速旋转的助旋动力；为减少发射火箭时的弹体下沉量，要使火箭发射具有较大的初速，以减少其落点散布，提高火箭的密集度，还常采用独立的助推发动机，以满足初始发射要求。

所有这些导弹和火箭的不同推进功能，都要通过固体推进剂发动机的功能设计来实现。

本书所述的性能设计，是指在满足导弹或火箭总体弹道性能要求的设计中，所注重的是对发动机要实现的性能和推进效能进行的设计。如采用高装填密度装药设计，这种设计除了选用高性能的推进剂以外，常采用组合装药设计技术；合理进行装填设计，包括装填结构设计和装填性能设计；优化发动机结构设计，包括等强度设计、喷管设计、长时间工作发动机的热防护设计、结构密封性能设计等。其设计结果要能达到使发动机具有较高的推进效能。这类发动机属于飞行动力型的较多，设计发动机的性能时，在满足发动机设计技术要求的条件下，常追求发动机具有较高的质量比（装药的推进剂药柱质量与发动机的总质量之比)，具有较高的冲量比（总推力冲量与发动机总质量之比)。

所有这些导弹和火箭的推进效能，要通过固体推进剂发动机的性能设计来实现。

本书编著者通过所汇总的产品发动机功能、性能和应用分析，并结合设计实例进行了一些概括与说明，一并供从事固体推进剂发动机专业人员参考。

第1章　反坦克火箭发动机

反坦克火箭是步兵使用的一种近程、轻型反坦克武器，用于攻击敌方坦克、防御工事、装甲车辆等。这种火箭弹有多种发射方式，包括纯火箭式发射、无后坐力发射和炮发射等。纯火箭发射，一般是将火箭弹装入管式发射筒内，通过反坦克火箭发动机所产生较大的初始推力发射；无后坐力发射方式是通过无后坐力炮发射，由无后坐力炮装药燃烧所产生的平衡压强，将火箭弹发射出膛，在预定时间火箭发动机点火，推进火箭弹飞抵目标。常采用人员肩扛发射的方式发射火箭。炮发射的火箭弹像普通炮弹一样，利用火炮装药燃烧在炮膛内产生高压，将其发射，除了火炮赋予的射程外，火箭发动机在预定时间点火后，继续使火箭弹增程达到预定的射程。由于发射方式不同，发动机结构和性能也有不同，为满足总体要求所采取的技术措施也各不相同。

1.1　总体要求

总体对发动机的要求一般包括结构尺寸要求、射程要求和初速要求。初速大小直接影响火箭的直线射程。为满足火箭的精度要求，有的要求火箭发动机提供合适的转速。

发射方式不同，对火箭发动机也有不同的要求。一般，无后坐力炮发射和炮发射的火箭发动机要求发动机能承受较大的发射过载，特别是炮发射的火箭发动机，需能承受的发射过载更大。对肩扛发射的反坦克火箭，为避免发动机火焰对射手的伤害，要求发动机在火箭弹发射出筒前，发动机工作结束。

1.2　发动机主要特点

1.2.1　推力比大

反坦克火箭发动机的结构尺寸一般都较小，以便于单兵携带，大多配备在团级以下的部队作战使用，火箭弹射程较近，属于直线可视射程内使用的武器，火箭发动机结构紧凑，推力比（发动机平均推力与发动机总质量之比）都较大。

1.2.2　短燃时大推力冲量

为保证发动机火焰不伤害射手，对肩扛武器要求火箭弹在发射出筒前装药燃烧完，一般，发动机的工作时间都很短。

为保证射击精度，火箭弹的发射初速较大。对此，在较短的工作时间内，发动机要为火箭弹提供较大的推力冲量。

1.3　国内外反坦克火箭发动机

1.3.1　“蝮蛇”火箭发动机

“蝮蛇”反坦克火箭（Viper）是一种轻型肩扛式反坦克火箭武器，由美国通用动力公司（Generral Dynamics Pomona Division）研制，“蝮蛇”反坦克火箭弹采用纯火箭发射方式。“蝮蛇”反坦克火箭发动机如图1-1所示，“蝮蛇”反坦克火箭发动机工程图如图1-2所示。

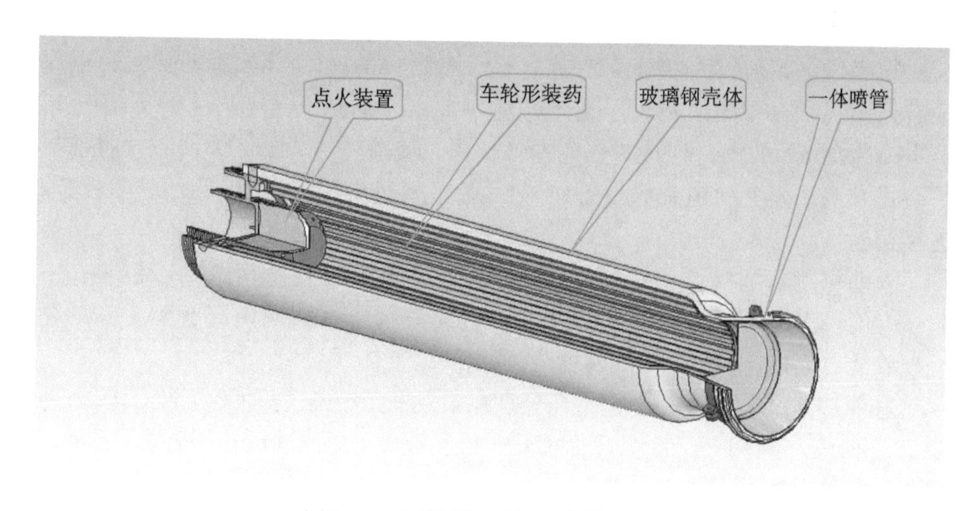

图1-1　“蝮蛇”反坦克火箭发动机

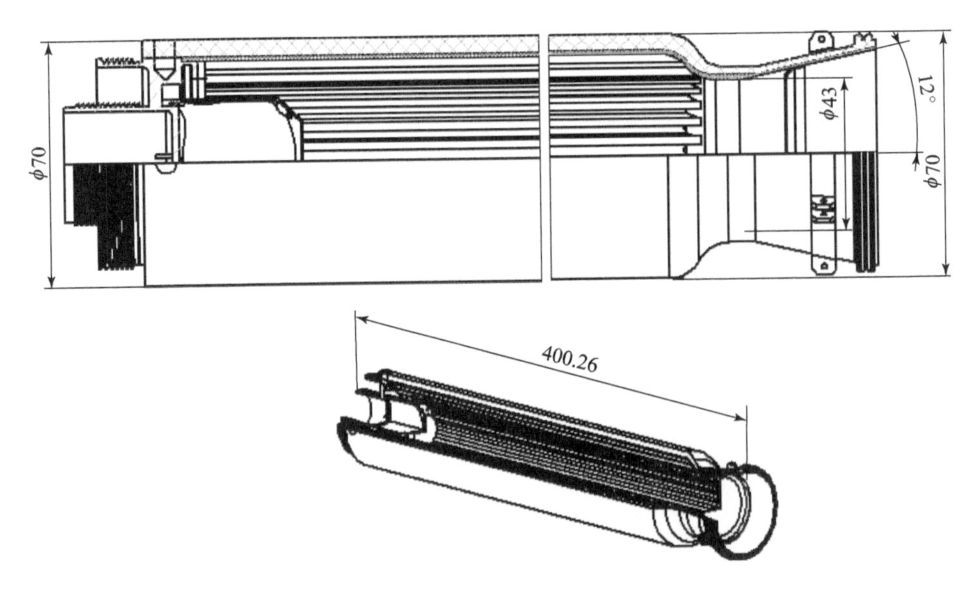

图 1－2 “蝮蛇”反坦克火箭发动机工程图

1. 结构组成

发动机主要由点火装置、整体燃烧室壳体和装药组成。

1）整体燃烧室壳体

整体燃烧室壳体采用 S－2 高强纤维缠绕成形，发动机喷管与壳体缠绕成一体成整体结构，有效减轻了发动机的消极质量。

在壳体绕制前，先在缠绕芯模上专门铺设一层 0. 23 mm 厚的铝箔，以保证装药燃烧时对壳体的密封。壳体厚度为 5～5. 5 mm，壳体与前封头通过 12 个直径为 9 mm 的销钉连接。这些销钉是预先装在前封头上，缠绕时，将前封头装在缠绕芯模上，螺旋缠绕纤维按缠绕规律挂在各销钉上，形成挂线式前连接结构。

发动机喷管是将与喷管形面一致部分的芯模，和筒身部分的芯模装在一起，专门铺设一层 0. 23 mm 厚的铝箔后，用缠绕纤维按照由筒身到封头的缠绕规律绕制而成，并缠绕出与喷管形面相同的整体燃烧室壳体。

这种整体式复合材料壳体，充分利用发动机装药燃烧时间短的工作条件，采用纤维缠绕整体成形工艺成形的复合材料壳体，在很短的时间内既满足了燃烧室所受内压要求，又能使发动机结构简单、质量轻、推进剂燃烧的热损失小、发动机的推力比大。发动机整体燃烧室如图 1－3 所示。

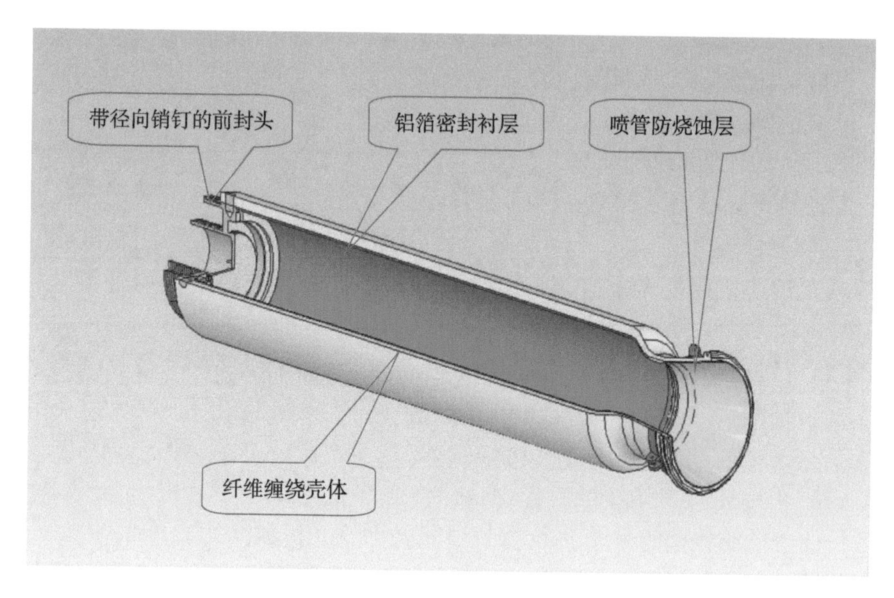

图1－3 发动机整体燃烧室

2）装药

装药用复合推进剂贴壁浇铸而成。药形为车轮形，有26个轮臂，药柱燃层厚度为1.6 mm，轮臂高度为7.4 mm。该复合推进剂含18%的铝粉，含6%的卡硼烷。氧化剂为超细过氯酸铵。浇铸后的装药药柱药形如图1－4所示。

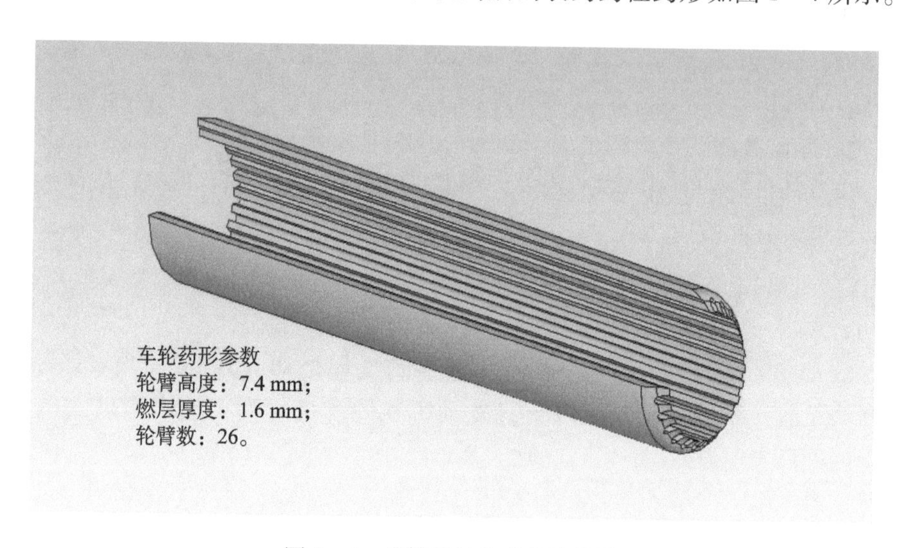

图1－4 浇铸后的装药药柱药形

采用贴壁浇铸成形工艺，不但能增大装填系数，还使装药装填结构简单，装药前后也无须设计固定装药的结构件。

2. 弹道参数

燃烧室压强：16.4 MPa。

燃烧时间：18～20℃，7.4 ms；

-40℃，8 ms。

发动机平均推力：20℃，34.8 kN。

3. 性能特点

（1）装药采用复合推进剂，能量较高；推进的燃速较高，保证了药柱在发射筒内燃完，并使火箭具有较大的初速。

（2）设计的车轮形薄燃层厚的药形，燃烧面积大，采用贴壁浇铸的装填形式，装填结构简单；减少装药前后的固定结构，有效减少了消极质量。

（3）采用轻质高强纤维复合材料，将燃烧室壳体与喷管成形为一体，使发动机的总体结构简单紧凑，也有效地减轻了发动机的结构质量。

4. 应用分析

1）火箭弹主要技术参数

弹径：70 mm；

弹长：646 mm；

全弹质量：2.5 kg；

初速：268 m/s；

转速：420 r/s；

射程：500 m；

发射噪声：180 dB。

2）主要优点

该发动机用于“蝮蛇”反坦克火箭，质量轻、燃烧时间短、推力比大、总体性能较好。

1.3.2 “LAW80”火箭发动机

“LAW80”反坦克火箭武器由英国亨廷工程公司（Hunting Engineering）研制。火箭弹靠火箭发动机发射，发动机在短燃烧时间内能产生较大推力，属于纯火箭发射方式。

1. 结构组成

该发动机由发动机空体、装药及传火具组成。“LAW80”火箭发动机如图 1-5 所示，其工程图如图 1-6 所示。

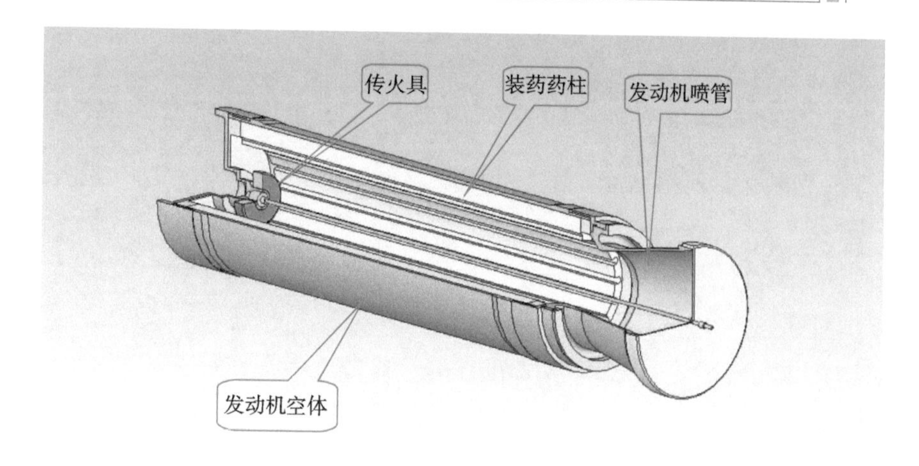

图1-5 "LAW80"火箭发动机

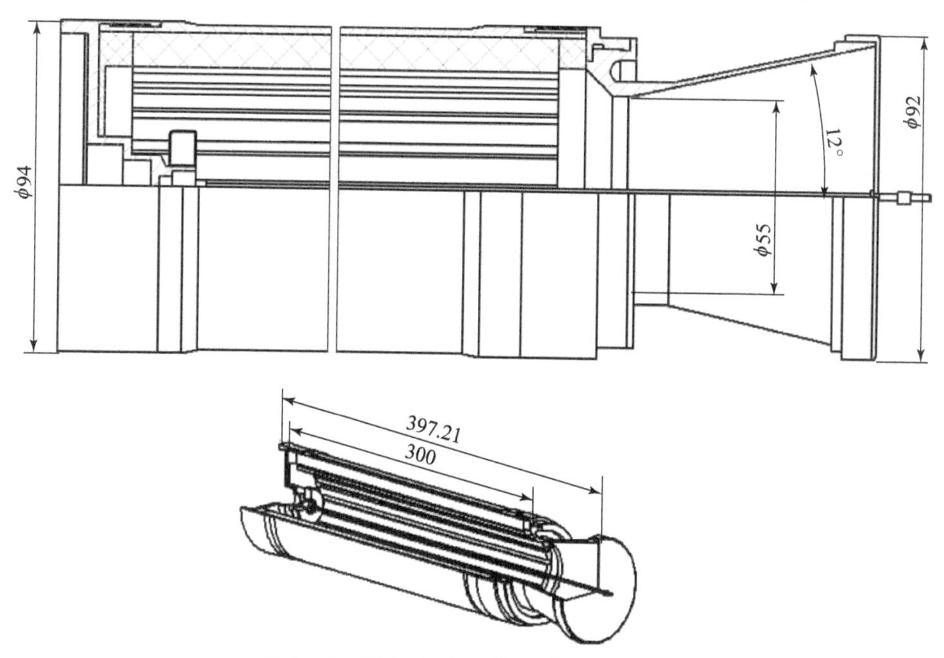

图1-6 "LAW80"火箭发动机的工程图

1）发动机空体

发动机空体由燃烧室壳体、前封头和喷管组件组成，为轻金属壳体，前后端采用螺纹连接。"LAW80"火箭发动机空体如图1-7所示。

2）装药

装药采用含铝粉的端羟基聚丁二烯（HTPB）复合推进剂。药形为内孔燃烧药形，为增大燃烧面积药柱内表面开有多条矩形沟槽。药柱质量：0.5 kg。发动机装药药柱如图1-8所示。

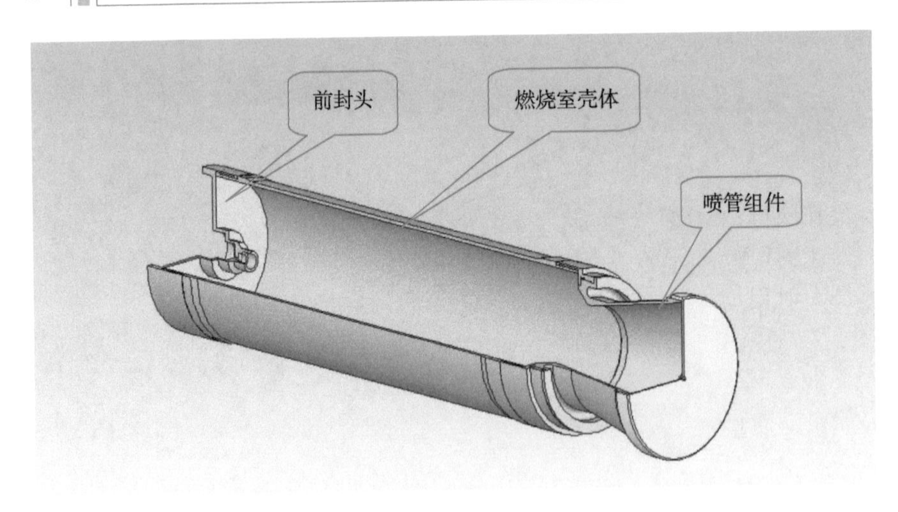

图 1－7 “LAW80”火箭发动机空体

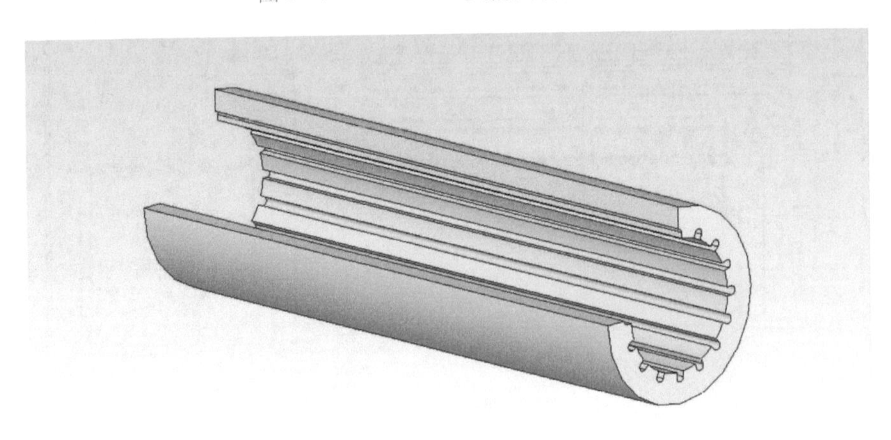

图 1－8 发动机装药药柱

2. 弹道参数

发动机平均推力：98.07 kN；

发动机推力冲量：1.25 kN · s；

发动机工作时间：13 ms。

3. 性能特点

发动机装药采用贴壁浇铸的成形方式，利用药柱的隔热和壳体内涂层对燃烧室进行隔热，加上药柱燃烧时间很短，发动机采用轻金属材料，发动机质量大大减轻。装药推进剂能量较高，装药药柱的燃烧面积较大，燃烧时间短，瞬时产生较大推力，火箭弹初速高。在发射出筒前，发动机工作结束。加上采用合理的弧形稳定弹翼，气动性能好，火箭的精度较高。

4. 应用分析

该发动机用于“LAW80”反坦克火箭弹，主要弹道参数如下：

弹径：94 mm；

弹长：400 mm；

全弹质量：4 kg；

初速：1 Ma；

最大射程：500 m。

该发动机充分利用装药燃烧时间短、贴壁浇铸装药的隔热性能好等有利条件，采用高性能的推进剂和轻金属结构材料等措施，有效减轻了发动机的消极质量，质量轻、推力比大、结构简单紧凑。

1.3.3 “APILAS”火箭发动机

“APILAS”反坦克火箭武器系统（Armor Piercing Infantry Light Arm System）由法国马纽汉公司（Manurhin）研制生产，配用重型反坦克火箭，采用纯火箭式发射方式。

1. 结构组成

发动机由发动机空体、装药及点火具组成。“APILAS”火箭发动机如图1－9所示，其工程图如图1－10所示。

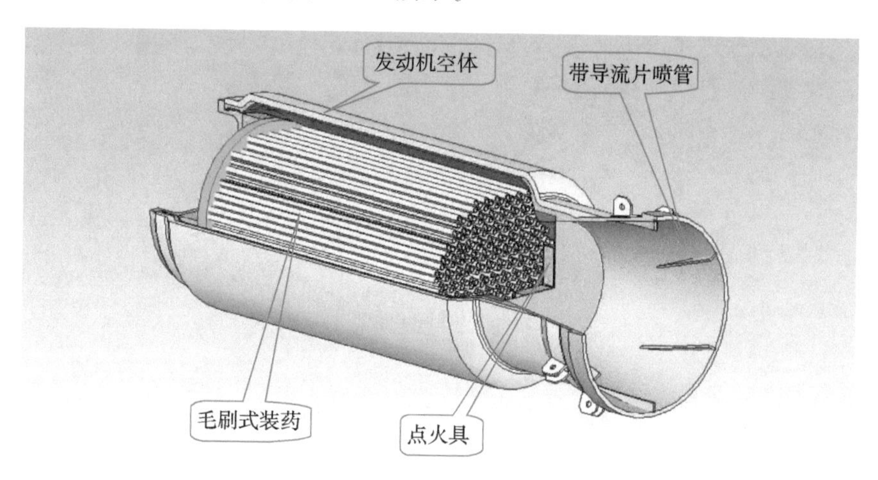

图1－9　“APILAS”火箭发动机

1）发动机空体

发动机壳体由芳纶尼龙（Kerlav）纤维用缠绕工艺成形，前封头和喷管分别用作纤维缠绕的封头，缠绕成形后成整体式发动机空体。“APILAS”火箭发动机空体如图1－11所示。

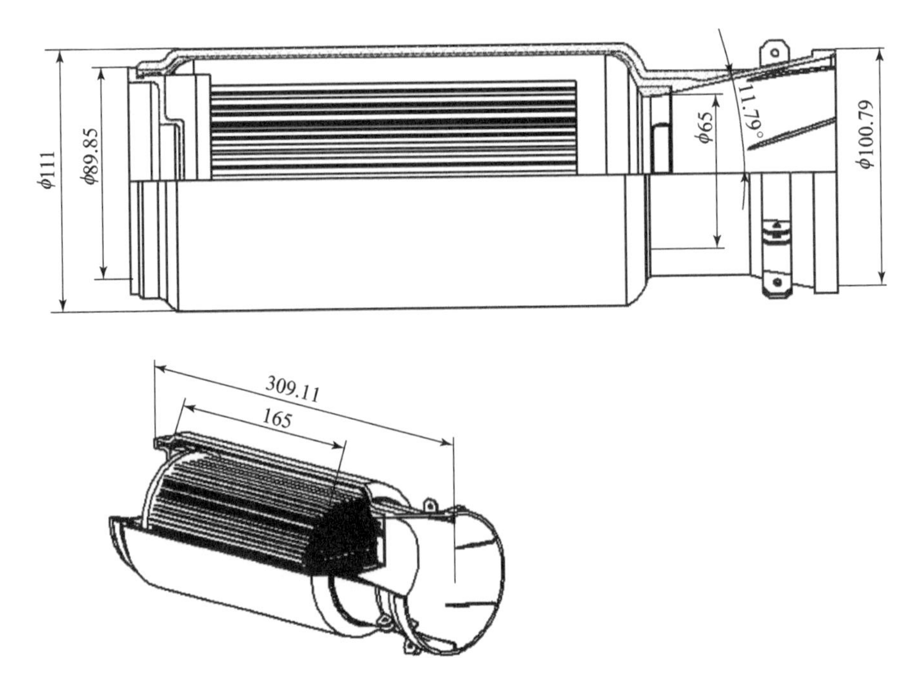

图 1 - 10 “APILAS” 火箭发动机的工程图

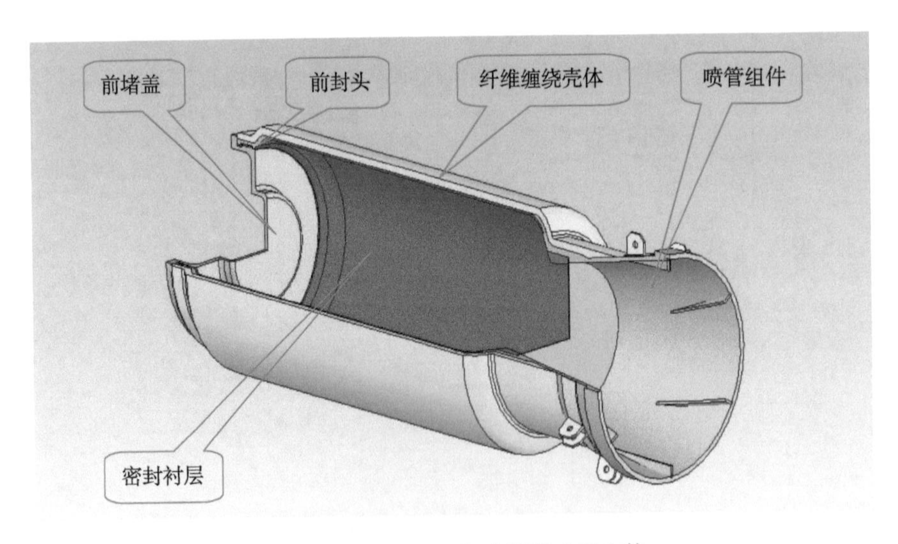

图 1 - 11 “APILAS” 火箭发动机空体

2）装药

装药采用牌号为 SD - 1152 的推进剂。法国火炸药公司提供片状药，马组汉公司用专用设备将药片制成 Ω 形药条，每发装药共装 142 根药条。药条插在 7 mm 深的液态橡胶固药盘中，硫化后形成毛刷式封药结构。这种装药形式，各药条的燃层厚度小、燃烧面积大、燃烧时间短。“APILAS”火箭发动机装药如图1-12所示。

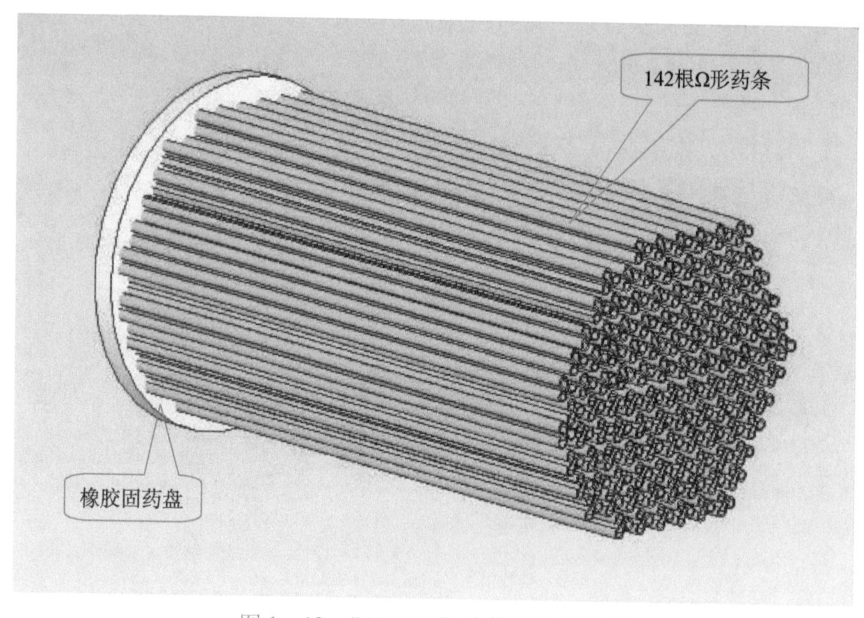

图1-12　“APILAS”火箭发动机装药

3）带导流片喷管

在喷管的扩张段，设计有8片燃气导流片，每片导流片沿轴线附有6°偏置角，在燃气作用下，为火箭弹飞行提供旋转力矩使火箭弹低速旋转，以克服推力偏心对射击精度的影响。带导流片喷管如图1-13所示。

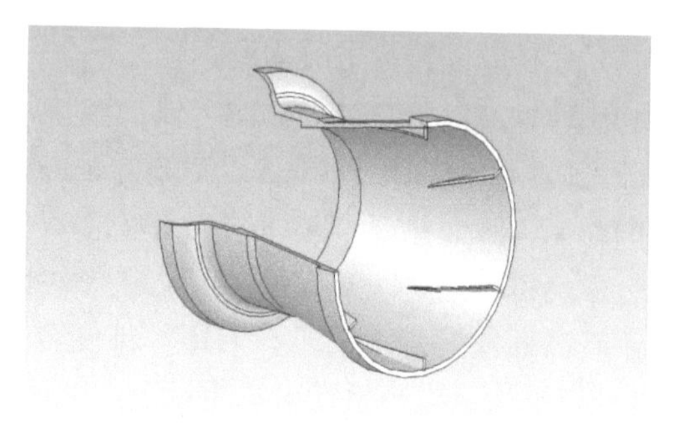

图1-13　带导流片喷管

4）结构尺寸

发动机质量及结构尺寸如下：

发动机外径：111.8 mm；

喷喉直径：72 mm；

发动机质量：1.85 kg；

推进剂药柱质量：0.6 kg；

点火药质量：51 g。

装药药形参数如下：

装药根数：142；

平展药条宽度：10 mm；

药条厚度：0.6 mm；

Ω 形药条截面高度：7 ~ 8 mm；

药条长度：160 mm。

2. 弹道参数

发动机推力冲量：1.165 kN·s。

发动机最大压强：+50℃，43.3 MPa。

发动机工作时间：+51℃，5 ms；
+50℃，6.5 ms；
-31℃，8.5 ms。

3. 性能特点

装药采用的药形为 Ω 形，每根药条截面均为开口形状，燃烧时燃气流互通，药条内外通道中的压强能很快达到平衡，尽管药条根数多、装填密度较高，但装药工作性能的稳定性好。毛刷式装药单根 Ω 形药条的药形如图 1-14 所示。

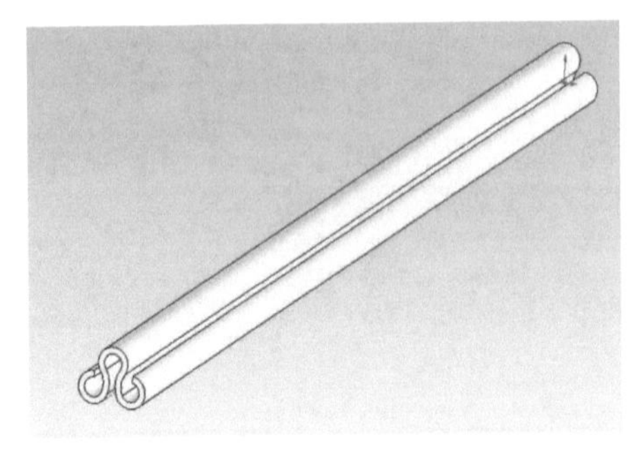

图 1-14　毛刷式装药单根 Ω 形药条的药形

采用橡胶固药盘进行固药，充分利用橡胶材料的弹性，既能保证插入橡胶内的药条固结牢靠，又能使装药药条在点火压强冲击下具有弹性缓冲的作用，从而保证了装药结构完整性。

发动机燃烧时间短、推力大，在短时间内装药燃烧所产生的推力冲量满足了较高的发射初速要求；采用纤维复合材料壳体，发动机质量轻，推力比（发动机平均推力与发动机总质量之比）较大，是一台高性能的发动机。

4. 应用分析

该发动机用于“APILAS”反坦克火箭弹，主要弹道参数如下：

弹径：112 mm；

弹长：920 mm；

全弹质量：4.3 kg；

初速：293 m/s；

转速：1 200 r/s；

直线射程：330 m；

工作温度：-31 ~ +51℃；

噪声：185 dB。

由于该火箭发动机具有独特的装药设计，发动机的综合性能优越，使“APILAS”反坦克火箭弹的总体性能较为先进。

1.3.4 40 mm 火箭发动机（一）

该火箭发动机用于弹径为 85 mm 的反坦克火箭。火箭弹采用无后坐力炮发射。发动机提供增程动力，火箭初速为 140 m/s，有效射程为 380 m。40 mm 火箭发动机（一）如图 1－15 所示，其工程图如图 1－16 所示。

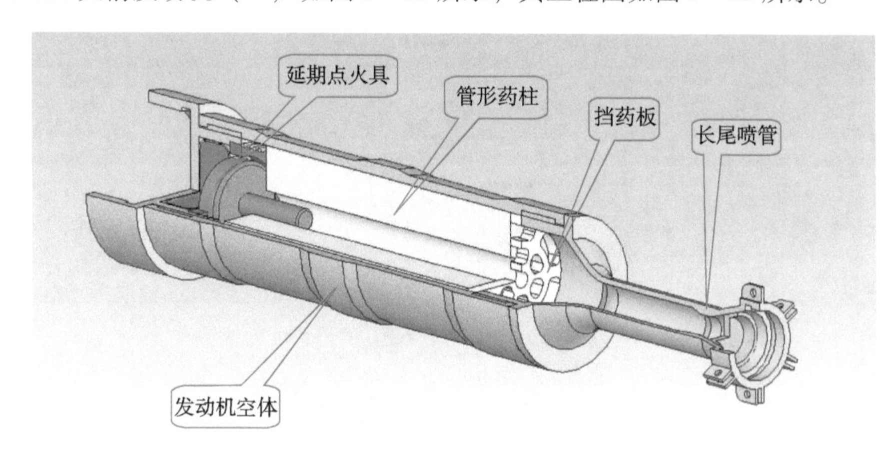

图 1－15 40 mm 火箭发动机（一）

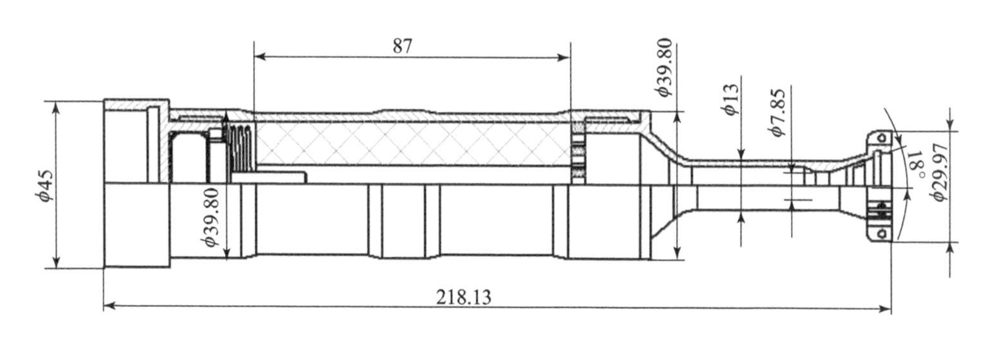

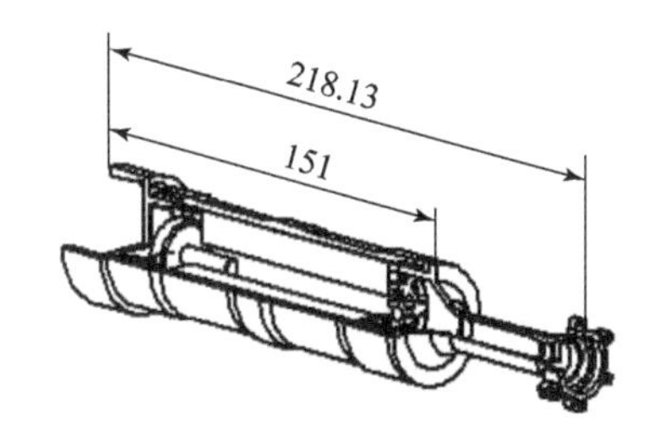

图 1－16 40 mm 火箭发动机（一）的工程图

1. 结构组成

发动机主要由发动机空体、管形药柱、长尾喷管、延期点火具等零部件组成。

1）发动机空体

发动机空体由燃烧室壳体、前堵盖、长尾喷管和防潮密封盖等零部件组成。长尾喷管的尾管外部空间用于安装六片反向折叠的弹翼片。燃烧室壳体与前堵盖和长尾喷管的前端均采用螺纹连接。发动机空体如图1－17所示。

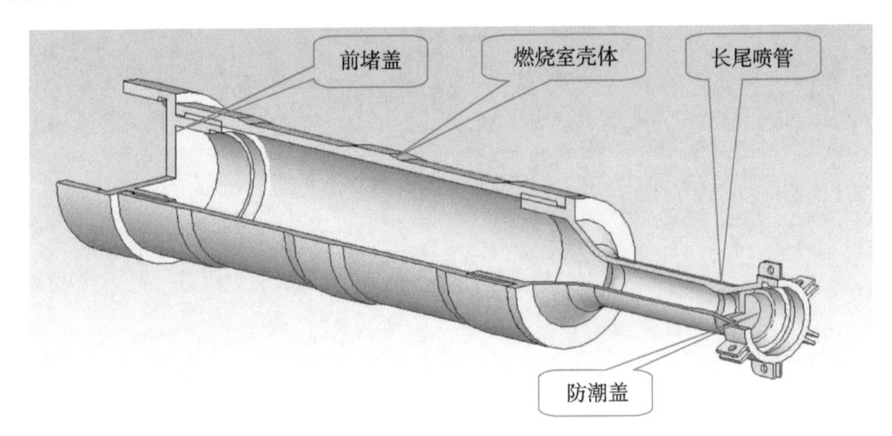

图1－17 发动机空体

2）管形药柱

药柱采用螺压双基推进剂，选用单根管状药形，药柱外表面有三个凸棱起与燃烧室径向初始定位的作用，如图1－18所示。

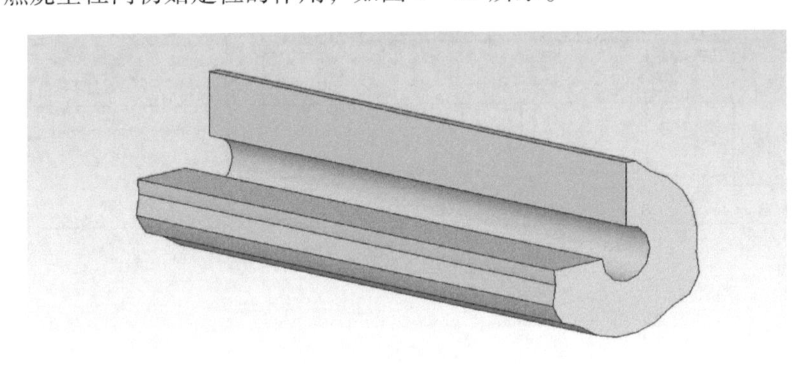

图1－18 管形药柱

3）长尾喷管

燃烧室的后盖、尾管及喷管设计成一体的结构。喷管后端外缘设置安装弹翼的支耳，结构紧凑简单。有六片截面不对称的弹翼，在飞行中产生旋转力矩使弹旋转，以减少发动机推力偏心对射击精度带来的影响。

4）延期点火具

点火具由点火药盒和延期点火管两部分组成。火箭弹发射后，延期点火管内的击针在惯性力的作用下，压缩弹簧并撞击火帽，点燃延期药。经过 0.08 s 后，点燃药盒中点火药，再点燃药柱。

5）结构参数

定心部直径：39.8 mm；

燃烧室壳体外径：35 mm；

燃烧室壳体内径：33.3 mm；

喷管喉径：7 mm；

喷管扩张角：18°；

扩张比：2.29；

尾管内径：10 mm；

尾管长度：53 mm；

药柱凸棱最大直径：33.1 mm；

药柱外径：30 mm；

药柱内径：10 mm；

药柱长度：87 mm；

药柱质量：0.218 kg；

初始燃烧面积：122 cm^2；

面喉比：316.8；

外通气参量：53.8；

装填系数：0.72%；

药柱质量：0.091 kg；

发动机质量：0.344 kg。

2. 弹道参数

1）主要性能

发动机主要性能参数如表 1-1 所示。

表 1-1　发动机主要性能参数　　温度：/℃

主要参数	参数值		
	+50	+20	-40
平均推力/kN	0.351	0.322	0.295
最大压强/MPa	9.385	8.042	6.571
平均压强/MPa	6.669	6.178	5.688
燃烧时间/s	0.51	0.53	0.57
比冲/($N\cdot s\cdot kg^{-1}$)	1 960		

2）内弹道曲线

40 mm 火箭发动机内弹道曲线如图 1－19 所示。

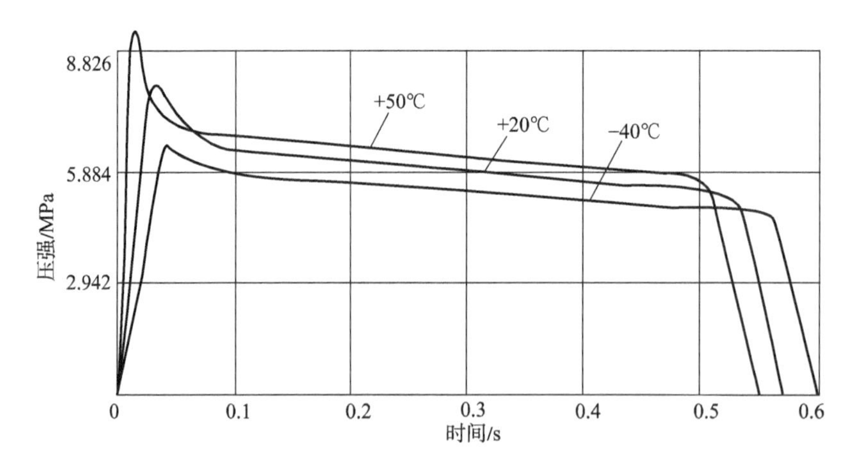

图 1－19　40 mm 火箭发动机内弹道曲线

3. 性能特点

（1）该发动机结构简单，适于大量生产。壳体及其他结构件均采用高强度铝合金材料制成，结构质量轻。在发动机短的工作时间内，能很好满足了发动机承受的内压和发射过载力的要求。

（2）采取无后坐力炮发射和延期点火形式，发动机火焰远离射手，以避免对射手的伤害。药柱燃烧时间长，药柱燃层厚，装填系数大。与纯火箭发射方式相比，有效射程大。

4. 应用分析

该发动机的火箭弹为次口径弹，其主要性能参数如下：

弹径：85 mm；

发射管口径：40 mm；

全备弹质量：1.75 kg；

初速：140 m/s；

有效射程：380 m。

装有该发动机的火箭弹，其战斗部直径为 85 mm，有效增加炸药质量，破甲威力较大。

1.3.5　40 mm 火箭发动机（二）

该火箭发动机用于弹径为 85 mm 的反坦克火箭。火箭弹采用无后坐力炮发射。发动机提供增程动力，可将火箭由初速为 120 m/s 增速到 294 m/s 的初速，射程的直线距离大于 300 m，是对 40 mm 火箭发动机（一）的改型。

1. 结构组成

该发动机主要由发动机空体、管形药柱、带斜置喷管的前堵盖、延期点火具等零部件组成。40 mm 火箭发动机（二）如图 1 – 20 所示，其工程图如图 1 –21所示。

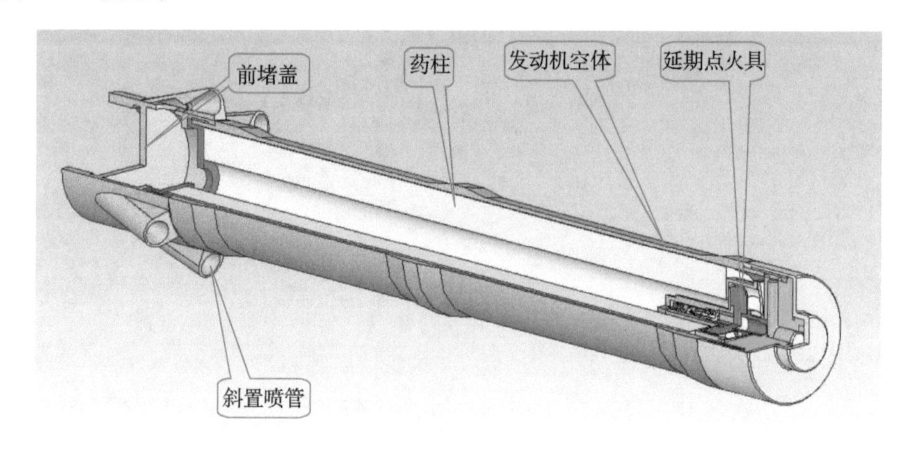

图 1 – 20　40 mm 火箭发动机（二）

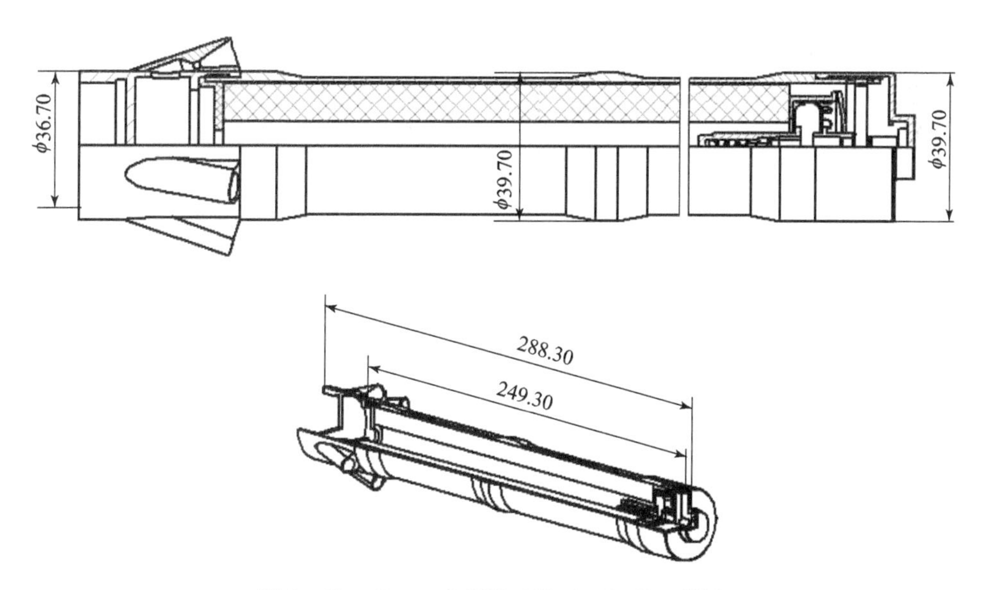

图 1 – 21　40 mm 火箭发动机（二）的工程图

1）发动机空体

发动机空体由燃烧室壳体和前后堵盖组成。前堵盖外焊有六个带 18°轴向倾角和 3°切向偏角的斜置喷管。燃烧室壳体与前后堵盖采用螺纹连接。发动机空体如图 1 - 22 所示。

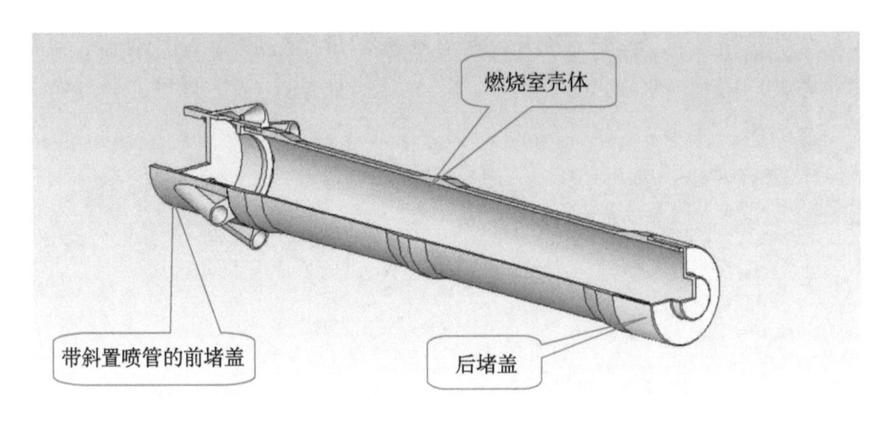

图 1 - 22 发动机空体

2）管形药柱

药柱采用螺压双基推进剂，选用单根管状药形，药柱外表面有三个凸棱，起与燃烧室径向定位的作用。管形药柱如图 1 - 23 所示。

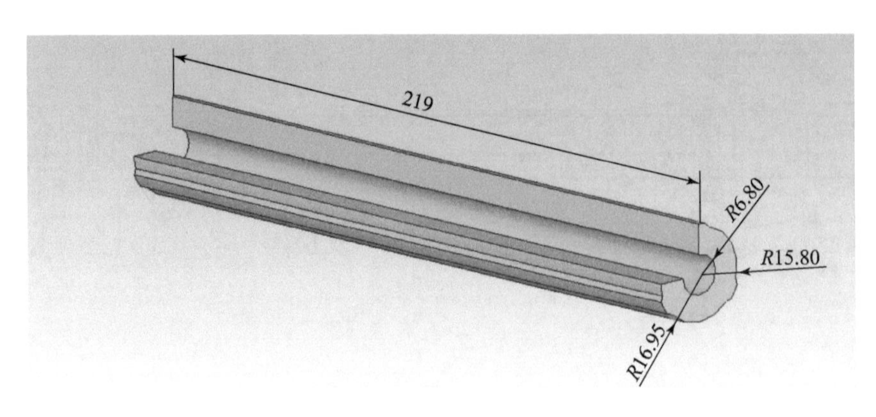

图 1 - 23 管形药柱

3）带斜置喷管的前堵盖

将六个喷管设置在发动机燃烧室的前端，形成燃气从装药前端排气的倒流形式，这种将喷管布置在火箭质心附近可使发动机的推力偏心距大大减小，提高其射击精度。

喷管的切向偏角为 3°，所产生的旋转力矩与弹翼产生的旋转力矩相配合，赋予火箭弹的最佳转速为 1 500 ~ 2 000 r/s，也有效地提高了火箭弹的射击精度。带斜置喷管的前堵盖如图 1 - 24 所示。

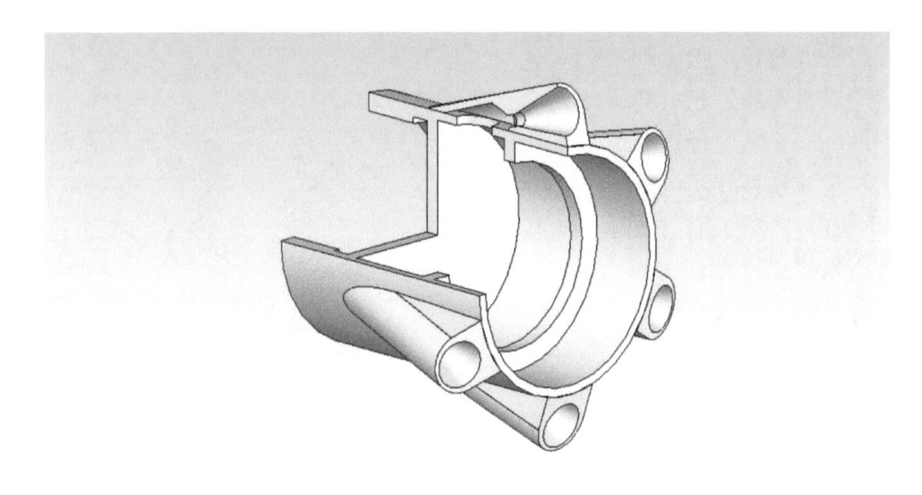

图1-24　带斜置喷管的前堵盖

4）延期点火具

延期点火具由火帽、击针、弹簧和延期药柱等组成。发射时，火帽体在惯性力作用下压缩弹簧，火帽与击针碰撞后发火，火焰经击针上的传火孔点燃延期药柱，经预定的延期时间后点燃扩燃药、点火药，再点燃发动机药柱。在弹道的预定距离上发动机工作，使火箭弹增速。延期点火具如图1-25所示。

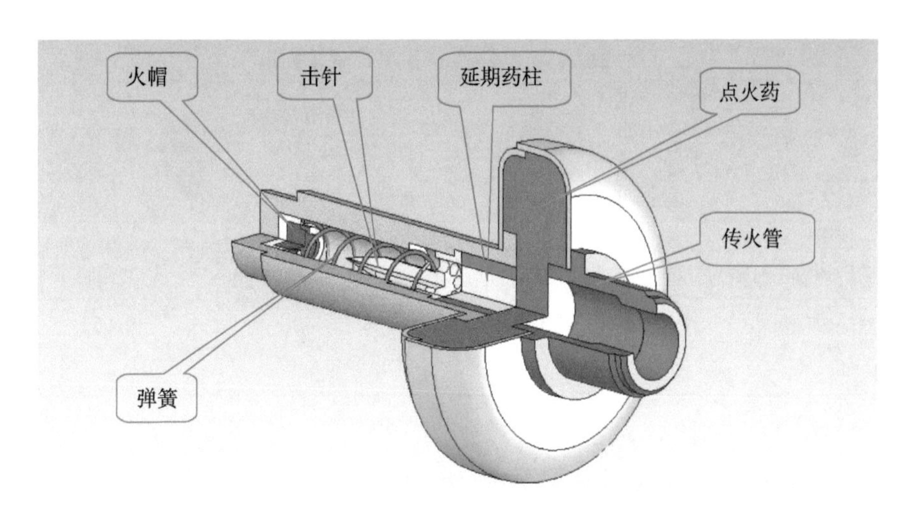

图1-25　延期点火具

5）结构参数

定心部直径：40 mm；

燃烧室壳体外径：36.8 mm；

燃烧室壳体内径：34.2 mm；

喷管喉径：3.93 mm；

喷管扩张角：25°；

扩张比：2.13；

药柱凸棱最大直径：33.9 mm；

药柱外径：31.6 mm；

药柱内径：13.6 mm；

药柱长度：219 mm；

药柱质量：0.218 kg；

初始燃烧面积：333 cm^2；

面喉比：455.2；

外通气参量：169；

总通气参量：117；

装填系数：0.695%。

2. 弹道参数

1）主要性能

发动机主要性能参数如表 1－2 所示。

表 1－2 发动机主要性能参数 温度：/℃

主要参数	参数值		
	+50	+20	−40
平均推力/kN	1.108	0.859	0.725
平均压强/MPa	12.16	9.3	7.94
燃烧时间/s	0.366	0.448	0.552
比冲/(N·s·kg^{-1})	1 980		

2）内弹道曲线

燃烧室压强－时间曲线如图 1－26 所示。

3. 性能特点

（1）发动机采用前置喷管，各喷管推力矢量汇集点在火箭质心附近，有效减少推力偏心距，对提高射击精度有利；发动机壳体设置 4 个定心带，加强壳体承受内压和较大的轴向过载所引起的载荷，发动机工作时，结构强度

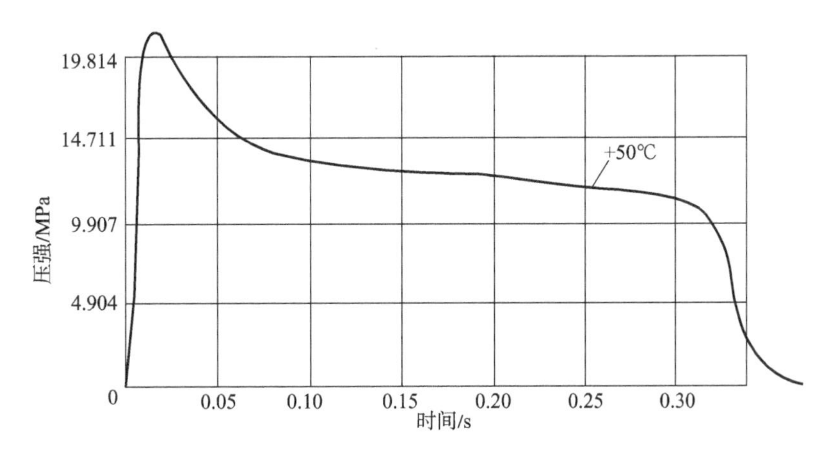

图1－26　燃烧室压强－时间曲线

很好地满足了各项受力要求。

（2）采取无后坐力炮发射和延期点火形式，发动机火焰远离射手，可避免对射手的伤害，与纯火箭发射方式相比，同质量的火箭弹用这种发射方式火箭弹的射程较大。

4. 应用分析

40 mm 火箭发动机（二）的火箭弹为次口径弹，其主要性能参数如下：

弹径：85 mm；

发射管口径：40 mm；

全备弹质量：2.25 kg；

最大速度：294 m/s；

直射距离：300 m。

装有该发动机的火箭弹，其战斗部直径为 85 mm，有效增加炸药质量，破甲威力也较大。

1.3.6　62 mm 火箭发动机

该火箭发动机用于战斗部直径为 62 mm，发动机直径为 36 mm 的次口径反坦克火箭。火箭弹采用纯火箭发射方式。发动机是火箭弹唯一的动力源，所提供的推力冲量满足了火箭弹的有效射程要求。

1. 结构组成

发动机主要由发动机空体、带固药盘毛刷式装药、点火具等零部件组成。62 mm 火箭发动机如图1－27所示，其工程图如图1－28所示。

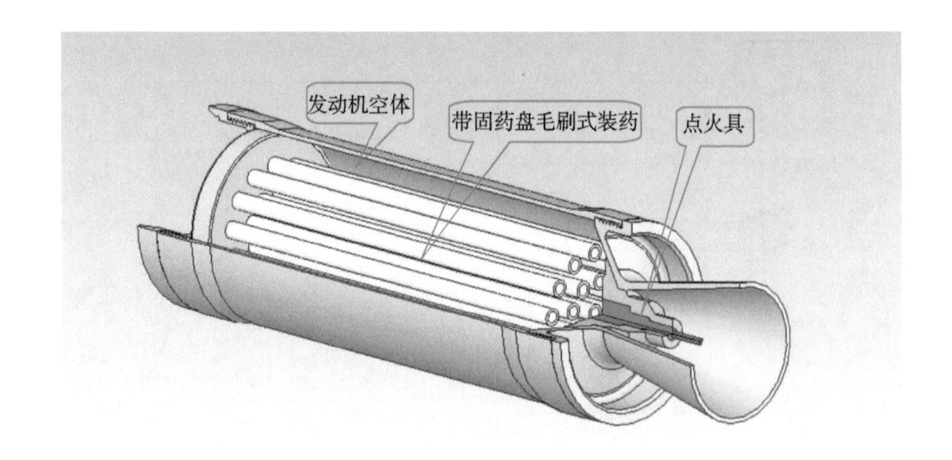

图 1－27　62 mm 火箭发动机

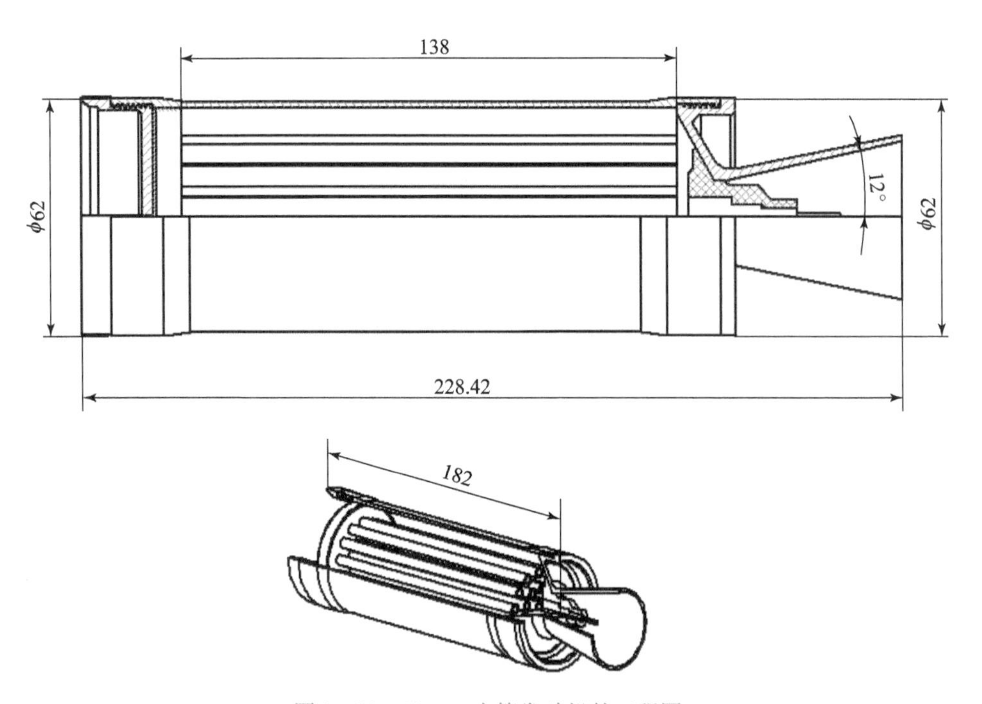

图 1－28　62 mm 火箭发动机的工程图

1）发动机空体

发动机空体由燃烧室壳体、前堵盖和喷管组成，都选用高强度铝合金制成，结构简单、质量轻。发动机空体如图 1－29 所示。

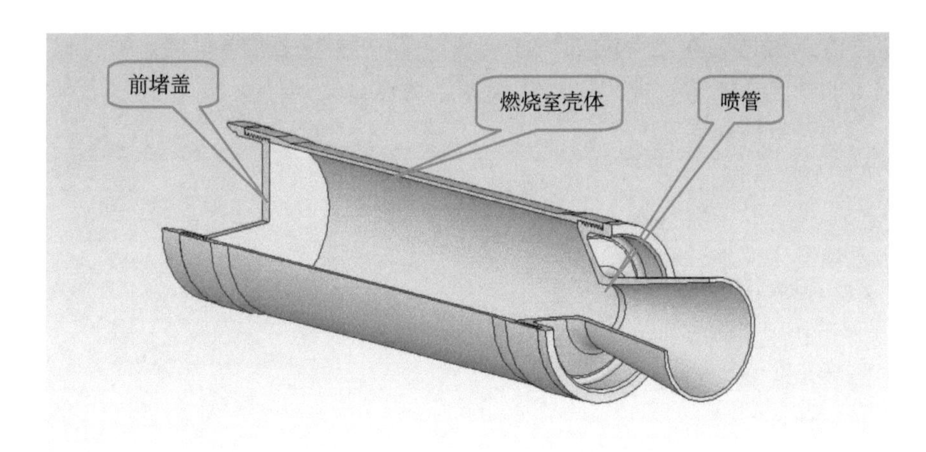

图1-29 发动机空体

2）带固药盘毛刷式装药

药柱选用螺压双基推进剂，由22根管状药柱装成毛刷式装药。采用这种多根内外燃烧管形药柱，结构简单、装填方便、燃烧面积较大。

固药盘采用含二辛酯的乙基纤维素材料压制而成，阻燃性较好，有一定的塑性，易与黏结药柱的胶液融合。黏结药柱的黏结液除含有与固药盘相同的材料外，还加有丙酮、酒精、松香和醋酸丁酯等制成胶液，定位插入带固药销钉的药柱后固化成整体毛刷式装药。带固药盘的毛刷式装药如图1-30所示。

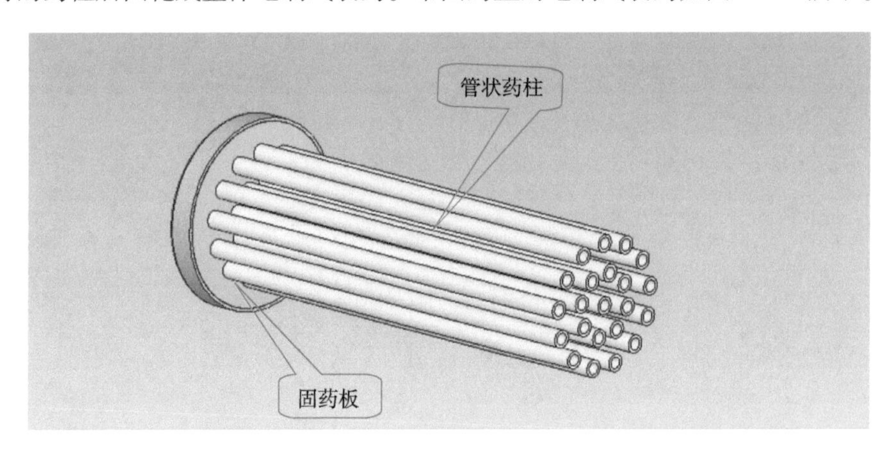

图1-30 带固药盘的毛刷式装药

药柱为燃层厚度小的管状药形，固药端采用固药销钉，将其装在药柱固药端后，再插入黏结胶液中进行常温固化。固药销钉的作用是增强药柱插入胶液端的抗冲击强度。

3）点火具

点火具由电起爆器和点火药盒塞体组成，药盒塞体采用聚乙烯材料模压而成。将点火具装在喷管喉部，在药柱后端点燃药柱，储存时起密封作用。所确定的药盒塞体的结构和尺寸能很好满足点火压强的要求，点火延迟时间短，点火一致性好。

4）结构参数

定心部直径：62 mm；

燃烧室壳体外径：36.2 mm；

燃烧室壳体内径：32.6 mm；

喷管喉径：19 mm；

喷管扩张角：40°；

扩张比：2.47；

药柱根数：22；

药柱外径：5.3 mm；

药柱内径：3.6 mm；

药柱长度：138 mm；

单根药柱质量：0.059 kg；

初始燃烧面积：831.58 cm^2；

面喉比：293；

内通气参量：148.9；

外通气参量：144.2；

总通气参量：145；

装填系数：0.313%。

2. 弹道参数

发动机主要弹道性能参数如表 1-3 所示。

表 1-3 发动机主要弹道性能参数 温度：/℃

主要参数	参数值		
	+50	+15	-40
最大推力/kN	23.65	15.94	12.35
最大压强/MPa	55.61	37.46	29.03
平均压强/MPa	26.87	23.54	19.22
燃烧时间/ms		12.3	14.9
工作时间/ms		16	
推力冲量/(kN·s)	0.126 4	0.126 7	0.125 9
比冲/($N·s·kg^{-1}$)	2 185	2 190	2 176

62 mm 火箭发动机弹道曲线如图 1－31 所示。

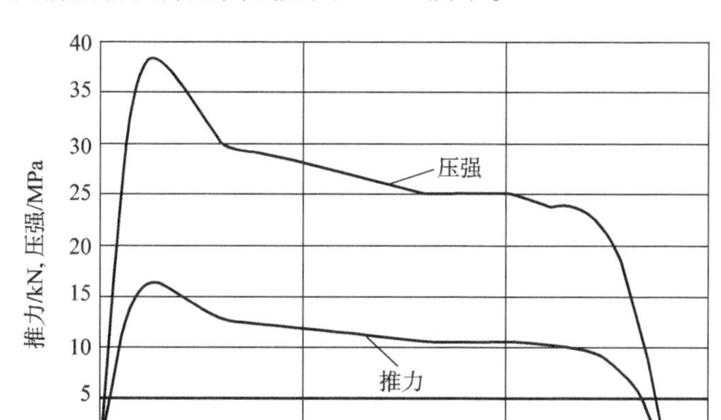

图 1－31　62 mm 火箭发动机弹道曲线

3. 性能特点

（1）燃烧室的压强较高，推进剂在高压强下有较高的燃速，使燃烧时间缩短，满足了装药在发射管内燃烧结束的要求；发射火箭弹的初速高，有利于保证射击精度又能很快远离射手。

（2）采用毛刷式装药，药柱燃层厚度小，多根药柱的燃烧面积大，在短时间内能提供较大的推力冲量，保证了火箭弹具有较高的初速，有利于减少火箭的散布和提高立靶射击精度。

4. 应用分析

1）主要性能参数

装有该发动机火箭弹的主要性能参数如下：

弹径：62 mm；

弹长：540 mm；

全弹质量：1. 18 kg；

发射初速：123. 5 m/s；

直射距离：150 m。

2）毛刷式装药设计要点分析

毛刷式装药一般指用作肩扛发射便携式火箭（或导弹）的发射发动机装药，这类发动机具有短燃时和大推力的特点。为保证射手不受火焰的伤害，发动机的装药要在发射筒内燃完，发动机工作结束并以短燃时大推力的特性赋予火箭或导弹符合发射要求的初始速度。

3）盘式装药固定药柱的结构形式

便携式火箭或导弹，其装药结构常采用带固药盘的毛刷式装药，多为燃层厚度小的多根药柱，固药盘为碟形，有的在固药盘底部装有固药销钉，插药前倒入黏结胶液，再将药柱插在固药销钉上进行常温固化。固药销钉的作用是增强药柱插入胶液端的抗冲击强度，胶液也起到固定药柱的作用。

为减缓在点火瞬间药柱所受点火压强的冲击，保持各药柱的结构完整性，根据药柱所选用推进剂不同的力学性能，这种盘式固药结构可采用不同的固药方式。

一种是采用固化后弹性较好的胶液，固化前在固药盘内插入强度较高的推进剂药柱，固化后的药柱靠胶液所具有的较好弹性变形性能，保证各药柱不被点火压强破坏。62 mm 火箭发动机的装药就属于这种结构，如图 1 – 30 所示。

另一种是使用与药柱黏结强度较高的胶液，在固药盘内的胶液固化前，插入具有高弹性模量的推进剂药柱，固化后的药柱靠其较好的弹性变形性能，保证各药柱不被点火压强破坏。某型号肩扛发射 64 mm 导弹的发射发动机，就采用这种高弹性推进剂的盘式装药结构。

4）通气参量及药形

（1）内外通气参量。

对于带固药盘的毛刷式装药，有的通过空心挂药销钉使药柱内孔与外部连通，也有的短药柱装药，将药柱直接插入固药盘的胶液内，固化后药柱在插药端的内孔不与外部连通。不论是哪种形式，都要对装药药柱的内、外通气参量进行合理设计，一般根据装药药柱的长短、装药根数以及采用何种装药结构等条件，通过计算确定。设计要点是，要使各药柱在燃烧后期燃层厚度很薄时，药柱不产生过大的内外压强差，这样可避免使薄燃层的药柱破坏。由于药柱承受外压作用要比承受内压的抗压强度高，常将内通气参量设计成略大于外通气参量。因为燃气在通道内流动时，通气参量值越高，燃气流动的速度越快，而静压强越低，这样设计有利于避免在薄燃层厚的药柱承受内、外压强差时，引起药柱破坏所产生的碎药。

本产品装药的内通气参量为 148.9，外通气参量为 142.3，内外通气参量设计合理，发射时无碎药产生，很好保证了初始推力冲量。

（2）总通气参量。

总通气参量是指药柱的总燃烧面积与燃气的总通气面积之比。该参数与装药在燃烧室内的装填密度大小有关，总通气参量越大，装填密度越高。该参数也是表征装药燃烧燃气流动状态的参数，通气参量越大，燃气的流速越大。当初始通气参量超过临界通气参量时，就会在燃烧初期因燃气流速过大产生侵蚀燃烧，引起初始压力峰。

对于短燃时大推力的发动机，设计装药装填参量时，常常设计成具有一定峰值比的弹道性能，使初始压强和推力都高于平均值，其峰值比控制在1∶1.2～1∶1.6范围。这种压强和推力峰值的形成，可通过设计较大的装填参量来达到。例如，本产品装药的总通气参量为145，高于推进剂临界值（大多双基推进剂的临界通气参量为120）的1.2倍，最大压强为37.46 MPa，平均压强为23.54 MPa，初始压强的峰值比达到1.59。该产品发动机的弹道曲线如图1－31所示。

装药采用这种通气参量设计的目的在于，在总推力冲量满足要求的条件下，可有效增加发射发动机的初始推力冲量，提高这类便携式火箭或导弹的初速。

（3）药柱内外通道连通的药形。

为减小内孔药形装药在燃烧时内外压差产生的作用力，避免毛刷式多根药柱燃烧后期产生的碎药，有的产品使用这种装药时，发动机装药药柱采用内外通道连通的药形。如法国APILAS便携式火箭发动机装药，就采用了Ω形多根药柱，盘式固药结构。每根药条截面均为开口形状，燃烧时燃气流互通，药条内外通道中的压强能很快达到平衡，尽管药条根数多，装填密度较高，但装药工作性能的稳定性好。“APILAS”便捷式火箭发动机Ω形单根药柱如图1－32所示。“APILAS”便携式火箭发动机的多根Ω形药柱的分布如图1－33所示。

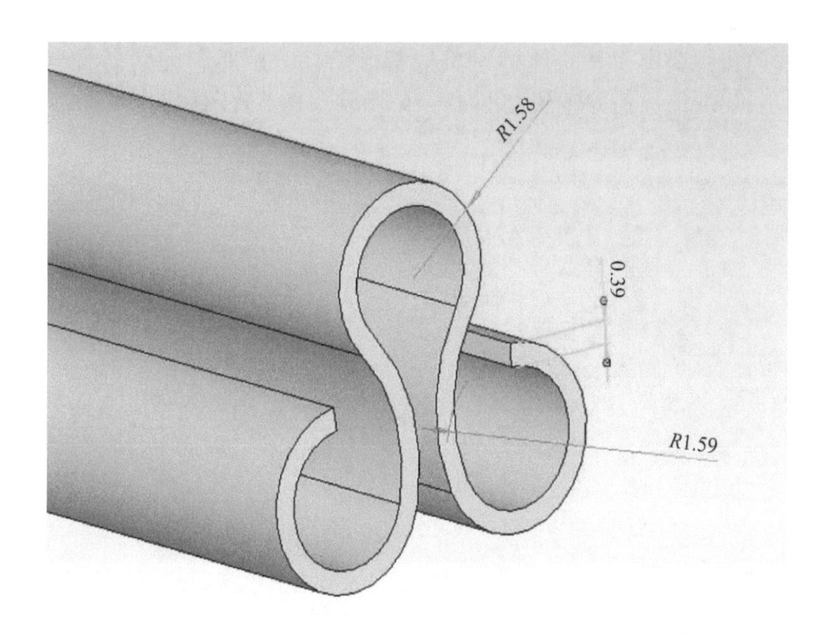

图1－32 “APILAS”便携式火箭发动机Ω形单根药柱

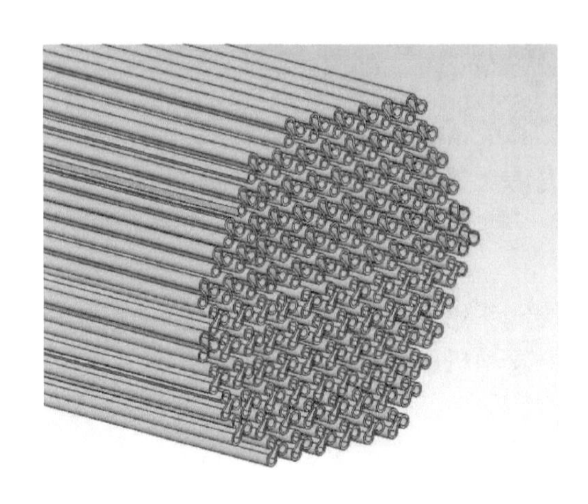

图 1－33 “APILAS”便携式火箭发动机的多根 Ω 形药柱的分布

1.3.7 73 mm 火箭发动机

该火箭发动机用于弹径为 73 mm 的次口径反坦克火箭。火箭弹采用无后坐力炮发射。发动机外径为 49.4 mm，为火箭弹提供增程动力，可将火箭由初速 435 m/s 增速到 780 m/s，直射程达到 800 m，是直射程较大的火箭弹之一。

1. 结构组成

该发动机主要由发动机空体、单根管形药柱、延期点火具、挡药板等零部件组成。73 mm 火箭发动机如图 1－34 所示，其工程图如图 1－35 所示。

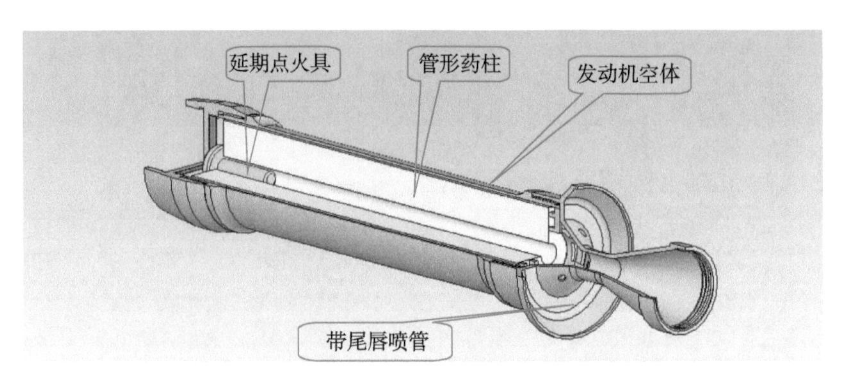

图 1－34 73 mm 火箭发动机

1）发动机空体

发动机空体由前堵盖、燃烧室壳体及带尾唇喷管组成。燃烧室壳体与前堵盖和带尾唇喷管采用螺纹连接，如图 1－36 所示。

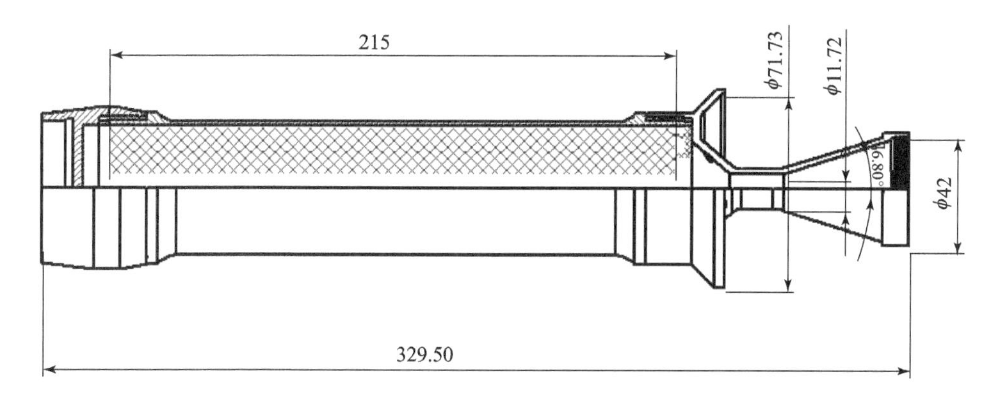

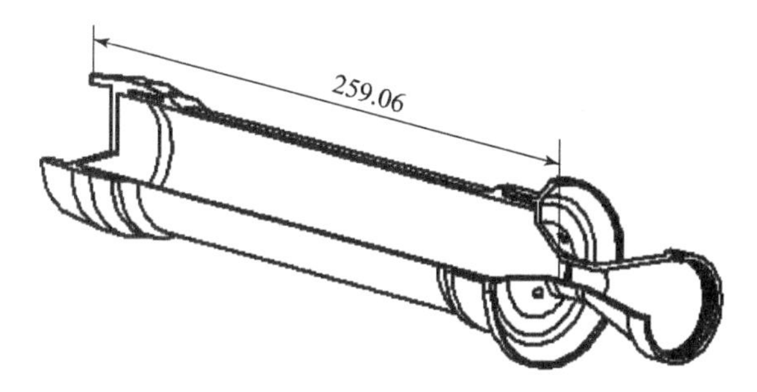

图1－35　73 mm火箭弹发动机的工程图

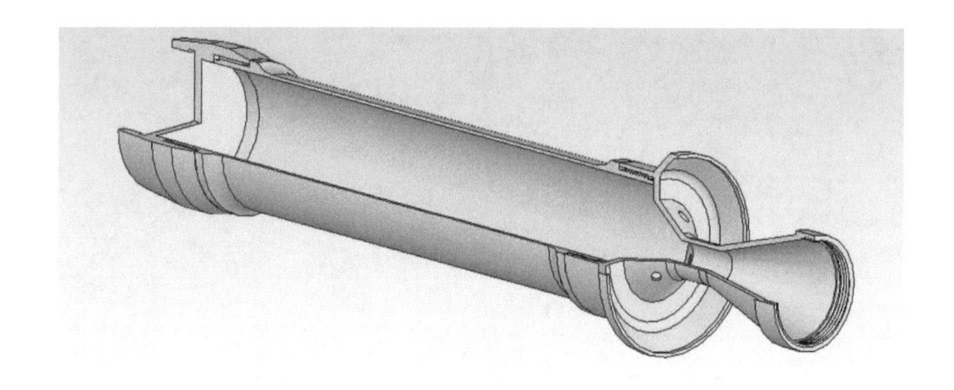

图1－36　发动机空体

2）单根管形药柱

药柱选用螺压双基推进剂，药柱外表面有三个凸棱，用来与燃烧室内壁径向定位。采用这种单根内外燃烧管形药柱，装填方便，使发动结构简单、紧凑，如图1－37所示。

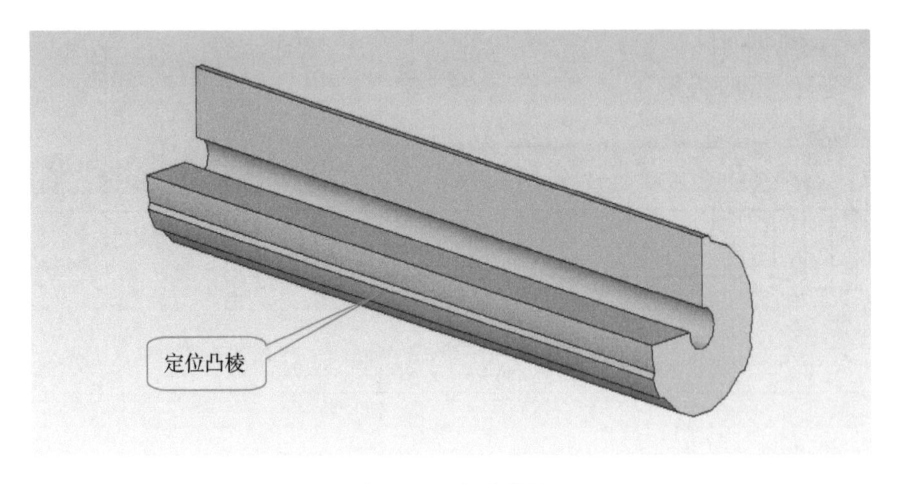

图 1-37 管状药柱

3）带尾唇喷管

该发动机喷管收敛段及扩张段的形面均为锥形。在喷管的收敛段上，开有四个切向角为45°的切向孔，在发动机工作期间，由四个切向孔排出的燃气产生旋转力矩使火箭弹低速旋转飞行，以较小火箭的散布提高射击精度。切向孔直径为3.7 mm，也是喷喉面积的一部分，如图1-38所示。

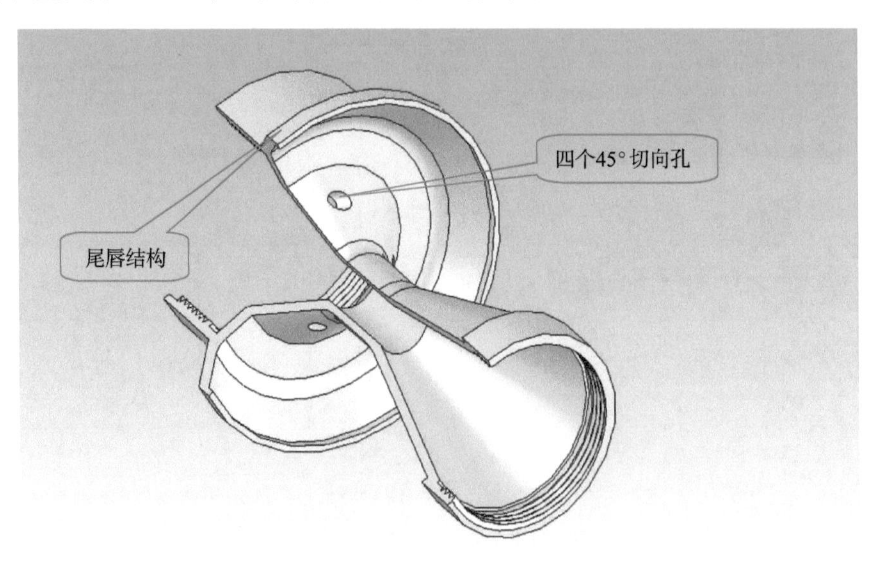

图 1-38 带尾唇喷管

4）延期点火具

延期点火具由火帽、击针、弹簧和延期药柱等组成。延期点燃装药的过程与其他无后坐力炮发射的增程发动机点燃方式均相同，只是结构尺寸和延期药柱的延期时间有所不同。

5）结构参数

定心部直径：72.67 mm；

燃烧室壳体外径：49.4 mm；

燃烧室壳体内径：46.75 mm；

主喷管喉径：11.72 mm；

喉部圆柱段长：20 mm；

喷管扩张半角：16°58′；

扩张比：2.15；

切向孔直径：3.7 mm；

药柱外径：42.6 mm；

三凸棱外径：45.1 mm；

药柱内径：10.4 mm；

药柱长度：215.5 mm；

药柱质量：0.48 kg；

初始燃烧面积：387.5 cm^2；

面喉比：356；

内通气参量：82.9；

外通气参量：98.7；

总通气参量：99.3；

装填系数：0.78%。

2. 弹道参数

1）主要弹道性能

发动机的主要弹道性能参数如表1-4所示。

表1-4　发动机的主要弹道性能参数　　温度：/℃

主要参数	参数值		
	+50	+20	-40
最大推力/kN	5.30	2.14	1.88
平均推力/kN	3.18	1.71	1.31
最大压强/MPa	29.42	11.97	10.59
平均压强/MPa	17.46	10.98	7.45
燃烧时间/s	0.28	0.53	0.65

续表

主要参数	参数值		
	+50	+20	-40
工作时间/s	0.30	0.61	0.70
推力冲量/(kN·s)	0.96	1.01	0.94
比冲/(N·s·kg^{-1})	2 050	1 940	2 000

2）推力及压强随时间变化曲线

发动机压强－时间曲线如图1－39所示，发动机推力－时间曲线如图1－40所示。

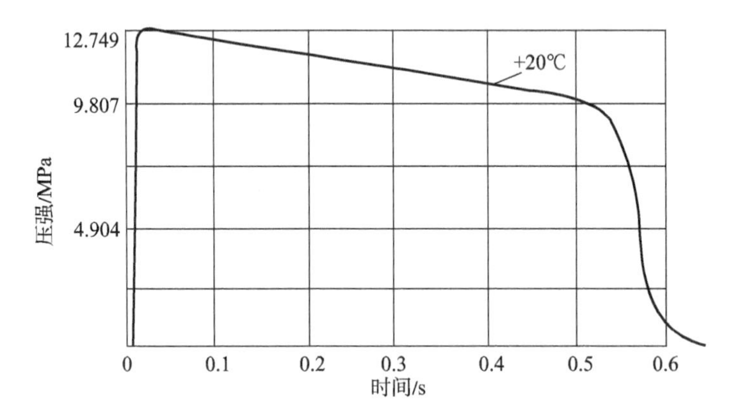

图1－39 发动机压强－时间曲线

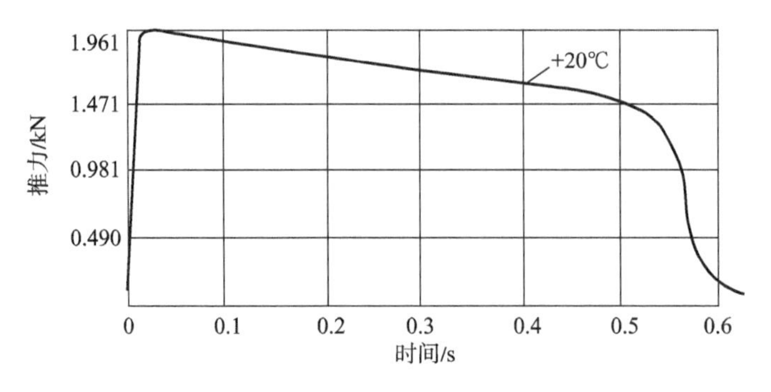

图1－40 发动机推力－时间曲线

3. 性能特点

（1）考虑到该火箭弹的发射过载很大，达到11 235 g，发动机需承受的过载力约为172.7 kN，燃烧截面的应力达到1 020.9 MPa，装药承受的截面应力达到39.2 MPa，对此，发动机各结构件强度设计时，均采取了抗过载的技术措施，燃烧室壳体采用强度较高的40CR合金钢制成；药柱采用三凸棱贴壁定位的措施等很好地满足了高过载的受力要求。

（2）在发动机工作期间，通过在喷管收敛段上开切向孔的设计，为火箭弹飞行提供助旋力矩，使弹低速旋转，用来减小推力偏心和气动偏心等对火箭散布和射击精度的影响，设计思路新颖。

4. 应用分析

该增程发动机将火箭弹的直射距离大幅度增加，起到了很好的增程效果。火箭弹的主要性能参数如下：

弹径：72.76 mm；

弹长：1 114 mm；

火箭弹质量：2.61 kg；

发射初速：435 m/s；

最大速度：780 m/s；

直射距离：800 m。

1.3.8　82 mm火箭发动机

该火箭发动机用于弹径为82 mm的同口径反坦克火箭。火箭弹采用无后坐力炮发射。发动机提供增程动力，可将火箭由初速252 m/s增速到460 m/s，直射程达到500 m，是直射程较大的火箭弹之一。

1. 结构组成

该发动机主要由发动机空体、多根管状装药、延期点火具、挡药板等零部件组成。82 mm火箭发动机如图1-41所示，其工程图如图1-42所示。

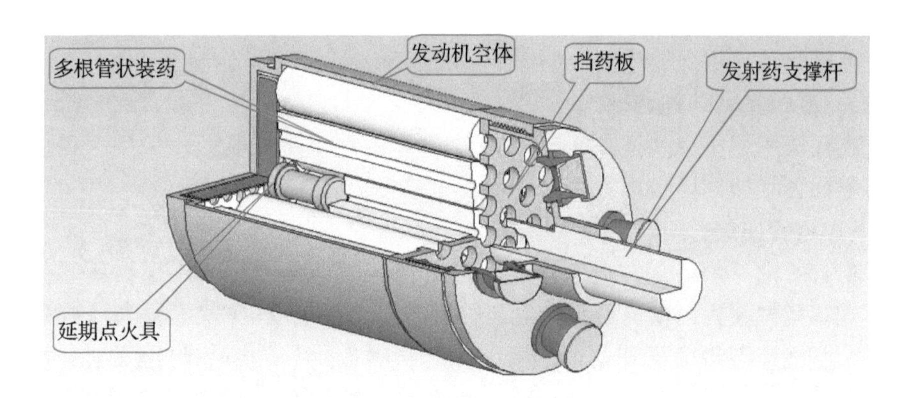

图1-41　82 mm火箭发动机

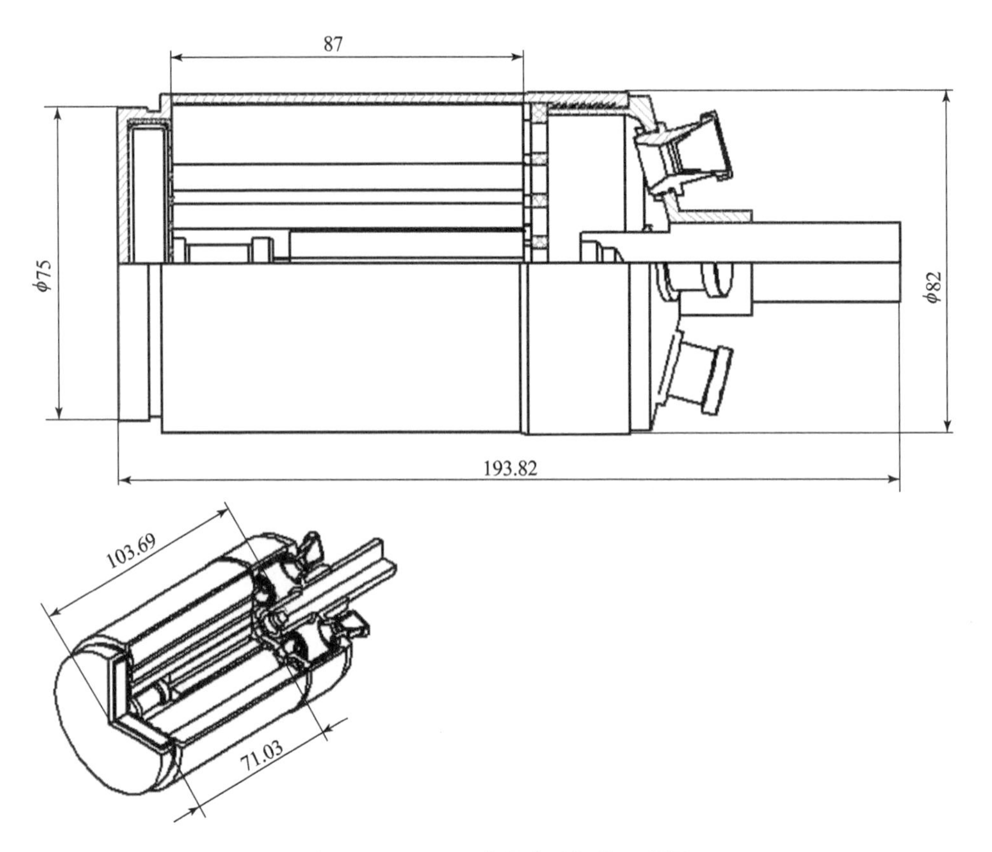

图 1－42 82 mm 火箭发动机的工程图

1）发动机空体

发动机空体由燃烧室与喷管座组件组成，燃烧室壳体为半封闭式圆筒形。与喷管座组件采用螺纹连接，如图 1－43 所示。

2）多根管状药柱装药

药柱选用螺压双基推进剂，由 19 根管状药柱组装成装药。采用这种多根内外燃烧管状药柱，装填方便，燃烧面积较大，如图 1－44 所示。

3）喷管座组件

喷管座由 4 个斜置的喷管组成。各喷管与后盖的连接采用螺纹压紧的连接形式，结构较为简单，密封性好。喷管与发动机轴成 15°夹角。每个喷管扩张段粘有泡沫塑料堵塞和紫铜压盖，除起密封作用外，还起防止发射药燃烧的燃气进入发动机燃烧室内的作用。喷管座组件如图 1－45 所示。

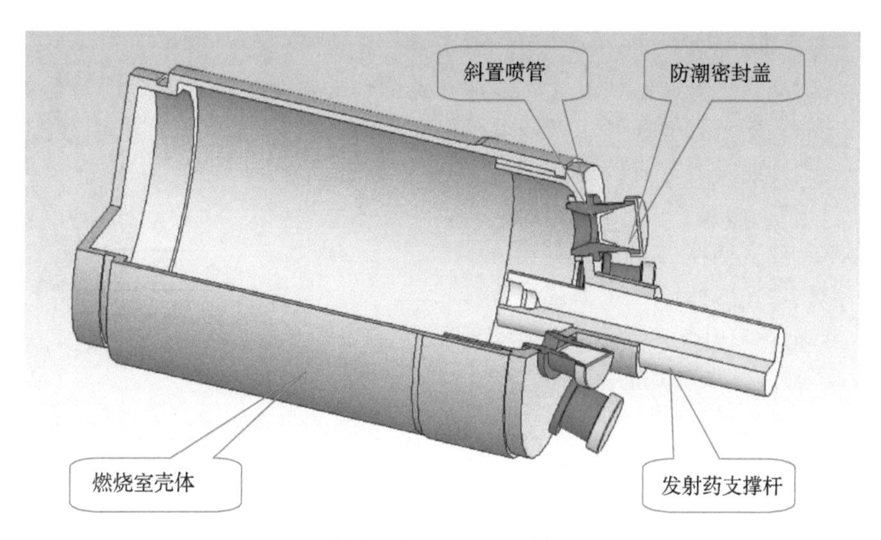

图1-43 发动机空体

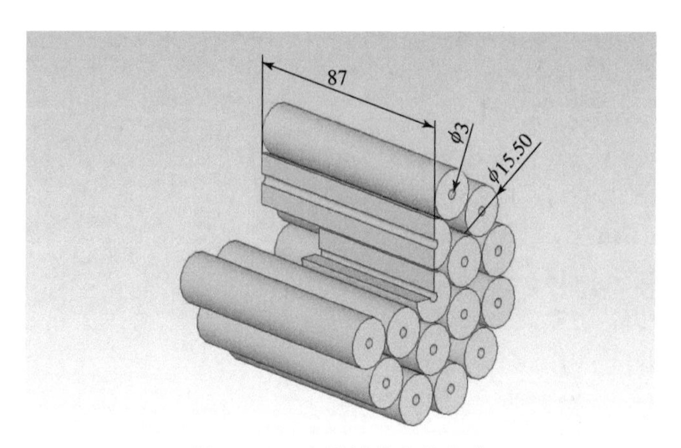

图1-44 多根管状药柱装药

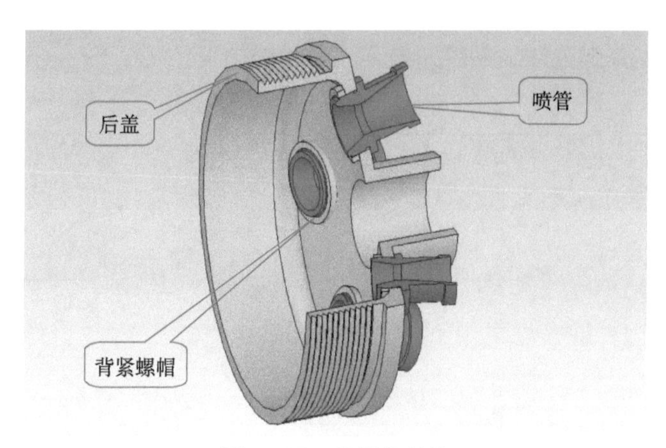

图1-45 喷管座组件

4）延期点火具

延期点火具由火帽、击针、弹簧和延期药柱等组成。延期点燃装药的过程与其他无后坐力炮发射的增程发动机点燃方式均相同，只是结构尺寸和延期药柱的延期时间有所不同。

5）结构参数

定心部直径：82 mm；

燃烧室壳体外径：81.1 mm；

燃烧室壳体内径：76.8 mm；

喷管喉径：7.75 mm；

喷管扩张角：30°；

扩张比：2.2；

药柱根数：19；

药柱外径：15.5 mm；

药柱内径：3 mm；

药柱长度：87 mm；

中心药柱长度：58 mm；

药柱质量：0.465 kg；

初始燃烧面积：1 013 cm^2；

面喉比：536；

内通气参量：116；

外通气参量：75.6；

总通气参量：81.5；

装填系数：0.745%。

2. 弹道参数

1）主要弹道性能

发动机主要弹道性能参数如表 1-5 所示。

表 1-5　发动机主要弹道性能参数　　温度：/℃

主要参数	参数值		
	+50	+15	-40
最大推力/kN	6.41	4.80	3.57
平均推力/kN	3.96	3.11	2.53
最大压强/MPa	22.36	18.14	13.14
平均压强/MPa	15.50	12.26	10.30

续表

主要参数	参数值		
	+50	+15	-40
燃烧时间/s	0.21	0.27	0.33
工作时间/s	0.23	0.29	0.35
推力冲量/(kN·s)	0.91	0.90	0.89
比冲/($N \cdot s \cdot kg^{-1}$)	1 960	1 940	1 900

2）推力及压强随时间变化曲线

燃烧室压强 - 时间曲线如图 1 - 46 所示，发动机推力 - 时间曲线如图 1 - 47 所示。

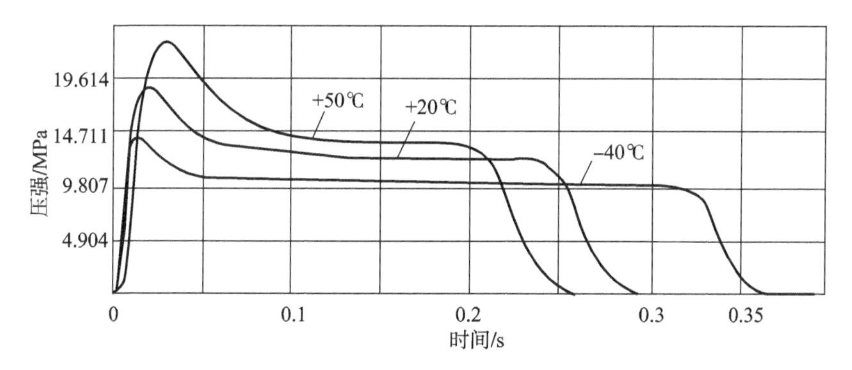

图 1 - 46　燃烧室压强 - 时间曲线

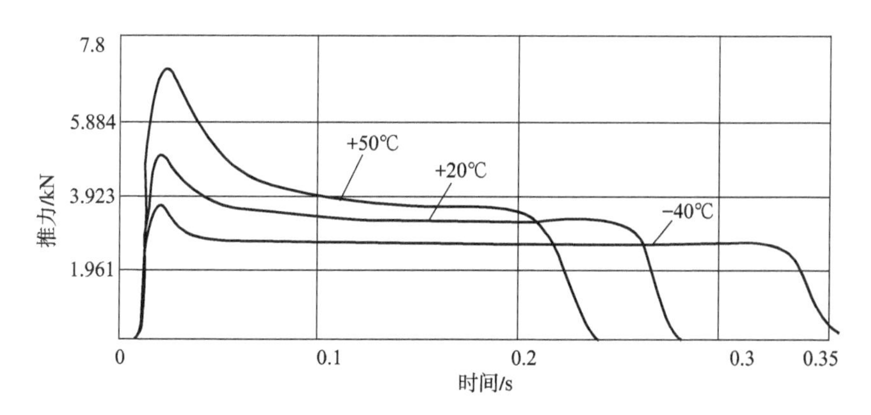

图 1 - 47　发动机推力 - 时间曲线

3. 性能特点

（1）发动机承受惯性载荷较大。发射火箭弹时，其过载约为 12 300 g，该发动机采取相应的抗过载技术措施，装药的装填与固定、各零部件的强度均很好地满足发射要求，发动机工作可靠。

（2）发动机采用4个斜置喷管的设计，在发动机后部有较大的空间装填增程发射药，发动机总体结构布置合理、紧凑。

（3）喷管堵采用泡沫塑料填充密封，采用带剪切槽的紫铜压帽作密封压盖，发动机工作燃气打开喷管堵时，打开的一致性好，有利于减少火箭的散布。

4. 应用分析

装有该发动机的火箭弹，将火箭弹的直射距离大幅度增加，起到了很好的增程效果。火箭弹的主要性能参数如下：

弹径：82 mm；

弹长：780 mm；

全弹质量：3.67 kg；

发射初速：252 m/s；

最大速度：460 m/s；

直射距离：500 m。

1.3.9 95 mm 火箭发动机（一）

该发动机为增程发动机，采用无后坐力炮发射方式，在火箭弹飞离炮口一定距离后，发动开始点火工作。

1. 结构组成

发动机主要由发动机空体、7根管状药柱组成的装药、延期点火具、挡药板等零部件组成。95 mm 火箭发动机（一）如图1－48所示，其工程图如图1－49所示。

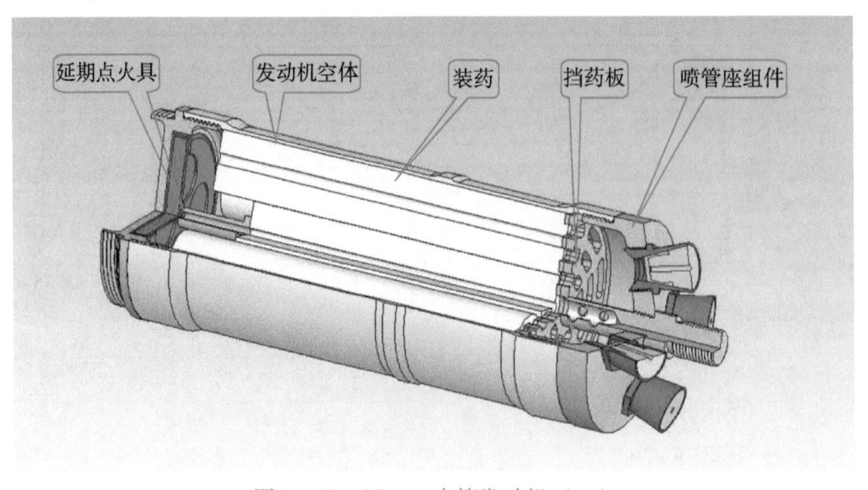

图1－48 95 mm 火箭发动机（一）

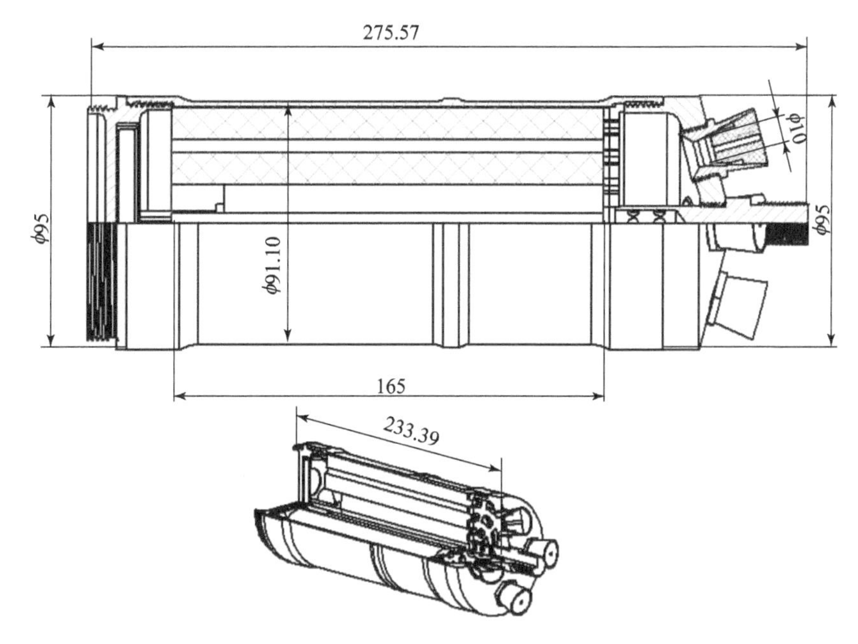

图1-49　95 mm火箭发动机（一）的工程图

1）发动机空体

发动机空体由前堵盖、燃烧室壳体、喷管座组件等组成。燃烧室壳体与前堵盖和喷管均采用螺纹连接，如图1-50所示。

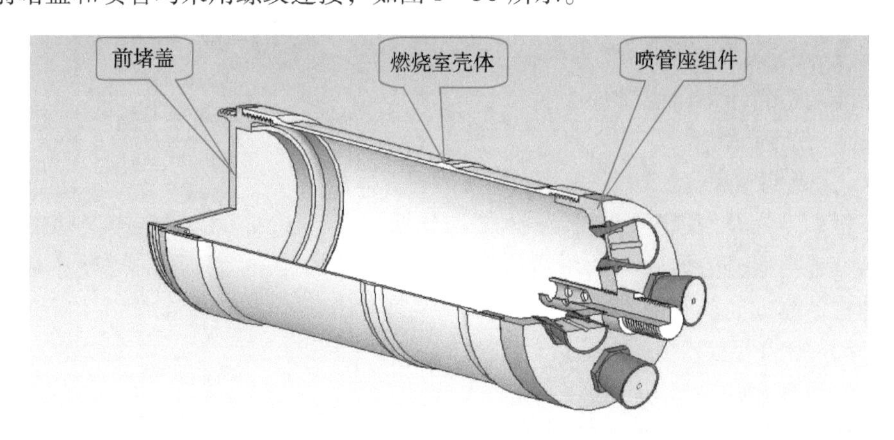

图1-50　发动机空体

2）管状药柱装药

由7根管状药柱组成装药，药柱选用螺压双基推进剂，为安装延期点火具中心药柱短20 mm。装药后端粘有2 mm厚的毛毡垫，中心药柱外径上套有两个橡胶套，用来调整药柱公差带来的装配间隙；对装药药柱在轴向和径向受力起缓冲作用，以增加抗过载能力。装药由前堵盖的端面和挡药板端面对装药轴向定位。7 根管状药柱装药如图 1－51 所示。

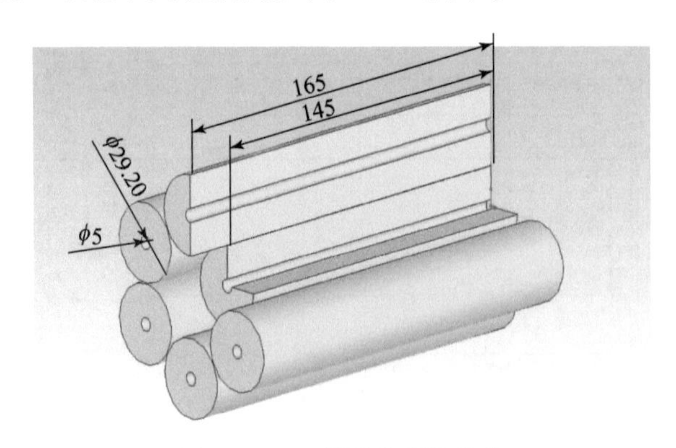

图 1－51 7 根管状药柱装药

3）喷管座组件

喷管座组件由后盖、4 个斜置喷管和发射药支撑杆等组成。后盖由高强度铝合金制造。在后盖上，加工有 4 个倾斜角为 15°的螺纹孔，用来安装 4 个喷管。各喷管都装有密封堵盖和轻质材料压制成的密封塞，用来防止发射药气体进入发动机燃烧室内，并起防潮密封作用。喷管座组件如图 1－52 所示。

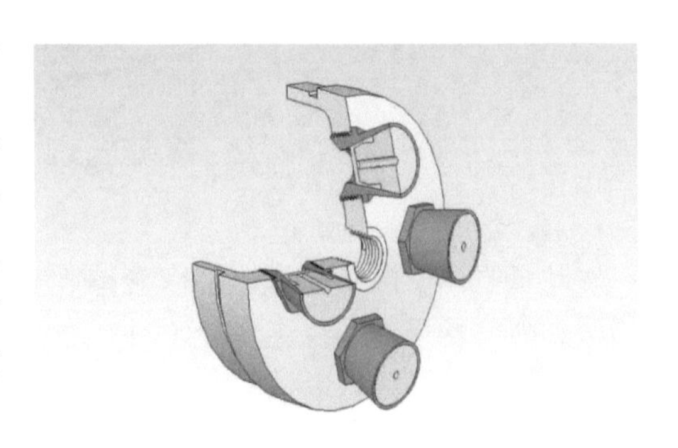

图 1－52 喷管座组件

4）延期点火具

延期点火具由火帽、击针、弹簧和延期药柱等组成。延期点燃装药的过程与其他无后坐力炮发射的增程发动机点燃方式均相同，只是结构尺寸和延期药柱的延期时间有所不同。

5）结构参数

定心部直径：95 mm；

燃烧室壳体外径：91. 1 mm；

燃烧室壳体内径：87. 8 mm；

喷管数：4；

喷管喉径：10 mm；

喷管扩张角：22°；

扩张比：2. 2；

药柱外径：29.2 mm；

药柱内径：5 mm；

药柱长度：165 mm；

中心药柱长度：145 mm；

药柱根数：7；

药柱质量：0.235 kg；

初始燃烧面积：1 228 cm^2；

面喉比：417；

内通气参量：132；

外通气参量：76；

总通气参量：84.5；

装填系数：0.75%。

2. 弹道参数

1）主要弹道性能

发动机的主要弹道性能参数如表1-6所示。

表1-6　发动机的主要弹道性能参数　　温度：/℃

主要参数	参数值		
	+50	+20	-40
最大推力/kN	6.54	5.19	4.22
平均推力/kN		4.80	3.86
最大压强/MPa	15.50	11.87	10.20
平均压强/MPa	12.93	10.69	9.42
燃烧时间/s	0.42	0.47	0.53
工作时间/s	0.46	0.51	0.57
比冲/($N \cdot s \cdot kg^{-1}$)	2 120	1 989	1 864

2）推力及压强随时间变化曲线

发动机压强-时间曲线如图1-53所示，发动机推力-时间曲线如图1-54所示。

3. 性能特点

（1）对无后坐力炮发射的增速发动机，采取橡胶套套在中心药柱外，用来补偿各药柱间的装配间隙，并作为对药柱的径向缓冲；采用毛毡垫对药柱轴向尺寸进行补偿和缓冲，起到了装药抗过载的作用。燃烧室壳体中间的局部厚度加厚保证了壳体的抗过载强度，火箭弹发射和飞行中发动机工作可靠。

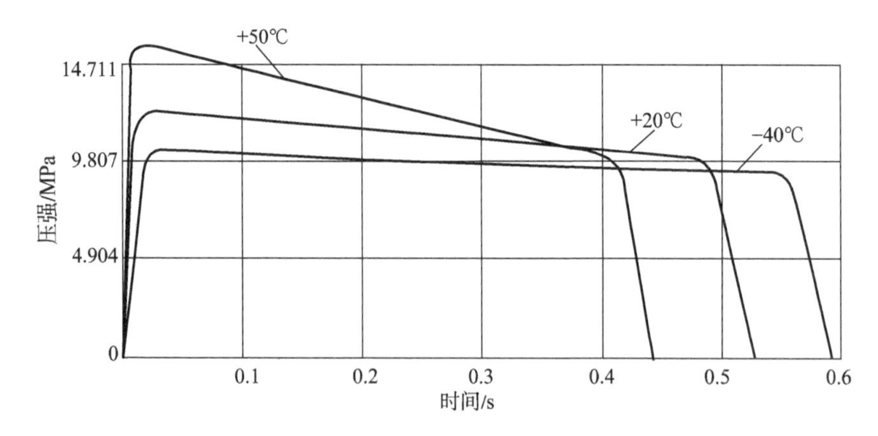

图 1－53 发动机压强－时间曲线

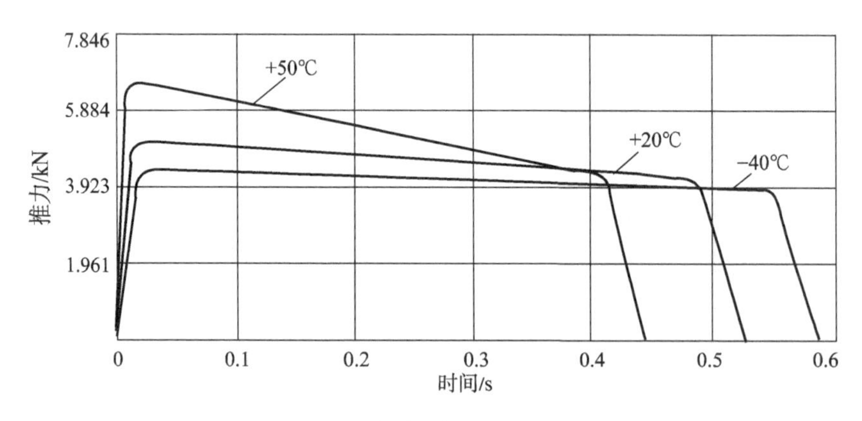

图 1－54 发动机推力－时间曲线

（2）采用 4 个倾斜喷管，给发动机后部留有较大的空间，使发射药的装填结构紧凑、全弹结构合理、综合弹道性能较好。

4. 应用分析

由该增程发动机组装的火箭弹为同口径弹，发动机定心部直径与战斗部直径相同，弹径较大，战斗部破甲威力大。

弹径：95 mm；

弹长：1 027 mm；

火箭弹质量：7.3 kg；

发射初速：355 m/s；

最大速度：673 m/s；

直射距离：720 m。

由弹翼非对称形面提供旋转力矩产生的转速为 2 940 r/s。

1.3.10　95 mm 火箭发动机（二）

该发动机为增程发动机，也采用无后坐力炮发射方式，在火箭弹飞离炮口一定距离后，发动机开始点火工作。发动机起增速和增加射程的作用。

1. 结构组成

该发动机主要由发动机空体、内外套装的管状药柱组成的装药、延期点火具、挡药板等零部件组成。95 mm 火箭发动机（二）如图 1 – 55 所示，其工程图如图 1 – 56 所示。

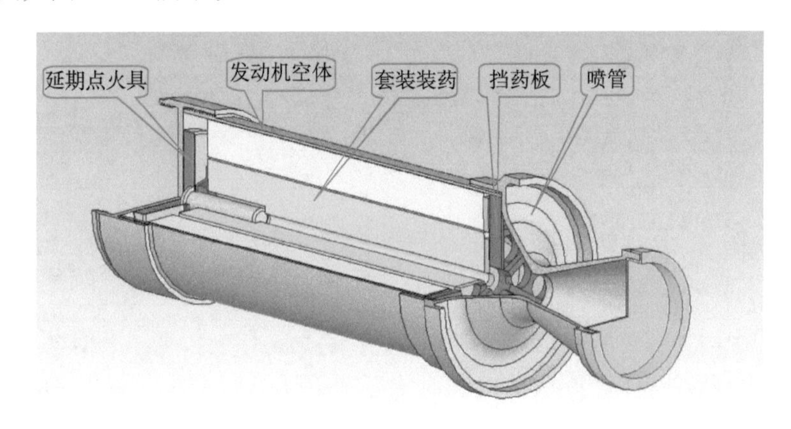

图 1 – 55　95 mm 火箭发动机（二）

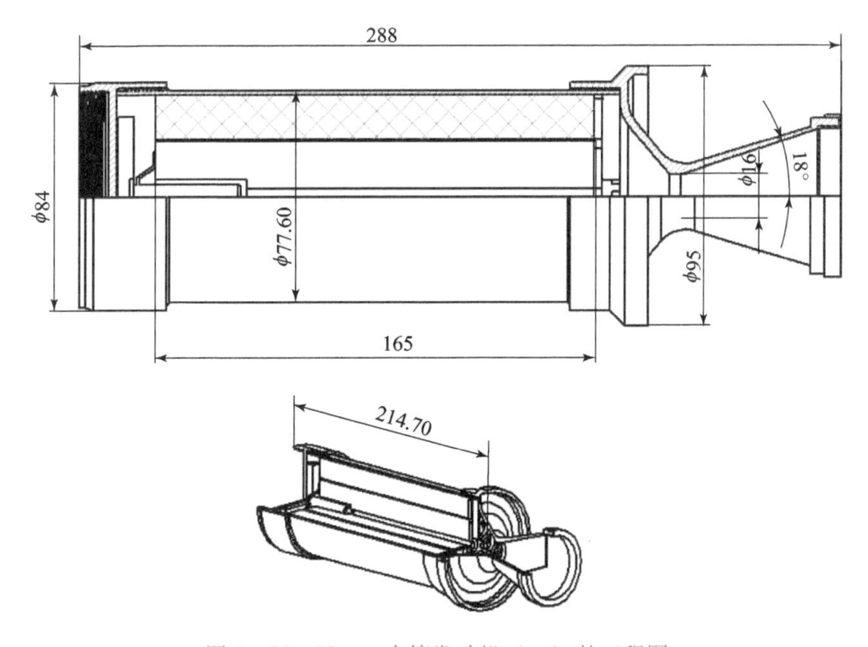

图 1 – 56　95 mm 火箭发动机（二）的工程图

1）发动机空体

发动机空体由前堵盖、燃烧室壳体、喷管等组成。燃烧室壳体与前堵盖和喷管采用螺纹连接。发动机空体如图 1－57 所示。

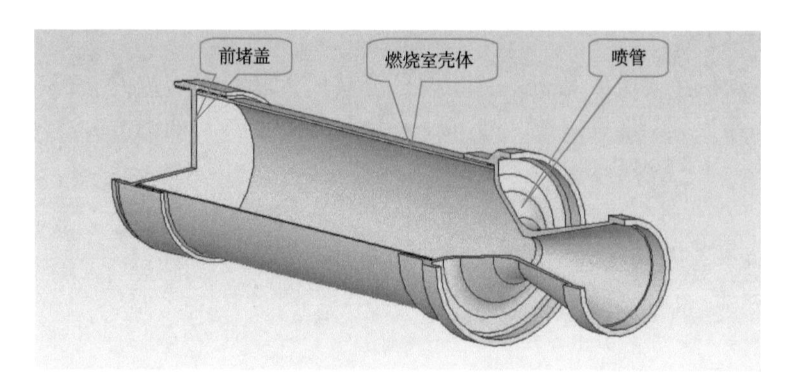

图 1－57 发动机空体

2）管状药柱装药

装药由内外套装的两根管状药柱组成，每根药柱的后端面上粘有 4 mm 厚的毛毡垫。药柱选用螺压双基推进剂，为安装延期点火具内部药柱前端内孔呈阶梯形状。外部大直径药柱外表面采用三个凸棱与燃烧室内壁径向定位，内部小药柱外表面也用三个凸棱与大直径药柱内表面径向定位。内外套装管状药柱装药如图 1－58 所示。

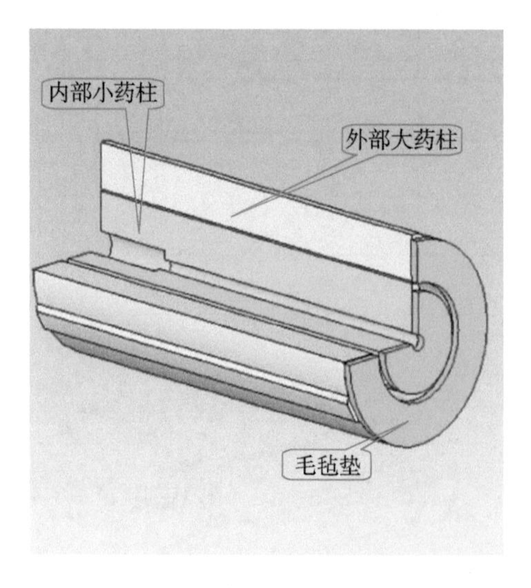

图 1－58 内外套装管状药柱装药

3）装药的装填结构

挡药板与装在前堵盖上的碟形弹簧压板一起，对装药进行前后轴向固定；弹簧压板和药柱后端的毛毡垫对装药起缓冲和抗轴向过载的作用。挡药板及定位装药结构分别如图1－59和图1－55所示。

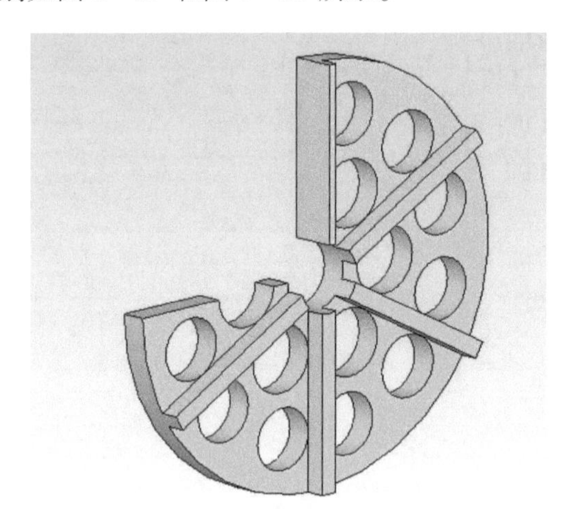

图1－59 挡药板

4）延期点火具

延期点火具由火帽、击针、弹簧和延期药柱等组成。延期点燃装药的过程与其他无后坐力炮发射的增程发动机点燃方式均相同，只是结构尺寸和延期药柱的延期时间有所不同。

5）结构参数

定心部直径：95 mm；

燃烧室壳体外径：77.6 mm；

燃烧室壳体内径：75 mm；

喷管喉径：16 mm；

喷管扩张角：18°；

扩张比：2.5；

大药柱凸棱外径：75 mm；

大药柱外径：72 mm；

大药柱内径：42 mm；

小药柱凸棱外径：40.5 mm；

小药柱外径：35.5 mm；

小药柱内径：5.7 mm；

药柱长度：165 mm；

药柱质量：1.0 kg；

初始燃烧面积：860.43 cm^2；

面喉比：424；

内通气参量：130；

外通气参量：132；

中腔通气参量：122；

总通气参量：126；

装填系数：0.84%。

2. 弹道参数

1）主要弹道性能

发动机的主要弹道性能参数如表 1 – 7 所示。

表 1 – 7 发动机的主要弹道性能参数 温度：/℃

主要参数	参数值		
	+50	+20	−50
最大推力/kN	5.72	3.89	3.00
平均推力/kN	3.35	3.13	2.57
最大压强/MPa	20.40	15.69	10.49
平均压强/MPa	13.24	12.06	9.51
燃烧时间/s	0.53	0.60	0.70
推力冲量/(kN·s)	1.93	2.01	1.84

2）推力及压强随时间变化曲线

95 mm 火箭发动机（二）压强 – 时间曲线如图 1 – 60 所示，其推力 – 时间曲线如图 1 – 61 所示。

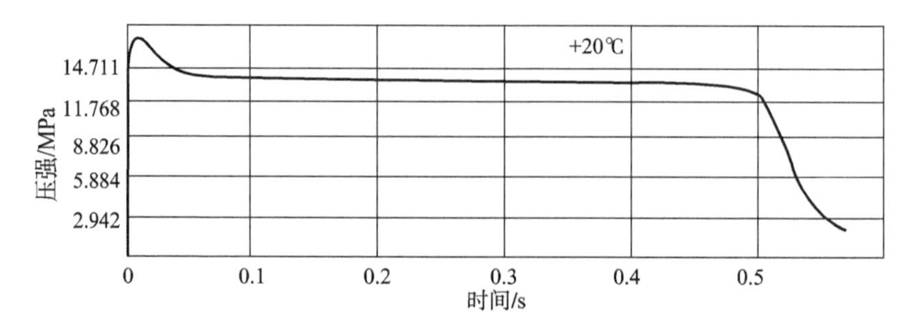

图 1 – 60 95 mm 火箭发动机（二）压强 – 时间曲线

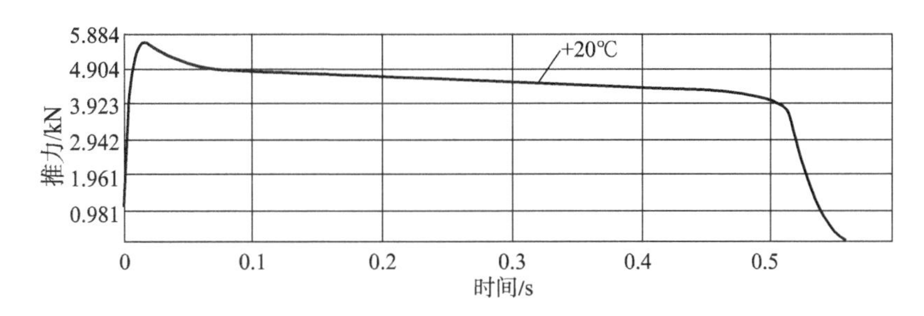

图1-61　95 mm火箭发动机（二）推力-时间曲线

3. 性能特点

（1）采取内外套装的管状药柱，并采用凸棱径向定位，初始定位稳定；燃烧面积大，装填密度高。发动机结构紧凑，推进效能高。

（2）对无后坐力炮发射的增速发动机，采用盘形弹簧在装药前端压紧装药，在装药后端用毛毡垫缓冲，即可补偿药柱尺寸误差，又能较好的起到抗轴向过载的作用。飞行中发动机工作可靠。

4. 应用分析

由该增程发动机组装的火箭弹为同口径弹，发动机定心部直径与战斗部直径相同，弹径较大，战斗部破甲威力大。

弹径：95 mm；

弹长：685 mm；

火箭弹质量：4.65 kg；

发射初速：415 m/s；

最大速度：740 m/s；

直射距离：800 m。

第 2 章　战术火箭发动机

战术火箭武器系统也称野战火箭。它以多发弹连射的方式，大面积摧毁敌方防御工事和大量杀伤敌有生力量。

火箭发动机除为全弹飞行提供动力外，还要为改善火箭密集度的各种措施提供动力，如提供助推动力以增加火箭的初速、提供助旋动力以改善飞行弹道的偏离等。为实现发动机对总体的这些要求，火箭发动机要采取各种技术措施，设计不同的发动机结构，以使全弹的综合性能满足战术技术指标要求。

2.1　总体要求

2.1.1　提供较大的初始推力

初速是无控火箭弹重要弹道参数，发射火箭弹时初速大可减少初始扰动，减少风偏对火箭散布的影响，这需要火箭发动机提供较大的初始推力冲量。

2.1.2　提供足够的推力冲量

战术火箭弹主动段终点的速度是保证火箭射程的重要参数之一，除了火箭弹要具有合理的弹形结构和良好的气动布局，以减少弹飞行时的阻力以外，发动机要提供足够的总推力冲量。这要求发动机设计时，所选推进剂的能量特性要好，发动机装填密度大，推进效率要高。

2.1.3　要求发动机能提供多种动力

如前所述，为改善火箭弹的散布要能提供旋转动力，为增加火箭弹的初速要能提供助推动力等。为此，有的采用独立的助推发动机，有的设计大燃烧面积的主发动机；有的采用独立旋转发动机提供旋转动力；有的采用主发动机带切向偏角的多喷管产生旋转力矩；也有采用在喷管扩张段加斜置燃气导流片的结构形式，以满足火箭飞行多种动力的需要。

2.2　发动机主要特点

2.2.1　具有较高的推进效率

战术火箭发动机是保证火箭弹射程要求的动力部件，发动机的燃烧效率要高，对此在发动机设计时常选用能量高的推进剂，尽量增加装填系数，多装药；追求发动设计具有较高的燃烧室效率、比冲效率和喷管效率。高推进效率的发动机，其发动机的质量比（装药推进剂药柱质量与发动机总质量之比）、发动机的冲量比（发动机总推力冲量与发动机总质量之比）都较高。

2.2.2　要尽量减少推力偏心矩

发动机推力偏心矩直接影响战术火箭的散布。对长细比较大的火箭弹，常采取专项技术措施来减少发动机的推力偏心。采用多喷管尽量使喷管靠近火箭弹的质心，尽量减少发动机质量偏心、几何偏心和装药燃烧的燃气流偏心等。

2.2.3　要具有较好的装填性能

高装填密度装药设计是发动机设计的重要内容之一，包括装填结构设计和装填性能设计。装填结构设计主要是指确定适合高装填密度的装药药形、装药的缓冲、发动机尺寸误差补偿和装药的安装与定位等；而装填性能设计主要是指高装填密度装药设计，要合理确定装药燃烧气体流动的通气参量（装药燃烧面积与药柱通气面积之比）、面喉比（燃烧面积与喷管喉部面积之比）、喉通比（喷管喉部面积与药柱通气面积之比）、装填系数（装药的横截面积与燃烧室横截面积之比）等参数，以使发动机工作稳定可靠。

2.3　国内外战术火箭发动机

2.3.1　DIRA 火箭发动机

DIRA 火箭武器系统是瑞士 Oerlikon - buhle 公司研制的，该火箭弹的发动机采用单根装药。火箭发动机除为火箭提供飞行动力外，还通过在喷管扩张段后部设置斜置的燃气舵片，为火箭弹提供旋转力矩。该发动机可与多种战斗部组装成各种用途的火箭弹。

1. 结构组成

该发动机的直径为 81 mm，由发动机空体、装药、喷管和点火具等零部件组成。DIRA 火箭发动机如图 2－1 所示，其工程图如图 2－2 所示。

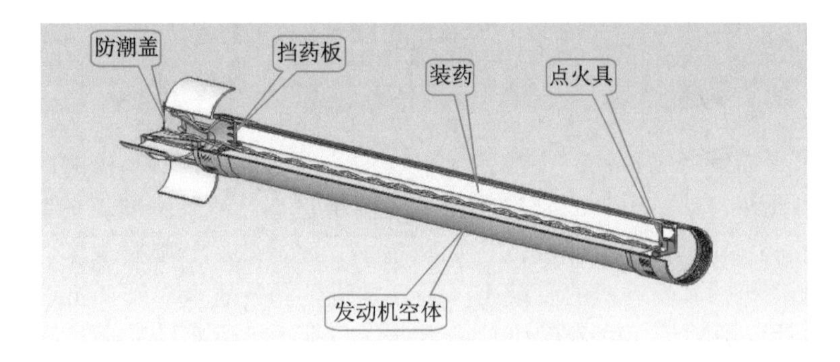

图 2－1 DIRA 火箭发动机

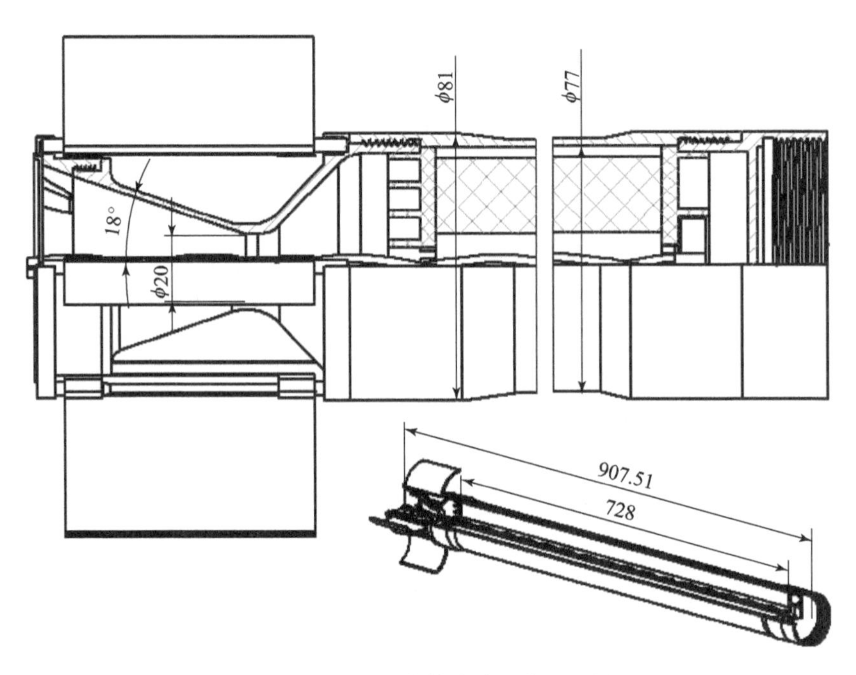

图 2－2 DIRA 火箭发动机的工程图

1）发动机空体

发动机空体由前堵盖、燃烧室壳体和喷管组件组成，如图 2－3 所示。

2）喷管组件

喷管扩张段后部装有斜置的燃气导流片。喷管外装有弧形弹翼。DIRA 火箭发动机喷管组件如图 2－4 所示。

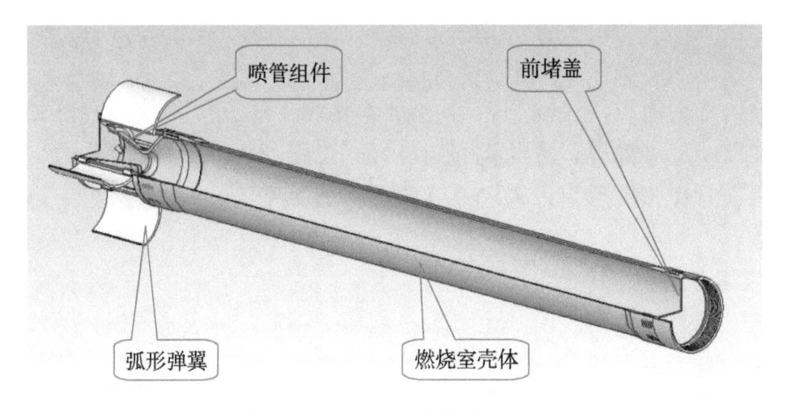

图 2－3　DIRA 火箭发动机空体

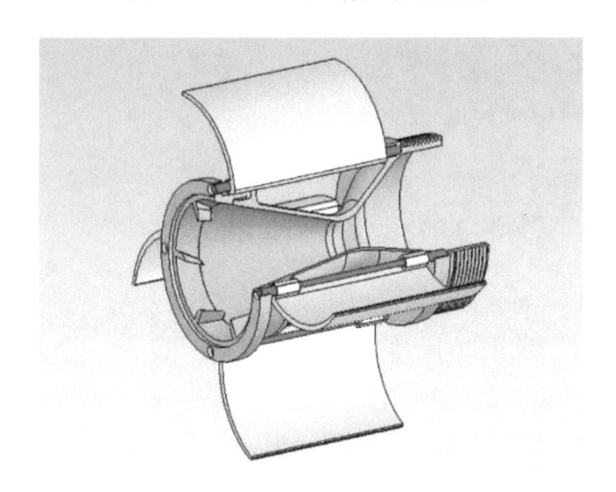

图 2－4　DIRA 火箭发动机喷管组件

3）结构及质量参数

发动机定心部直径：81 mm；

发动机质量：8.65 kg；

装药质量：3.34 kg。

2. 弹道参数

发动机主要弹道性能参数如表 2－1 所示。

表 2－1　发动机主要弹道性能参数　　温度：/℃

主要参数	不同温度下参数值		
	+70	+18	-40
平均推力/kN		7.70	
平均压强/MPa		16.57	
工作时间/s	0.82	0.91	1.0
比冲/(kN·s·kg^{-1})	2 150		

3. 性能特点

发动机结构简单、紧凑，可装多种类型战斗部，包括杀伤战斗部、破甲战斗部和照明战斗部等，发动机通用性好。

利用喷管扩张段后部设置燃气导流片，为火箭弹飞行提供低速旋转力矩，结构简单。

4. 应用分析

由该发动机组装的火箭弹也可装在舰艇上发射，火箭弹的主要参数如下：

弹径：81 mm；

全弹质量：16.65 kg；

发射初速：48 m/s；

最大速度：490 m/s；

最大转速：3 000 r/s；

射程：1.6 ~8.6 km。

2.3.2 122 mm（9M22M）火箭发动机

122 mm 发动机是苏联研制的一种轻型便携式火箭弹的发动机。由该发动机组装的火箭弹称冰雹Ⅱ（代号 ГРАД – Ⅱ），共有三个不同型号，分别为 9M22M、9M22M1 和 9M22，这三种型号火箭弹的战斗部弧形尾翼结构和尺寸都相同，只是发动机的装药量及尺寸不同。火箭弹的射程也不相同。21 世纪 90 年代后期，苏军曾出售给朝鲜以及罗马尼亚等东欧国家。

1. 结构组成

该发动机的直径为 122 mm，由发动机空体、装药和点火具等零部件组成。122 mm 火箭发动机如图 2 –5 所示，其工程图如图 2 –6 所示。

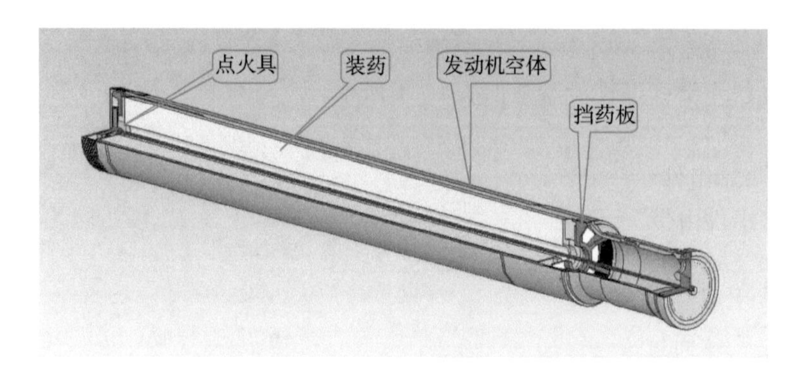

图 2 –5 122 mm 火箭发动机

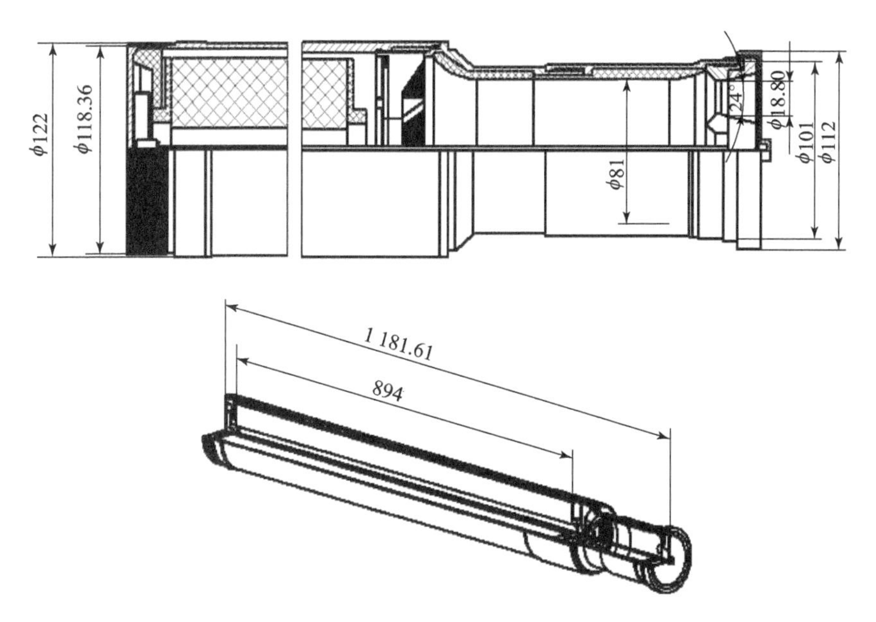

图 2－6　122 mm 火箭发动机的工程图

1）发动机空体

发动机空体由前端封闭的燃烧室壳体和带导流段的喷管组件组成，如图 2－7 所示。

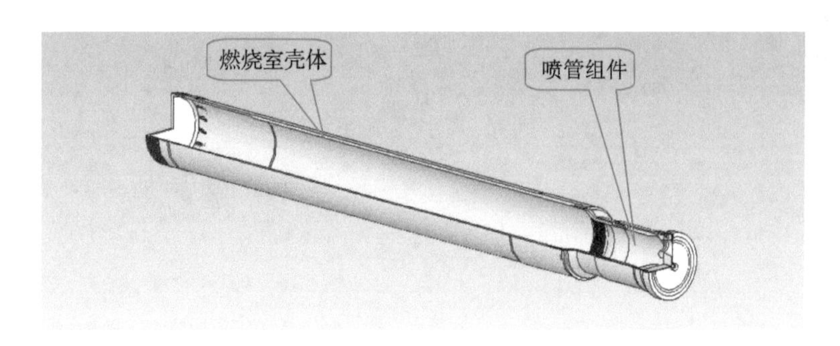

图 2－7　122 mm 火箭发动机空体

2）喷管组件

喷管组件由带 7 个喷管的喷管体、导流段壳体、隔热层、发射点火电流导电盖和绝缘环等零部件组成。

喷管体共装有 7 个锥形喷管，其中 6 个沿周向均匀分布，1 个在喷管体中心。喷管体通过螺纹与燃烧室壳体连接。喷管出口装有发射点火电流导电盖和绝缘环，点火电流导电盖也起防潮密封作用。喷管组件如图 2－8 所示。

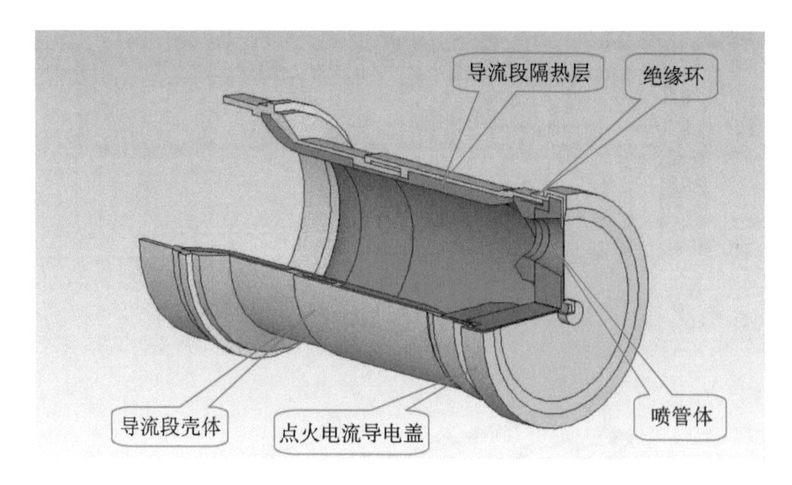

图 2-8　喷管组件

3）装药

装药推进剂选用牌号为 PCИ-12K 的双基推进剂，采用单根管状药柱。药柱两端面有圆台形端面包覆片，靠前后挡板将药柱支撑在燃烧室的中心。这种径向定位装药的形式有利于减少质量偏心、燃气流动偏心和几何偏心，可起到提高火箭散布的作用，如图 2-5 所示。管状装药如图 2-9 所示。

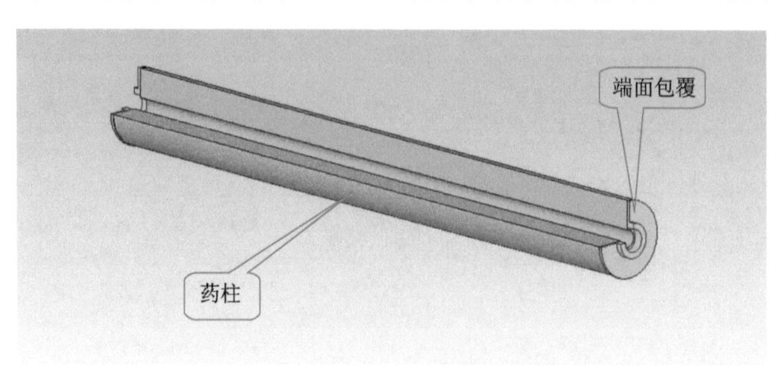

图 2-9　管状装药

4）结构及质量参数

发动机定心部直径：122 mm；

燃烧室外径：120 mm；

燃烧室内径：114 mm；

喷喉直径：13 mm；

装药药柱外径：103 mm；

装药药柱内径：46 mm；

装药长度：886 mm；

装药质量（含端面包覆，9M22M 型）：9.5 kg；

初始燃烧面积：4 147 cm^2；

面喉比：446。

2. 弹道参数

三种不同型号发动机的弹道性能参数如表 2 - 2 所示。

表 2 - 2　三种不同型号发动机的弹道发动机主要性能参数　+20℃

主要参数	弹道参数值		
	9M22M	9M22M1	9M22
平均推力/kN	15.88	27.5	24.2
平均压强/MPa	9.8	16.57	15.6
工作时间/s	1.2	0.91	1.0
推力冲量/(kN·s)	19.48	24.80	42.23

3. 性能特点

（1）燃烧室为半封闭结构。壳体采用带前底的整体结构，用冷冲压工艺成形，工艺简单，避免大量机械加工，材料的利用率高，适合大量生产。带前底的壳体前端用螺纹与战斗部连接，战斗部壳体为无底的敞开式装填炸药形式，便于装填。

（2）采用燃气导流结构。导流管外设置弧形弹翼，导流管内燃气由收敛段、圆柱段和扩张段进入喷管，燃气在尾管中流动可使燃烧反应充分，经整流后的燃气流动均匀，对提高燃烧效率、减少燃气流偏心有利，结构紧凑合理。

（3）采用多喷管结构。与单喷管相比，既缩短了发动机总长又可减少推力偏心。

4. 应用分析

由三种不同性能发动机组装的火箭弹，由于发动机的装药量不同，火箭弹质量、尺寸和射程也各不相同。122 mm 三种型号火箭弹的主要参数如表 2 - 3所示。

表 2 - 3　122 mm 三种型号火箭弹的主要性能参数

主要参数	弹道参数值		
	9M22M	9M22M1	9M22
弹径/mm	122	122	122
弹长/mm	1 930	1 953	2 870

续表

主要参数	弹道参数值		
	9M22M	9M22M1	9M22
全弹质量/kg	46	47.8	66
发动机装药质量/kg	9.5	12.1	20.6
射程/km	11	15	20.5

2.3.3 FIROS25 火箭发动机

由该火箭发动机组装的 FIROS25 火箭弹是意大利研制生产的，火箭的射程为 25 km。发动机的通用性好，配有多种战斗部，形成 FIROS25 系列火箭弹。

1. 结构组成

该发动机的直径为 122.5 mm，由发动机空体、装药和点火具等零部件组成。FIROS25 火箭发动机如图 2-10 所示，其工程图如图 2-11 所示。

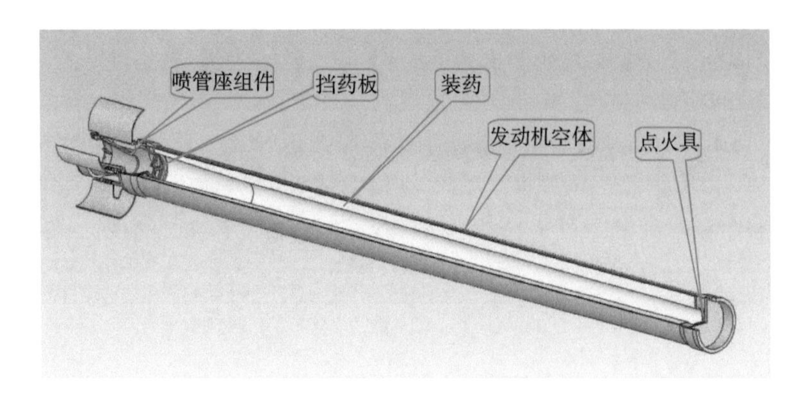

图 2-10 FIROS25 火箭发动机

1）发动机空体

发动机空体由前堵盖、燃烧室壳体和喷管座组件组成，喷管扩张段后部设置 6 片燃气导流片，为火箭弹飞行提供旋转力矩。122.5 mm 火箭发动机空体如图 2-12 所示。

2）喷管座组件

喷管座组件由喷管体和带 6 个导流片的端环组成，喷管形面为锥形。喷管体通过螺纹与燃烧室壳体连接。喷管座组件如图 2-13 所示。

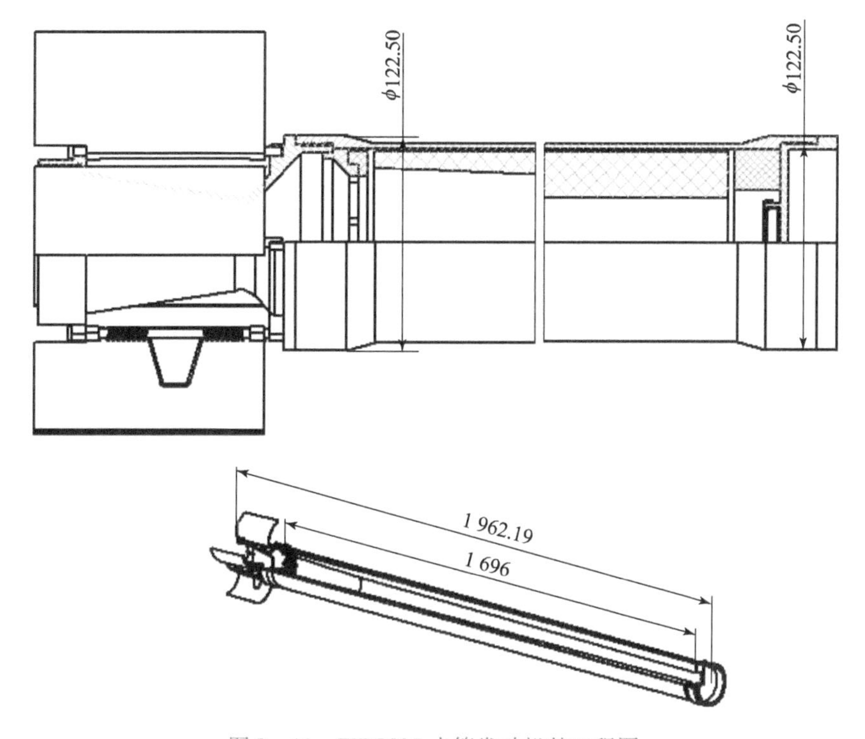

图 2-11 FIROS25 火箭发动机的工程图

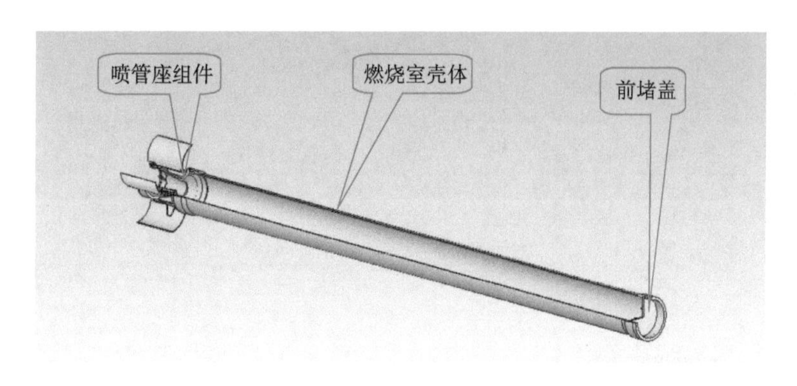

图 2-12 发动机空体

3）装药

装药推进剂选用复合推进剂，采用单根内表面燃烧的内孔药柱贴壁浇铸成形，端面和外侧面采用包覆阻燃。为增大燃烧室后端通气面积，改善内孔燃烧的增面性，使内弹道曲线尽量平直，药柱内孔靠喷管端设计成锥形面，弹道曲线的平直性较好。管状装药如图 2-14 所示。

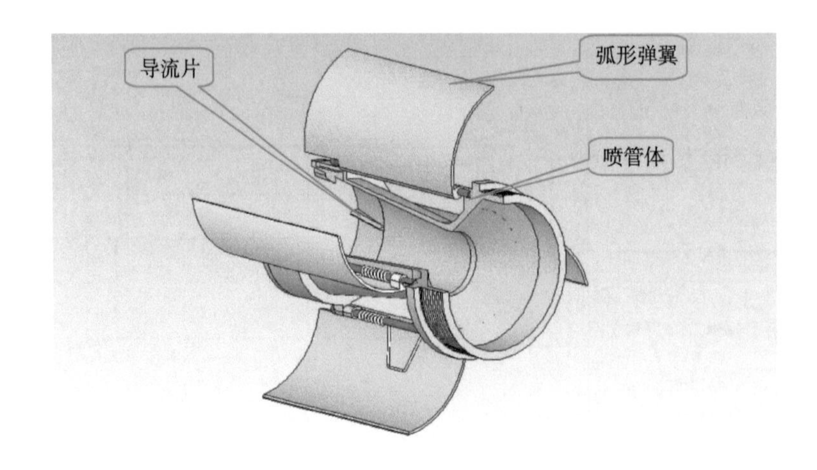

图 2－13 喷管座组件

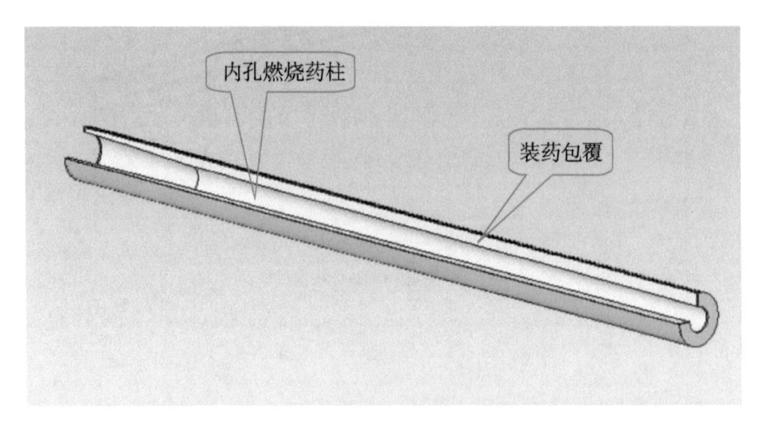

图 2－14 管状装药

4）结构及质量参数

发动机定心部直径：122.5 mm；

发动机总长：2 005 mm；

发动机质量：35 kg。

2. 弹道参数

1）性能参数

发动机的弹道主要性能参数如表 2－4 所示。

表 2－4　发动机的弹道主要性能参数　　+20℃

主要参数	参数值
平均推力/kN	50.23
最大压强/MPa	18.63
燃烧时间/s	0.96
推力冲量/(kN·s)	49.21
比冲/(N·s·kg^{-1})	2 280

2）燃烧室压强－时间曲线

发动机燃烧室压强－时间曲线如图 2－15 所示。

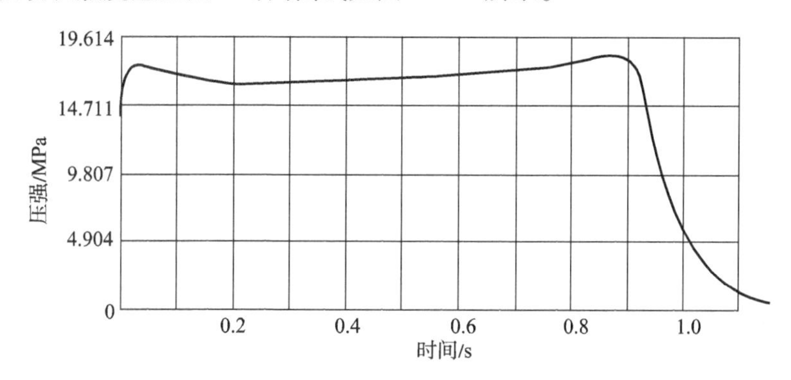

图 2－15　发动机燃烧室压强－时间曲线

3）发动机推力－时间曲线

发动机推力－时间曲线如图 2－16 所示。

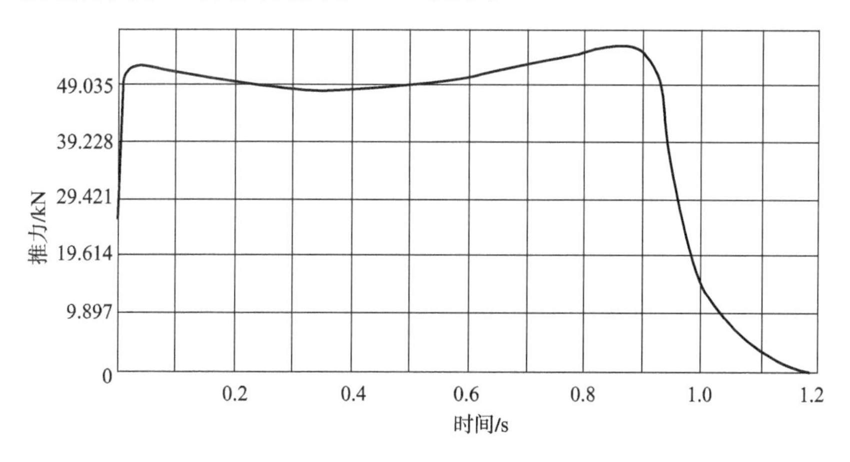

图 2－16　发动机推力－时间曲线

3. 性能特点

(1) 装药采用高能复合推进剂和贴壁浇铸成形工艺，装填密度大，发动机质量比较高达到0.63，具有较好的推进效能。

(2) 采用燃气导片结构为火箭弹飞行提供合适的旋转力矩，结构简单。配合弧形弹翼起到了很好的稳定作用，火箭弹的散布较小。

4. 应用分析

由该发动机组成火箭弹的主要参数如表2-5所示。

表2-5 122.5 mm火箭弹（FIROS25）的主要性能参数

主要参数	参数值
弹径/mm	122.5
弹长/mm	2 560
全弹质量/kg	52.4
射程/km	27

2.3.4 9M21M2火箭发动机

9M21M2火箭发动机由主发动机、助推发动机和助旋发动机组成。配用于直径为544 mm的9M21Φ-2火箭弹，是苏联研制生产的，属于大口径火箭弹，连同火箭发射等装备构成9K52火箭武器系统。武器系统代号FROG-Ⅶ。9M21M2火箭发动机如图2-17所示，其工程图如图2-18所示。

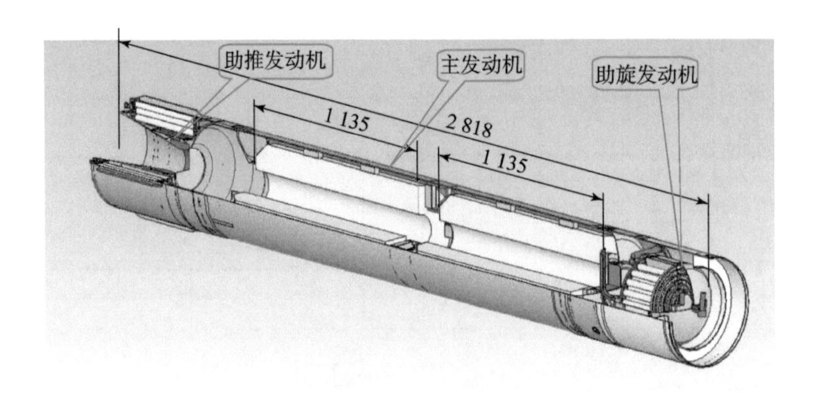

图2-17 9M21M2火箭发动机

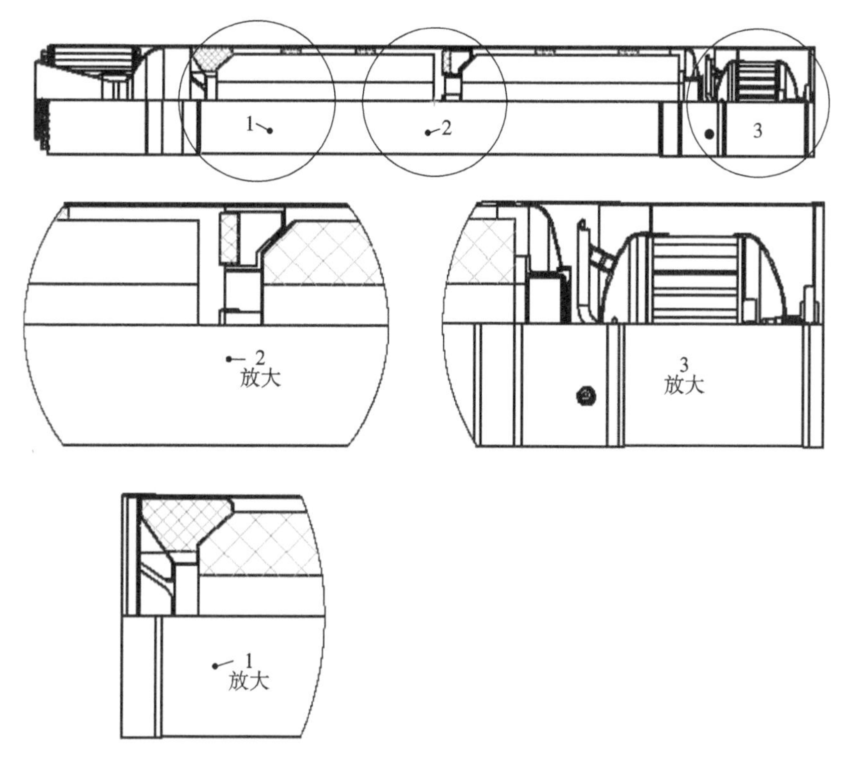

图 2－18　9M21M2 火箭发动机的工程图

2.3.4.1　9M21M2 主火箭发动机

9M21M2 主火箭发动机是该武器系统的主要动力源，由主发动机空体、两个内外表面燃烧管状药柱串联组装的装药、点火具、喷管和测量温度的装置组成。9M21M2 主火箭发动机如图 2－19 所示，其工程图如图 2－20 所示。

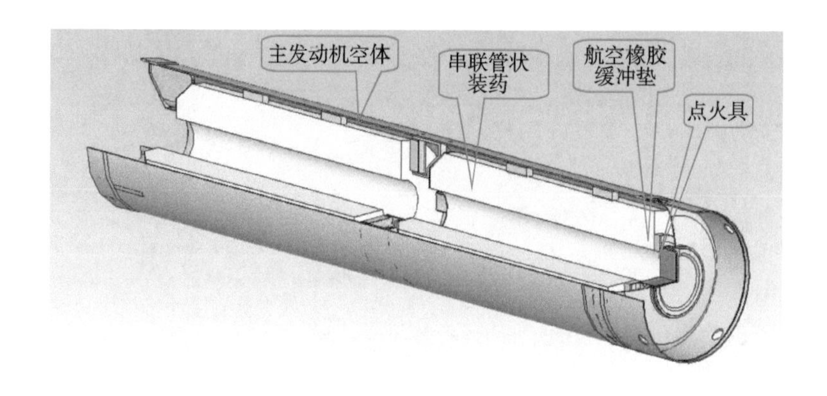

图 2－19　9M21M2 主火箭发动机

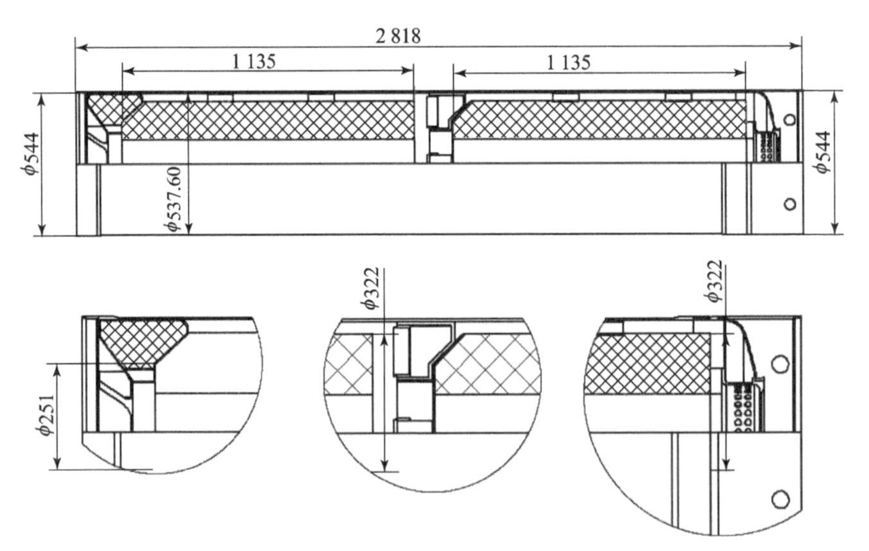

图 2-20 9M21M2 主火箭发动机的工程图

1. 结构组成

1）主发动机空体

主发动机空体由前堵盖、燃烧室壳体、定位药块、缓冲垫等零部件组成。前端盖的端面是按三心圆曲线形面构成的球形，为 4 mm 厚的薄壁冲压件。燃烧室壳体厚度为 3.5 mm，经分段焊接后机械加工而成。燃烧室内表面粘有隔热层。在相应的轴向位置上，分四排粘有经表面包覆的弧形药块，装药在发动机空体中，通过这些药块、装药支架和航空橡胶垫对装药进行径向和轴向定位、固定，温度和尺寸误差补偿。主发动机空体如图 2-21 所示。主发动机的喷管也是助推发动机燃烧室的构件，表示在助推发动机的结构图中。

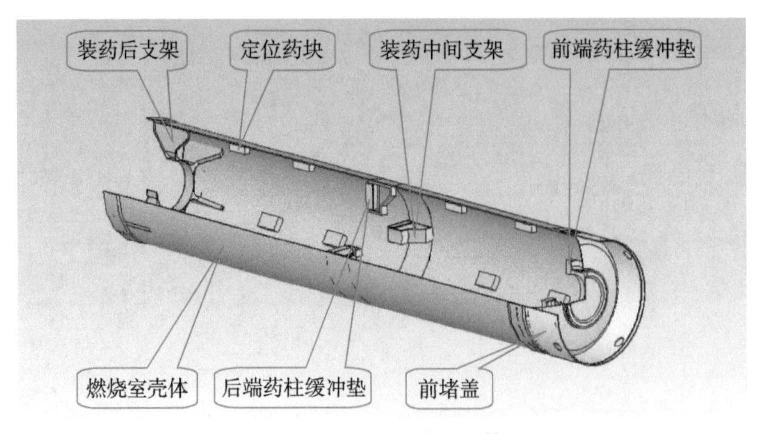

图 2-21 主发动机空体

前堵盖、燃烧室壳体和主发动机喷管都采用中碳合金钢材料，分别经冲压、焊接和机械加工而成，支撑装药的后支架、中间支架等由钢板焊接制成，缓冲垫由航空橡胶制成。

2）装药

推进剂选用 HMΦ－2Д 浇铸双基药浇铸而成，两个药柱分别采用锥台结构用于轴向定位。药柱外表面采用弧形药块进行径向定位，这些定位药块经对各表面包覆后，粘在主发动机燃烧室壳体内表面，共分布四排16块定位药块，除对主药柱实施径向定位外，还起到防止长药柱弯曲的作用，如图2－22所示。在距前端药柱的端面400 mm处，开有对称的两个直径为6 mm的小孔，内装温度计和输出装置，用来测量和显示火箭发射前的装药温度，根据所测药柱的初温来更换主发动机不同喉部直径的石墨喉衬和衬套，以避免发动机装药在不同环境温度下燃烧时，造成推进剂燃烧性能和燃烧室压强等性能参数随温度变化过大而影响大尺寸装药发动机的性能散布和工作可靠性。

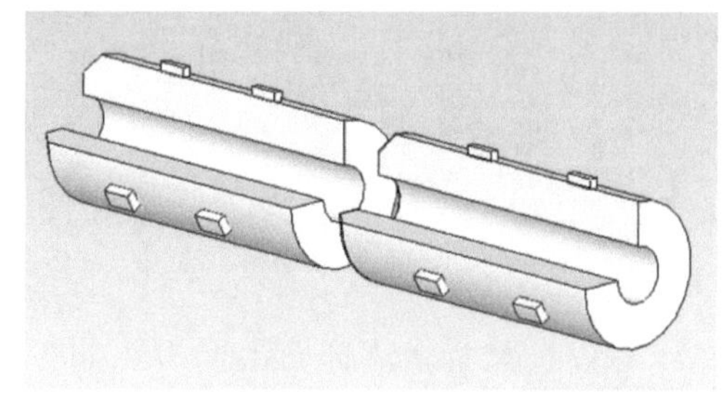

图2－22 串联组装的管状装药

3）喷管组件

主发动机喷管为锥形单喷管，由喷管体、石墨喉衬和衬套、隔热衬层和防潮密封片组成。

喷管体由前部收敛和后部扩张段构成，都采用中碳合金钢材料加工制造，两段经螺纹连接而成。在收敛段的内表面粘有隔热层，并开有4个4 mm直径均布的小孔，在主发动机装药点燃后，由正对着助推发动机装药的这些小孔喷出燃气，点燃助推发动机的点火药盒，助推发动机工作。主发动机喷管组件如图2－23所示。

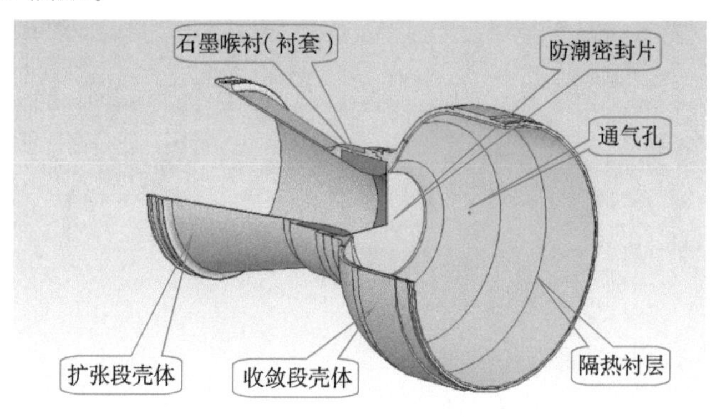

图2－23 主发动机喷管组件

石墨喉衬和石墨衬套都是可更换件。根据发射火箭时段所测的装药温度，更换相应的喷管喉衬和衬套。这些备用的更换件都有明确的标记，如表 2－6 所示。

表 2－6 喷管喉衬标记

温度范围/℃	零件颜色	喷喉直径/mm
0 ~ +40	红色	180
0 ~ −25	绿色	170
−25 ~ −40	黑色	125

4）点火具

点火具由包在细纱布内的点火药、铝制点火药盒、两个电起爆器及发射药引燃装置等组成。当接通点火电路后，引燃装置先工作，由热敏电桥发热点燃引燃药及烟火剂，引燃后的气体经装置进入燃烧室点燃点火具中点火药，再点燃装药。

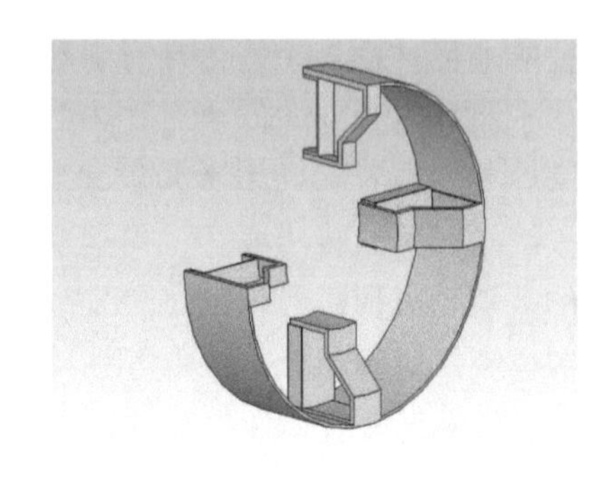
图 2－24 装药后支架

5）主发动机膛内件

装药后支架、装药中间支架和主发动机前堵盖等零件结构分别如图 2－24、图 2－25 和图 2－26 所示。

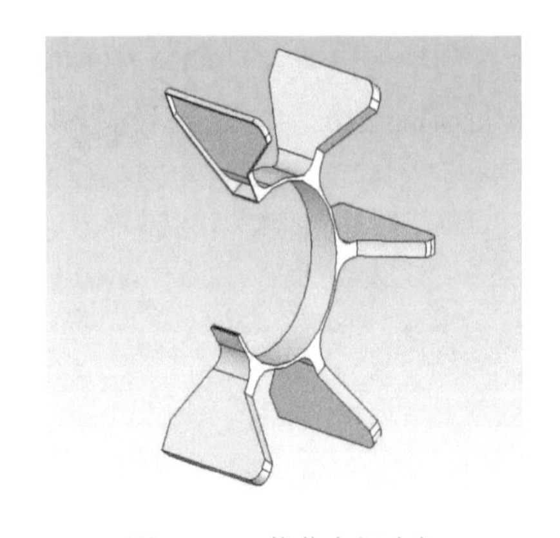
图 2－25 装药中间支架

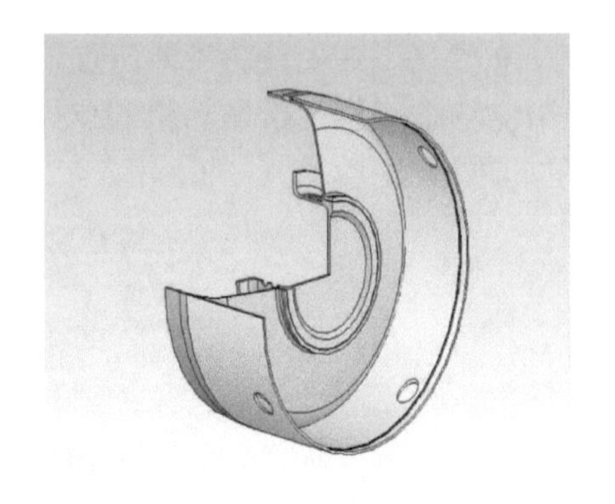
图 2－26 主发动机前堵盖

6）结构及质量参数

发动机定心部直径：544 mm；

喷喉直径：180 mm、170 mm、125 mm；

喷管扩张角：28°；

喷管收敛角：60°；

扩张比：2.1；

主装药质量：1 070 kg；

药柱外径：464 mm；

药柱内径：180 mm；

药柱长度：2 420 mm；

药柱根数：2。

2. 弹道参数

主发动机推力：245.2 kN；

工作时间：6～12 s；

发动机比冲：2 210(N·s)/kg。

3. 性能特点

（1）装药采用浇铸双基推进剂成形出大尺寸药柱，装填密度大，发动机质量比较高达到0.68，具有较好的推进效能，属于大型的火箭发动机。

（2）根据发射环境温度调整喷喉面积，使高低温下发动机性能参数散布小，有效提高火箭弹的射程散布。但采用在药柱内装入温控装置的设计，拆装更换喷管等战前的勤务处理时间长，给使用带来不便。

4. 应用分析

1）9M21Φ－2 火箭弹主要性能参数

9M21Φ－2 火箭弹的主要参数如表 2－7 所示。

表 2－7　9M21Φ－2 火箭弹主要性能参数

主要参数	参数值
弹径/mm	544
弹长/mm	8 960
全弹质量/kg	2 450
最大射程/km	67
最小射程/km	15

2）应用范围

544 mm 的 9M21Φ－2 火箭弹采用 9M21M2 主发动机、助旋发动机和助推发动机三个分别独立的动力推进系统，火箭弹结构复杂，构成的武器系统（代号为 FROG－Ⅶ）也较其他火箭武器系统庞大、成本高，使用范围受到较大限制。

2.3.4.2 9M21M2 助推发动机

9M21M2 助推发动机是独立结构发动机，在短时间内产生较大的推力，使火箭在发射出轨时具有较大的发射初速，以减少大型火箭弹初始弹道下沉量，提高射击密集度。9M21M2 助推发动机如图 2－27 所示，其工程图如图 2－28 所示。

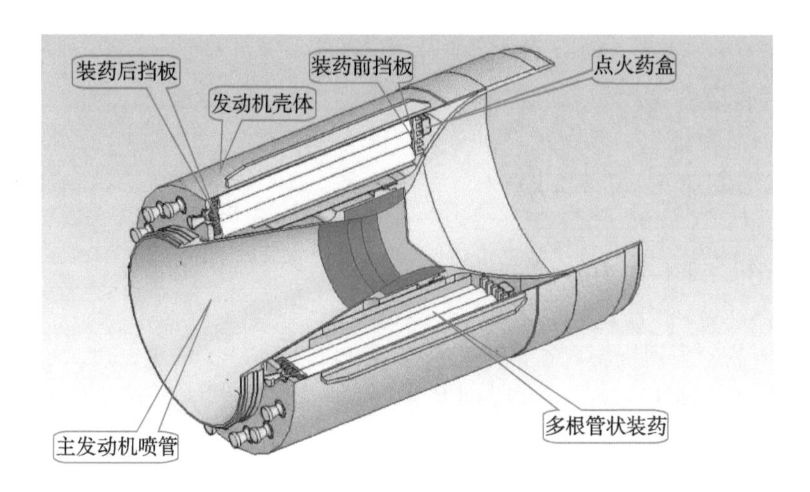

图 2－27　9M21M2 助推发动机

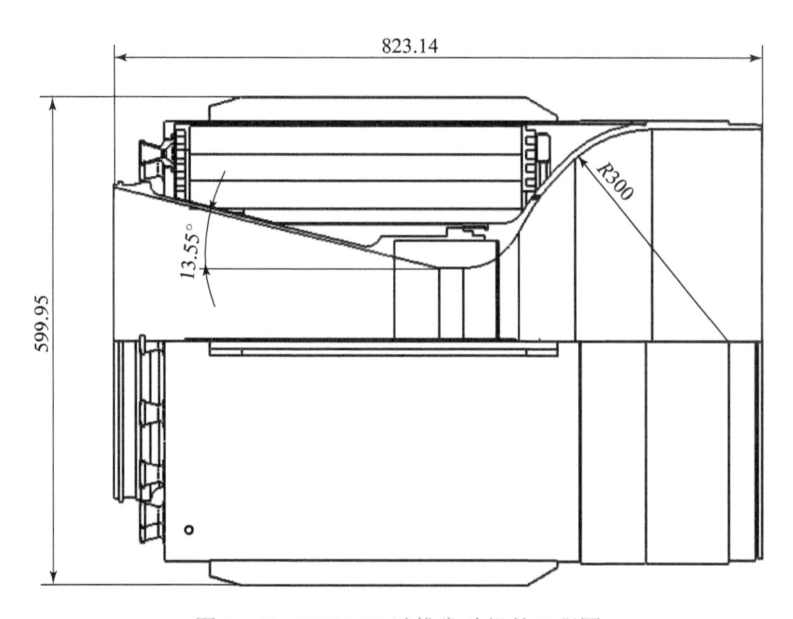

图 2－28　9M21M2 助推发动机的工程图

1. 结构组成

发动机由发动机空体、装药组件、点火具、挡药板和安装在外壳体端盖上的 16 个小喷管组成。

1）助推发动机空体

发动机空体由燃烧室内壳体、外壳体和多个喷管组成。内壳体与安装喷管的端盖采用定位焊接结构，加工工艺简单，结构质量轻，如图 2－29 所示。

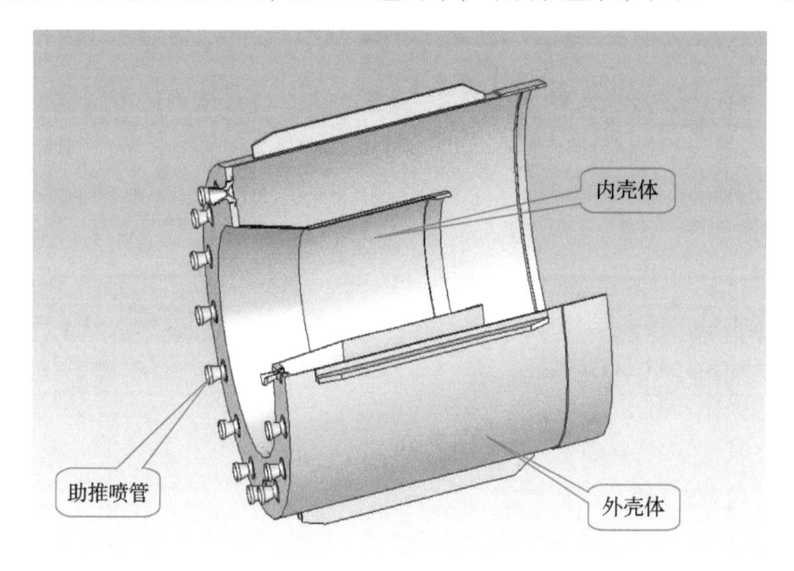

图 2－29　助推发动机空体

2）装药

为获得足够的推力，助推装药采用 116 根内外表面燃烧的管状药柱，推进剂牌号为 РИС－60 的双基推进剂，装药装在带隔板的筒形结构内，再将该装药组件装入由内、外壳体构成的助推发动机燃烧室内。助推发动机装药如图 2－30 所示。

3）喷管

16 个喷管都用螺纹与外壳体端盖连接，沿轴向均匀分布。每个喷管扩张段上装有密封堵盖，喷管轴均与发动机轴平行。

4）助推发动机的装配

按照主发动机喷管收敛段，助推发动机内壳体，点火药盒，装药组件（含前、后挡药板），喷管喉衬，主发动机喷管扩张段的装配顺序装配，其中喷管的扩张段壳体与助推发动机内壳体为压紧配合，在短的燃烧时间内保证结构密封。

5）结构及质量参数

发动机外径：540 mm；

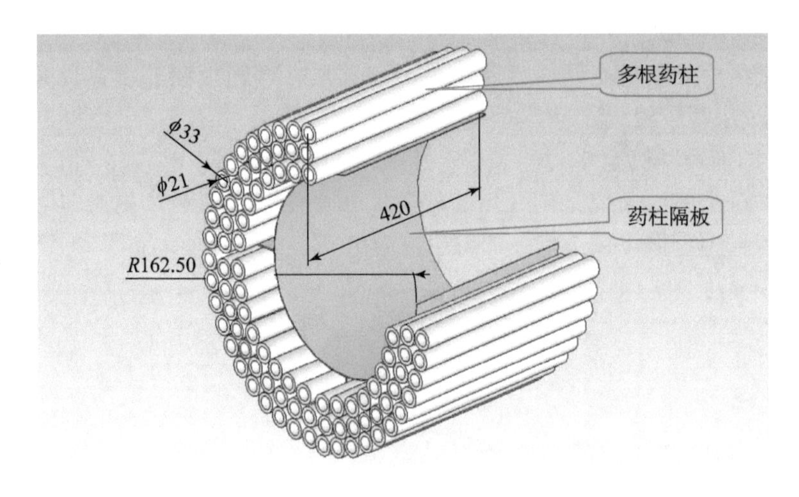

图 2-30　助推发动机装药

装药质量：40 kg；

药柱外径：33 mm；

药柱内径：21 mm；

药柱长度：420 mm；

药柱根数：116。

2. 弹道参数

发动机推力：294 ~ 392 kN；

工作时间：0.22 ~ 0.44 s。

3. 性能特点

（1）将助推发动机布置在发动机主喷管外部，充分利用这一环形空间，既改善了火箭弹的气动外形，又能为火箭发射提供足够的初始推力，结构布局合理。

（2）采用多根内外表面燃烧的管状装药，燃层厚度小、燃烧面积大、装药燃烧时间短、推力大。与旋转发动机一样，多采用薄壁结构件、质量轻、结构紧凑。

4. 应用分析

该助推发动机用于 9M21Φ-2 火箭弹，在 0.22 ~ 0.44 s 时间内为火箭弹提供 290 ~ 390 kN 推力，这一推力冲量使这种大型火箭弹的发射初速达到 50 m/s，助推效果明显。

2.3.4.3　9M21M2 助旋发动机

9M21M2 助旋发动机也是独立结构发动机，采用助旋发动机产生的旋转力矩使弹低速旋转，以减少发动机推力偏心对火箭散布的影响，提高火箭的密集度。9M21M2 助旋发动机如图 2－31 所示。

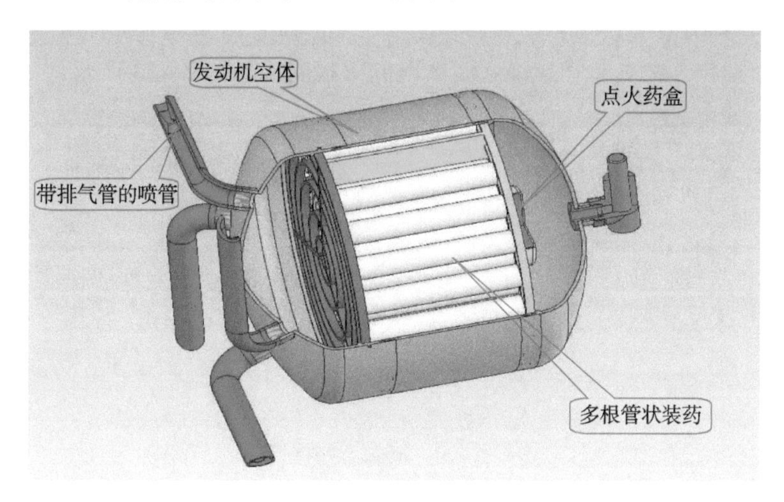

图 2－31　9M21M2 助旋发动机

1. 结构组成

助旋发动机由助旋发动机空体、装药和点火具组成。

1）助旋发动机空体

其由前后堵盖和燃烧室壳体组成。后堵盖上焊有四个能侧向排气的导流管，在导流段的出口处装有喷管，喷管扩张段出口形面与助旋发动机壳体外圆表面平齐一致，如图 2－32 所示。

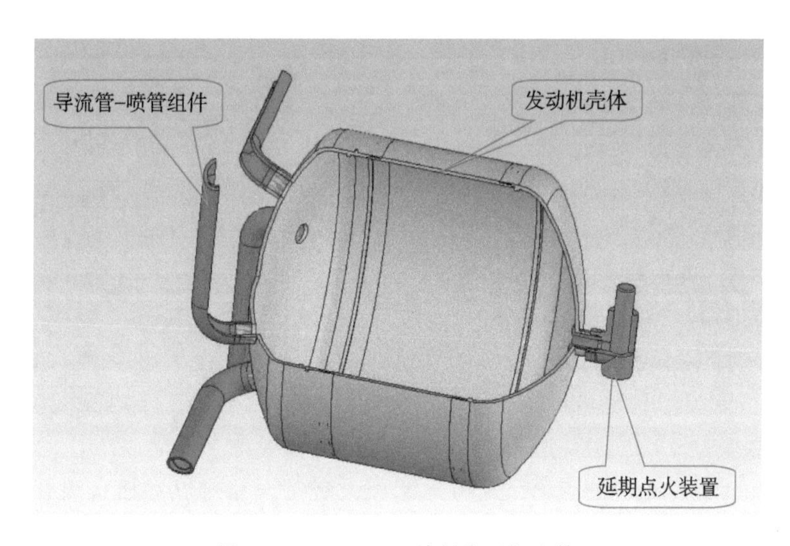

图 2－32　9M21M2 旋转发动机空体

2）装药

装药由61根管状药柱组成，装药推进剂的牌号为PCИ－60。61根药柱通过隔板结构将药柱分装在燃烧室壳体内的隔板间，如图2－33所示。

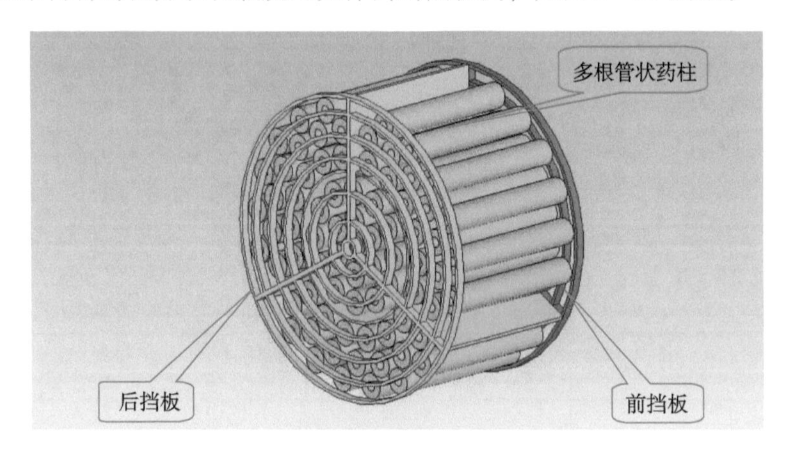

图2－33 9M21M2旋转发动机装药组件

3）喷管组件

喷管组件是由喷管和弯向外侧的导管组成的。喷管嵌装在导流管的出口处，四个喷管沿周向均匀分布，喷气所产生的切向推力为火箭弹飞行提供旋转力矩，使弹低速旋转。

4）结构及质量参数

发动机直径：300 mm；

装药质量：13 kg；

药柱外径：33 mm；

药柱内径：13 mm；

药柱长度：200 mm；

药柱根数：61。

2. 弹道参数

旋转力矩：7.8～12.7 kN·m；

燃烧时间：0.3～0.5 s；

点火延迟时间：0.05 s。

3. 性能特点

（1）旋转发动机的点火是通过延期点火装置，在主发动机点火0.05 s时点燃旋转发动机装药，满足了导轨式发射方式在弹发射出轨前火箭弹不能旋转的要求。

（2）旋转发动机的最大直径小于弹径，各结构件多采用薄壁结构件，设计成独立的结构，结构质量轻，装配与维护方便。

（3）采用点火延迟药柱点燃速燃药柱，再点燃装药前部的点火药盒，这种延期点火系列设计的合理，点燃可靠。

4. 应用分析

该旋转发动机用于 544 mm 9M21Φ2 型火箭弹，所提供的旋转力矩使火箭弹达到 400 r/min 的转速，起到了提高该火箭弹密集度的作用。

2.3.5　9M22M 火箭发动机

9M22M 火箭弹是轻型便携式冰雹Ⅱ（代号 ГРА－Ⅱ）火箭系统配用的火箭弹，9M22M 火箭发动机直径为 122 mm，为火箭弹提供所需动力。

1. 结构组成

该发动机的直径为 122 mm，由发动机空体、装药和点火具等零部件组成。9M22M 火箭发动机如图 2－34 所示，其工程图如图 2－35 所示。

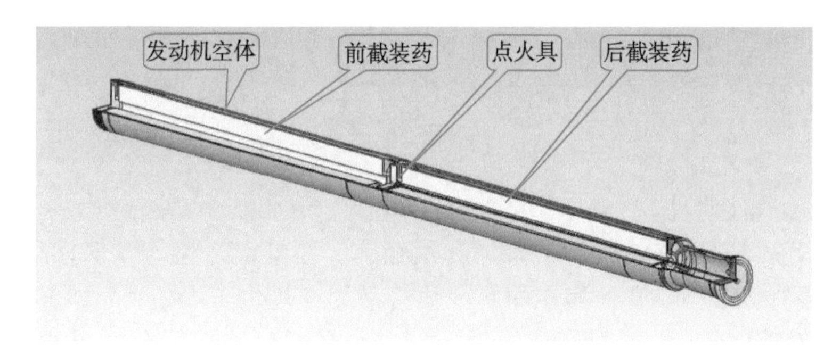

图 2－34　9M22M 火箭发动机

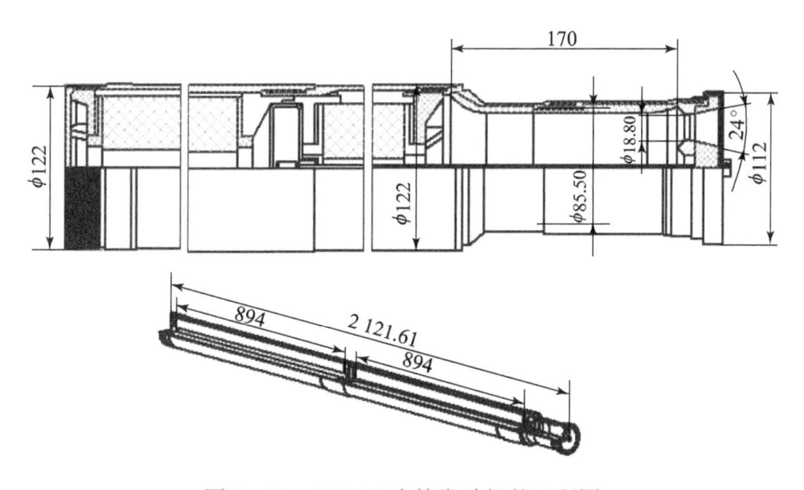

图 2－35　9M22M 火箭发动机的工程图

1）发动机空体

发动机空体由前燃烧室壳体、后燃烧室壳体和喷管座组件组成。燃烧室壳体材料选用14MnNi合金钢，采用热冲压工艺制造。前燃烧室设计成带前底的半封闭结构，后燃烧室壳体为薄壁筒形。两段壳体内表面涂有厚度为0.2～0.5 mm的隔热涂料，采用螺纹连接。122 mm火箭发动机空体如图2－36所示。

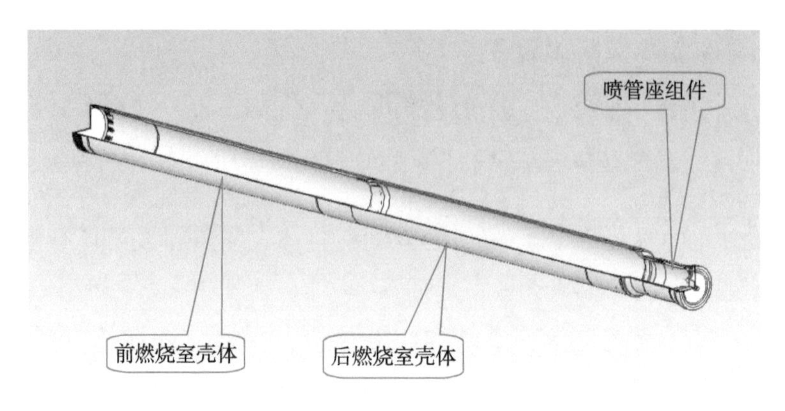

图2－36　122 mm火箭发动机空体

2）喷管座组件

喷管座组件由整流段、喷管体和绝缘套、导电密封盖等零部件组成。喷管体上装有7个小喷管，其中的6个喷管沿周向均匀分布，1个布置在中心。各喷管收敛和扩张段形面都为锥形，扩张段采用耐冲刷复合材料压制而成。喷管体通过螺纹与燃烧室壳体连接。喷管出口处装有绝缘套和导电密封盖。喷管座组件如图2－37所示。

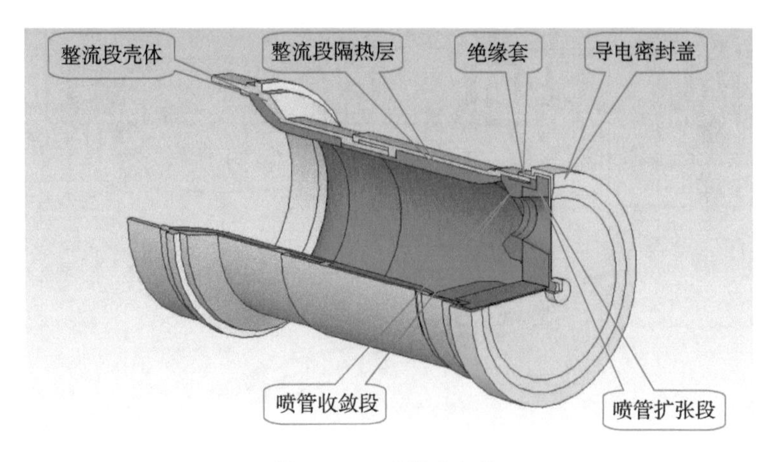

图2－37　喷管座组件

3）装药

装药由两根尺寸不同的管状药柱和端面包覆组成。大直径药组装在燃烧的前端，小尺寸的在后端。药柱两端的端面包覆呈台阶形状，与前端定位支撑板、中部隔板和后端挡药板相配合，起对两根药柱的支撑定位作用。为防止长药柱的弯曲变形和受力变形，每根药柱外表面占有 6 块推进剂药块。管状药柱如图 2－38 所示。

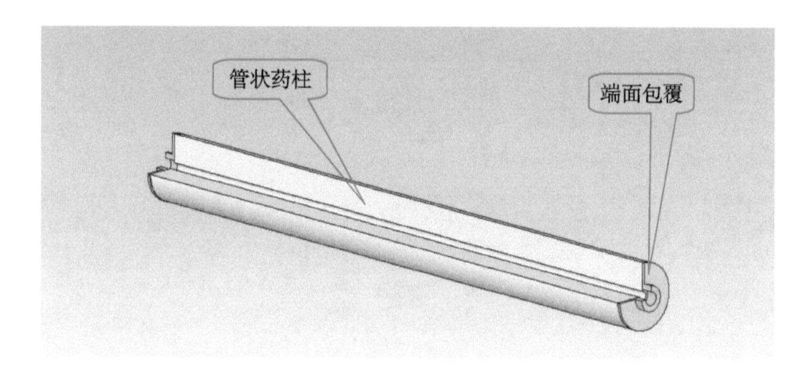

图 2－38　管状药柱

4）发动机中部结构

该发动机的长细比较大，采用两截管状药柱装药和中间点火的形式，点火具设计成盒式，在铝制的点火药盒中装入点火药和两个并联的电起爆器。利用前端药柱后定位支架和后端药柱前定位支架将点火具装配在中间，定位支架的结构如图 2－39 和图 2－40 所示。所构成的发动机中部结构如图 2－41 所示。

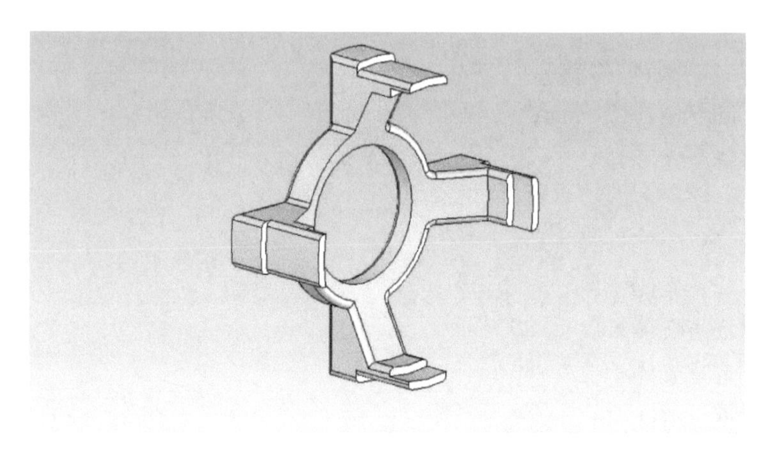

图 2－39　前端药柱后定位支架

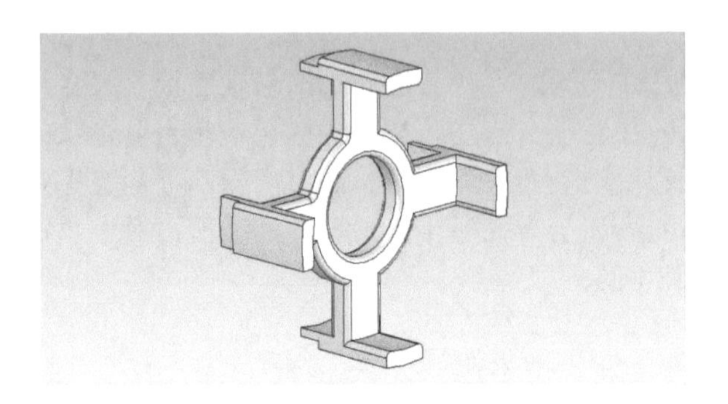

图 2－40 后端药柱前定位支架

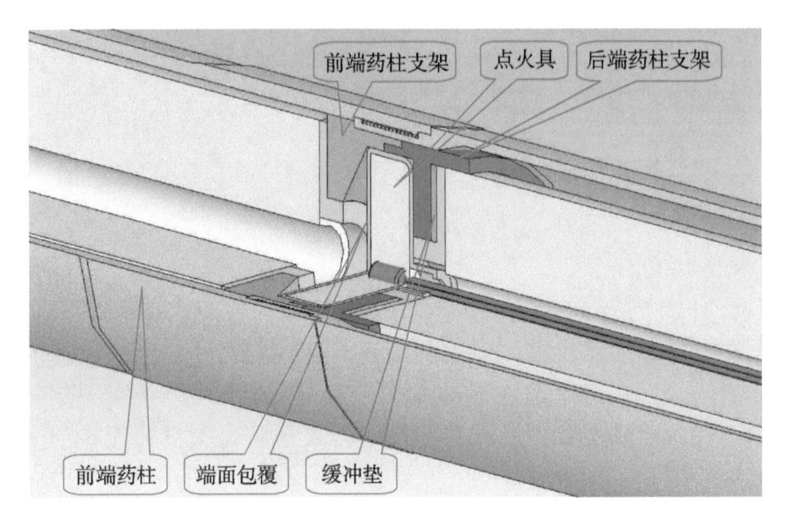

图 2－41 发动机中部结构

5）结构及质量参数

定心部直径：122 mm；

前燃烧室壳体外径：120.5 mm；

前燃烧室壳体内径：114.1 mm；

后燃烧室壳体外径：121 mm；

后燃烧室壳体壁厚：3.75 mm；

前燃烧室壳体长度：980 mm；

后燃烧室壳体长度：980 mm；

喷管数：7；

喷管喉径：18.8 mm；

喷管扩张角：30°；

喷管收敛角：90°；
喷管扩张比：1.96；
前装药外径：103.5 mm；
前装药内径：24.5 mm；
前装药长度：894 mm；
后装药外径：93.5 mm；
后装药内径：13.5 mm；
后装药长度：894 mm；
初始燃烧面积：6 485 cm^2；
面喉比：333.75；
通气参量：185.25；
前端装药装填系数：0.79；
后端装药装填系数：0.67；
装药药柱质量：20.6 kg。

2. 弹道参数

1）性能参数

9M22M 火箭发动机的主要性能参数如表 2－8 所示。

表 2－8　9M22M 火箭发动机主要性能参数　温度/℃

主要参数	参数值		
	+50	+20	-40
最大推力/kN	46.6	33.8	25.4
平均推力/kN	23.2	19.5	15.2
最大压强/MPa	18.4	13.3	10.0
平均压强/MPa	9.2	7.7	6.0
燃烧时间/s	1.53	1.89	2.43
工作时间/s	1.74	2.09	2.65
推力冲量/(kN·s)	40.32	40.80	40.26
比冲/($N \cdot s \cdot kg^{-1}$)	2 001	2 020	1 993

2）燃烧室压强－时间曲线（图 2－42）

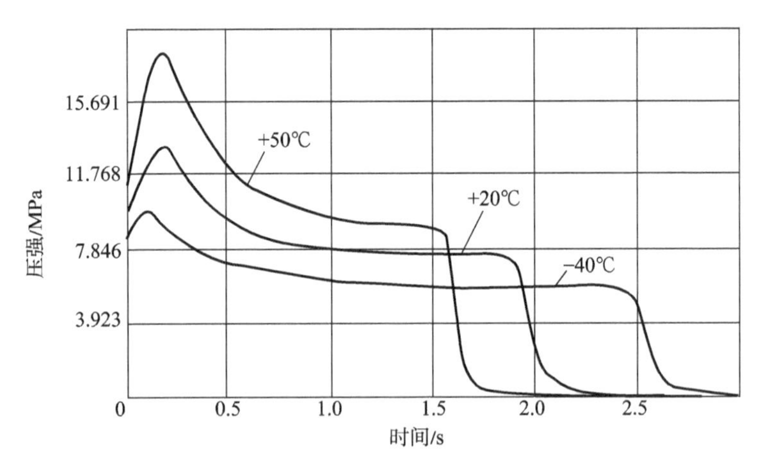

图 2－42 燃烧室压强－时间曲线

3）发动机推力－时间曲线（图 2－43）

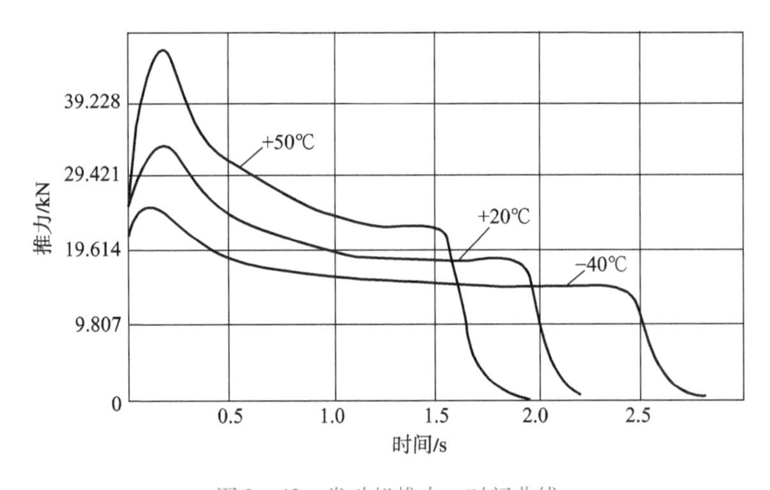

图 2－43 发动机推力－时间曲线

3. 性能特点

（1）为降低装药燃烧燃气流的流速，减缓装药燃烧初期的侵蚀效应，尽量降低初始压强的峰值，采用两段不同尺寸的管状药柱，装药的细长比大，总通气参量较大，发动机结构强度满足了初始压强峰值较大的设计要求，起到了较好的作用。

（2）两段装药的药形参数设计合理，装药的装填系数较高，装药量大，总推力冲量满足了火箭弹射程要求。

（3）采用多喷管缩短了结构长度。燃气进入喷管收敛段前先经过尾管段进行燃气导流，可使燃烧反应充分提高了燃烧室效率。同时也减少了燃气流的偏心，有利于减少发动机的推力偏心。而在导流尾管的外部安装弧形弹翼片，充分利用空间使发动机结构紧凑。

（4）采用在两截装药中间安放点火具，点火压强下的点火气体能很快冲刷各药柱表面，对于大长细比装药很好地保证了点火性能，点火延迟时间短，点火可靠性高。

（5）在燃烧室壳体内壁采用涂隔热涂料的防护措施，起到了较好的热防护作用，发动机工作结束后壳体壁温低于400℃，保证了发动机工作可靠。

4. 应用分析

122 mm 火箭弹的主要性能参数如表2－9所示。

表2－9 122 mm 火箭弹的主要性能参数

主要参数	参数值
弹径/mm	122
弹长/mm	2 867
全弹质量/kg	66.8
最大速度/(m·s^{-1})	690
射程/km	20

2.3.6 130 mm 火箭发动机

该发动机用于多管发射的130 mm涡轮火箭弹。为火箭弹飞行提供最大速度以保证射程，同时还为火箭弹稳定飞行提供高速旋转的旋转力矩，这种高速旋转的弹体应用陀螺旋转定向稳定的原理，可以在没有弹翼的情况下稳定飞行。与弹翼稳定的火箭弹相比，结构简单、径向尺寸小，便于装填和发射。

1. 结构组成

该发动机的直径为130 mm，由发动机空体、装药和点火具等零部件组成。130 mm火箭发动机如图2－44所示，其工程图如图2－45所示。

1）发动机空体

发动机空体由燃烧室壳体和喷管体组成。为简化结构，该发动机将战斗部的后底作为燃烧室的前堵盖。燃烧室壳体材料选用40Mn2合金钢，采用热冲压工艺成形的坯件经机械加工而成。前端与战斗部、后端与喷管体均采用

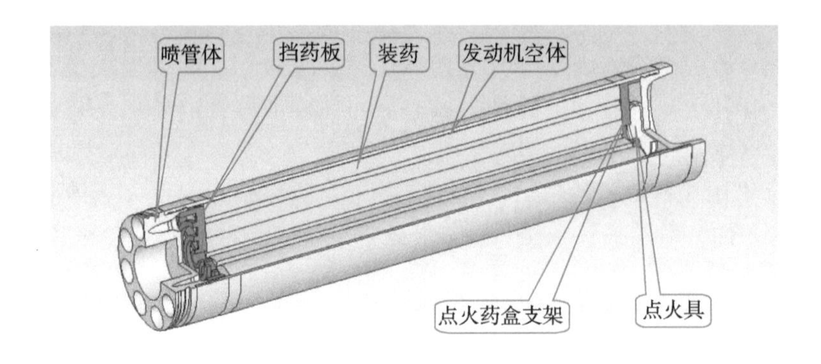

图 2-44　130 mm 火箭发动机

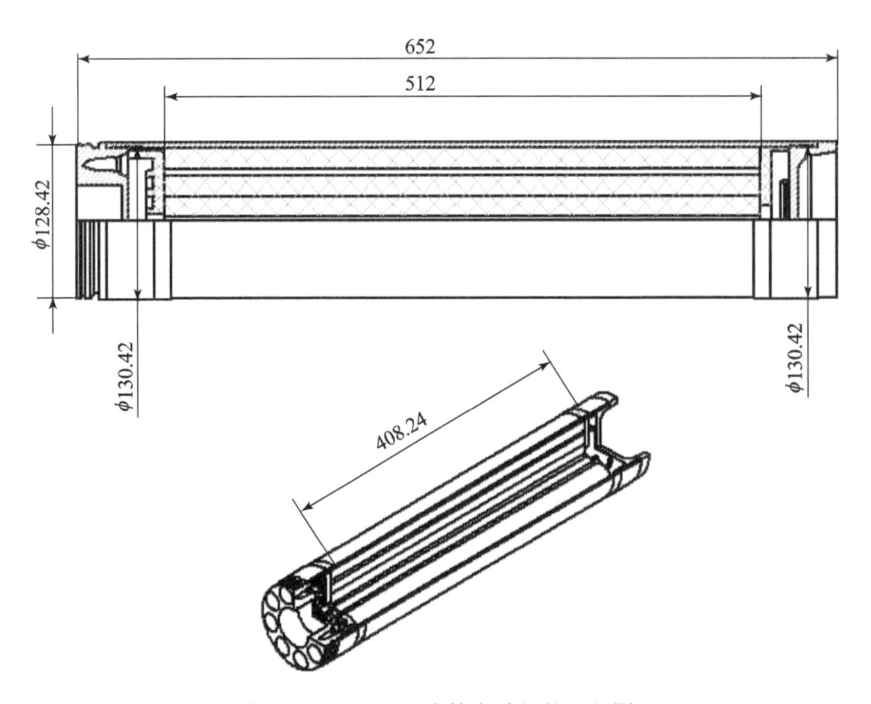

图 2-45　130 mm 火箭发动机的工程图

螺纹连接。发动机空体如图 2-46 所示。

2）喷管体

喷管体为整体件，用 45 号钢经机械加工而成。喷管体的后端面上有 8 个均匀分布并沿切向倾斜 17°的喷管，喷射燃气流所产生推力的轴向分量为火箭提供飞行动力；所产生推力的切向分量为弹高速旋转提供足够旋转力矩，通过火箭弹的高速旋转使弹飞行稳定。喷管体如图 2-47 所示。

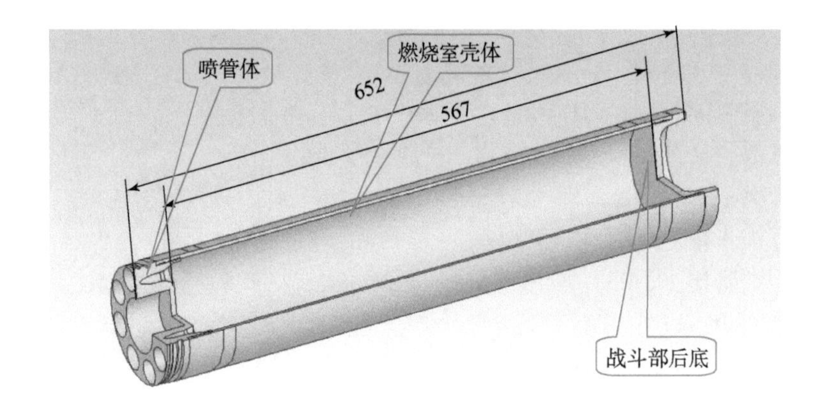

图2-46　发动机空体

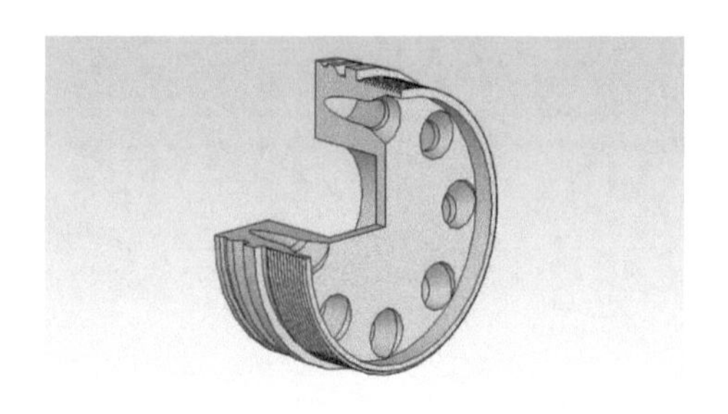

图2-47　喷管体

3）点火装置

点火装置由喷射式发火器和点火药盒组成。在装药前端的点火支架内装点火药盒，在后端喷管体的中心部位装有能喷射点火射流的发火器，通电后发火器起爆并喷出具有一定压强和速度的射流，在冲烧各药柱表面的过程中点燃前端的点火药盒，再全面点燃装药。采用这种喷射式点火装置对于大燃烧面的多根管装药，点火延迟时间短，点火一致性较好。

4）装药

装药由7根同尺寸的管状药柱组成。各药柱没有进行端面包覆，自由装填在燃烧室内。药柱两端通过后端挡药板和前端点火药盒支架进行轴向固定。管状装药如图2-48所示。

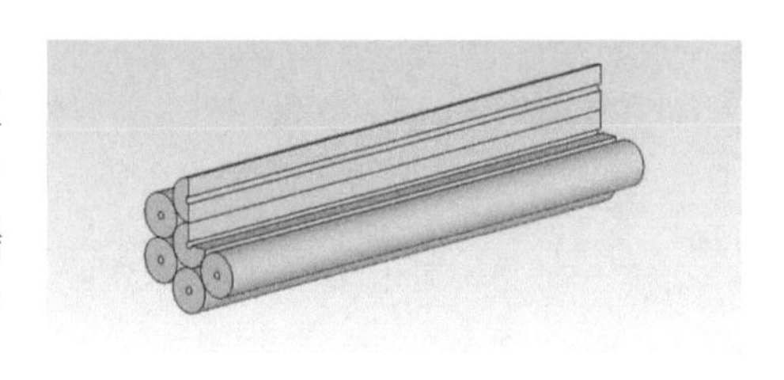

图2-48　管状装药

5）结构及质量参数

定心部直径：130.43 mm；

前燃烧室壳体外径：129.7 mm；
前燃烧室壳体内径：121.3 mm；
燃烧室壳体长度：610 mm；
喷管数：8；
喷管喉径：13.5 mm；
喷管扩张角：24°；
喷管扩张比：2.08；
喷管倾角：17°；
药柱外径：40.2 mm；
药柱内径：6.3 mm；
药柱长度：512 mm；
初始燃烧面积：5 333 cm^2；
面喉比：466；
内通气参量：325；
外通气参量：169；
装填系数：0.75；
装药药柱质量：6.7 kg。

2. 弹道参数

1）性能参数

130 mm 火箭发动机的主要性能参数如表 2-10 所示。

表 2-10 130 mm 火箭发动机的主要性能参数 温度/℃

主要参数	参数值		
	+50	+15	-40
第一压强峰值/MPa	16.18	11.38	8.58
第二压强峰值/MPa	19.12	12.26	12.41
最大转速/($r \cdot min^{-1}$)	18 610	17 977	17 222
平均压强/MPa	16.38		9.42
燃烧时间/s	0.47	0.72	0.82
工作时间/s	0.62	0.88	1.11

2）燃烧室压强-时间曲线（图 2-49）

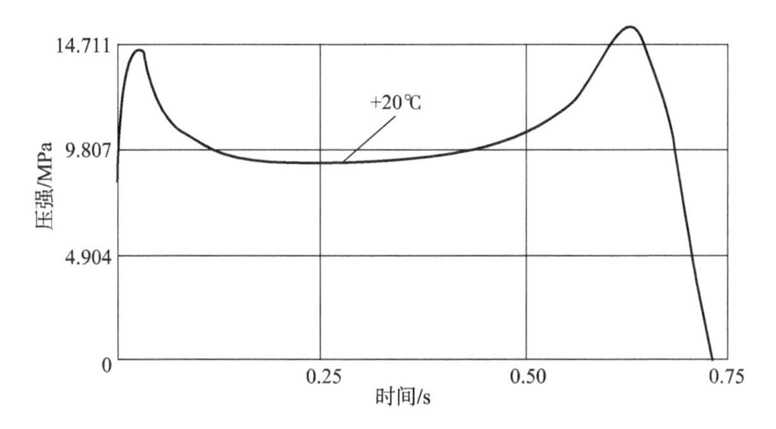

图2－49 燃烧室压强－时间曲线

3. 性能特点

（1）该发动机通过倾斜喷管为火箭弹提供高速旋转动力，采用这种飞行稳定方式与弹翼稳定相比，所占径向尺寸小，火箭弹结构简单紧凑，火箭弹装填和使用方便，适于多管发射便携式武器。

（2）由于高速旋转，对装药的轴向和径向固定要求较高。这种装药发动机工作中，装药需承受高速旋转引起的离心力作用，燃烧室压强随时间的变化与装药燃烧面积随燃层厚度的变化趋势有较大的差异。不像非高速旋转的装药发动机那样具有很好的相关性。

4. 应用分析

130 mm 涡轮火箭弹的主要参数如表2－11所示。

表2－11 130 mm 涡轮火箭弹的主要性能参数

主要参数	参数值
弹径/mm	130.43
弹长/mm	975
全弹质量/kg	32
最大速度/$(m \cdot s^{-1})$	437
最大转速/$(r \cdot min^{-1})$	19 200
射程/km	10

2.3.7 180 mm 火箭发动机

该发动机采用在装药两端安装喷管的结构，这对于长细比大、装药量大的发动机可有效减小通气参量，降低装药燃烧初始压强的峰值，利于增加装填系数，减轻发动机的消极质量。该发动机作为射程 20 kg 的火箭弹，发挥了很好的动力推进效能。

1. 结构组成

该发动机的直径为 180 mm，由发动机空体、装药、点火具和支撑定位等零部件组成。180 mm 火箭发动机如图 2 – 50 所示，其工程图如图 2 – 51 所示。

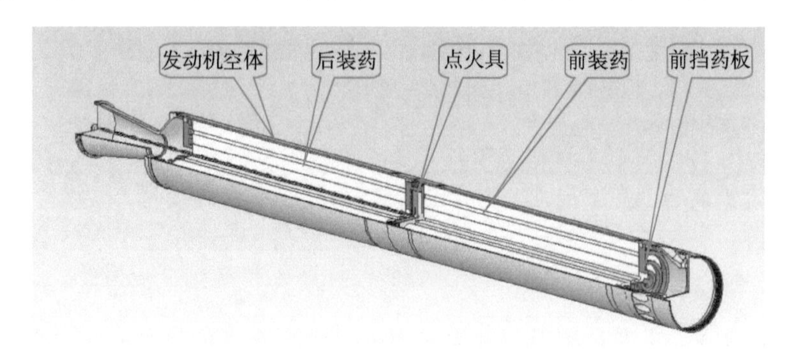

图 2 – 50　180 mm 火箭发动机

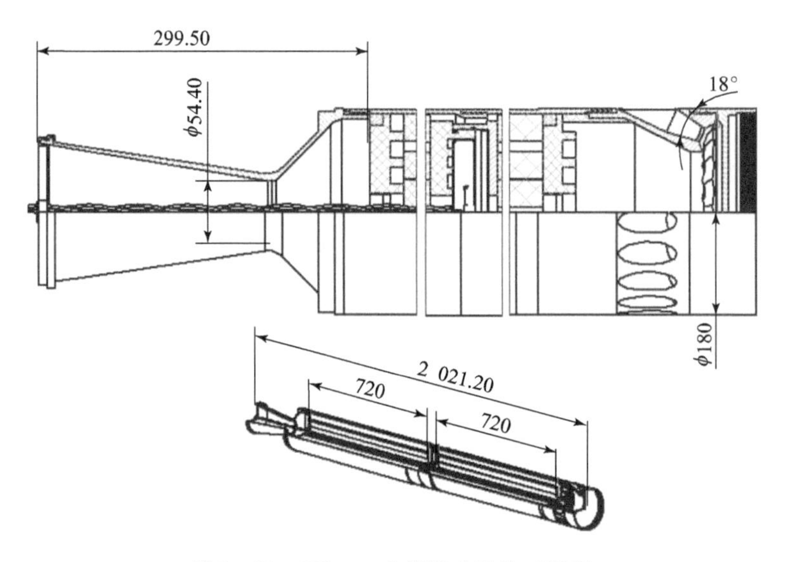

图 2 – 51　180 mm 火箭发动机的工程图

1）发动机空体

发动机空体由燃烧室壳体和前后喷管组成。燃烧室壳体材料选用 40Mn2 合金钢，采用机械加工制造。前端与战斗部、后端与喷管体均采用螺纹连接。考虑到前端的多喷管是采用设置切向角的方式，为弹飞行提供后视为右旋的旋转力矩使弹按顺时针旋向旋转，为防止螺纹连接受松弛力的影响，各连接螺纹均采用左旋。为防止长度大、初速较低的火箭弹在发射时弹体下沉量过大，在前燃烧室壳体两端和后燃烧室的后端，共设置三个定心带。180 mm 火箭发动机空体如图 2－52 所示。

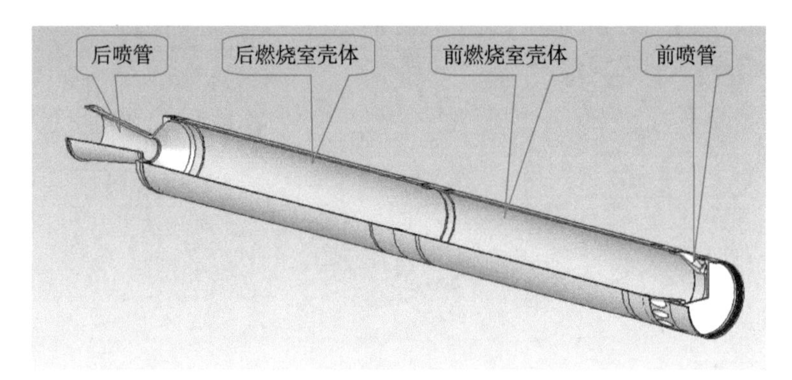

图 2－52 180 mm 火箭发动机空体

2）喷管

前喷管为倒置多喷管，用 45 号钢加工而成，在喷管体上共设计有 18 个倾斜喷管，喷管的轴向倾角为 24°，切向偏角为 8°。排出燃气产生推力的轴向分量提供飞行动力；排出燃气产生推力的切向分量提供使弹低速旋转动力。后喷管的扩张段为锥形单喷管，也用 45 号钢加工而成。前喷管如图 2－53 所示。

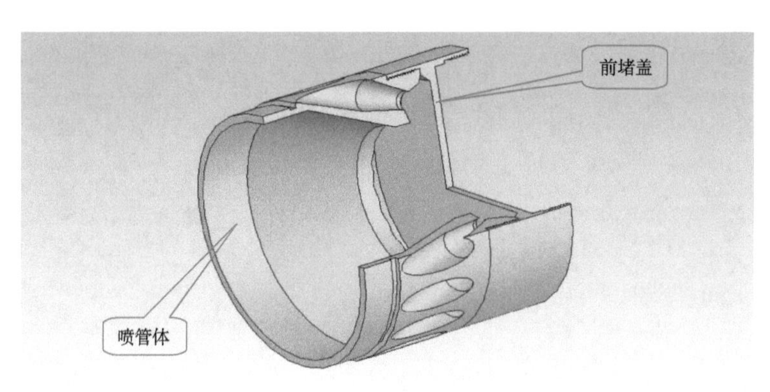

图 2－53 前喷管

3）点火具

点火具由 1 mm 厚赛璐珞材料压制的药盒、内装点火药和两个并联的电起爆器组装而成。电起爆器的安全电流为 50 mA，属于非钝感点火参数，不是采用“1 A，1 W，5 min 不发火”的钝感电起爆器，产品点火安全性设计不足。

4）两截药柱装药

其由两组各7根同尺寸的管状药柱组成。选用双基推进剂，螺压工艺成形，无端面包覆，自由装填形式。药柱两端通过前、后挡药板和中隔板进行轴向定位。两截药柱装药如图2－54所示。

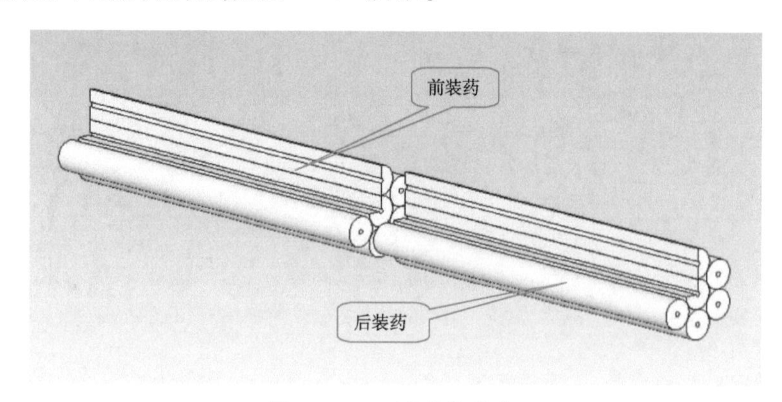

图2－54 两截药柱装药

5）发动机前部

发动机前部给出喷管组件、隔热支撑环、前挡药板、缓冲垫和多根装药的装配结构。隔热支撑环的作用是通过前挡药板和缓冲垫对多根装药进行支撑和轴向定位，对前喷管排出燃气进行隔热，避免燃气高温对药柱燃烧的影响。发动机前部结构如图2－55所示。

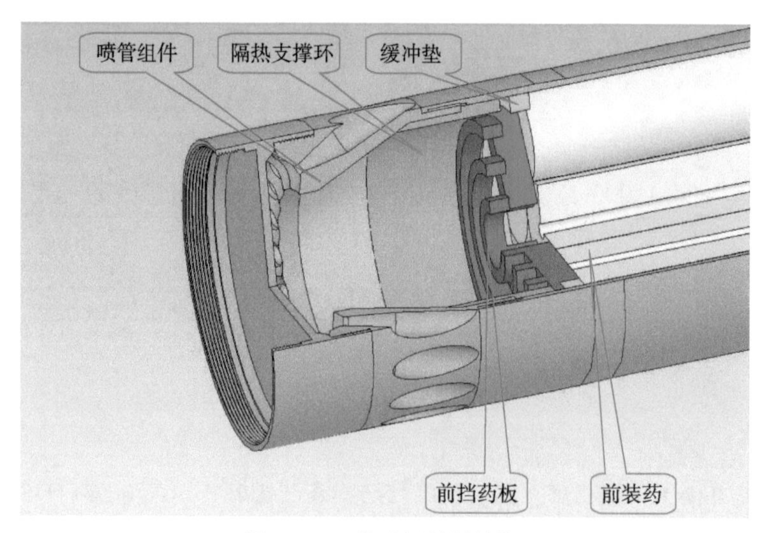

图2－55 发动机前部结构

6）发动机中部

发动机中部结构给出药柱中间隔板对装药的支撑与定位结构、点火具的安装结构等。采用这种两截药柱装填，前后端都有喷管排出燃气，使燃气流动参量降低，在限制燃烧室长度条件下有效地增加了装药量。装药燃烧稳定性好，发动机工作可靠。发动机中部结构如图2－56所示。

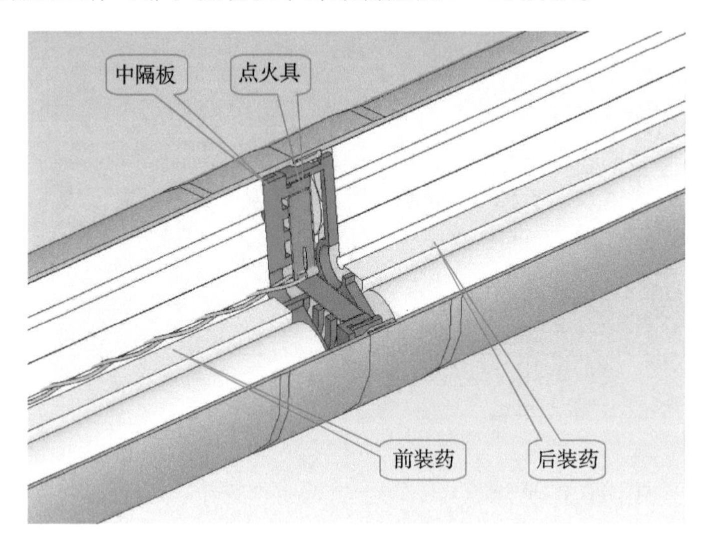

图2－56　发动机中部结构

7）发动机后部

在发动机后部采用缓冲垫，对装药等零件的轴向尺寸误差、温度差引起的轴向尺寸变化进行补偿，对于装药的受力进行缓冲。发动机后部结构如图2－57所示。

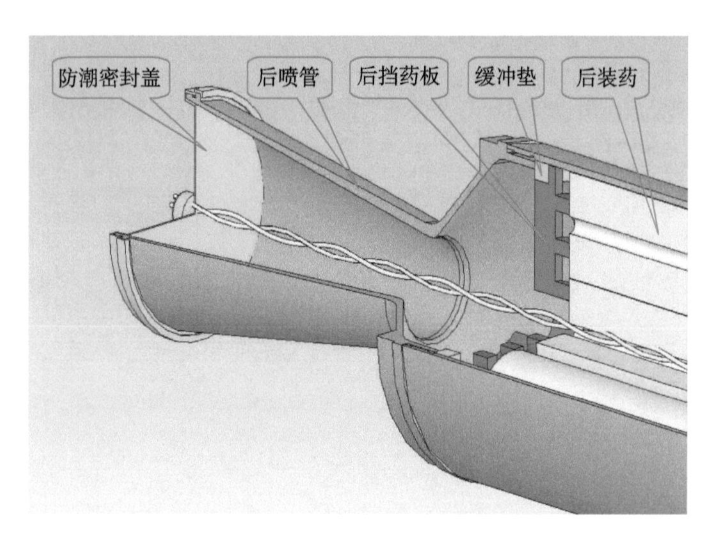

图2－57　发动机后部结构

8）结构及质量参数

定心部直径：180 mm；

前燃烧室壳体外径：179 mm；

前燃烧室壳体内径：171.6 mm；

前燃烧室壳体长度：819 mm；

后燃烧室壳体外径：179 mm；

后燃烧室壳体内径：171.6 mm；

后燃烧室壳体长度：824.7 mm；

后喷管喉径：54.4 mm；

后喷管扩张角：18°；

后喷管扩张比：2.2；

前喷管数：18；

前喷管喉径：12.8 mm；

前喷管扩张角：18°；

前喷管扩张比：1.95；

喷管轴向倾角：24°；

喷管切向偏角：8°；

药柱根数：14；

药柱外径：56.8 mm；

药柱内径：9 mm；

药柱长度：720 mm；

初始燃烧面积：21 875 cm^2；

通气参量：184.3；

装填系数：0.74；

装药药柱质量：39.2 kg。

2. 弹道参数

该发动机的主要性能参数如表 2－12 所示。由表 2－12 中数据可见，发动机的性能参数的一致性较好，高低温范围内性能参数散布也较小。

表 2－12 发动机的主要性能参数 温度/℃

主要参数	参数值		
	+50	+20	-40
最大推力/kN	104.0	78.4	58.0
平均推力/kN	59.0	71.3	47.1
最大压强/MPa	16.7	12.6	9.2

续表

主要参数	参数值		
	+50	+20	-40
平均压强/MPa	12.5	10.0	7.9
燃烧时间/s	0.81	1.06	1.30
工作时间/s	1.0	1.22	1.44

3. 性能特点

（1）该发动机采用前后喷管两端排气的结构，有效降低了通气参量，增加了装药量。

（2）通过前置带切向角的多喷管结构，为火箭弹飞行提供旋转力矩，旋转效率高，适合导轨发射方式。发动机装填机构设计合理，质量比达到0.47，结构性能较好。

（3）采用中间点火形式，装药点火延迟时间短，点燃一致性好。

4. 应用分析

180 mm火箭弹的主要参数如表2-13所示。

表2-13　180 mm火箭弹的主要性能参数

主要参数	参数值
弹径/mm	180
弹长/mm	2 735
全弹质量/kg	135
初速/$(m \cdot s^{-1})$	52.5
炮口转速/$(r \cdot min^{-1})$	460
主动段终点转速/$(r \cdot min^{-1})$	4 890
最大射程/km	20
最小射程/km	6

2.3.8　273 mm火箭发动机

该发动机用于273 mm战术火箭，口径大，全弹质量较大。它除为火箭弹提供了满足射程要求的动力以外，还为火箭弹稳定飞行提供了符合要求的旋转力矩。

1. 结构组成

该发动机由发动机空体，前、后装药，点火具和定位支架等零部件组成。

273 mm 火箭发动机如图 2－58 所示，其工程图如图 2－59 所示。

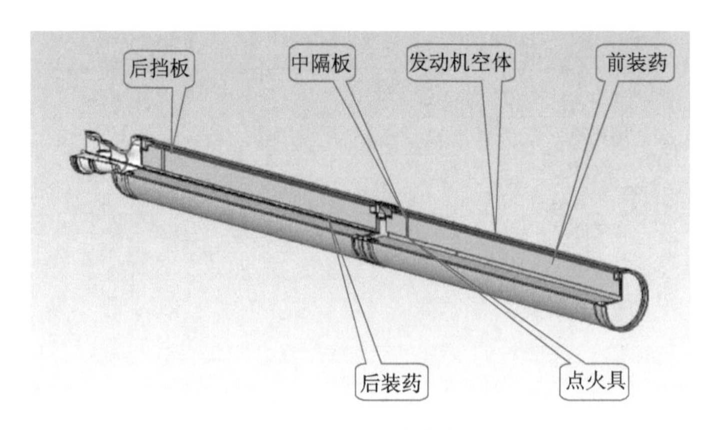

图 2－58　273 mm 火箭发动机

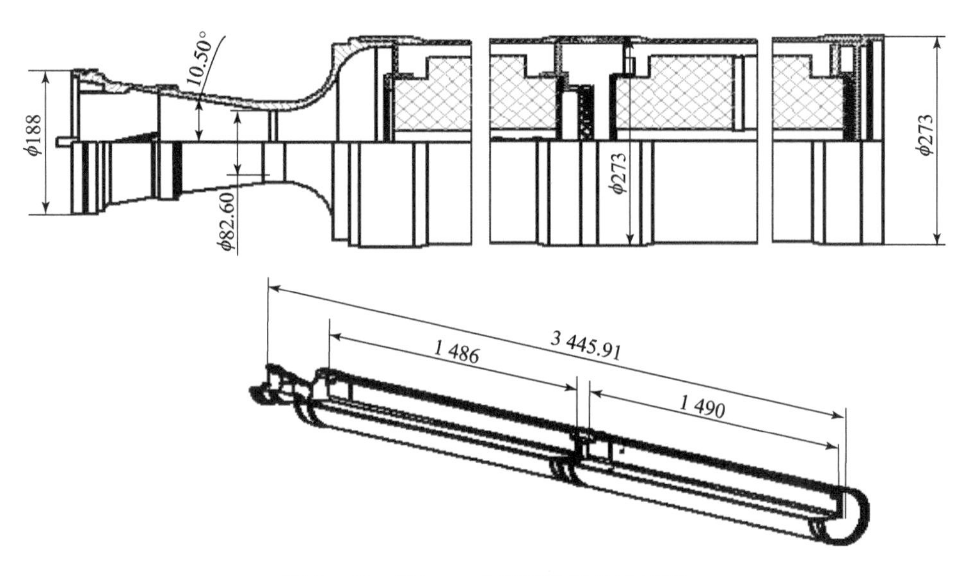

图 2－59　273 mm 火箭发动机的工程图

1）发动机空体

发动机空体由前燃烧室壳体、后燃烧室壳体、喷管组件组成。燃烧室壳体材料选用 30CrMnSi 无缝钢管采用机械加工制造。前端与战斗部、后端与喷管体均采用螺纹连接。为防止长度大、初速较低的火箭弹在发射时弹体下沉量过大，在前燃烧室壳体两端和后燃烧室的后端共设置三个定心带。273 mm 火箭发动机空体如图 2－60 所示。

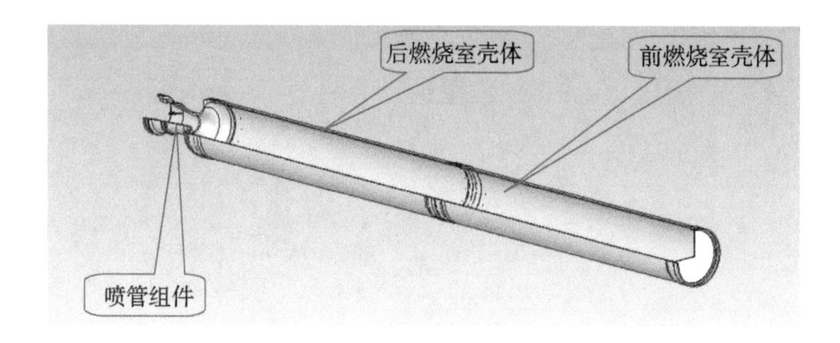

图2-60　273 mm 火箭发动机空体

2）喷管组件

喷管组件由喷管前段（带收敛及扩张段）、喷管后段（只带扩张段）组成，两段通过螺纹连接。在喷管后段扩张段后部加工有四片斜置的导流片，各导流片沿长度方向与扩张锥面母线夹角为12°。在喷出燃气流的作用下，所产生的切向推力分量为火箭弹稳定飞行提供较大的旋转力矩，在主动段末火箭弹转速达到1 250 r/s。喷管组件如图2-61所示。

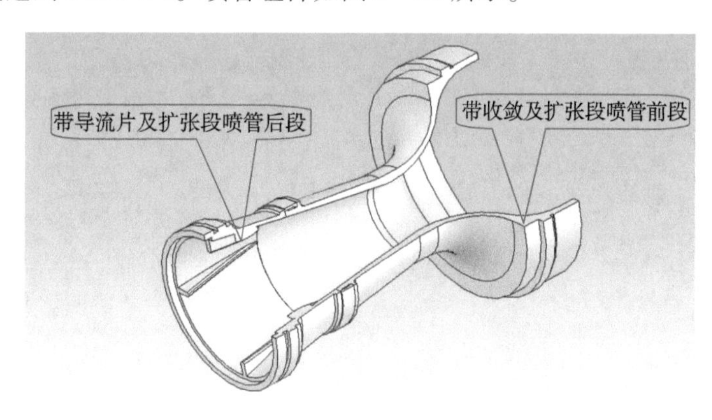

图2-61　喷管组件

3）点火具

点火具由点火药盒、点火药和电起爆器构成。由于该发动机装药较长，又分两段装填，为保证点火可靠采用中间点火的形式。点火具在药盒支架内固定，点火导线由喷管端引出。

4）两截药柱装药

装药由两根内径相同，外径也相同的管状药柱组成，选用双基推进剂，螺压工艺成形。药柱两端设计有用于径向支撑的台阶形面，台阶端面进行包覆，这种台阶定位装药的结构装药与发动机的同轴度好，能有效减少质量偏心。沿药柱轴向有螺旋分布的径向孔，增加了内外通道燃气的流动性，利于装药点燃和稳定燃烧。两截药柱装药如图 2－62 所示。

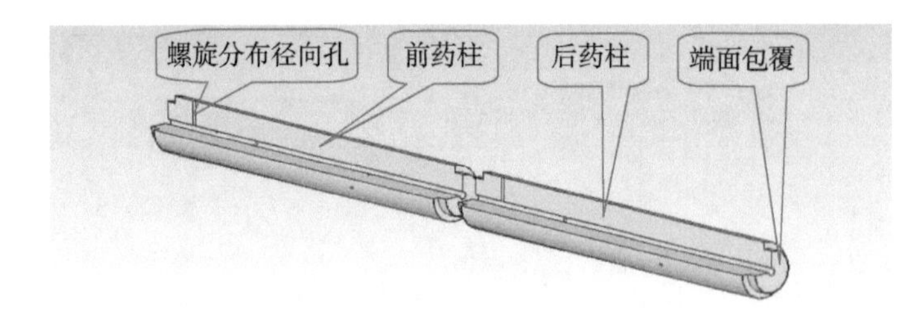

图 2－62 两截药柱装药

5）发动机中部

在发动机燃烧室的中部装有点火具，通过支架对装药进行径向支撑，对点火药盒进行安装固定，采用弹性材料缓冲垫对各部位与药柱接触端面进行轴向缓冲。发动机中部结构如图 2－63 所示。

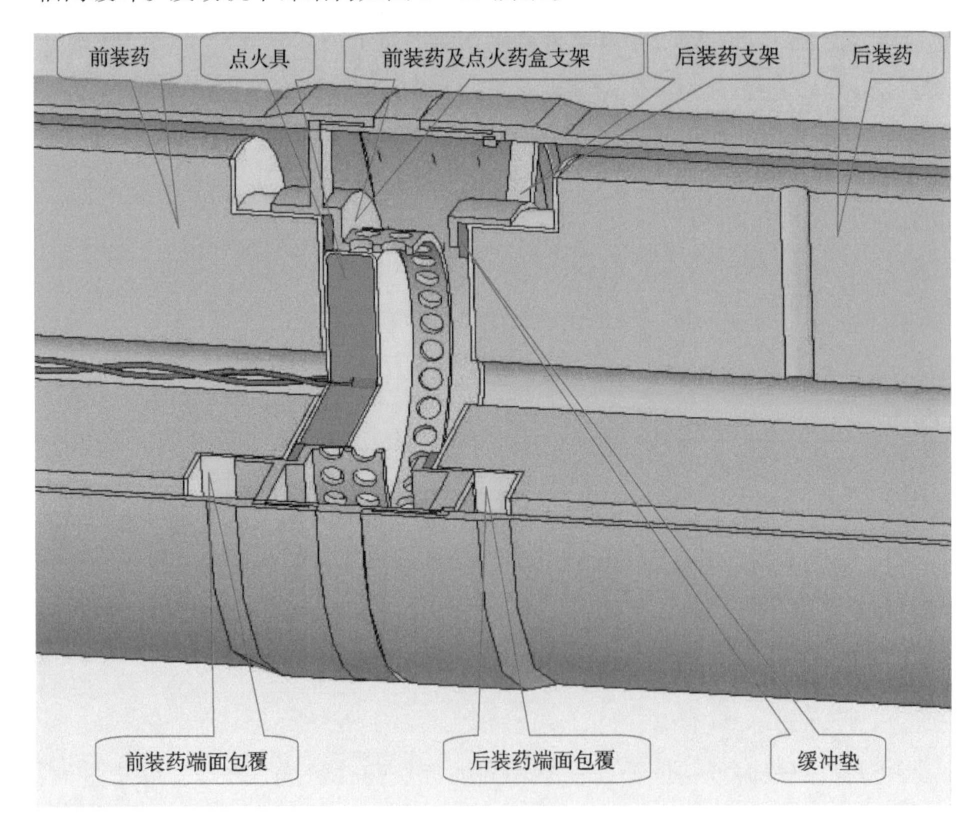

图 2－63 发动机中部结构

6）发动机后部

后装药通过后端支架对其进行径向支承和缓冲。发动机后部结构如图2-64所示。

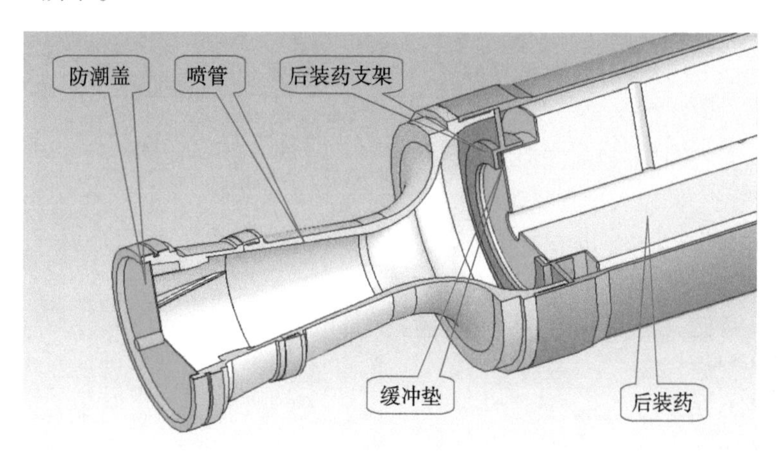

图2-64　发动机后部结构

7）装药支架

前装药两端支架采用了不同的结构形式，但都在与药柱接触端面上粘有弹性航空橡胶制作的缓冲垫。装药支架分别如图2-65、图2-66和图2-67所示。

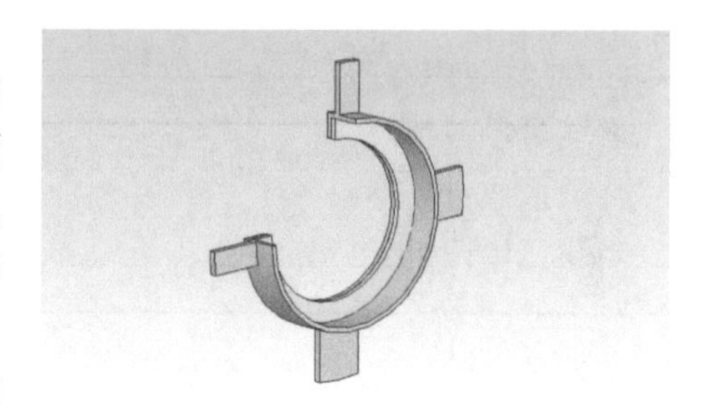

图2-65　前装药的前端支架

前装药的后支架与点火药盒的安装设计成一体结构，在与药柱接触端面也设有缓冲垫。

后装药的两端支架结构相同。各支架都固定在相应各件的螺纹端面上，其轴向定位可靠。各支架均采用高强度复合材料压制而成。

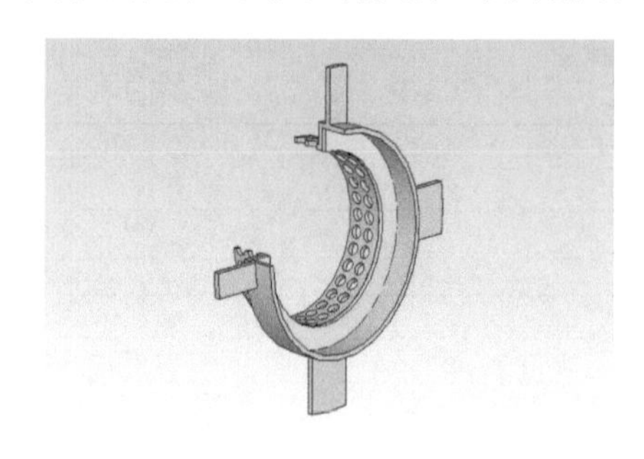

图2-66　前装药及药盒支架

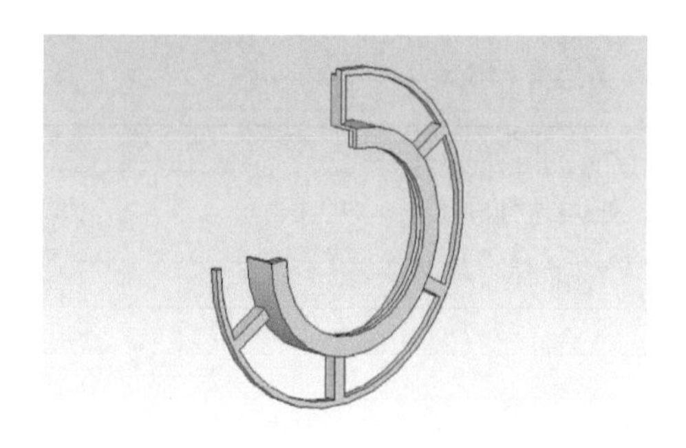

图2-67　后装药两端支架

8）结构及质量参数

定心部直径：273 mm；

前燃烧室壳体外径：266 mm；

前燃烧室壳体内径：257 mm；

前燃烧室壳体长度：1 607 mm；

后燃烧室壳体外径：266 mm；

后燃烧室壳体内径：257 mm；

后燃烧室壳体长度：1 560 mm；

喷管喉径：82. 6 mm；

后喷管扩张角：21°；

导流片倾斜角：12°；

药柱根数：2；

药柱外径：222 mm；

药柱内径：30 mm；

药柱长度：1 486 mm；

初始燃烧面积：22 496 cm^2；

面喉比：419. 8；

通气参量：162；

装填系数：0. 75；

装药药柱质量：174. 5 kg。

2. 弹道参数

该发动机的主要性能参数如表 2 – 14 所示。

表 2 – 14 发动机主要性能参数 温度/℃

主要参数	参数值		
	+50	+20	–40
最大推力/kN	117. 7	79. 4	52. 3
平均推力/kN	91. 8	61. 6	52. 6
最大压强/MPa	15. 3	10. 5	6. 62
平均压强/MPa	11. 2	7. 66	6. 60
工作时间/s	4. 43	5. 47	7. 0
推力冲量/(kN · s)	370. 43	354. 35	349. 73

3. 性能特点

（1）该发动机采用喷管扩张段后部带燃气导流片的结构，能产生足够的旋转力矩，为火箭稳定飞行提供了合适的转速。

（2）采用两截药柱串联的装填结构，有效降低了通气参量，增加了装药量。质量比达到0.55，结构性能较好。

（3）采用中间点火形式，装药点火延迟时间短，点燃一致性好。

4. 应用分析

由该发动机组成273 mm火箭弹的主要性能参数如表2－15所示。

表2－15 273 mm火箭弹的主要性能参数

主要参数	参数值
弹径/mm	273
弹长/mm	4 601
全弹质量/kg	468
发动机质量（含弹翼）/kg	330
主动段末速/($m \cdot s^{-1}$)	827.5
主动段终点转速/($r \cdot min^{-1}$)	1 250
最大射程/km	46.6
最小射程/km	19.4

2.3.9 300 mm火箭发动机

该发动机是远程火箭弹的方案样机，设计该发动机的主要目的是在原发动机总长不变的条件下，通过选择高能量推进剂、采取高装填密度装药设计等技术措施，实现增加装药质量达到增大射程的要求。

1. 结构组成

该发动机由发动机空体，前、后装药，点火具和定位支架等零部件组成。300 mm火箭发动机如图2－68所示，其工程图如图2－69所示。

1）发动机空体

发动机空体由前燃烧室壳体、后燃烧室壳体、喷管组件组成。前燃烧室壳体前端为带球形底部的半封闭式结构，后燃烧室为圆筒形。燃烧室壳体材料选用30CrMnSi无缝钢管，采用机械加工制造。两燃烧室壳体间、后燃烧室壳体与喷管体间均采用螺纹连接。为防止长度大、初速较低的火箭弹在小角度发射时弹体下沉量过大，在两个燃烧室壳体外圆表面的前、中和后部，共设置三个定心带。发动机空体如图2－70所示。

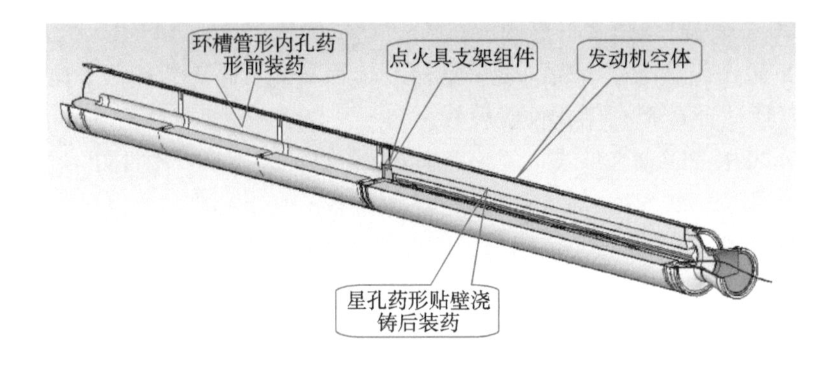

图 2-68 300 mm 火箭发动机

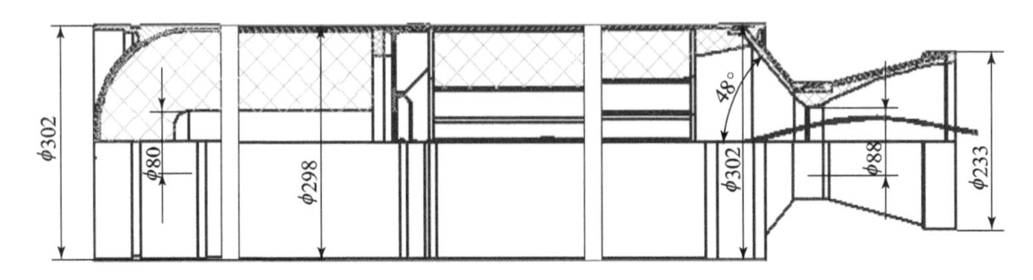

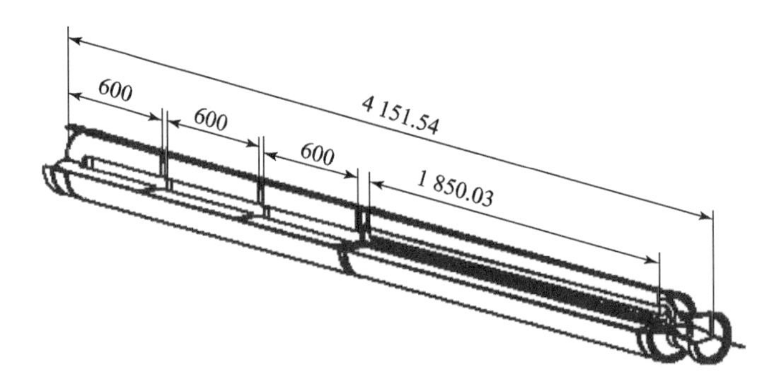

图 2-69 300 mm 火箭发动机的工程图

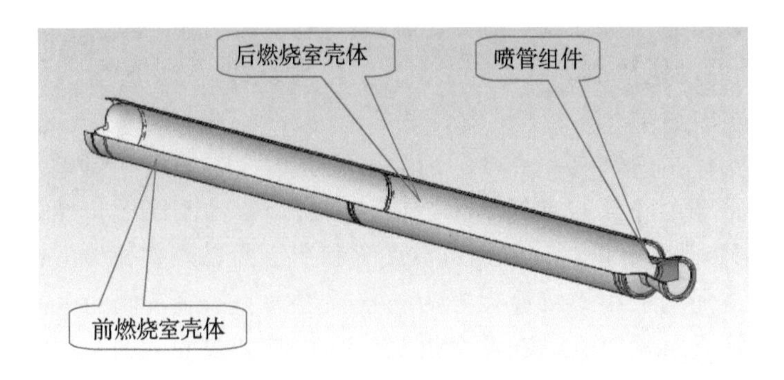

图 2-70 发动机空体

2）喷管组件

喷管组件由喷管收敛段壳体、喉部和扩张段壳体、喷管收敛段隔热层、喉部和扩张段防冲刷层、防潮密封盖和喷管压盖等零部件组成。两段壳体材料都选用45号钢经机械加工制成。收敛段隔热层是高硅氧复合材料模压件，喉部和扩张段防冲刷层采用碳基复合材料，该材料由碳纤维预制件经高温渗碳成形。隔热层和防冲刷层分别与收敛段壳体和扩张段壳体黏结装配，喷管前后段壳体采用螺纹连接。由喷管压盖将防潮密封盖压紧构成喷管组件。喷管组件如图2-71所示。

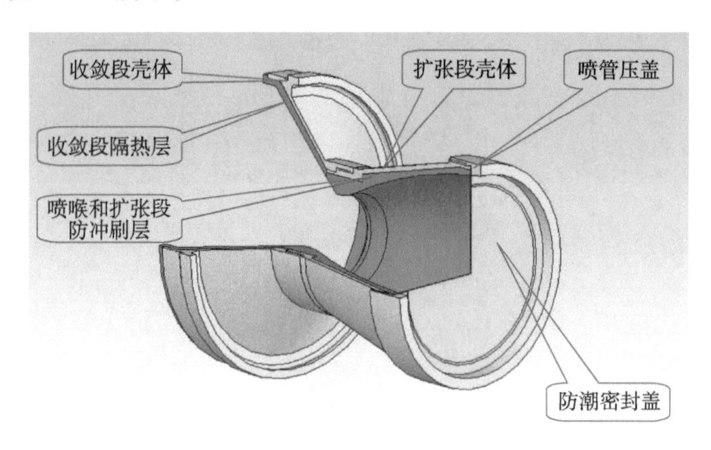

图2-71 喷管组件

3）装药

该装药为组合形式装药。

第一段由三节环形内孔短药柱经对各端面和侧面包覆后，再将各端面黏结在一起，构成第一段装药。其中，前节药柱为半封闭式内孔燃烧药柱，第二和第三节为相同尺寸的内孔燃烧药柱。通过包覆在两层端面包覆厚度间形成环形燃烧面。这种内孔燃烧面和未包覆的端面燃烧面构成环形和内管形药形。可用环形药形端面燃烧的减面性抵消内孔燃烧的增面性，使弹道曲线具有较好的平直性。第一段装药采用自由装填形式，装在发动机前燃烧室壳体内。内孔燃烧前装药如图2-72所示。

第二段药柱选择锥形星孔药形。前端药柱燃层厚度大，靠喷管的后端药柱燃层厚度小，形成小角度的扩张锥面。药柱端面和外侧面进行端面包覆和侧面包覆。对于大燃层厚度具有高装填密度装药的内孔燃烧药形，这种小角度的扩张锥面能有效地减少星孔装药燃绕到星边消失后的增面比，达到降低第二段装药燃烧中产生过大增压比目的。第二段装药采用贴壁浇铸工艺，成形在发动机后燃烧室壳体内。星孔药形贴壁浇铸后装药如图2-73所示。

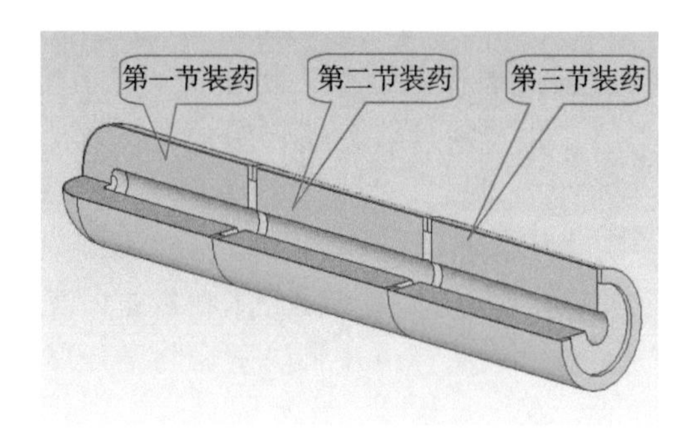

图 2-72　内孔燃烧前装药

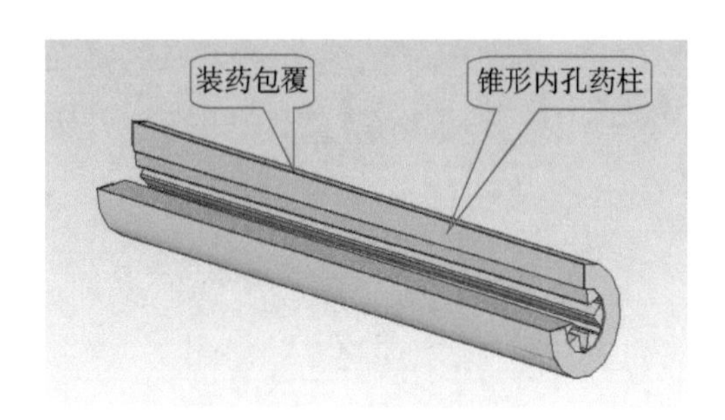

图 2-73　星孔药形贴壁浇铸后装药

4）点火具

点火具由点火药盒、点火药和电起爆器构成。由于该发动机装药较长，又分两段装填，为保证点火可靠采用中间点火的形式。点火具在支架内固定，点火导线由喷管端引出。

5）点火具支架组件

该组件由点火具支架和固定在支架中间的点火具组成。将支架固定在前、后燃烧室壳体的连接处。点火具支架组件如图 2-74 所示。

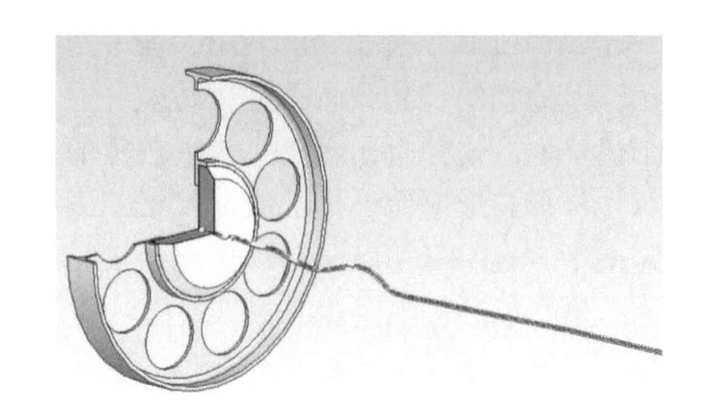

图 2-74　点火具支架组件

6）发动机中部

发动机燃烧室中部的前后燃烧室连接处装有点火具。通过支架对装药进行径向支撑，对点火药盒进行安装固定，采用弹性材料缓冲垫对各部位与药柱接触端面进行轴向缓冲。发动机中部结构如图 2-75 所示。

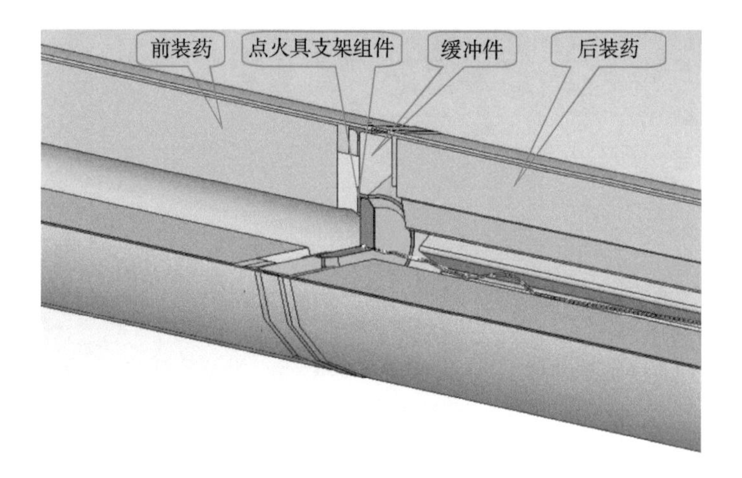

图 2－75　发动机中部结构

7）发动机后部

后装药通过后端缓冲件对其进行径向辅助支承和缓冲。发动机后部结构如图 2－76 所示。

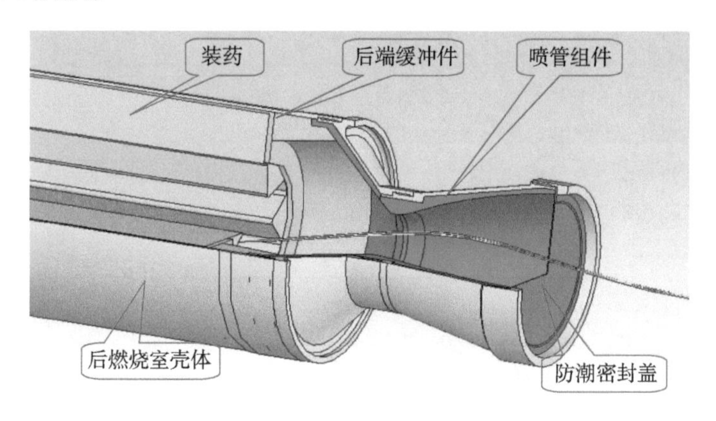

图 2－76　发动机后部结构

8）结构及质量参数

定心部直径：300 mm；

前燃烧室壳体外径：298 mm；

前燃烧室壳体内径：291 mm；

前燃烧室壳体长度：1 980 mm；

后燃烧室壳体外径：300 mm；

后燃烧室壳体内径：298 mm；

后燃烧室壳体长度：1 970 mm；

喷管喉径：105 mm；

后喷管扩张角：24°；

药柱根数：4；

装药根数：2；

药柱外径：284 mm；

管形药柱内径：80 mm；

管形药柱长度：600 mm；

第一段装药初始燃烧面积：5 916 cm^2；

第一段装药初始燃烧面积：11 619 cm^2；

整体装药平均燃烧面积：22 533.7 cm^2；

整体装药外径：290 mm；

通气参量：144.6；

装药药柱质量：348 kg。

2. 弹道参数

1）主要弹道参数值

发动机平均推力：154.1 kN；

燃烧室平均压强：12 MPa；

燃烧时间：5.5 s；

发动机总推力冲量：870 kN·s。

2）弹道曲线

整体装药发动机燃烧室压强－时间曲线如图 2－77 所示。

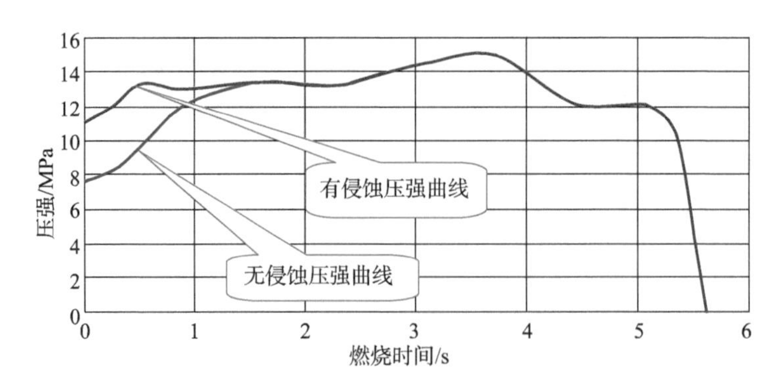

图 2－77 整体装药发动机燃烧室压强－时间曲线

在高装填密度装药设计中，为增加装药量常采用燃层厚的药形，会引起通气参量超过推进剂的允许值，从而引起较大的初始压强峰值。该装药采用两截药柱设计中利用前段内孔初始燃烧小的燃烧面积值来减少后端星孔初始燃烧时的大燃烧面积值，使得整体装药初始燃烧时段在有侵蚀燃烧的情况下，也能使得初始压强峰值在要求范围内。

3. 性能特点

（1）该发动机设计采用高装填密度装药设计，装填密度大，与同尺寸发动机相比装药量增加，选用了高性能的推进剂火箭弹射程增加近 10 km。

（2）采用增面燃烧药形和减面药形相协调的设计降低初始压强，在通气参量较大的条件下，也无过大的初始压强峰值，压强曲线平直性较好，有利于高装填密度装药设计。

（3）在前后燃烧室的连接处和两段装药中间设置点火空间，结合装药支撑固定结构件安装点火具，装药点燃一致性好，点火可靠。

4. 应用分析

（1）作为大直径发动机方案，装药量大，总推力冲量能很好满足技术要求。发动机的质量比和冲量比都较大，推进效能较高。

（2）由该发动机组装的火箭弹，弹径为 300 mm，弹长为 4 100 mm。

第3章 反坦克导弹发动机

反坦克导弹主要用来摧毁敌方坦克、装甲车辆、碉堡和轻型防御工事等。它由导弹导引头、战斗部、发动机、制导和控制装置、稳定装置等组成。按照导引头接收的信号或地面传输的信号，由导弹控制系统控制导弹飞行，直接命中目标。发动机作为导弹的动力系统，除为导弹飞行提供能保证飞行速度和射程的动力以外，有的导弹还要由发动机提供导弹机动飞行所需要的控制力，如带斜切角喷管排出气体的助旋动力、带燃气舵片产生的偏转力矩等。

由于反坦克导弹类型不同，功能和性能要求不同，反坦克导弹发动机结构、性能也不同，形成多种类型的发动机，常用的有单室单推力型、单室多推力型、分立组合发动机类型等。已应用的单室多推力型包括单室双推力、单室三推力等类型的动力推进系统。分立组合发动机类型包括发射发动机和飞行发动机组合动力系统，发射发动机、增速发动机和续航发动机三者相组合的动力系统或发射发动机与续航发动机相组合的动力系统等。

反坦克发动机的发射方式也各不相同。根据使用需要，反坦克导弹有不同的发射方式，如纯火箭发射、高低压炮发射、无后坐力炮发射等形式。发动机设计也要针对这些不同的发射要求来设计。

3.1 总体要求

3.1.1 战术技术要求

近年来，由于各国新型坦克和装甲车辆的研制生产和大量装备，也大大加快了反坦克导弹的研发。对动力推进系统也提出了更高的要求。从一些典型的反坦克导弹发动机的性能分析看，不同时期的反坦克导弹、不同制导方式以及不同的使用条件，其战术技术要求都有所不同，动力推进技术也随着改进和发展。反坦克导弹的发展对发动机动力推进性能要求在不断提高。

反坦克导弹的发展反应了不同年代的技术水平。第一代反坦克导弹一般采用目视瞄准、目视跟踪、手动控制、有线传输指令等制导方式。这种制导方式，限制了导弹的飞行速度较低，一般在80～120 m/s的速度范围，飞行时间短，射程较小多在3 000 m以内，发动机结构较简单，对弹道性能的要求也不高。第二代反坦克导弹采用光学瞄准、红外自动跟踪、有线传输指令的制导方式。这种制导方式大大减轻了射手的负担。导弹飞行速度也相对提高，一般在200～300 m/s的速度范围，射程多在3 000 m以上。由于仍需采用导线传输信号、飞行速度和射程仍然受到很大的限制。使用在这一代反坦克导弹的发动机，出现了双发动机相组合、单室双推力等类型，在预定的间隔时间内或在连续的工作时间内为导弹飞行提供发射导弹的发射动力和续航动力。第二代反坦克导弹采用动力管发射方式较多，对发动机的结构组成、装药设计等也带来诸多变化，需要提供的动力推进水平也有提升。第三代反坦克导弹传输指令不用导线，其制导方式也趋多样化如激光制导、电视制导、毫米波制导等，导弹的飞行速度大为提高，平均飞行速度达400 m/s以上，有的导弹飞行速度高达3～5 Ma。射程也大大提高，大多在4 000 m以上。随发动机推进技术的不断发展，新材料、新工艺和新型高能推进剂大量采用，动力推进的效率和功能得到提高，很好地满足了这一代反坦克导弹的战术技术要求。

（1）推力冲量要求。为满足导弹射程要求，在发动机设计中，除需装填足够的装药质量以外，在选择燃烧性能好、能量特性高的推进剂，设计最佳的结构形式，提高发动机的推进效率等方面来满足发动机推力冲量要求。

（2）工作推力或时间要求。

根据发动机的类型，对发动机的推力方案要求、平均推力的范围都有不同。发射和飞行发动为分立结构的动力推进系统要求发射发动机要有足够的初始推力冲量，以保证导弹具有一定的初速。对于续航发动机要求的推力较小，只用作克服导弹重力和飞行阻力，保持导弹的飞行速度。对于单室双推力或多推力型发动机，所提供的各级推力必须满足导弹飞行对动力的需求，按照发动机各级推力冲量和推力范围要求或按照推力冲量和工作时间要求，确定推力方案。导弹对发动机的主要弹道性能要求即被确定。

（3）点火时间要求

对于需要延期点火的发动机，需由发动机点火装置或导弹的供电延期装置保证发动机的点火按规定的时间进行。

3.1.2 发射方式对发动机的要求

反坦克导弹有多种发射方式，包括纯火箭发射、无后坐力炮发射、高低压炮发射和火炮发射等，发射方式不同对发动机的要求也不同。纯火箭发射是利用发射发动机或起始推力较大的发动机为导弹提供发射动力，使导弹具有一定的出口速度；无后坐力炮或高低压炮发射导弹称动力管发射，导弹由动力管中的装药燃烧提供发射动力，导弹飞离发射阵地一定距离后发动机开始点火工作，要求发动机的点火装置具有延期点火功能。这种动力管发射的中、小口径反坦克导弹可以采用射手肩扛发射，用这种方式发射的导弹，还要求发动机排出火焰的烟雾要少，不能影响射手瞄准目标。对于火炮发射的反坦克导弹，发动机也在飞离阵地后点火，同样需要具有延期点火功能；发动机及装药的结构强度需满足火炮发射的高过载要求。

3.1.3 使用和储存要求

这些要求主要包括工作温度要求、环境温度要求、运输和飞机挂飞的振动冲击、温差变化等对发动机性能有影响的使用条件要求等，发动机需满足使用部门提出的环境使用条件的各项试验要求。红外或激光制导的反坦克导弹对发动机排出的烟雾排出气体中的固体颗粒等提出要求。为保证使用安全，对发动机的安全点火、点火装置及所使用的火工品需满足防静电、防射频的要求等。

3.2 发动机主要特点

3.2.1 发动机能适应多种发射形式

导弹的发射方式不同需采用具有不同结构和功能的发动机。

纯火箭推进式发射的导弹较为普遍，主要是靠发动机短时间内提供较大的发射动力。但这种发射方式根据导弹使用方法的不同，对发动机的发射动力要求也有不同。对肩扛发射的较小口径反坦克导弹，为使发射火焰不伤害射手，也不遮挡射手的瞄准视线，要求发动机在发射筒内工作结束，如苏联的“赛格”反坦克导弹、美国的“TOW”式反坦克导弹等。对于采用动力管发射的导弹，如采用无后坐力炮或高低压炮、肩扛发射的导弹，则要求发动机在导弹飞离一定距离后再点火，则要采用专门的延期点火装置来实现。对于机载或车载并采用动力管发射的导弹，也要求发动机在导弹飞离一定距离后再点火，以避免发动机排出火焰遮挡视线，如我国的“红箭”型反坦克导弹就属于这类导弹。

对于采用红外制导或激光制导的导弹，还要求发动机排出的燃气少烟，较少的固相排出物。为此，对发动机的设计、推进剂和装药包覆的选择，都要有较严格的要求。

3.2.2 发动机的推力方案变化大

不同用途的反坦克导弹，具有不同的飞行性能，要求发动机提供的推力方案也不相同。一般导弹在飞离发射管或发射导轨时，都要具有较高的初速，以防止弹体下沉量过大而影响初始弹道控制精度，这种导弹发动机需能提供较大的初始推力和初始推力冲量，常采用单级推力的动力推进方案。有的导弹经初始段飞行后，还要求发动机在规定时间段提供较大的推力使导弹增速飞行，在要求的时间内将导弹增速到最大速度，以满足射程要求和缩短飞行时间，常采用小推力比的双推力方案；有的反坦克导弹需要在发射后，还需提供长时间的续航飞行的动力，需要发动机具有较大推力比的双级推力方案；为缩短导弹飞行时间，瞬速飞离发射平台，发射导弹后还需要增速飞行，之后进入续航飞行段，需要采用三推力方案；甚至在续航飞行的后段，为保证对导弹有效控制或保证战斗部具有最佳的毁伤效果，要求发动机为末段弹道飞行时间段，提供足够的推力，要在续航级工作后再增加加速级，形成四级推力方案。可见，发动机所提供的推力方案，需能满足反坦克导弹的不同飞行功能要求和飞行性能要求，形成发动机的推力方案具有多样性，有的可以采用单发动机设计单级推力方案，有的需要采用两台发动机提供双推力方案。近年来，还应用了单室多推力方案。

3.2.3 发动机的结构形式多样

由于反坦克导弹的类型较多，发动机的总体结构和发动机的内部结构也有较多的变化。首先，将发动机布置在导弹中部，发动机需设计成长尾喷管结构，发动机装药燃烧的燃气经过燃气导流管再从喷管排出，或者采用斜置多喷管使燃气从导弹中部侧向排出，这些无疑都增加了发动机结构的复杂性。其次，因发动机推力方案的多样性，也给发动机装药设计、结构设计和热防护设计带来复杂性。最后，有的导弹还需要由发动机提供控制力或提供稳定导弹飞行的旋转力矩等，如在喷管扩张段上设置导流片，在喷管出口外缘设置导流环，将喷管设计成摆动喷管等；有的导弹要求发动机提供较大的旋转动力，需要将设计的多喷管在弹体的切向方向偏置一个角度，以利用喷射燃气流产生推力的切向分量为弹旋转提供所需的旋转力矩。这些多样的动力要求给反坦克导弹发动机的结构设计带来复杂性和多样性。

3.3 国内外反坦克导弹发动机

3.3.1 HOT 反坦克导弹发动机

该发动机由法国和西德共同研制的 HOT 反坦克导弹发动机，是一种双室双推力发动机，即由两个串联结构的双燃烧室构成发动机。续航发动机在前，起飞发动机在后，续航装药燃烧的燃气通过导流管从续航喷管排出，为导弹续航飞行提供动力；起飞发动机装药燃烧气体通过四个斜置的喷管从发动机后端斜向排出，为导弹提供起飞动力。续航发动机的前端与战斗部相连。在起飞发动机后端和导流管的外部安装导弹控制部件。由续航发动机为导弹舵机的执行机构提供气源，通过控制舵片的摆动为导弹提供控制力。

1. 结构组成

该发动机的直径为 167 mm，由发动机空体，起飞、续航装药和点火具，点火延迟器等零部件组成。HOT 反坦克导弹发动机如图 3－1 所示，其工程图如图 3－2 所示。

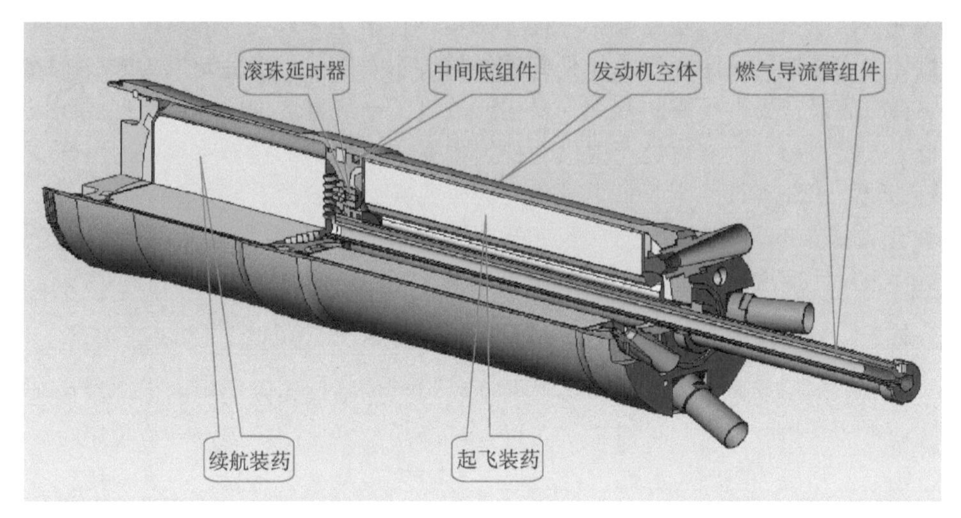

图 3－1 HOT 反坦克导弹发动机

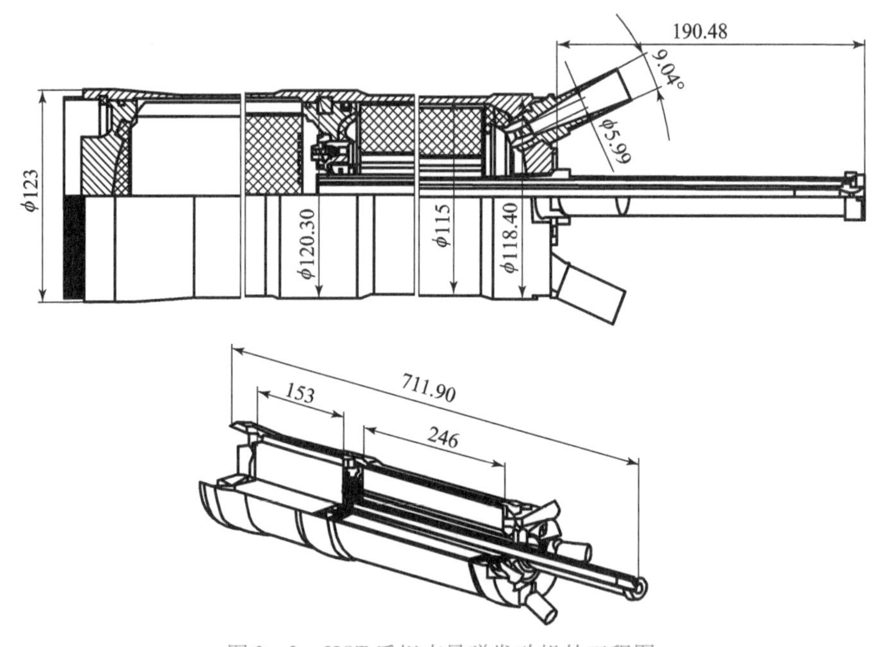

图 3－2 HOT 反坦克导弹发动机的工程图

1）发动机空体

发动机空体由前堵盖、燃烧室壳体、中间底组件、四个斜置喷管和壳体后端面上的隔热垫等零部件组成，如图3－3所示。

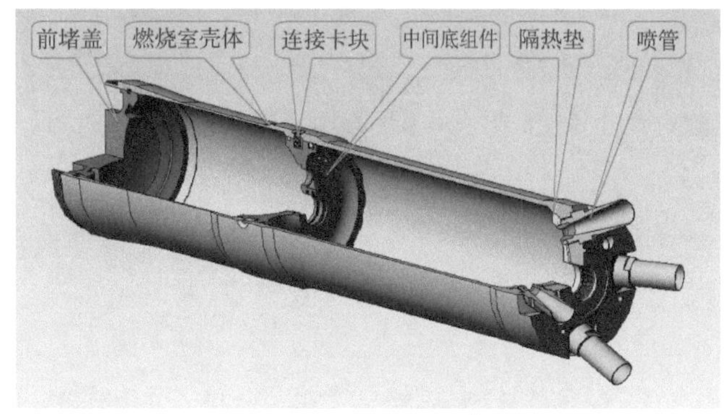

图3－3　发动机空体

2）发动机前部结构

在整体式发动机壳体上由中间底隔开形成续航和起飞燃烧室，前燃烧室内装有续航级装药，装药前部采用橡胶垫对装药及各结构件随温差变化和尺寸误差进行支撑、缓冲和补偿。其结构如图3－4所示。

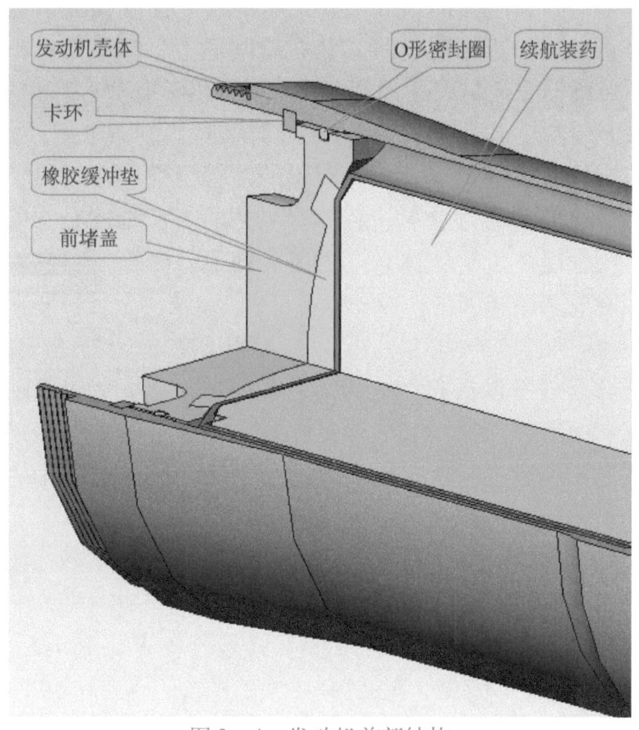

图3－4　发动机前部结构

3）发动机中间底结构

中间底用铝棒经机械加工而成。在中间底上装有 2 个滚珠结构的延时器，如图 3 –5 所示。

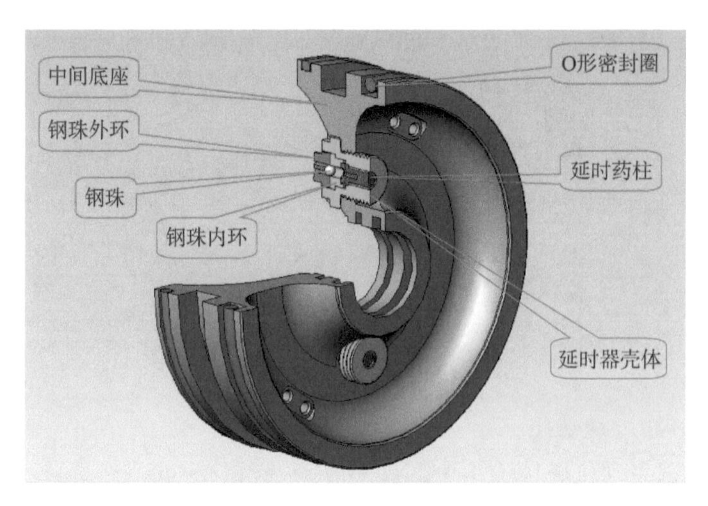

图 3 –5 发动机中间底结构

滚珠延时器由顶盖、延时器壳体、延时药柱、排气孔、钢珠和活门体组成。将延时器组装后，再用螺钉将其装在中间底上。起飞发动机点火后，经 0. 25 s 的延时，续航发动机装药被点燃为导弹提供续航动力。

4）喷管安装结构

在发动机壳体后端底上安装 4 个斜置的喷管组件，在后端底内表面压制有隔热衬垫，由成形后的衬垫封住各喷管组件的入口端外缘，以保证对高压燃气的密封。喷管组件由喷管体和喉衬组装而成。喷管体与发动机壳体采用螺纹连接。喷管安装结构如图 3 –6 所示。

5）发动机后部结构

发动机后部结构件包括起飞装药、后缓冲垫、燃烧室底部隔热垫和导流管组件等。导流管组件与发动机壳体后端盖的安装，是通过固定套采用螺纹将导流管组件紧压在后端盖上。用后缓冲垫对起飞装药进行轴向定位、缓冲和补偿。发动机后部结构如图 3 –7 所示。

6）中间底安装结构

发动机壳体中间底安装结构是通过分体卡环卡住中间底并将燃烧室分成前后两个燃烧室。装配时，先将两个半圆形分体卡环和前后 O 形密封圈装入中间底，并按轴向定位台阶定位，用专用工装旋转中间底使卡环螺钉对位拧紧螺钉，分体卡环提升到位形成卡紧结构，完成中间底安装。由分

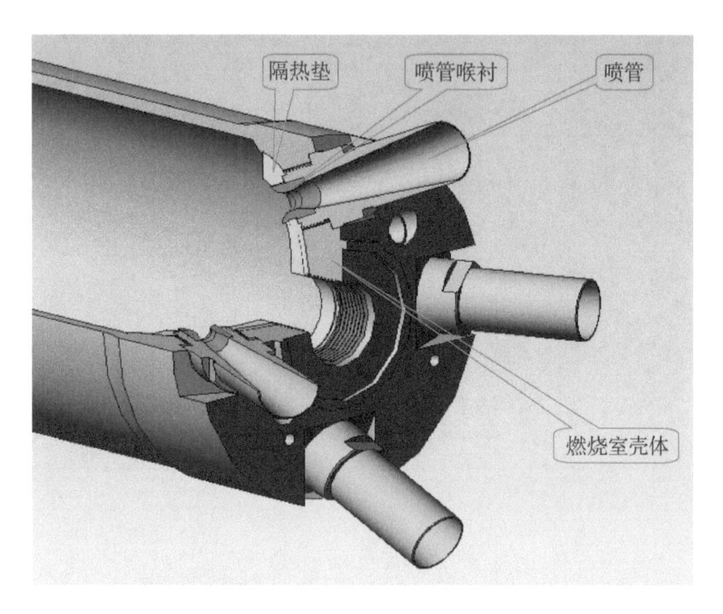

图3－6 喷管安装结构

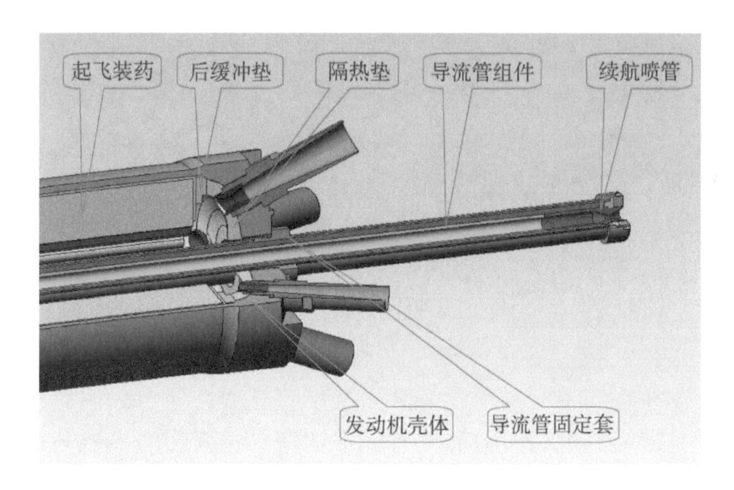

图3－7 发动机后部结构

体卡环承受前后燃烧时的压强载荷。发动机壳体中间底安装结构如图3－8所示。

7）起飞装药

起飞装药由八角星形药柱和装药包覆组成。药柱选用SD1137双基推进剂。起飞装药如图3－9所示。

8）续航装药

药柱推进剂选用EPICTETE1244A浇铸双基推进剂，由法国生产。为端面

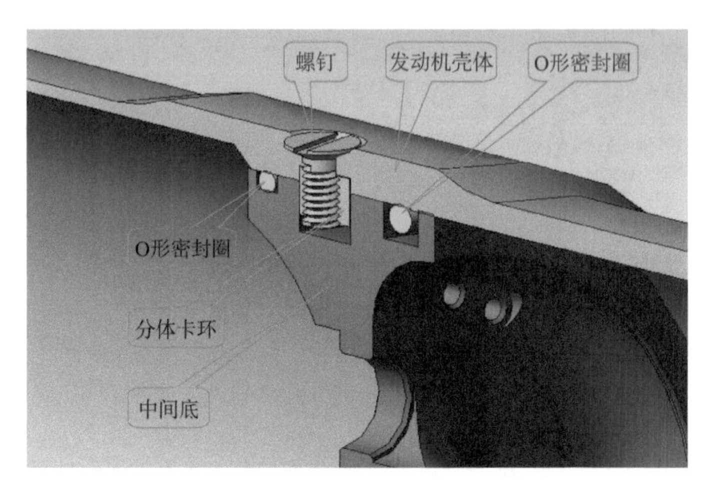

图3-8 发动机壳体中间底安装结构

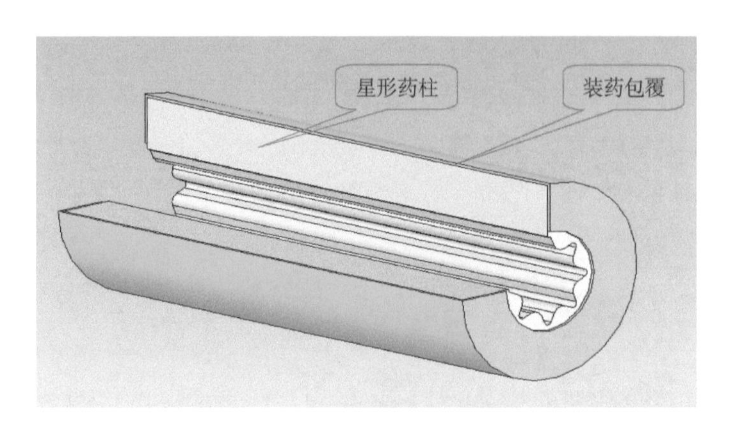

图3-9 起飞装药

燃烧药形，药柱底部带有锥角，前端面为平直端面，便于采用橡胶垫对装药的轴向缓冲与定位。后端面上加工有环形沟槽，主要为增大装药的初始点燃面积，确保续航药柱点火可靠。装药外侧面分布有两个环形槽，在凹陷处要安装直径为2.5 mm的紫铜管，通过前堵盖与引信连接，以便向引信提供解脱安全保险所需的燃气。续航装药如图3-10所示。

9）起飞和续航点火具

起飞点火具是由赛璐珞药盒中装有14 g点火药和电起爆器构成。点火具放入点火支架中。

续航点火具仅由赛璐珞药盒和内装的4.8 g点火药构成，在起飞发动机工作0.25 s时，由位于中间底上的延时器传来的起飞装药燃烧的火焰点燃，并点燃续航装药。

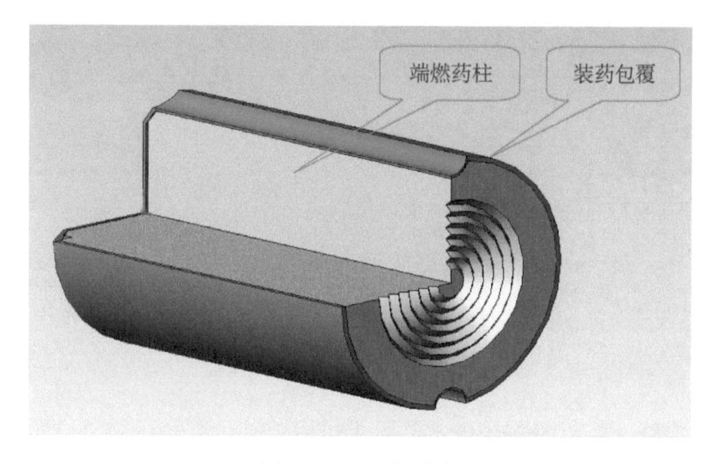

图 3-10　续航装药

10）结构及质量参数

发动机壳体外径：117 mm；

发动机壳体内径：111.4 mm；

续航级喷管喉径：5.7 mm；

续航级喷管出口直径：9.9 mm；

扩张角：40°；

细导管长度：530 mm；

细导管壳体外径：23 mm；

细导管壳体内径：20 mm；

细导管内隔热层厚度：4 mm；

细导管外隔热层厚度：1.5 mm；

装药外径：110.5 mm；

装药长度：173 mm；

包覆厚度：3 mm；

装药质量：2.6 kg；

起飞级壳体外径：117 mm；

起飞级壳体内径：107 mm；

起飞喷管数：4；

起飞喷喉直径：8.5 mm；

起飞喷管扩张比：2.33；

起飞喷管扩张角：9°；

喷管轴与发动机轴线夹角：24°；

装药外径：106.5 mm；

装药长度：247 mm；

包覆层厚度：2 mm；

装药质量：3 kg。

2. 弹道参数

1）性能参数

发动机主要性能参数如表 3－1 所示。

表 3－1 发动机主要性能参数 温度：－40～+52 ℃

性能参数	起飞发动机	续航发动机
推力/kN	5.5～6.0	0.18～0.25
最大压强/MPa	20.5～21.0	9.0～10
平均压强/MPa	15.5～17.5	6.5～7.5
燃烧时间/s	0.8～1.25	15.6～20.8
工作时间/s	0.9～1.35	17～21

2）起飞级和续航级压强－时间曲线

起飞级压强－时间曲线如图 3－11 所示，续航级压强－时间曲线如图 3－12 所示。

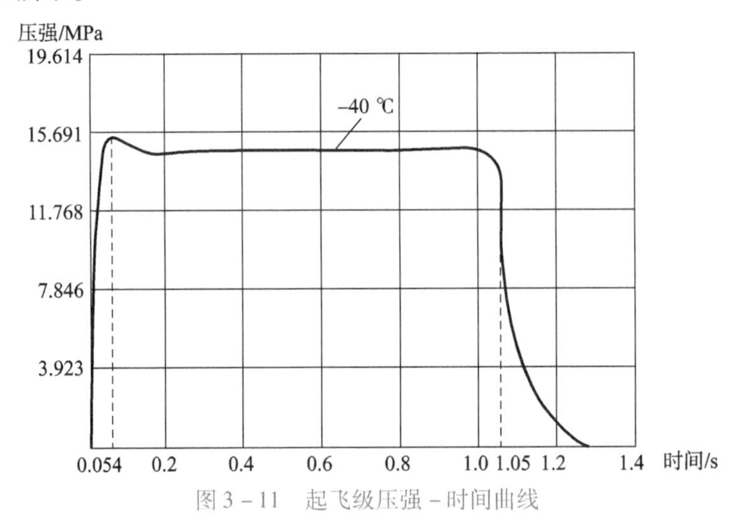

图 3－11 起飞级压强－时间曲线

3）发动机压强－时间曲线

发动机压强－时间曲线如图 3－13 所示。

3. 性能特点

（1）发动机产生双推力。图 3－13 所示为压强曲线，是在方案阶段用来计算发动机推力曲线的压强曲线，由此计算所得到的推力曲线：在 0.2 s 前为起飞级起始段推力值，之后在 0.2～1.1 s 的推力值为起飞级和续航级所产生推力之和，略高于起始端推力，1.1～19 s 为续航级小推力段。由此形成双推

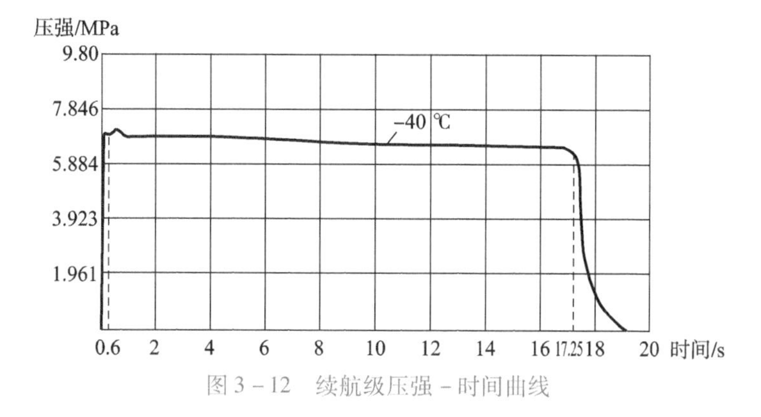

图 3－12　续航级压强－时间曲线

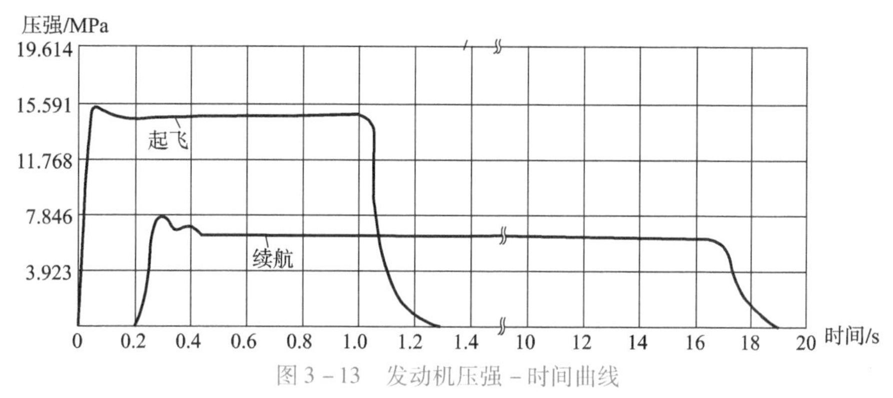

图 3－13　发动机压强－时间曲线

力的弹道特征。

（2）该发动机采用中间底将发动机壳体分为续航和起飞两个燃烧室，中间底采用螺钉和分体卡环连接，连接结构简单、巧妙。采用长尾喷管进行燃气导流，连同四个斜置喷管的布局使发动机结构紧凑、性能好。

（3）采用滚珠延时器结构，利用起飞级装药燃烧产生的燃气，经过延期药延时后点燃续航药柱，点燃序列设计合理，点火性能及点火可靠性得到了很好的保证。

（4）两个发动机的装药燃烧性能稳定性好，弹道曲线平直，由两个发动机分别产生起飞和续航推力，较好地满足了导弹发射和长时间续航的双推力动力推进要求。

4. 应用分析

由该发动机组成 HOT 反坦克导弹的主要参数如下：

弹径：167 mm；

弹长：1 270 mm；

发射质量：23 kg；

最大射程：4 000 m；

最小射程：车载发射 75 m；
　　　　　直升机发射 400 m；

初速：20 m/s；

最大飞行速度：240 ~ 260 m/s；

转速：480 ~ 600 r/min；

飞行时间：17 ~ 17.3 s。

3.3.2 TOW 反坦克导弹飞行发动机

TOW（陶式）反坦克导弹的动力推进系统由两个独立的发动机组成。发射发动机细而长，位于导弹的后部；飞行发动机短而粗，在导弹的中部。发射发动机提供发射动力，在导弹发射出发射筒前发动机工作结束；飞行发动机在发射发动机工作结束延迟 0.35 s 后开始点火。这样的点火顺序主要是为在发射时保护射手。TOW 反坦克导弹是美国主要的反坦克武器系统之一，曾出口多个国家，后又进行了多次改进形成 TOW－改、TOW－2 等改进型号。原 TOW 式导弹飞行发动机是最先研制和装备的发动机。

1. 结构组成

飞行发动机由发动机空体、梨形药柱装药组件、喷管座组件及点火具组件等组成。TOW 反坦克导弹飞行发动机如图 3－14 所示，其工程图如图 3－15 所示。

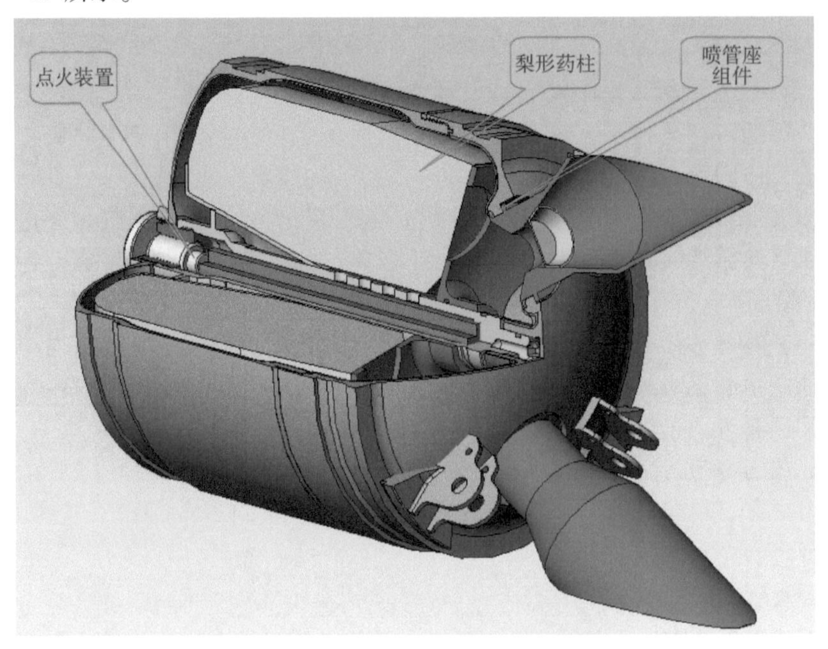

图 3－14　TOW 反坦克导弹飞行发动机

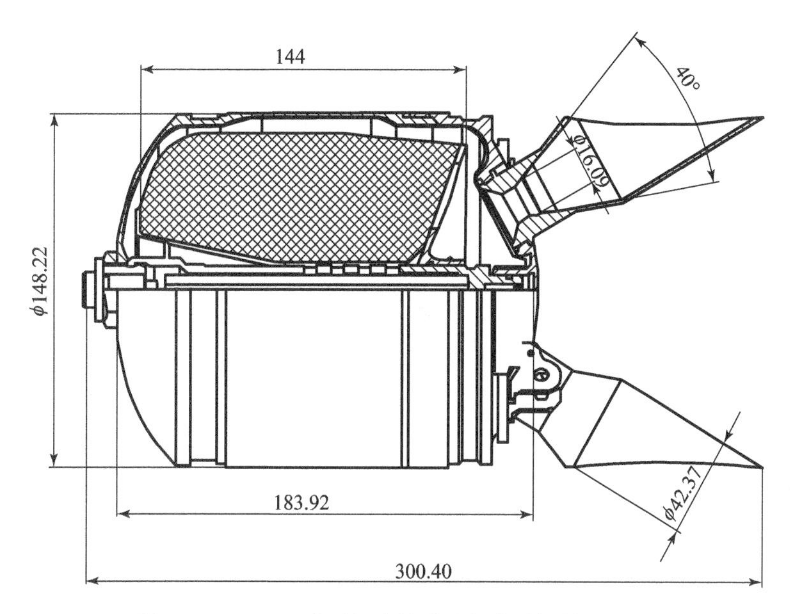

图3－15 TOW式反坦克导弹飞行发动机的工程图

1）发动机空体

发动机空体由半封闭式燃烧室壳体组件、喷管座组件组成。壳体组件由金属壳体和内表面隔热层组成。喷管座组件由金属后盖、两个斜喷管和弹翼座组成。喷管内粘有铝制防潮密封盖，后盖内表面衬有隔热垫。

陶式导弹属于非旋转式飞行的导弹，根据控制要求导弹需要以弹轴和两个喷管轴构成的平面为基准飞行平面，飞行发动机装配时需保证相关舱段的基准面与这个基准面相一致。为满足这项要求，飞行发动机燃烧室壳体与喷管座组件进行螺纹连接时，在两者之间需要用不同厚度的金属垫环进行调整，以保证相关舱段的基准面与发动机基准面共面。发动机空体如图3－16所示。

2）喷管座组件

喷管座组件由后盖、隔热垫、喷管、弹翼座和防潮盖组成。后盖与燃烧室壳体采用锯齿形螺纹连接。喷管与后盖的装配采用翻边压紧的压装工艺装配，在翻边压接的周向接缝处采用隔热层覆盖，以对高压燃气进行密封。四个弹翼支耳均布定位焊在后盖的外缘处。喷管座组件如图3－17所示。

3）装药组件

装药组件由梨形药柱、药柱支架、挡药板（托药板）组成。梨形药柱为不规则的内外表面燃烧的药柱，药柱的内锥面被挡药板紧压在药柱支架的锥面上，在压紧的状态下，药柱内锥面被阻燃，仅由内孔表面、药柱外表面和

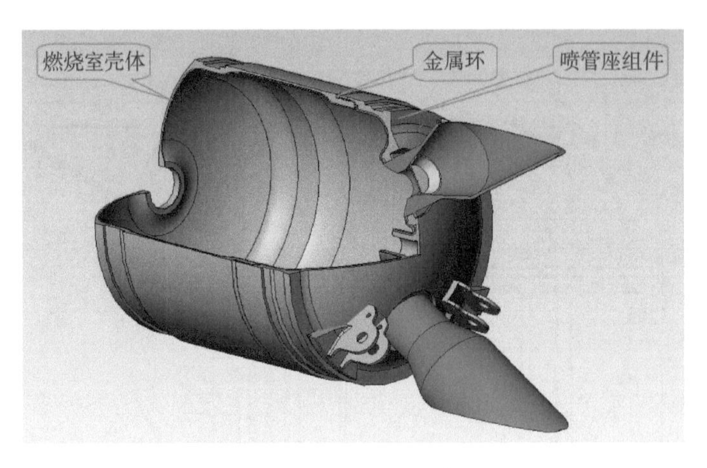

图 3-16 发动机空体

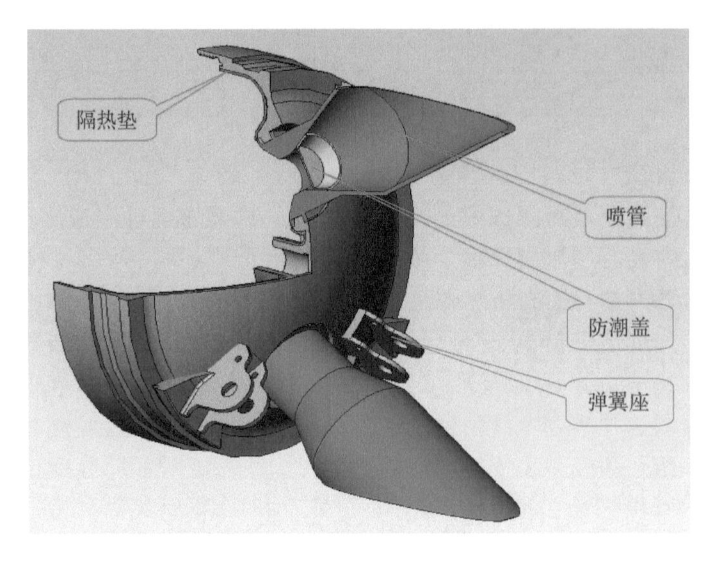

图 3-17 喷管座组件

挡药板未覆盖的部分锥形端面参与燃烧。燃烧中，虽然燃烧面积随燃层厚度的变化不是平直的，但也无过大的起伏，实测的压强曲线较为平稳。可见，该装药药形的设计很好地适应了发动机的结构需要。装药组件如图 3-18 所示。

4）梨形药柱

该药柱为雷得佛陆军弹药厂生产的平台双基推进剂，该推进剂燃烧性能好，压强指数很小。推进剂的主要组分包括，硝化棉：50.28%，硝化甘油：34.5%，二硝基二苯胺：2.72%，二醋酸甘油酯 8.3%，2，4 二羟基甲苯酸铅：3.5%。梨形药柱是由药柱坯件车制而成，如图 3-19 所示。

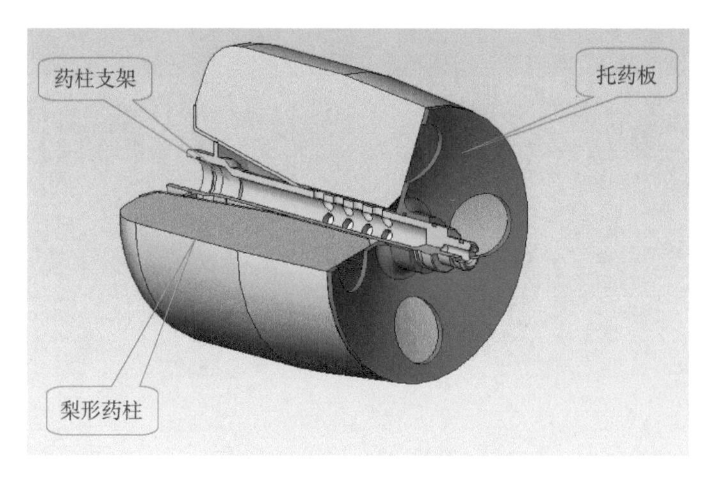

图3-18 装药组件

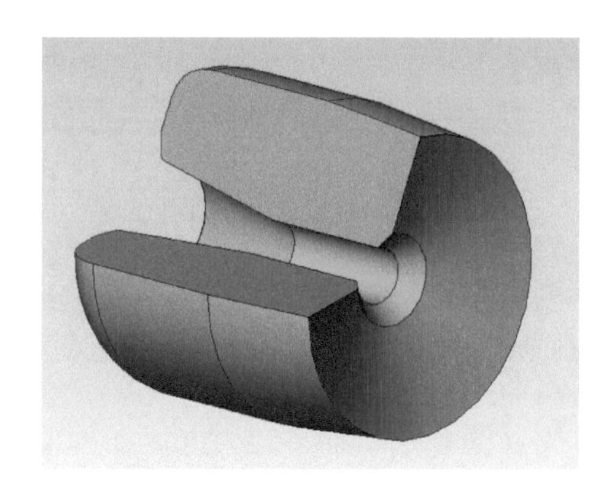

图3-19 梨形药柱

5）挡药板（托药板）

挡药板如图3-20所示。

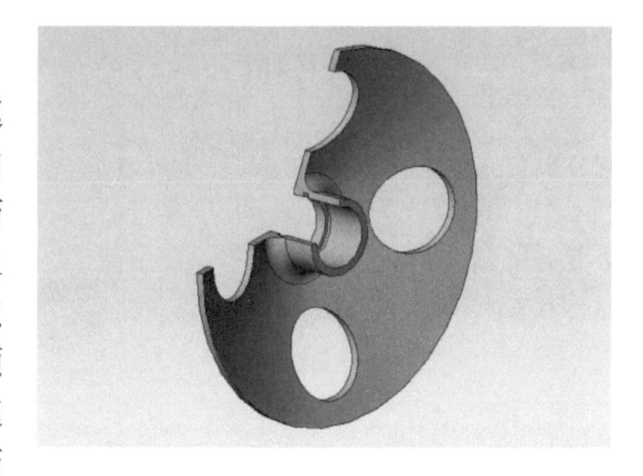

图3-20 挡药板

6）点火具组件

点火具组件由电起爆器、速燃十字形药柱组成。电起爆器内装有赛璐珞药盒，盒内装点火药及延期药块。点火顺序是电发火管热敏电桥灼热后点燃周围的点火药，之后延期药块燃烧，按预定延时时间点燃缠绕在十字形速燃药柱上的点火药绳和十字药柱，再点燃梨形药柱。点火具组件如图 3－21 所示。

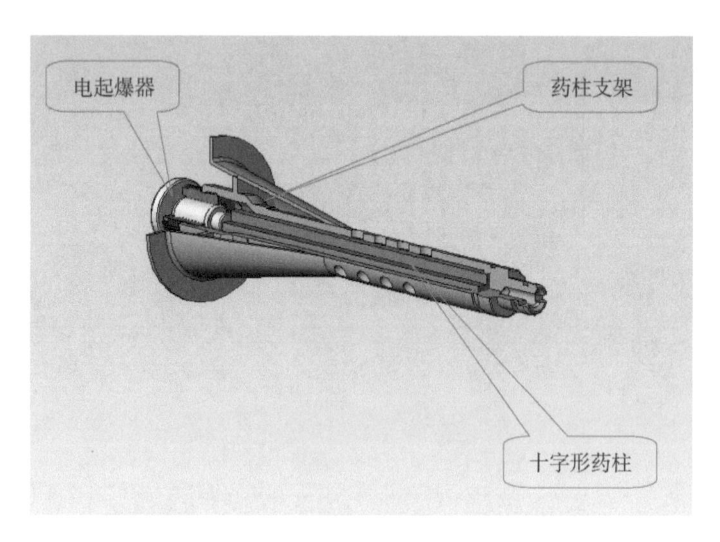

图 3－21 点火具组件

7）药柱支架

药柱支架用不锈钢材料加工而成，前端锥套用电子束焊接在内管上。内管外壁开有点火气体的通气孔。通过两端的定位结构，将其定位安装在发动机燃烧室的中心位置。药柱支架如图 3－22 所示。

8）十字形点火药柱及药绳

十字形点火药柱是点燃主装药的主要能源，在十字形药柱外还沿纵向缠绕着直径约为 2 mm 的点火药绳，绳长约 1 700 mm，点火药绳是在白线绳外面涂一层可燃药粉，容易点燃，主要是为强化点火能量、缩短点燃时间。十字形药柱的主要成分包括，硝化棉：47.8%，硝化甘油：42.3%，二硝基二苯胺：3.5%，催化剂：5.9。这种点火系列设计使发动机点火可靠、点火延迟时间短。十字形点火药柱如图 3－23 所示。

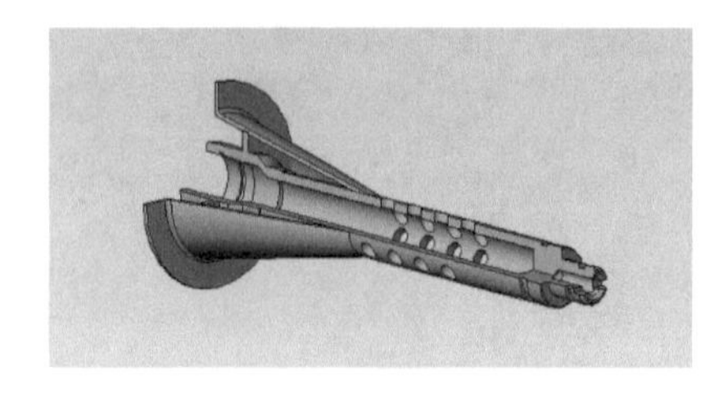

图 3－22 药柱支架

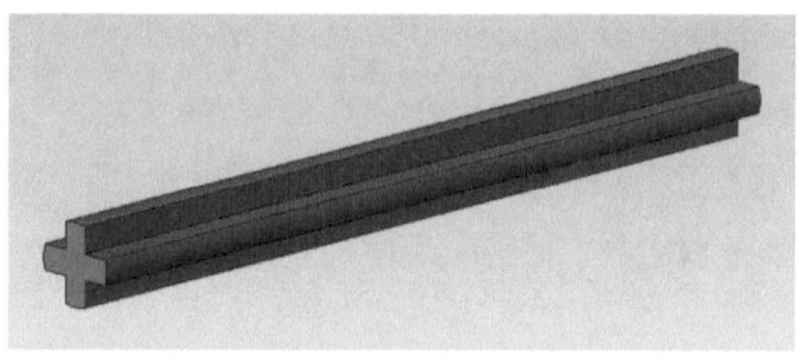

图 3－23 十字形点火药柱

9）结构及质量参数

发动机壳体外径：148.22 mm；

发动机壳体内径：145.9 mm；

发动机总长：301 mm；

喷管数：2；

喷喉直径：14.2 mm；

喷管出口直径：41 mm；

喷管收敛角：90°；

扩张角：40°；

喷管轴与发动机轴夹角：30°；

药柱外径：110.5 mm；

药柱内径：22.75 mm；

药柱长度：140 mm；

内孔前端锥半角：11°；

内孔后端锥半角：70°

装药质量：2.6 kg；

初始燃面：713.4 cm^2；

喉面比：225；

内通气参量：38；

装填系数：78%。

2. 弹道参数

1）性能参数

发动机主要性能参数如表3－2所示。

表3－2　发动机主要性能参数　　温度：+20℃

性能参数	参数值
最大推力/kN	6.2～6.5
平均推力/kN	5.5～6.0
最大压强/MPa	20.5～21.0
平均压强/MPa	15.5～17.5
燃烧时间/s	0.8～1.25
工作时间/s	0.9～1.35

2）飞行发动机压强－时间曲线（图3－24）

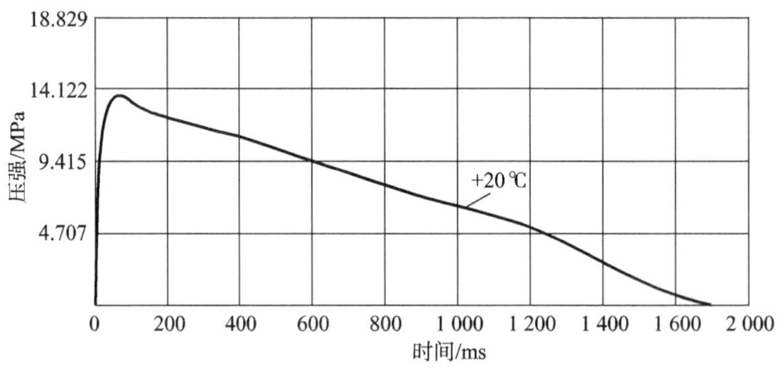

图 3-24 飞行发动机压强-时间曲线

3）飞行发动机推力-时间曲线（图 3-25）

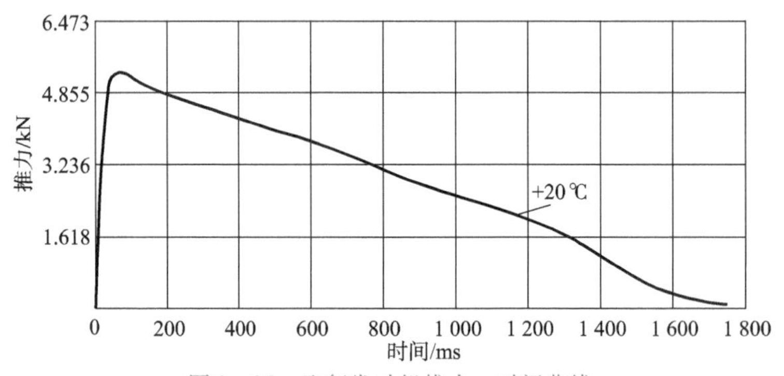

图 3-25 飞行发动机推力-时间曲线

3. 性能特点

（1）TOW 反坦克导弹飞行发动机的装药药形并不是追求弹道曲线的平直性，而是采用不规则的药形，利用发动机长细比小的有利结构来获得最大的装填密度。发动机装药药柱质量大，质量比高，其装填系数达到 78%，质量比达到 0.45。

（2）该发动机装药内孔前端设置锥面，并与点火具支架的锥面紧密配合，在药柱后端挡药板的压紧力作用下，发动机工作中药柱的这一锥面不参与燃烧，对药柱很好地起到了中心定位的作用，减少装药燃烧过程中在外力作用下的位移、质量偏心、燃气流偏心等对导弹飞行控制的不利影响。

（3）采用点火药盒，延期药块、十字形点火药柱及点火药绳点燃装药的方式，使发动机点火可靠性大为增强，点火延迟时间短。但点火系列环节多，传火具结构较为复杂，所占燃烧室的容积也大，这是这种点火方式和点火机构的不足。后继型号的导弹如 TOW-2 导弹的飞行发动机，随装药药形的改进，对其点火方式和点火结构都做了较大的改进。

（4）发动机燃烧室壳体与喷管座组件的连接，采用锯齿螺纹和端面上加环形密封槽的连接结构，形成对高压燃气的迷宫式密封结构，密封可靠，连接强度高。

4. 应用分析

由该发动机组成 TOW 反坦克导弹的主要参数如下：

弹径：152 mm；

弹长：1 164 mm；

发射质量：18.9 kg；

最大射程：地面发射 3 000 m；

直升机载发射 3 750 m；

初速：65 m/s；

最大飞行速度：299 m/s；

飞行时间：3 000 m 射程 15 s；

3 750 m 射程 21 s。

3.3.3　TOW 反坦克导弹发射发动机

TOW 发射发动机为导弹发射提供所需动力，是一种短燃时大推力的发动机，所提供的推力冲量使导弹出口速度达到 65 m/s。在发射筒内发射发动机装药燃完，导弹飞离发射筒后在预定的延迟时间，飞行发动机再点火。这给地面发射和直升机发射导弹提供了较好的安全保障。较大的初速使导弹出口处的弹体下沉量较小，有利于导弹的瞄准和控制。

1. 结构组成

发动机由发动机空体、装药组件、固药螺帽和点火具等零部件组成。TOW 反坦克导弹发射发动机如图 3-26 所示，其工程图如图 3-27 所示。

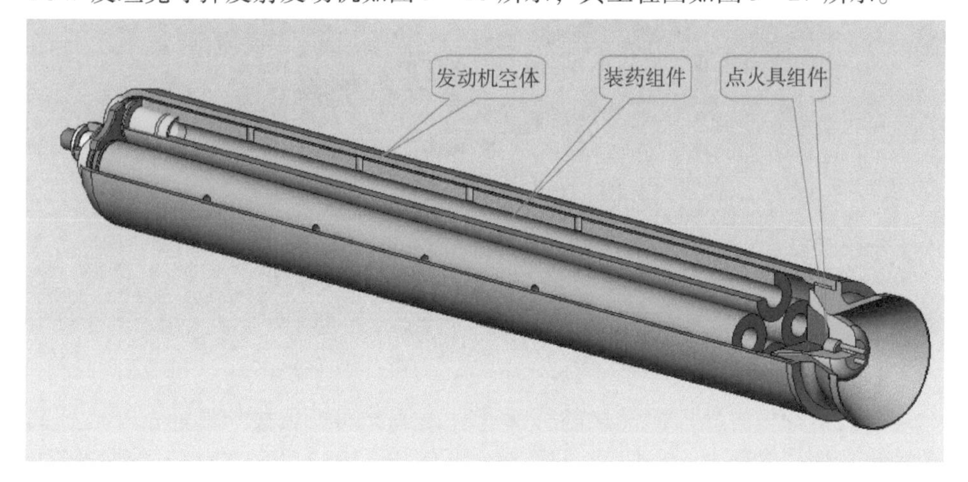

图 3-26　TOW 反坦克导弹发射发动机

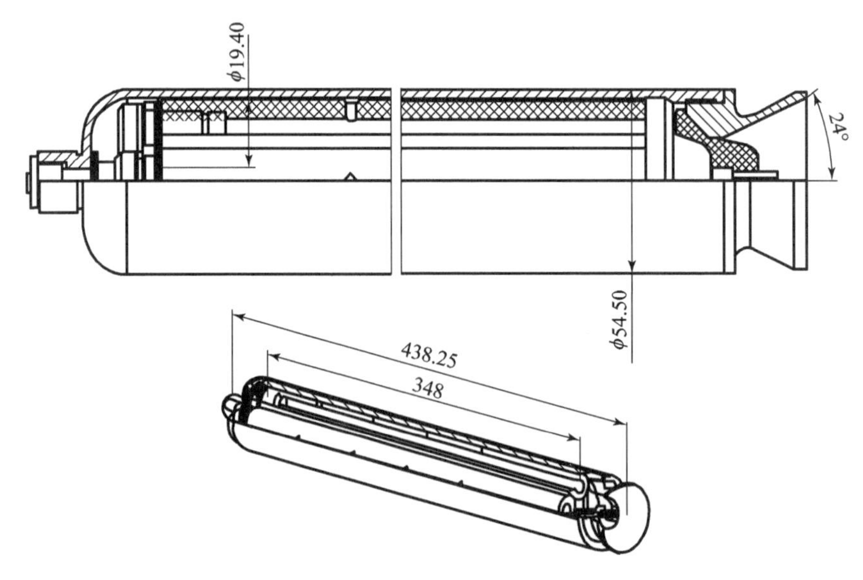

图 3-27 TOW 发射发动机的工程图

1）发动机空体

发动机空体由燃烧室壳体和喷管组成。燃烧室壳体为后端大开口，前端带端底的半封闭式结构。采用 18Ni300 高强度马氏体时效钢，用熔模铸造预成形的坯件经旋压和机械加工而成。喷管为普通锥形喷管，采用 AIMAR362 不锈钢材料经机械加工而成，与燃烧室壳体用螺纹连接。发动机空体如图 3-28 所示。

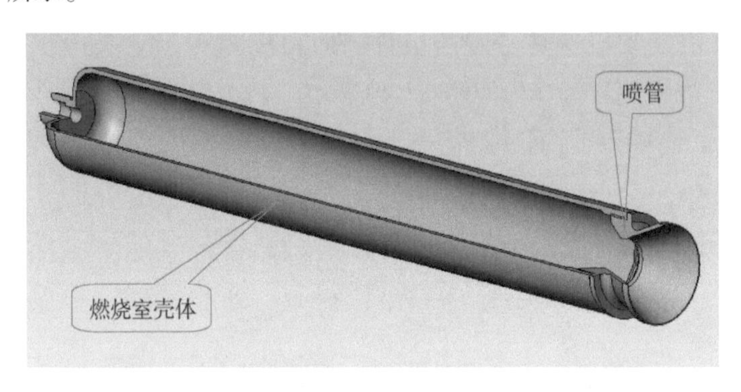

图 3-28 发动机空体

2）装药组件

装药由四根内外表面燃烧的管形药柱组成，四根药柱前端通过空心挂药销固定在挂药支架上，在四根药柱之间装有海绵橡胶块实现对药柱径向缓冲和支撑。空心挂药销用铝材料制成，其外面装有透明塑料套管，套管外面再涂一层 EL6A 胶黏剂用作对药柱面的黏结和缓冲。每根药柱沿轴向方向开有4对直径为3.8 mm 的径向孔，利于药柱点火燃气的流通，保证各药柱表面点燃的一致性，同时，对长细比较大的内外孔燃烧药柱为燃气流动提供径向流动通道，有利于装药稳定燃烧。装药组件如图3-29所示。

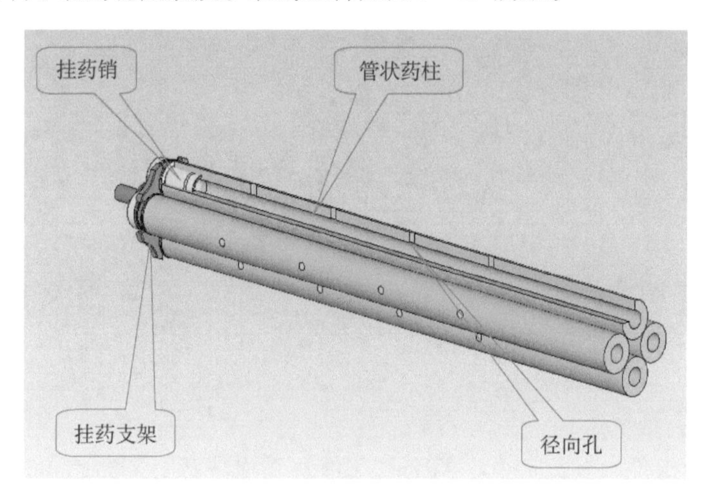

图3-29 装药组件

3）单根药柱组件

该组件是将前端带有内锥面的药柱与空心挂药销、塑料套管装在一起组成的。单根药柱组件如图3-30所示。

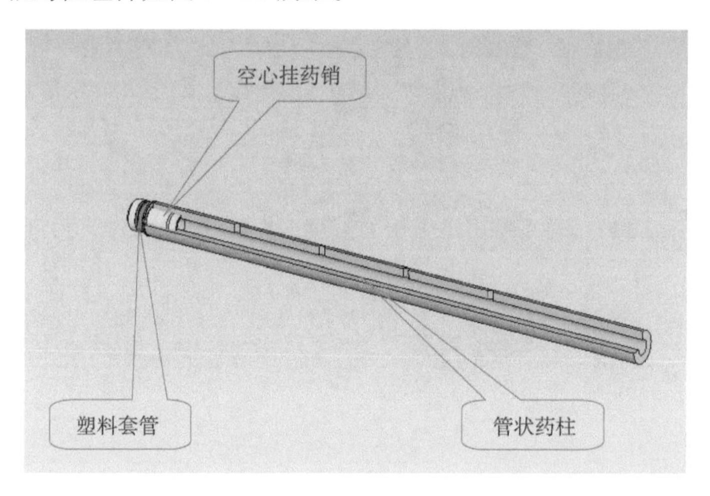

图3-30 单根药柱组件

4）挂药之架

用空心挂药销和塑料套管将四根药柱定位在支架的四个豁口内。四个豁口都可以使单根药柱组件有径向活动的余地，在药柱受点火压强冲击时起到缓冲作用。挂药支架如图 3－31 所示。

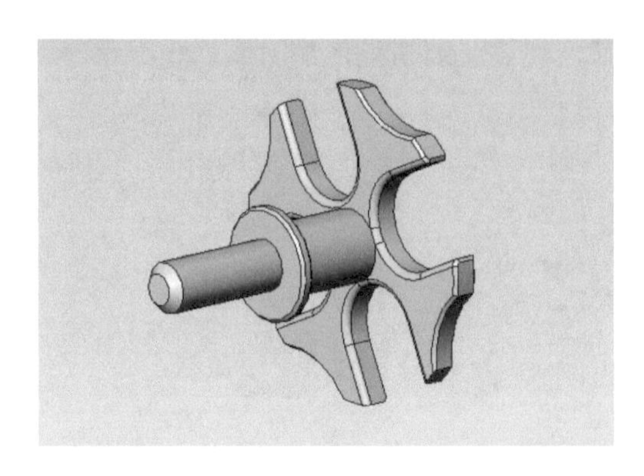

图 3－31　挂药支架

5）点火具组件

点火具组件由点火药盒、两个电起爆器和泡沫塑料密封堵组成。该组件被粘在喷管的收敛段附近，同时作为喷管的密封堵盖。为减少发射时喷射物对直升机机身的损伤，堵盖采用密度较小的泡沫塑料材料压制。点火具组件如图 3－32 所示。

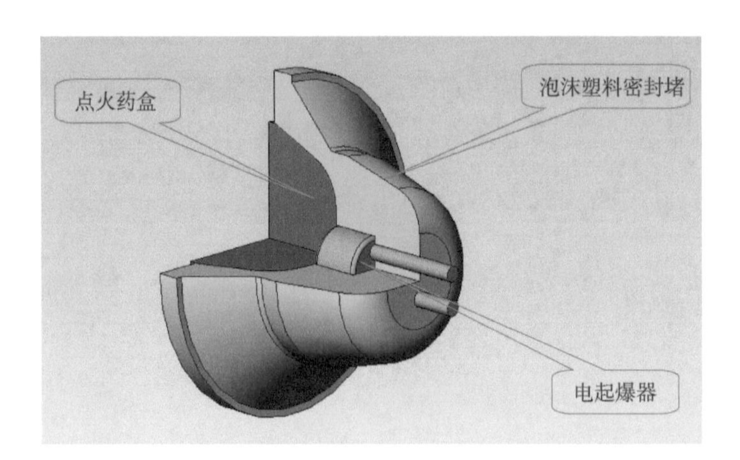

图 3－32　点火具组件

6）结构及质量参数

燃烧室壳体外径：53 mm；

燃烧室壳体内径：49.5 mm；

发动机总长：432 mm；

喷喉直径：26 mm；
喷管出口直径：54 mm；
喷管收敛角：132°；
喷管扩张角：52°；
发动机质量：1.75 kg；
装药质量：0.55 kg；
药柱根数：4；
药柱外径：19.5 mm；
药柱内径：9 mm；
药柱长度：348 mm；
初始燃烧面积：1 243 cm^2；
面喉比：237；
通气参量：124.7；
内通气参量：147；
外通气参量：116.6；
装填系数：0.49。

2. 弹道参数

1）性能参数

发动机性能参数如表 3－3 所示。

表 3－3　发动机主要性能参数　　温度：＋20℃

主要参数	参数值
最大推力/kN	34.5
平均推力/kN	26.6
最大压强/MPa	47.1
平均压强/MPa	38.2
燃烧时间/ms	37
工作时间/ms	79
推力冲量/(kN·s)	1.17
发动机比冲/(N·s·kg^{-1})	2 200

2）发动机弹道曲线

发动机推力－时间曲线及燃烧室压强－时间曲线分别如图 3－33 和图 3－34 所示。

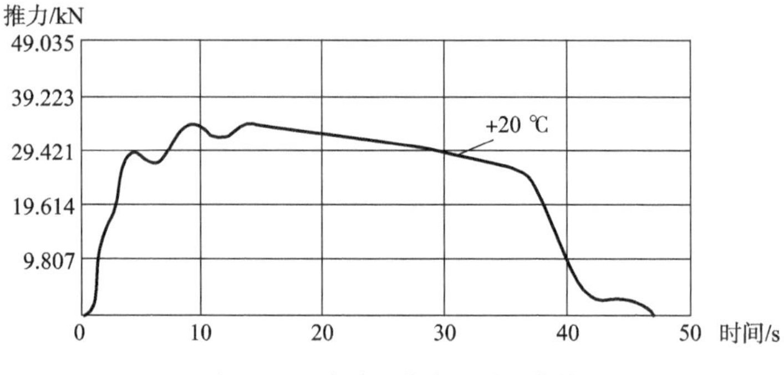

图 3－33 发动机推力－时间曲线

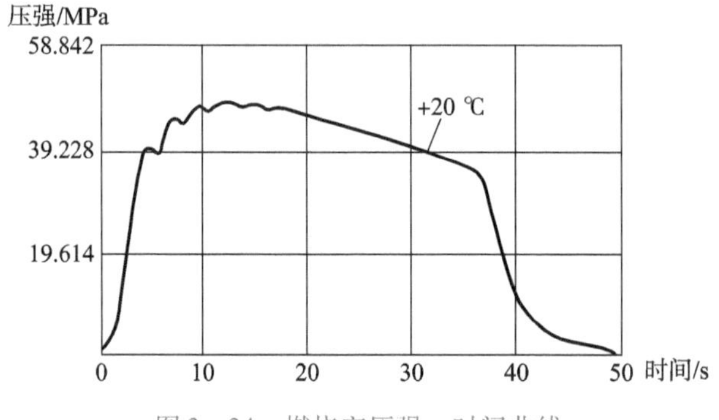

图 3－34 燃烧室压强－时间曲线

3. 性能特点

（1）发动机装药采用四根管状药柱组装的形式，燃层厚度小，燃烧面积大。在燃烧室较高的压强下推进剂燃速高，装药燃烧后能在较短的时间内为导弹发射提供较大的推力冲量，保证导弹在出发射筒前发动机工作结束，并使导弹获得 65 m/s 的初速，很好地满足了导弹发射要求。

（2）发动机采用挂药的形式，并使四根药柱形成整体的结构形式便于装填。采用在四根药柱间用两个海绵橡胶块进行径向缓冲与定位的措施，可在导弹发射、储存和运输中起到很好的安全保障作用。发动机结构紧凑、简单。

（3）采取在药柱上沿轴向方向开径向孔的措施，利于药柱点火燃气的流通，保证各药柱表面点燃的一致性，同时，对长细比较大的内外孔燃烧药柱，为燃气流动提供径向流动通道，有利于装药稳定燃烧。

4. 应用分析

TOW 式导弹采用发射发动机发射，适合从地面用三角发射架发射导弹，也适合直升机载发射导弹，是美国休斯飞机公司生产多年的反坦克武器系统，属于陆军使用的第二代反坦克导弹。导弹总体性能好、携带和运输方便，是 20 世纪 70 年代后期很多国家陆军装备的主要反坦克武器之一。

由于发射发动机结构性能好，适合导弹的总体布局，导弹发射时初速大，导弹发射后的初始弹道平稳能很好满足导弹的瞄准和控制要求，在TOW式导弹后续型号的改进中，如“TOW改”“TOW-2”“TOW-2A”等改进型都采用这种纯火箭式发射方式，发射发动机的结构都未做很大的改变。

3.3.4 TOW-2反坦克导弹飞行发动机

TOW-2飞行发动机是TOW式原型导弹飞行发动机的改进型。对装药药形做了改进，装药质量增加；采用了交联改性双基推进剂，推进剂能量也有明显的提高。在导弹气动外形并没有较大改变的条件下，导弹的射程较TOW式原型导弹增加1~1.5 km。后继改进的TOW-2A导弹仍若用了TOW-2飞行发动机。

1. 结构组成

发动机由发动机空体、装药组件和点火具等零部件组成。TOW-2飞行发动机如图3-35所示，其工程图如图3-36所示。

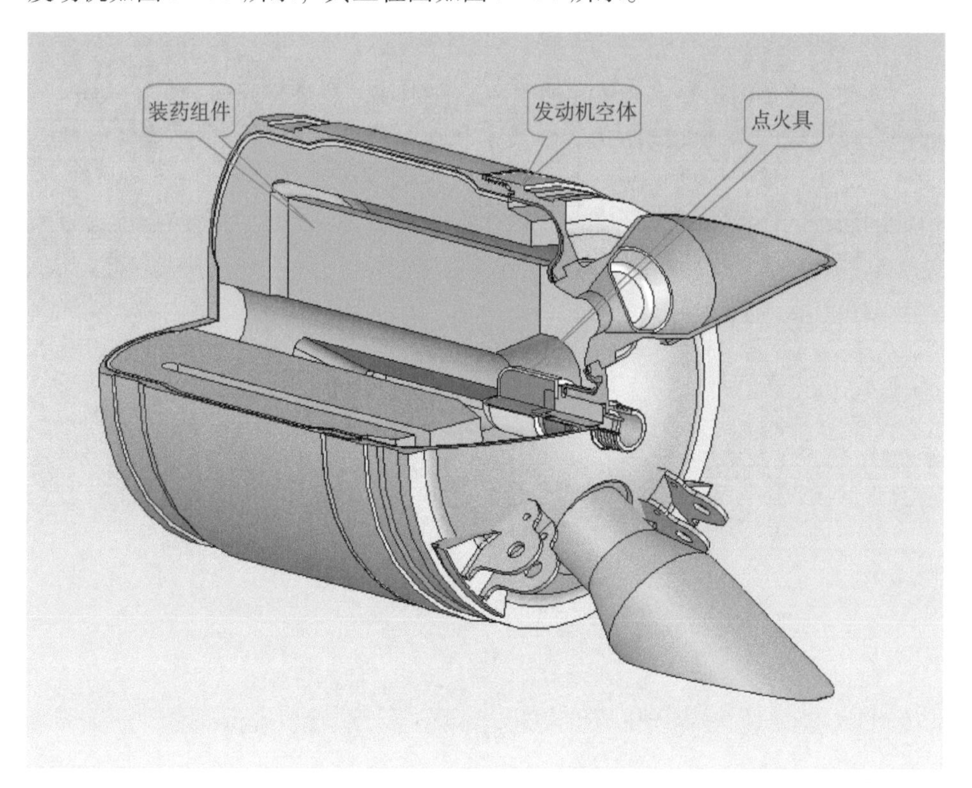

图3-35 TOW-2飞行发动机

1）发动机空体

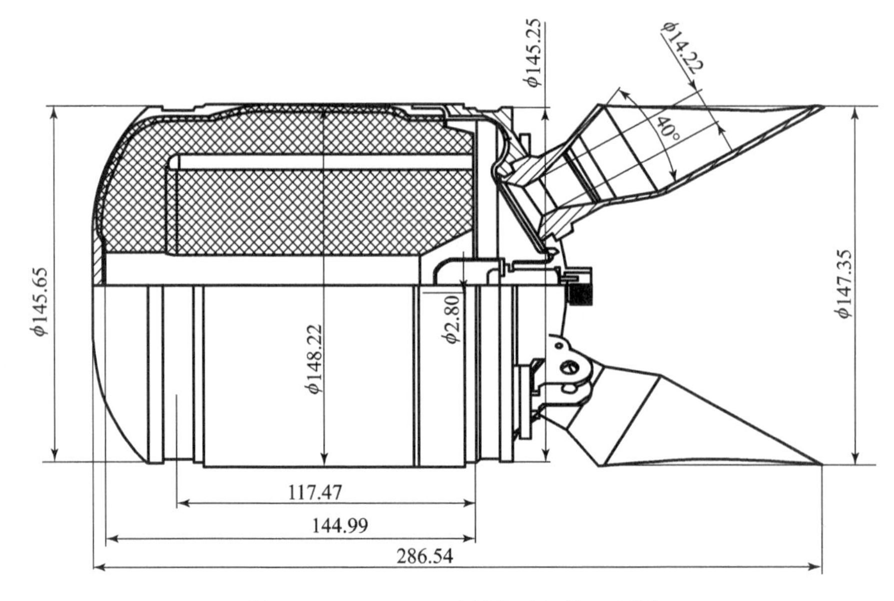

图 3-36 TOW-2 飞行发动机的工程图

发动机空体由燃烧室壳体和喷管座组件组成。燃烧室壳体为后端大开口，前端带球形底的半封闭式结构。燃烧室和喷管座的后盖都采用马氏体时效钢经机械加工而成。喷管座组件与燃烧室壳体用螺纹连接。发动机装配时，在两件间用不同厚度的调整环来调整两个斜置喷管所在平面的周向角度，以保证非旋转导弹控制基准面处于准确的位置。发动机空体如图 3-37 所示。

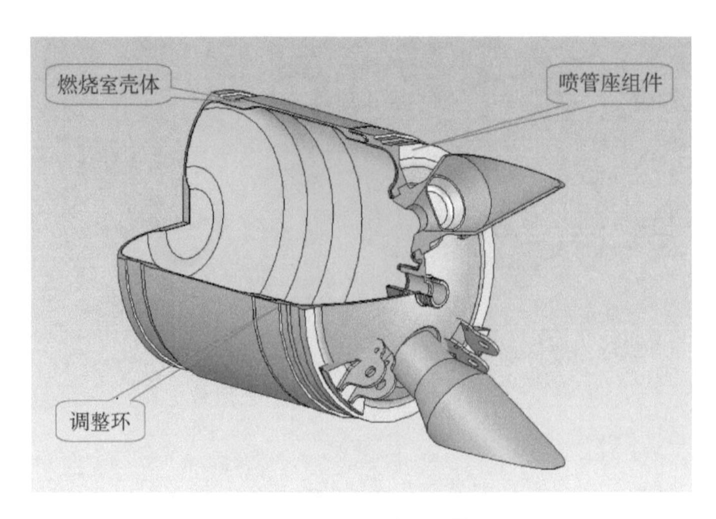

图 3-37 发动机空体

2）装药组件

与 TOW 原型装药相比，工艺上采用了贴壁浇铸成形，装药与燃烧室内壁无间隙，增加了装药量；对 TOW 飞行发动机点火结构做了改进，增大了装药容积；对装药药形也做了改进，采用环形和径向槽内孔燃烧药形代替内外表面都参与燃烧的梨形装药药形；推进剂由原型使用的双基推进剂改为交联改性双基推进剂，比冲由原推进剂的 2 050 Ns. /kg 增至 2 350 Ns. /kg。这些改进有效增加了发动机的推力冲量。装药组件如图 3 – 38 所示。

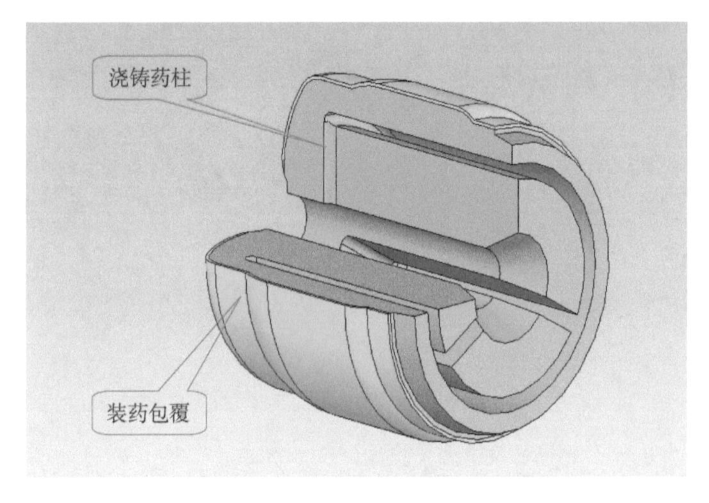

图 3 – 38　装药组件

3）燃烧室壳体

该组件对燃烧室壳体前端面的结构做了改变，去掉了原型发动机燃烧室壳体前端点火具的安装孔；采用的橡胶隔热层材料代替原型使用的纤维增强隔热材料，以适用于与装药包覆层的黏结，提高贴壁浇铸推进剂药柱的结合强度。燃烧室壳体如图 3 – 39 所示。

4）喷管座组件

该件与原型相比改动不大，只是为在后端安装点火具增加了与点火具本体螺纹连接的结构。也有资料报道，为解决高能量推进剂燃气流的冲刷问题，采用了陶瓷材料制成的喷管。喷管壁厚和连接结构也做了改变，但结构不详。喷管座组件仍沿用了原结构，如图 3 – 40 所示。

5）点火具组件

点火具组件由点火药盒、两个电起爆器组成。点火药盒内装有点火药，盒体用赛璐珞片压制。电起爆器采用“1 A – 1 W – 5 min”不发火的钝感电起爆器，即点火电流 1 A、点火电量 1 W、通电时间不少于 5 min 的电参数条件下，电起爆器不起爆。

6）结构及质量参数

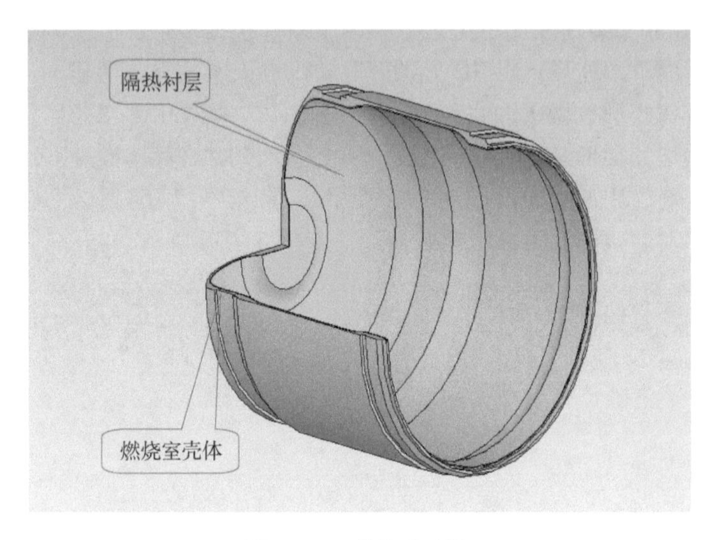

图 3-39 燃烧室壳体

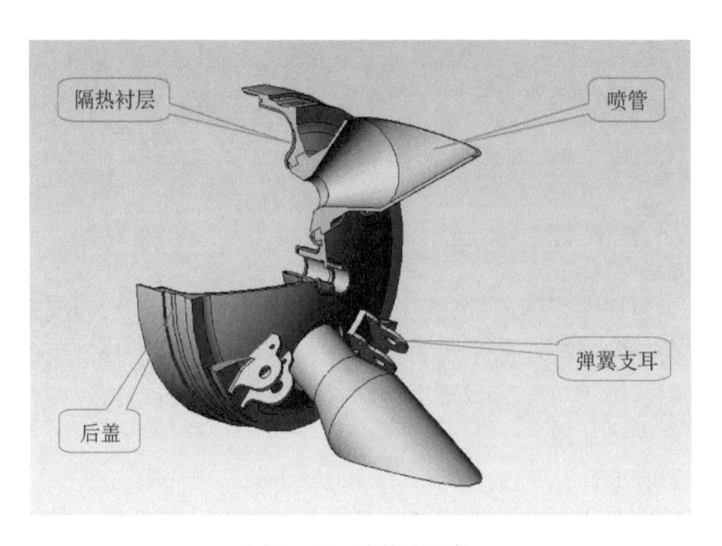

图 3-40 喷管座组件

发动机燃烧室及喷管座的结构参数无大的改变，装药及药形结构参数如下：

装药质量：2.67 kg；

药柱外径：142 mm；

环槽外径：116 mm；

环槽内径：110 mm；

药柱长度：145 mm；

径向槽宽度：8 mm；

装填系数：0.57。

2. 弹道性能

由于改进型飞行发动机的装药量增加，推进剂的比冲增加，发动机的推力冲量明显增加，使导弹的射程较原型增加1~1.5 km，达到4~4.5 km。

3. 性能特点

（1）选用能量较高的推进剂，采用新药形装药，用贴壁浇铸工艺成形，改进原点火结构，增加了装药空间等设计措施，发动机的推进效能大大提高，在不改变原型导弹的总体结构情况下，明显增加了导弹的射程。

（2）由于推进剂的能量提高，燃烧温度高，对于喷管材料和结构也做了改进，但具体报道不详。

4. 应用分析

这种管式发射、光学跟踪、有线制导的（TOW-2）导弹是由休斯公司为美国陆军研制的，是用来对付反应装甲的导弹系统。TOW-2导弹可以从履带车（M2/M3），布雷德利战车（Jaguar2、M113），轮式车（M1045、Hummer），M151吉普车，轻型攻击车Piranha以及直升机（AH-1s），柯布拉UH-1N，比尔公司的206-1-3，得克萨斯巡逻兵（Texas Ranger），威斯特兰德公司的Lynx，阿古斯塔公司的A109车上发射。

这种TOW-2导弹是直接攻击型，而更新的TOW-2B是一种利用飞跃下来的技术攻击坦克最薄弱的顶部装甲的攻顶型导弹。

TOW-2导弹是为管式纯火箭发射、光学跟踪有线制导导弹而专门设计的。飞行发动机采用双斜切喷管的布局，发动机的排气与导弹飞行弹道呈倾斜角度，以免对尾部的控制导线造成破坏。

TOW-2导弹飞行发动机由联合技术系统公司的阿勒哥尼弹道实验室与休斯导弹系统公司联合研制，制造工艺先进，采用现代水平的制造自动化、机械人及工艺控制，TOW-2飞行发动机是在1981年鉴定的，1982年首批发货，已经生产和售出25万发。

3.3.5 MINLAN反坦克导弹发动机

MINLAN反坦克导弹发动机直径为130 mm，是一台单室双推力发动机。发动机位于导弹中部，前端与战斗部相连。发动机装药燃烧的燃气通过长尾喷管排出。在长尾喷管外部安装导弹控制部件。喷管排出的燃气驱动舵机，为导弹飞行提供控制力和旋转力矩。

1. 结构组成

发动机由发动机空体、装药组件、中心燃气导管、点火具组件等零部件组成。MINLAN反坦克导弹发动机如图3-41所示，其工程图如图3-42

所示。

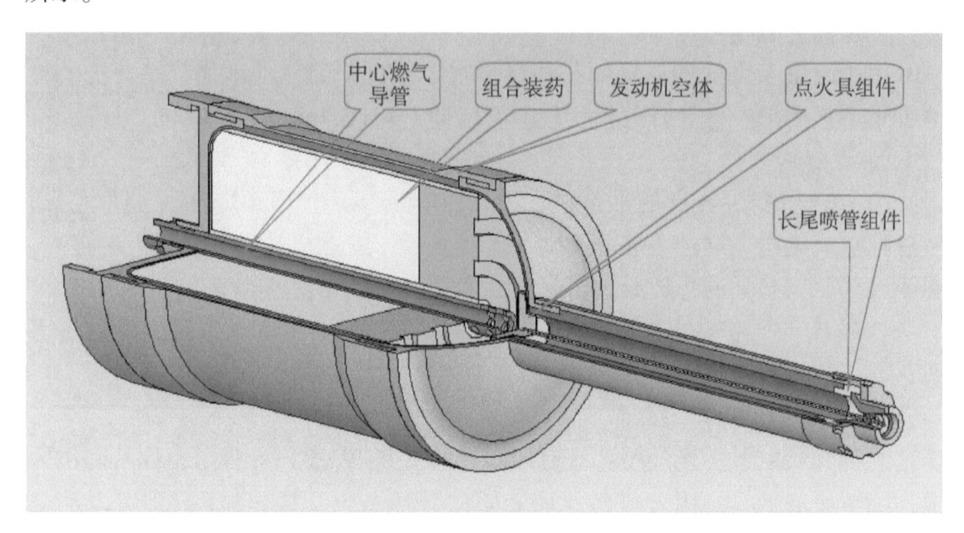

图 3－41 MINLAN 反坦克导弹发动机

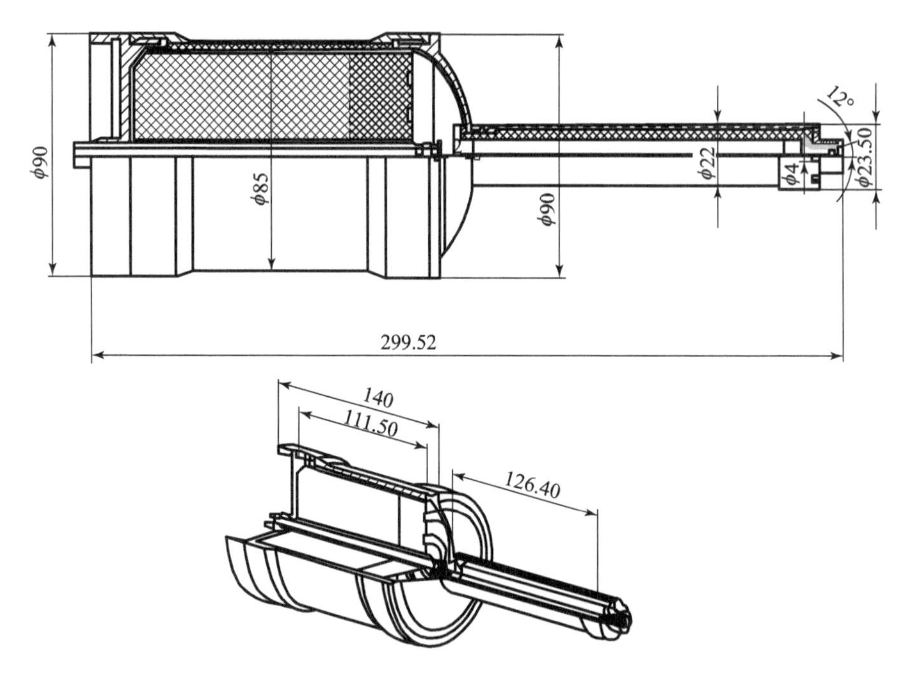

图 3－42 MINLAN 反坦克导弹发动机的工程图

1）发动机空体

发动机空体由前堵盖、燃烧室壳体、后盖、燃气导流管壳体和隔热衬管、喷管组件等零部件组成。燃烧室壳体和后盖及导流管壳体等都是采用高强度合金钢经机械加工制成。燃烧室的前后端、导流管的前后端都采用螺纹连接。燃烧室和后盖的内表面衬有防烧蚀隔热层。发动机空体如图 3-43 所示。

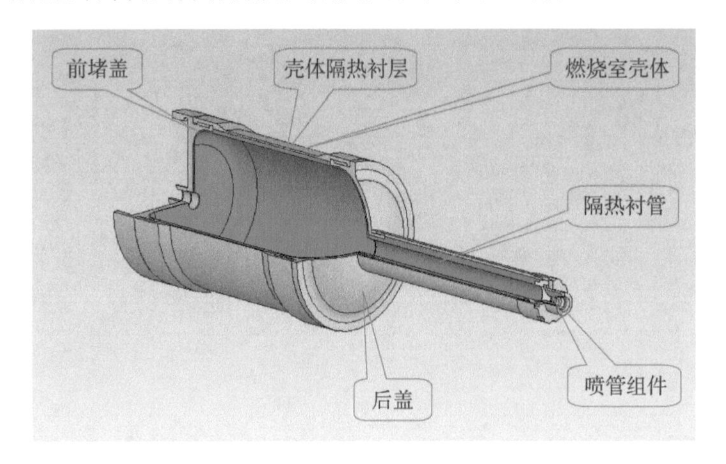

图 3-43　发动机空体

2）装药组件

发动机装药药柱由两段端面燃烧的带中心孔的药柱组成，前段药柱长为 85 mm，为续航级药柱，选用低燃速推进剂；靠喷管的后段药柱长为 25 mm，为增速级药柱，选用高燃速推进剂，都采用浇铸工艺制成。在成形后的组合药柱前端面和药柱外侧面以及药柱中心孔的表面，都采用包覆层阻燃。装药的中心孔通过金属导管向发动机前端的引信提供燃气，利用其燃气压强，解脱引信的保险。在药柱的后端面上开有环形沟槽，也有资料报道，在药柱的后端面上粘有速燃药环，都是为保证端燃药柱能可靠点燃装药而设计的。

发动机点火后，后端高燃速推进剂先燃烧，产生导弹初始段飞行所需的大推力；高燃速推进剂燃烧完后，低燃速推进剂燃烧时，为导弹飞行连续提供小推力的续航动力。在同一燃烧室内，两级药柱燃烧的燃气都通过同一个喷管排出，产生双推力。这种单室双推力发动机的动力推进形式，较好地满足了 MINLAN 反坦克导弹动力推进的需要。装药组件如图 3-44 所示。

3）发动机后部结构

发动机后部结构包括后盖与导流管的安装结构、燃气导流管的隔热结构以及点火具的安装位置等，发动机后部结构如图 3-45 所示。

4）喷管部位结构

续航级装药燃烧时间较长，为防止燃气流的烧蚀和冲刷，在导流管壳体内衬有隔热衬层。采用难熔金属钼制作喷管，在喷管的入口处装有碳-碳材

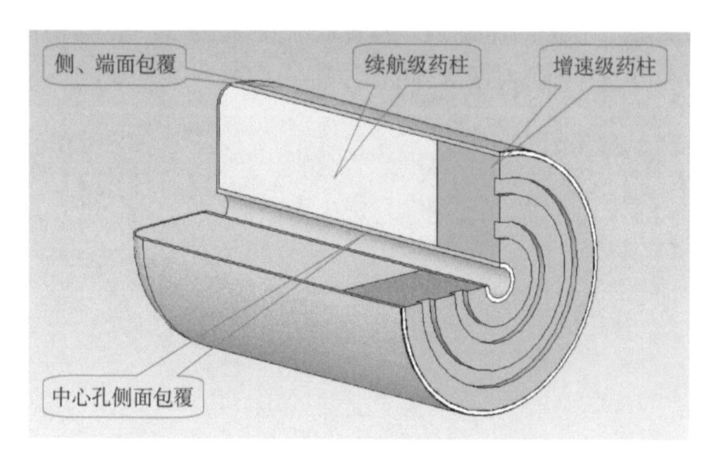

图 3-44　装药组件

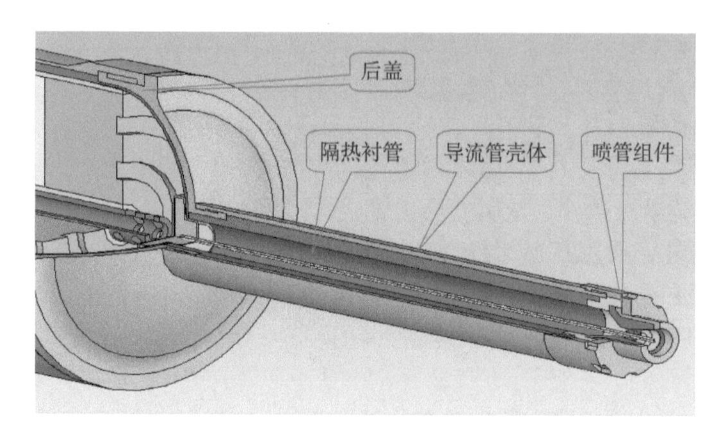

图 3-45　发动机后部结构

料制作的防烧蚀衬套。喷管采用金属压盖压紧。喷管部位结构如图 3-46 所示。

5）点火具组件

点火具组件由点火药盒、两个电起爆器组成。点火药盒内装有点火药，盒体用赛璐珞片压制。点火导线从喷管引出。

6）结构及质量参数

发动机燃烧室、装药及药形结构参数如下：

燃烧室壳体外径：85 mm；

装药质量：0.92 kg；

药柱外径：81.5 mm；

增速级药柱长：25 mm；

续航级药柱长：85 mm；

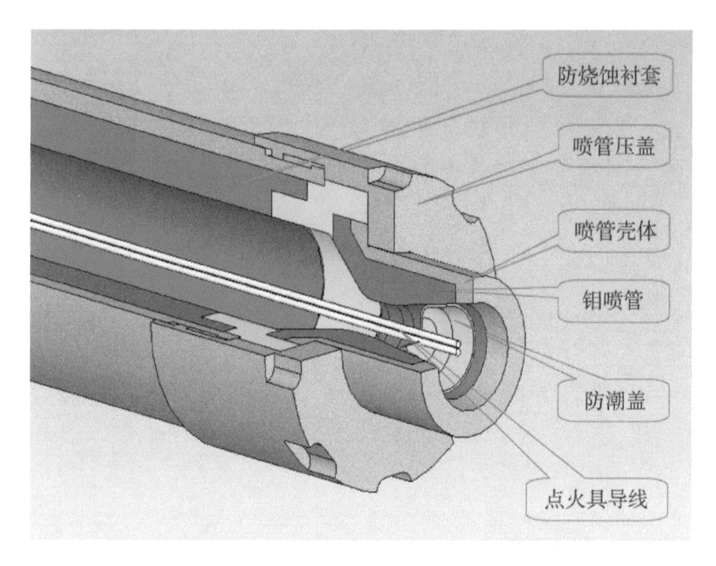

图 3－46　喷管部位结构

药柱侧端面包覆层厚度：3 mm；

药柱中心孔包覆层厚度：5 mm；

装药总长度：111.5 mm；

药柱端面槽深度：4 mm。

2. 弹道性能

1）增速级性能

平均推力：0.268 kN；

燃烧时间：1.31 s。

2）续航级性能

平均推力：0.104 kN；

燃烧时间：11 s；

发动机总推力冲量：1.5 kN·s。

3. 性能特点

（1）该发动机为单室双推力发动机，导弹发射时，由发射管中的燃气发生器装药燃烧所产生的动力为导弹提供 75 m/s 的初速，在燃气发生器工作的同时，发动机第一级装药点燃，在 1.36 s 时间内使导弹增速到 125 m/s，接着续航级装药燃烧，在 11 s 时间内将导弹缓慢增速到 200 m/s 的最大速度。导弹也接近最大射程。

（2）发动机采用长尾喷管结构，发动机和导弹的结构布局合理紧凑；采用高低不同燃速的两段实心端面燃烧装药，发动机装填密度高，在有限的燃烧容积内以其足够的推力冲量，很好满足了导弹飞行的动力推进需要。

4. 应用分析

MINLAN 反坦克导弹是由法国宇航公司战术导弹分公司和西德梅塞施米特-波尔科夫-布朗母公司联合研制的第二代反坦克导弹，可摧毁敌方重型坦克。该导弹采用的单室双推力发动机用高低压炮发射。导弹的主要性能参数如下：

弹径：130 mm；

弹长：769 mm；

发射质量：6.65 kg；

射程：25 ~2 000 m；

初速：75 m/s；

增速级工作结束时速度：130 m/s；

飞行末速：200 m/s；

弹出炮口的转速：360 r/min；

弹道终点转速：720 r/min；

飞行时间：12.5 s；

使用温度：-40 ~ +52℃。

3.3.6 SWIFIRE 反坦克导弹发动机

SWIFIRE 反坦克导弹发动机直径为 170 mm，是一台单室双推力发动机。发动机位于导弹中部，前端与前舱相连。发动机装药燃烧的燃气，通过长尾喷管排出。在长尾喷管外部是导弹的控制舱。发动机的原型号为 K41，共有两个改进型号，分别为 K54 和 K68。

1. 结构组成

发动机由发动机空体、组合装药、点火装置、压强延时装置等零部件组成。SWIFIRE 反坦克导弹发动机如图 3-47 所示，其工程图如图 3-48 所示。

1）发动机空体

发动机空体由带球形前底的燃烧室壳体、后盖组件、长尾喷管组件等零部件组成。燃烧室壳体和后盖及导流管壳体等都是采用合金钢经机械加工制成。燃烧室的后端为大开口结构，与后盖组件采用开口卡环连接。发动机空体如图 3-49 所示。

2）装药组件

发动机装药药柱由两段端面燃烧的实心药柱组成，前段药柱长为 115 mm，为续航级药柱，选用了牌号为 CP23/CL4 低燃速推进剂；靠喷管的

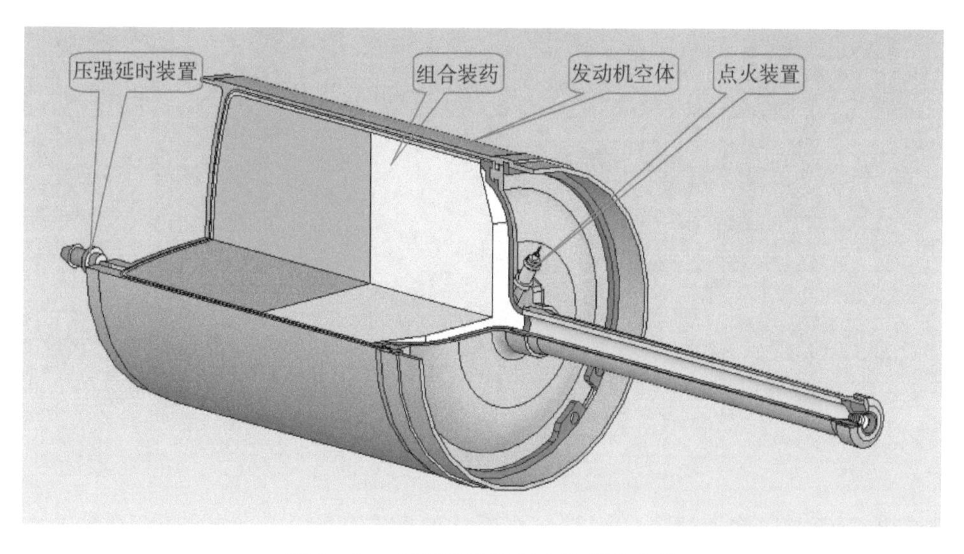

图 3-47　SWIFIRE 反坦克导弹发动机

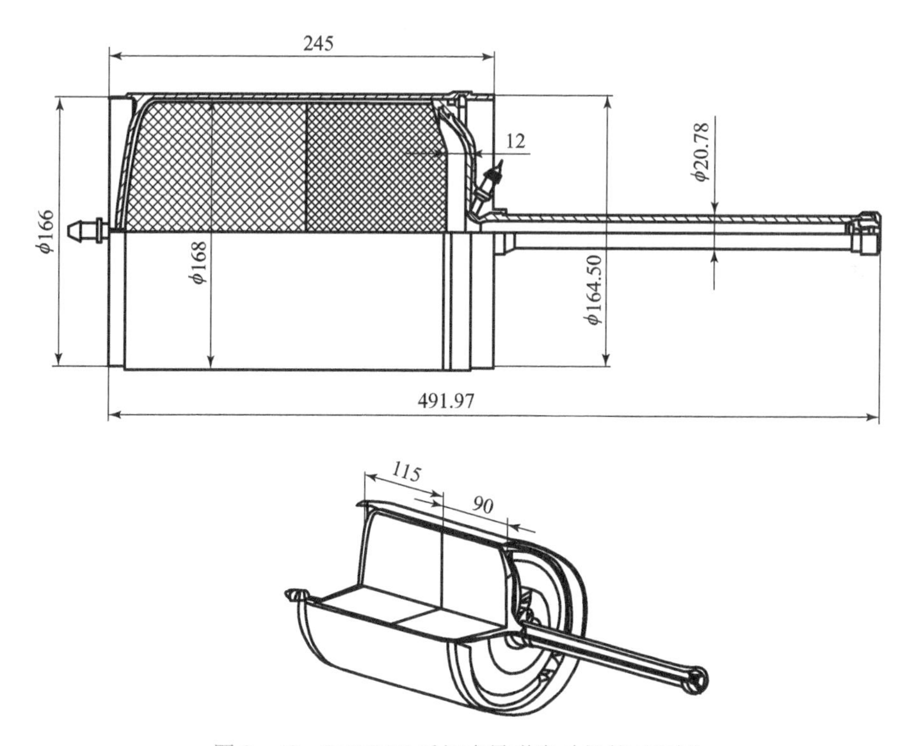

图 3-48　SWIFIRE 反坦克导弹发动机的工程图

后段药柱长为 90 mm，为起飞级药柱，选用了牌号为 CP22/CL4 高燃速推进剂，都采用浇铸工艺制成。装药的前端面和外侧面都采用包覆层阻燃，包覆

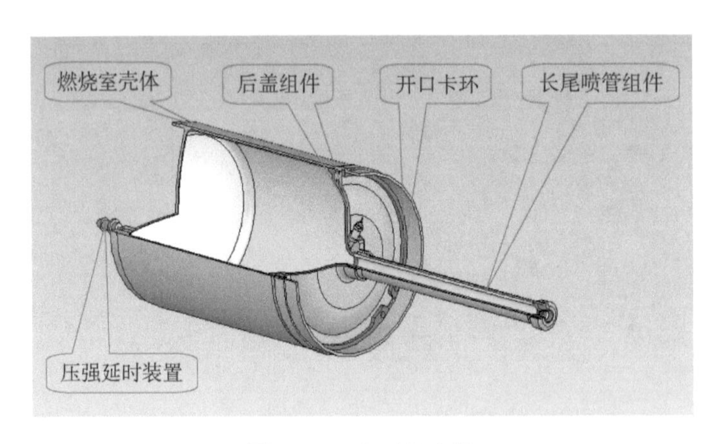

图 3－49　发动机空体

材料为氯磺酰－聚乙烯合成橡胶。在药柱的后端面为锥台形面，以增大初始燃面和利于点火。

该装药的起飞级选用高燃速推进剂，产生起飞段的大推力，续航级选用低燃速推进剂，为导弹飞行连续提供小推力的续航动力。在同一燃烧室内，两级药柱燃烧的燃气都通过同一个喷管排出，产生双推力。这种单室双推力发动机的动力推进形式因其结构简单紧凑，已被多个型号反坦克导弹所采用。装药组件如图 3－50 所示。

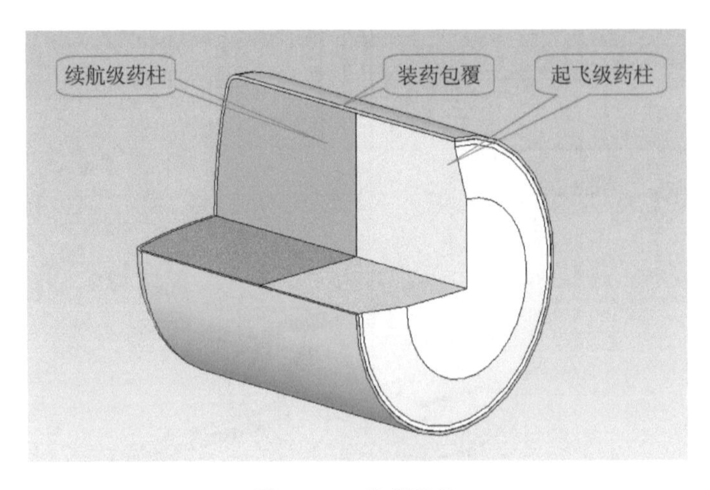

图 3－50　装药组件

3）发动机后盖组件

发动机后盖组件包括后盖与导流管的安装结构、后盖和燃气导流管的隔热结构以及点火装置的安装结构等，如图 3－51 所示。

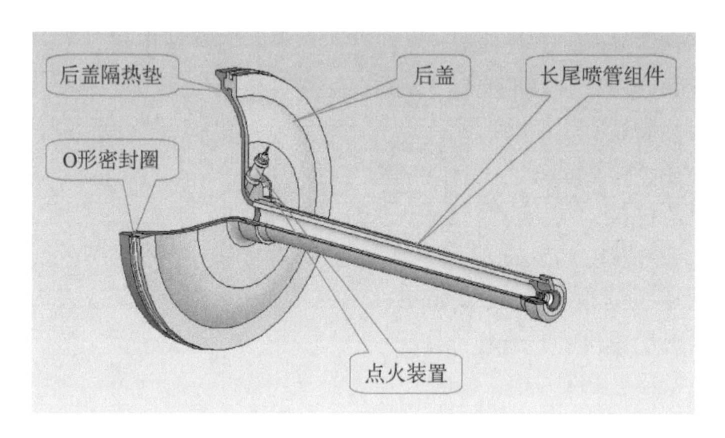

图3－51　发动机后盖组件

4）喷管部位结构

续航级装药燃烧时间较长，为防止燃气流的烧蚀和冲刷，在导流管壳体内衬有隔热衬层。采用难熔金属钼制作喷管，喷管采用喷管压盖压紧。喷管部位结构如图3－52所示。

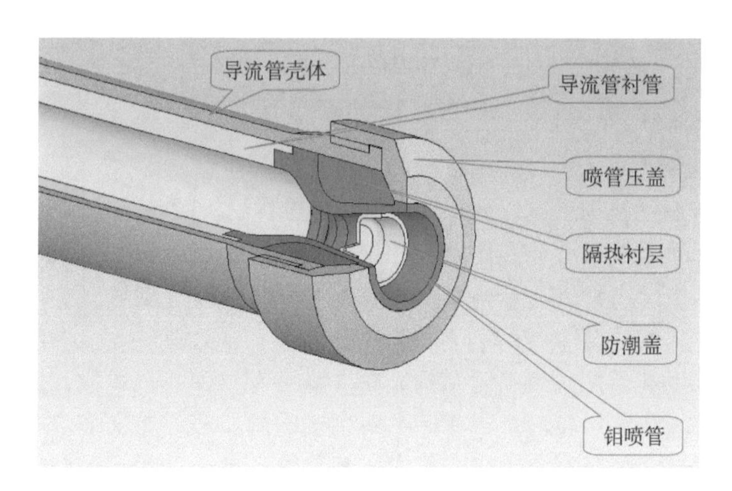

图3－52　喷管部位结构

5）点火装置

点火装置由点火药盒和电起爆器组成。点火药盒内装有牌号为SR371C点火药，点火药盒装在点火装置壳体内，点火气体以较高的压强喷射在起飞药柱的后端面上以保证端燃药柱点火可靠。电起爆器的两组桥丝并联，并通过正负极插针与导弹点火插座连接。

6）结构及质量参数

燃烧室壳体外径：168 mm；

燃烧室壳体内径：164 mm；

组合药柱质量：6.5 kg；

药柱外径：158 mm；

起飞级药柱长：70 mm；

续航级药柱长：115 mm；

药柱侧端面包覆层厚度：2 mm；

壳体隔热层厚度：1 mm；

装药总长度：188 mm；

药柱端面锥台高度：9.5 mm。

2. 弹道性能

1）起飞级性能

平均推力：0.892 kN；

燃烧时间：6 s。

2）续航级性能

平均推力：0.255 kN；

燃烧时间：18 s；

工作时间：26 s；

总推力冲量：1.5 kN · s。

3. 性能特点

（1）该发动机为单室双推力发动机，组成发动机的各部件包括组合装药、带长尾喷管的后盖组件、燃烧室壳体组件、压强延时装置、点火装置等，都以独立的结构装成组件，结构简单，装配方便，各改进型号只是增加了组合装药质量，其他结构件都有较好的继承性。

（2）发动机采用长尾喷管结构，在外部装有导弹其他舱段，发动机和导弹的结构布局合理紧凑；采用高低不同燃速的两段实心端面燃烧装药，发动机装填密度高，在有限的燃烧容积内以其足够的推力冲量，很好满足了导弹飞行的动力推进需要。

（3）发动机推力及压强曲线。

因起飞装药药形采用锥台形面，初始燃烧阶段具有恒面性，起飞级的推力与压强曲线基本保持平直。发动机推力及压强曲线如图 3－53 所示。

4. 应用分析

SWIFIRE 反坦克导弹由英国的公司研制，是第二代重型反坦克导弹，该导弹可摧毁敌方重型坦克，各改进型号导弹都采用单室双推力发动机，用动

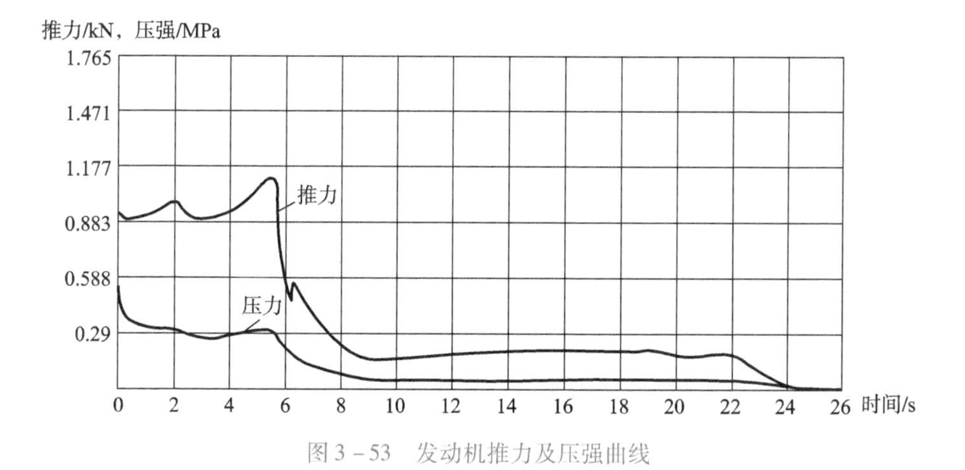

图3－53　发动机推力及压强曲线

力管发射，导弹的主要性能参数如下：

弹径：170 mm；

弹长：1 060 mm；

发射质量：27 kg；

最大射程：4 000 m；

初速：75 m/s；

平均飞行速度：130 m/s；

飞行末速：185 m/s；

飞行时间：25 s；

使用温度：－32～＋52℃。

3.3.7　ADDAS反坦克导弹发动机

ADDAS反坦克导弹发动机直径为152 mm，发动机较长，占全弹长的1/2。发动机装药采用内孔侧面燃烧分层装药，为导弹高速飞行提供较大的推力冲量，为ADDAS反坦克导弹采用高速动能穿甲提供了高效能的推进动力。导弹以其很高的毁伤效果和双模制导精度得到了广泛的应用。

1. 结构组成

发动机由发动机空体、组合装药、点火装置等零部件组成。ADDAS反坦克导弹发动机如图3－54所示，其工程图如图3－55所示。

1）发动机空体

发动机空体由球形前堵盖、燃烧室壳体、后盖组件、喷管组件等零部件组成。燃烧室壳体、后盖和喷管扩张段壳体都采用合金钢经机械加工制成。燃烧室的前后端都采用螺纹连接方式。前堵盖、燃烧室壳体和后盖的内表面，都衬有隔热层。喷管为组合结构喷管，扩张段形面为曲面形状。发动机空体

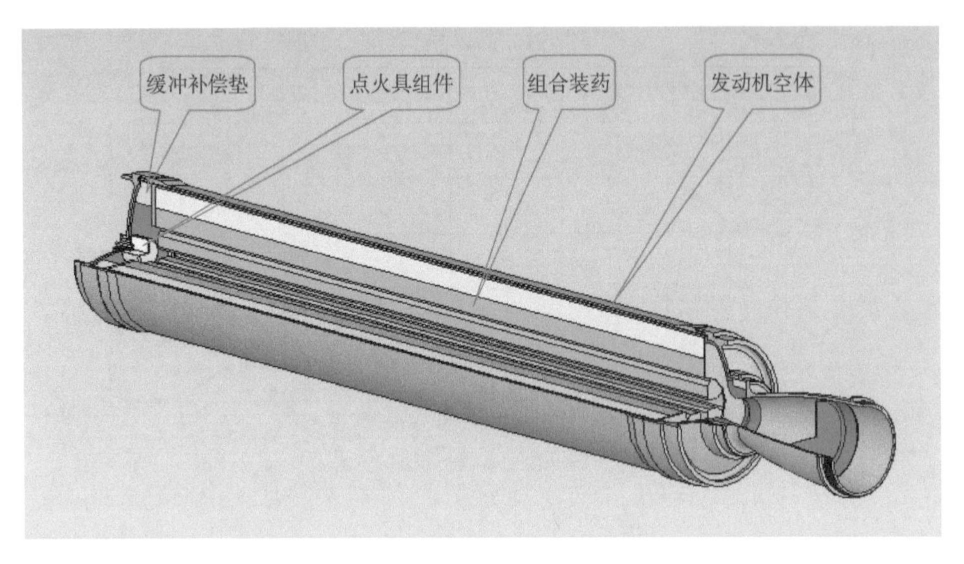

图 3-54 ADDAS 反坦克导弹发动机

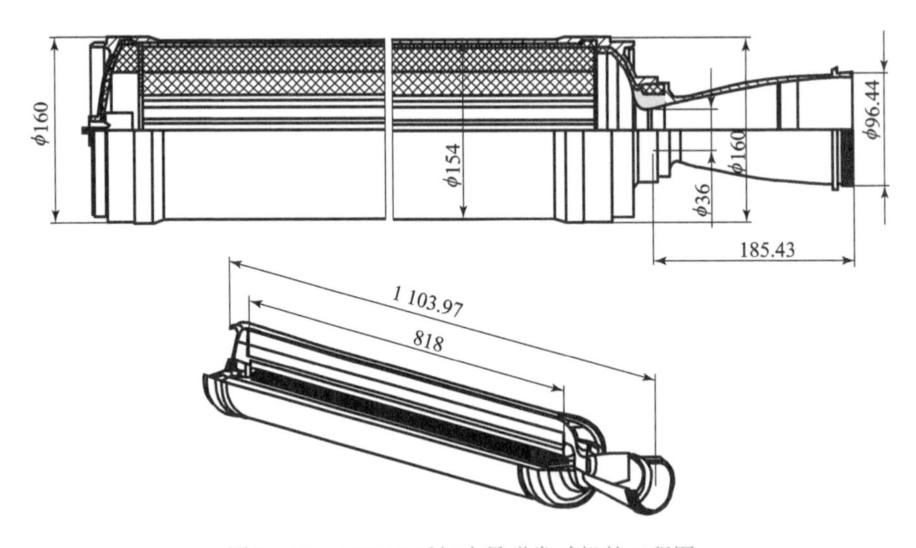

图 3-55 ADDAS 反坦克导弹发动机的工程图

如图 3-56 所示。

2）装药组件

发动机装药由内孔侧面燃烧的两层药柱组合而成，内层药柱采用高燃速推进剂，产生高推力，外层药柱用低燃速推进剂，产生低推力。虽然两级推力比不大，但在短时间内，可以提供较大的推力冲量。该发动机装药，是单室双推力发动机的另一种装药形式，它与轴向串联不同药形和燃速相组合的

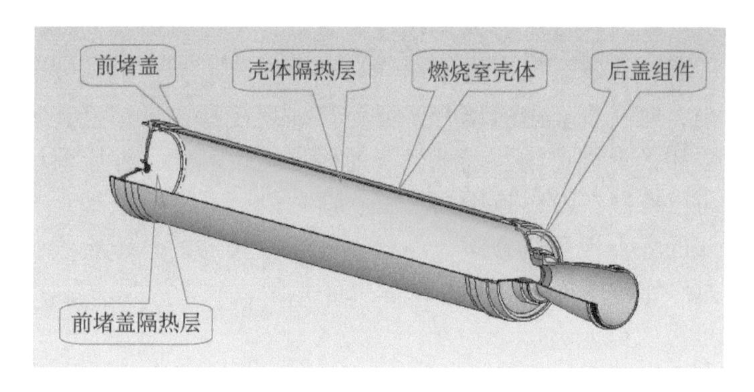

图3-56　发动机空体

药柱的燃烧方式不同，所提供的推力曲线形状不如后者那样平直，但就装药燃烧效率来说，这种组合装药因其燃烧室的工作压强较高，各级装药燃烧得充分。装药组件如图3-57所示。

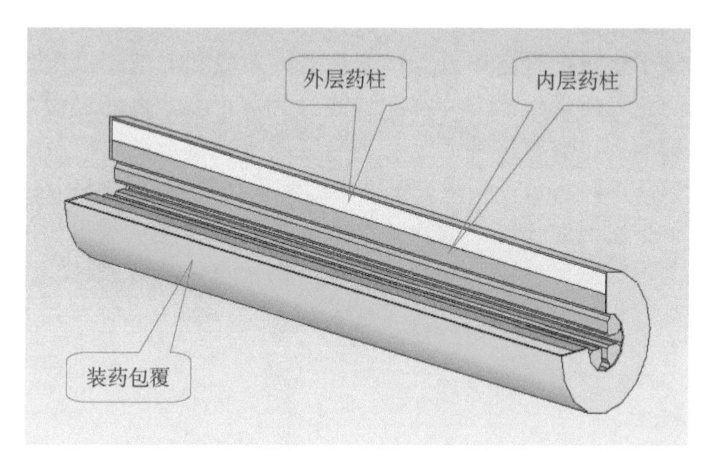

图3-57　装药组件

3）内层药柱药形结构

内层药柱的药形为四轮臂车轮形，燃层厚度为20 mm。在药柱燃烧时，轮臂消失前保持恒面燃烧，内弹道曲线的平直性较好。内层药柱药形结构如图3-58所示。

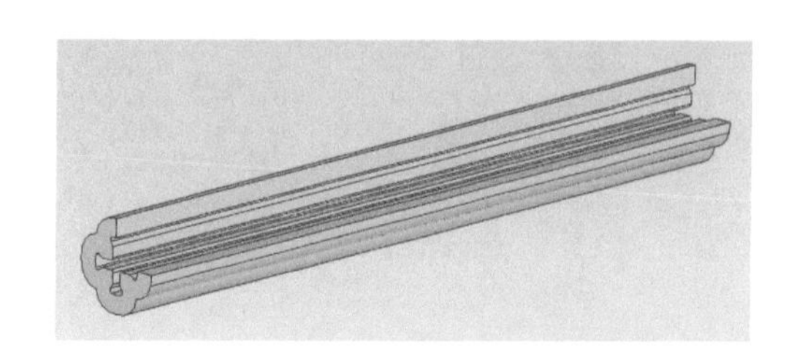

图3-58　内层药柱药形结构

4）外层药柱药形结构

外层药柱的内孔形面是由内层药柱按车轮形药形燃烧时，燃烧面积随燃层厚度的变化规律燃烧形成的。在浇铸组合药柱时，先浇铸外层药柱，外层药柱的内形面由模具保证，待外层药柱固化后，再浇铸内层药柱。当装药燃烧至外层药柱后，随燃层厚度增加燃烧面积也随着增大，出现较明显的增面性，压强及推力曲线也会随着爬升，但由于外层药柱的燃速低，爬升幅度受到限制，压强和推力都比内层药柱燃烧时段要低，因此，外层药柱燃烧产生的压强峰值可以控制在设计范围内。虽然这种侧面分层药柱组合装药的燃烧会使弹道曲线的平直性受到影响，但对于能获得较高的装填密度、增大装药质量相比，这种组合药柱装药对提高发动机的推进效能是有利的。外层药柱药形结构如图 3－59 所示。

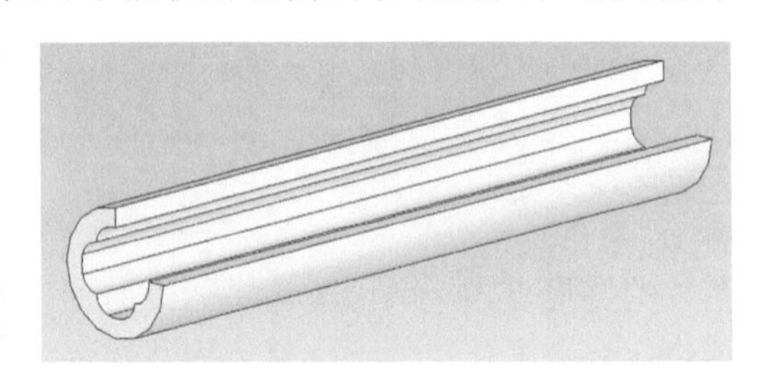

图 3－59　外层药柱药形结构

5）后盖组件

后盖组件由后盖、后盖隔热垫、喷管喉衬、喷管背衬和喷管扩张段壳体组成。由于所用推进剂能量较高，燃烧温度也高，除对燃烧室的内壁采取了热防护措施以外，对喷管的收敛段和喉部还采用难熔金属材料制作，以防止对喷管喉部的冲刷和烧蚀。为防止高熔点的喉衬对喷管扩张段壳体的热影响，在喉衬件外面装有用非金属材料制成的喷管背衬，对外部金属件进行热防护。后盖、喷管扩张段壳体都采用金属材料经机械加工而成。后盖与喷管体采用螺纹连接。喷管外的空间是安装导弹控制机构的，其舱段壳体的前端与后盖设计有配合止口，后端用螺纹与该舱段壳体相连。后盖组件如图 3－60 所示。

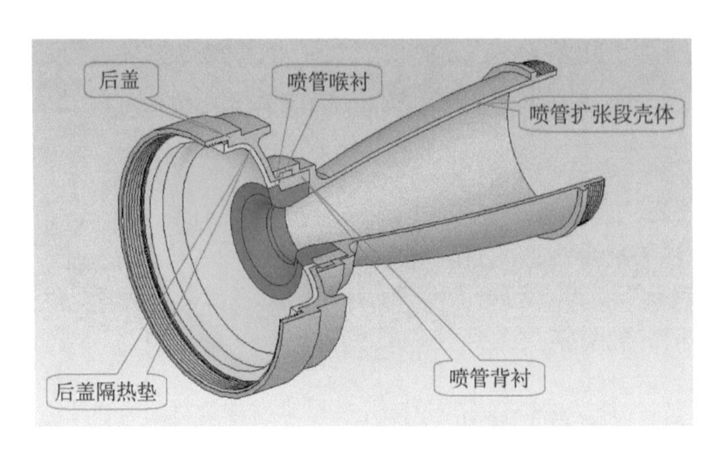

图 3－60　后盖组件

6）发动机前部结构

发动机前部结构给出点火具组件的安装结构、装药在前端的缓冲与补偿结构以及燃烧室壳体与前堵盖采用带环槽的螺纹连接的密封结构等。发动机采用装药前端点火的方式，便于点火具的安装、装药点燃可靠。其结构如图3－61所示。

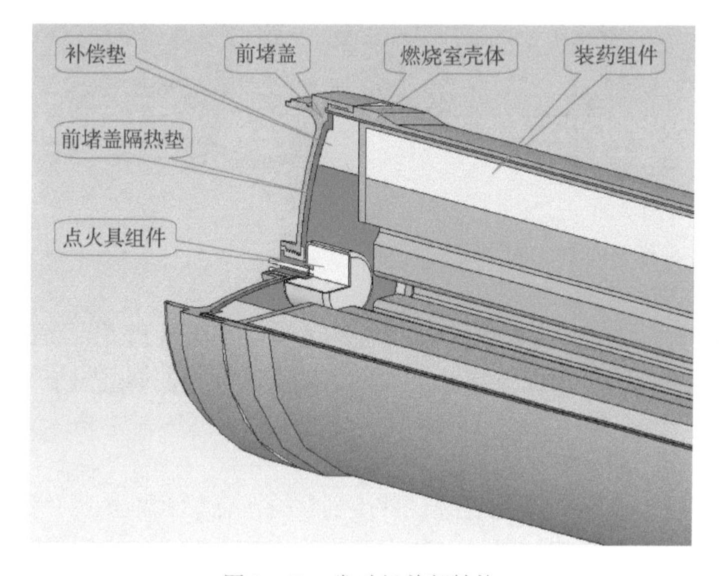

图3－61　发动机前部结构

7）点火具组件

点火具组件由点火药盒和电起爆器组成。点火药盒内装有点火药，点火气体在装药前端的点火空间内产生点火压强，由前至后点燃装药内孔表面，以保证端燃药柱点火可靠。电起爆器的两组桥丝并联，并通过正负极插针与导弹点火插座连接。

8）结构及质量参数

发动机燃烧室及喷管座的结构、装药结构及药形参数如下：

发动机最大外径：160 mm；

燃烧室壳体外径：154 mm；

组合药柱质量：20.7 kg；

药柱外径：144 mm；

内层药柱燃层厚：20 mm；

外层药柱燃层厚：22 mm；

组合药柱长度：818 mm；

药柱侧端面包覆层厚度：2 mm；

壳体隔热层厚度：1.5 mm；

装药总长度：824 mm；

发动机总长：1 104 mm。

2. 弹道性能

1）起飞级性能

平均推力：4.52 kN；

燃烧时间：4 s。

2）续航级性能

平均推力：2.15 kN；

燃烧时间：14 s；

发动机工作时间：20 s；

发动机总推力冲量：48.5 kN·s。

3. 性能特点

（1）该发动机为内孔燃烧侧面分层单室双推力发动机，发动机装填密度高，装药量大；推进剂能量高，发动机总推力冲量大，推进效能高。在短时间内为导弹飞行提供较高的飞行速度。最大飞行速度达到3 Ma。分装的战斗部具有穿、破甲毁伤目标的效能。

（2）发动机的弹道设计合理，外层药柱选用低燃速推进剂，即解决了燃层厚的侧面燃烧药形的增面比大的问题，又能使外层药柱也在较高的燃烧室压强下工作，推进剂的燃烧效率高，能量得到了充分的发挥。

（3）发动机装药设计并没有十分注重燃烧面变化的平直性，所选择的药形有利于高装填密度装药设计。

4. 应用分析

ADDAS反坦克导弹是一种高速动能穿甲弹，由美国和瑞士联合研制，是第三代重型反坦克导弹。该导弹在发动机工作时段采用红外半主动制导，发动机工作结束后切换为激光驾束制导。该导弹采用纯火箭发射方式，导弹的主要性能参数如下：

弹径：160 mm；

弹长：2 050 mm；

发射质量：51 kg；

最大射程：8 000 m；

最大飞行速度：3 Ma；

使用温度：-32～+55℃。

3.3.8 LONG反坦克导弹动力装置

LONG反坦克导弹动力装置是由60个直径为25.4 mm小球形固体推进剂发动机组成的。12个球形发动机沿导弹弹体周向均匀排列，在弹体轴向方向共排5排，并通过发动机喷管的护套固定在导弹动力舱的壳体上。动力舱的中心部位安装有保险和解脱装置、发动机点火电路板、热电池、陀螺仪、弹上计算机等部件。球形小发动机只占该舱段容积的25%。

60个小球形发动机即是为导弹飞行提供动力，又为导弹飞行提供俯仰和偏航的控制力，还为导弹提供旋转力矩，使弹以240 r/min的转速来满足导弹稳定飞行要求。

导弹的俯仰和偏航控制是通过弹上陀螺仪向弹上计算机提供基准信号，并及时与弹轴形成导弹的飞行姿态参数，若导弹飞行姿态正确，则每隔400 ms点燃一对恰好位于导弹下方的小发动机，以补偿导弹重力并保持导弹飞行速度；需要导弹做俯仰或偏航飞行时，则选择恰当的一对小发动机以恰当的角度在恰当的时刻点燃这对小发动机，用其产生合适的推力矢量大小和方向，实现对导弹飞行弹道的控制。

1. 结构组成

发动机由发动机空体、七层卷形装药、装药支架、点火具等零部件组成。LONG反坦克导弹单个发动机如图3-62所示，其工程图如图3-63所示。

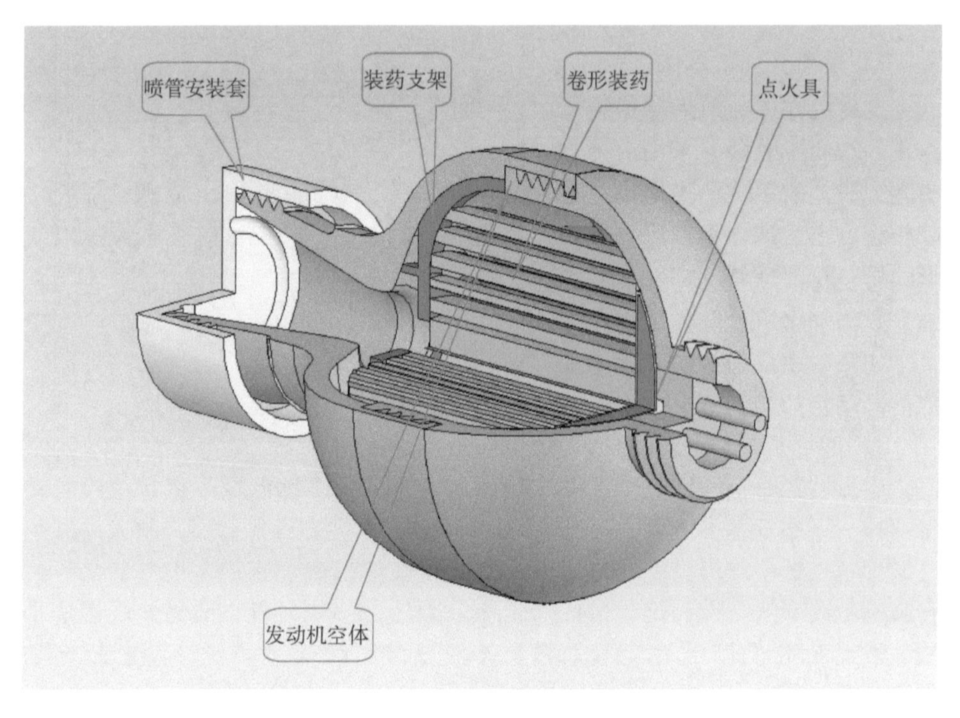

图3-62　LONG反坦克导弹单个发动机

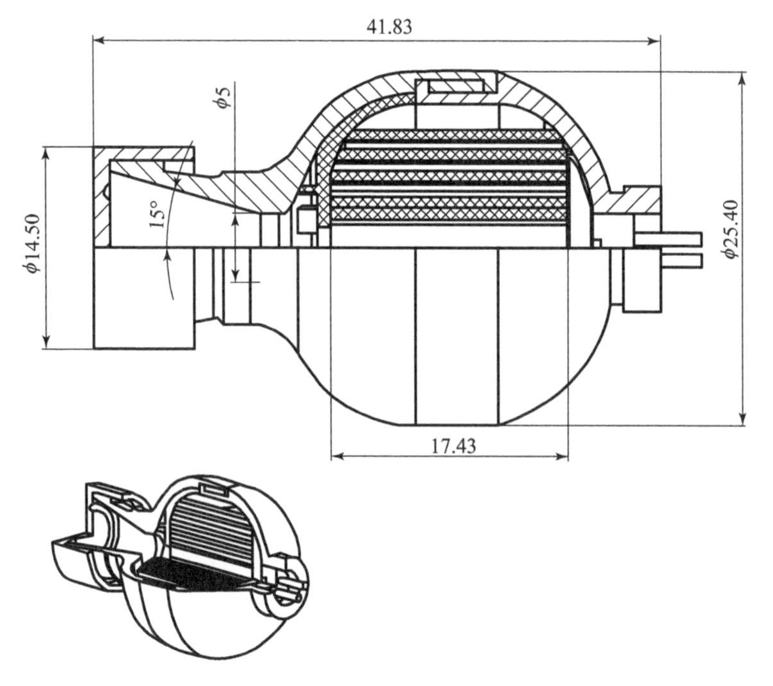

图3-63 LONG反坦克导弹单个发动机的工程图

1）单个发动机空体

发动机空体由前后球形壳体组成。为便于装药，采用由壳体中间分开，前后球形壳体通过螺纹相连。在后球体上加工普通锥形喷管；在前球体上加工有安装点火具的外螺纹凸缘，前后球体都采用铝合金材料经机械加工而成。其结构如图3-64所示。

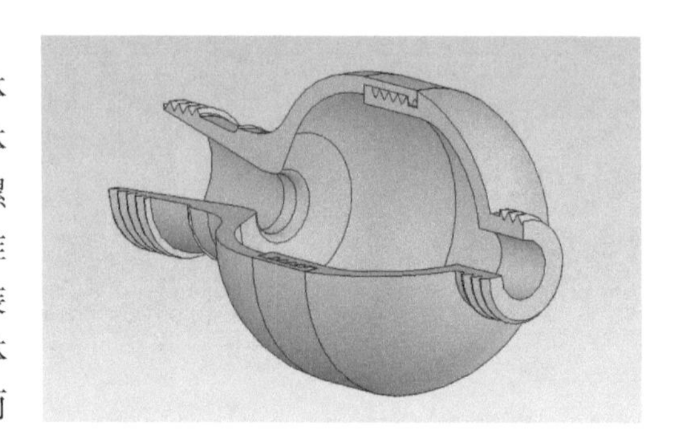

图3-64 单个发动机空体结构

2）卷形装药

卷形装药是将一定宽度和厚度的带状药片，在工艺温度下用定位模具转铺而成。选用双基推进剂，牌号为HEN-12。整卷装药共七层，制成的装药外廓形状也近于球形。装药通过前支架固定在球形燃烧室中。推进剂具有负压强指数的燃烧特性，这种通称“麦撒”效应的燃烧特性，能使装药燃烧平稳，发动机高低温下性能参数散布小、发次间性能差异小。卷形装药如图3-65所示。

3）发动机在动力舱段内的安装

如前所述，在动力舱段共布置60个直径为25.4 mm小球形固体推进剂发动机，将12个发动机沿导弹体周向均匀排列，在弹体轴向方向共排5排，并通过发动机喷管的护套固定在导弹动力舱的壳体上。其安装如图3－66所示。

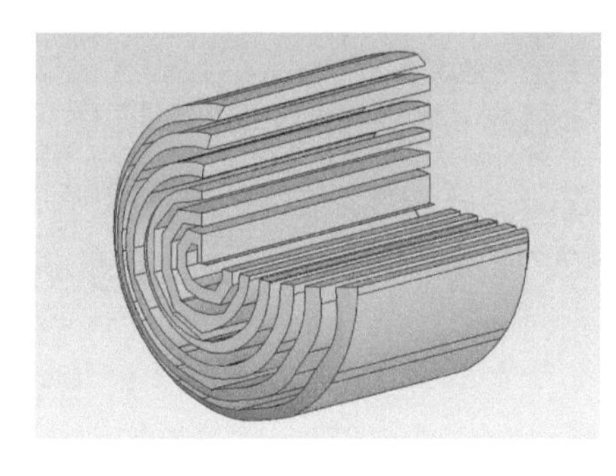

图3－65　卷形装药

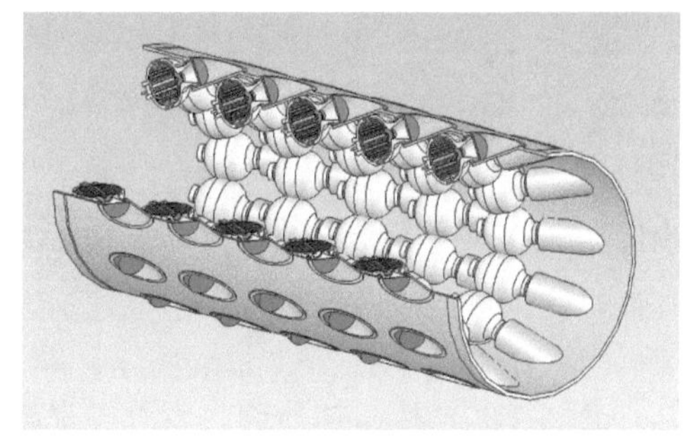

图3－66　发动机在动力舱段内的安装

4）导弹动力舱的结构

60个小的球形发动机分布在动力舱的外围，导弹的控制等部件布置在中间，形成一个结构紧凑、分布协调的导弹弹体结构。每对发动机点火时，排出的高温燃气从弹体外侧排出，对弹上各控制部件的工作影响很小，对红外辐射器发出的弹上光标信号也不产生遮挡。导弹动力舱如图3－67所示。

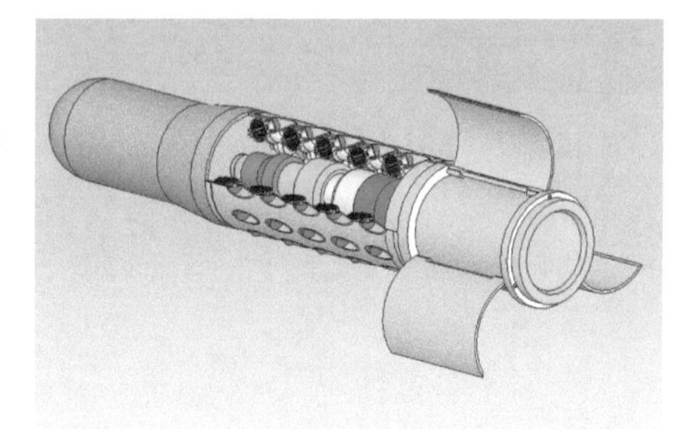

图3－67　导弹动力舱

5）点火具组件

点火具组件由点火药盒、两个电起爆器组成。点火药盒内装有点火药，盒体用赛璐珞片压制。电起爆器的正负极通过专用插头连接。各发动机的点火时序由弹上点火电路板控制。点火具安装在卷形装药的前端，保证点火药气体均匀的从各药面排出，利于装药的点燃。

6）结构及质量参数

单个球形发动机及装药药形参数如下：

燃烧室壳体外径：25.4 mm；

装药质量：4～5 g；

装药外径：19.5 mm；

装药最大长度：17 mm；

卷形药带厚度：0.8～1 mm。

2. 弹道性能

单个球形发动机性能：

推力冲量：0.662 kN·s；

燃烧时间：18 ms。

3. 性能特点

（1）采用多个球形微动力发动机，按程序控制信号控制发动机的点火，使其产生的飞行推进动力，俯仰、偏航及旋转动力，总体设计新颖。导弹动力舱的结构布置紧凑合理。

（2）采用负压强指数的推进剂，燃烧性能稳定，能使各小球形发动机提供的弹道性能参数一致性好，有利于导弹的控制。

4. 应用分析

LONG 反坦克导弹由美国麦克唐纳。道格拉斯宇宙公司研制，属于第二代轻型反坦克导弹。导弹由步兵携带，在地面采用高低压炮发射，用来攻击敌方装甲车辆和坦克。

导弹的主要性能参数如下：

弹径：127 mm；

弹长：744 mm；

发射质量：6.3 kg；

射程：25 ~1 000 m；

炮口初速：80 m/s；

最大飞行速度：110 m/s；

转速：240 r/min；

使用温度：－40 ~ ＋52℃。

3.3.9 120 mm 反坦克导弹发动机（一）

120 mm 反坦克导弹发动机（一）采用连体套装双发动机的结构形式，起飞发动机在前，续航发动机在后。发动机位于导弹中部，是全弹各部件安装和连接的骨架。续航发动机还在工作中向舵机提供燃气，产生导弹飞行的控制力。

1. 结构组成

该发动机采用起飞发动机和续航发动机连体套装的结构，由发动机空体、起飞和续航装药，起飞和续航点火装置以及密封堵盖等组成。120 mm 反坦克导弹发动机（一）如图 3－68 所示，其工程图如图 3－69 所示。

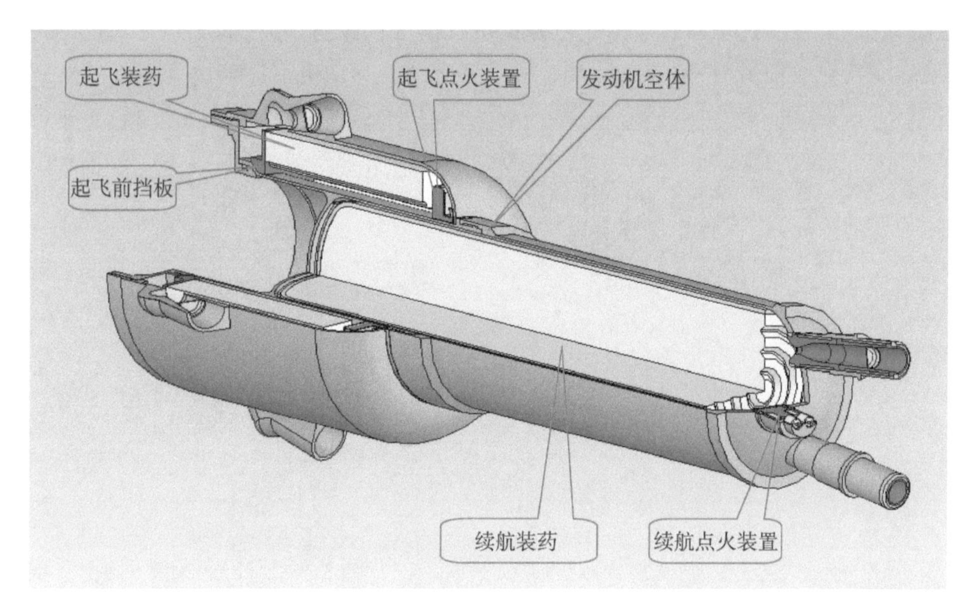

图3－68　120 mm反坦克导弹发动机（一）

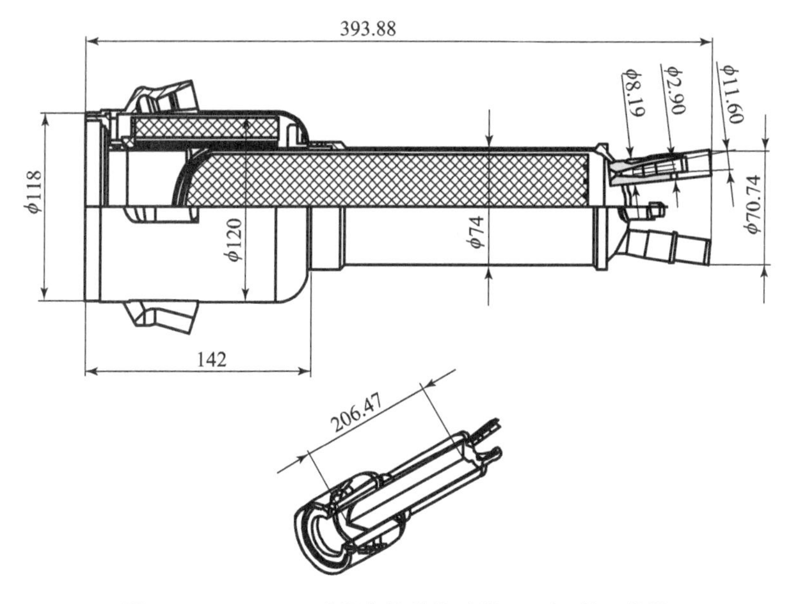

图3－69　120 mm反坦克导弹发动机（一）的工程图

1）发动机空体

发动机空体由起飞燃烧室壳体、续航燃烧室壳体、前封头、起飞喷管、续航点火装置和续航喷管组件等零部件组成。起飞燃烧室壳体、前封头、续航燃烧室壳体都采用30CrMnSiA中碳合金钢制造，起飞燃烧室的外壳和喷管、外壳和内壳是焊接成一体的结构件，燃烧室各表面都涂有厚度为0.3~0.5 mm的隔热涂料。续航壳体与起飞壳体采用螺纹连接。发动机空体如图3-70所示。

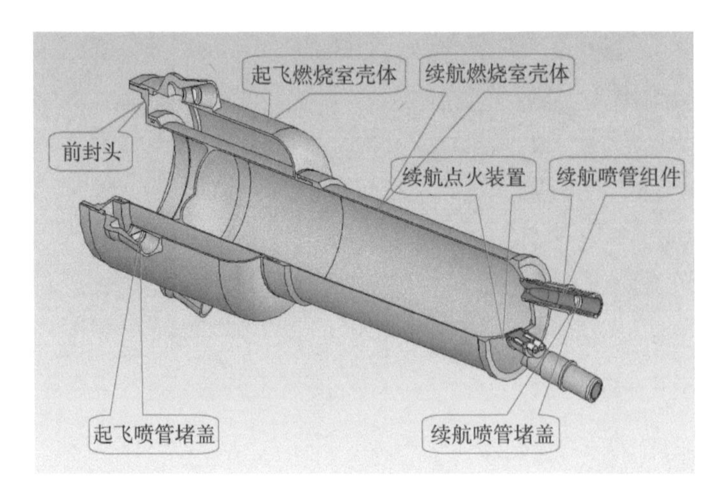

图3-70 发动机空体

2）起飞药装

起飞装药为薄壁管形，内孔带有18条纵向沟槽，选用高燃速双基推进剂经螺压工艺制成。装药的内外侧面及两个端面都参与燃烧，其燃烧面的变化呈减面性。起飞装药如图3-71所示。

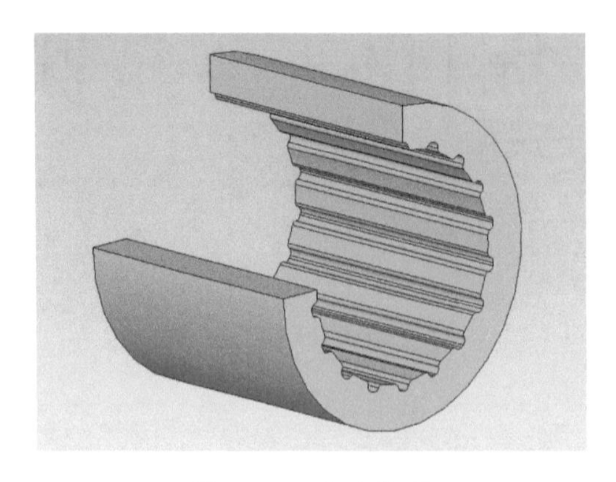

图3-71 起飞装药

3）续航装药

装药由端面燃烧的实心药柱经包覆而成，装药前端为球形面，为增大初始点燃面积，后端面上开有三条环形沟槽。选用螺压工艺成形的低燃速双基推进剂成形药柱。续航装药如图3-72所示。

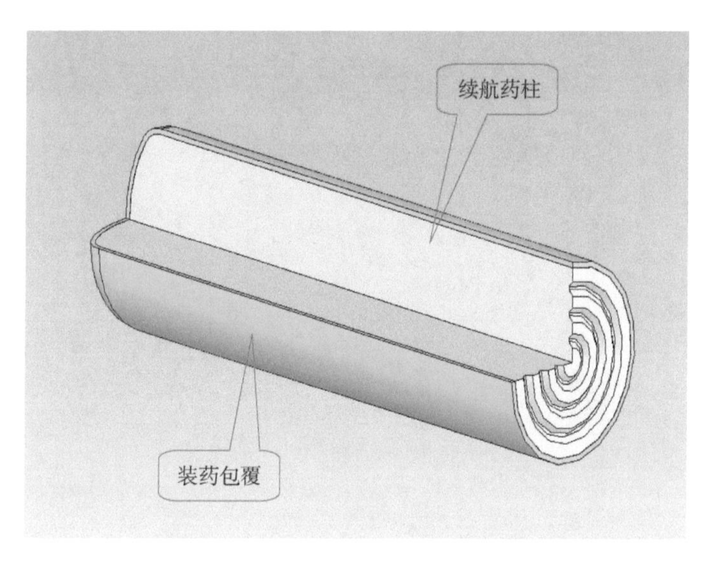

图3－72　续航装药

4）续航发动机后部结构

续航燃烧室壳体、续航喷管壳体和点火装置的壳体都采用焊接工艺焊成一体。钼喷管、隔热套管、喷管延伸段及前后固定套都采用压紧装配工艺装配成组件。续航发动机后部结构如图3－73所示，续航喷管组件如图3－74所示。

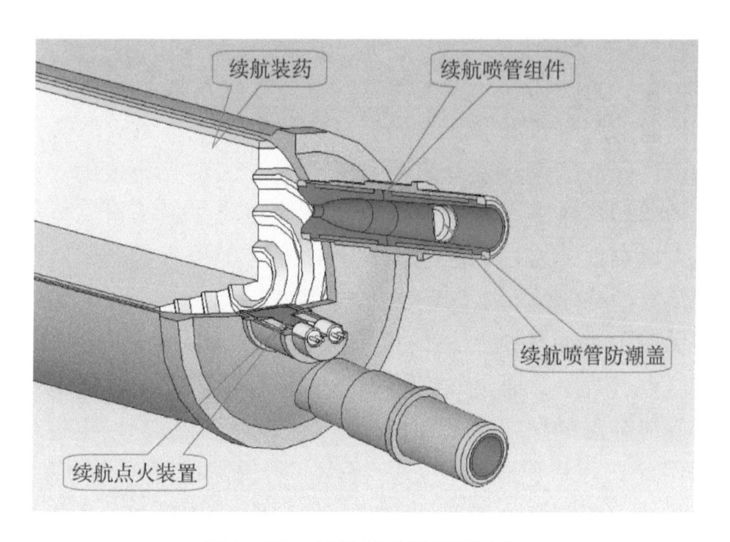

图3－73　续航发动机后部结构

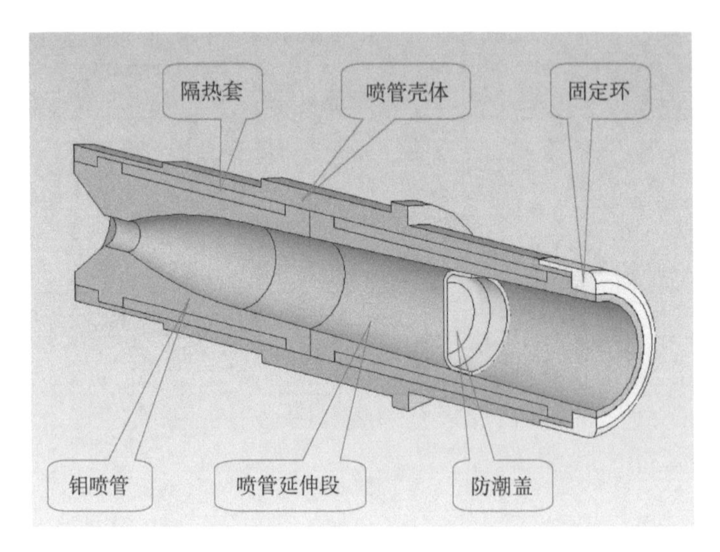

图 3－74　续航喷管组件

5）续航喷管组件

由于导弹总体布局的需要，续航发动机采用两个喷管，喷管轴与发动机轴在同一平面内，并分别向外斜置 7°角。续航发动机工作时间长达 31 s，为防止燃气对喷管的冲刷和烧蚀，喷管的收敛段、喉部及扩张段采用难熔金属钼制成。为防止高熔点钼对点火装置壳体的热影响，在钼喷管外，装有非金属材料制作的隔热套。为防止焊接变形装成喷管组件后进行电子束焊接。

6）续航点火装置

其由塑料套、速燃药柱、点火药包、电发火管及螺纹压盖组成。电发火管内的电桥桥丝采用双桥并联，点火装置内装有两个电发火管，这种双桥和双发火管的设计保证了续航发动机的可靠点火。该点火装置的点火序列，是电起爆器的桥丝灼热热敏火药并引燃电发火管内的速燃药饼，电起爆器喷出起爆燃气流点燃点火装置内的速燃药柱，在一定压强下打开铝制压盖，点火射流喷射到续航药柱的端面上点燃装药。

为保证低温下端面燃烧药柱的可靠点火，点火装置设计采取多种措施：选用双桥并联点火线路，通过双路镍铜电阻丝提供可靠的加电的热量；在单个电起爆器就能起爆的情况，采用两个电起爆器使可靠起爆更有保障；在点火装置内采用点火药和速燃药柱起燃装药，利用速燃药柱燃烧持续时间长，增加了点火气体冲烧装药面的时间；在药柱端面上开有三个环形沟槽，不但增加了点燃面积也可增长点火药气体在药面上的停留时间。上述措施保证了装药在低温下的可靠点火。续航点火装置如图 3－75 所示。

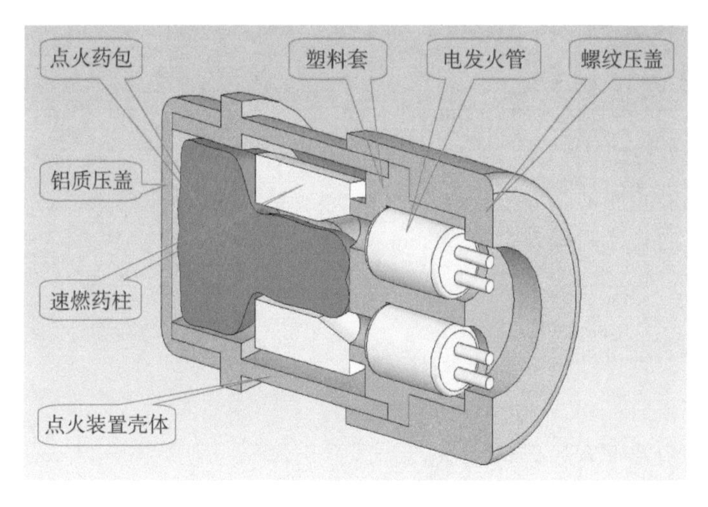

图3－75 续航点火装置

7）起飞发动机前部结构

起飞药柱由前挡板和点火具支架定位。前挡板为多孔结构，在起飞喷管端定位起飞药柱，防止药柱移过喷管入口空间堵塞喷管。点火药气体经药柱内外表面流向喷管端，在燃烧室内停留时间长保证了起飞药柱的可靠点燃。起飞发动机前部结构如图3－76所示。

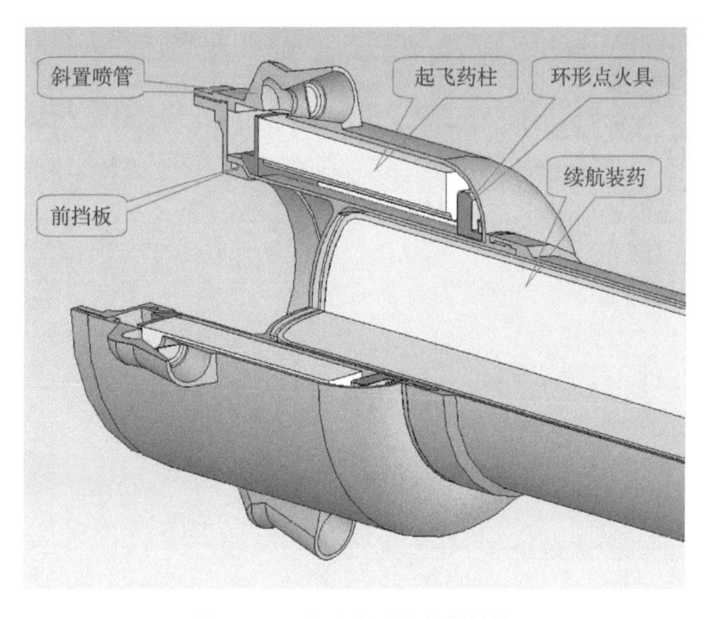

图3－76 起飞发动机前部结构

8）发动机结构及质量参数

（1）起飞发动机。

燃烧室外壳体外径：120 mm；

燃烧室外壳体内径：117 mm；

燃烧室内壳体前端外径：76. 7 mm；

燃烧室内壳体后端外径：74 mm；

喷管数：4；

喷喉直径：8. 5 mm；

喷管出口直径：14 mm；

喷管扩张角：18°；

喷管轴与弹轴夹角：15°；

喷管轴与弹轴水平面夹角：50°；

药柱质量：0. 68 kg；

药柱外径：112 mm；

药柱内径：80 mm；

药柱长度：90 mm；

初始燃烧面积：780 cm^2；

面喉比：345；

通气参量：47；

装填系数：0. 72。

（2）续航发动机。

燃烧室壳体外径：74. 2 mm；

燃烧室壳体内径：72 mm；

前球底厚度：2. 7 mm；

后球底厚度：2. 2 mm；

喷管数：2；

喷喉直径：2. 9 mm；

喷管出口直径：7. 6 mm；

喷管长度：66. 5 mm；

喷管与弹轴夹角：7°；

包覆层厚度：2 mm；

装药质量：1. 53 kg；

药柱外径：66 mm；

装药外径：70 mm；

装药长度：255 mm；

初始燃烧面积：36 cm^2；

面喉比：254。

2. 弹道性能

1）主要弹道性能

120 mm 反坦克导弹发动机（一）的主要性能参数如表3-4所示。

表3-4 120 mm 反坦克导弹发动机（一）的主要性能参数 温度：-40~+50℃

性能参数	起飞发动机	续航发动机
初始推力/kN	2.1	0.08
终燃推力/kN	1.4	
初始压强/MPa	15.2	3.9~6.4
终燃压强/MPa	4.5	
燃烧时间/s	0.38~0.57	23~31
推力冲量/(kN·s)	1.1	2.3
发动机比冲/(N·s·kg^{-1})	1 940	1 990

2）弹道曲线

起飞发动机弹道曲线如图3-77和图3-78所示。

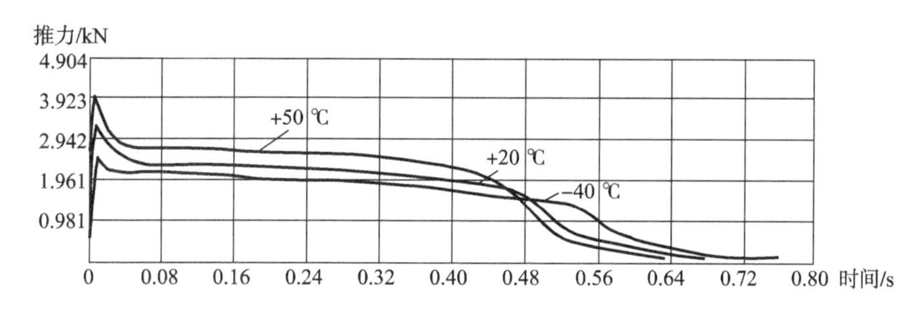

图3-77 起飞发动机推力-时间曲线

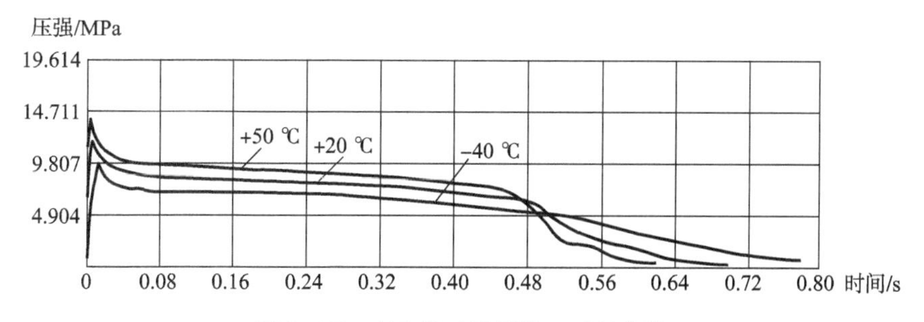

图3-78 起飞发动机压强-时间曲线

续航发动机弹道曲线如图 3 –79 和图 3 –80 所示。

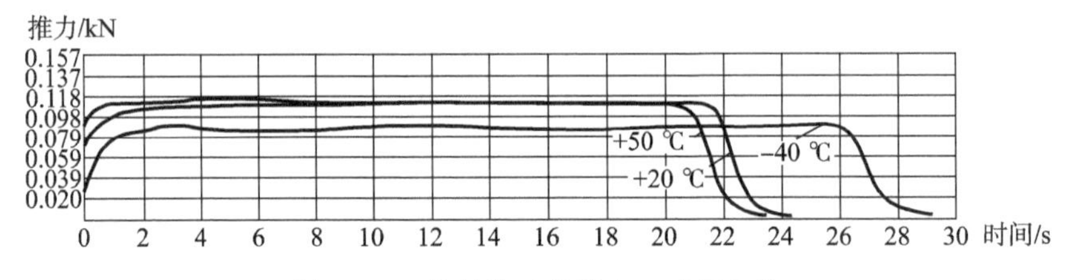

图 3 –79 续航发动机推力 – 时间曲线

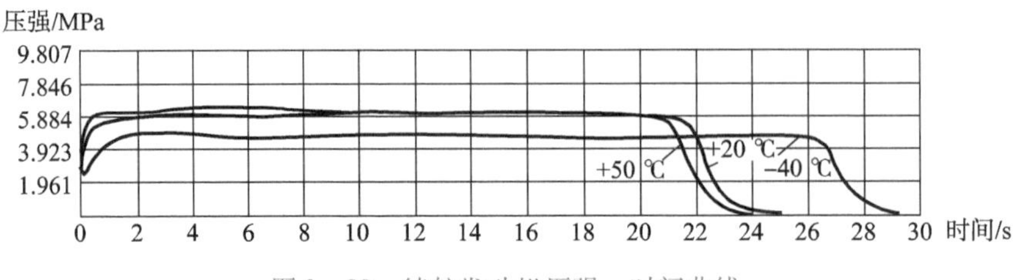

图 3 –80 续航发动机压强 – 时间曲线

3. 性能特点

（1）该发动机采用起飞发动机和续航发动机连体的结构。两个发动机同轴套装，缩短了发动机的长度使导弹的结构紧凑。发动机的质心与导弹的质心靠近，能有效减少推力偏心矩和导弹的控制力矩。

（2）采用连体结构的两个发动机，分别为导弹飞行提供起飞增速和续航动力，发动机的弹道性能的可调性和性能的一致性较好。但与单室双推力发动机相比，须采用两套喷管、两套点火系统和点火组件，发动机消极质量较大。

（3）由两个互相独立的发动机为导弹起飞增速和续航飞行提供两级动力。起飞发动机提供大推力，续航发动机提供小推力。当起飞发动机点火、导弹在导轨上开始运动时，程序开关接通续航发动机点火电源，续航发动机开始工作。在起飞发动机工作结束时，已燃完的起飞级装药所产生的推力冲量使导弹达到 120 m/s 的飞行速度，之后，只有续航发动机工作并保持导弹的这一飞行速度。这种弹道设计，两级动力推进的连续性好，转级工作时导弹飞行平稳，有利于导弹控制。

4. 应用分析

由 120 mm 反坦克导弹发动机（一）组装的导弹采用纯火箭发射方式，是步兵携带的中型反坦克导弹，用来攻击敌方坦克和装甲车辆等目标。导弹的主要性能参数如下：

弹径：120 mm；

弹长：867 mm；

发射质量：11.2 kg；

射程：500 ~ 3 000 m；

飞行速度：120 m/s；

飞行时间：27 s；

转速：510 r/min；

使用温度：-40 ~ +50℃。

3.3.10　120 mm 反坦克导弹发动机（二）

120 mm 反坦克导弹发动机（二）是在 120 mm 反坦克导弹发动机（一）的基础上改进的。结构上采用双发动机串联的结构形式，增速发动机在前，续航发动机在后。根据导弹总体布局，增速级发动机套装在弹底引信的外部，续航发动机后部增加了导流管，采用了长尾喷管的结构。在导流管外安装导弹控制等其他部件，弹体后部安装有舵机，根据控制信号由舵机执行机构带动安装在续航发动机喷管出口处的舵片，续航喷管喷出的燃气使舵片产生对导弹的控制力。

1. 结构组成

该发动机也采用增速发动机和续航发动机串联整体式结构，由发动机空体、增速和续航装药、增速和续航点火具等组成。120 mm 反坦克导弹发动机（二）如图 3-81 所示，其工程图如图 3-82 所示。

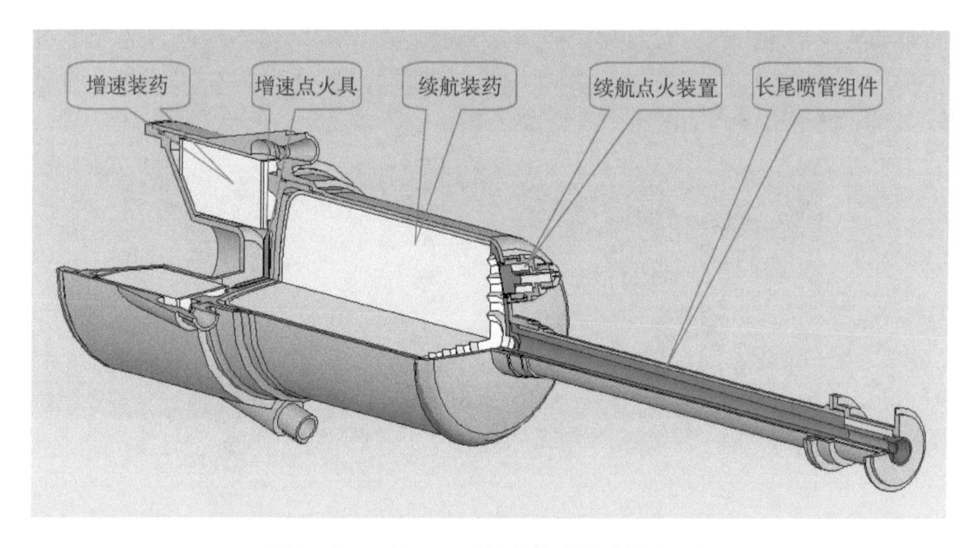

图 3-81　120 mm 反坦克导弹发动机（二）

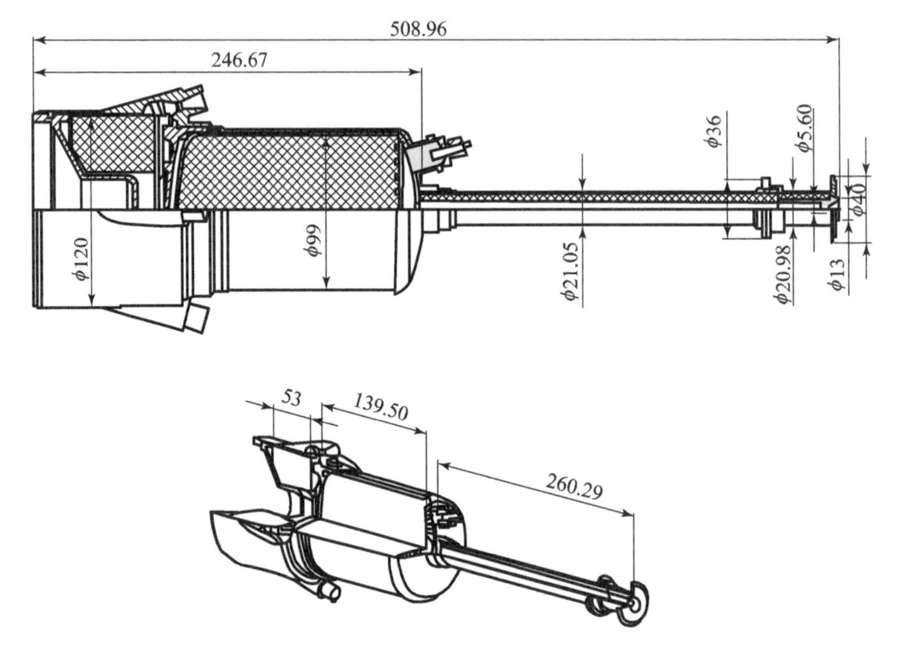

图 3-82 120 mm 反坦克导弹发动机（二）的工程图

1）发动机空体

发动机空体是不等直径的整体结构件，由整体燃烧室壳体、前封头、中间底和长尾喷管组件组成。中间底用螺纹连接在发动机空体结构的中部，将整体燃烧室内部容腔分成增速发动机燃烧室和续航发动机燃烧室。增速发动机前端与战斗部相连，其前封头与战斗部弹底引信的结构相协调，伸入增速发动机燃烧室内。燃烧室内与燃气接触表面都涂有厚度为 0.3~0.5 mm 的隔热涂料。发动机空体如图 3-83 所示。

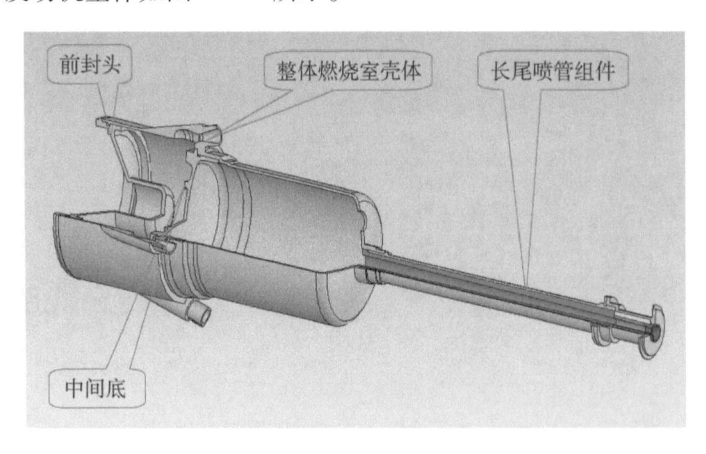

图 3-83 发动机空体

2）增速装药

增速装药为带内锥的管形，药柱前后端面进行包覆。药柱内孔前端为锥形，以适应弹底引信结构需要。药柱选用高燃速双基推进剂，经螺压工艺制成。药柱后端采用挡药板定位，防止燃烧中装药向喷管端移动。增速装药如图3－84所示。

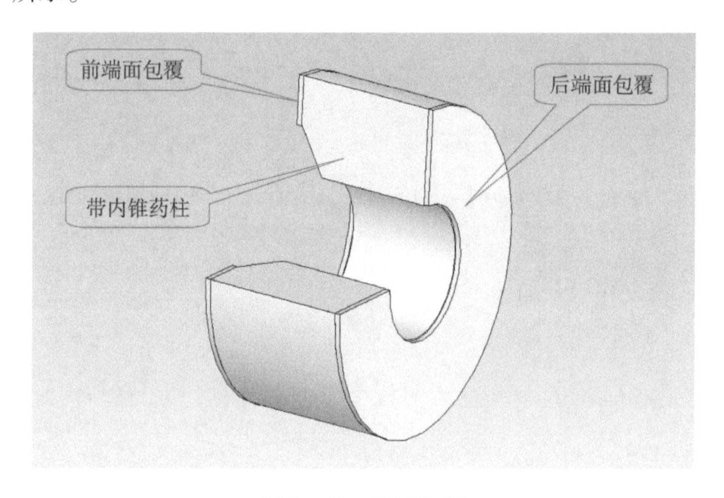

图3－84 增速装药

3）续航装药

续航装药由端面燃烧的实心药柱经包覆而成，装药前端为球形面，为增大初始点燃面积后端面上开有环形沟槽，选用螺压工艺成形的低燃速双基推进剂。续航装药如图3－85所示。

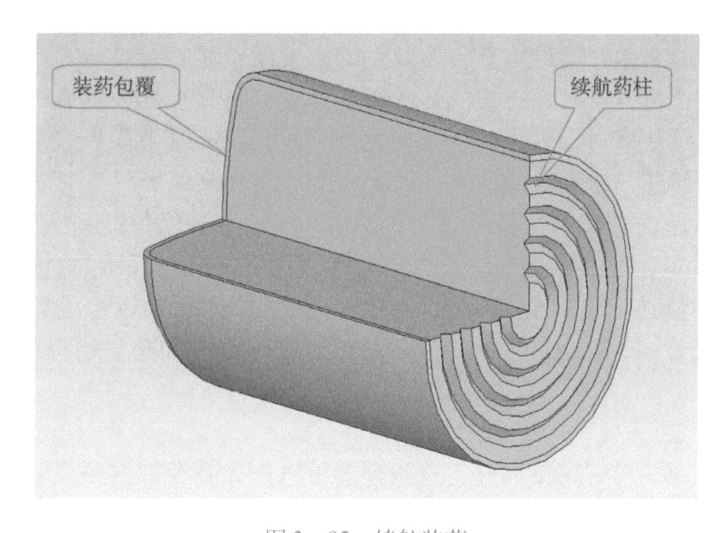

图3－85 续航装药

4）续航发动机后部结构

续航燃烧室壳体后底为球形，点火装置通过螺纹连接在壳体球部外表面。球形底部内表面衬有隔热垫。长尾喷管的导流管壳体与续航燃烧室壳体也是采用螺纹连接。续航发动机后部结构如图 3－86 所示。

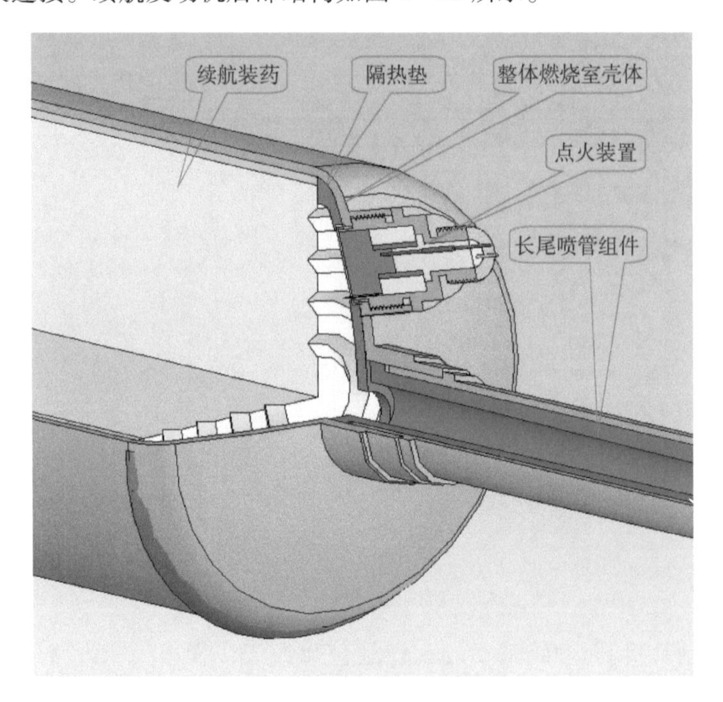

图 3－86　续航发动机后部结构

5）长尾喷管结构

由于导弹总体布局的需要，续航发动机采用长尾喷管结构，就是将续航装药燃烧产生的燃气通过导流管导入续航喷管，燃气在导弹的后部喷管出口端面处产生续航推力，并为舵机提供控制力。长尾喷管由前后段燃气导流管和续航喷管组成，导流管的内孔呈锥形。为了防止高速燃气流对导管壳体内壁的烧蚀与冲刷，在前后段燃气导流管壳体内壁衬有耐冲刷、耐烧蚀和隔热性能好的非金属材料衬管。续航发动机工作时间较长，为防止燃气对喷管的冲刷和烧蚀，喷管的收敛段、喉部及扩张段采用难熔金属钼制成。前段燃气导流管结构如图 3－87 所示，后段燃气导流管和喷管结构如图 3－88 所示。

6）续航点火装置

续航点火装置由速燃药柱、点火药盒、电发火管及铝制压紧帽组成。电发火管内的电桥桥丝也采用双桥并联，保证了续航发动机的可靠点火。续航发动机装药的供电及点火时间由导弹时间控制装置给定。

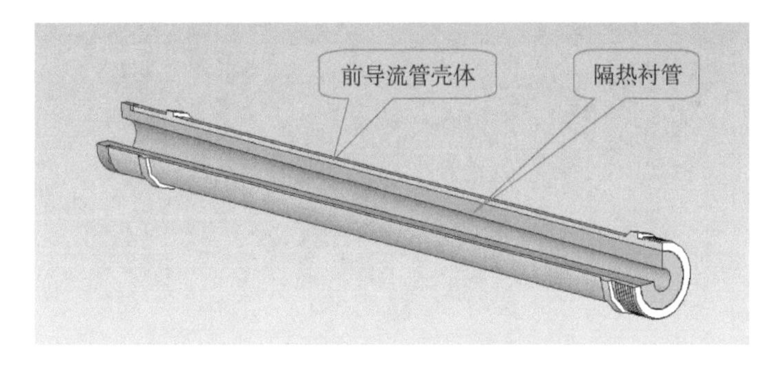

图3-87 前段燃气导流管结构

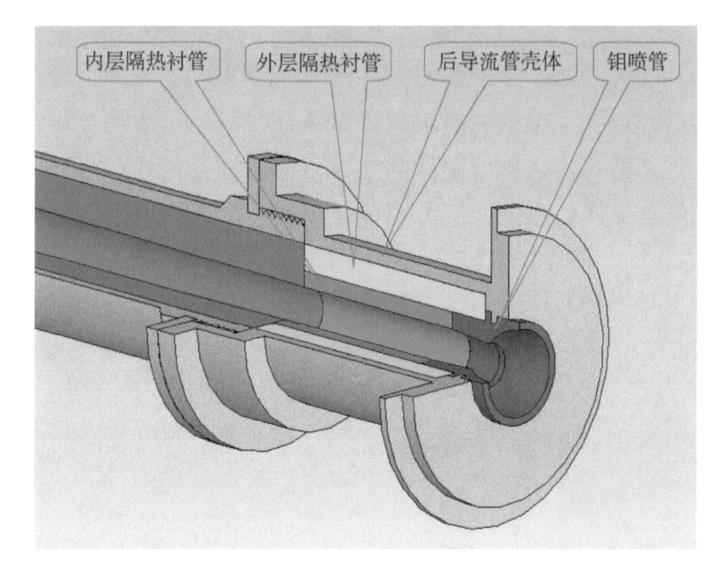

图3-88 后段燃气导流管和喷管结构

续航点火装置结构组成如图3-89所示。

7）增速发动机结构

增速发动机由燃烧室壳体、前封头、中间底、装药和点火具组成。增速燃烧室的壳体和喷管是焊接成一体的结构件，都采用30CrMnSiA中碳合金钢经机械加工制成。装药是将带内锥管状药柱的前后端面进行包覆而成。点火具由点火药盒、两个电发火管组成。点火药盒的盒体用赛璐珞片压制，内装点火药，点火导线从喷管引出。点火电参数和点火延迟时间，也由导弹时间控制装置给定。

将点火具的位置置于装药内孔后端，点火生成的燃气大部进入药柱内通道点燃内孔药面，可快速点燃装药，这种点燃小燃烧面的点火位置设计合理、点火可靠。

由于增速药柱是带锥形的内孔药形，药柱燃烧面积随燃层厚度的变化不

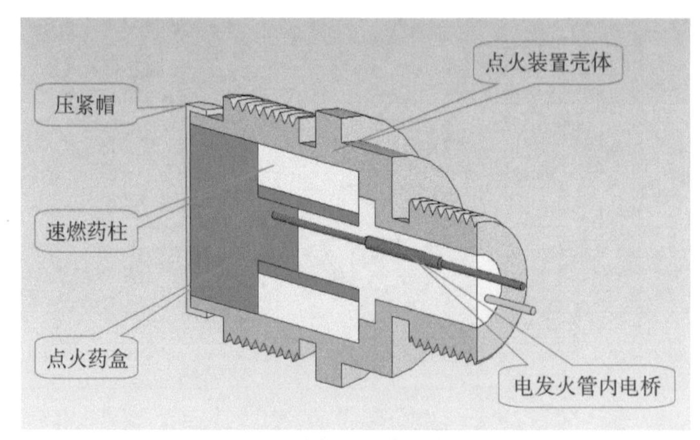

图 3-89 续航点火装置结构组成

能保持恒面燃烧特性，压强曲线也不是平直的，最大压强位于燃烧时段的中段。由此，增速发动机燃烧室壳体的壁厚也需按此最大压强设计。但由于增速和续航燃烧室壳体是由中间底分隔的，增速和续航燃烧壳体壁厚按照各自的承载压强设计。这种等强度设计使发动机的消极质量减轻，发动机的结构紧凑。增速发动机结构如图 3-90 所示。

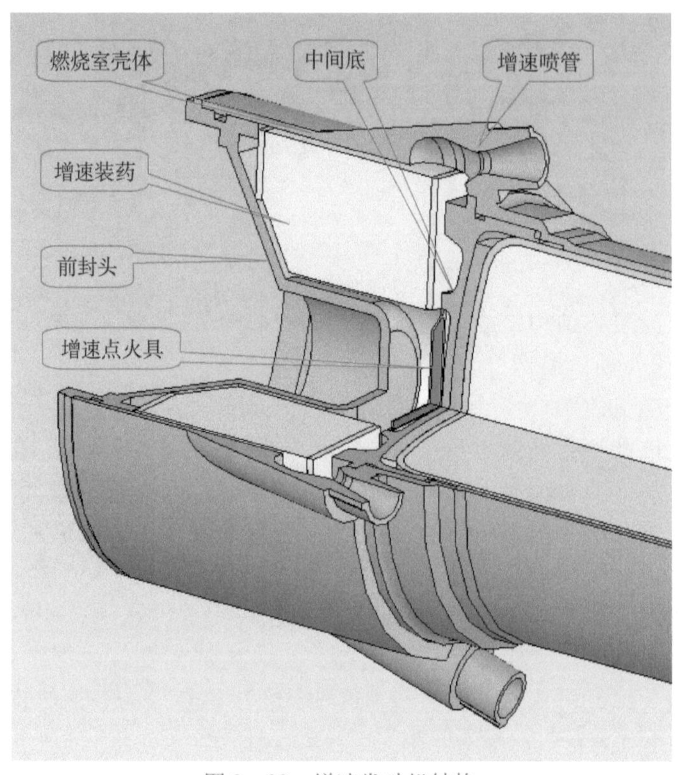

图 3-90 增速发动机结构

8）发动机结构及质量参数

（1）增速发动机。

燃烧室外壳体外径：120 mm；

燃烧室外壳体内径：117.6 mm；

喷管数：4；

喷喉直径：5.5 mm；

喷管扩张比：2；

喷管扩张角：20°；

喷管轴与弹轴夹角：15°；

药柱质量：0.7 kg；

药柱外径：113 mm；

药柱内径：46 mm；

药柱长度：53 mm；

内锥角：30°；

初始燃烧面积：288.4 cm^2；

面喉比：300；

通气参量：35.65；

装填系数：0.87。

（2）续航发动机。

燃烧室壳体外径：99 mm；

燃烧室壳体内径：97 mm；

喷喉直径：5.6 mm；

喷管扩张段圆弧半径：17 mm；

前端导管内径：6.8 mm；

后端导管内径：6.2 mm；

导管壳体外径：21 mm；

导管衬管外径；17.8 mm；

前端导管衬管大端内径：12 mm；

后端导管衬管小端内径：6.8 mm；

药柱质量：1.46 kg；

装药质量：1.58 kg；

药柱外径：91.2 mm；

装药外径：95 mm；

装药长度：141.5 mm；

初始燃烧面积：74 cm^2；

面喉比：264。

2. 弹道性能

1）主要弹道性能

120 mm 反坦克导弹发动机（二）的主要性能参数如表 3－5 所示。

表 3－5 120 mm 反坦克导弹发动机（二）的主要性能参数 温度：－40～+50℃

性能参数	增速发动机	续航发动机
初始推力/kN	0. 922～1. 049	0. 152～0. 200
终燃推力/kN	0. 392～0. 490	0. 21～0. 43
初始压强/MPa	7. 257～8. 386	3. 9～4. 4
终燃压强/MPa	1. 961～3. 923	4. 1～4. 8
燃烧时间/s	1. 258～1. 6	14. 3～17. 6
推力冲量/(kN·s)	1. 34	2. 775
发动机比冲/(N·s·kg^{-1})	1 900	1 860

2）弹道曲线

增速发动机弹道曲线如图 3－91 和图 3－92 所示。

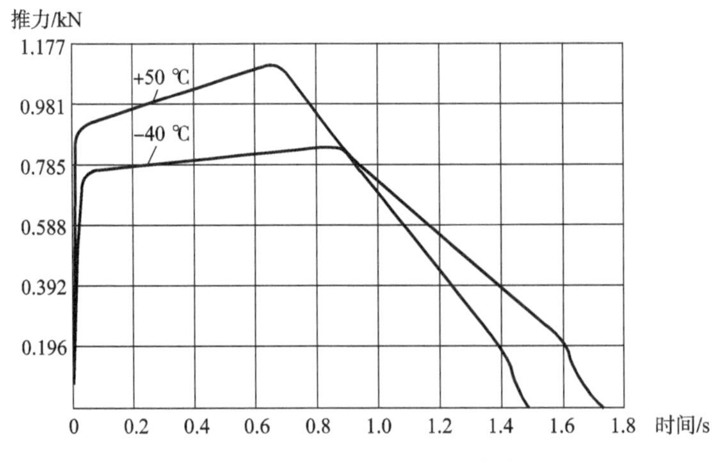

图 3－91 增速发动机推力曲线

续航发动机弹道曲线如图 3－93 和图 3－94 所示。

3. 性能特点

（1）该发动机采用增速发动机和续航发动机整体结构。两个发动机同轴串联，发动机设置在导弹的中部，发动机质心与导弹的质心靠近，能有效减少推力偏心矩和导弹的控制力矩。

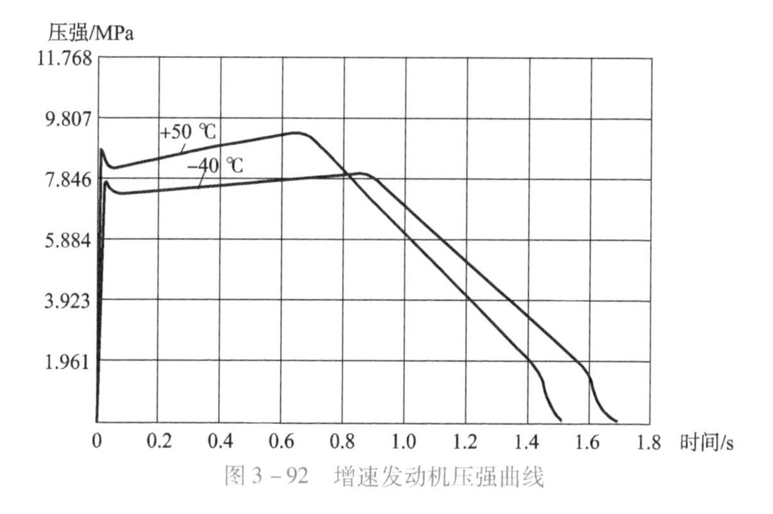

图3-92 增速发动机压强曲线

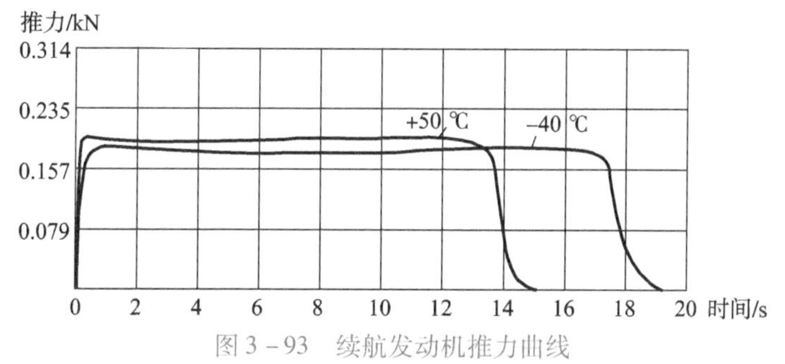

图3-93 续航发动机推力曲线

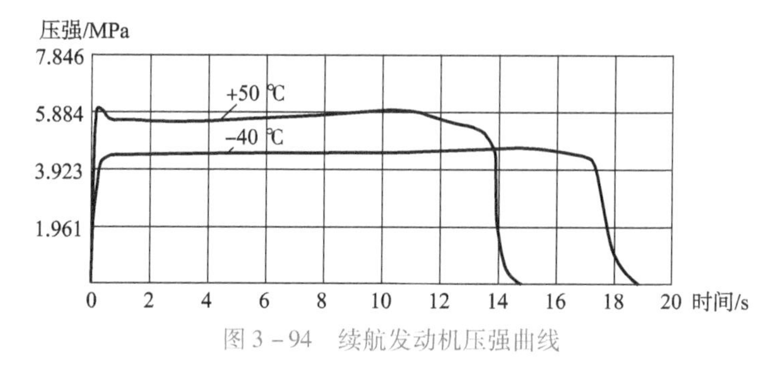

图3-94 续航发动机压强曲线

（2）采用整体结构的两个发动机分别为导弹飞行提供起飞增速和续航动力，发动机弹道性能的可调性和性能一致性较好。但与单室双推力发动机相比，需采用两套喷管、两套点火系统和点火组件，发动机消极质量较大。

（3）该导弹由高低压炮发射出筒延迟预定时间后增速发动机点火，在较短的时间内，增速发动机为导弹提供较大的推力冲量，使导弹从65 m/s增速到180 m/s。续航发动机在较长的时间内，提供仅用于克服导弹重力和阻力的小推力，在导弹续航飞行段速度增至最大飞行速度，以较大的推力冲量使导弹满足射程要求，导弹发射和飞行所选择的三级动力，既能保证发射导弹需要的较高初速，提高导弹初始飞行段的精度，又能通过较长时间的续航飞行达到较大的射程，明显改进了120 mm反坦克导弹发动机（一）的推进效能。

（4）这种由双燃烧室构成双发动机同轴串联的结构，其结构件可以兼顾多种功能，如发动机燃烧室壳体和中间底等都可为两个发动机的共用件，这与采用各自独立的双发动机相比，如与TOW系列反坦克导弹采用发射和飞行发动机各自独立的结构相比，在相同的导弹战术性能条件下，该发动机的消极结构质量较小，长度尺寸小，结构也较紧凑。

4. 应用分析

由120 mm反坦克导弹发动机（二）组装的导弹，采用高低压炮发射方式，是第二代步兵携带的中型反坦克导弹，用来攻击敌方坦克和装甲车辆等目标。导弹的主要性能参数如下：

弹径：120 mm；

弹长：875 mm；

发射质量：11.2 kg；

射程：100 ~ 3 000 m；

炮口初速：66 ~ 86 m/s；

飞行速度：200 ~ 220 m/s；

飞行时间：12.5 ~ 17 s；

转速：360 ~ 540 r/min；

使用温度：-40 ~ +50℃。

3.3.11 152 mm反坦克导弹发动机

152 mm反坦克导弹发动机是一种单室双推力型固体推进剂发动机。这种发动机与前几节反坦克导弹所用单室双推力发动机（如3.4节中MINLAN发动机，3.5节中Swrifrie发动机）有所不同，这两种发动机的装药都采用端面燃烧药形，由高低不同燃速的推进剂组成双推力组合装药。而152 mm反坦克导弹发动机的组合装药是由不同燃速推进剂和不同药形组合而成的装药。这种不同推进剂燃速和不同燃烧面积的药形相组合，发动机两级推力比更大，大推力级的推力冲量也较大，能很好地满足重型反坦克导弹动力推进的需要。

在近年装备的反坦克导弹和战术导弹中，都有这类单室双推力型固体推进剂发动机的应用。152 mm反坦克导弹发动机通过药形设计和性能设计给出推力比更高、推力冲量更大、续航时间更长的发动机，以供研究和应用的参考。

1. 结构组成

该发动机主要由发动机空体、双推力组合装药、缓冲及补偿件和点火具组件等零部件组成。152 mm 反坦克导弹发动机如图 3-95 所示，其工程图如图 3-96 所示。

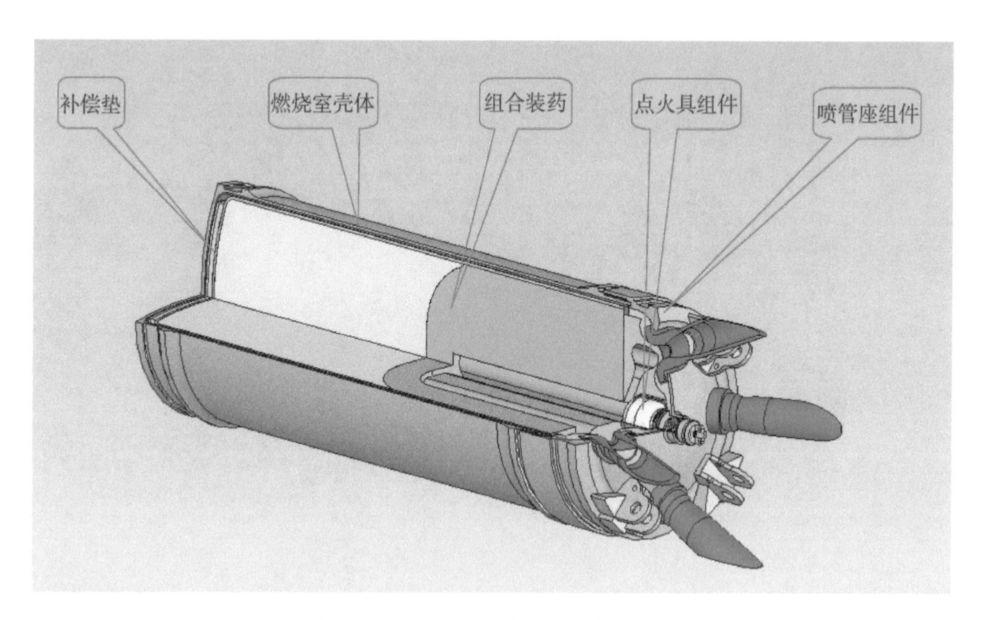

图 3-95　152 mm 反坦克导弹发动机

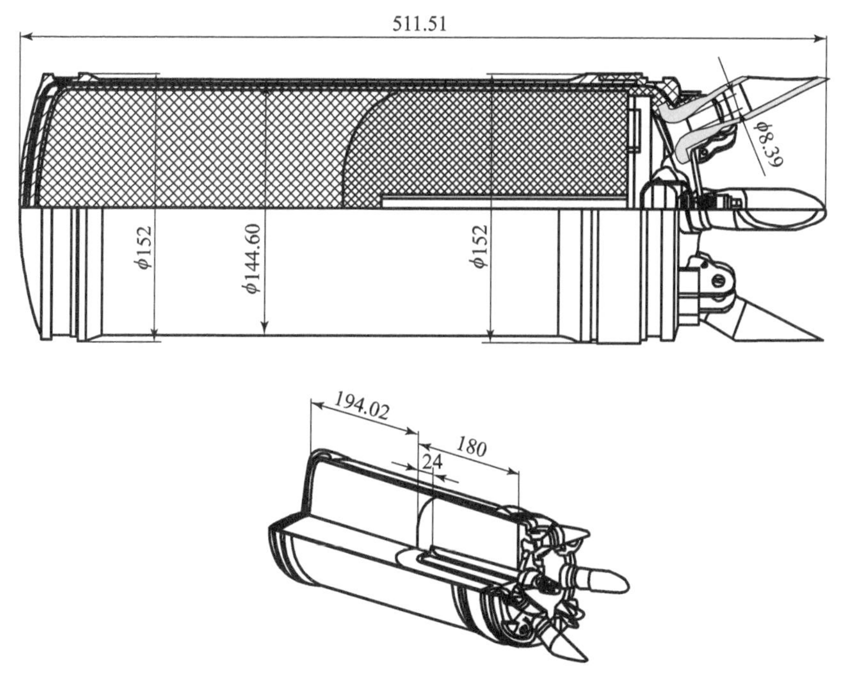

图 3-96　152 mm 反坦克导弹发动机

1）发动机空体

发动机空体由后端大开口、前端带球形底的半闭式燃烧室壳体组件，喷管座组件和点火具组成。发动机空体如图 3－97 所示。

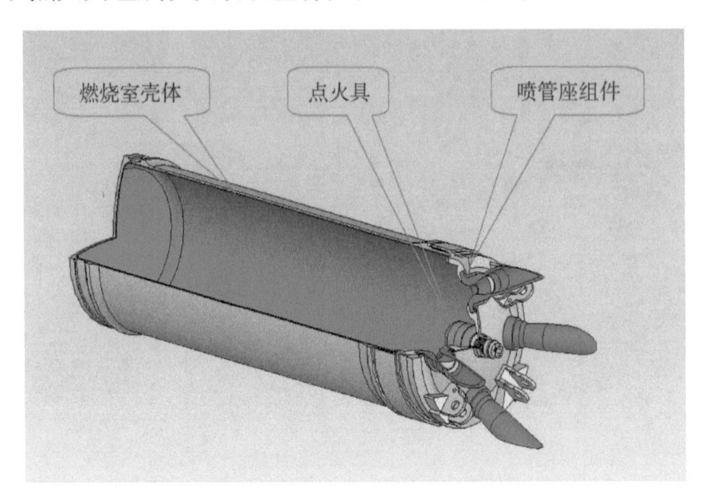

图 3－97　发动机空体

燃烧室壳体组件是由金属壳体和涂在内壁上的隔热层组成。金属壳体可采用旋压工艺成形，隔热层一般采用橡胶隔热层衬制或用耐高温涂料涂敷。燃烧室壳体组件如图 3－98 所示。

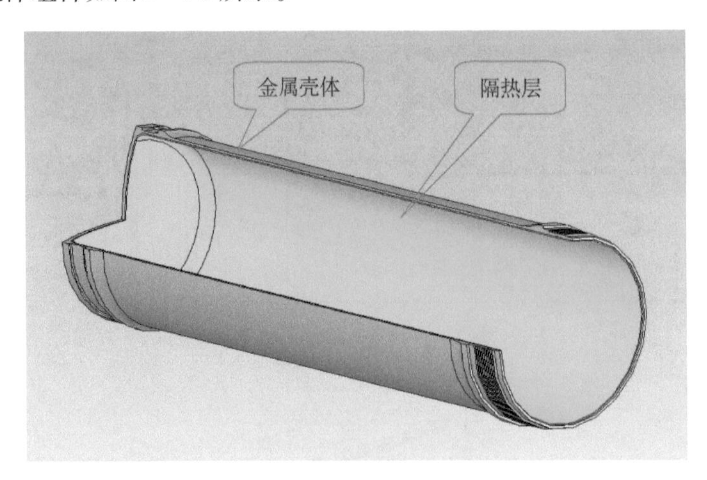

图 3－98　燃烧室壳体组件

喷管座组件由金属后盖、隔热垫、斜置四喷管和点火具组件组成。喷管座组件与燃烧室壳体组件采用螺纹连接。后盖可采用机械加工制作。四个斜置喷管通过定位套安装在后盖上。由于该发动机适合设置在导弹的中部，喷管轴线需与发动机轴线倾斜，为保证喷管出口面与径弹体表面一致，可由加工工艺保证。根据弹体布局需要，可在后盖外缘设置固定弹翼的支座。

结构上将喷管座组件设计成多种结构功能的组件，如固定弹翼、安装喷管和点火具，设置隔热结构件对装药缓冲定位等。该发动机的喷管座组件就是按这种多功能结构设计的。喷管座组件如图3－99所示。

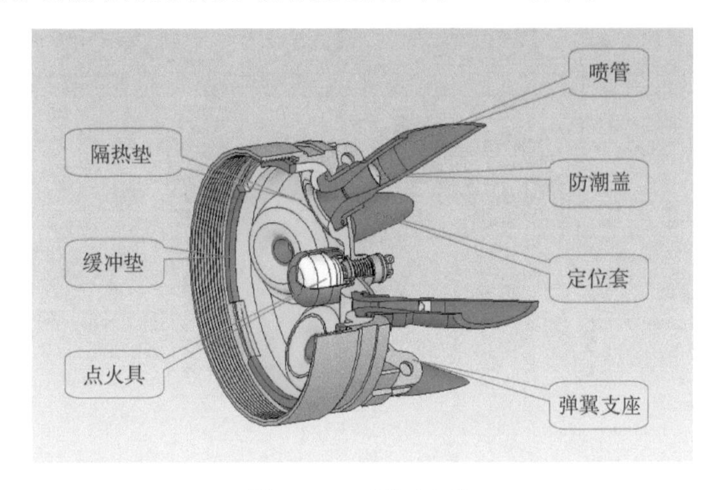

图3－99　喷管座组件

2）组合装药

组合装药由组合药柱和侧面包覆组成。组合药柱指增速级药柱和续航级药柱，两级药柱都采用改性复合推进剂浇铸成形。其中，续航推进剂选用低燃速推进剂，增速级推进剂选用高燃速推进剂，分两次浇铸成形。对成形后组合药柱坯件经机加工后进行侧面包覆，制成组合装药。装药结构如图3－100所示。

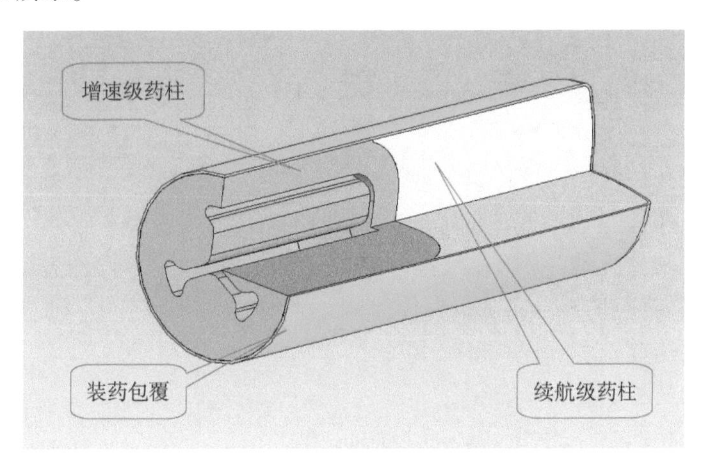

图3－100　装药结构

3）点火具组件

该发动机点火具组件由点火药盒、点火药包和电起爆器组成。点火药盒采用赛璐珞片压制而成，点火药包内装有点火药。电起爆器为钝感型，共装两个并联电起爆器。点火具组件如图 3－101 所示。

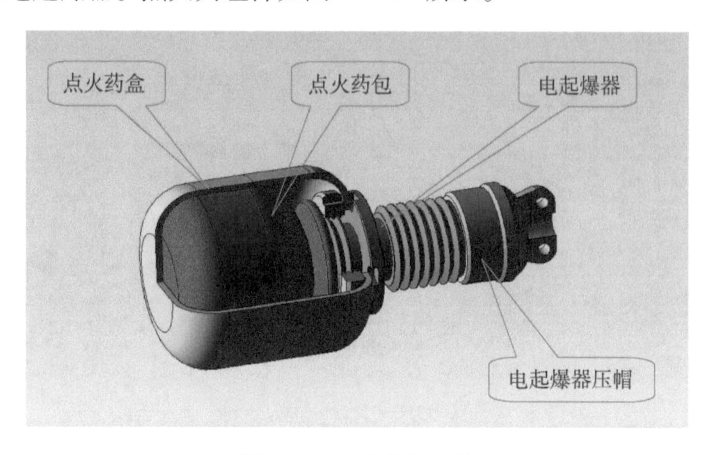

图 3－101 点火具组件

4）结构及质量参数

发动机最大直径：152 mm；

发动机壳体外径：144. 6 mm；

发动机壳体内径：141 mm；

壳体隔热层厚度：1 mm；

发动机长度：511. 5 mm；

发动机质量：15. 6 kg；

发动机空体质量：7 kg；

增速级药柱外径：134 mm；

增速级药柱长度：180 mm；

增塑剂内孔深度：156 mm；

增速级药柱燃层厚度：24 mm；

增速级药柱药形：三臂车轮形；

增速级药柱质量：3. 8kg；

续航级药柱直径：134 mm；

续航级药柱长度：194 mm；

续航级药柱质量：4. 78 kg；

增速级初始燃烧面积：645. 9 cm^2；

增速级平均燃烧面积：722. 6 cm^2；

续航级初始燃烧面积：174.4 cm^2；

续航级平均燃烧面积：158.3 cm^2；

喷管数：4；

喷管倾斜角：24°；

喷管出口外缘直径：148 mm；

喷管喉部面积：2.075 cm^2。

2. 弹道性能

1）主要弹道性能

增速级平均推力：4.5 kN；

增速级燃烧压强：16.1 MPa；

增速级燃烧时间：1.7 s；

增速级推力冲量：9.12 kN·s；

续航级平均推力：0.8 kN；

续航级燃烧室压强：0.29 MPa；

续航级燃烧时间：6.6 s；

续航级推力冲量：9.56 kN·s；

发动机总推力冲量：18.7 kN·s；

发动机总燃烧时间：13.6 s；

发动机推力比：5.6；

发动机冲量质量比：1.2。

2）弹道曲线

发动机弹道曲线是根据装药燃烧面的变化和推进剂燃烧性能计算的。按照药柱按平行层燃烧的规律，作出增速、续航两级药柱分层燃烧的三维图，由此计算出药柱燃烧面积随燃层厚度的逐点数据，根据燃烧面变化规律，所选推进剂燃速随压强的变化以及能量特性、推进剂密度等性能数据，计算该组合装药发动机的压强和推力随时间变化的逐点数据，给出推力及压强曲线。采用通用计算软件绘制组合装药三维图形和组合药柱分层燃烧的三维图，就可计算各燃烧层的燃烧面积。该发动机组合药柱分层燃烧的三维图如图 3－102 所示。增速级燃烧面积变化逐点数据的计算结果如表 3－6 所示。增速级和续航级药柱燃烧面积变化曲线分

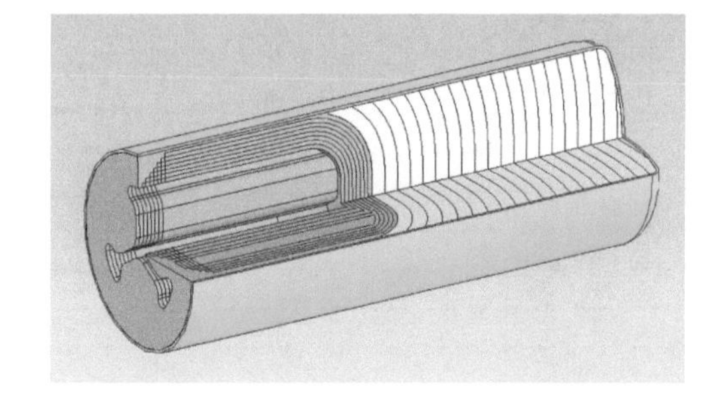

图 3－102　增速和续航级组合药柱分层燃烧三维图

别如图 3 - 103 和图 3 - 104 所示，推力及压强弹道曲线如图 3 - 105 所示。

表 3 - 6　增速级燃烧面积变化逐点数据的计算结果

燃层厚度/mm	燃烧面积/cm^2
0	645.91
3	671.19
6	695.4
9	714.73
12	738.17
15	755.23
18	771.91
21	788.3
平均	722.605

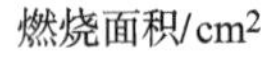

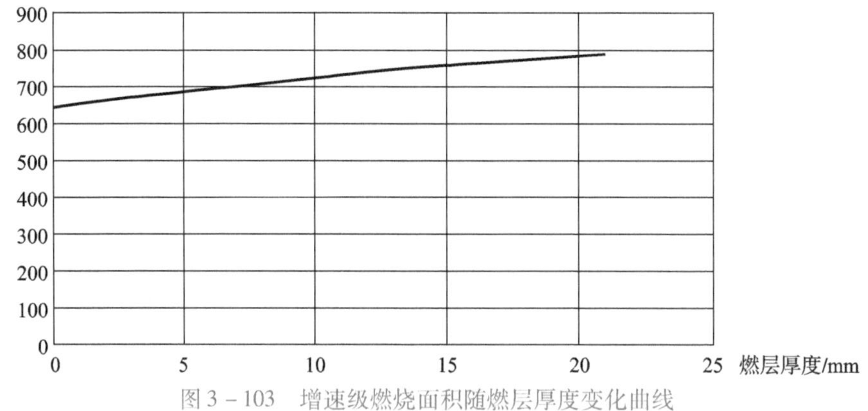

图 3 - 103　增速级燃烧面积随燃层厚度变化曲线

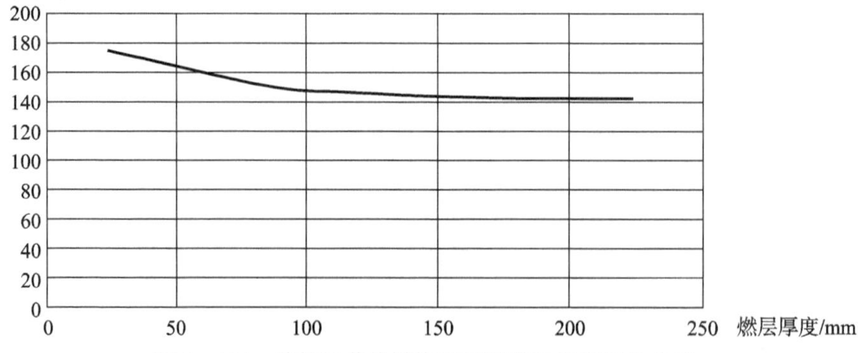

图 3 - 104　续航级药柱燃烧面积随燃层厚度变化曲线

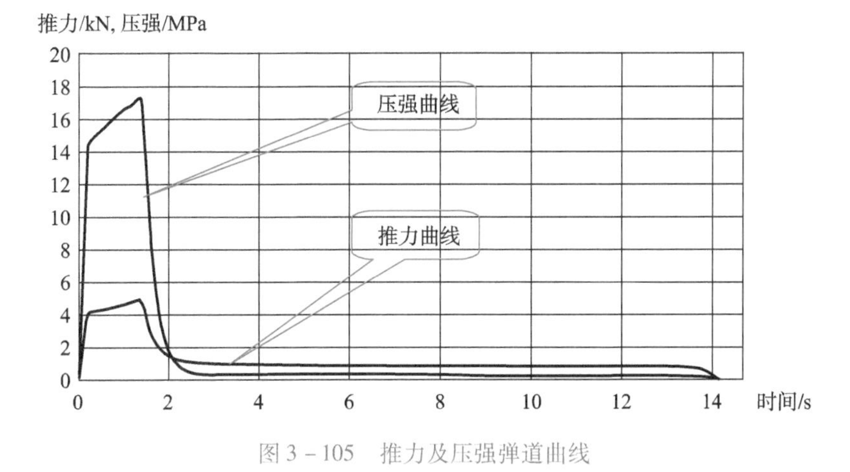

图3-105 推力及压强弹道曲线

在该发动机的弹道性能计算中，所选推进剂为常用的改性复合推进剂，两级推进剂的性能如表3-7所示。

表3-7 两级推进剂性能

性能参数	增速级	续航级
推进剂比冲/$(N\cdot s\cdot kg^{-1})$	2 400	2 200
推进剂燃速/$(mm\cdot s^{-1})$	15	14
压强指数	0.35	0.3
密度/$(g\cdot cm^{-3})$	1.7	1.7
燃速公式	$u=6.01p^{0.35}$	$u=20.72p^{0.30}$

3. 性能特点

（1）结构性能较好。与两个发动机相组合的动力推进系统相比，发动机结构紧凑。由于采用一套喷管和点火系统，简化了发动机结构。半闭式装药结构和装药外侧面包覆使得装药在燃烧室内的定位、尺寸误差和温差补偿、受力缓冲等结构也较简单可靠。

（2）推进效能较高。以该发动机为例，其质量比（装药药柱质量与发动机总质量之比）较高达到0.55；发动机冲量质量比（发动机总推力冲量与总质量之比）达到1.13，明显超过多发动机组合型动力推进系统的推进效能。

（3）该发动机提供的双推力可满足导弹增速和续航的功能。导弹发射和在导弹飞行的初始段常需要较大的推力；而在导弹巡航飞行时，只需发动机提供用于克服导弹重力和飞行阻力，仅需要较小的推力，这种类型发动机可以满足这一动力需求。

4. 应用分析

（1）利于导弹远程飞行。在保证发动机具有较好的热防护条件下，通过增加续航级药柱质量，可为导弹续航飞行提供更大的推力冲量，从而增加导弹的射程。这对远程飞行的导弹，是一种较好的动力推进形式。

（2）可实现多功能推进。对这种类型发动机，通过设计合适的药形和选用合适的推进剂，可在双推力组合装药设计和成形工艺技术基础上，实现单室三推力和单室四推力的设计，从而为导弹飞行提供发射、增速、续航和加速等飞行动力需要提供动力，可以进一步扩大这类发动机的使用范围。

（3）单室双推力和多推力发动机还存在一些缺点，这些缺点在一定程度上降低了发动机的性能。

①燃烧室壳体设计强度不能充分发挥。

这种类型发动机是将不同药形和不同性能推进剂的组合装药装在单一燃烧室内，各级药柱燃烧所产生的燃气是通过不变喷喉面积的共用喷管排出，并产生不同的推力。在装药工作过程中不同推力的各级之间，燃烧室的压强也不同，推力比越大，不同级间的压强差越大。

在发动机强度设计中，发动机壳体及连接部位所受承受的载荷要按最大压强计算，如设计的燃烧室壳体和前、后封头的壁厚，螺纹连接的长度，法兰连接的连接螺栓数目等，其强度都要满足最大压强的要求，从而导致壁厚尺寸大，质量也重。显然，在压强较小的续航级工作时段，这些部位的强度裕度较大，与单级推力发动机相比设计的结构强度不能充分发挥。

②续航级低压下喷管效率低。

喷管效率是指实际推力系数与理论推力系数之比。由于续航级燃烧室压强低，喷管出口压强与燃烧室压强之比增加，推力系数减小。另外，喷管消极质量大。由于发动机采用共用不变喷喉面积的喷管，喷管喷胀比的大小需要兼顾各级压强比来确定，由于高推力级与续航小推力级的压强比相差较大，设计上对喷管的工作状态选择常将高推力级喷管工作状态设计为欠膨胀状态，续航级喷管处在过膨胀状态。当推力比较大时，由于续航级扩张比过大，结构上使喷管扩张段过长，这就必然造成续航工作时段喷管效率变低、消极质量增加。发动机直径大的喷管，对喷管效率的影响更为明显。这是单级推力发动机不会出现的。

③续航级低压下结束工作时的后燃时间长。

续航级结束工作的发动机，也是由于续航级燃烧室压强低，工作结束后排气段的压强更低，余药和包覆的燃烧不充分，引起排气时间长，余药等可燃物质燃烧的火焰排留时间也较长，出现所谓后燃现象。

第 4 章　航空火箭发动机

航空火箭是机载无控火箭弹，装备在直升机、歼击机或强击机上，多采用筒式发射器发射。根据弹径的大小和载弹量，每个发射器的装弹发数都有不同。按照攻击目标的位置划分，常将航空火箭分为空对空和空对地两种。为提高火箭的攻击效果，常采用连续射击的方式，即在短时间内，将火箭连续发射出筒。空对地火箭主要用于攻击敌方地面有生力量、防御工事、坦克群等较大的面积目标。空对空火箭主要用于攻击和干扰敌方直升机、无人机、歼击机、轰炸机或预警机等。航空火箭发动机为航空火箭飞行提供动力，发动机结构组成与地面使用的火箭弹无明显差异。为便于飞行员发射火箭后的飞行操纵，发动机排出的烟雾要少。

4.1　总体要求

4.1.1　战术技术要求

在总体性能设计上，航空火箭发动机设计所追求的是，要具有质量轻和简单的结构、稳定可靠的性能和较高的安全可靠性。由于机载发射的火箭，特别是歼击机发射火箭时，飞机都具有一定的高度和速度，在发射火箭时，火箭已具有较大的牵连速度，不像地面发射火箭那样追求很高的初速。直升机发射的火箭弹体下沉对发射的影响也不明显，发动机的初始推力和推力冲量与地面火箭发动机相比一般都较小，有利于设计装填密度高、燃烧平稳的内孔燃烧装药。

在火箭发动机总体设计时，发动机也要保证火箭弹具有合适的初速，只是该初速的作用有所不同。航空火箭发动机所提供足够的初速，在于连续发射火箭时缩短火箭在发射管内的行程时间，除了能提高连续射击火箭的纵向散布，也可缩短连续发射火箭的时间间隔，减少射击时间，飞机可在最短时间内撤离交战的空域。

有的航空火箭战斗部采用机械式引信，需要靠火箭发动机提供过载的惯性力解脱保险，由于这种引信使用安全性的要求，解脱引信惯性保险需要足够的过载值。为满足这一参数要求，发动机要为航空火箭提供足够的推力加速度。

4.1.2 使用安全性要求

为减少飞机的耗油量，在非作战环境下飞行时，常在高空对流层顶部飞行以保证飞机有更大的航程。当飞机进入战斗状态时，为使飞机的攻击效果和隐蔽性更好，飞机的飞行高度尽量低、速度尽可能高，航空火箭发动机应能适应这种短时间内环境温度、湿度等条件的激烈变化，在巡航和战斗时都能保证火箭发动机可靠的工作。

火箭发动机喷出的燃气，可能被飞机发动机吸入，严重时能引起飞机发动机喘振或熄火，特别对较大口径的火箭或连续发射多发火箭时更易发生。火箭发动机工作中排出的高温燃气、火焰强光也可能对飞行员操纵造成影响，对飞机起落架舱内的电器、机身蒙皮造成损伤，为防止出现这些影响，除了合理确定火箭发射器的悬挂位置以外，消除或减少火箭发动机排出烟雾和火焰强光的影响也十分重要。

与战术火箭一样，除需满足工作温度、环境温度等要求外，对于航空火箭在运输、储存和载机带飞等使用条件，需满足更高的使用环境条件要求。为保证载机的使用安全，发动机所采用的推进剂装药要特别注重钝感推进剂。近年来，高能钝感推进剂的出现使装药在遭到枪击的情况下，装药也不会发生爆燃等形式的破坏，这为航空火箭等武器的使用，提供了有效的安全保障。

4.2 发动机主要特点

4.2.1 发动机质量轻

对机载火箭武器要求质量轻、载弹量大，这就要求发动机的消极质量要小。所以，采用内孔燃烧装药、轻金属材料壳体、轻质高强纤维缠绕复合材料壳体的发动机较为普遍，这样可以减轻火箭的质量，增加射程；或在射程不变的条件下，增加战斗部装药的质量，从而增强战斗部的毁伤效果。

4.2.2 普遍采用飞行动力型装药

如前所述，机载发射火箭时，只需要足够的初始推力和推力冲量，多采用内孔燃烧药形的装药或具有较大燃层厚度的装药，以达到在有限的燃烧室空间内多装药。这种飞行动力型装药设计，使得航空火箭发动机的质量比和冲量质量比都很高。

4.2.3　发动机的结构简单

战术火箭发动机需要发动机提供的动力推进功能较多，有的采用两个或三个发动机分立组合的结构形式，有的需要专门设计助推或助旋动力装置，以保证战术火箭具有较大的发射初速或提供保证火箭稳定飞行的转速。而航空火箭就很少采用独立助推和旋转发动机，这使得航空火箭发动机的结构简单紧凑。

4.3　国内外航空火箭发动机

4.3.1　ARF/8M2 航空火箭发动机

该航空火箭是意大利研制生产的尾翼稳定式火箭弹，可配用两种战斗部，弹径为 51.8 mm，装备在歼击机上，用于攻击敌方坦克群、装甲车队、防御工事等目标，是空空和空地两用火箭弹。

1. 结构组成

发动机组成较简单，主要由发动机空体、带导流管的长尾喷管组件、缓冲补偿件及点火具等零部件组成。ARF/8M2 航空火箭发动机如图 4－1 所示，其工程图如图 4－2 所示。

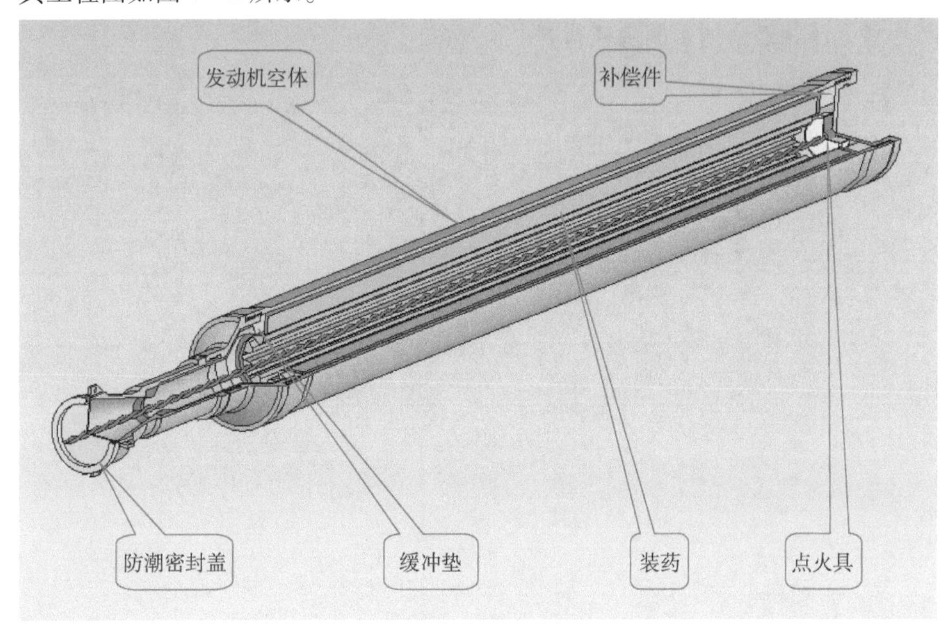

图 4－1　ARF/8M2 航空火箭发动机

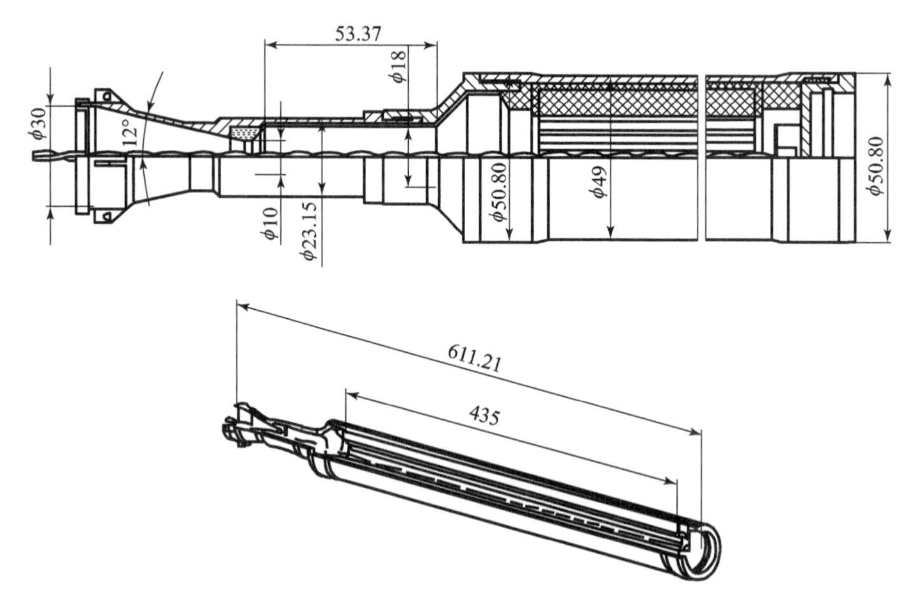

图 4-2 ARF/8M2 航空火箭发动机的工程图

1）发动机空体

发动机空体由前端大开口的燃烧室壳体和前、后端盖组成，如图 4-3 所示。前、后端盖与燃烧室壳体采用螺纹连接，前端盖与战斗部相连，后端盖与导管壳体相连，均采用金属材料经机械加工制成。

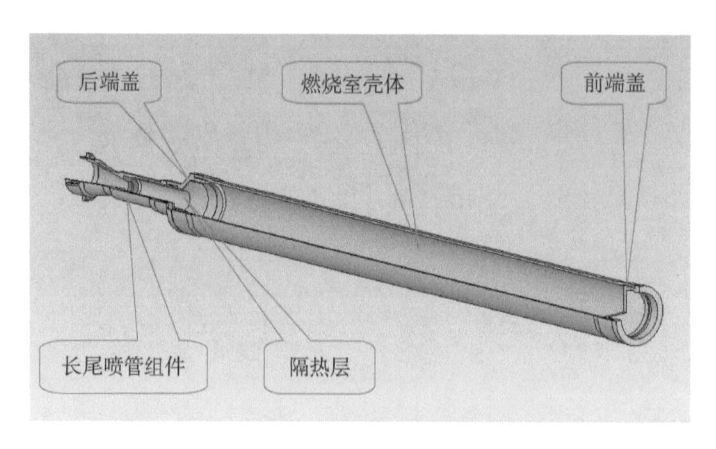

图 4-3 发动机空体

2）发动机前部结构

发动机燃烧室的前部装有装药、补偿垫和点火具，如图 4-4 所示。

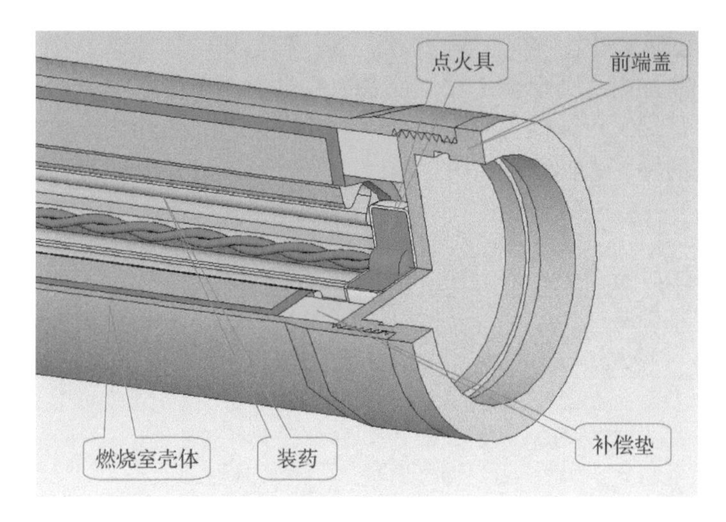

图 4－4　发动机前部结构

3）发动机后部结构

发动机后部通过燃烧室壳体与后端盖连接，用缓冲垫对装药轴向定位。装药前后端的补偿垫和缓冲垫均采用弹性材料制成，燃烧室内表面涂有约 0.5 mm 隔热涂层。后端盖与喷管壳体构成长尾喷管结构。发动机后部结构如图 4－5 所示。

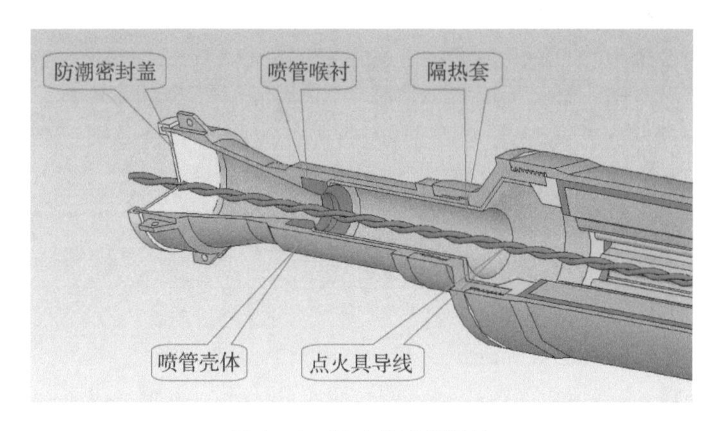

图 4－5　发动机后部结构

4）点火具

点火具置于装药前端，为盒式点火具。电起爆器的点火导线由喷管引出。

5）长尾喷管组件

该组件由喷管壳体、喷管喉衬和防潮密封盖组成。喷管壳体、喷管喉衬和后端盖装配后，在金属件的内表面上装有隔热套。防潮密封盖压在喷管出口端。

6）装药

装药为星形内孔药形。药柱侧面及前后端面用包覆层阻燃。装药前端装有补偿垫，后端采用弹性材料制作的缓冲垫。由补偿垫和缓冲垫对装药进行轴向固定与缓冲。装药结构如图 4-6 所示。

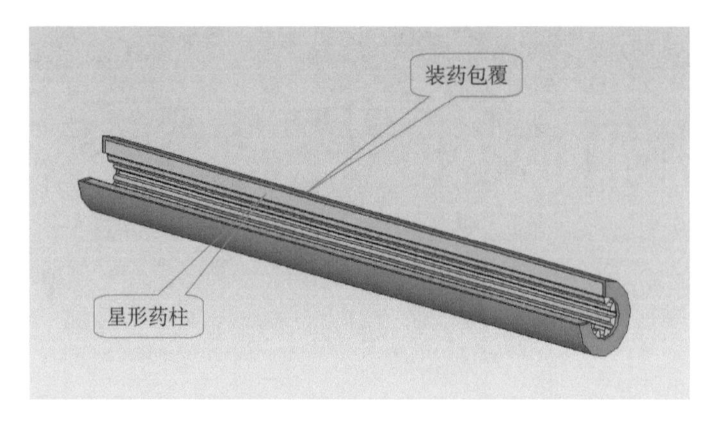

图 4-6 装药结构

7）结构及质量参数

发动机壳体外径：49 mm；

发动机壳体内径：45 mm；

喷管喉径：10 mm；

喷管出口直径：30 mm；

扩张半角：12°；

导管长度：54 mm；

导管壳体外径：21 mm；

导管壳体内径：18 mm；

导管隔热层厚度：1 mm；

装药外径：43 mm；

装药长度：435 mm；

包覆厚度：2 mm；

装药质量：0.88 kg。

2. 弹道参数

1）性能参数

发动机主要性能参数如表 4-1 所示。

表 4 - 1　发动机主要性能参数　　温度：+20 ℃

性能参数	参数值
平均推力/kN	2.06
最大压强/MPa	11.77
平均压强/MPa	8.0
燃烧时间/s	1.1
推力冲量/(kN·s)	2.15

2）弹道曲线

ARF/8M2 火箭发动机推力及压强曲线分别如图 4 - 7 和图 4 - 8 所示。

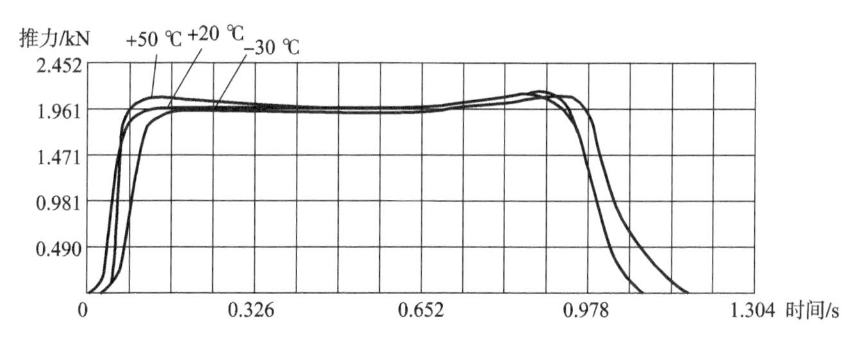

图 4 - 7　ARF/8M2 火箭发动机推力曲线

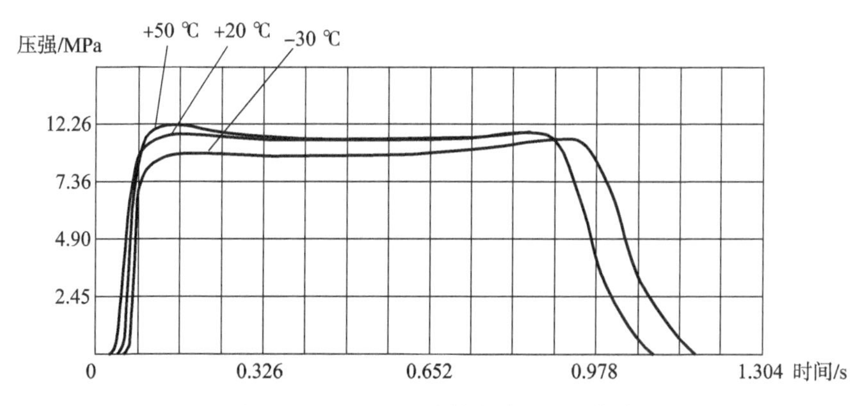

图 4 - 8　ARF/8M2 火箭发动机压强曲线

3. 性能特点

（1）发动机结构简单、质量轻。同种型号发动机可配两种战斗部。

（2）采用八个星角的内孔燃烧药形的装药，燃烧平稳，内弹道参数散布小。发动机点火延迟时间短。在飞机连续发射火箭弹时，能在很短时间内发射完毕，有利于提高火箭纵向密集度，也利于飞机快速离开作战空域。

（3）所选推进剂压强指数和压强温度系数都较小，性能参数一致性和散布都较小。发动机性能实测结果如表4－2所示。

表4－2　发动机性能实测结果

性能参数	不同温度下的实测结果		
	+20℃	-30℃	+50℃
延迟时间/s	0.02	0.03	0.02
燃烧时间/s	1.0	1.04	1.0
工作时间/s	1.14	1.16	1.13
最大压强/MPa	9.71	9.32	9.91
平均推力/kN	8.0	7.65	8.24
推力冲量/(kN·s)	2.14	2.11	2.15

4. 工程应用

ARF/8M2航空火箭弹主要用于空对地作战用途，装备在歼击机上，用于攻击敌方坦克群、装甲车队、防御工事等目标，也可用于空中作战。火箭弹的主要参数如下：

弹径：50.8 mm。

弹长：

爆破战斗部：927 mm；

破甲战斗部：1 002 mm。

发射质量：23 kg；

爆破弹：3.58 kg；

破甲弹：3.8 kg；

重型爆破弹：4.6 kg。

最大速度（爆破弹）：670 m/s。

机载火箭发射性能参数：

装有ARF/8M2航空火箭弹的飞机在进行空对地发射时，飞行速度为50 m/s，俯冲角为20°，发射高度为1 200 m，其对地发射的实测弹道性能参数如表4－3所示。

表 4-3　ARF/8M2 航空火箭弹对地发射的实测弹道性能参数

弹道参数	轻型爆破弹	重型爆破弹
最大速度/($m \cdot s^{-1}$)	724	563
到炸点飞行时间/s	6.5	7.1
到炸点飞行速度/($m \cdot s^{-1}$)	312	315
到炸点飞行距离/m	2 674	2 537
弹在炸点的着角	28°32′	30°10′
斜距/m	2 931	2 806

4.3.2　CRV7 航空火箭发动机

CRV7 航空火箭发动机由加拿大尼薄市布里斯托尔有限公司（Bristol Aerospace Limited, Winpiped, Canada）生产，共有两种型号：C14 和 C15，这两种型号发动机除推进剂牌号不同、推进剂组分略有不同以外，其结构相同。

1. 结构组成

发动机组成比较简单，主要由发动机空体、喷管组件、缓冲补偿件及点火具等零部件组成。CRV7 航空火箭发动机如图 4-9 所示，其工程图如图 4-10 所示。

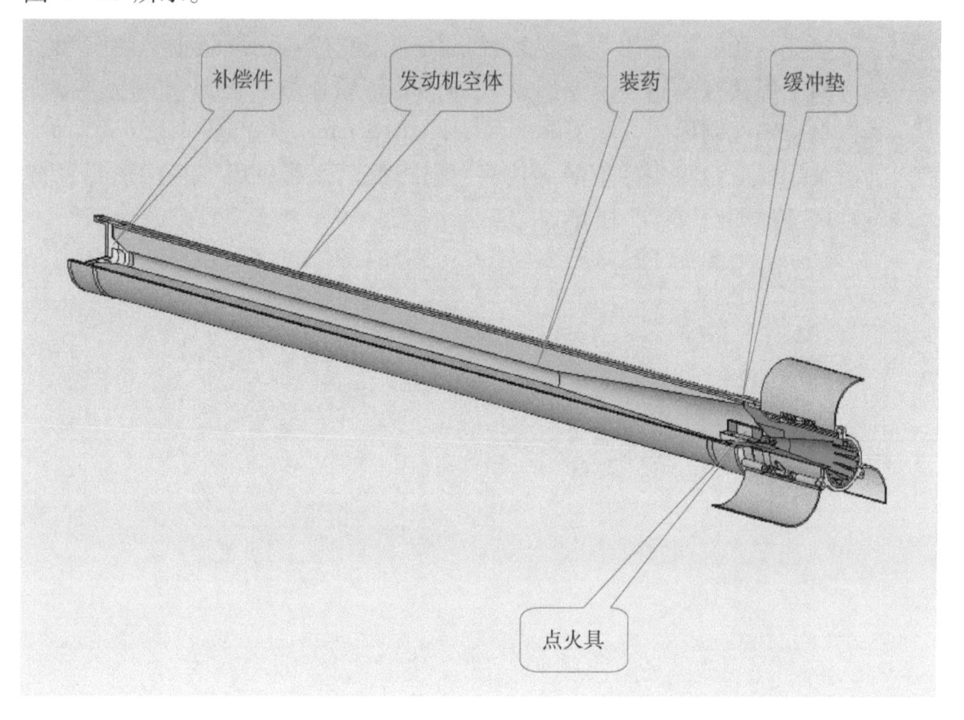

图 4-9　CRV7 航空火箭发动机

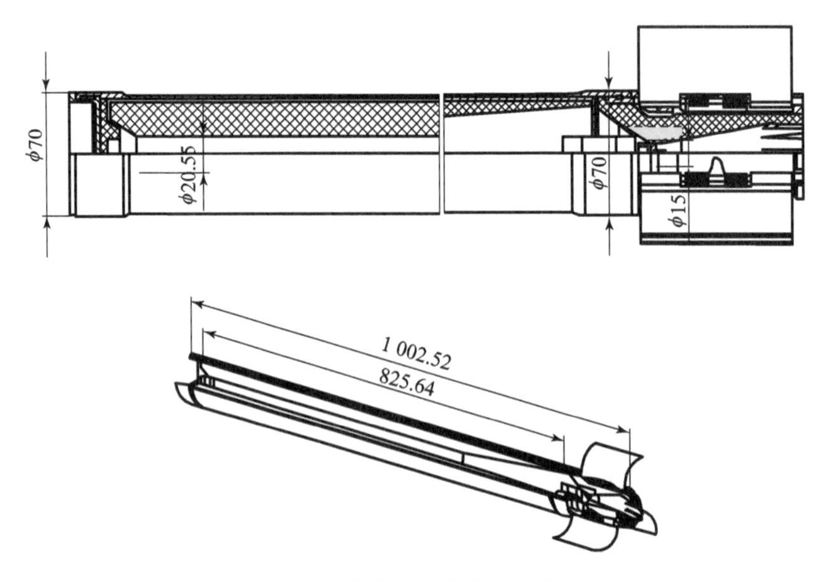

图 4-10 CRV7 航空火箭发动机的工程图

1）发动机空体

发动机空体由前封头、燃烧室壳体和喷管组件组成。前封头与战斗部相连，该件与燃烧室壳体采用螺纹连接，燃烧室壳体与喷管组件采用卡环相连。前封头和燃烧室壳体均采用金属材料经机械加工制成。在燃烧室的内壁和前封头的端面上都涂有隔热层。涂层用 70% 的石棉粉作填料，30% 的端羟基聚丁二烯作黏合剂配制而成，涂层厚度为 0.3 ~ 0.5 mm。火箭弹采用管式发射，稳定弹翼采用弧形可收拢的安装结构，发射出筒后由弹簧将三片弧形弹翼打开。发动机空体如图 4-11 所示。

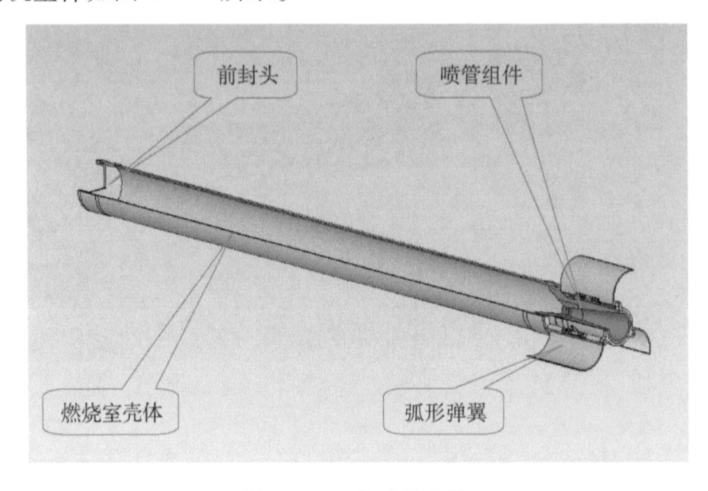

图 4-11 发动机空体

2）装药

装药为内孔燃烧药形，前端为圆孔，后端为锥孔。推进剂采用能量较高的端羟基聚丁二烯（HTPB）复合推进剂，氧化剂为过氯酸铵，含量：88%。金属添加剂为铝粉和铁的氧化物。为减小排出烟雾和金属氧化物颗粒对发射的影响，在 C15 型发动机装药的推进剂组分中去除了铝粉，包覆剂中添加碳材料有效降低了喷出火焰的发光强度。

装药采用贴壁浇铸工艺成形，成形前先在涂有隔热层的燃烧室壳体内制作装药包覆。包覆材料采用碳粉为填料，端羟基聚丁二烯为黏合剂。为防止推进剂药柱固化后的收缩和温差变形使药柱被撕裂，造成装药工作不可靠，采取在壳体隔热层和包覆层间加铝箔进行“人工脱粘”，以消除温差应力所引起的破坏。铝箔的厚度为两种：从燃烧室内喷管端向前 228 ~ 300 mm，铝箔厚度为 1.26 mm，其余为 0.6 ~ 0.8 mm。装药前端装有补偿垫，后端采用弹性材料制作的缓冲垫，由补偿垫和缓冲垫对装药进行轴向固定与缓冲。装药药形如图 4 – 12 所示。

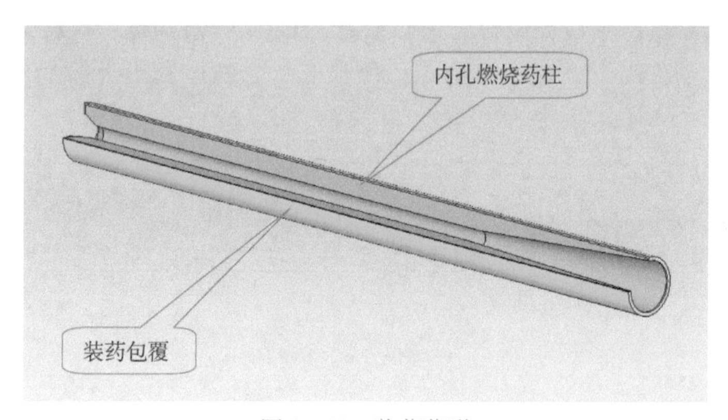

图 4 – 12　装药药形

3）点火具

点火具置于装药后端，在轻质易碎材料制成的壳体内装有电起爆器、速燃药块和点火药。电起爆器的点火导线通过接插件引出。点火时，在一定点火压强下，打开粘在喷管收敛段上点火具外缘的锥形卡板，喷出的点火具碎块很轻不会引起飞机蒙皮等构件受损。点火具如图 4 – 13 所示。

4）喷管组件

喷管组件由喷管体、喉衬、喷管壳体、安装在喷管壳体外面的弧形弹翼、销轴和弹簧等零部件组成。喷管体由抗烧蚀、耐冲刷的复合材料压制而成。喉衬用高强度石墨制成。喷管壳体由铝合金材料加工而成，前后两件通过螺纹连接将喷管体、喉衬和弹翼等零件装成组件。喷管组件的结构质量较轻。

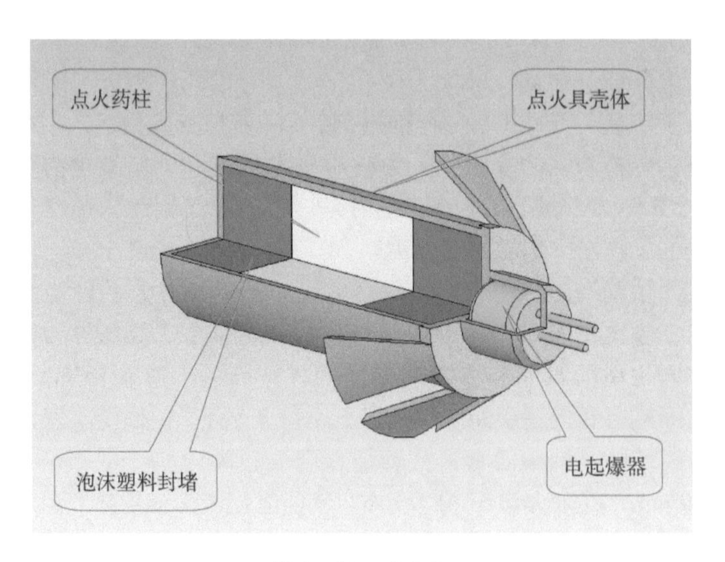

图 4 - 13 点火具

在喷管扩张段出口处设置有沿喷管轴向偏斜 8°角的燃气导流片，喷出燃气在导流片的作用下产生旋转力矩，使弹低速旋转以减小火箭的散布。喷管组件如图 4 - 14 所示。

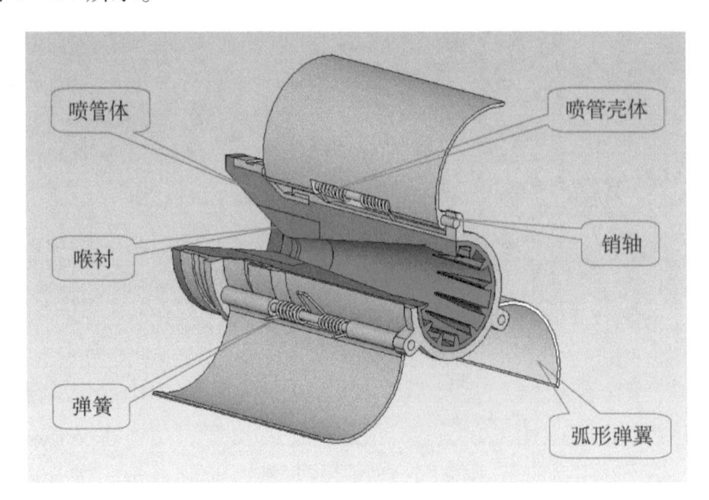

图 4 - 14 喷管组件

5）结构及质量参数

发动机定心部直径：70 mm；

发动机总长：1 002 ~ 1 005 mm；

发动机壳体外径：68 mm；

发动机壳体内径：64 mm；

喷管喉径：13. 82 mm；
喷管出口直径：41 mm；
扩张半角：9°；
装药外径：64 mm；
装药长度：844 mm；
包覆厚度：2 mm；
药柱内径：20. 56 mm；
内锥面半角：4°；
锥面长度：253. 5 mm；
装药质量：3. 25 kg；
平均燃烧面积：945. 5 cm^2；
内通气参量：117。

2. 弹道参数

1）性能参数

推进剂比冲：2 400 N · s/kg；
燃速：6 mm/s；
密度：1. 7 g/cm^3。
推进剂燃速公式：$u = u_1 \times p^n = 2.64 \times p^{0.35}$。

由此计算的发动机主要弹道性能如表 4 – 4 所示。

表 4 – 4　计算的发动机主要弹道性能参数　　温度：+20 ℃

性能参数	参数值
平均推力/kN	3. 86
最大压强/MPa	11. 97
平均压强/MPa	10. 20
燃烧时间/s	3. 1
推力冲量/(kN · s)	7. 5

2）弹道曲线

按装药分层燃烧的三维图计算药柱燃烧面积随燃层厚度变化。分层燃烧装药如图 4 – 15 所示。药柱燃烧面积随燃层厚度变化曲线如图 4 – 16 所示。发动机推力及压强曲线如图 4 – 17 所示。

3. 性能特点

(1) 发动机选用复合推进剂，为消除喷出火焰闪光对飞行员的影响改进了推进剂的成分，在装药包覆中加入碳性物质填料起到了很好的效果。

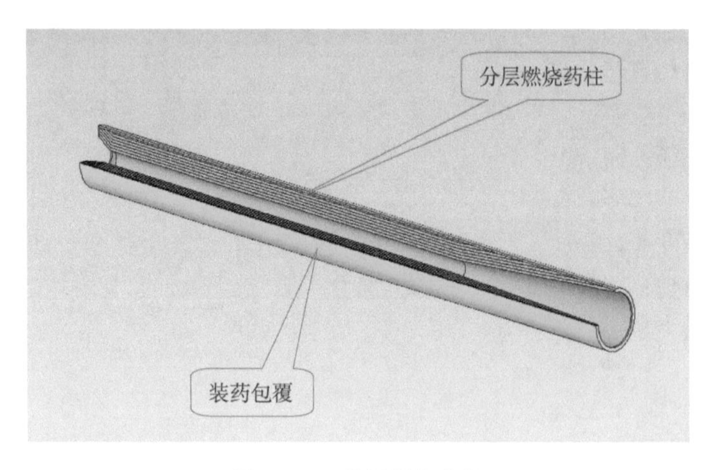

图 4-15 分层燃烧装药

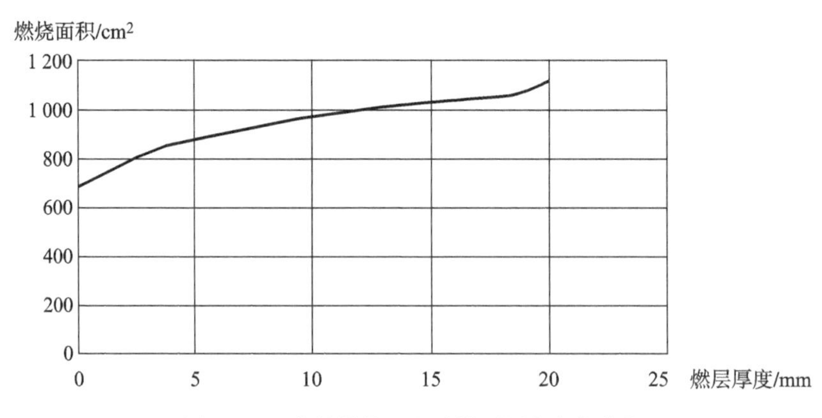

图 4-16 药柱燃烧面积随燃层厚度变化曲线

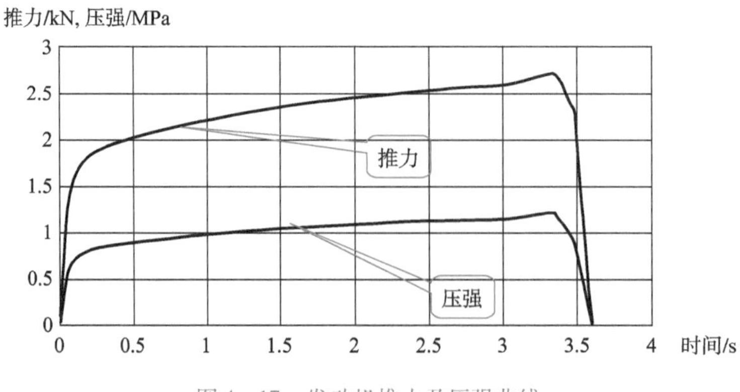

图 4-17 发动机推力及压强曲线

（2）该发动机采用在喷管收敛段安置点火具，点火具壳体采用易碎材料，即保证良好的点火可靠性，其喷出物质量轻保证发射火箭时飞机的安全。

（3）壳体隔热材料和包覆剂材料具有良好的相容性；在壳体隔热层和包覆层之间采用“人工脱粘”技术措施，保证了贴壁浇铸成形装药工作的可靠性。

4. 工程应用

CRV7 航空火箭发动机的 C14 和 C15 型分别配用 C2 和 C3 型战斗部，该火箭的结构兼容性很好。发动机采用复合推进剂，推进效能高，综合性能好，成本较低，是加拿大使用量较大的航空火箭之一。

4.3.3 “巨鼠”系列航空火箭发动机

“巨鼠”系列航空火箭是美国最早装备的航空火箭系列。早在 20 世纪 40 年代末开始在空军使用“巨属”原型航空火箭；20 世纪 60 年代，对“巨属”原型航空火箭进行了改进；20 世纪 70 年代，又做了两次重大改进，形成“巨鼠”系列航空火箭。各次改进内容，除了增加配备的战斗部、改进尾翼稳定装置以外，对火箭发动机的结构、装药药形及所用推进剂牌号等，都做了较大改进。

1. “巨鼠”原型航空火箭发动机

1）结构组成

原型发动机组成较简单，主要由发动机空体、装药、缓冲补偿件及点火具等零部件组成。发动机初期型号包括 MK1MOD1 ~ MK4MOD1。“巨鼠”原型发动机如图 4 – 18 所示，其工程图如图 4 – 19 所示。

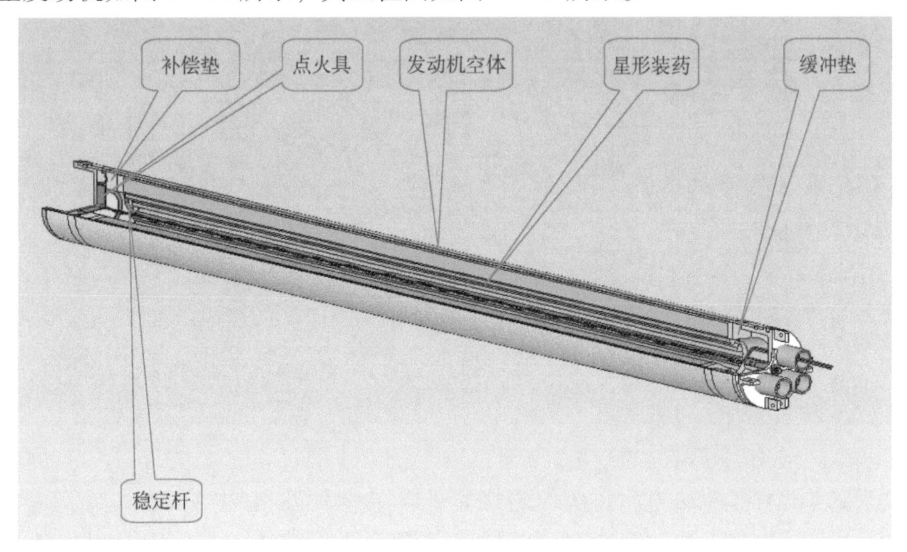

图 4 – 18　“巨鼠”原型航空火箭发动机

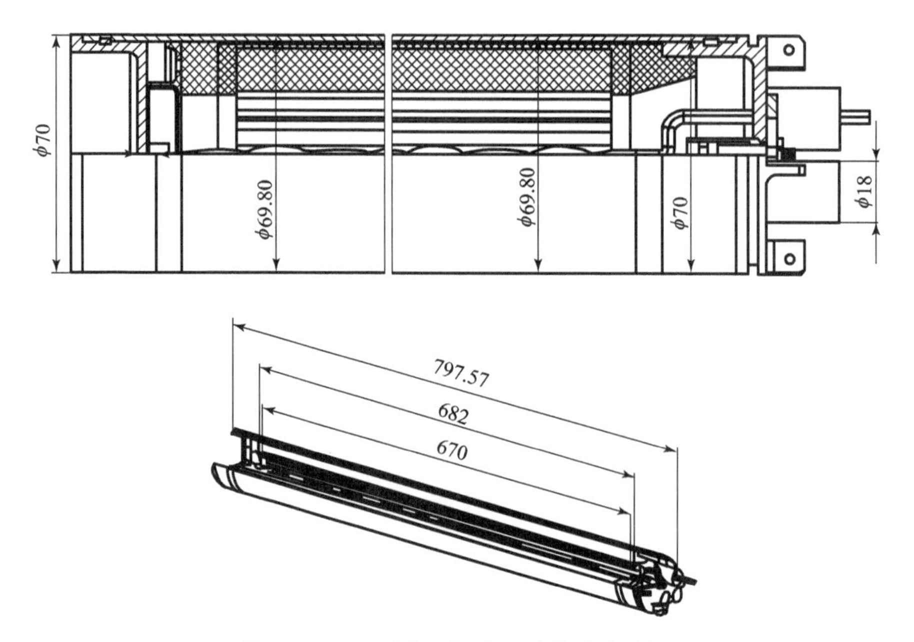

图 4-19 “巨鼠”原型航空火箭的发动机

（1）发动机空体。

发动机空体由前封头、燃烧室壳体和喷管座组件组成。前封头前端与战斗部相连。前封头后端与燃烧室壳体连接，燃烧室壳体与前封头和喷管座组件的连接都采用卡环相连。前封头和燃烧室壳体均采用高强度铝合金经机械加工制成。发动机空体如图 4-20 所示。

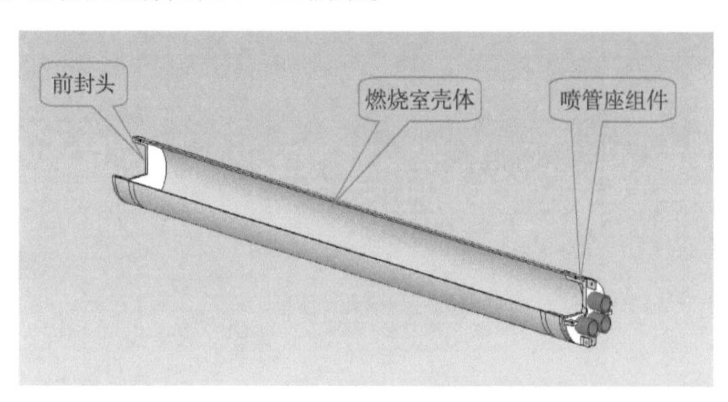

图 4-20 发动机空体

（2）发动机前部结构。

发动机前部结构为前封头与燃烧室壳体的卡环连接结构、点火具及带稳定杆的点火药盒支架、装药前端补偿垫及装药等零部件的结构以及点火具的安装结构等。发动机前部结构如图 4-21 所示。

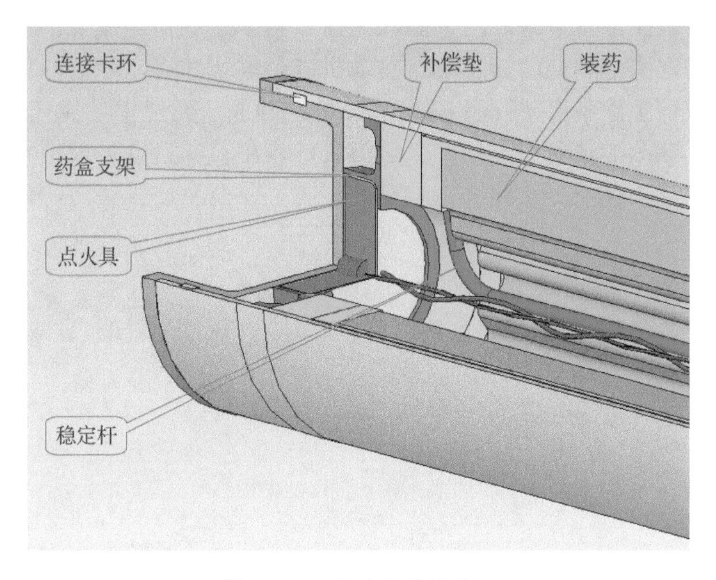

图 4－21　发动机前部结构

(3) 发动机后部结构。

发动机后部结构为装药后端及其缓冲垫安装、喷管座组件与燃烧室壳体的卡环连接结构、由燃气推动弹翼张开的动作器以及点火导线引出喷管的结构等。发动机后部结构如图 4－22 所示。

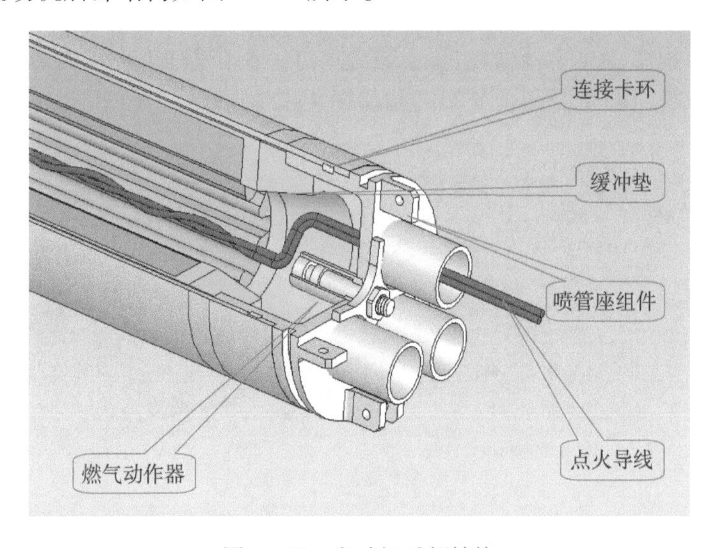

图 4－22　发动机后部结构

(4) 装药。

原型发动机装药采用八角星形药形，普通螺压双基推进剂成形工艺。药柱两端和外侧面进行包覆。由于装药工作曾出现过不稳定燃烧的现象，采用加稳定杆稳定装药燃烧的措施后，发动机装药燃烧才得以稳定。稳定杆是在金属杆外表面上涂有 2 ~ 3mm 厚的惰性材料制成，燃烧中生成气体和颗粒，随燃烧产物流动中起到了抑制不稳定燃烧的作用。在后继型号中更换了所用推进剂，也就不再采用这种加稳定杆的方式。原型发动机装药的药形及结构如图 4 – 23 所示。

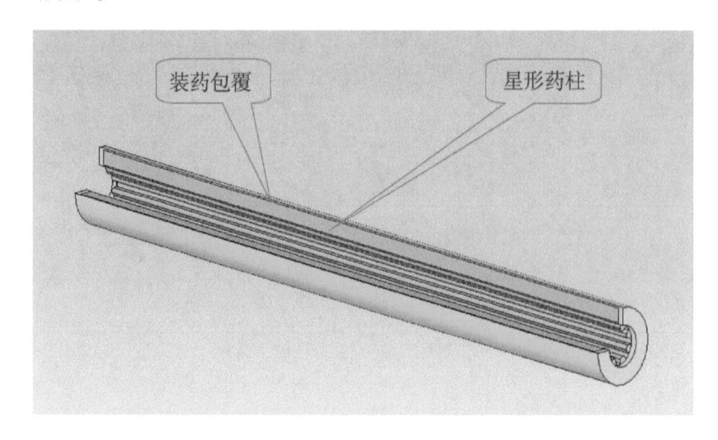

图 4 – 23　原型发动机装药的药形及结构

（5）点火具及装药。

点火具置于装药前端，由可燃材料压制的点火药盒、药盒内装的点火药和电起爆器组成。点火药盒由药盒支架固定，在药盒支架上装有抑制不稳定燃烧的稳定杆。药盒及药盒支架结构如图 4 – 24 所示。

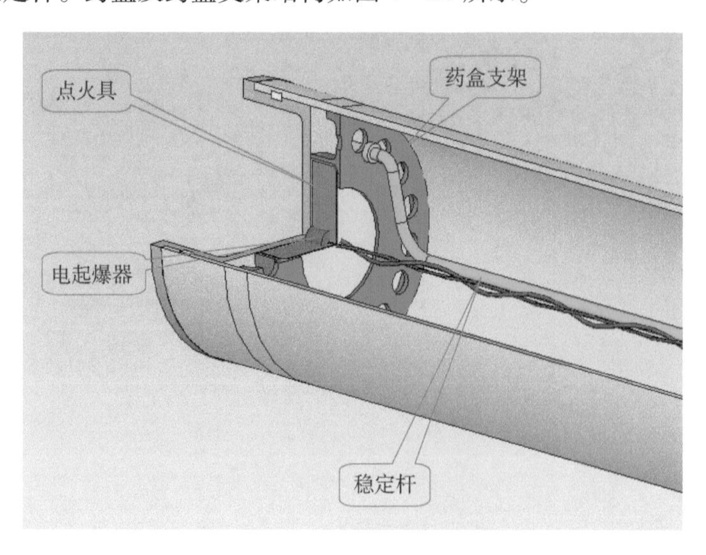

图 4 – 24　药盒及药盒支架结构

（6）喷管座组件。

喷管座组件由后盖、4 个喷管和燃气推动弹翼张开的动作器组成。后盖端面上开有 4 个直径为 20mm 的轴向通孔，四孔均布，喷管被压在孔中。喷管用低碳钢制成，收敛段形面为弧形，扩张段形面为锥形。在后端面外缘设置安装弹翼的弹翼支耳用来安装弹翼。动作器由活塞轴、活塞套、十字架、固定螺帽组成，这套组件装在后盖的中心位置。其作用是火箭发射出筒后，在燃烧室燃气压强的作用下，活塞轴向后移动，将十字架推离一定距离，受力后的十字架作用在四片弹翼翼根的斜面上，在后移的过程中展开弹翼，弹翼在飞行阻力作用下，被压在十字架上，四片弹翼按照预定的后掠角使弹稳定飞行。喷管座组件结构如图 4－25 所示。

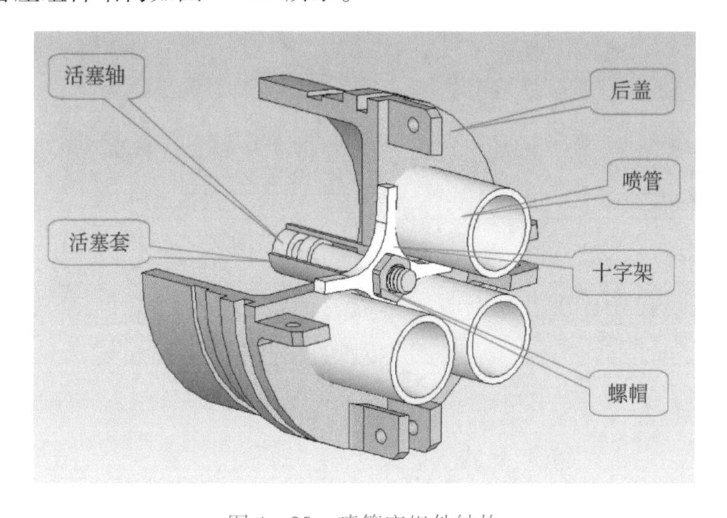

图 4－25　喷管座组件结构

（7）结构及质量参数。

发动机定心部直径：70 mm；

发动机总长：797 mm；

发动机壳体外径：69.8 mm；

发动机壳体内径：66 mm；

喷管喉径：9.5 mm；

喷管出口直径：15.2 mm；

扩张半角：8°；

喷管数：4；

装药外径：65 mm；

装药长度：682 mm；

包覆厚度：1.5 mm；

药柱外径：62 mm；

装药质量：2.47 kg；

平均燃烧面积：1 031.6 cm^2；

通气面积：25.9 cm^2；

发动机质量：4.83 kg；

工作温度范围：-54～+70 ℃。

2）弹道参数

（1）性能参数。

发动机主要性能参数如表4-5所示。

表4-5　发动机主要性能参数　　温度：+20 ℃

性能参数	参数值
最大推力/kN	4.1
最大压强/MPa	12.26
平均压强/MPa	10.6
燃烧时间/s	1.25～2.31
推力冲量/(kN·s)	4.88～5.09
发动机比冲/(N·s·kg^{-1})	2 050

（2）弹道曲线。

发动机推力（+20 ℃）曲线如图4-26所示。

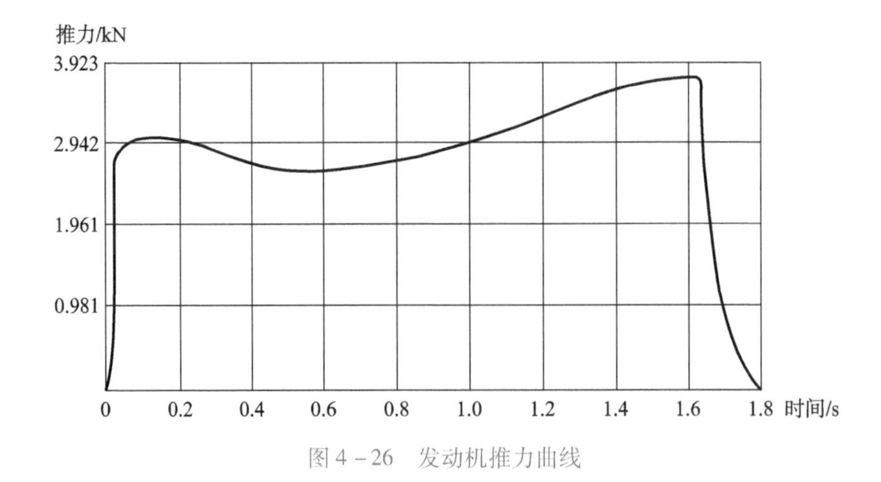

图4-26　发动机推力曲线

3）性能特点

（1）发动机采用四喷管结构缩短了发动机长度。在喷管座后盖的端面上设置弹翼支耳，在两喷管之间安装弹翼，发动机结构较紧凑。

（2）发动机壳体采用高强度铝合金材料，发动机质量较轻。装药采用星形内孔燃烧药柱，对燃烧室壳体有较好的隔热作用，减少了对铝壳体的热影响，热损失小，发动机的燃烧效率较高。

（3）为装药燃烧设置稳定杆结构，使发动机内部结构变得复杂；采用燃气动作器装置驱动弹翼张开的装置与利用弹簧弹力打开弹翼的机构相比，结构也较复杂。

4）工程应用。

"巨鼠"原型航空火箭发动机曾在初期大量装备使用，从 20 世纪 80 年代开始，做了多次改型，除了在发动机的结构进行改进以外，还将双基推进剂改为能量更高的推进剂。如 M40 型将喷管出口改为斜切出口，利用喷管射流方向的偏斜产生旋转力矩，使弹低速旋转；MK66 型将四喷管改为单喷管，四片刀式弹翼片用弧形弹翼代替等。

2. "巨鼠"系列 MK40 型航空火箭发动机

在 20 世纪 70 年代，对原型发动机做了改进，改进后的发动机型号为 MK40 ~ MK43 型。原型号发动机的火箭弹称为微旋折叠尾翼航空火箭（LSFFAR），火箭弹飞行所产生低速旋转力矩靠四片尾翼横截面的不对称性在飞行中的尾翼两侧产生不对称气动力，使弹低速旋转。MK40 ~ MK43 型的发动机，对喷管结构做了改进，将原型发动机的喷管改成扩张段出口为斜切的形式。MK40 型发动机斜切喷管结构如图 4 − 27 所示。

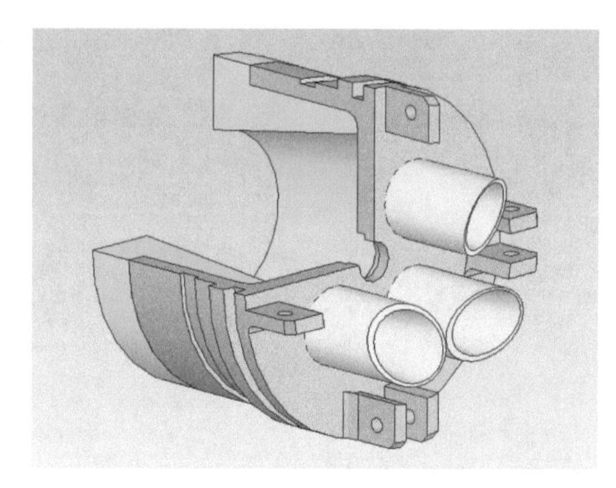

图 4 − 27　MK40 型发动机斜切喷管结构

由于喷管扩张段斜切，流经喷管出口的气流为欠膨胀状态，斜切出口使喷出的气流沿斜切偏转，推力方向也随之发生偏转。由于每个喷管的安装都使排出燃气流偏斜方向一致，并使喷管斜切角最大的纵剖面与各喷管所在的中心圆相切，每个喷管产生的推力方向都一致，这种偏斜推力在切向方向产生推力分量，而四个喷管的轴向与发动机轴向之间存在空间距离，由此为火箭弹飞行提供旋转力矩使弹低速旋转。这种设计结构简单，能减少发动机推力偏心、气动力偏心等对火箭弹密集度的影响。

3. “巨鼠”系列 MK66 型航空火箭发动机

在 20 世纪 80 年代，美国对 70 mm “巨鼠”航空火箭又做了较大改进，改进后的发动机型号为 MK66 型，装药推进剂选用了高能量的推进剂；将原四片刀式翼片的稳定装置改为三片弧形稳定装置；在燃烧室后端增加燃气导流段；采用喷管轴与发动机轴平行的四喷管。改进后的 MK66 型发动机，装药质量和总推力冲量都有较大增加。火箭弹的地面飞行最大速度由原型火箭的 600 m/s 增加到 800 m/s。地面最大射程也有较大增加。改进后发动机的喷管组件结构如图 4 - 28 所示，MK66 型航空火箭发动机如图 4 - 29 所示，其发动机工程图如图 4 - 30 所示。

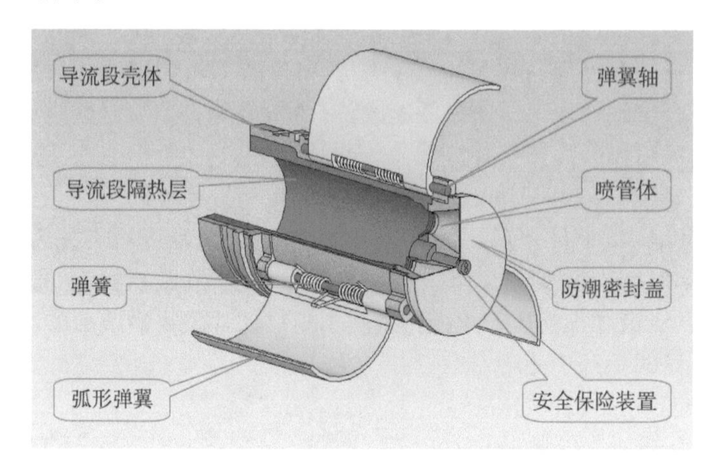

图 4 - 28 改进后发动机的喷管组件结构

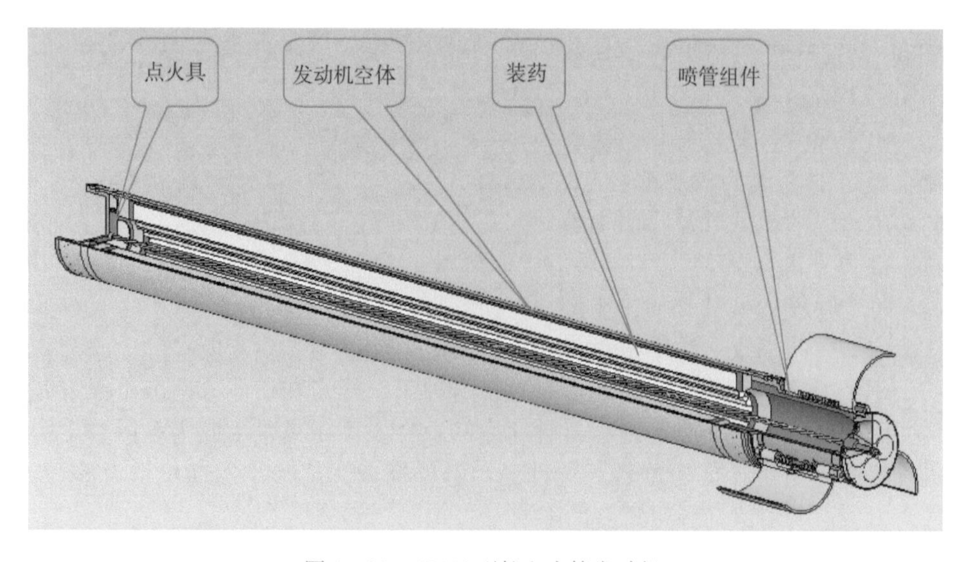

图 4 - 29 MK66 型航空火箭发动机

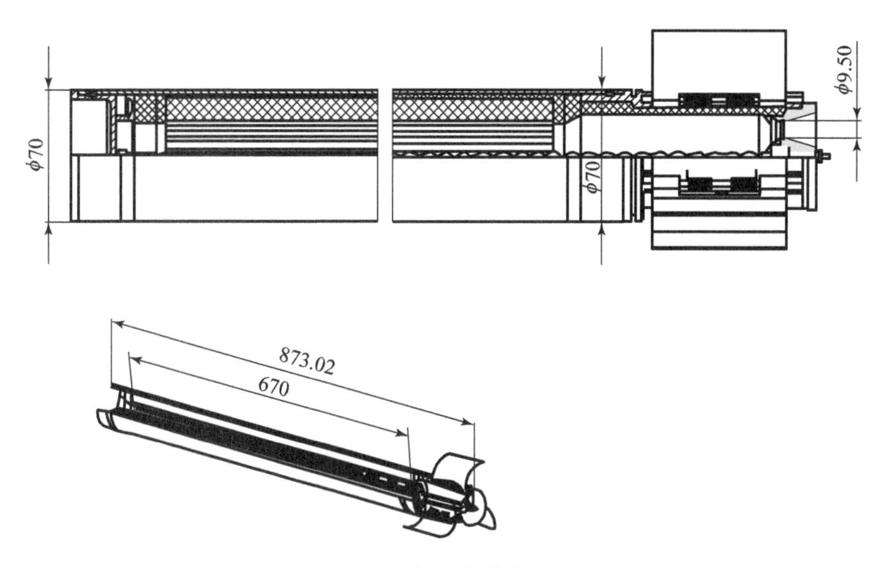

图4-30　MK66型航空火箭发动机的工程图

4. 改进后航空火箭的主要性能

由MK43型发动机组装的航空火箭弹的主要弹道性能参数如下：

弹径：70 mm；

弹长：1 220 mm；

全弹质量：8.39 kg；

火箭部（发动机和稳定装置）总长：999.7 mm；

火箭部质量：5.17 kg；

地面最大射程：6 400 m；

地面最大速度：748 m/s。

4.3.4 “阻尼人”航空火箭发动机

“阻尼人”航空火箭是美国研制生产的较大口径空地和空空两用火箭弹。该武器系统装备部队后对发动机进行过多次改进，由原MK-16Ⅰ型到Ⅲ型，对装药药形、发动机结构和所用推进剂都做了较大改变。

1. 结构组成

发动机由发动机空体、装药、缓冲弹簧、减振棒、点火具及导电环等零部件组成。“阻尼人”航空火箭发动机如图4-31所示，其工程图如图4-32所示。

1）发动机空体

发动机空体由燃烧室壳体、导电环和喷管座组件组成。燃烧室前端与战斗部连接。燃烧室壳体采用高强度铝合金冲压而成，燃烧室前端为平底半封

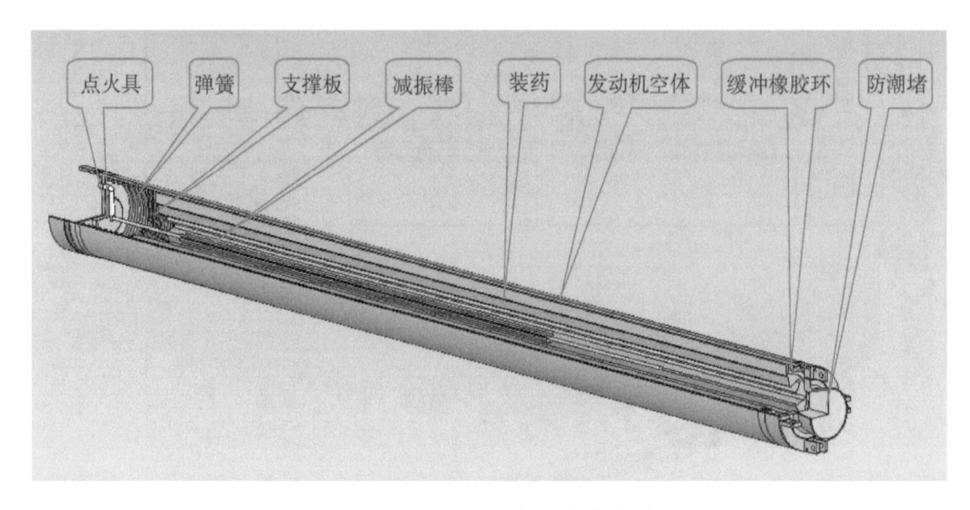

图 4－31 “阻尼人”航空火箭发动机

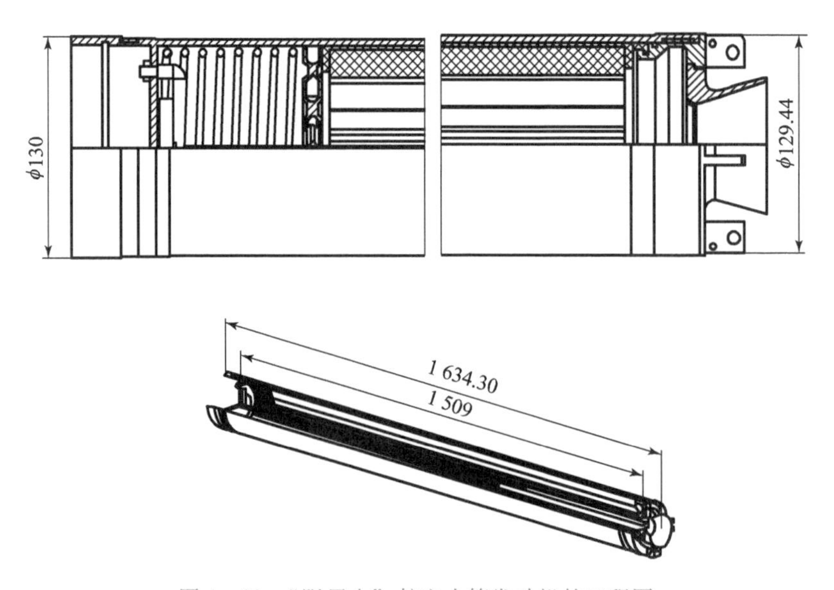

图 4－32 “阻尼人”航空火箭发动机的工程图

闭式，后端为大开口的结构，其外表面为锥形，前端壁厚小于后端壁厚。喷管座组件由后盖、喷管和防潮堵组成。后盖的后端面外缘部位设有安装四片弹翼片的弹翼支耳。喷管防潮密封盖采用易粉碎的泡沫塑料做成。发动机空体如图 4－33 所示。

2）装药

装药药柱采用双基螺压工艺成形推进剂，药形为八角星形。药柱端面和侧面进行包覆。端面包覆厚度为 7 mm，侧面为 1.5 mm。装药前端靠缓冲弹簧、支

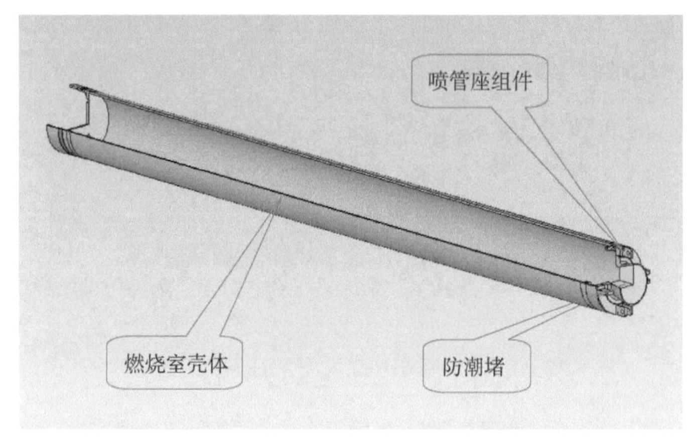

图 4－33　发动机空体

撑环，后端靠橡胶圈等零件支撑、缓冲和定位。装药组件如图 4－34 所示。

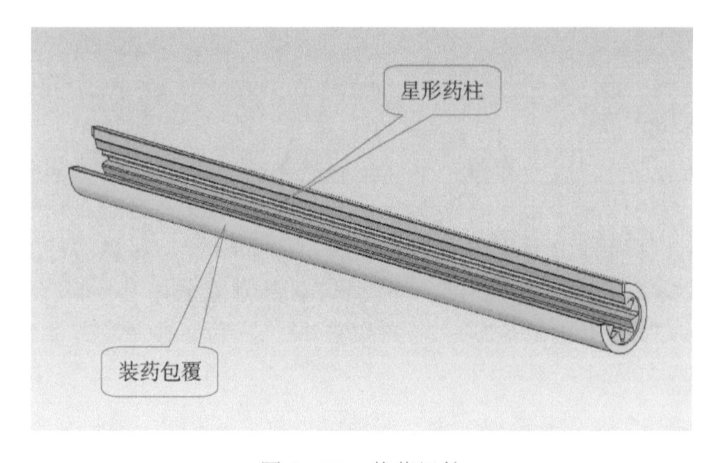

图 4－34　装药组件

3）发动机前部

发动机前部结构给出装药前端，起缓冲及补偿作用的弹簧、弹簧支撑板，以及减振棒组件等，给出导电环、点火具等零部件的位置和安装结构等。其中，弹簧支撑板由薄铝板冲制件重叠压制而成，其作用是对装药前端面进行保护，对弹簧进行支撑。将装药燃烧起稳定作用的减振棒组件装在燃烧室壳体前底上，外侧采用螺帽固定。点火具的药盒用 0.3 mm 后的薄铁板冲制而成，内装电起爆器和点火药。电起爆器的点火电流为 3.5 A，通电时间小于 10 ms。该电起爆器属于钝感型，在 1 A 电流供电能量为 1 W，供电持续时间为 5 min 以上，电起爆器不发火。选用这种钝感型保证了机载使用的安全。点火具的点火导线通过接插件在燃烧室前底外侧与导电环组件相连。导弹环采用铜带焊制，用绝缘橡胶环将其与燃烧室壳体绝缘。飞机上的点火电源通过点火机构的触头，压紧在导弹环上构成飞机发射火箭时点火回路的一极。发动机前部结构如图 4－35 所示。

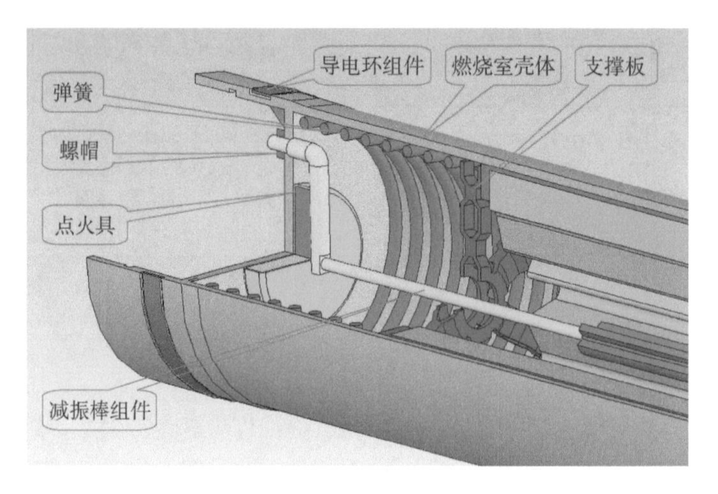

图 4－35　发动机前部结构

4）发动机后部

发动机后部结构给出装药、缓冲橡胶环与喷管座组件的装配结构。由于安装弹翼片的结构需要，喷管的扩张角较大，扩张段长度短。喷管与后盖采用螺纹连接并将喷管由后盖内向外拧紧，以保证喷管与后盖的连接强度，也有利于对燃烧室高压燃气的密封。喷管防潮密封盖采用易粉碎的泡沫塑料，主要是保证从喷管喷出的是质量轻的颗粒物，避免发射火箭时损伤飞机。发动机后部结构如图 4－36 所示。

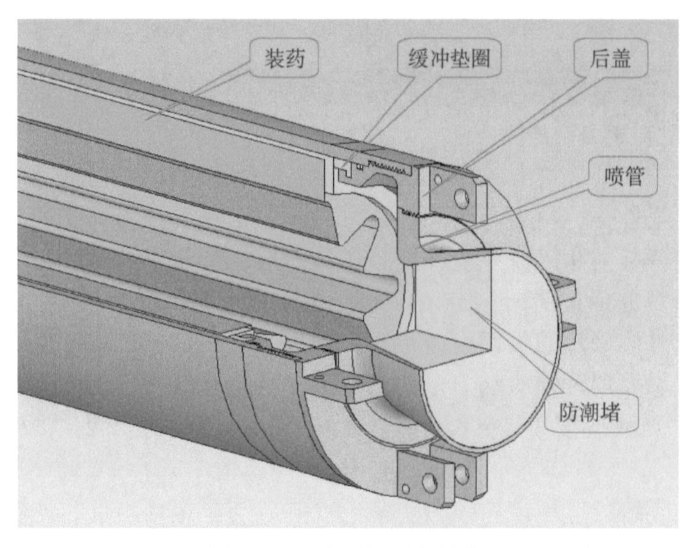

图 4－36　发动机后部结构

5）喷管座组件

喷管座组件如图 4－37 所示。

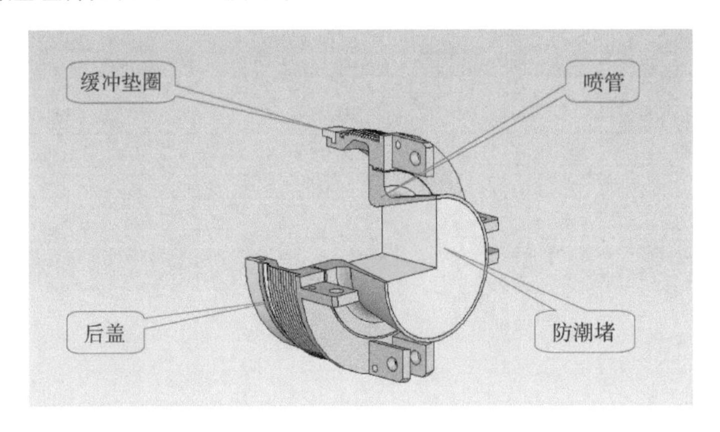

图 4－37　喷管座组件

6）结构及质量参数

MK16 Ⅰ型发动机结构和质量参数如下：

发动机定心部直径：130 mm；

发动机总长：1 622 mm；

发动机壳体外径：前端：127.5 mm，后端：129.5 mm；

发动机壳体内径：120 mm；

燃烧室壳体长度：1 572 mm；

喷管喉径：50 mm；

扩张半角：16°；

扩张比：1.53；

装药外径：118.5 mm；

装药长度：1 355 mm；

药柱外径：116.5 mm；

药柱长度：1 341 mm；

装药质量：15.0 kg；

初始燃烧面积：4 961 cm^2；

内通气参量：156.7；

装填系数：0.69；

发动机质量：27.55 kg。

2. 弹道参数

1）性能参数

MK16 Ⅰ型和 MK16 Ⅲ型发动机的主要性能参数如表 4－6 所示。

表 4-6 MK16Ⅰ型和 MK16Ⅲ型发动机的主要性能参数 温度：+20 ℃

性能参数	MK16Ⅰ型	MK16Ⅲ型
平均推力/kN	29.42	33.34
最大压强/MPa	12.97	13.2
平均压强/MPa	10.79	11.5
燃烧时间/s	0.95	0.94
工作时间/s	1.1	1.21
推力冲量/(kN·s)	28.44	34.2
发动机比冲/(N·s·kg^{-1})	1 950	2 067

2）弹道曲线

MK16Ⅰ型发动机的压强曲线如图 4-38 所示。MK16Ⅲ型发动机的推力曲线如图 4-39 所示。

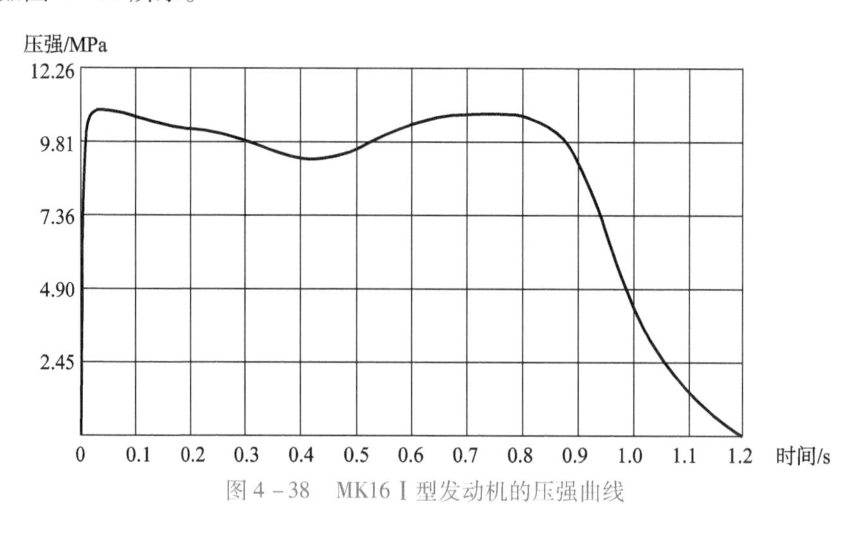

图 4-38 MK16Ⅰ型发动机的压强曲线

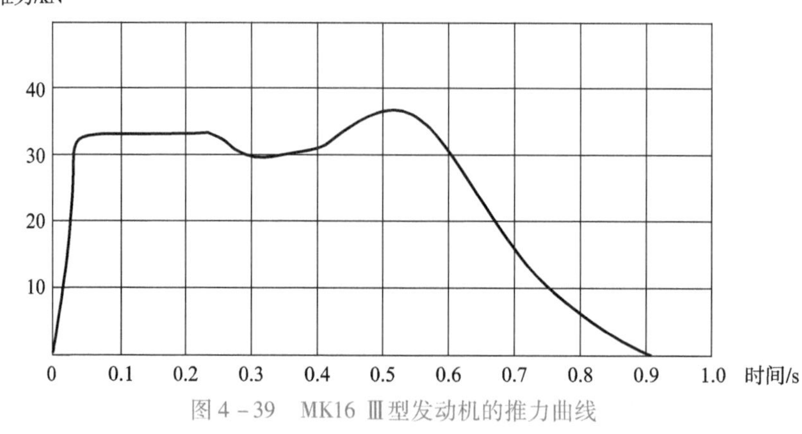

图 4-39 MK16 Ⅲ型发动机的推力曲线

3. 性能特点

（1）MK16Ⅲ型发动机采用了高能推进剂，改进了药形结构，去掉了 MK16 Ⅰ型发动机装在星形内孔减振棒装置，在装药质量和发动机总体结构不变的条件下，发动机的比冲得到提高，推力冲量明显增加。

（2）燃烧室壳体采用高强度铝合金材料，发动机装填系数较高，发动机的质量比达到 0. 54 ~0. 56，与同直径的飞行动力型发动机相比，其结构性能较高。经改进后的 MK16Ⅲ型发动机，其冲量质量比明显提高，其推进效能也达到了当时较高的水平。

（3）该武器系统的点火系列设计、点火参数及点火线路安排合理。采用钝感电起爆器点火装置保证了航空火箭的运输、机载带飞、发射等使用的安全。

4. 工程应用

"阻尼人"航空火箭虽经多次改进，形成不同型号的航空火箭弹，但因总体结构和尺寸都保持一致，整个航空火箭系统的通用性较好，在任何改进型号的发射器上都可发射使用。该武器系统的使用年限长，加上具有空地两用等优点，在很多国家的空军都有装备。其主要弹道性能如下：

弹径：130 mm；

弹长：2 276 mm；

全弹质量：49. 68 kg；

火箭部质量：28. 27 kg；

有效射程：2 700 m；

发动机熄火时速度：700 m/s；

熄火时飞行距离：1 050 m；

地面最大射程：8 050 m。

4. 3. 5　M71 型航空火箭发动机

M71 型航空火箭是瑞士博福斯公司研制生产的空对空和空对地两用航空火箭。该型号火箭的尺寸和结构不同，M71 -1 型火箭弹径为 75 mm，M71 -2 型火箭弹径为 135 mm。M71 -1 型航空火箭弹可用于空对空和空对地作战使用，M71 -2 型航空火箭主要用于空对地作战使用。发动机的装药药形和所选用推进剂牌号、药柱成形工艺以及发动机主要结构都相同。

1. 结构组成

M71 -1 型火箭发动机结构简单，由发动机空体、装药、点火具、前端点火具支架、后端挡药板等零部件组成。单根管状药柱、药柱的两端面都无包覆。75 mm 航空火箭发动机如图 4 -40 所示，其工程图如图 4 -41 所示。

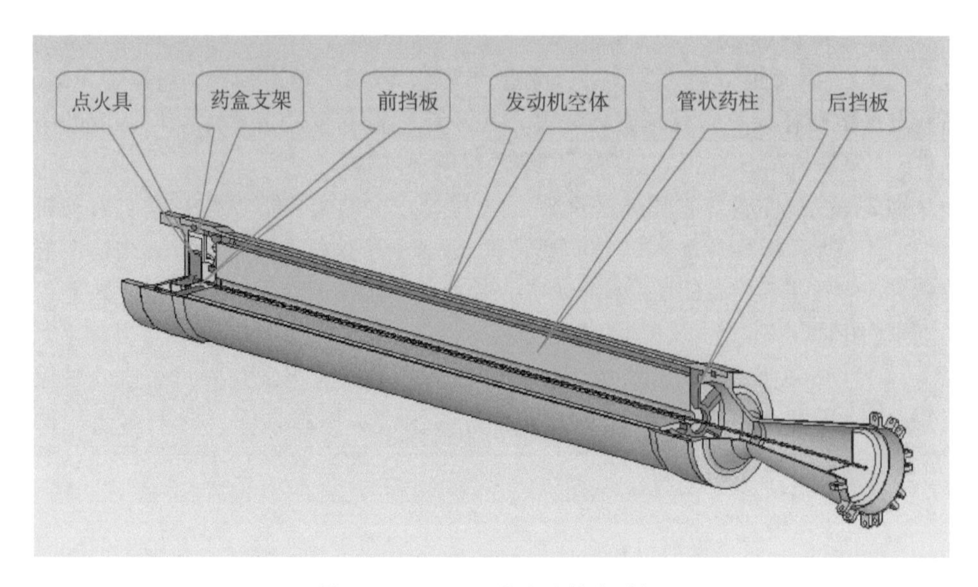

图 4-40　75 mm 航空火箭发动机

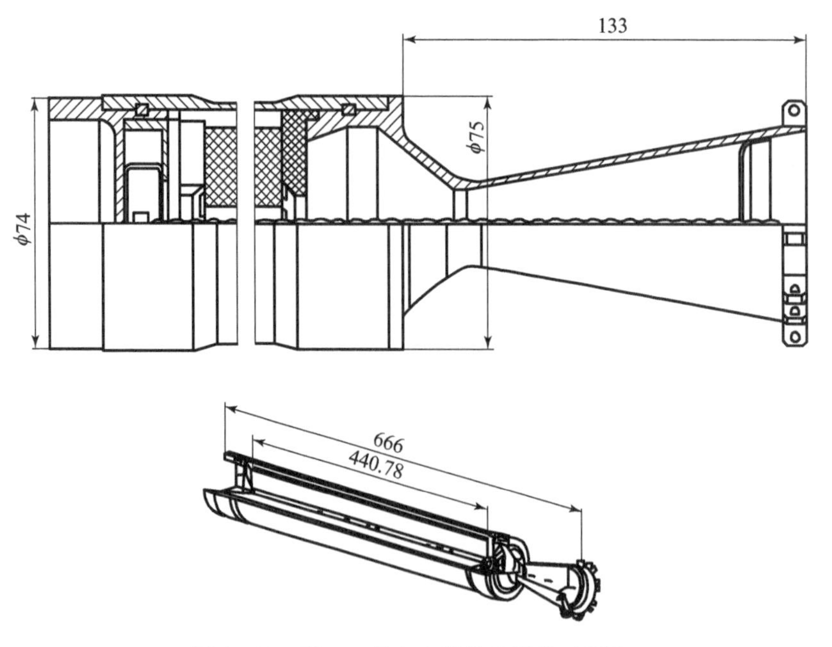

图 4-41　75 mm 航空火箭发动机的工程图

1）发动机空体

发动机空体由燃烧室壳体、前堵盖和喷管组件组成。前堵盖、燃烧室壳体及喷管都采用高强度合金钢加工而成，前后端都采用卡环连接。喷管的收敛与扩张形面都是锥形，喷管出口端外缘设有安装弹翼的支耳。M71 发动机空体如图4－42所示。

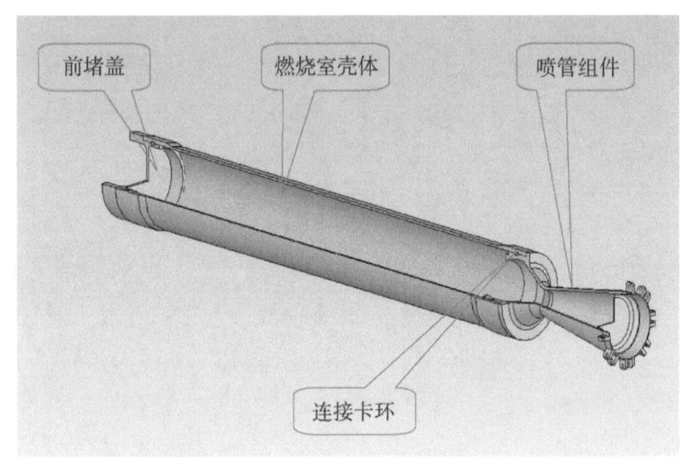

图4－42 M71发动机空体

2）装药

M71型航空火箭发动机装药采用双基螺压工艺成形推进剂的药柱，为内外表面燃烧的单根管形药形，药柱外径为56 mm，内径为10 mm，长度为444 mm。药柱端面和侧面没进行包覆。燃面变化略呈减面性。药柱的前后端由前支架和后挡板支撑定位。管状药柱如图4－43所示。

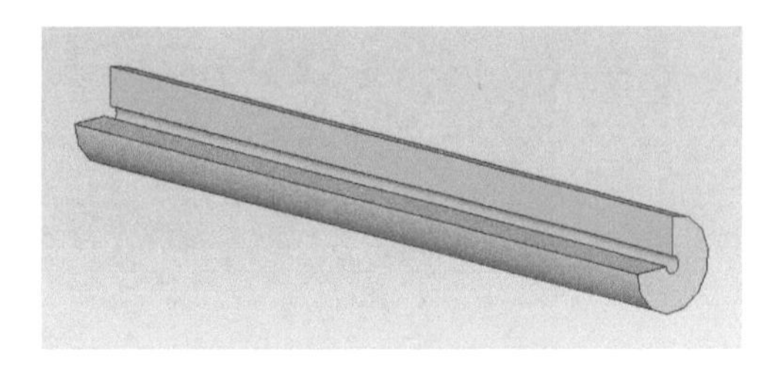

图4－43 管状药柱

3）发动机前部

图4－44所示为发动机前部结构，点火具设置在药柱前端，由药盒支架固定。药柱前挡板和药盒支架起轴向定位装药和支撑点火药盒的作用，以避免振动冲击等受力对点火具的冲撞。药柱前后挡板对药柱进行支撑，并使药柱与发动机实现同轴定位，以减少发动机质量偏心、燃气流偏心以及几何偏心对火箭散布的影响。

4）发动机后部

发动机后部结构为药柱和后挡板的径向定位结构。由于安装尾翼片的结构需要，喷管的扩张段较长。喷管与壳体采用卡环连接。喷管外缘加工有八对弹翼支耳，刀式弹翼片反向折叠在喷管扩张段的外侧，利用弹簧的弹力和火箭弹发射出筒后的气动力打开弹翼，并被紧压在弹翼支耳上。点火导线从喷管的防潮密封盖引出，经接插件与发射电源的插座相连。发动机后部结构如图4－45所示，喷管组件如图4－46所示。

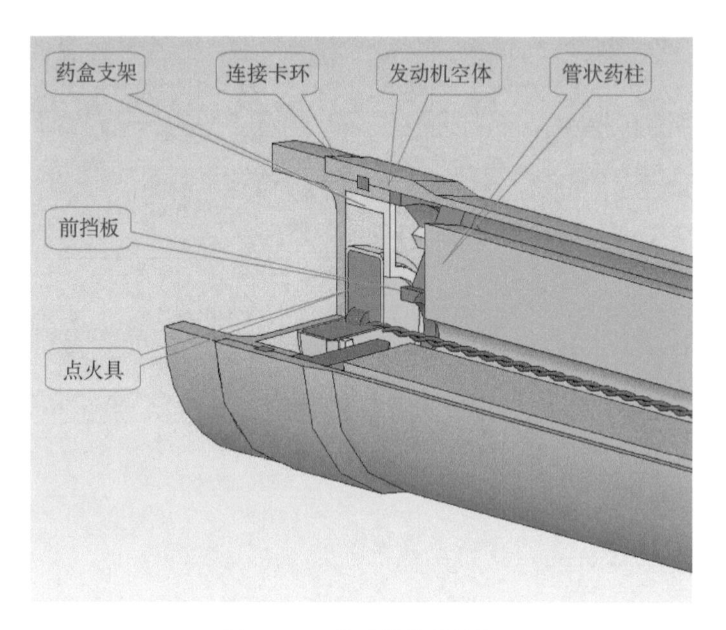

图 4-44 发动机前部结构

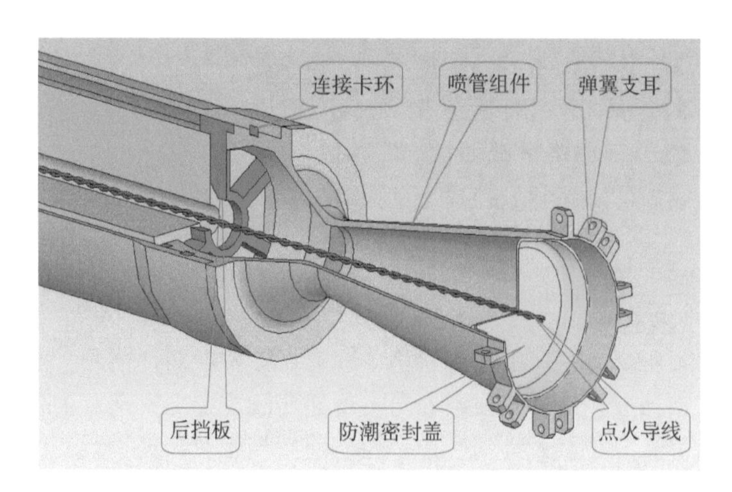

图 4-45 发动机后部结构

5）前后挡药板结构

前后挡药板的结构相近，除中心和外缘留有较充足的气流通道以外，都采用卡住药柱外缘的形式，在药柱燃烧的初始阶段对药柱进行同轴定位。两件都采用高硅氧短纤维预浸料经模压而成。后挡药板结构如图 4-47 所示。

6）点火具

点火具在药柱前端，安装在药盒支架内。点火具药盒由赛璐珞片压制，内装两个电起爆器和 15 g 点火药。点火导线经药柱内孔由喷管引出。据资料

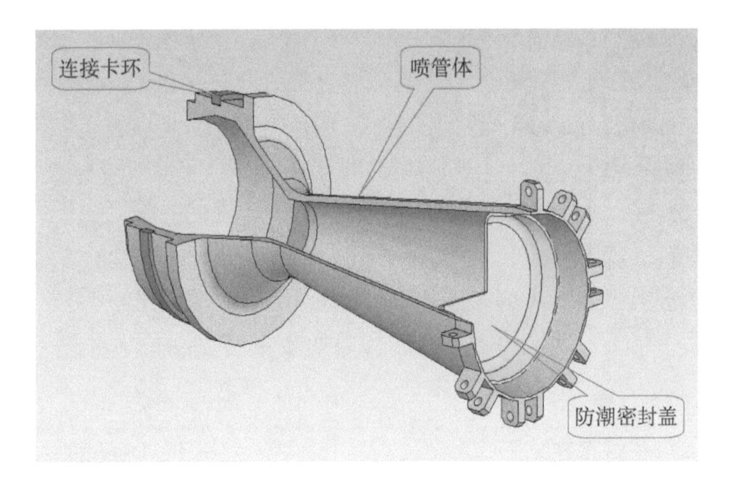

图 4 - 46　喷管组件

图 4 - 47　后挡药板结构

介绍，喷管防潮密封盖由易碎材料制成，点火导线也采取预固定措施，发动机点火后，排出物的体积小和质量轻对飞机无损伤。

7）结构及质量参数

发动机定心部直径：75 mm；

发动机总长：666 mm；

发动机壳体外径：71 mm；

发动机壳体内径：67 mm；

喷管喉径：20 mm；

扩张半角：9°；

扩张比：2. 7；

药柱外径：56 mm；

药柱内径：10 mm；

药柱长度：444 mm；

药柱质量：1.75 kg；

初始燃烧面积：647 cm^2；

内通气参量：123；

装填系数：0.49；

工作温度：-40～+60℃。

2. 弹道参数

M71 型 75 mm 发动机的主要性能参数如表 4-7 所示。

表 4-7　M71 型 75 mm 发动机的主要性能参数　温度：+20 ℃

性能参数	75 mm 发动机
平均推力/kN	4.7
燃烧时间/s	1.0
工作时间/s	1.21
推力冲量/(kN·s)	4.9
发动机比冲/($N \cdot s \cdot kg^{-1}$)	1 920

3. 性能特点

（1）M71 型 75 mm 发动机和 135 mm 发动机均采用普通双基推进剂螺压工艺成形的药柱，推进剂的燃烧性能较好，压强指数和压强温度敏感系数都较小，两种发动机的弹道性能参数的一致性和高低温度下的性能参数散布都较小，资料报道该型号发动机所用推进剂具有对温差进行补偿的特性，这是瑞典、法、德等国家使用双基推进剂的共同特点。

（2）发动机结构较简单，工作可靠性高。药柱点燃时间短，发次间从点火到达到最大推力点燃时间的一致性好，使飞机连续发射火箭设定的发射控制时间缩短，在空对地攻击时，有利于提高火箭弹纵向散布。

4. 工程应用

M71-1 型 75 mm 发动机组装的航空火箭，其主要弹道性能如下：

弹径：75 mm；

弹长：1 320 mm；

全弹质量：7.0 kg；

火箭部质量：5.8 kg；

地面最大速度：800 m/s。

M71-2 型 135 mm 发动机组装的航空火箭，其主要弹道性能如下：

弹径：135 mm；

弹长：1 830 mm；

全弹质量：43 kg；

火箭部质量：24.5 kg；

地面最大速度：600 m/s；

发射时间间隔：100 ms。

对地发射、飞机飞行速度为 200 m/s、斜距为 2 000 m 时，飞行时间为 3.6 s；

对地发射、飞机飞行速度为 300 m/s、斜距为 2 000 m 时，飞行时间为 3.22 s。

4.3.6　SNEB 型航空火箭发动机

SNEB 型航空火箭是法国研制生产的空对空和空对地两用火箭弹。有两种不同的弹径，分别是 68 mm 和 100 mm。其中，68 mm SNEB 航空火箭发动机（25 – A 型）有很好的通用性，共用于六种型号的 SNEB 航空火箭弹。100 mm SNEB 航空火箭发动机（25 – B 型）是在 25 – A 型发动机的基础上研制的，发动机结构、装药药形、所选的推进剂等均与 25 – A 型发动机相近。

1. 结构组成

SNEB 型航空火箭发动机结构简单，由发动机空体、装药、点火具、前端点火具支架、后端挡药板等零部件组成。星形内孔燃烧药柱，药柱的两端面和外侧面都进行包覆。点火具置于装药前端，安装在药盒支架内，导线从喷管引出。SNEB 型航空火箭发动机如图 4 – 48 所示，其工程图如图 4 – 49 所示。

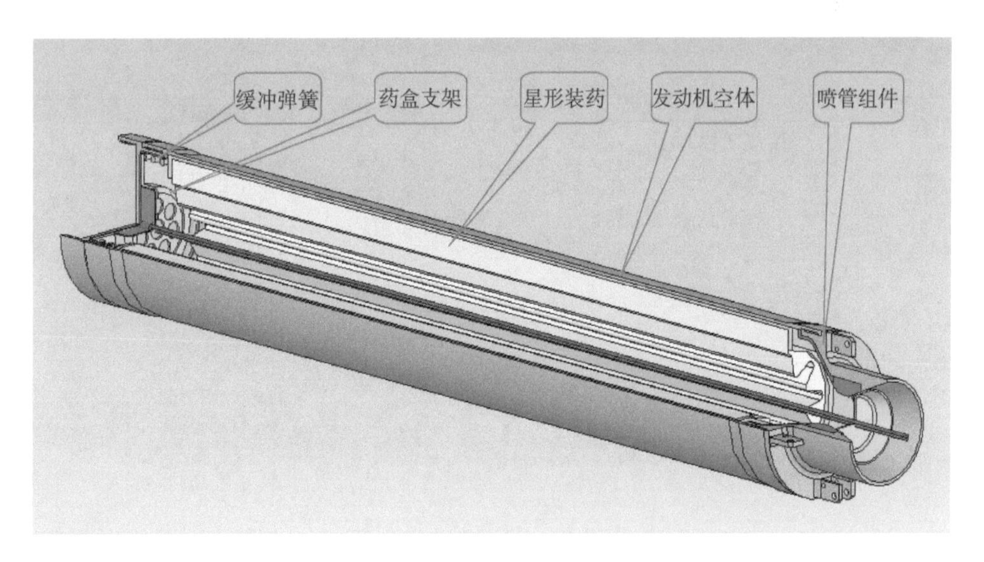

图 4 – 48　SHEB 型航空火箭发动机

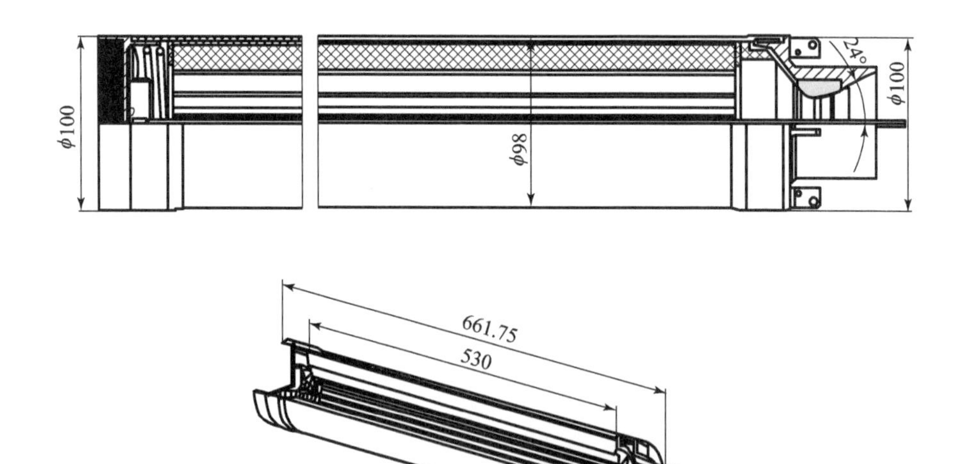

图 4－49 SHEB 型航空火箭发动机的工程图

1）发动机空体

发动机空体由燃烧室壳体、前堵盖（转接螺堵）和喷管组成。前堵盖、燃烧室壳体及喷管都采用高强度铝合金加工而成，前后端都采用螺纹连接。喷管的收敛与扩张形面都是锥形，100 mm SNEB 型发动机的喷管喉部衬有耐烧蚀材料制成的喉衬，而 68 mm 发动机的喷管采用低碳钢加工而成。发动机空体结构如图 4－50 所示。

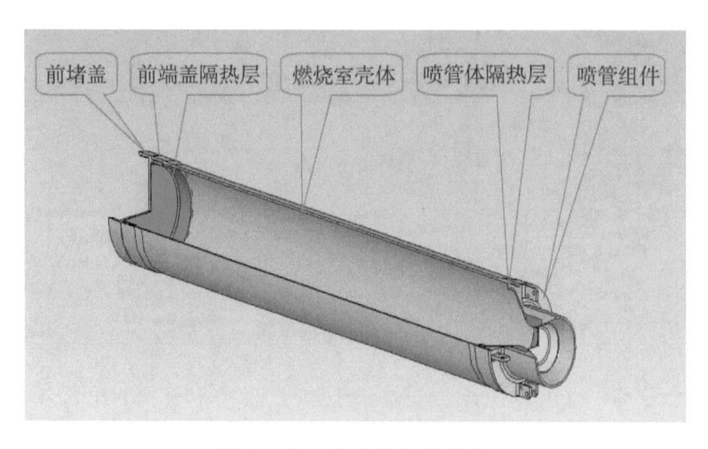

图 4－50 发动机空体结构

2）装药

68 mm 发动机装药和 100 mm 发动机装药均采用双基螺压工艺成形推进剂药柱，药柱采用七星角的星形药形，药柱端面及外侧面进行包覆阻燃。100 mm 发动机装药的推进剂能量特性要比 68 mm 发动机的装药高，实测比冲也高。两种装药在燃烧室内的装填结构都相近：在燃烧室前端用弹簧和垫圈对装药进行缓冲、温差和尺寸补偿，装药后端用橡胶圈进行缓冲，这种定位与装填方式能保证在装药与燃烧室内壁之间的装配间隙中燃气处于滞止状态，以防止燃气流动造成对装药包覆的冲刷破坏。从内弹道参数反算的结果看，推进剂的压强指数和压强温度敏感系数都很小，其内弹道稳定性较好，高低温下内弹道参数散布小，反应所用推进剂具有较好的燃烧性能。管状药柱如图 4 – 51 所示。

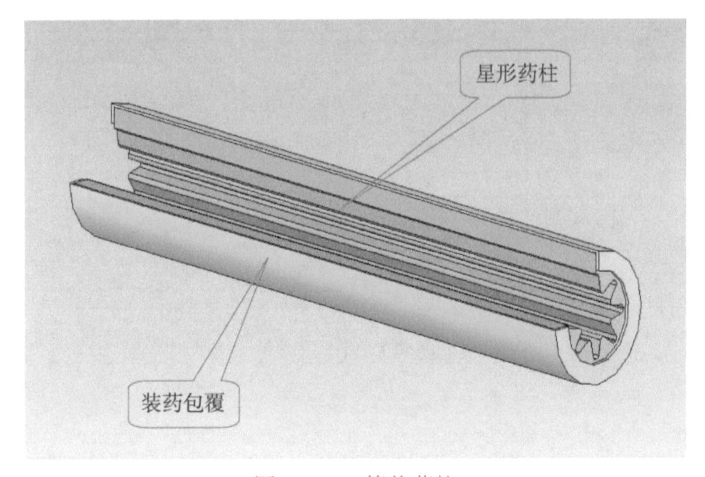

图 4 – 51　管状药柱

3）发动机前部

点火具设置在药柱前端，由药盒支架固定。装药前端装有橡胶材料制成的缓冲垫和金属垫环，在药盒支架与金属垫环之间用弹簧缓冲。药盒支架承受装配等各种载荷作用，使点火具得到保护。前端盖的内表面上也有一层非金属材料层，对燃气接触表面进行热防护，以防止金属壳体在燃烧的高温下产生过热而降低强度。该发动机所采用隔热垫等热防护措施，加上内孔燃烧装药具有较好的隔热性，使发动机的热损失减少有利于提高发动机的推进效能。发动机前部结构如图 4 – 52 所示。

4）发动机后部

发动机后部结构给出装药、缓冲橡胶圈以及与喷管的安装位置。橡胶圈用耐烧蚀航空橡胶压制而成，发动机装配时先将其装在喷管组件内，对装药进行缓冲和对装药后端进行密封。发动机后部结构如图 4 – 53 所示。

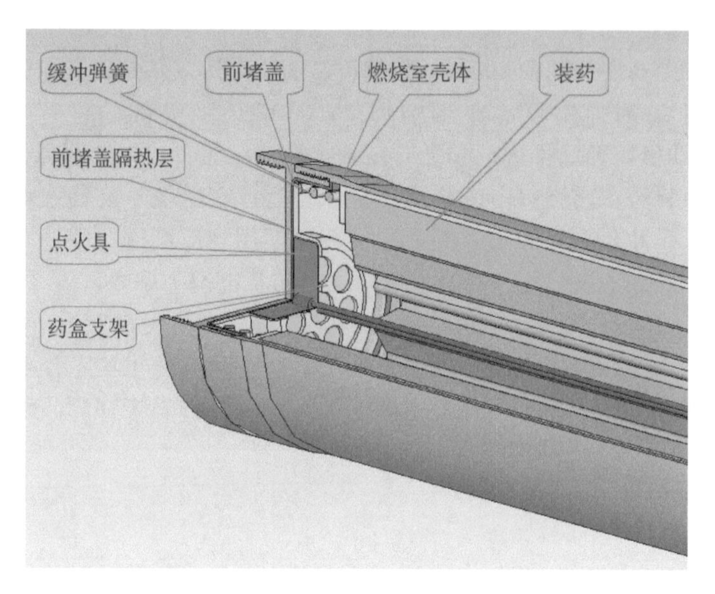

图 4 – 52 发动机前部结构

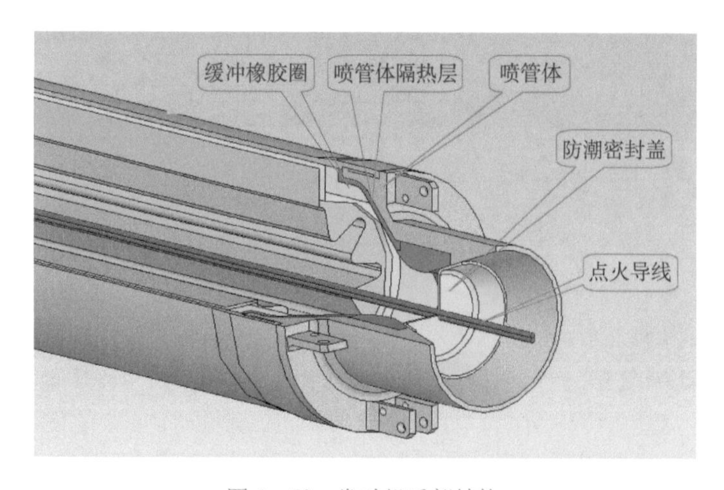

图 4 – 53 发动机后部结构

5）喷管组件

喷管组件由喷管体、隔热垫和喉衬组成。由于 100 mm 发动机装药工作时间比 68 mm 发动机长，为防止燃气流对喷管收敛段的烧蚀和冲刷，在喷管收敛段上装有隔热垫，其材料采用碳纤维预浸料压制而成，该材料具有较好的隔热和抗烧蚀性能。喷管喉部采用石墨喉衬。喷管密封盖采用非金属缓燃材料制成。

6）点火具

点火具在药柱前端，安装在药盒支架内。点火支架采用模压复合材料，固定在前端盖的端面上。点火具药盒由赛璐珞片压制，内装两个电起爆器和 21 g 点火药。点火导线经药柱内孔由喷管引出，通过接插件及转接头与发射电源相连接。

7）结构及质量参数

发动机定心部直径：25 – A：68 mm，25 – B：100 mm；

火箭部总长：622 mm，866 mm；

火箭部质量：3.3 kg，12.7 kg；

发动机壳体外径：98 mm；

发动机壳体内径：94 mm；

喷管喉径：30 mm；

扩张半角：24°；

扩张比：2.3；

药柱外径：90 mm；

药柱长度：530 mm；

药柱质量：6.9 kg；

初始燃烧面积：1 462 cm^2；

内通气参量：16.93；

装填系数：0.54；

工作温度：–40 ~ +70℃。

2. 弹道参数

1）性能参数

SHEB 型 68 mm 和 100 mm 发动机的主要性能参数如表 4 – 8 所示。

表 4 – 8　SHEB 型 68 mm 和 100 mm 发动机的主要性能参数　　温度：+20 ℃

性能参数	68 mm 发动机	100 mm 发动机
平均推力/kN	3.46	14.017
最大推力/kN	4.22	14.99
最小推力/kN	3.37	12.76
最大压强/MPa	24.5	15.1
最小压强/MPa	16.67	13.83
燃烧时间/s	0.796 ~ 0.976	1.1
工作时间/s	1.0	1.35
推力冲量/(kN · s)	3.41	15.1
发动机比冲/($N \cdot s \cdot kg^{-1}$)	1 960	2 100

2）弹道曲线

SHEB 型 68 mm 发动机推力和压强曲线如图 4－54 和图 4－55 所示。

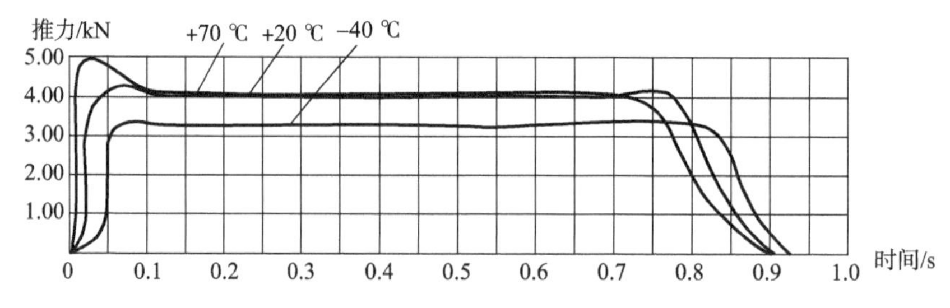

图 4－54　SHEB 型 68 mm 发动机推力曲线

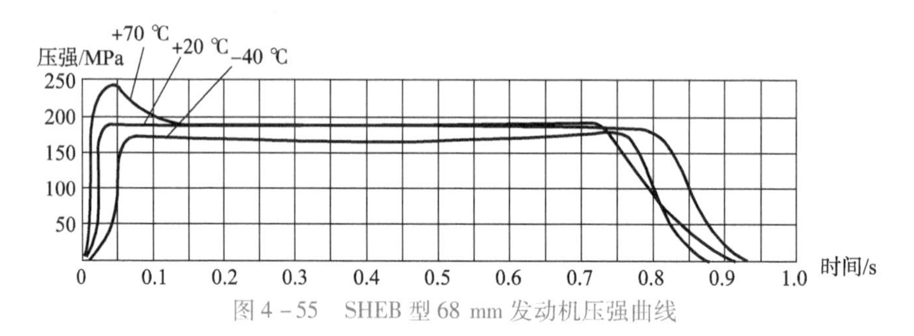

图 4－55　SHEB 型 68 mm 发动机压强曲线

3. 性能特点

（1）SHEB 型 68 mm 发动机和 100 mm 发动机均采用普通螺压工艺成形的双基推进剂，推进剂的燃烧性能较好，压强指数和压强温度敏感系数都较小，两种发动机的弹道性能参数的一致性和高低温度下的性能参数散布都较小，100 mm 发动机改用能量较高的推进剂后，发动机比冲达到 2 100 N·s/kg，是普通双基推进剂装药发动机中推进效能较高的发动机。

2）发动机结构较简单，工作可靠性高，通用性好。因为 100 mm 发动机 SHEB 型航空火箭弹的综合性能优越、外销量大，在西欧国家的空军中装备较普遍。

4. 工程应用

SHEB 型 68 mm 发动机组装的航空火箭，其主要弹道性能如下：

弹径：68 mm；

弹长：842 mm；

全弹质量：4.1 kg；

火箭部质量：3.05 kg；

地面最大速度：800 m/s。

SHEB 型 100 mm 发动机组装的航空火箭，其主要弹道性能如下：

弹径：100 mm；

弹长：2 480 mm；

全弹质量：38 kg；

火箭部质量：24.5 kg；

有效射程（标准射程）：2 000 ~ 3 000 m。

发射速度（含飞机速度）为 276 m/s 时，弹飞行到 2 500 m 处的飞行时间为 3 s。

向 2 000 m 处的战术导弹的发射车攻击时，配用杀伤爆破战斗部，使用瞬发装定引信，该航空火箭弹到达目标的时间为 2.5 s，破片分布范围为 500 m。

4.3.7　37 mm 航空火箭发动机

37 mm 航空火箭是一种小直径空对空火箭弹。火箭弹装在火箭发射器内，每个发射器装填 31 枚，每架飞机可携带两个发射器，分别挂在机翼两侧。以连续发射的方式，一次两发分别从两个发射器的对称弹位上连续发射，直到 62 枚火箭弹发射完毕。该火箭弹发射后的短时间内，在攻击的空域形成“火箭雨”，用来攻击敌方直升机、轰炸机、强击机及歼击机等目标。

1. 结构组成

37 mm 航空火箭发动机结构简单，由发动机空体、装药、点火具、补偿垫、缓冲密封圈等零部件组成。装药由星形内孔燃烧药柱、两端面和外侧面包覆组成。点火具置于装药前端，安装在药盒卡槽内，点火具导线从喷管引出。37 mm 航空火箭发动机如图 4 – 56 所示，其工程图如图 4 – 57 所示。

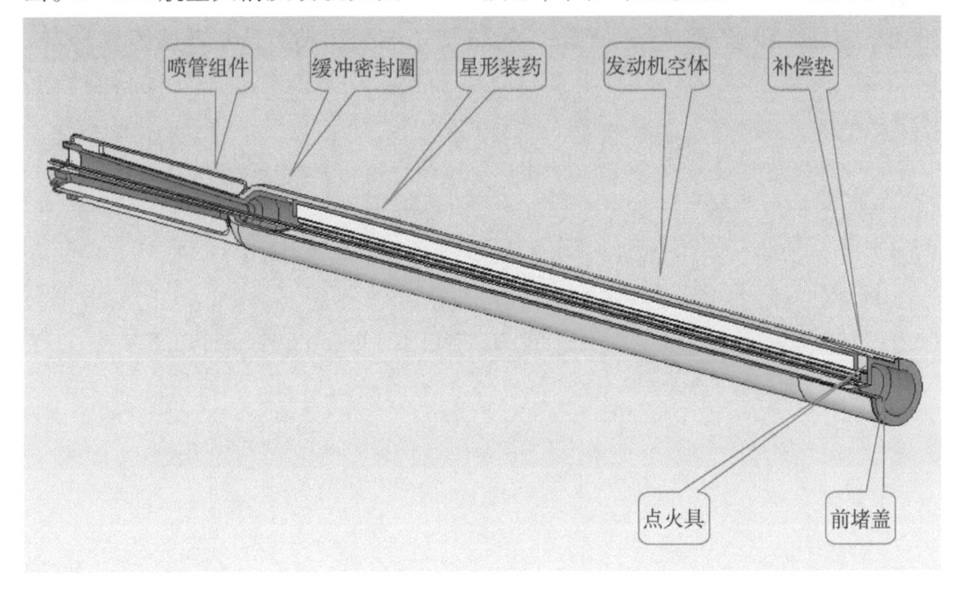

图 4 – 56　37 mm 航空火箭发动机

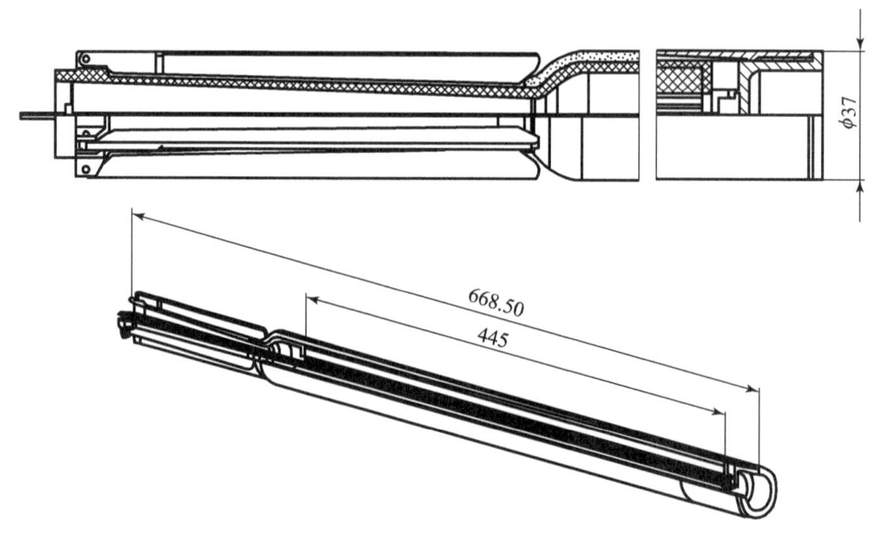

图4-57　37 mm航空火箭发动机的工程图

1）发动机空体

发动机空体由前堵盖、金属连接件、玻璃纤维缠绕的燃烧室壳体组成，喷管用高硅氧预浸料压制成形，喷管的前端外部形面设计成适合纤维缠绕的曲线形面，将喷管装在缠绕芯模上，并与筒身部分的芯模构成该纤维缠绕壳体的整体芯模。经高硅氧布带环向缠绕、玻璃纤维环向和螺旋缠绕后，固化脱模形成带喷管的纤维缠绕本体，再对本体的前端进行机械加工，加工成小锥角的锥面，该锥面与金属连接件的同尺寸锥面相粘合构成该发动机空体。前堵盖与壳体前连接件、前堵盖与战斗部均采用螺纹连接。发动机空体如图4-58所示。

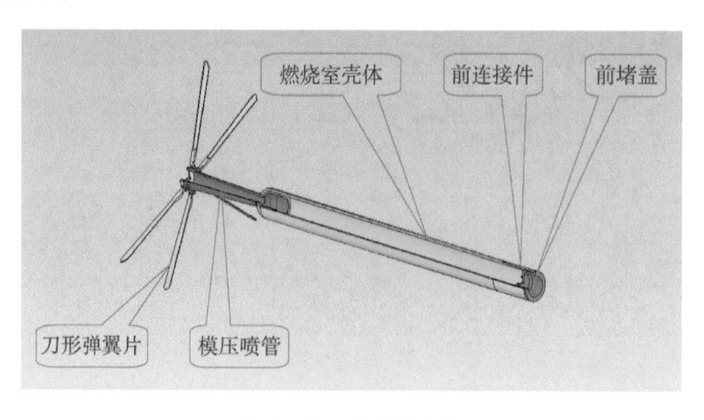

图4-58　发动机空体

2）装药

该发动机装药药柱选用双基螺压工艺成形推进剂，药柱采用七星角的星形药形，药柱端面及外侧面进行包覆阻燃。

装药采用自由装填形式，前端有补偿垫，后端有缓冲密封环对装药进行轴向定位。该装药为星形内孔燃烧药形，通气面积较小，装填密度大。装药如图4－59所示。

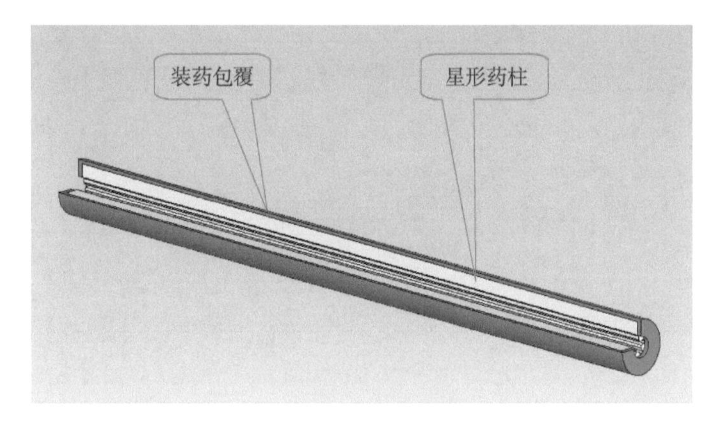

图4－59 装药

3）发动机前部

点火具设置在药柱前端，由卡环结构卡紧药盒。装药前端装有航空海绵橡胶制成的补偿垫，对温差、轴向尺寸误差进行补偿，对装药受力进行缓冲。发动机前部结构如图4－60所示。

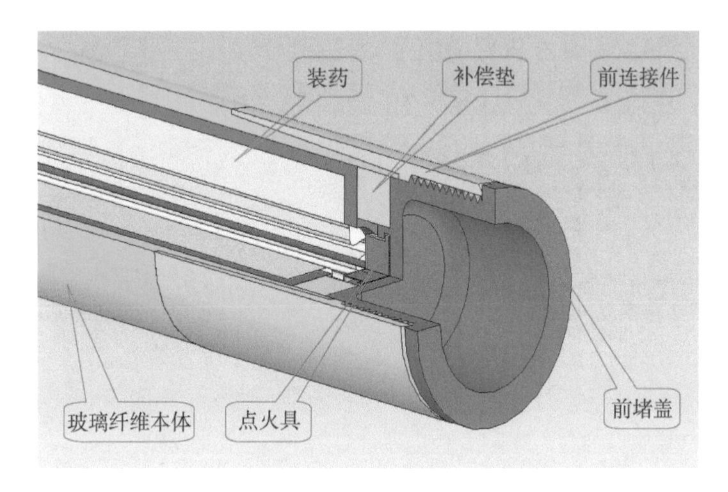

图4－60 发动机前部结构

4）发动机后部

发动机后部结构给出装药、缓冲密封环与发动机空体的安装位置。缓冲密封环用耐烧蚀航空橡胶压制而成，装在喷管前端面的卡槽内，对装药的后端面进行密封，以保证装药燃烧过程中燃烧室内壁和装药外表面之间的燃气处于滞止状态，避免外部燃气流动对装药包覆烧蚀和冲刷。发动机后部结构如图 4 - 61 所示。

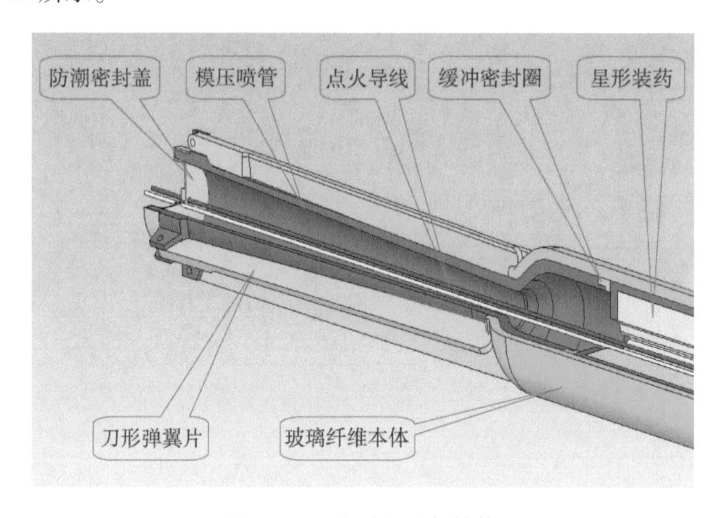

图 4 - 61　发动机后部结构

5）喷管组件

喷管组件由喷管体、喷管防潮密封盖和卡在喷管前端的缓冲密封圈组成。为防止燃气流对喷管收敛段的烧蚀和冲刷，采用强度较高的高硅氧纤维预浸料压制而成，该材料具有较好的隔热和抗烧蚀性能。喷管防潮密封盖采用非金属易碎材料制成。喷管组件如图 4 - 62 所示。

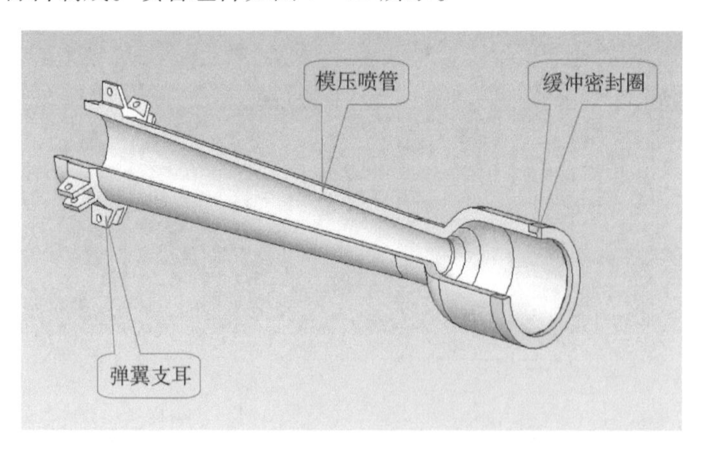

图 4 - 62　喷管组件

6）点火具

点火具在药柱前端，固定在前堵盖端面上的卡槽内，点火具药盒由赛璐珞片压制，内装两个电起爆器和15 g点火药。点火导线经药柱内孔由喷管引出，通过接插件及转接头与发射电源相连接。电起爆器采用钝感型，符合防静电、防射频要求。发射电源由飞机点火电源供给，供电电压为27 V，供电线路最小电流为8 A。其安装位置如图4－60所示。

7）发动机热防护结构

对纤维缠绕复合材料发动机壳体需要采取更好的热防护措施，因为复合材料密度低、材料结构松散，在高温高压燃气作用下，固结纤维的树脂很快被碳化，壳体容易被烧穿。37 mm发动机采取以下防护措施：一是采用两层铝箔对高压燃气进行密封。缠绕纤维前，在整体芯模上专门铺设两层铝箔，以防止高压燃气的泄漏。二是再在铝箔外用预浸耐热树脂的高硅氧布带进行环向缠绕，布带间搭接的宽度为布带宽度的一半。这一层的作用是利用高硅氧材料隔热性能好的特点将铝箔层传递的高温进行隔离，使外层缠绕纤维少受高温影响。三是采用耐高温橡胶缓冲密封环对装药外腔的燃气进行密封，以保证发动机工作期间外腔燃气处于滞止状态，避免燃气流动对燃烧室内壁和包覆表面的冲刷。这些防护措施的采用使发动机的工作可靠性得到了很好的保证。

8）结构及质量参数

37 mm航空火箭发动机结构和质量参数如下：

发动机定心部直径：37 mm；

发动机总长：665 mm；

发动机壳体质量：0.35 kg；

发动机壳体外径：36 mm；

发动机壳体内径：33 mm；

喷管喉径：10 mm；

扩张半角：2°；

扩张比：2；

装药外径：31 mm；

药柱外径：27 mm；

药柱长度：445 mm；

药柱质量：0.36 kg；

初始燃烧面积：200 cm^2；

内通气参量：35；

装填系数：0.5；

工作温度：－55～+55℃。

2. 弹道参数

37 mm 航空火箭发动机的主要性能参数如表 4－9 所示。

表 4－9 37 mm 航空火箭发动机的主要性能参数 温度：－55～+20 ℃

性能参数	参数值
平均推力/kN	2.45～2.74
平均压强/MPa	14.7～19.6
燃烧时间/s	0.815～1.26
工作时间/s	1.0～1.5
推力冲量/(kN·s)	0.72
发动机比冲/(N·s·kg^{-1})	2 000

3. 性能特点

（1）该发动机采用玻璃纤维缠绕复合材料壳体、结构质量轻、热损失少，采用星形内孔燃烧装药、发动机综合性能好。

（2）采用喷管与壳体为一体的结构形式，用喷管构成的整体芯模上一次成形，都由同一芯模定位，喷管轴与发动机燃烧室轴线一致，使发动机空体的几何偏心、质量偏心都很小，有利于减少发动机的推力偏心。

（3）发动机的零部件中除金属连接件和前堵盖以外，其他结构件如喷管、橡胶密封缓冲圈、补偿垫等均采用模具成形，尺寸稳定，一致性好，使发动机的尺寸和质量偏差小，也利于大批量生产。

（4）装药采用星孔药形装药，定位装填方便，装填密度高，装配方便。

4. 工程应用

37 mm 航空火箭用于空对空作战，每架飞机可携带 62 枚火箭，可在较短的时间内发射完毕，对攻击目标有较大的杀伤力。与 37 mm 航炮相比，是其杀伤力的 3 倍，射击速度是其 11 倍。连续发射火箭时，对敌方轰炸机的雷达、预警机的雷达等可实施有效的攻击或构成电子干扰。

由于短时间发射火箭的数量大，发射烟雾也较大，影响飞行员的视线。为减少发射烟雾的影响，该发动机装药采用少烟的普通双基推进剂，得到了较好的解决。

4.3.8 57 mm 航空火箭发动机

57 mm 航空火箭是一种小直径空对空火箭弹。火箭弹装在飞机携带的火箭发射器内，每架飞机可携带两个发射器，分别挂在机翼两侧。以连续发射的方式，一次两发分别从两个发射器的对称弹位上连续发射。该火箭弹有两种型号，两种型号火箭发动机的结构和弹道性能都很相近，只是长度和装药质量略有不同。

1. 结构组成

57 mm 航空火箭发动机结构简单，由发动机空体、管状药柱、点火具、药盒座和挡药板等零部件组成。点火具置于装药前端，安装在药盒座内，点火具导线从喷管引出。57 mm 航空火箭发动机如图 4 – 63 所示，其工程图如图 4 – 64 所示。

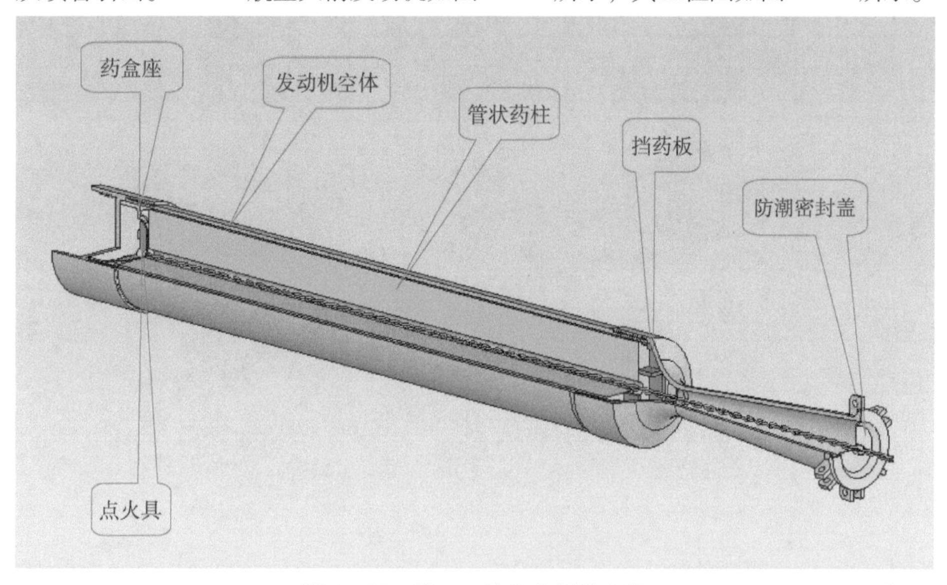

图 4 – 63　57 mm 航空火箭发动机

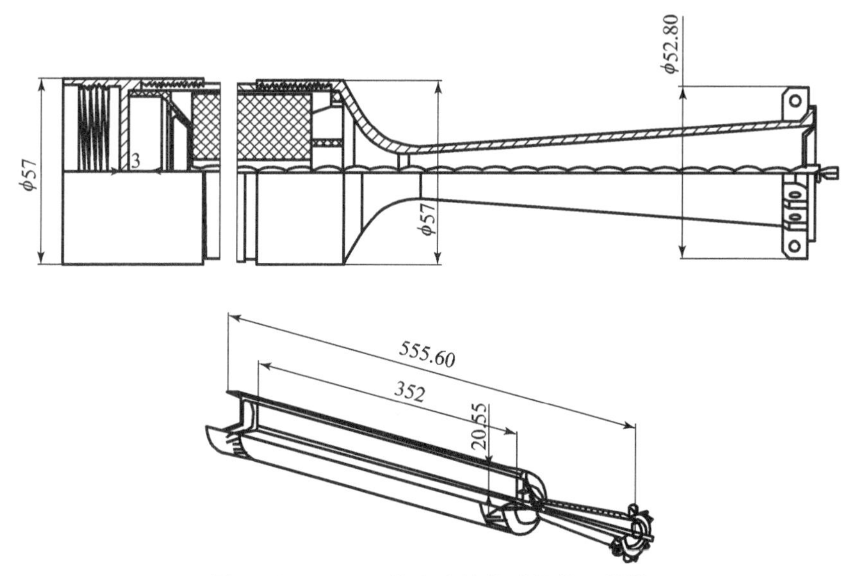

图 4 – 64　57 mm 航空火箭发动机的工程图

1）发动机空体

发动机空体由前封头、燃烧室壳体和喷管组成。前封头采用 30CrMnSiA 中碳结构钢经机械加工制成，燃烧室壳体采用 30CrMnSiA 无缝钢管车制而成，喷管采用 30 号钢加工。燃烧室壳体与前后件均用螺纹连接。发动机空体如图 4－65 所示。

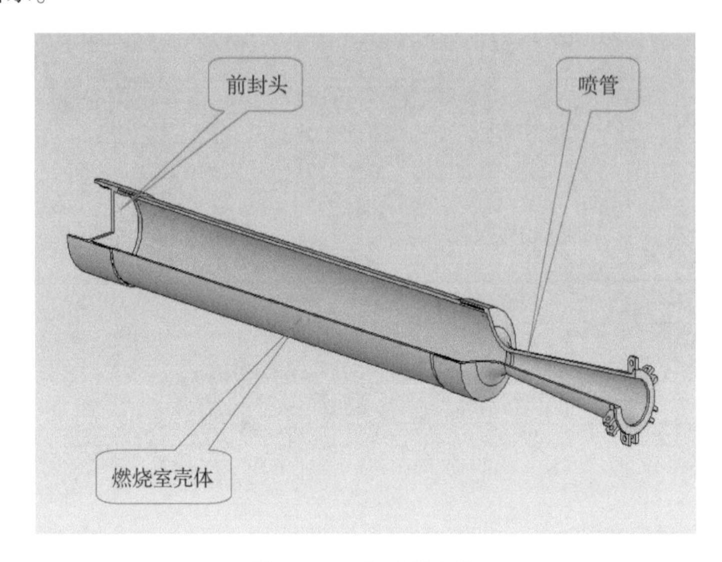

图 4－65　发动机空体

2）药柱

该发动机药柱选用双基推进剂经螺压工艺成形，为内外燃烧的管形药柱，在药柱外表面有三个纵向凸棱起径向定位作用，如图 4－66 所示。

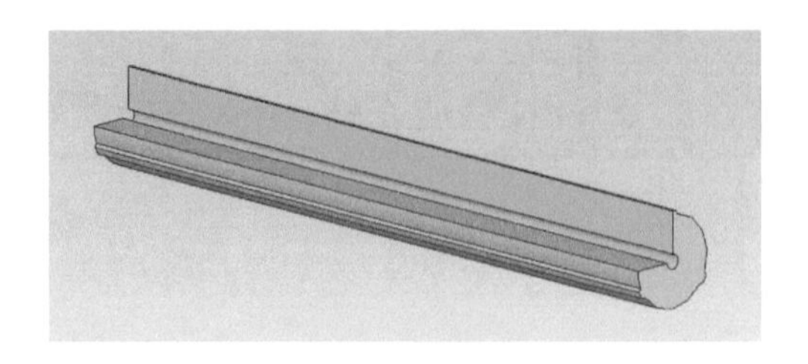

图 4－66　管状装药

3）发动机前部

发动机前部给出点火具、药盒座、药柱与发动机空体的装配结构，如图 4－67 所示。

4）发动机后部

发动机后部结构给出药柱与发动机空体的安装位置。防潮密封盖采用轻质易碎压制而成，从喷管喷出后对飞机无损伤。发动机后部结构如图 4－68 所示。

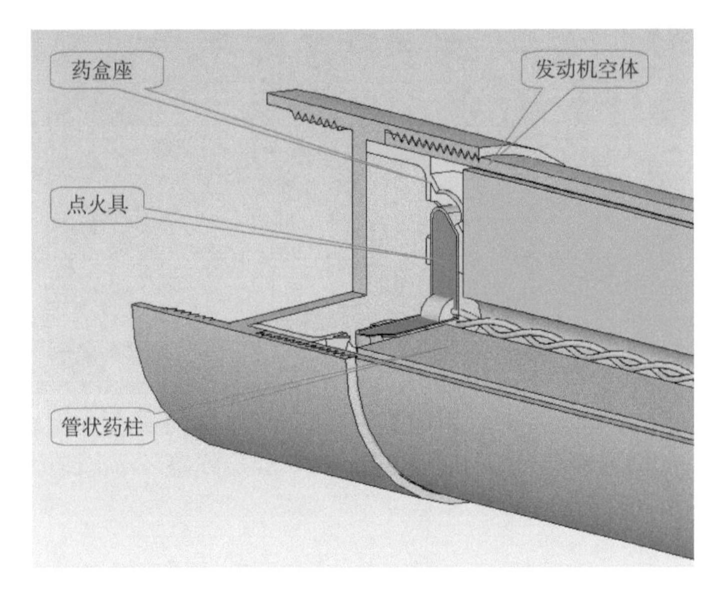

图 4－67　发动机前部结构

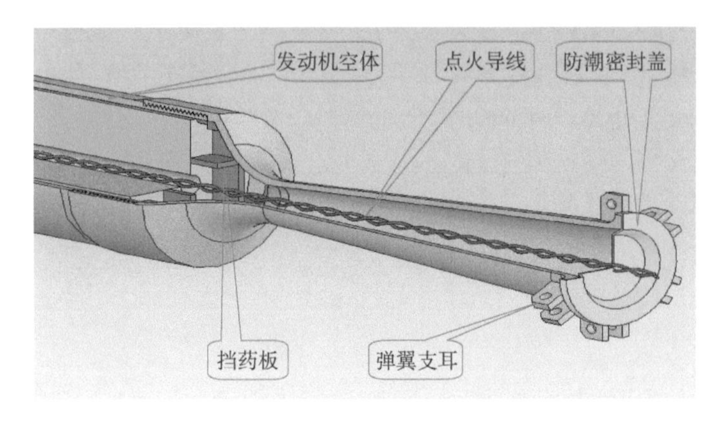

图 4－68　发动机后部结构

5）前封头

前封头采用 30CrMnSiA 合金钢加工而成，前端采用螺纹与战斗部连接。前封头如图 4－69 所示。

6）喷管

因安装尾翼的需要喷管的扩张段较长，喷管出口端外缘加工有固定弹翼片的支耳。喷管如图 4－70 所示。

7）点火具

点火具在药柱前端装在药盒座内，点火具药盒由赛璐珞片压制，内装电起爆器和点火药。点火导线经药柱内孔由喷管引出，通过接插件及转接头与

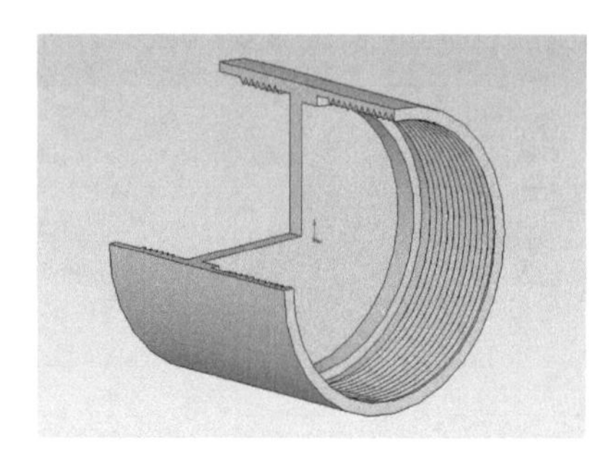

图 4-69 前封头

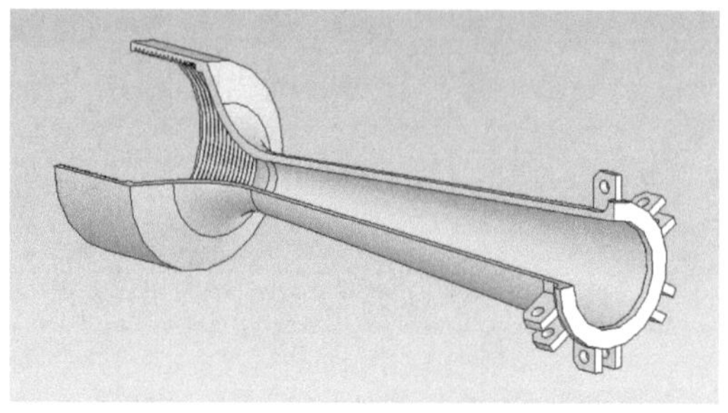

图 4-70 喷管

发射电源相连接。电起爆器采用钝感型，符合防静电、防射频要求。发射电源由飞机点火电源供给，供电电压大于24 V，供电线路最小电流为5 A。其安装位置如图 4-67 所示。

8）结构及质量参数

57 mm 航空火箭发动机结构和质量参数如下：

发动机定心部直径：57 mm；

发动机总长：665 mm；

发动机质量：2.65 kg；

发动机壳体外径：54 mm；

发动机壳体内径：50.2 mm；

喷管喉径：14 mm；

扩张半角：7°；

扩张比：2.5；

药柱外径：45.5 mm；

药柱内径：8 mm；

药柱长度：450 mm；

药柱质量：1.13 kg；

初始燃烧面积：798.31 cm^2；

内通气参量：213.3；

外通气参量：178.16；

总通气参量：186.5；

装填系数：0.79；

工作温度：-65～+50℃。

2. 弹道参数

57 mm 航空火箭发动机的主要弹道性能参数如表 4-10 所示。

表 4 - 10　57 mm 航空火箭发动机的主要弹道性能参数　　温度：-60 ~ +50 ℃

主要参数	不同温度下的参数值/℃		
	+50	+20	-60
最大推力/kN	5. 263	4. 44	2. 77
平均推力/kN	3. 28	2. 9	2. 26
最大压强/MPa	24. 31	20. 31	12. 08
平均压强/MPa	15. 32	13. 42	10. 0
燃烧时间/s	0. 58	0. 66	0. 89
工作时间/s	0. 66	0. 73	0. 93
点火延迟时间/s	0. 02	0. 018	
推力冲量/(kN · s)	2. 11	2. 1	2. 07
发动机比冲/($N \cdot s \cdot kg^{-1}$)	1 900	1 893	1 875
质量比	0. 43		

3. 性能特点

（1）发动机结构简单。采用单根管状药柱，外表面设计三个凸棱用作径向定位，初始定位可靠，简化了发动机的装填结构。

（2）药柱通气参量大，装填密度也较高，初始压强的峰值比大；推进剂的压强温度系数较大，导致发动机弹道性能参数随温度变化大。但由于发动机壳体强度和螺纹连接强度等有较大的余量，发动机工作可靠。

（3）该发动机的各结构件采用通用材料和加工工艺，发动机零部件结构简单，成本低，利于大量生产。

4. 工程应用

57 mm 航空火箭弹发动机适用于两种型号的火箭弹，由于两种发动机的结构和性能相近，其弹道性能参数也无太大差异。火箭飞行中靠每片弹翼片的截面不对称的形面在气动力的作用下使弹低速旋转。57 mm 航空火箭弹的性能参数如表 4 - 11 所示。

表 4 - 11　57 mm 航空火箭弹的性能参数

主要参数	一型弹	二型弹
弹径/mm	57	57
弹长/mm	915	855
全弹质量/kg	4. 03	3. 86

续表

主要参数	一型弹	二型弹
火箭部质量/kg	2.61	2.78
药柱质量/kg	0.86	1.13
地面最大速度/($m \cdot s^{-1}$)	490～510	617～673
地面最大转速/($r \cdot min^{-1}$)	1 200	1 500

4.3.9 72 mm 航空火箭发动机

72 mm 航空火箭是一种小直径空对空火箭弹。火箭弹装在飞机携带的火箭发射器内，每架飞机可携带两个发射器，分别挂在机翼两侧。以连续发射的方式，一次两发分别从两个发射器的对称弹位上连续发射。该火箭弹由助旋发动机和主发动机组成，助旋发动机为火箭弹飞行提供旋转力矩，使弹低速旋转以克服发动机推力偏心对航空火箭弹射击精度的影响。全弹布局按照战斗部、助旋发动机、主发动机和尾翼稳定装置的顺序布置。

1. 结构组成

72 mm 航空火箭发动机结构由助旋发动机、主发动机和稳定装置组成。助旋发动机由发动机壳体、多根药柱、点火药盒等组成，发动机共有 6 个切向喷管分布在助旋发动机壳体前端，其轴线与发动机轴线处于空间垂直位置。发动机由 8 根无包覆的药柱、带前隔底和 6 个切向喷管的壳体、点火药盒等零部件组成。主发动机由点火具、星形装药、前后缓冲、补偿件、喷管组件等组成。助旋发动机如图 4－71 所示。72 mm 航空火箭主发动机如图 4－72 所示，其工程图如图 4－73 所示。

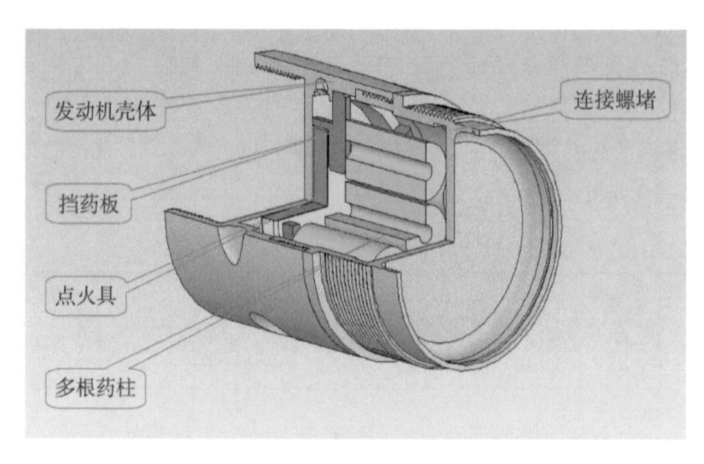

图 4－71　助旋发动机

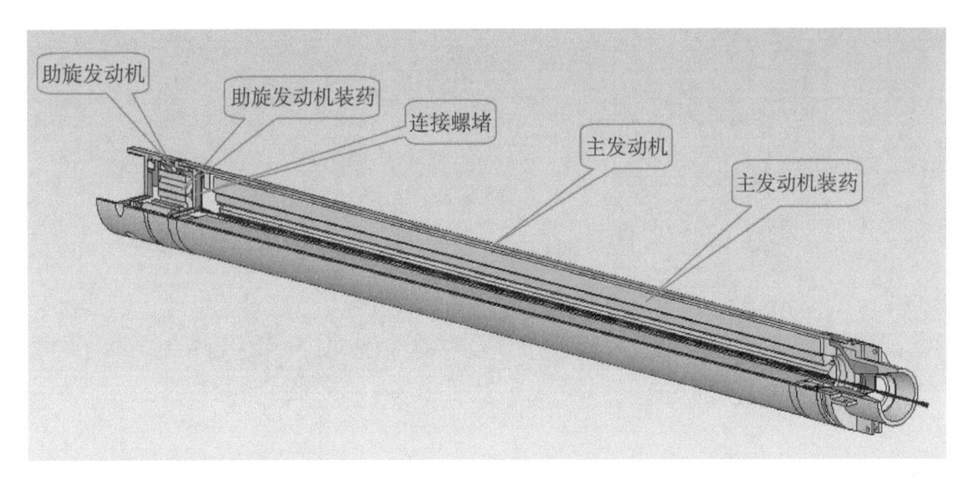

图 4－72　72 mm 航空火箭发动机

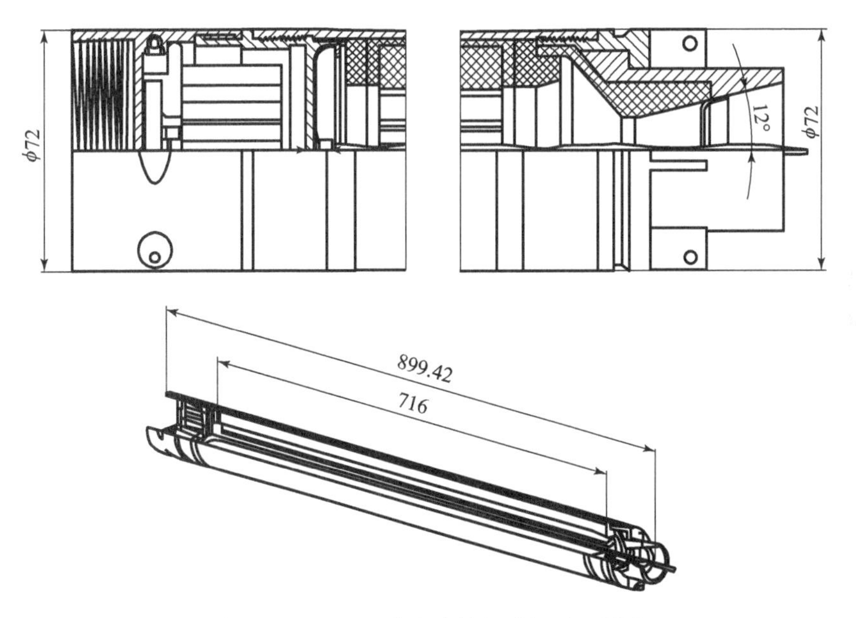

图 4－73　72 mm 航空火箭发动机的工程图

1）主发动机空体

主发动机空体由燃烧室壳体和喷管组件组成。燃烧室壳体采用高强度铝合金机加而成，其两端用螺纹分别与助旋发动机和喷管组件相连。主发动机空体如图 4－74 所示。

2）主发动机装药

该发动机药柱选用复合推进剂，采用贴壁浇铸工艺成形，装药药形为六

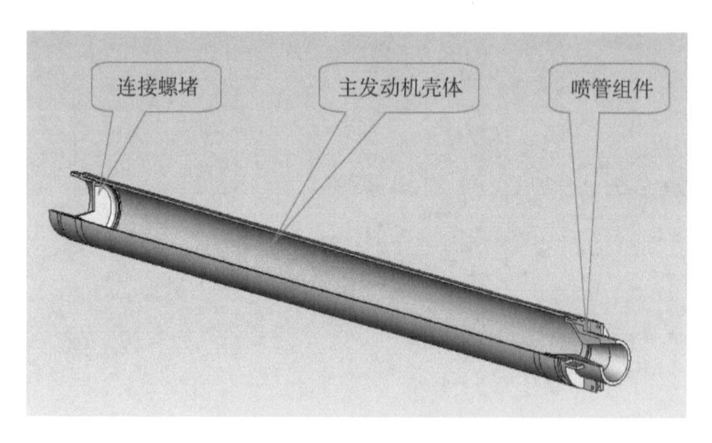

图 4 – 74　主发动机空体

角星形药形，壳体和药柱间有 1.1 mm 厚的包覆隔热层，在装药前后端都采用人为的脱粘措施，包覆隔热层对药柱包覆表面阻燃、径向缓冲；人工脱粘面可防止药柱固化收缩所引起的药柱被撕裂等破坏。主发动机装药如图 4 – 75 所示。

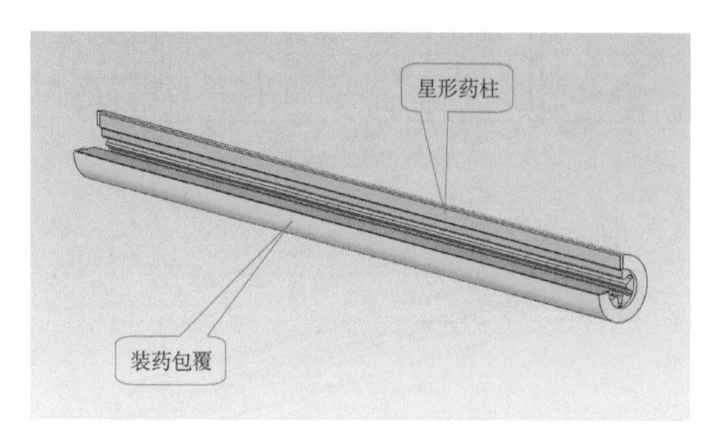

图 4 – 75　主发动机装药

3）发动机前部

发动机前部给出助旋发动机的点火具、多根药柱、助旋发动机与主发动机连接的结构，以及主发动机的点火具、星形装药等结构，如图 4 – 76 所示。

4）发动机后部

发动机后部结构给出装药后部缓冲结构和喷管组件的连接结构。发动机后部结构如图 4 – 77 所示。

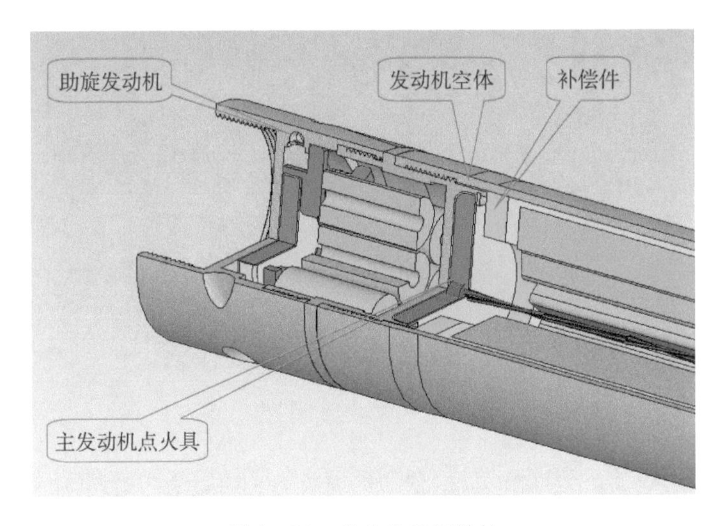

图 4 - 76　发动机前部结构

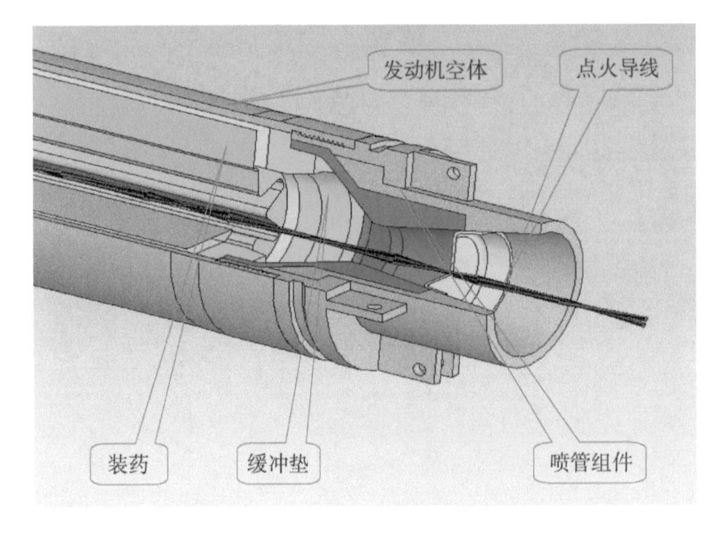

图 4 - 77　发动机后部结构

5）助旋发动机壳体

其采用 45 号钢加工而成，前端采用螺纹与战斗部连接。在壳体前端的六个切向喷管用专用刀具和工装加工。助旋发动机壳体如图 4 - 78 所示。

6）主发动机喷管组件

主发动机喷管由喷管座、喷管体和石墨喉衬组成。在喷管座后端加工有四对弹翼支耳，火箭弹尾翼稳定装置安装在喷管体外侧。火箭弹发射出筒前，尾翼处收拢状态；火箭弹出发射筒后，由弹簧和动作筒推开弹翼稳定火箭飞行。主发动机喷管组件如图 4 - 79 所示。

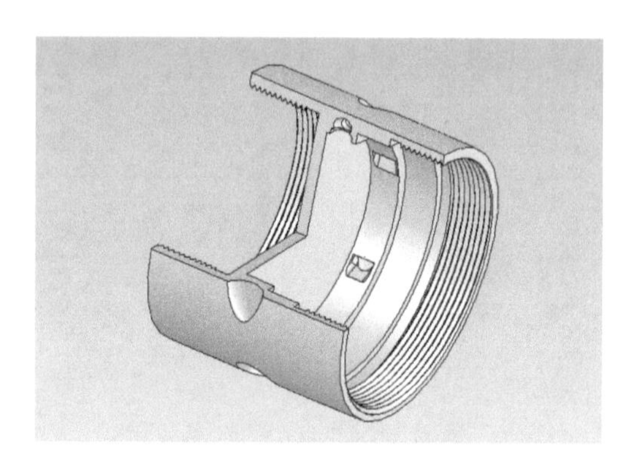

图 4－78　助旋发动机壳体

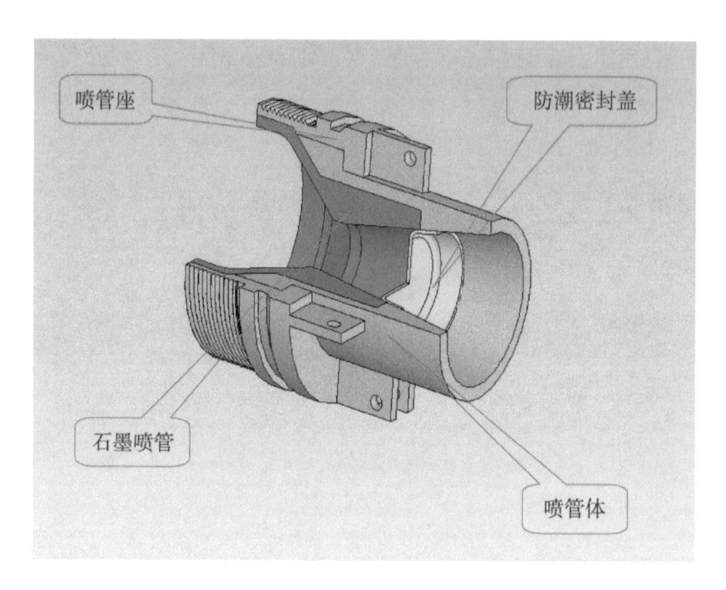

图 4－79　主发动机喷管组件

7）点火具

助旋发动机点火具在药柱前端，装在药盒座内，点火具药盒由赛璐珞片压制，内装电起爆器和 2.5 g 点火药。点火导线通过主发动机连接螺堵与主发动机点火导线并联，两个发动机同时点火。主发动机的点火药盒盒体用薄铁皮冲制，内装 9 g 点火药。主发动机点火具装在连接螺堵的内端面上。弹上所用火工品都满足钝感，防静电和防射频等电气安全要求。发射电源由飞机点火电源供给，供电电压大于 24 V，供电线路最小电流为 5 A。安装位置如图 4－75 所示。

8）结构及质量参数

72 mm 航空火箭发动机结构和质量参数如下：

发动机定心部直径：72 mm；
发动机总长：900 mm；
发动机质量：6.5 kg。
（1）主发动机：
发动机壳体外径：71.2 mm；
发动机壳体内径：65 mm；
燃烧室壳体长度：780 mm；
喷管喉径：20 mm；
扩张半角：12.5°；
扩张比：2；
药柱外径：63.8 mm；
装药长度：715 mm；
药柱长度：705 mm；
药柱质量：2.96 kg；
初始燃烧面积：1 089 cm^2；
面喉比：347；
通气参量：140；
喉通比：0.485；
装填系数：0.74；
工作温度：−55 ~ +55℃。
（2）助旋发动机：
壳体外径：70 mm；
壳体内径：60 mm；
壳体最小直径：50 mm；
切向喷管数：6；
喷喉直径：3 mm；
药柱根数：9；
药柱长度：32 mm；
药柱外径：16 mm；
药柱内径：5 mm；
药柱总质量：0.83 kg。

2. 弹道参数

1）助旋发动机

72 mm 航空火箭助旋发动机的主要弹道性能参数如表 4 − 12 所示。

表 4 - 12　72 mm 航空火箭助旋发动机的主要弹道性能参数　温度：-55 ~ +55 ℃

主要参数	不同温度下的参数值/℃		
	+55	+20	-55
最大压强/MPa	13.73	12.75	9.6
平均压强/MPa	11.47	10.30	7.94
燃烧时间/s	0.25	0.27	0.35
提供转速/($r \cdot min^{-1}$)	3 300	3 210	3 060

2）主发动机弹道性能参数

主发动机弹道性能参数如表 4 - 13 所示。

表 4 - 13　主发动机弹道性能参数　温度：-55 ~ +55 ℃

主要参数	不同温度下的参数值/℃		
	+55	+20	-55
最大推力/kN	6.345	5.835	4.855
平均推力/kN	5.168	4.756	4.158
最大压强/MPa	14.57	13.45	11.98
平均压强/MPa	11.64	10.62	9.36
燃烧时间/s	1.05	1.16	1.29
工作时间/s	1.35	1.47	1.68
推力冲量/($kN \cdot s$)	6.261	6.175	6.127
比冲/($N \cdot s \cdot kg^{-1}$)	2 200	2 170	2 152

3）主发动机压强曲线（图 4 - 80）

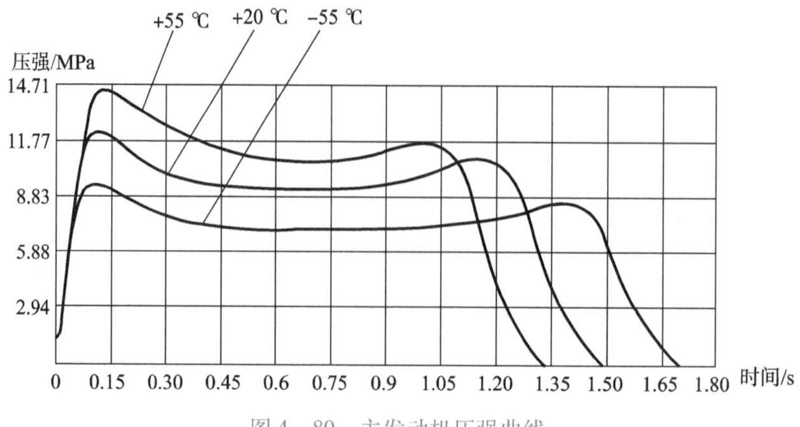

图 4 - 80　主发动机压强曲线

3. 性能特点

（1）主发动机选用复合推进剂和贴壁浇铸工艺成形装药，推进剂能量高、装填密度大，使发动机具有较高的推进效能。发动机壳体采用高强度铝合金材料，发动机结构质量小，综合性能好。

（2）采用独立的助旋发动机为全弹飞行提供旋转力矩，使弹在飞行中低速旋转，有效减少发动机推力偏心对火箭弹射击精度的影响。结构上通过前底与战斗部连接，后端通过转连接螺堵与主发动机连接，使两个发动机的结构紧凑也利于装配运输和储存。

4. 工程应用

72 mm 航空火箭弹为空对空火箭弹，该弹装备在歼击机上用于攻击轰炸机、预警机、直升机和歼击机等空中目标。性能参数如下：

弹径：72 mm；

弹长：1 330 mm；

全弹质量：9.1kg；

地面最大射程：1 193 m；

地面最大速度：840 m/s；

1.3 m 长炮管初速：36.9 m/s；

最大转速：3 300 r/min；

主动距离：628 m；

全弹道飞行时间：57.8 s；

发射时间间隔：0.045 s。

4.3.10　90 mm 航空火箭发动机

90 mm 航空火箭是一种小直径空对地火箭弹。火箭弹装在飞机携带的火箭发射器内，每架飞机可携带两个发射器分别挂在机翼两侧。以一次两发分别从两个发射器的对称弹位上连续发射。该发动机由发动机空体、装药和喷管座组件组成。在发动机喷管座的弹翼支耳上装配刀形翼片后构成火箭部，再通过发动机前堵盖的螺纹与杀伤爆破或破甲战斗部连接，组装成全备航空火箭弹。

1. 结构组成

90 mm 航空火箭发动机由发动机空体、装药、后挡板、点火具和稳定装置组成。90 mm 航空火箭发动机如图 4－81 所示，其工程图如图4－82所示。

1）发动机空体

发动机空体由燃烧室壳体、前堵盖和喷管组件组成。燃烧室壳体采用

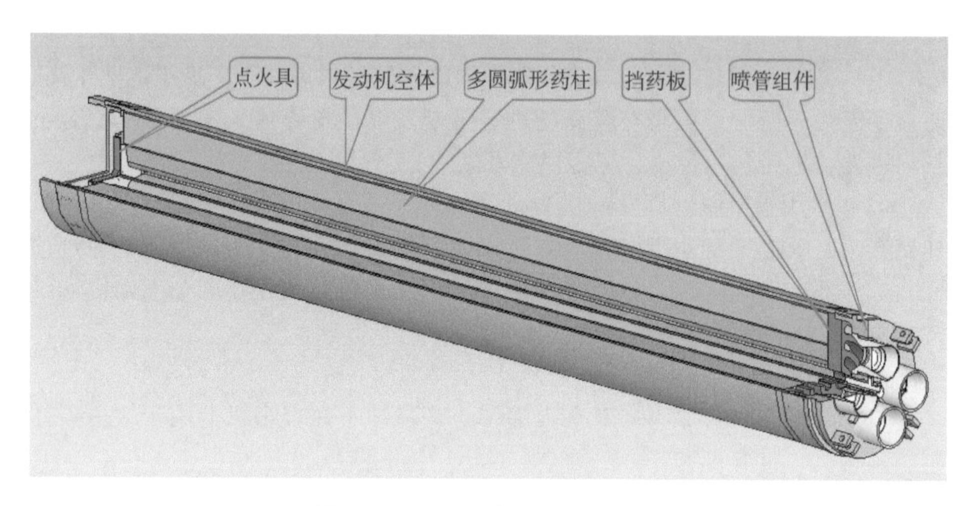

图 4-81　90 mm 航空火箭发动机

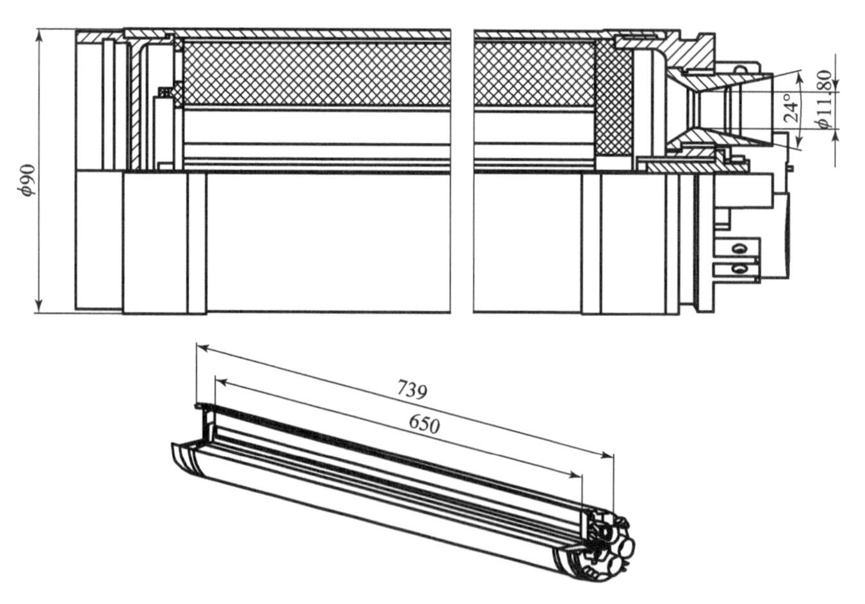

图 4-82　90 mm 航空火箭发动机的工程图

30CrMnSiA 加工而成，其两端用螺纹分别与前堵盖和喷管组件相连。壳体材料经热处理后强度可达到 1 176.84 MPa，延伸率为 10%。发动机空体如图 4-83 所示。

2）发动机装药

该发动机装药选用普通双基推进剂，药形为多圆弧形，采用螺压工艺成形，为单根内外表面和两端面都燃烧的药柱。药柱由后端挡药板和前端的药盒支架进行轴向固定，药柱外表面也为多圆弧形，利用外圆弧形的最大直径

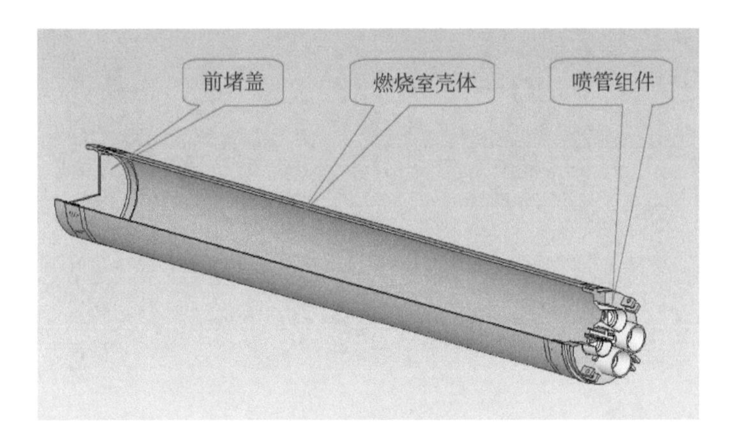

图4－83　发动机空体结构

处与燃烧室内表面构成径向定位。装药药形如图4－84所示。药柱定位结构如图4－85和图4－86所示。

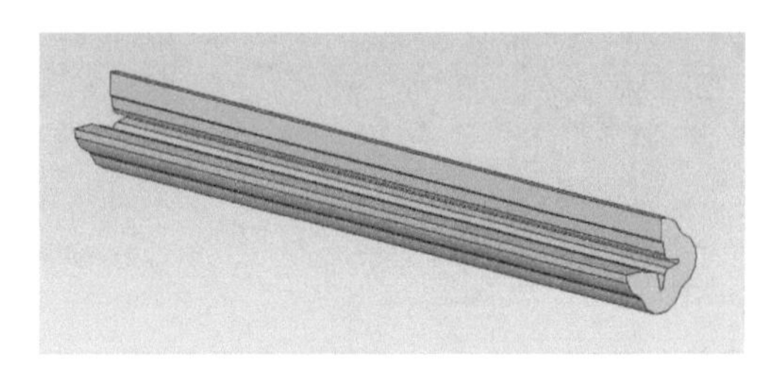

图4－84　装药药形

3）发动机前部

发动机前部给出发动机的点火具、多圆弧形药柱与燃烧室内表面的径向定位结构与前端药盒支架构成的轴向定位结构等。发动机前部结构如图4－85所示。

4）发动机后部

发动机后部结构给出装药后部定位结构和喷管组件的连接结构。在喷管座内安装有弹翼张开装置，靠燃烧室燃气压强推动该装置中的活塞打开弹翼片。发动机后部结构如图4－86所示。

5）喷管组件

喷管组件由喷管座和四个喷管组成。在喷管座后端加工有四对弹翼支耳，通过弹翼销安装弹翼片。火箭发射出筒后在燃烧室内燃气压强作用下，推动弹翼张开装置的活塞后移带动喷管座后端面上的十字形弹翼支架向后移动，利用弹翼片上的斜面同时张开弹翼，在飞行气动力的作用下，弹翼被卡在预定位置上并形成稳定火箭弹飞行的后掠角。

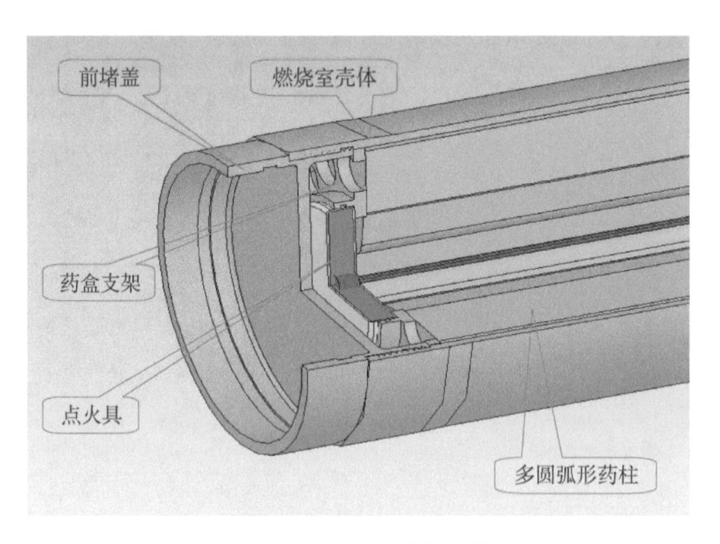

图 4-85　发动机前部结构

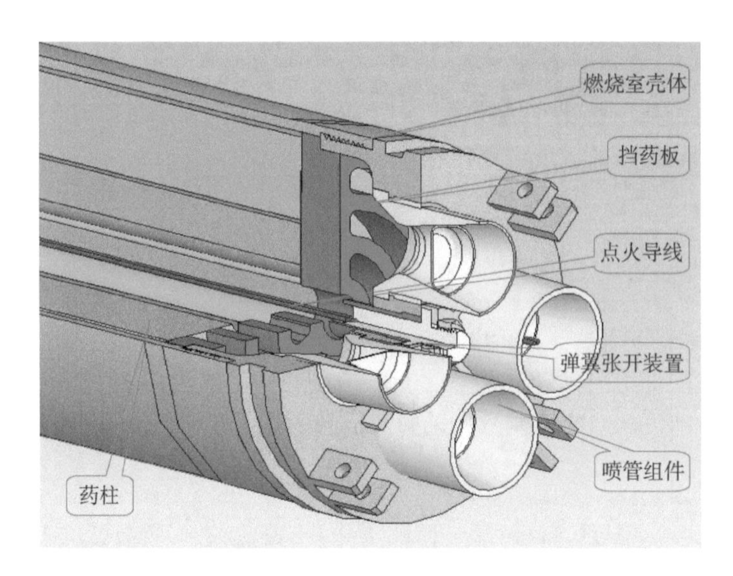

图 4-86　发动机后部结构

除了设计火箭弹稳定装置需要采用四个喷管以外，还有效地缩短了火箭弹的弹长，这对飞行使用的航空舰来讲也是十分必要的。喷管组件结构如图 4-87 所示。

四个喷管压装在喷管体上沿周向均布。各喷管的轴与喷管体所在圆相切并向切向偏斜 2°角，利用这个安装角产生的推力的切向分力为火箭弹飞行提供旋转的力矩，使弹低速旋转用来减少由发动机推力偏心引起火箭散布。

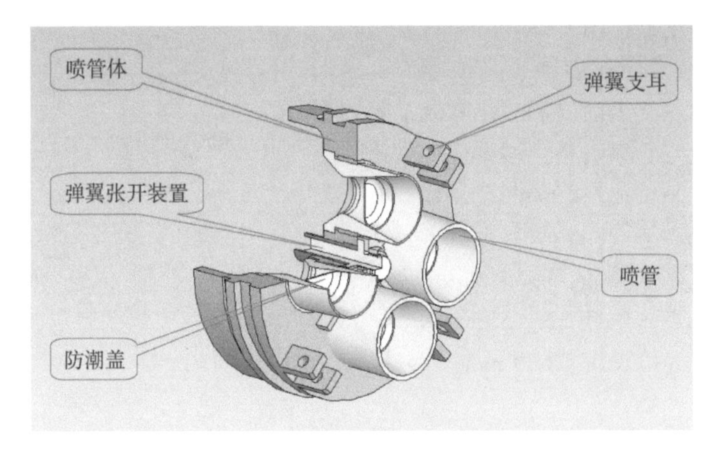

图4－87　喷管组件结构

6）弹翼张开装置

弹翼张开装置中活塞体与喷管体螺纹连接固定，十字支架用螺帽装在活塞杆上。燃烧室内燃气作用在活塞杆的端面上在压强作用下将活塞杆向后推出，带动十字架向后推移，弹翼翼根斜面受十字支架向后推作用力后，将弹翼打开。其结构如图4－88所示。

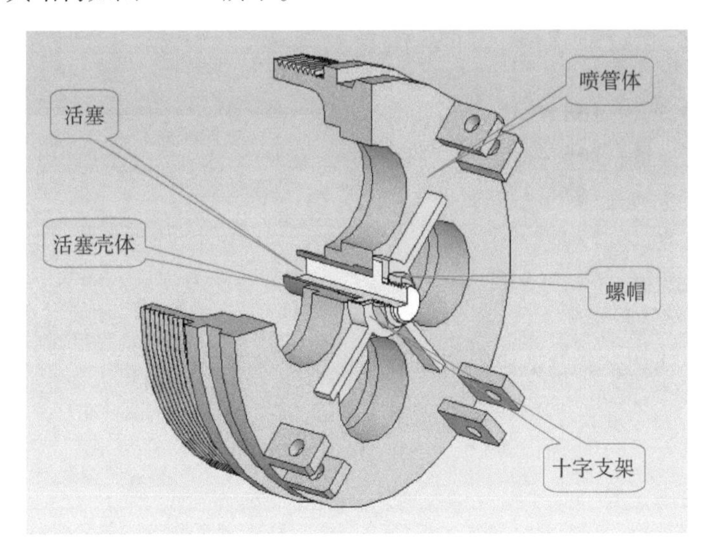

图4－88　弹翼张开装置

7）点火具

发动机点火具在药柱前端装在药盒支架内，点火具药盒由薄铁皮冲制，内装电起爆器和23 g点火药。点火具点火电阻为1.25～2.25 Ω，可靠发火电流为3.5 A，安全电流为1 A，属于钝感型电起爆器。点火具安装位置如

图 4 - 85 所示。

8）结构及质量参数

90 mm 航空火箭发动机结构及质量参数如下：

发动机定心部直径：90 mm；

发动机总长：740 mm；

发动机质量：7.5 kg；

发动机壳体外径：89.4 mm；

发动机壳体内径：84.5 mm；

燃烧室壳体长度：650 mm；

喷管数：4；

喷管喉径：11.8 mm；

扩张半角：12°；

扩张比：2；

药柱最大外径：83 mm；

药柱长度：650 mm；

药柱质量：4.4 kg；

初始燃烧面积：2 263.3 cm^2；

面喉比：517；

初始通气面积：13.52 cm^2；

外通气参量：168.4；

内通气参量：165.4；

总通气参量：167.4

装填系数：0.76；

工作温度：-60 ~ +50℃。

2. 弹道参数

90 mm 航空火箭发动机的主要性能参数如表 4 - 14 所示。

表 4 - 14 90 mm 航空火箭发动机的主要性能参数 温度：-60 ~ +50 ℃

主要参数	不同温度下的参数值/℃		
	+50	+20	-60
平均推力/kN	9.16	7.9	5.95
最大压强/MPa	22.75	16.5	11.83
平均压强/MPa	15.1	13.02	9.81
燃烧时间/s	0.74	0.89	1.19

续表

主要参数	不同温度下的参数值/℃		
	+50	+20	-60
工作时间/s	0.81	0.94	1.24
推力冲量/(kN·s)	7.45	7.4	7.36
比冲/($N \cdot s \cdot kg^{-1}$)	2 000	1 991	1 899

3. 性能特点

（1）发动机装药采用内外表面燃烧的多圆弧形药柱，与单根管形药柱相比，在相同药柱长度和通气参量条件下，该药形药柱可使装药量增加，初始燃烧面积也增加，增大了初始推力。

（2）该药形几何参数确定的较为合理，在增加装药量的前提下，内外通气参量接近，使药柱燃烧后期药柱内外腔的压强相对平衡，避免由于内外腔压差过大而产生碎药，并可使装药点火的一致性较好。

（3）该火箭弹的稳定装置设计充分利用燃烧室内燃气压强产生的推动力，使装置中的活塞向后移动，用十字架同时打开四片弹翼，各翼片打开的一致性好，机构作用可靠，很好地满足了火箭弹稳定飞行的要求。

4. 工程应用

90 mm航空火箭弹为空对地火箭弹，该弹装备在歼击机上用于攻击地面坦克群、集结的部队、敌方营地、防御工事等目标。火箭弹配备杀伤爆破和破甲两种战斗部，其弹道性能参数如表4-15所示。

表4-15　90 mm航空火箭弹主要弹道性能参数

主要参数	杀暴战斗部	破甲战斗部
弹径/mm	90	90
弹长/mm	1 204 ~ 1 212	1 257 ~ 1 267
全弹质量/kg	16.8	14.6
火箭部质量/kg	9	9
地面最大射程/m	9 000	8 000
主动段斜距/m	280	280
地面最大速度/($m \cdot s^{-1}$)	496.2	599
地面最大转速/($r \cdot min^{-1}$)	1 140	1 140

续表

主要参数	杀暴战斗部	破甲战斗部
发射器出口速度/(m·s^{-1})	37	37
启动时间/s	0.025	0.025
发射间隔时间/s	0.07	0.07

4.3.11 130 mm 航空火箭发动机（一）

130 mm 航空火箭是中等直径空对地火箭弹。火箭弹装在飞机携带的火箭发射器内，每架飞机可携带两个发射器，每个发射器装填4枚火箭弹，分别挂在机翼两侧。该火箭弹的发动机和装在喷管座弹翼支耳上的刀式翼片构成火箭部，发动机前端通过前连接件的螺纹与战斗部直接连接，组装成全备航空火箭弹。该火箭弹共有两种不同壳体材料的发动机，分别是玻璃纤维缠绕的壳体发动机和钢材料壳体发动机。玻璃纤维缠绕的壳体也称玻璃钢壳体。由这两种材料发动机壳体组成的航空火箭弹除地面最大射程、飞行时间等弹道性能都相同以外，火箭弹配用的战斗部、稳定装置和弹体结构均相同，只是玻璃钢壳体发动机的火箭弹采用轻质复合材料，发动机的总质量较钢壳体发动机轻5.5 kg，综合性能较好。

1. 结构组成

130 mm 航空火箭发动机（一）由发动机空体、装药、前支撑、后挡板、点火具、补偿件等零部件组成。130 mm 航空火箭发动机（一）如图4-89所示，其工程图如图4-90所示。

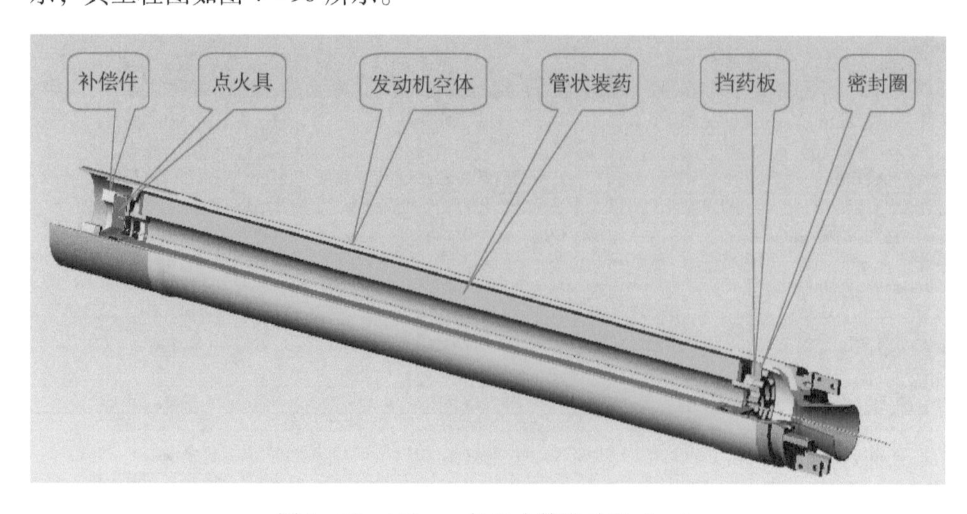

图4-89 130 mm 航空火箭发动机（一）

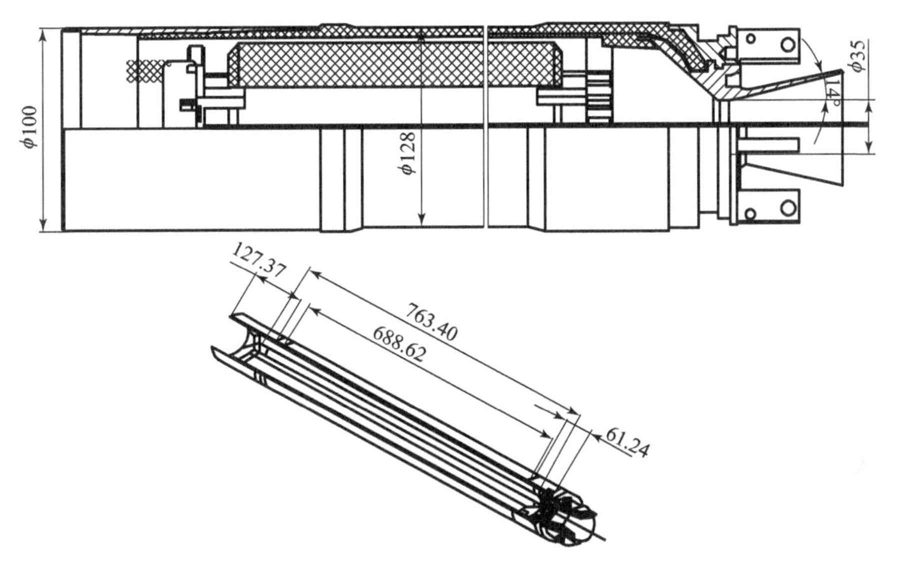

图 4-90　130 mm 航空火箭发动机（一）的工程图

1）发动机空体

发动机空体由玻璃纤维缠绕的燃烧室壳体、壳体隔热内衬、前连接件、被玻璃纤维包缠的喷管和弹翼座组成。前连接件用 30CrMnSiA 合金钢加工，喷管座和弹翼座采用 45 号钢经机械加工制造。燃烧室壳体是用玻璃纤维缠绕而成，内衬材料为丁腈橡胶材料，采用未经硫化的胶片专门铺设在缠绕芯模上，经纤维缠绕、固化形成与玻璃纤维一体的隔热内衬。发动机空体结构如图 4-91 所示。

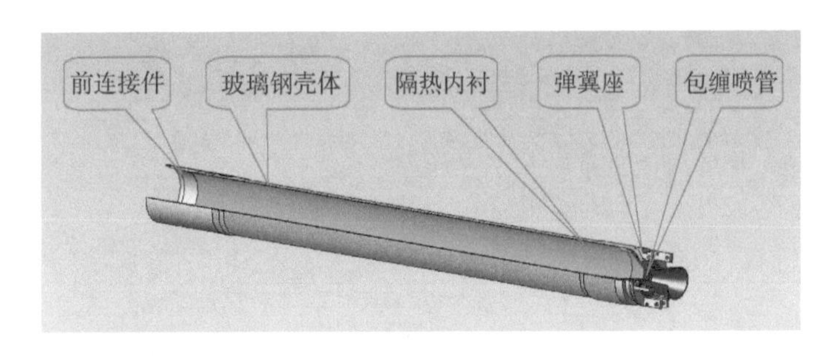

图 4-91　发动机空体结构

燃烧室壳体采用普通玻璃纤维浸渍环氧树脂缠绕成形。这种复合材料制成发动机壳体具有很多优点，应用也较普遍。

（1）高强纤维缠绕复合材料比强度（复合材料抗拉强度与材料密度之比）较高，与金属材料壳体相比可以有效减轻发动机的消极质量、增加发动机的质量比和冲量比。

（2）根据承受内压筒形薄壁壳体强度理论，壳体所受强度是按照径向应力与纵向应力 2∶1 的比例分布的。纤维缠绕壳体通过缠绕线型设计和强度设计，使壳体径向强度与纵向强度也按照 2∶1 的比例进行分配实现“等强度设计”。这就避免了采用均质材料壳体纵向强度过剩的问题，使每束缠绕纤维的抗拉强度得到充分发挥，能进一步减轻壳体的消极质量。

（3）对大尺寸或长细比较大的无控火箭武器，采用这种轻质高强发动机壳体与金属材料壳体相比，火箭的质心前移，稳定储备量增大。在相同飞行稳定储备量的条件下可使火箭稳定装置的质量减轻，这对于大型火箭武器来说可有效减轻火箭的结构质量。

（4）纤维缠绕成形的非金属材料具有很好的隔热性能：这一方面可以减少装药燃烧的散热损失，提高发动机的推进效能；另一方面，在使用环境温度骤然变化条件下，由于材料的隔热性能好可避免或减轻这种温度冲击对装药的不利影响，这对机载武器尤为重要。

2）发动机装药

该装药选用普通双基推进剂，采用螺压工艺成形。药形为两端面包覆的内外表面燃烧管形药形。装药由后端挡药板和前支撑件通过定位支承结构固定，保证装药轴与发动机轴向的同轴度，以减少装药的几何偏心、质量偏心及燃气流偏心对发动机推力偏心的影响。发动机装药如图 4－92 所示。药柱定位结构如图 4－93 和图 4－94 所示。

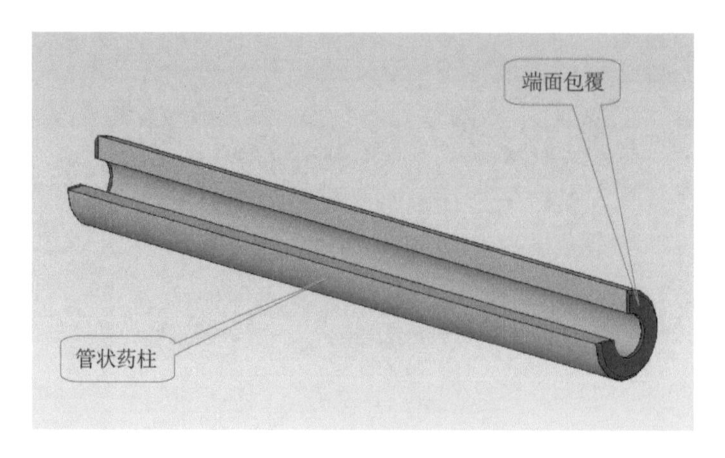

图 4－92　发动机装药

3）发动机前部

发动机前部给出发动机的点火具，装药及其在燃烧室内的轴向、径向定位结构，点火具的安装结构等。装药在燃烧室前端的定位与支撑是通过前支撑件上的三个均布的定位凸爪实现的，三个定位凸爪深入装药内孔进行径向定位，其端面用于装药的轴向定位。而前支撑件前端的容腔内安放点火具，通过补偿件上的压盖对点火具进行封装保护。前支撑件、压盖都采用玻璃纤维预浸料压制，尺寸一致性好，质量轻，利于大量生产。用航空海绵橡胶环、压盖和前端塑料车制的垫片构成的补偿件，对装药可能受到的外力进行缓冲，对温差和尺寸误差引起的尺寸偏差进行补偿。发动机前部结构如图4-93所示。

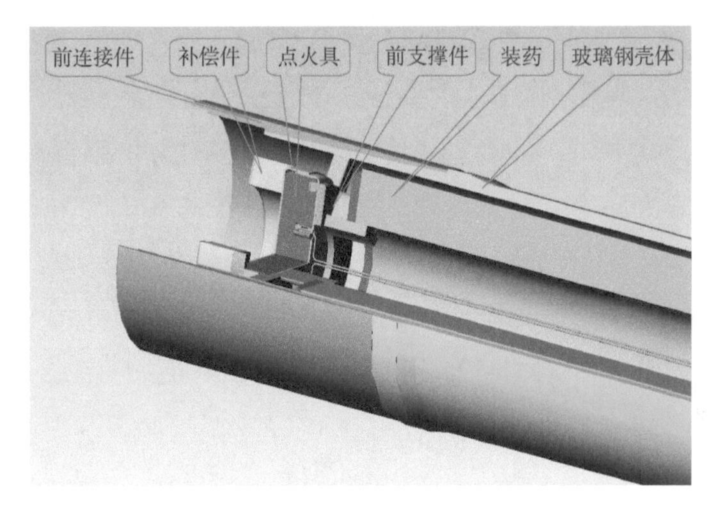

图4-93　发动机前部结构

4）发动机后部

发动机后部结构给出装药、密封胶圈和挡药板的安装结构，防烧穿密封结构及喷管包缠结构。密封圈用耐热橡胶压制装在挡板的后端外缘缺口内，其作用是防止高压燃气窜入壳体后端。防烧穿密封结构是在专铺内衬胶片时制作的。其装配和成形过程是先将与内衬同材料，未硫化的密封胶圈装在缠绕芯模后端，将喷管装配到位再铺内衬胶片，形成将喷管前端包在内衬胶片和内衬胶圈之间的结构。在缠绕环向纤维和螺旋纤维，经固化后，就在喷管前端成形出防烧穿密封结构。发动机后部结构如图4-94所示。

5）前支撑件

前支撑件采用玻璃纤维预浸料压制。该件的一端压制有三个定位凸爪，深入装药内孔实现径向定位，凸爪端面对装药轴向定位；另一端压制成带三个缺口的圆台形，其内径和深度都与点火具尺寸相协调，并作为安装点火具

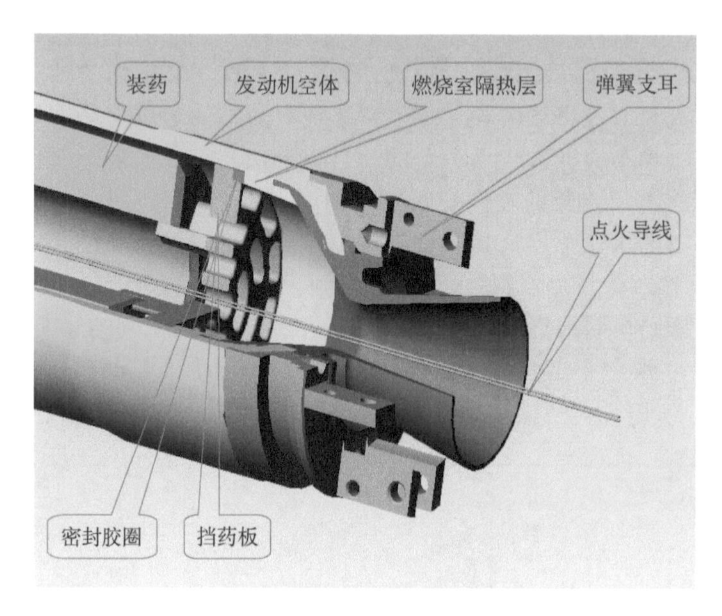

图 4－94 发动机后部结构

的容腔，与补偿件装配后形成对点火具的安全防护结构。前支撑件如图 4－95 所示。

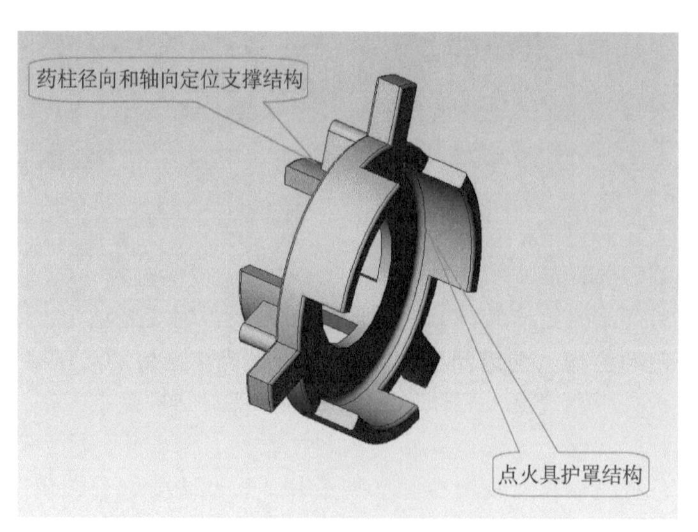

图 4－95 前支撑件

6）补偿件

该组件由压盖、航空海绵橡胶环和垫片组成。压盖采用玻璃纤维预浸料压制，垫片用纤维板车制。该组件的作用是对装药进行缓冲与补偿，并装在前支撑的前端起保护点火具的作用。补偿件如图 4－96 所示。

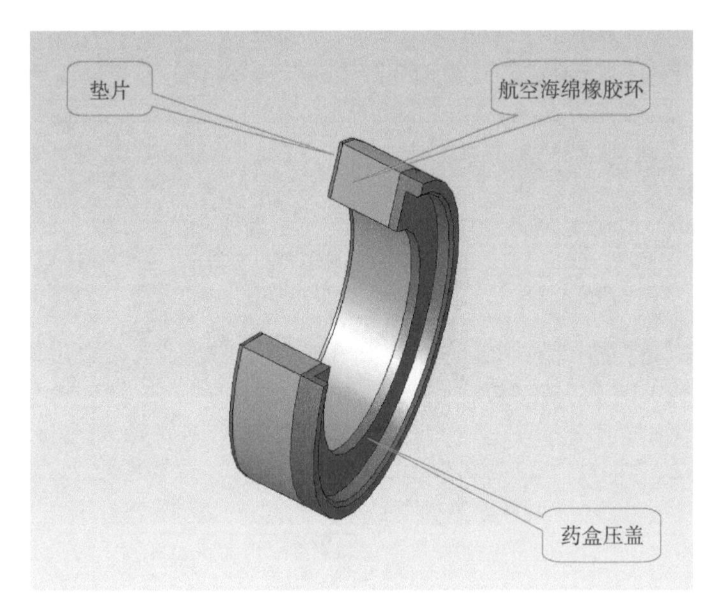

图4－96　补偿件

7）挡药板

挡药板也采用玻璃纤维预浸料压制，起支撑、定位装药和在燃烧后期阻挡碎药的双重作用。挡药板如图4－97所示。

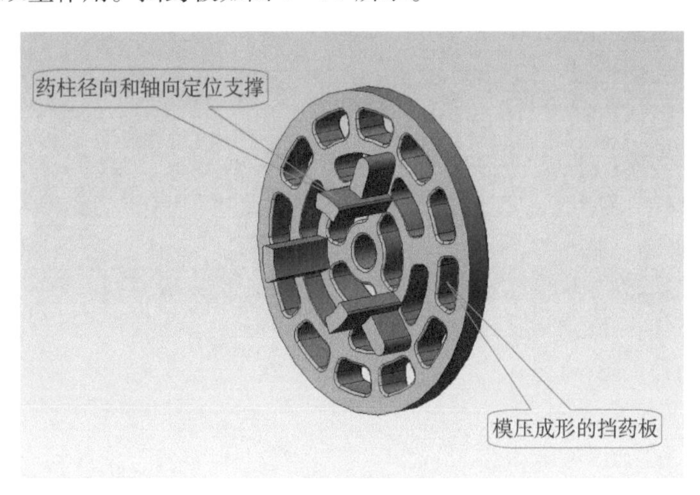

图4－97　挡药板

8）点火具

点火具由点火药盒、两个并联电发火管和装在药盒内的点火药构成。点火药为15 g 2#黑火药。电发火管为钝感型，在1A电流、1 W电能量作用持续

5 min 条件下，不能发火。该点火具在 5 ~8 A 电流作用下 100% 发火。点火具装配位置如图 4 -93 所示，其结构如图 4 -98 所示。

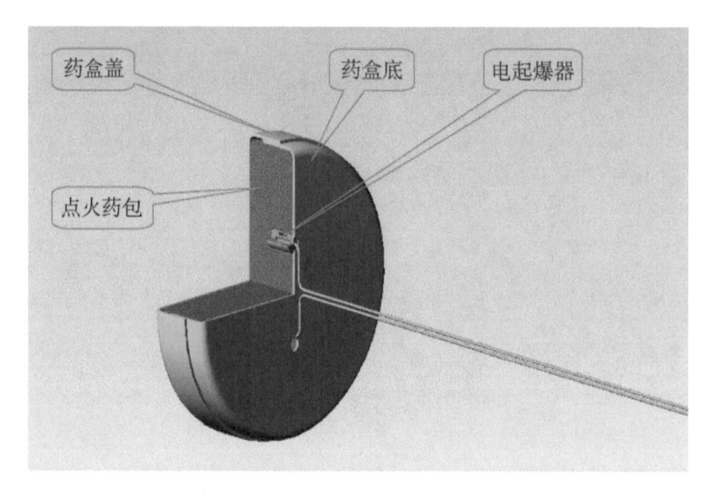

图 4 -98 点火具结构

9）结构及质量参数

130 mm 航空火箭发动机（一）结构及质量参数如下：

发动机定心部直径：130 mm；

发动机总长：1 216 mm；

发动机质量：20. 5 kg；

发动机壳体外径：128 mm；

发动机壳体内径：116 mm；

燃烧室壳体长度：650 mm；

喷管喉径：35 mm；

扩张半角：14°；

扩张比：2；

药柱外径：108. 5 mm；

药柱内径：53 mm；

药柱长度：935 mm；

药柱质量：10. 4 kg；

初始燃烧面积：4 739. 8 cm^2；

面喉比：493；

外通气参量：240. 96；

内通气参量：70. 49；

总通气参量：134. 4

装填系数：0.67；

工作温度：-50~+50℃。

2. 弹道参数

1）130 mm 航空火箭发动机（一）的主要弹道性能参数

发动机主要性能参数如表4-16所示。

表4-16 发动机主要性能参数 温度：-50~+50 ℃

主要参数	不同温度下的参数值/℃		
	+50	+20	-50
最大推力/kN	25.1	18.79	14.01
平均推力/kN	23.1	17.71	13 023
最大压强/MPa	18.24	13.59	10.36
平均压强/MPa	17.26	13.06	9.72
燃烧时间/s	0.90	1.11	1.48
工作时间/s	0.96	1.17	1.57
点燃时间/s	0.031	0.04	0.05
推力冲量/(kN·s)	21.32	21.11	21.12
比冲/($N·s·kg^{-1}$)	2 070	2 050	2 050

2）弹道曲线

燃烧室压强曲线如图4-99所示，发动机推力曲线如图4-100所示。

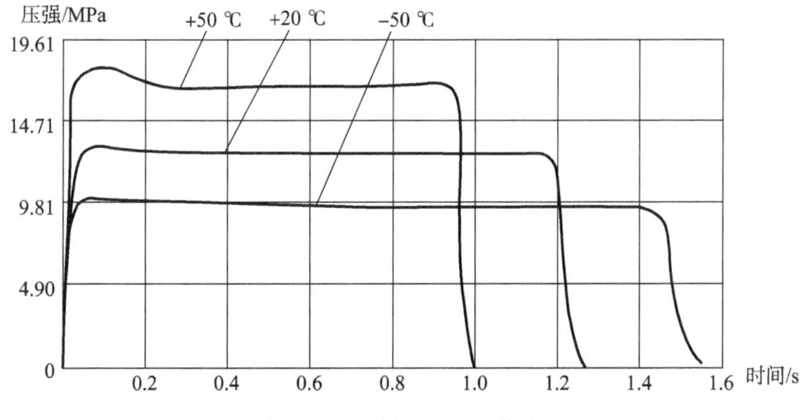

图4-99 燃烧室压强曲线

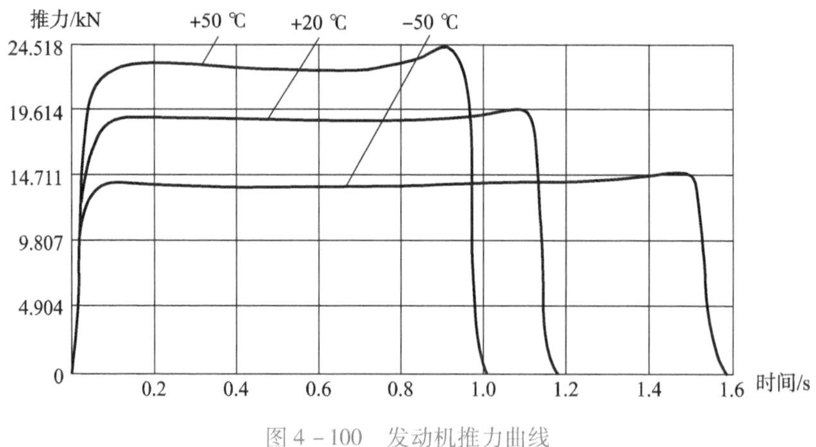

图 4-100 发动机推力曲线

3. 性能特点

（1）该发动机采用内外表面燃烧的管状装药，玻璃钢壳体内壁直接受高温高压燃气流的烧蚀和冲刷，工作条件更为苛刻。由于采用有效的热防护措施发动机性能稳定、工作可靠。

（2）发动机壳体和其他膛内结构件均采用轻质高强复合材料制成，因材料比强度高，隔热性好，使发动机的结构质量轻，减少了发动机的热损失。

（3）该发动机装药采用外通气参量大于内通气参量的单根管状装药，外通气参量与内通气参量值比达到 3.4∶1，与该比值为 1 的装药形比增大了燃烧面积，增加了装药质量，可有效增加射程。

（4）发动机空体内形面尺寸由芯模保证，尺寸和形位稳定，同轴性好，装药和燃烧室内各结构件均以发动机轴线为基准进行定位装填，喷管与发动机轴线同轴性好，这就保证了装药在燃烧室装填的质量偏心、几何偏心最小，装药燃烧的燃气流偏心最小，有效减少了发动机的推力偏心。

（5）发动机的综合性能好。该发动机的质量比（药柱质量与发动机总质量之比）达到 0.52，高于同类型钢壳体发动机。该发动机比冲为 2 050 ~ 2 070(N·s)/kg，比钢壳体发动机高出 50 ~ 70(N·s)/kg。由于采用玻璃纤维缠绕的复合材料壳体有效改善了发动机的综合性能，在战斗部质量和达到地面相同射程的条件下，使全被弹质量减轻了 5.5 kg。

（6）采用芯模缠绕的复合材料壳体和保证与发动机同轴度的各项措施，使发动机的推力偏心小，有效提高了地面飞行试验的立靶精度，由该发动机组装的 130 mm 航空火箭弹，其立靶圆散布值达到 1.91 m，明显高于钢壳体发动机组装的同型号火箭弹。

（7）发动机采用环氧玻璃钢复合材料成本低，其他膛内结构件如挡药板、前支撑件、盖板等均采用玻璃纤维模压件，成本低、工艺简单、生产效率高、原材料来源广、利于大量生产。

（8）该发动机经上百发地面静止点火试验、地面飞行试验和强击机发射试验考核，证明发动机性能稳定，工作可靠。

4. 工程应用

130 mm 航空火箭弹为空对地火箭弹，该弹装备在强击机上，配有玻璃钢壳体发动机和钢壳体发动机，并与火箭稳定装置和杀伤爆破战斗部能组装成两种不同质量的航空火箭弹，用于攻击地面坦克群、集结的部队、敌方营地、防御工事、海上中型舰艇等目标。其主要弹道性能参数如表 4－17 所示。

表 4－17　130 mm 航空火箭弹主要弹道参数

主要参数	参数值
弹径/mm	130
弹长/mm	2 071
全弹质量/kg	40. 5
火箭部质量/kg	23
地面最大射程/m	7 400
地面最大速度/($m \cdot s^{-1}$)	540
地面最大转速/($r \cdot min^{-1}$)	1 350
发射器出口速度/($m \cdot s^{-1}$)	30
启动时间/s	0. 1 ~0. 135
发射间隔时间/s	0. 12
300 m 立靶圆散布/m	1. 91

4. 3. 12　130 mm 航空火箭发动机（二）

130 mm 航空火箭除配用玻璃钢壳体发动机外，还可配用钢壳体发动机。两种火箭弹除发动机壳体材料不同以外，火箭弹的结构、装药及稳定装置均相同。由于玻璃钢壳体较钢壳体发动机的质量较轻，其综合性能也较钢壳体发动机组装的火箭弹要好。

1. 结构组成

130 mm 航空火箭发动机（二）的结构由发动机空体、装药、前支座、后挡板、点火具、缓冲弹簧等零部件组成。130 mm 航空火箭发动机（二）如图 4－101 所示，其工程图如图 4－102 所示。

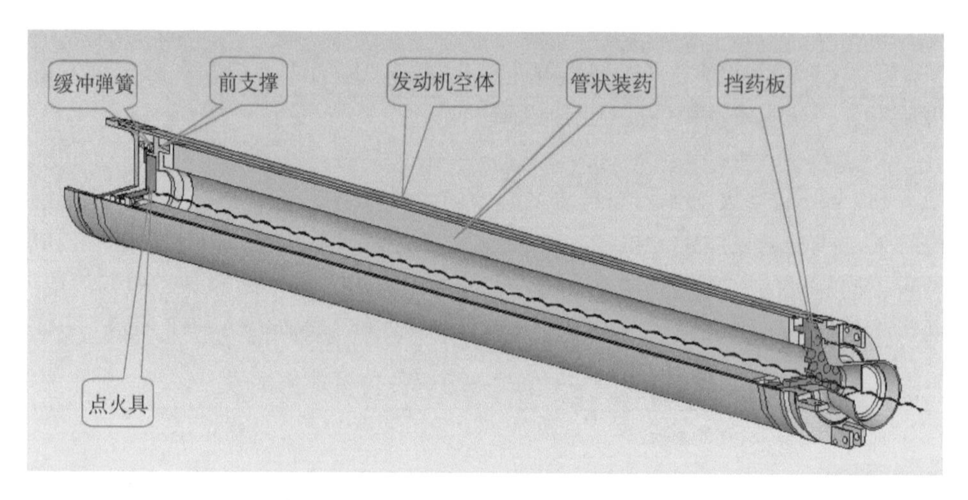

图 4-101　130 mm 航空火箭发动机（二）

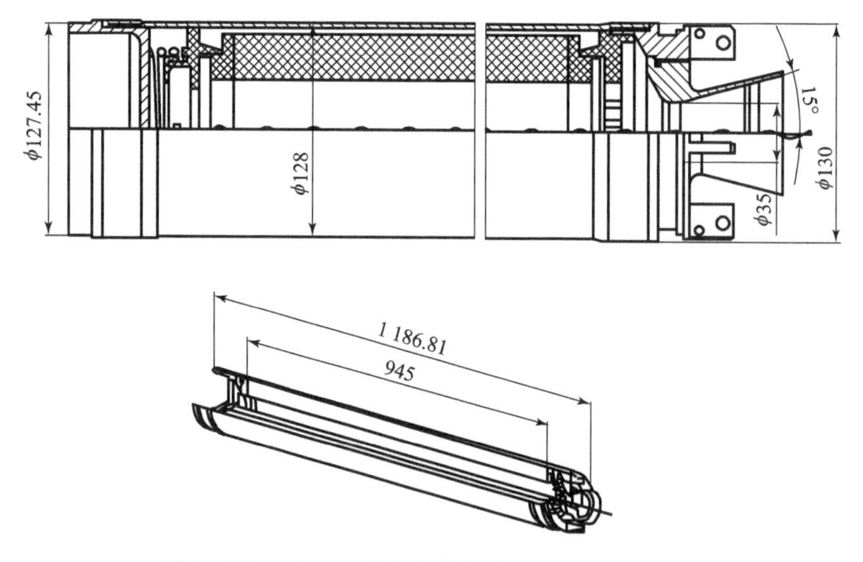

图 4-102　130 mm 航空火箭发动机（二）的工程图

1）发动机空体

发动机空体由 30CrMnSiA 合金钢加工的燃烧室壳体、壳体涂层、喷管座组件组成。前堵盖只用作发动机地面静止试验的专用件。喷管座组件的后盖和喷管均采用 45 号钢经机械加工而成。发动机空体结构如图 4-103 所示。

2）发动机装药

该发动机装药选用普通双基推进剂，采用螺压工艺成形，为两端面包覆的内外表面燃烧管形药柱。药柱由后端挡药板和前支撑件通过定位支承结构固定，保证装药轴与发动机轴向的同轴度以减少装药的几何偏心、质量偏心

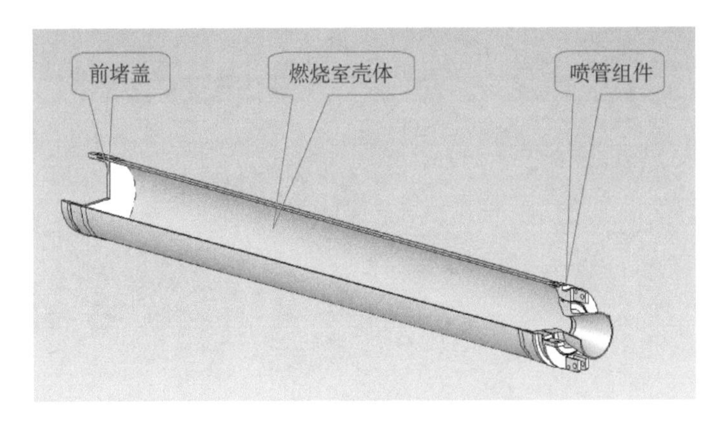

图 4－103　发动机空体结构

及燃气流偏心对发动机推力偏心的影响。其装药结构和装填形式均与 130 mm 航空火箭发动机（一）相同。装药药形如图 4－104 所示。药柱定位结构如图 4－105 和图 4－106 所示。

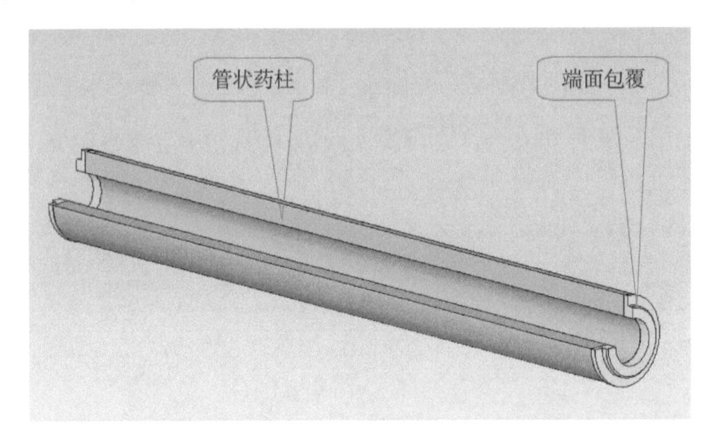

图 4－104　装药药形

3）发动机前部

发动机前部给出发动机的点火具，装药及其在燃烧室内的轴向、径向定位结构，点火具的安装结构等。装药在燃烧室前端的定位与支撑是通过前支撑件上的三个均布的定位凸爪实现的，三个定位凸爪深入装药内孔进行径向定位，其端面用于对装药的轴向定位。而前支撑件前端的容腔内安放点火具，通过补偿件上的压盖对点火具进行封装保护。前支撑件、压盖都采用玻璃纤维预浸料压制，尺寸一致性好、质量轻、利于大量生产。发动机采用弹簧对装药可能受到的外力进行缓冲，对温差和尺寸误差引起的尺寸偏差进行补偿。发动机前部结构如图 4－105 所示。

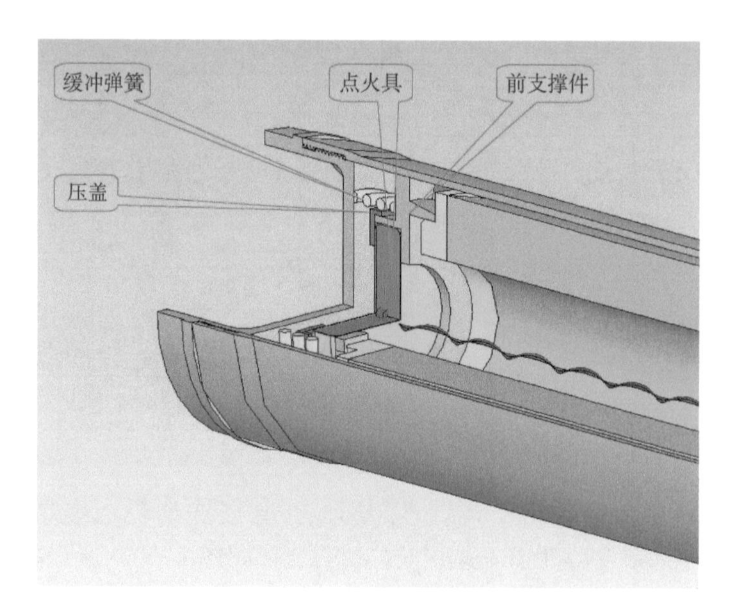

图 4-105 发动机前部结构

4）发动机后部

发动机后部结构给出装药、挡药板的安装结构。发动机后部结构如图 4-106 所示。

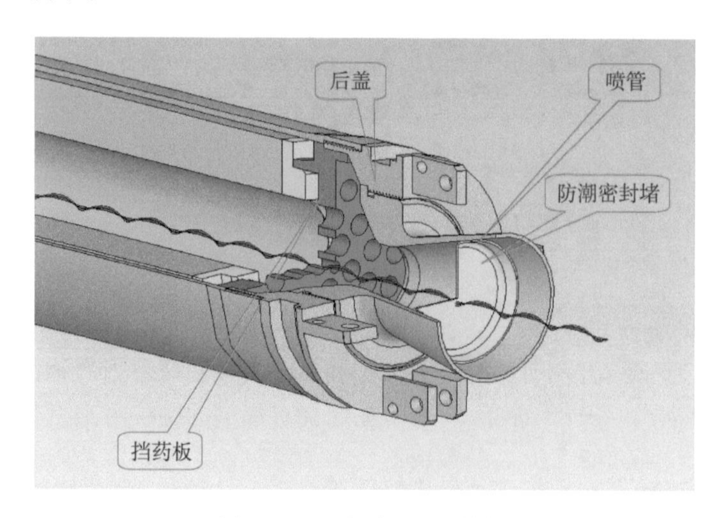

图 4-106 发动机后部结构

5）前支撑件

其采用玻璃纤维预浸料压制。该件的一端压制有三个定位凸爪，深入装药内孔实现径向定位，凸爪端面对装药轴向定位；另一端压制成带三个缺口的圆台形，其内径和深度都与点火具尺寸相协调，并作为安装点火具的容腔与压盖装配后形成对点火具的安全防护结构。其结构也与玻璃钢发动机相同，如图4－107所示。

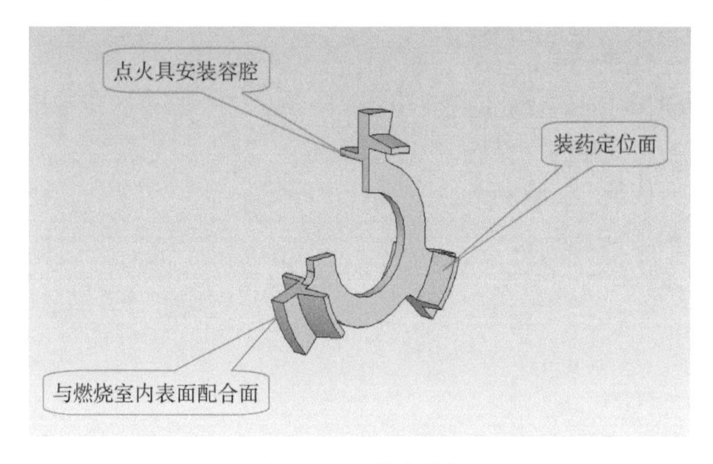

图4－107　前支撑件

6）挡药板

挡药板也采用玻璃纤维预浸料压制，起支撑、定位装药和在燃烧后期阻挡碎药的双重作用。挡药板如图4－108所示。

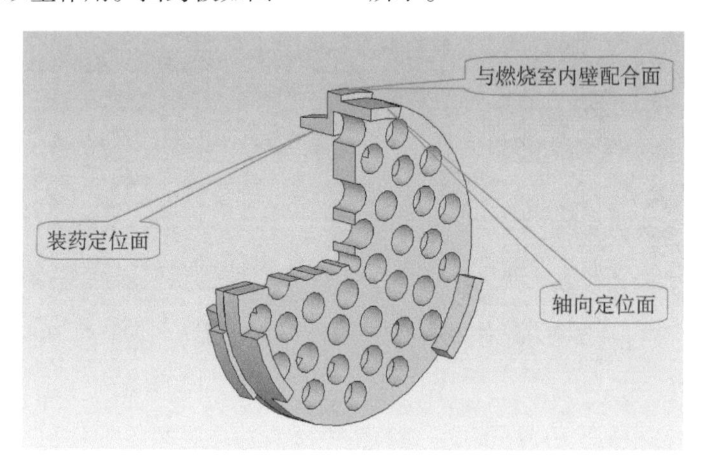

图4－108　挡药板

7）点火具

点火具由点火药盒、两个并联电发火管和装在药盒内的点火药构成。点火药为18 g 2#黑火药。电发火管为钝感型，所用型号和飞机供电方式和电参数都与130 mm玻璃钢壳体航空火箭弹相同。点火具装配位置如图4－105所示。

8）结构及质量参数

130 mm 航空火箭发动机（二）结构及质量参数如下：

发动机定心部直径：130 mm；

发动机总长：1 221 mm；

发动机质量：26.1 kg；

发动机壳体外径：128 mm；

发动机壳体内径（含涂层）：121.6 mm；

燃烧室壳体长度：655 mm；

喷管喉径：35 mm；

扩张半角：15°；

扩张比：2；

药柱外径：115 mm；

药柱内径：60 mm；

药柱长度：945 mm；

药柱质量：11.2 kg；

初始燃烧面积：5 195 cm^2；

面喉比：540；

外通气参量：227.6；

内通气参量：63；

总通气参量：128.1；

装填系数：0.65；

工作温度：－50～＋50℃。

2. 弹道参数

1）性能参数

130 mm 航空火箭发动机（二）的主要弹道性能参数如表 4－18 所示。

表 4－18 130 mm 航空火箭发动机（二）的主要性能参数 温度：－50～＋50 ℃

主要参数	不同温度下的参数值/℃		
	＋50	＋20	－50
最大推力/kN	27.9	21.18	16.23
平均推力/kN	23.7	19.54	15.26
最大压强/MPa	19.85	14.77	11.84
平均压强/MPa	16.87	13.14	10.91
燃烧时间/s	0.9	1.15	1.45

续表

主要参数	不同温度下的参数值/℃		
	+50	+20	-50
工作时间/s	0.97	1.22	1.51
推力冲量/(kN·s)	21.86	21.58	20.97
比冲/(N·s·kg^{-1})	1 975	1 960	1 954

2）弹道曲线

燃烧室压强曲线如图 4－109 所示，发动机推力曲线如图 4－110 所示。

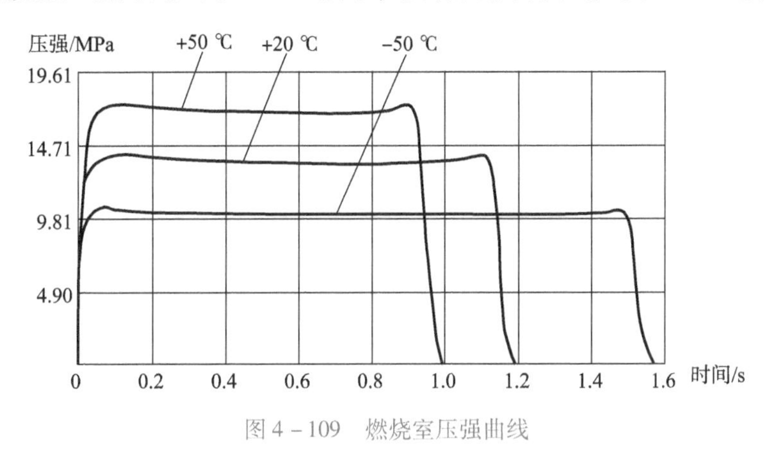

图 4－109　燃烧室压强曲线

图 4－110　发动机推力曲线

3. 性能特点

（1）发动机结构简单、装配方便。发动机装药也采用外通气参量大于内通气参量的设计，增加了装药量和射程。

（2）燃烧室壳体为薄壁圆筒形，并采用内壁涂敷隔热涂层的措施，能有效保护壳体免受高温高压燃气的影响，对充分发挥壳体强度起到了很好的作用。

（3）发动机膛内结构件如挡药板、前支撑件、盖板等均采用短玻璃纤维预浸料模压件，成本低、工艺简单、生产效率高、原材料来源广、利于大量生产。

（4）发动机点火线路、发射器的点火控制盒和飞机供电系统形成可靠的闭环点火线路，飞机连续发射火箭安全可靠。

4. 工程应用

130 mm 航空火箭弹为空对地火箭弹，其用途与玻璃钢发动机组装的火箭弹相同。其弹主要道性能参数如表 4－19 所示。

表 4－19　130 mm 航空火箭弹主要弹道参数

主要参数	参数值
弹径/mm	130
弹长/mm	2 085
全弹质量/kg	45. 9
火箭部质量/kg	28. 4
地面最大射程/m	7 300
地面最大速度/($m \cdot s^{-1}$)	530
地面最大转速/($r \cdot min^{-1}$)	1 345
发射器出口速度/($m \cdot s^{-1}$)	30
启动时间/s	0. 05 ~ 0. 11
发射间隔时间/s	0. 12
300 m 立靶圆散布/m	2. 56

第5章　战术导弹发动机

战术导弹是用于毁伤战役战术目标的导弹。其射程通常在1 000 km以内，多属近程导弹。它主要用来摧毁敌方战役战术纵深内的核袭击兵器、坦克、飞机、舰船、雷达、军用机场、集结的部队、军事港口等目标。常规战术导弹是国家防务的重要手段，也是现代战争中的重要武器之一。战术导弹种类繁多，有打击地面目标的地对地导弹、空对地导弹、舰对地导弹、反雷达导弹和反坦克导弹；打击水域目标的岸对舰导弹、空对舰导弹、舰对舰导弹、潜射导弹和反潜导弹；打击空中目标的地对空导弹、舰对空导弹和空对空导弹等，这些导弹采用的动力装置有固体火箭发动机、液体火箭发动机、冲压发动机和各种涡轮喷气发动机等。现以国内外较典型战术导弹采用的固体推进剂发动机为例，给出总体要求、结构组成、动力推进特点、主要弹道性能及工程应用情况等。

5.1　总体要求

5.1.1　战术技术要求

由于战术导弹种类繁多，结构尺寸和导弹质量差别很大，从弹径为70 mm到弹径超过400 mm，导弹质量从10多公斤到几吨的都有，就采用固体推进剂发动机作为导弹推进动力的导弹来说，从总体性能设计分析，可分为注重功能设计的动力推进形式和注重性能设计的动力推进形式两类。

有些战术导弹需要动力推进系统提供的推进功能较全：在发射导弹时，需要短时间内提供较大的推力，以保证导弹具有足够的初速满足初始弹道精度的要求；在导弹初始飞行段，需要在一定的飞行时间内使导弹具有较大的飞行速度以缩短导弹的飞行时间；有的导弹还需要有较长时间的巡航飞行，以达到足够的射程。这种飞行弹道需求，要求动力系统应能具有短时大推力发射动力、高推力冲量的增速飞行动力、再较长时间续航飞行等多功能的动力需求。

对于这种功能要求的动力推进系统，常采用同种单级推力发动机相组合的动力推进形式，如采用多台固体推进剂发动机串联或并联的组合形式，使每台发动机各自具有不同的推进功能：由发射或助推发动机在短时间内，为导弹发射提供较大的推力；由弹道飞行发动机提供增速飞行动力，由续航发动机提供较长时间的续航动力。近年来，也出现一些战术导弹，采用单室多推力的动力推进系统，特别是中小直径的导弹，有的采用单室双推力发动机，有的采用单室三推力发动机，通过整体式组合装药设计或分立式组合装药设计，实现用一台发动机的装药在单一燃烧室内燃烧，就可提供多级推力的新型动力推进形式，以此来满足导弹飞行弹道多种动力推进的功能需求。

还有些战术导弹，特别是较大直径导弹，常需要动力推进系统能提供具有较高推进效能，使导弹具有超高速度的飞行动力。总体性能设计则偏重于动力推进的性能设计，常采用装填密度高的单级或多级推力动力推进形式，使动力推进系统具有较高的质量比（动力推进系统的装药药柱总质量与该动力系统总质量之比）和冲量质量比（动力推进系统的总推力冲量与该动力系统总质量之比）。

对于这种推进性能要求的动力推进系统，特别对较大直径发动机，常采用轻质高强材料壳体和结构件、燃烧室内壁与装药无间隙装填、较好的热防护设计、选用高能推进剂等技术措施，使该动力推进系统具有较高的推进效能、较好的弹道性能。

5.1.2 使用安全性要求

对于飞机发射的战术导弹，与航空火箭一样，也要满足相同的空中使用条件要求。为减少飞机的耗油量，在非作战环境下飞行时，常在高空对流层顶部飞行，以保证飞机有更大的航程。当飞机进入战斗状态时，为使飞机的攻击效果和隐蔽性更好，飞机的飞行高度尽量低、速度尽可能高，这种导弹发动机应能适应这种短时间内环境温度、湿度等条件的激烈变化，在巡航和战斗时都能保证导弹动力推进系统可靠的工作。

对于地面发射或舰载发射的战术导弹，动力推进系统排出火焰的烟雾要少、特征信号要低，利于对发射平台的隐蔽，减少排出烟雾对导弹制导信号传输的影响。

5.2 发动机主要特点

5.2.1 不同动力推进的组合形式较多

不论是按照功能要求设计还是按性能要求设计的固体推进剂动力推进系统，可采用单级推力发动机，或多台发动机相组合，或单室多推力发动机的推进形式；还可对固体推进剂冲压发动机、涡扇发动机的战术导弹提供初始助推的动力。可见，战术导弹的固体推进剂动力推进系统推进形式较多，动力推进系统的组合和结构也较复杂。

5.2.2　动力推进方案的变化较大

战术导弹的飞行速度变化是由导弹的飞行性能要求决定的。不同的飞行速度方案需要动力推进系统提供不同的推力方案，由于战术导弹的飞行功能要求和性能要求的不同，使得动力推进方案的变化较大。

5.3　国内外战术导弹发动机

5.3.1　罗萨特空空导弹发动机

罗萨特（LOSAT）战术导弹是地面和空空两用的导弹，由洛克希德马丁.沃特系统公司为美国空军研制。该导弹属于动能导弹（KEM），配有穿甲战斗部，是由综合技术系统（ITAS）为技术支撑的火控系统组成的，也可装在一个有扩展能力的高机动性多用途轮式车上攻击地面坦克、车辆等，可攻击和摧毁所有的现在和未来的坦克的威胁，并可装在直升机上攻击直升机、歼击机、轰炸机等空中目标。该导弹发动机（SRM）是单级推力的推进系统，为导弹提供高速飞行的推进动力。

1. 结构组成

罗萨特导弹发动机由发动机空体、贴壁浇铸装药、点火具（激光解脱保险发火装置）等零部件组成。罗萨特空空导弹发动机如图 5－1 所示，其工程图如图 5－2 所示。

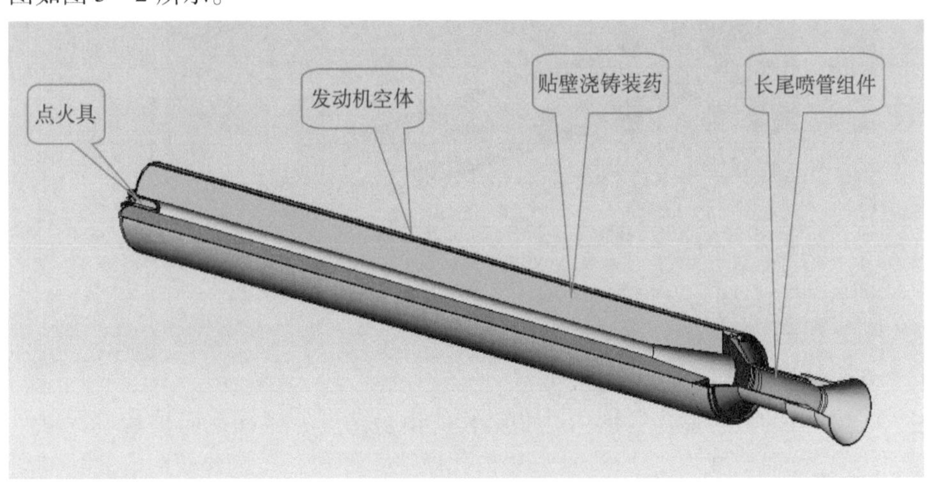

图 5－1　罗萨特空空导弹发动机

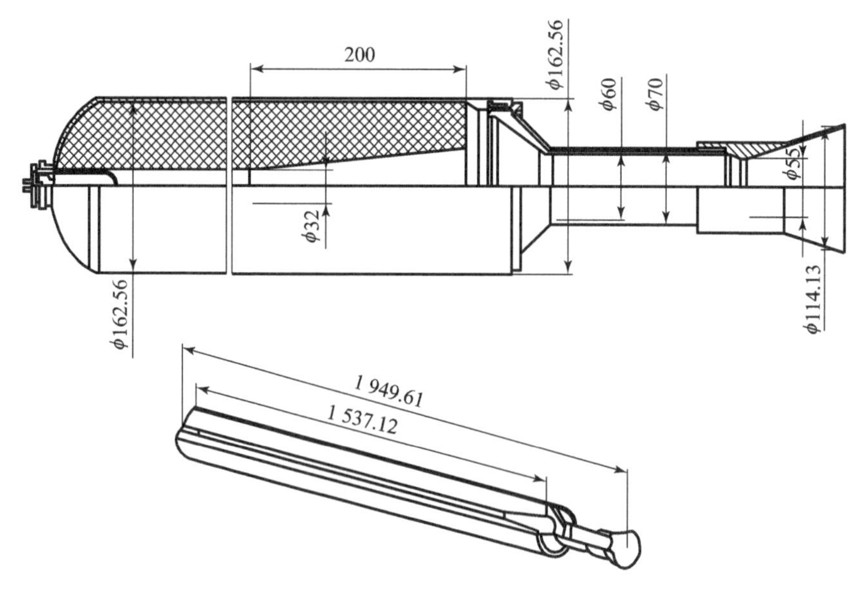

图 5-2 罗萨特空空导弹发动机的工程图

1）发动机空体

发动机空体由金属燃烧室壳体、隔热涂层、长尾喷管组件组成。燃烧室壳体为半封闭的筒形。喷管组件由后盖、燃气导流管、隔热衬层和喷管组成，其结构如图 5-3 所示。

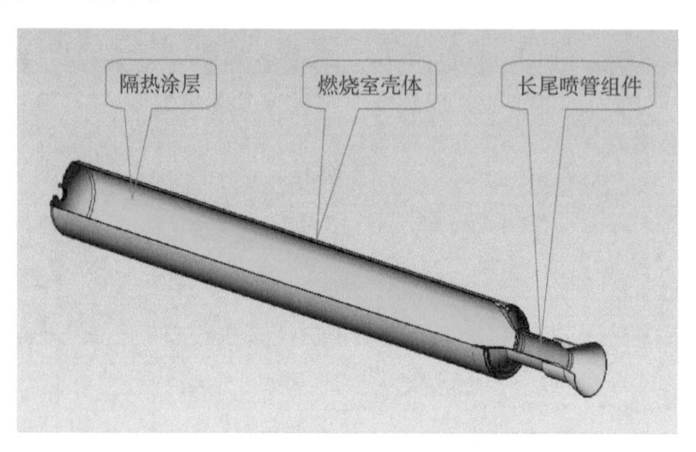

图 5-3 发动机空体的结构

2）发动机装药

（1）单推力药形为管形内孔和锥孔的组合药形，锥孔在药柱后端，锥半角为 6°，锥面长度为 200 mm；采用内孔燃烧管形和锥孔组合药形的装药如图 5-4 所示。

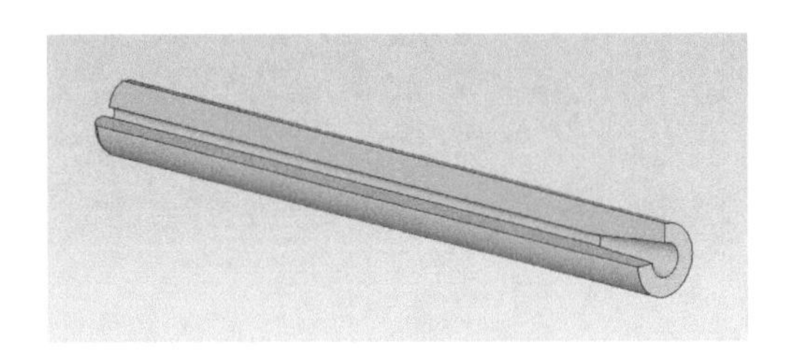

图5-4 发动机装药

（2）采用少烟交联改性双基推进剂（XLDB）；

（3）采用贴壁浇铸装药；

（4）采用光学发火、少烟的点火系统点燃装药。

3）发动机前部

发动机前部结构为点火具（激光解脱保险发火装置）、装药及其在燃烧室内的安装结构。发动机前部结构如图5-5所示。

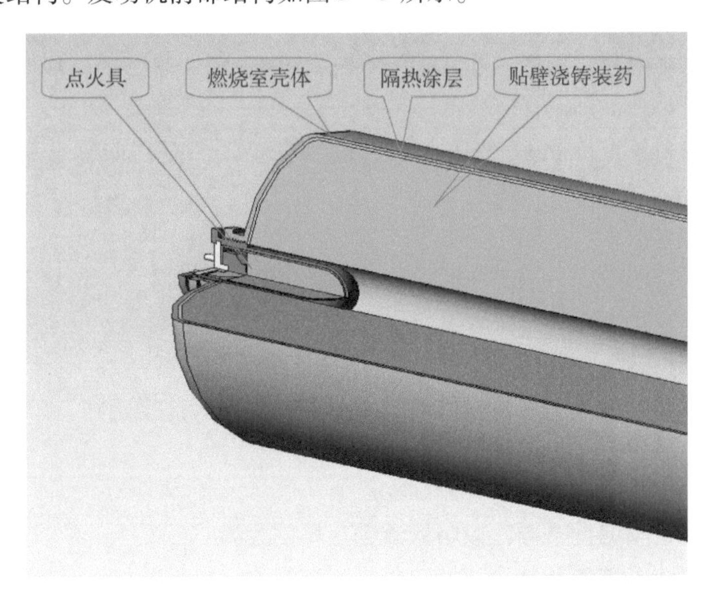

图5-5 发动机前部结构

4）发动机后部

发动机后部结构给出装药，其结构如图5-6所示。

5）结构及质量参数

罗萨特导弹发动机结构、材料和质量参数如下：

（1）质量：49.89 kg；

（2）长度：（带喷管）1 925 mm；

（3）直径：161.56 mm；

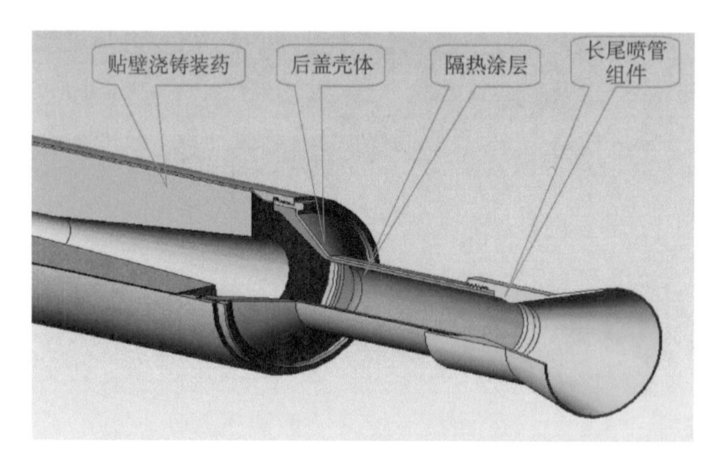

图 5-6 发动机后部结构

（4）壳体衬层：IM7 碳纤维浸环氧树脂的复合材料；

（5）导流管隔热层：R196 乙烯、丙烯，二烯共聚物（EPDM）；

（6）带喷喉的导流管：为 4130 钢壳体内表面衬有浸碳酚醛树脂复合材料的隔热层；

（7）出口锥：为 6061 铝壳体内表面衬有浸碳酚醛树脂复合材料的抗冲刷层。

2. 弹道参数

（1）工作温度：-31.7～62.7 ℃；

（2）储存温度：-45.5～71.1 ℃；

（3）服役寿命：11 年；

（4）发动机为导弹飞行提供的动力可使导弹飞行速度达到 1 524 m/s。

3. 性能特点

（1）单推力的推进剂药柱设计；

（2）采用少烟推进剂，以防探测到武器的发射；

（3）壳体胶结的药柱设计使装药量达到最大；

（4）采用激光解脱保险发火装置；

（5）点火具为光学发火、少烟点火系统。

4. 工程应用

自 20 世纪 80 年代初起，联合技术系统公司的阿勒哥尼实验室就开始罗萨特的研制。在 1990 年 1 月他们就开始研制、生产一种低成本少风险设计和制造方法，这一设计的论证在 1993 年完成。研制的下一个阶段，即先进技术概念表演从 1998 年开始，在这个先进技术表演阶段，罗萨特进行了三个阶段的作战试验：部署和机动性、生存和威力试验。这一作战试验由第 82 空降师在美国的多个台站试验场进行，并完成作战试验。罗萨特在2002年投入生产，2004年装备使用。

5.3.2 麻雀－Ⅲ空空导弹发动机

MK58麻雀导弹发动机是根据主承包商雷锡恩公司（Raytheon）的一份采购协议，由联合技术系统公司研制的。他们直接向美国海军供给MK58导弹发动机，交付了32 000发以上。

MK58麻雀导弹发动机为单级推力的推进系统，为导弹提供高速飞行的推进动力。

1. 结构组成

MK58麻雀导弹发动机的结构由发动机空体、贴壁浇铸装药、点火具等零部件组成。点火具为独立的结构件，点火药采用硼硝酸钾（$BKNO_3$）。电起爆器牌号为MK290，在解脱保险后引燃点火具的点火药，发动机工作。麻雀－Ⅲ空空导弹发动机如图5－7所示，其工程图如图5－8所示。

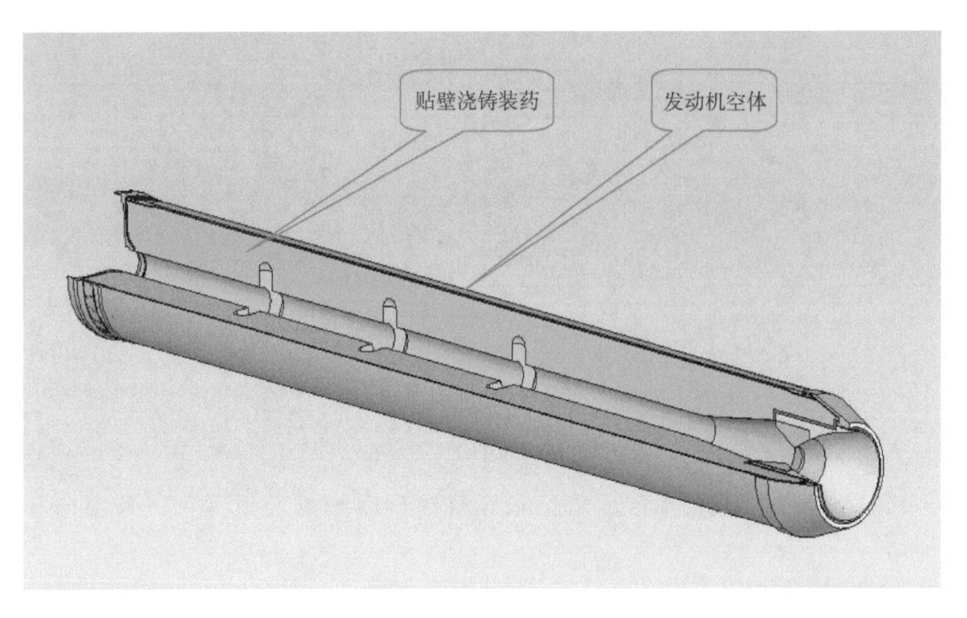

图5－7 麻雀－Ⅲ空空导弹发动机

1）发动机空体

发动机空体由金属燃烧室壳体、前堵盖、端羟基聚丁二烯（CTBP）黏结衬层、嵌入式喷管组件组成。燃烧室壳体为筒形。喷管组件由后盖、隔热衬层和喷管组成，其结构如图5－9所示。

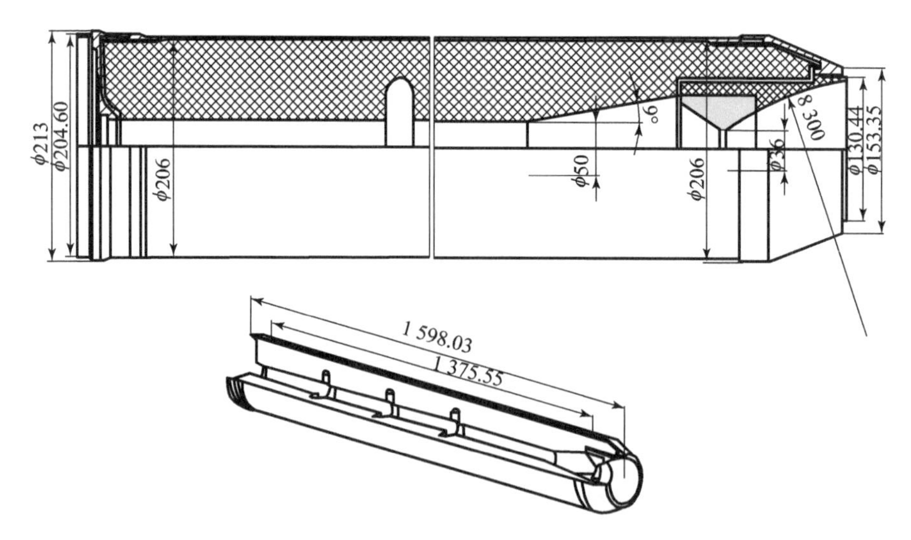

图 5－8 麻雀－Ⅲ空空导弹发动机的工程图

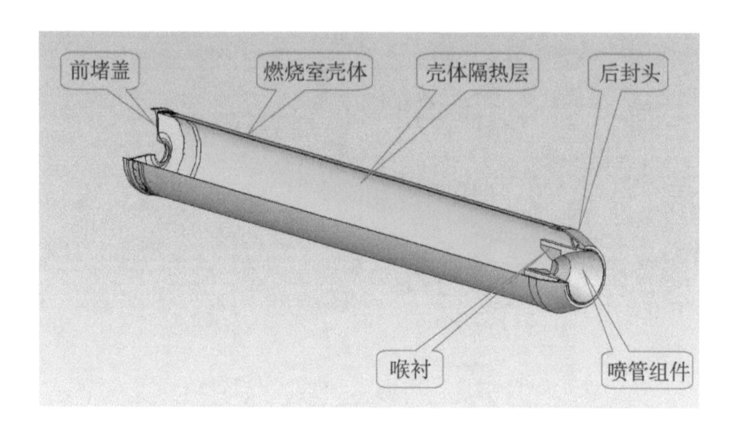

图 5－9 发动机空体的结构

2）发动机装药

（1）单推力药形为管形内孔和环形槽相组合的药形，有三条径向环形槽。

（2）含铝粉的端羟基聚丁二烯推进剂。

（3）采用贴壁浇铸工艺成形装药。

（4）该发动机的装填系数高、装药量大。发动机装药如图 5－10 所示。

3）发动机前部

发动机前部结构为点火具安装孔、装药及其在燃烧室内的结构。点火具为独立的结构组件，在发动机的最后装配工序中装入并伸进装药的内孔中。点火药采用硼硝酸钾（$BKNO_3$）。发动机前部结构如图 5－11 所示。

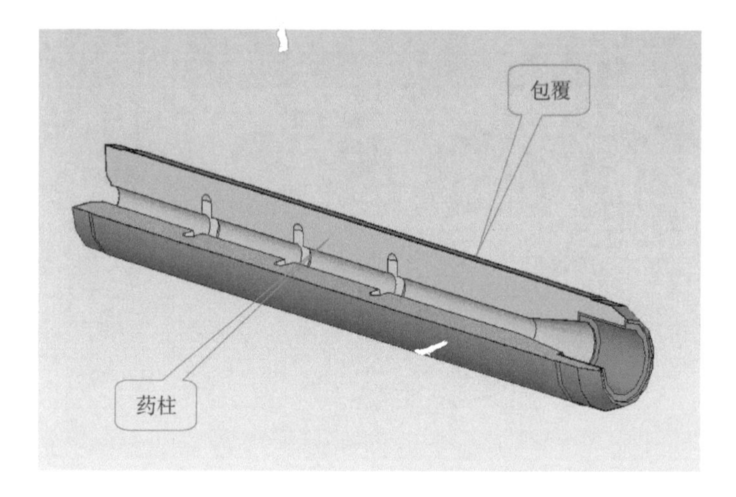

图 5 - 10　发动机装药

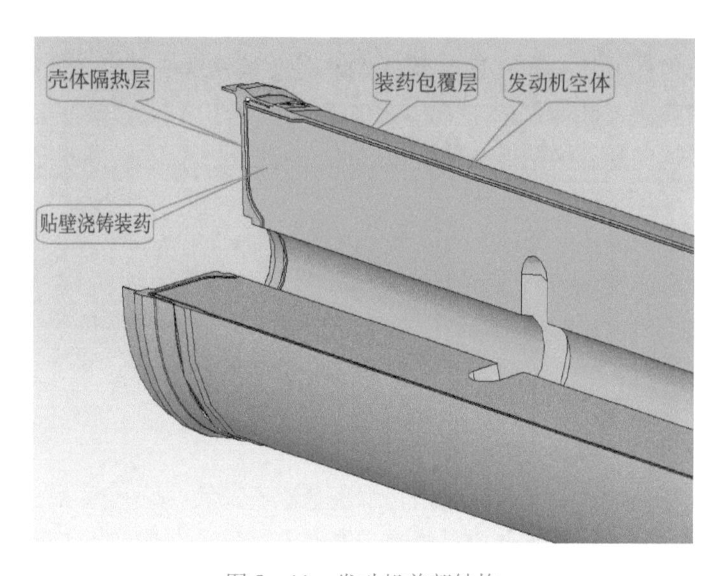

图 5 - 11　发动机前部结构

4）发动机后部

发动机后部结构为装药、喷管的安装结构等。发动机后部结构如图 5 - 12 所示。

5）结构及质量参数

（1）质量：95.9 kg；

（2）长度：1 513.84 mm；

（3）直径：203.2 mm；

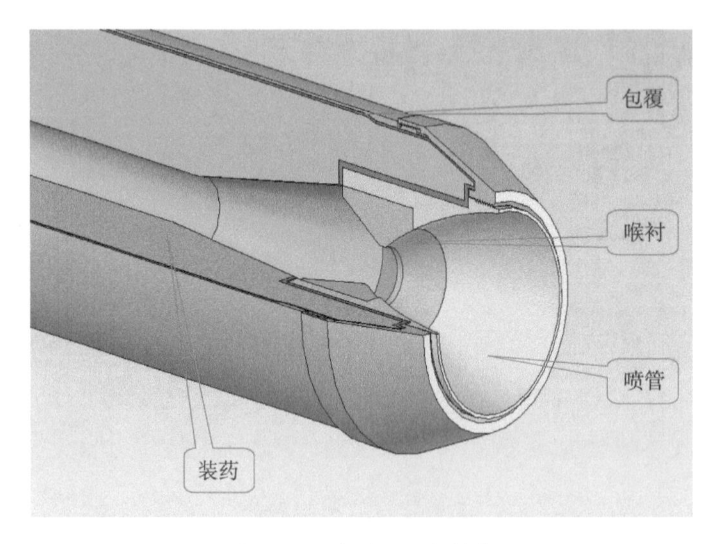

图 5－12 发动机后部结构

（4）壳体：AISI 4130－4137 钢（AISI 为美国钢铁协会）；

（5）隔热层：硅橡胶；

（6）模压酚醛玻璃钢加石墨喉衬。

2. 弹道参数

（1）工作温度：－53.8～71.1 ℃；

（2）储存温度：－53.8～71.1 ℃；

（3）服役寿命：20 年以上；

（4）发动机为导弹飞行提供足够的总推力冲量。

3. 性能特点

（1）单推力的推进剂药柱设计，药形带三条环形径向槽；

（2）采用高能含铝复合推进剂，端羟基聚丁二烯（CTPB）黏结衬层；

（3）采用贴壁浇铸工艺成形装药，发动机装填系数高，装药量大；

（4）MK290 电起爆器和能解脱保险的起爆装置安全、可靠；

（5）采用嵌入式喷管设计。

4. 工程应用

麻雀导弹是自 1972 年投产以来，在美国海军和空军中服役的主要中程空对空导弹。麻雀导弹多销售给其他盟国。AIM－7 麻雀导弹通过雷达制导拦截，在全天候条件下用于攻击高性能敌机的威胁。它可从 F4、F14、F15、F16 和 F18 飞机上发射。AIM－7 海麻雀是其空对空的演变型号，在舰只防卫功能中对付低空飞机和反舰导弹。

MK58 麻雀导弹发动机是用于 AIM－7 空对空麻雀导弹和 AIM－7 地对空

海麻雀导弹的一种单级推力的推进系统。

5.3.3　海尔法空地导弹发动机

AGM－114A 海尔法是美国陆军主战直升机、歼击机发射的反坦克和反掩体导弹；AGM－114B 是美国海军使用的反舰导弹和空地导弹，可装在 AH－64D 直升机和歼击机上。

1. 结构组成

海尔法导弹发动机由发动机空体、贴壁浇铸装药、点火装置等零部件组成。点火装置壳体兼作内层药柱的支撑件。海尔法空地导弹发动机如图 5－13 所示，其工程图如图 5－14 所示。

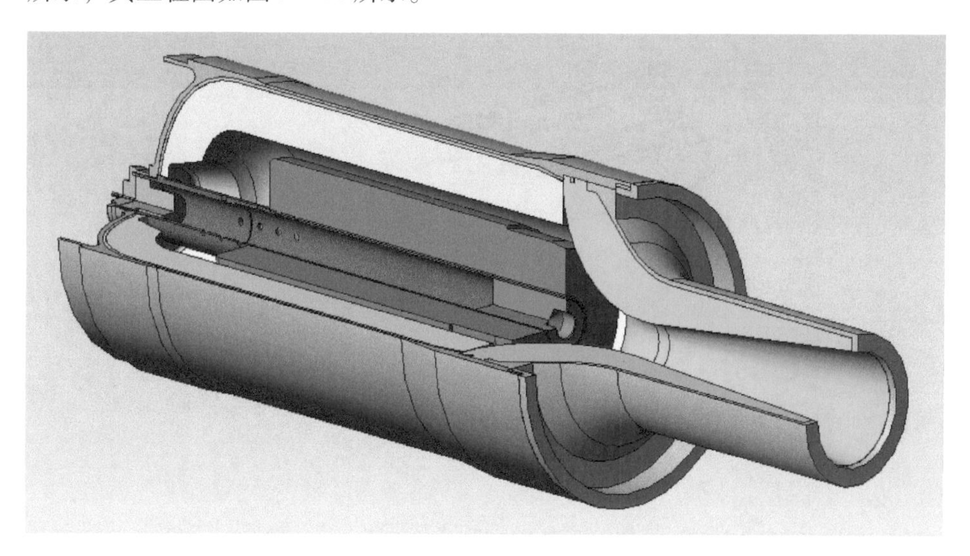

图 5－13　海尔法空地导弹发动机

1）发动机空体

发动机空体由半封闭式燃烧室壳体、采用少烟交联双基推进剂（XLDB）、C－C 材料喷管及喷管壳体组成。燃烧室壳体材料选用高强度铝合金制造。喷管组件由喷管、铝合金壳体和密封圈等组成。发动机空体结构如图 5－15 所示。

2）发动机装药

（1）海尔法发动机装药由内外两层药柱组成，外层药柱采用贴壁浇铸工艺成形，内层药柱采用专用模具成形在点火装置的壳体上。内层药柱外侧面和前后两个端面参与燃烧，外层药柱为内表面燃烧，装药燃烧面积随燃层厚度的变化接近恒面，弹道曲线也较平直。

（2）推进剂：采用少烟交联双基推进剂（XLDB）。

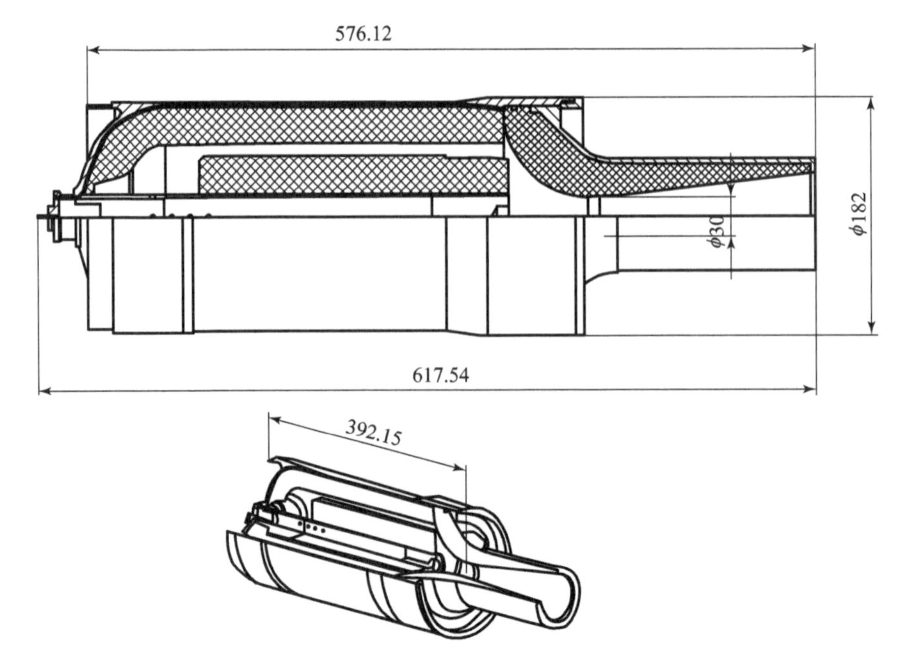

图 5－14 海尔法空地导弹发动机的工程图

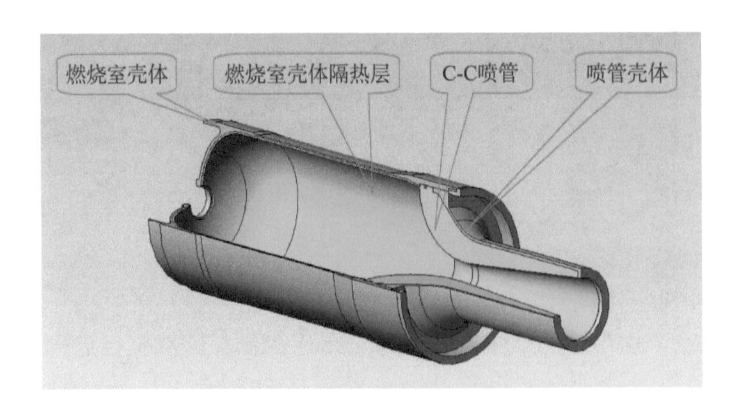

图 5－15 发动机空体结构

（3）该发动机的装填系数高、装药量大，如图 5－16 所示。

3）发动机前部

发动机前部结构为点火装置、装药及其在燃烧室内的结构。点火装置壳体前端开有点火药排气孔，其壳体兼作内层药柱的支撑件。点火装置的电起爆器内装有速燃药柱，被点燃后喷射的燃气点燃点火装置壳体后端的点火药柱，并由前至后点燃装药。发动机前部结构如图 5－17 所示。

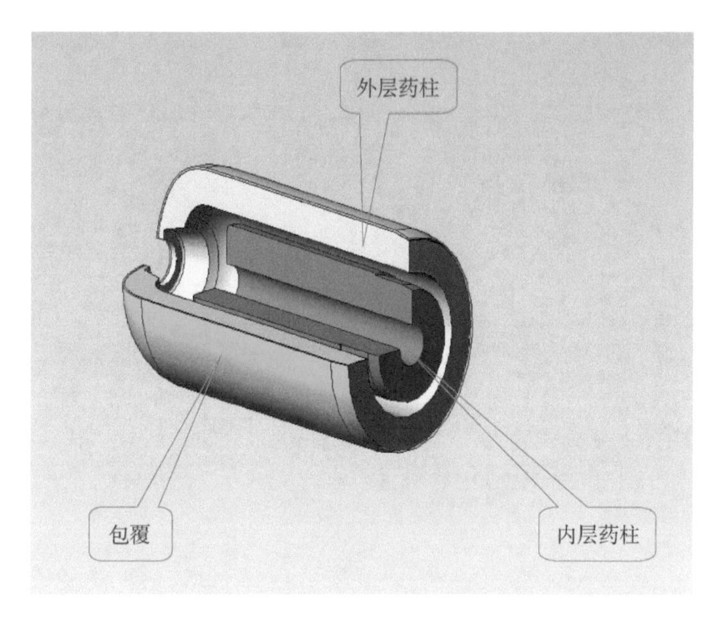

图5-16 发动机装药结构位置

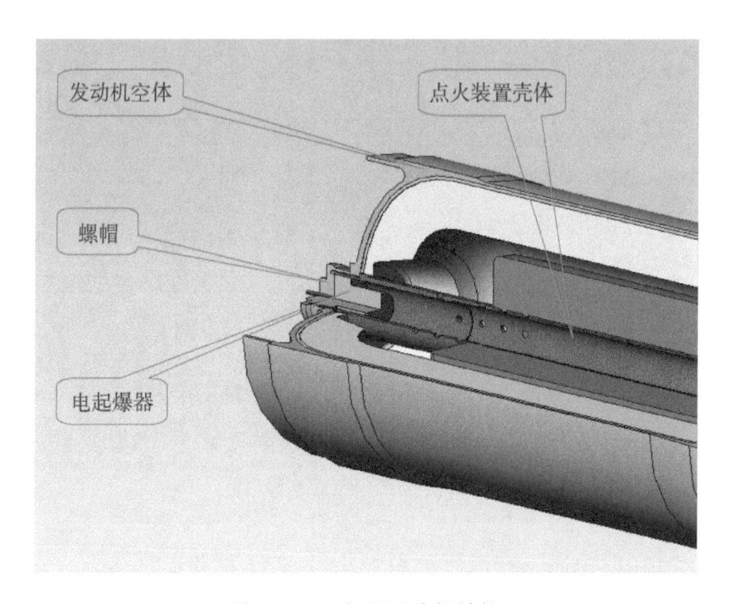

图5-17 发动机前部结构

4）发动机后部

发动机后部结构为装药后端、喷管连接与安装结构。喷管采用C-C材料，是在碳基复合材料中渗入碳制成，结构质量轻，具有很好的抗冲刷性能。喷管通过O形密封圈密封，喷管组件通过螺纹压环进行连接。发动机后部结构如图5-18所示。

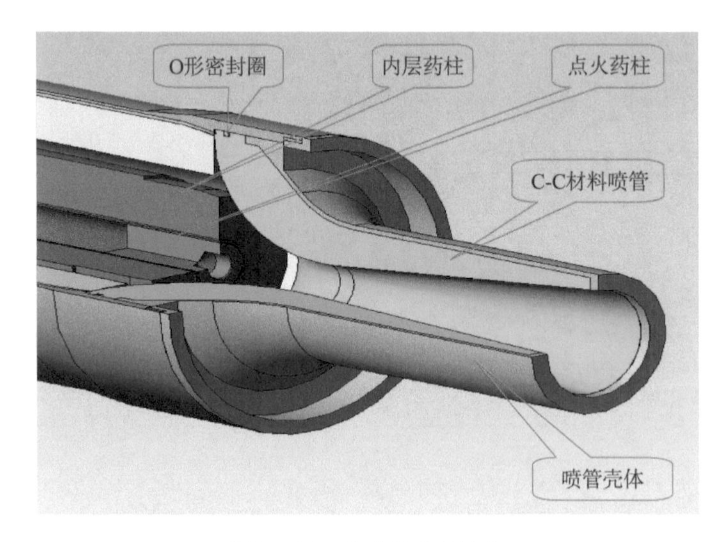

图5-18 发动机后部结构

5）结构及质量参数

（1）质量：14.2 kg；

（2）长度：593.1 mm；

（3）直径：177.8 mm；

（4）壳体：7075-T73铝；

（5）隔热层：R181芳族聚酰胺纤维填充的乙烯、丙烯，二烯共聚物（EPDM）；

（6）模压酚醛玻璃钢加石墨喉衬。

2. 弹道参数

（1）工作温度：-42.8~62.8 ℃；

（2）储存温度：-42.8~71.1 ℃；

（3）服役寿命：20年以上；

（4）发动机为导弹飞行提供的总推力冲量为22.5 kN·s。

3. 性能特点

（1）采用双层药柱设计，弹道曲线平直性好，发动机工作平稳；采用与壳体黏结工艺，增加了装药量，发动机结构简单、紧凑。

（2）采用少烟交联双基推进剂（XLDB），推进剂能量高，工艺性好，特征信号低，利于空中发射；推进剂药柱采取钝感技术措施，具有较高的安全性。

（3）点火装置装有能解脱保险的起爆装置，安全、可靠。

4. 工程应用

根据联合技术系统公司与阿勒哥尼弹道实验室签订的合同，由公司提供的海尔法导弹发动机研制计划 1990 年开始生产，共交付 20 000 台发动机。

5.3.4　205 mm 空地导弹发动机

205 mm 空地导弹发动机是一种较大直径的远程导弹发动机。该导弹装在强击机或轰炸机上使用，装备该发动机的导弹配有不同类型的战斗部，主要用于对付地面或海上大型重要目标。

1. 结构组成

205 mm 空地导弹发动机由发动机空体、贴壁浇铸装药、点火具等零部件组成。具有较大翼展的导弹悬挂在机翼下，四个稳定弹翼装在发动机外，通过定位连接结构与发动机壳体装配。205 mm 空地导弹发动机如图 5－19 所示，其工程图如图 5－20 所示。

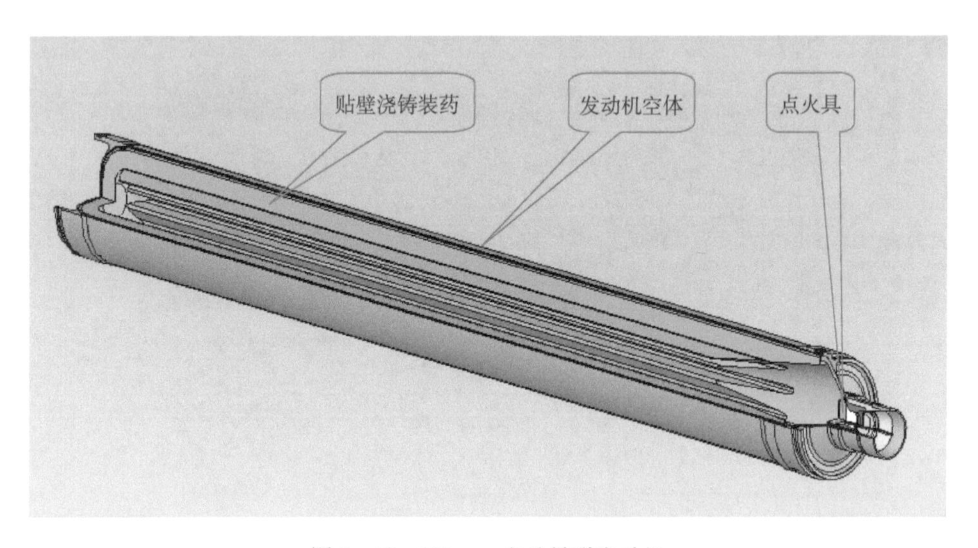

图 5－19　205 mm 空地导弹发动机

1）发动机空体

发动机空体由半封闭式燃烧室壳体及喷管组件组成。燃烧室壳体材料选用高强度钢制造，内表面涂有隔热涂层，与喷管组件采用螺纹连接。发动机空体结构如图 5－21 所示。

2）发动机装药

装药采用少烟复合推进剂，贴壁浇铸工艺成形，药形为八角星形，为降低装药内通气参量在药柱后端带有锥角。药柱侧面包覆直接成形在燃烧室隔

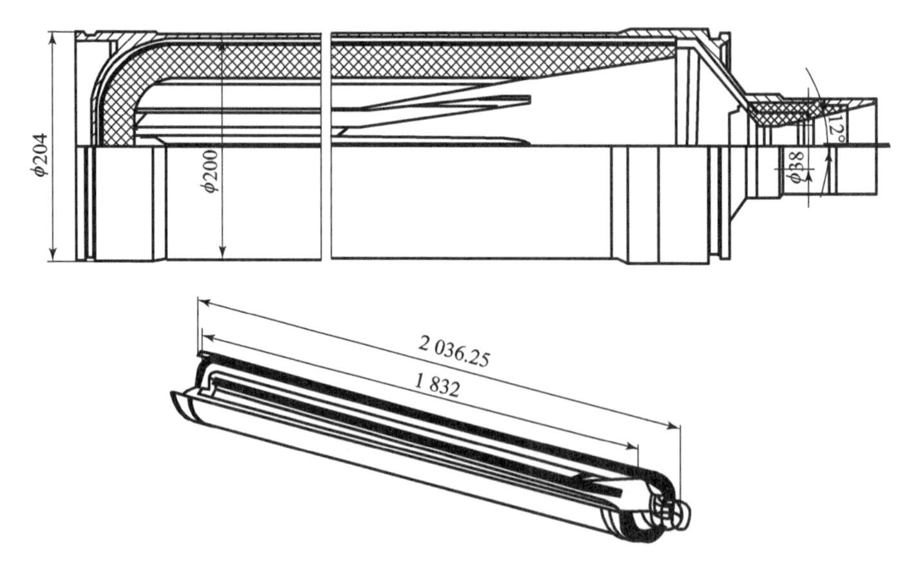

图 5－20　205 mm 空地导弹发动机的工程图

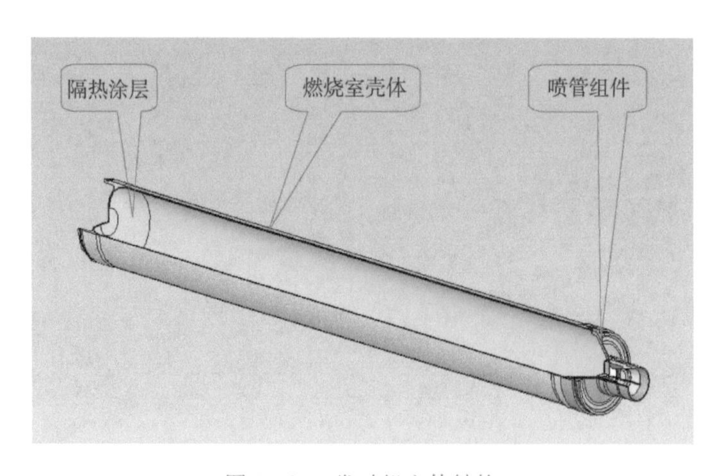

图 5－21　发动机空体结构

热涂层的内表面。

据资料介绍，装药前部有两种结构：一种是装药前端为球形结构，这种结构装药与带球形燃烧室的壳体浇铸；另一种是装药前端是平端面结构，通过装在装药前端的橡胶补偿件对装药进行缓冲和温差、尺寸补偿。前端为球形结构的装药如图 5－22 所示。

3）发动机前部结构

发动机前部结构为装药、壳体隔热层的装填结构，如图 5－23 所示。

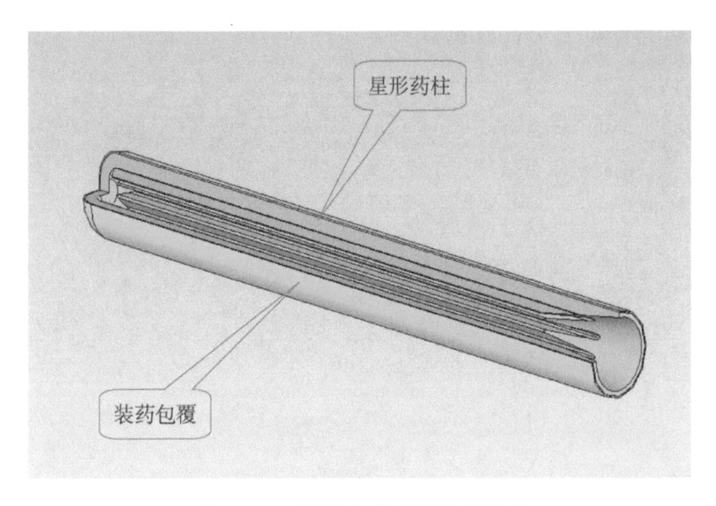

图5－22　前端为球形结构的装药

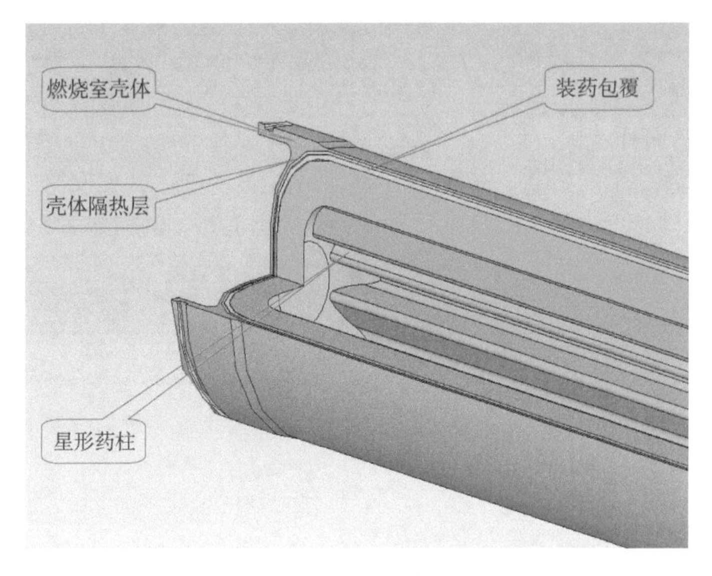

图5－23　发动机前部结构

4）发动机后部结构

发动机后部结构为喷管组件、点火具、装药缓冲以及与燃烧室壳体的装配结构等。为防止贴壁浇铸装药的粘合界面在固化过程中的收缩变形引起破坏，在装药的前后部都采用了自然脱黏等技术措施。

点火具安装在喷管收缩段，点火药盒采用赛璐珞片压制，其内装点火药和钝感型电起爆器。喷管座的后盖内表面装有一定厚度的隔热垫，并与燃烧室隔热层构成封闭的非金属材料层，以其良好的隔热性能对发动机金属结构件进行热防护。发动机后部结构如图 5 – 24 所示。

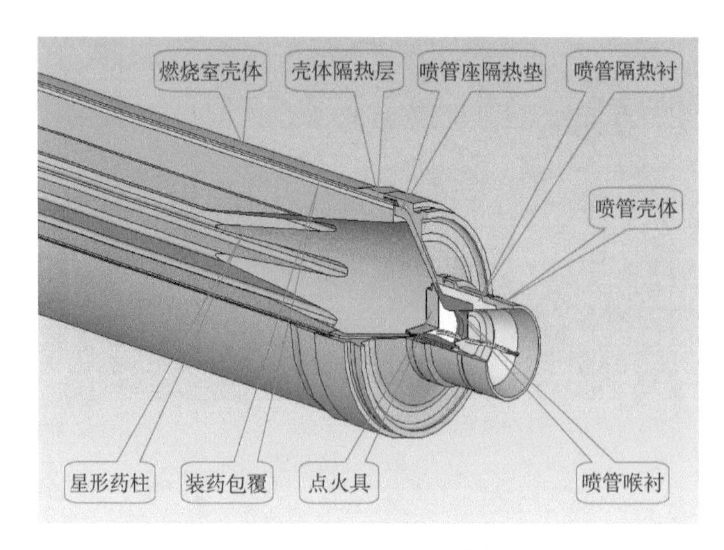

图 5 – 24 发动机后部结构

5）喷管组件

喷管组件由金属后盖、橡胶缓冲垫、后盖隔热垫、喷管喉衬、喷管隔热衬、喷管壳体、点火具及防潮密封盖等零部件组成，其结构如图 5 – 25 所示。

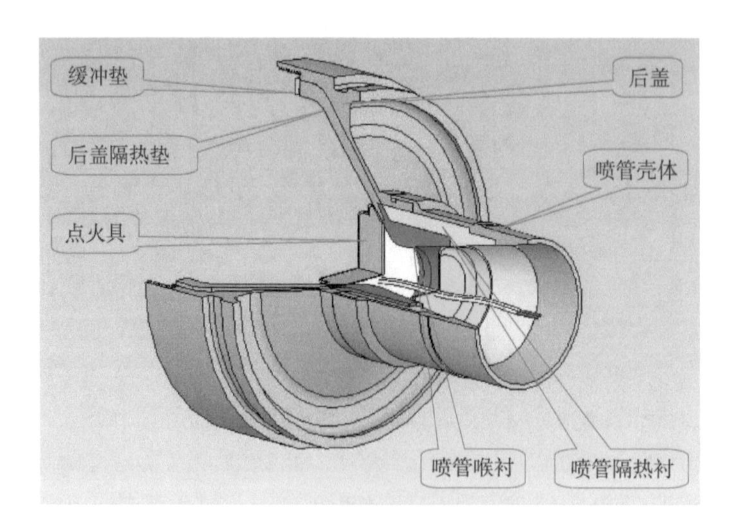

图 5 – 25 喷管组件的结构

6）装药药形参数

八角星形装药药形参数如图 5 – 26 所示。

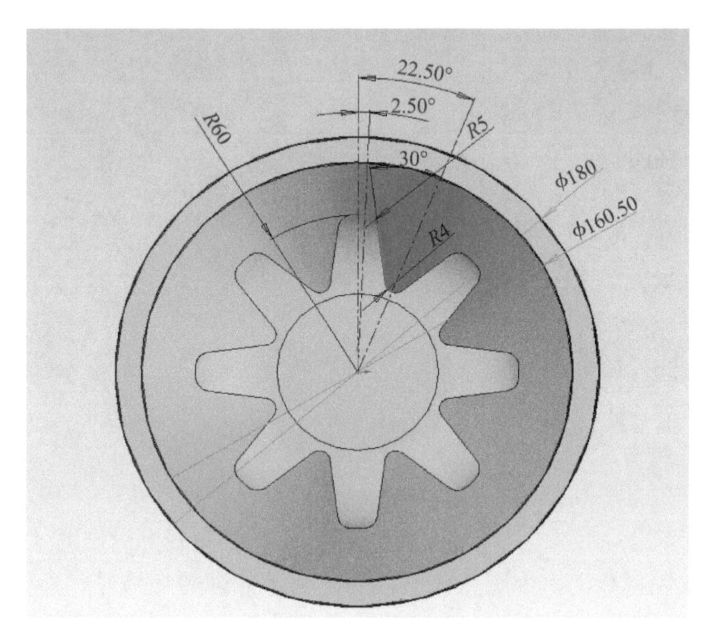

图 5-26　八角星形装药药形参数

药柱外径 D_p：180 mm；

最大燃层厚度 E：32 mm；

特征长度 L：53 mm；

星边夹角 θ：30°；

星角系数 ε：0.89；

星角数 n：8；

锥半角 β：29°；

锥面出口直径 D_z：160.5 mm。

7）结构及质量参数

发动机最大外径：207 mm；

燃烧室壳体外径：200 mm；

燃烧室壳体内径：196 mm；

发动机总长：2 036 mm；

发动机质量：105.85 kg；

喷喉直径：38 mm；

扩张半角：12°；

扩张比：2.05；

装药外径：192 mm；

药柱外径：184 mm；

药柱长度：1 843 mm；

星角数：8；

最大燃层厚度：32 mm；

初始燃烧面积：10 022 cm^2；

通气参量：98；

装填密度：68%。

2. 弹道参数

总推力冲量：134. 75 kN · s；

工作时间：1. 4 ~ 1. 6 s；

平均推力：89. 8 kN。

3. 性能特点

(1) 该发动机装药采用复合推进剂，能量高、密度大，采用贴壁浇铸工艺成形，装填密度较大，发动机总推力冲量大，具有较高的推进效能。

(2) 发动机装药采用星孔药形，为适应该推进剂临界通气参量较小的缺点并保持内弹道曲线平直，在装药后端采用加锥角的措施，有效降低了通气参量，发动机工作平稳。

(3) 燃烧室壳体及喷管收敛端内表面采用隔热层和隔热垫的热防护措施，减少了发动机热损失，保护金属结构件免受高温影响，有效发挥了金属材料强度。

4. 工程应用

据资料介绍，该发动机组装的导弹用于机载使用，战斗部威力大、射程远，但未见有关应用方面更详细的报道。

上述发动机的结构和性能仅根据资料和给出的草图绘制，对发动机性能给出反算结果仅供读者参考。

5. 3. 5 180 mm 防空导弹发动机

防空导弹用于地面或舰艇发射的导弹，主要对付来犯的敌机。要求导弹具有地勤准备时间短、发射导弹迅速、导弹飞行速度高等特点。对于这种能快速反应的战术导弹，固体推进剂发动机作为动力推进系统能很好地满足要求，因此，应用也较普遍，180 mm 防空火箭发动机就是其中的一种。

该发动机是一种将高强度纤维直接缠绕在装药上成形的一体式结构发动机，常称为带药缠绕装药发动机，装药与壳体间无间隙，有效减轻了发动机消极质量，增加了装药量，增大了射程。

这种一体式发动机是近年出现的新型结构发动机，它利用纤维缠绕成形工艺的特点，将芯杆支撑的装药及前后端封头连接件、隔热密封衬层等组装成缠绕纤维用的芯模，在芯模外，经合理设计纤维缠绕的环向和纵向强度后，按照纤维缠绕规律即可制成整体结构发动机。

1. 结构组成

为清晰展现这种整体结构发动机的结构，按照各零部件的作用，先将组成发动机的各结构进行分解，给出组成纤维缠绕壳体发动机各零部件的结构功能，再按照纤维缠绕成形工艺要求给出纤维缠绕成形结构，说明这种带药缠绕发动机的成形工艺过程。180 mm 防空导弹发动机如图 5－27 所示，其工程图如图 5－28 所示。

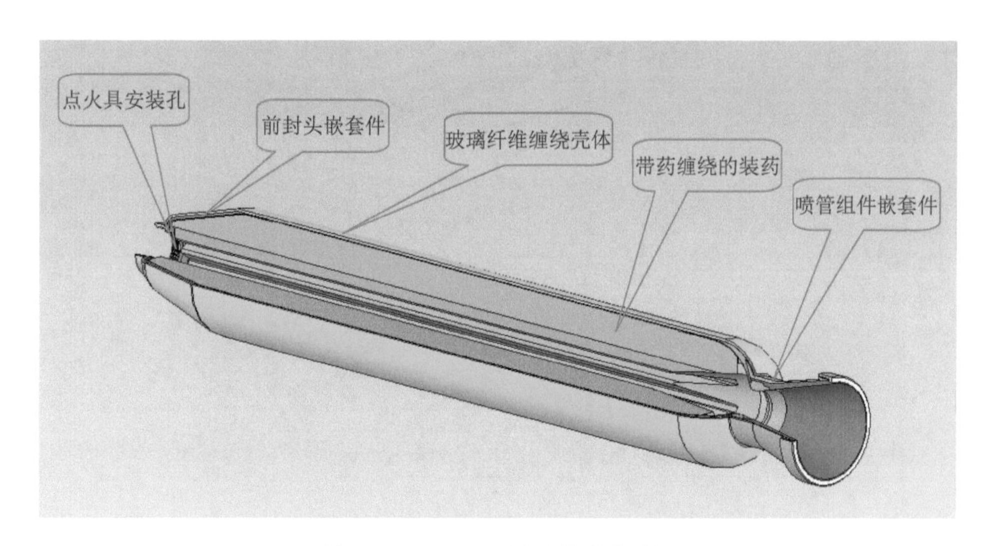

图 5－27　180 mm 防空导弹发动机

1）发动机空体

发动机空体是指不带装药的整体结构，主要由前封头连接件与橡胶密封件构成的嵌套件、喷管组件与橡胶密封件构成的嵌套件，纤维缠绕本体组成。发动机空体结构如图 5－29 所示。

（1）前封头嵌套件。

前、后部橡胶密封隔热层采用耐高温橡胶和抗烧蚀抗冲刷的填料压制而成，前部橡胶密封隔热层与前封头连接件压合成一体，构成前封头嵌套件。其中前封头为金属加工件，采用螺纹与点火装置壳体相连接。橡胶密封隔热套采用混炼好的生胶料模压而成，先在与内形面一致的锥形模具上套一层未硫化的生胶套，该胶套可用压模预先成形再套入锥模上，其厚度为总厚度的一半；再将金属前封头件压在套好的第一层生胶套相应的位置，按图示结构尺寸装好后再套装外层生胶套，最后采用分体外模将第二层生胶套压实到

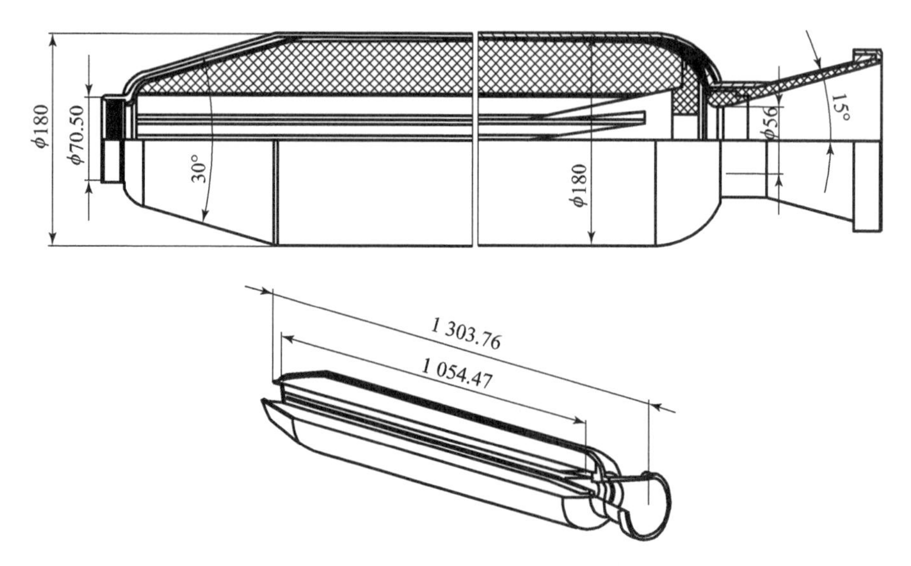

图 5-28　180 mm 防空导弹发动机的工程图

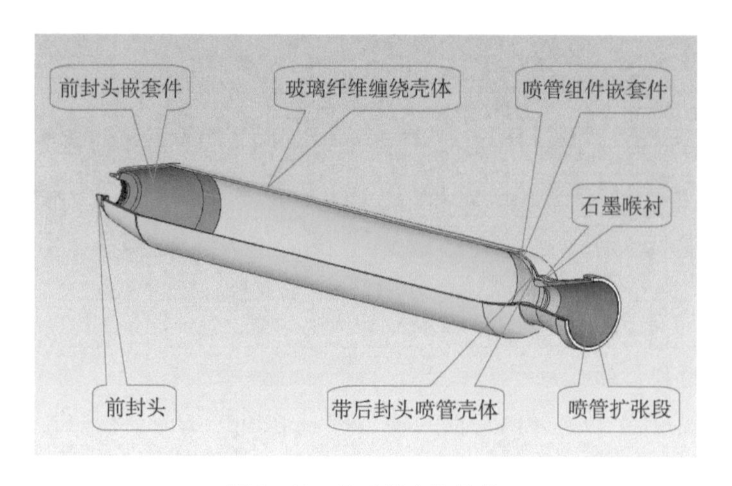

图 5-29　发动机空体结构

位，经硫化、修边和整形即可制成一体的前封头嵌套件。其结构如图 5-30 所示。

（2）喷管组件嵌套件。

后部橡胶密封件与喷管组件中带封头曲面的喷管壳体压合在一起，形成喷管组件嵌套件。其成形过程与前封头嵌套件相同，先用模具将生胶料成形好内层胶套，将其套入与喷管组件内形面一致的模具上，装好喷管组件再在外面按图纸结构要求压制外层胶套，经硫化后卸模即可成形出隔热

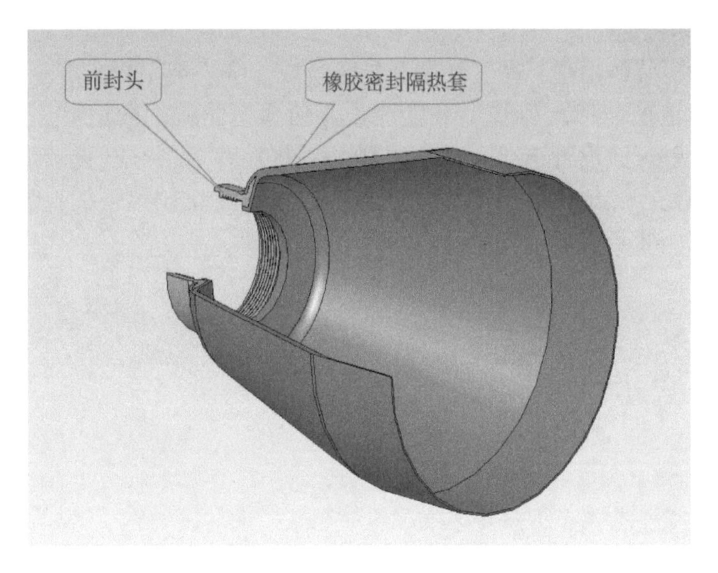

图5-30 前封头嵌套件

密封套与喷管组件形成一体的嵌套结构件。成形后的喷管座嵌套件如图5-31所示。

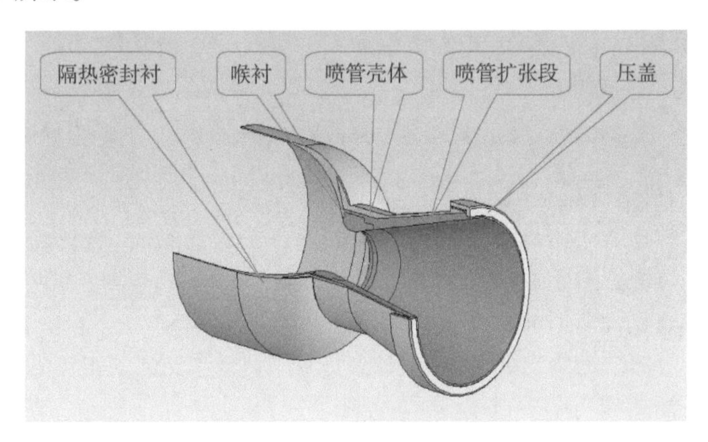

图5-31 喷管座嵌套件

(3) 纤维缠绕本体。

该发动机纤维缠绕本体用高强度纤维绕制，按强度计算结果，环形缠绕层厚度为1.5 mm，螺旋缠绕厚度为2.5 mm，承受的爆破压强为30 MPa。拆分后的玻璃纤维缠绕本体结构如图5-32所示。

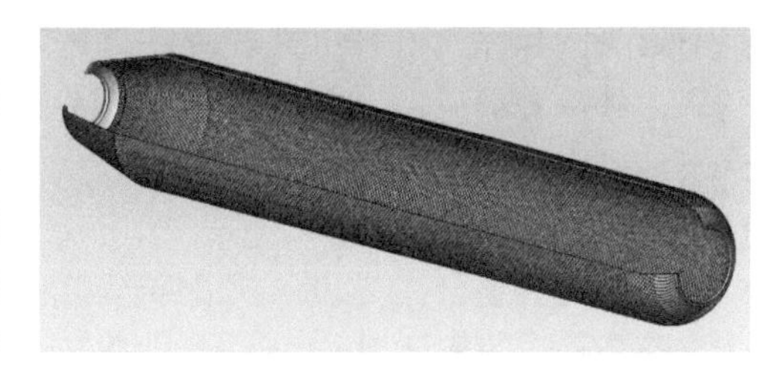

图5-32 玻璃纤维缠绕本体结构

2）发动机装药

该发动机装药由星形药柱和侧面包覆组成。推进剂采用高能复合推进剂，药柱为八角星形药形。为获得平直性较好的弹道曲线，根据总体结构需要，将药柱前端外表面设计成带外锥面的结构；将药柱后端内孔设计成锥孔。这种药形的药柱，燃烧过程中的燃烧面随燃层厚度变化较为平缓，弹道曲线平直性也较好。装药药形结构如图 5－33 所示。

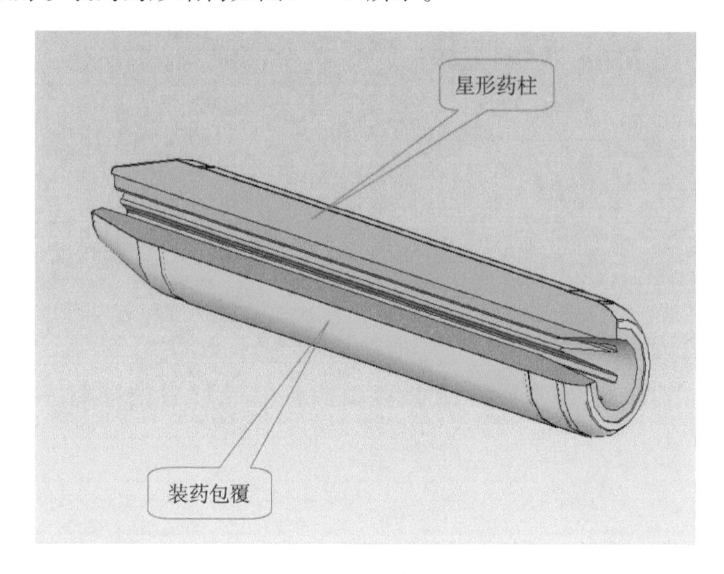

图 5－33　装药药形结构

3）发动机前部结构

发动机前端结构给出装药、前封头嵌套件的包缠结构，点火装置的安装螺孔等。其结构如图 5－34 所示。

4）发动机后部结构

发动机后部结构给出装药、喷管组件嵌套件与纤维缠绕本体的包缠结构，给出组合喷管结构等。其中，喷管喉衬采用高强度石墨制成，扩张段采用 C－C 复合材料模压而成，与喷管壳体和压盖组装后，经模具成形，制成喷管组件嵌套件。发动机后部结构如图 5－35 所示。

前封头嵌套件和喷管组件嵌套件是该发动机关键组合结构件，只要保证嵌套组合件按要求成形，并与装药包覆粘合到位，即可缠绕成满足要求的整体式发动机。

5）缠绕前装药组合体

缠绕前装药组合体是表示进行纤维缠绕前的结构状态，是由前封头嵌套件、装药药柱和喷管组件嵌套件及支撑芯模组成。先将星形药柱、可粉碎填块装在芯模上，再将前封头嵌套件和喷管组件嵌套件装在药柱上，装好前后

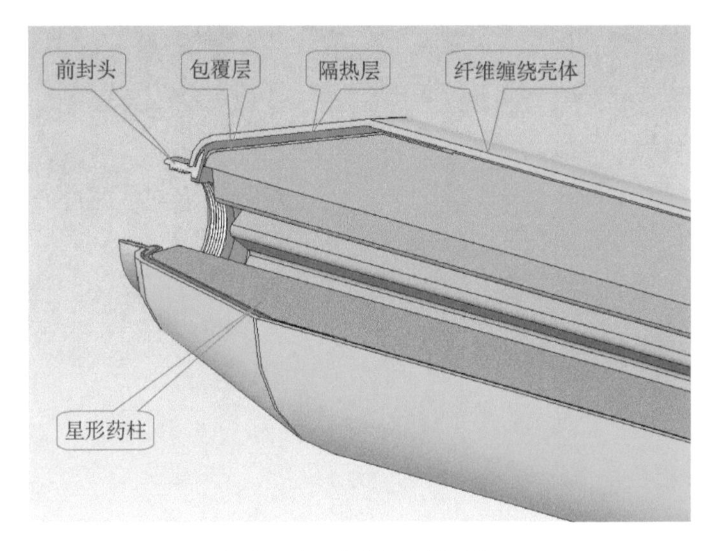

图 5－34　发动机前部结构

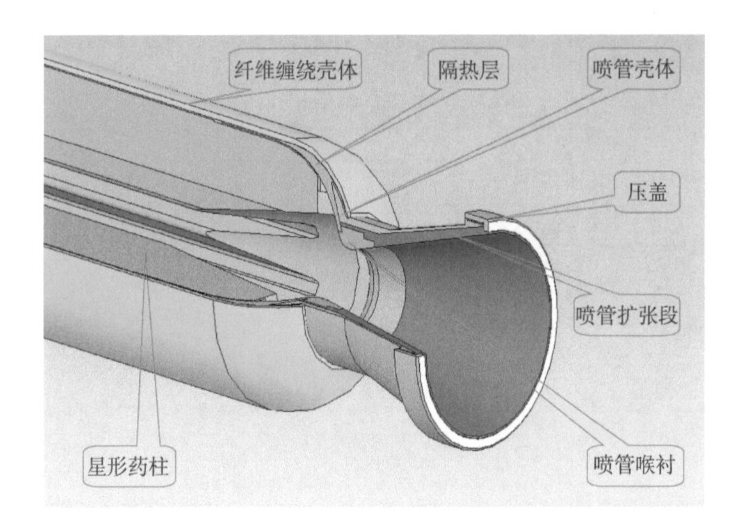

图 5－35　发动机后部结构

定位堵盖后，再专门铺设两层装药包覆层，这两层都是采用未硫化的生胶片铺设而成，并与前后嵌套件形成搭接结构。经修边整形后，构成纤维缠绕前的芯模与装药的组合体。其组合体结构如图 5－36 所示。

6）装药药形参数

八角星形药形参数如图 5－37 所示。

药柱外径 D_p：170 mm；

最大燃层厚度 E：46 mm；

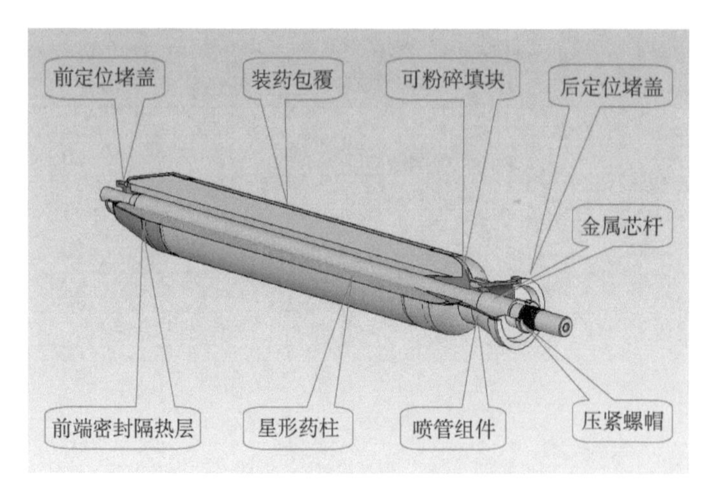

图 5－36 缠绕前装药组合体

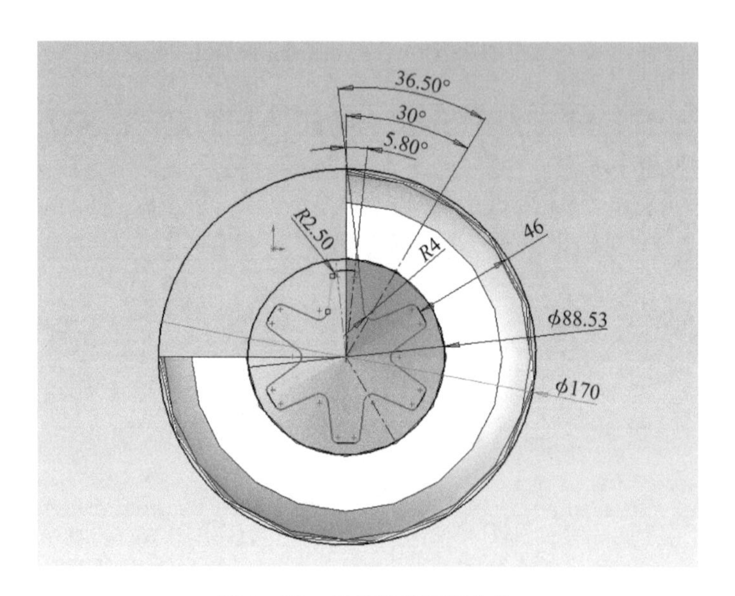

图 5－37 星形装药药形参数

特征长度 L：36. 5 mm；

星边夹角 θ：30°；

星角系数 ε：0. 6；

星角数 n：6；

前锥半角 β_1：15°；

后内锥半角 β_2：10°。

7）结构及质量参数

发动机最大外径：180 mm；

燃烧室壳体内径：172 mm；
发动机总长：1 303 ~ 1 305 mm；
发动机质量：52 kg；
喷喉直径：56 mm；
扩张半角：15°；
扩张比：2.31；
装药外径：172 mm；
药柱外径：170 mm；
药柱长度：1 088.5 mm；
星角数：6；
最大燃层厚：46 mm；
初始燃烧面积：3 584 cm^2；
通气参量：90；
装填密度：70.5。

2. 弹道参数

1）主要弹道参数
总推力冲量：34.75 kN · s；
工作时间：4.5 ~ 4.8 s；
平均推力：7.9 kN。

2）弹道曲线

按药柱平行层燃烧机理绘制星形药柱分层燃烧图，据此计算燃烧面积随燃层厚度变化的逐点数据。星形药柱分层燃烧如图 5 - 38 所示，燃烧面积随燃层厚度变化的计算结果如表 5 - 1 所示，其变化曲线如图 5 - 39 所示，其压强 - 时间曲线如图 5 - 40 所示。

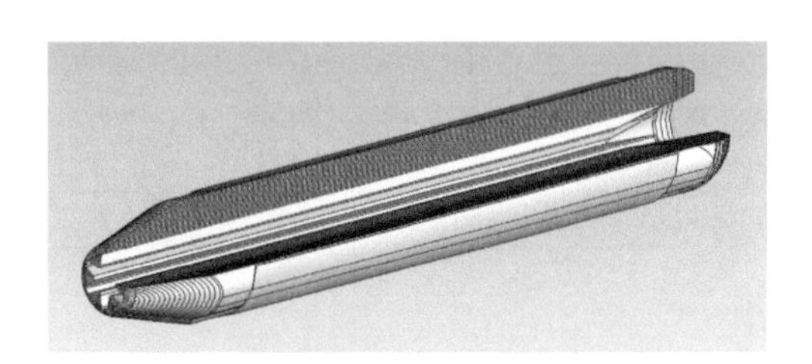

图 5 - 38　星形药柱分层燃烧图

表 5 - 1　加内外锥药形燃烧面积变化数据

序号	燃层厚度/mm	燃烧面积/cm^2
1	0	3 584.60
2	4	3 781.75
3	8	3 852.83

续表

序号	燃层厚度/mm	燃烧面积/cm^2
4	12	3 903.86
5	16	3 912.18
6	20	4 012.81
7	24	4 157.37
8	28	4 321.00
9	32	4 489.78
10	36	4 657.27
11	40	4 771.89
12	44	4 802.62
13	45	4 808.52

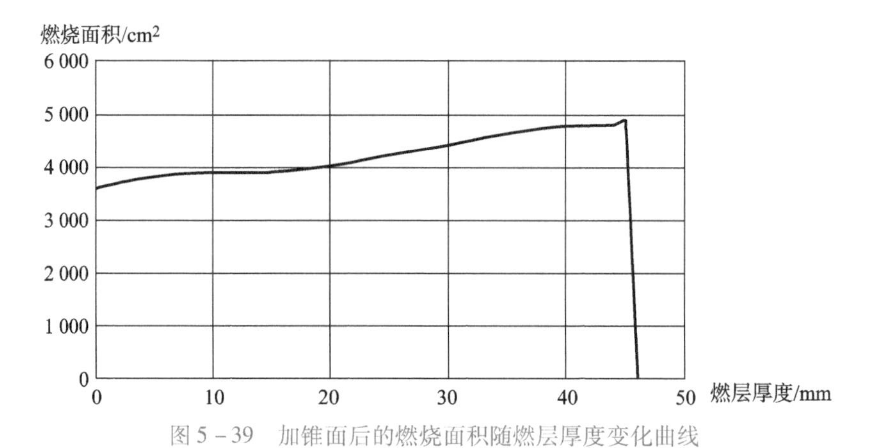

图 5-39 加锥面后的燃烧面积随燃层厚度变化曲线

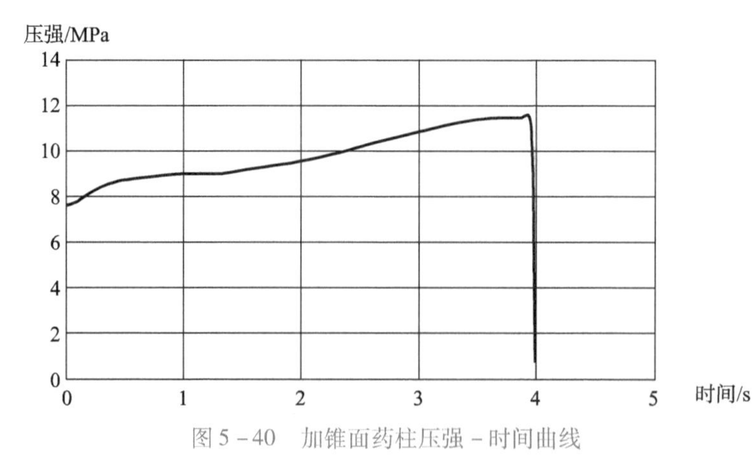

图 5-40 加锥面药柱压强-时间曲线

3. 性能特点

（1）该发动机装药选用高能复合推进剂，能量高，密度大。采用高强纤维带药缠绕成形工艺，制成的整体式发动机，装填密度较大，发动机总推力冲量大，具有较高的推进效能。

（2）发动机装药采用六角星孔药形，为适应总体结构需要，在装药前端外圆加 15°锥角，在药柱后端内孔加 10°锥角的措施，弹道曲线平直性好，发动机工作平稳。

（3）该发动机采用高强纤维缠绕成形的复合材料壳体，利用材料轻质高强的优点，采用装药与燃烧室内壁无间隙的装填方式，有效减轻了发动机的消极质量；采用纤维缠绕成形的复合材料壳体，使每束纤维的强度都能得到发挥，发动机结构强度高，使用安全性高；燃烧室壳体隔热性能好，装药燃烧效率高，发动机为导弹提供的推进效能也高。

4. 工程应用

该发动机的性能，作为导弹动力系统方案，可推广使用在其他类型导弹，如空空导弹、空地导弹等。

该发动机的结构，经类似发动机试验，已证明带药缠绕发动机工艺可行，有推广使用的价值。

5.3.6　85 mm 防空导弹发动机

85 mm 防空导弹发动机为该导弹提供飞行动力，发动机尺寸小，结构紧凑，因采用的推进剂能量较高，发动机的推进效能也较高。

1. 结构组成

发动机由发动机空体、贴壁浇铸装药和点火具组成。85 mm 防空导弹发动机如图 5－41 所示，其工程图如图 5－42 所示。

1）发动机空体

发动机空体由前堵盖、燃烧室壳体和喷管座组件组成。燃烧室壳体和前堵盖内表面都涂有隔热层。燃烧室前后采用螺纹连接。前堵盖、燃烧室壳体和喷管座均采用高强度合金钢经机械加工而成。发动机空体结构如图 5－43 所示。

2）发动机装药

该发动机装药由内孔燃烧药柱和侧面包覆组成。推进剂采用高能复合推进剂，药柱内孔为 6 个径向槽的管槽药形。为获得平直性较好的弹道曲线，将药柱后端内孔设计成锥孔。这种药形的药柱，燃烧过程中的燃烧面积随燃层厚度变化较为平缓，弹道曲线平直性也较好。

在采用的贴壁浇铸成形工艺中，为防止药柱固化收缩引起的破损，在装

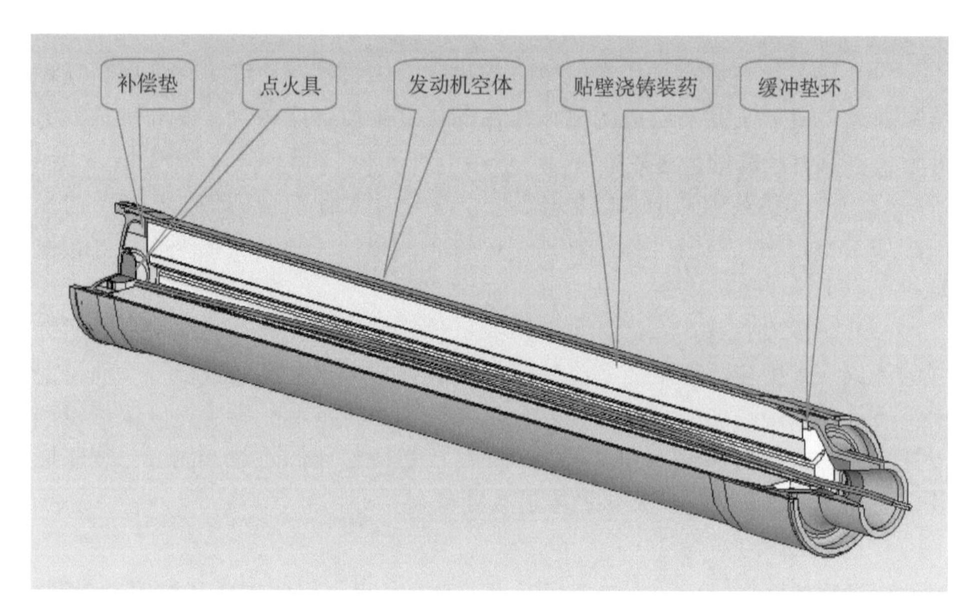

图 5-41 85 mm 防空导弹发动机

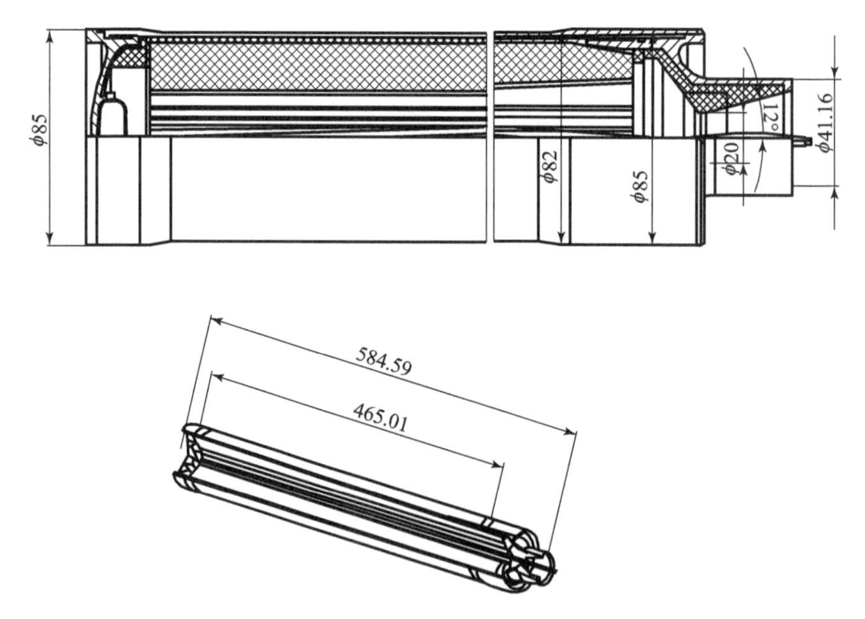

图 5-42 85 mm 防空导弹发动机的工程图

药后端，采用了双层包覆层的自由悬空结构，这种结构制成的贴壁浇铸装药工作更可靠。装药结构如图 5-44 所示。

3）装药包覆

该装药采用弹性较好的橡胶包覆层，成形时用专用模具将未硫化的包覆

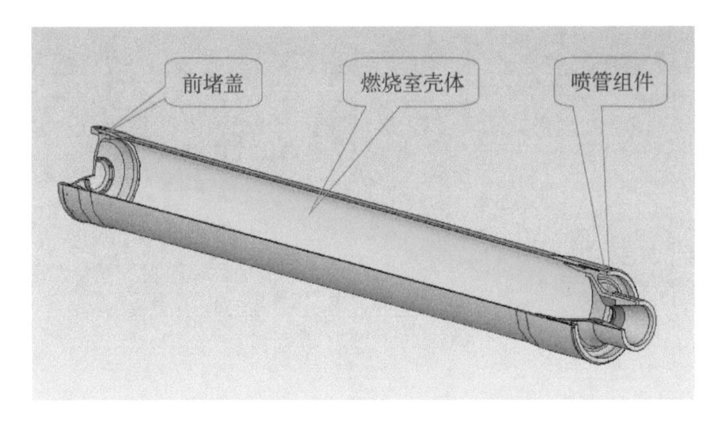

图 5－43　发动机空体结构

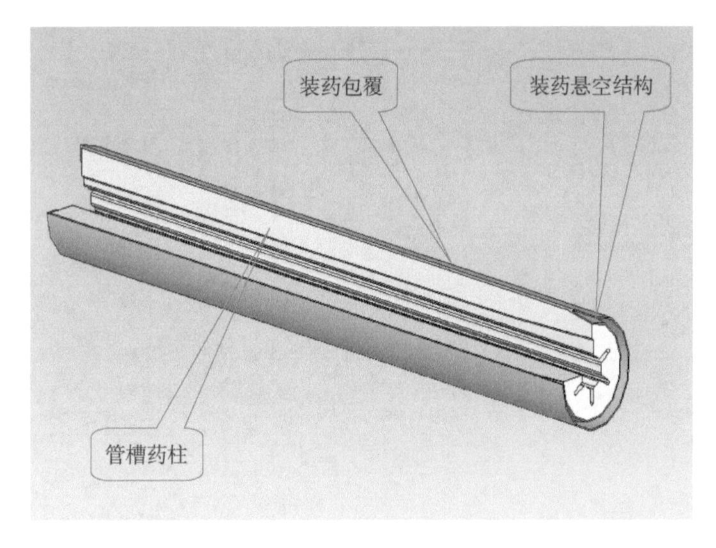

图 5－44　装药结构

片先压制成内筒，在包覆前端做好脱粘层后，再转压成形外筒，形成双层结构，并在转压外层包覆层时，采用套入锥形环的方法，成形出装药悬空结构，经硫化后形成一体的包覆筒。

将成形好的包覆筒外表面进行粗糙化处理后，均匀涂胶，再装入燃烧室金属壳体。装入前，燃烧室的内表面也需除油处理。经加压硫化，使包覆筒与燃烧室金属壳体牢固粘合，之后浇铸成形推进剂药柱。硫化后形成一体的包覆筒，其结构如图 5－45 所示。

4）发动机前部结构

发动机前部结构给出前堵盖、装药、橡胶补偿垫、燃烧室壳体和点火具等零组件的装填结构。其结构如图 5－46 所示。

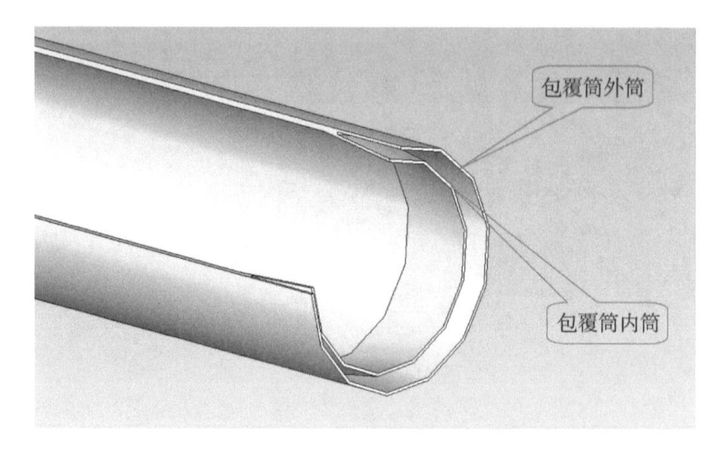

图 5-45 装药包覆后部结构

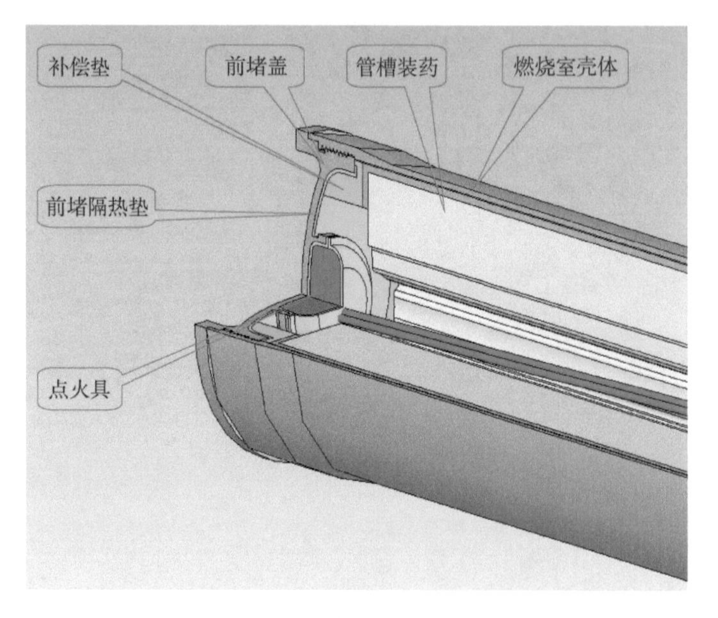

图 5-46 发动机前部结构

5）发动机后部结构

发动机后部结构给出装药，装药后端防脱粘悬空部位的装填，采用橡胶缓冲垫环对装药进行缓冲的结构以及喷管组件的装配结构等。发动机后部结构如图 5-47 所示。

6）喷管座组件

喷管座组件由喷管体、非金属材料背衬和难熔金属制成的喉衬组成。非金属材料背衬将高熔点的喉衬与喷管体隔开，起隔热作用，使喷管体的强度得到充分发挥。喷管座组件如图 5-48 所示。

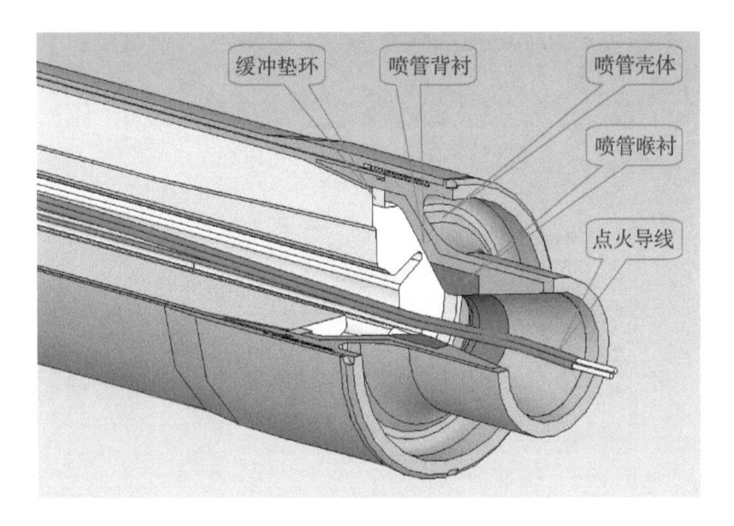

图 5 – 47　发动机后部结构

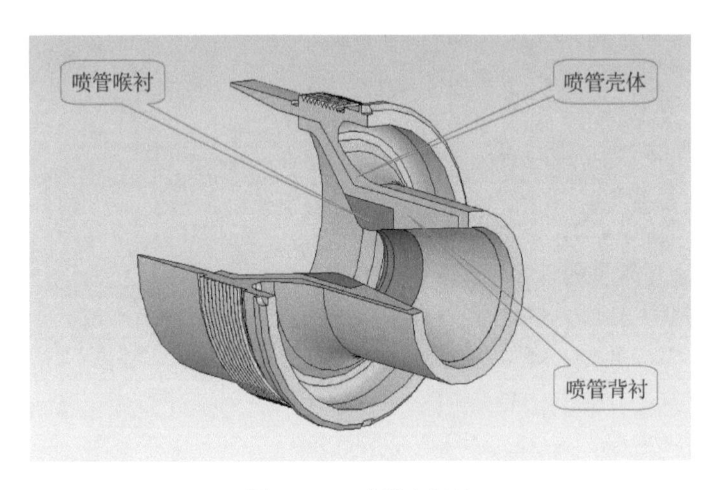

图 5 – 48　喷管座组件

7）装药药形参数

药形参数如图 5 – 49 所示。

装药外径 D_p：78.2 mm；

药柱外径 D：74 mm；

药柱内径 d：22 mm；

装药长度 Lp：604 mm；

锥半角 θ：4°；

管槽数 n：6；

最大燃层厚 e_M：26 mm；

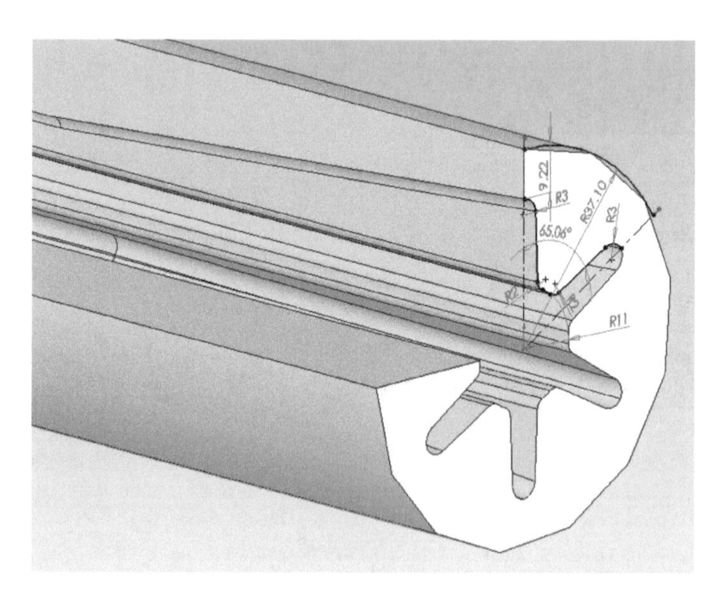

图 5-49 内孔锥形药柱药形参数

最小燃层厚 e_{min}：9.22 mm；

初始燃烧面积 Sb_{o}：1 071 cm^2；

总通气参量 $\acute{\alpha}$：109.5；

装填系数 $\zeta\%$：71。

8）结构及质量参数

发动机最大外径：85 mm；

燃烧室壳体外径：82 mm；

发动机总长：660 ~ 662 mm；

装药药柱质量：3.6 kg；

喷喉直径：20 mm；

扩张半角：12°；

扩张比：2.2。

2. 弹道参数

1）主要弹道参数

经性能计算，该发动机的主要弹道性能参数如下：

平均推力 F_{cp}：7.8 kN；

推力冲量 I_{o}：8.3 kN·s；

燃烧时间 t_{b}：1.1 s；

燃烧室平均压强 P_{cp}：10 MPa。

2）弹道曲线

按装药药柱平行层燃烧机理，绘制装药药柱分层燃烧图，由此计算出燃烧面积随燃层厚度逐点数据，根据该装药推进剂的燃烧性能，计算出装药在燃烧内燃烧压强的逐点数据，作出压强随时间变化曲线。分层计算图如图 5－50 所示。燃烧面积随燃层厚度逐点数据如表 5－2 所示。燃烧面积随燃层厚度变化曲线如图 5－51 所示。加内锥装药压强曲线如图 5－52 所示。

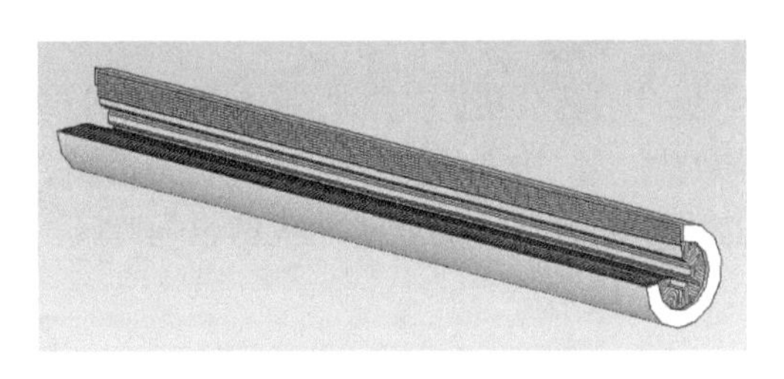

图 5－50　加内锥装药分层计算图

表 5－2　加内锥药形燃面及压强逐点数据

序号	燃烧时间/s	燃层厚度/mm	燃烧面积/cm^2	压强/MPa
1	0	0	955.7	9.4
2	0.10	2	1 032.3	10.1
3	0.20	4	1 084.0	10.7
4	0.29	6	1 100.0	10.9
5	0.39	8	1 114.4	11.0
6	0.49	10	1 135.6	11.2
7	0.58	12	1 147.8	11.3
8	0.67	14	1 155.6	11.4
9	0.77	16	1 146.0	11.3
10	0.89	18	1 045.0	10.3
11	1.4	20	354.0	0.35

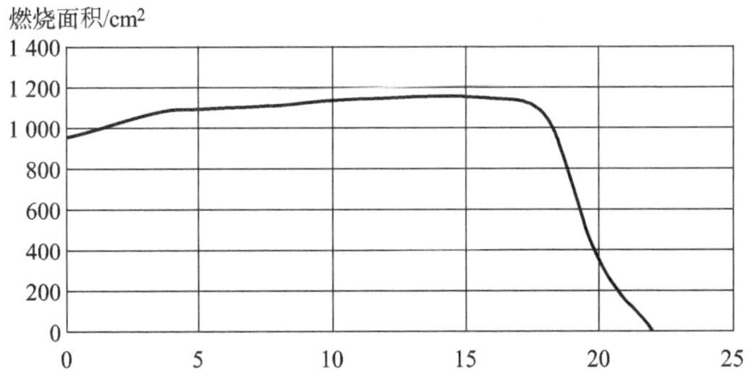

图 5－51　燃烧面积随燃层厚度变化曲线

压强曲线：

根据装药分层燃烧时燃烧面积随燃层厚度变化的计算结果和所选推进剂的燃烧性能，按迭代方法计算出压强随燃烧时间变化的逐点数据，可以看出，燃烧面积随燃层厚度变化曲线和压强曲线的平直性较好。

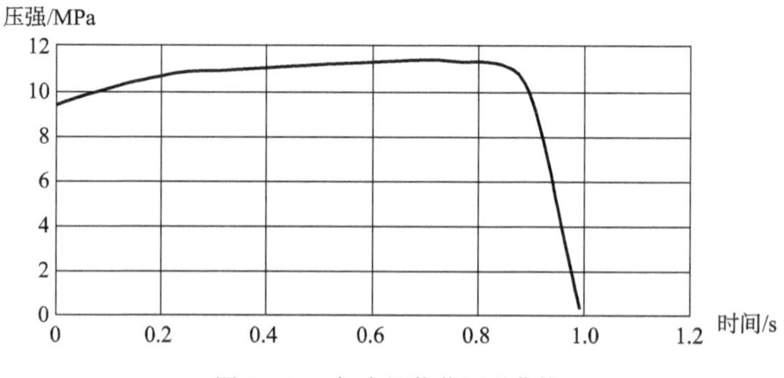

图 5-52　加内锥装药压强曲线

由压强曲线不难看出，加内锥后装药燃烧压强曲线的平直性较好。

3. 性能特点

（1）采用贴壁浇铸成形工艺和药柱后端采用悬空结构防止药柱破坏的技术措施，保证了装药工作的可靠性，是一种新型防脱粘结构。

（2）发动机装药采用内孔燃烧管槽药形，在药柱后端内孔加 4°锥角的措施，弹道曲线平直性好，发动机工作平稳。

（3）该发动机结构简单紧凑，选用的复合推进剂能量较高，发动机的推进效能较好。

4. 工程应用

该发动机为导弹动力系统方案，可推广使用在其他类型导弹，如空空导弹、空地导弹等。作为防空导弹的动力推进系统，导弹能实现多发装填和发射，武器系统机动性能好，快速反应能力强。

该发动机的结构，经类似发动机试验和装备使用，已证明其弹道性能稳定，综合性能较好，有推广使用的价值。

5.3.7　140 mm 导弹发动机

140 mm 导弹发动机是一种战术导弹动力系统方案发动机，为获最轻发动机质量，选用轻质复合材料壳体；为降低成本，该复合材料壳体采用普通玻璃纤维缠绕而成；为增加装药量，采用带药缠绕成形。该发动机除前封头、喷管壳体和压环外，其他结构件均采用质量轻的非金属件，有效减轻了发动机的消极质量。

1. 结构组成

发动机由发动机空体、带药缠绕装药和点火具组成。140 mm 导弹发动机如图 5 - 53 所示，其工程图如图 5 - 54 所示。

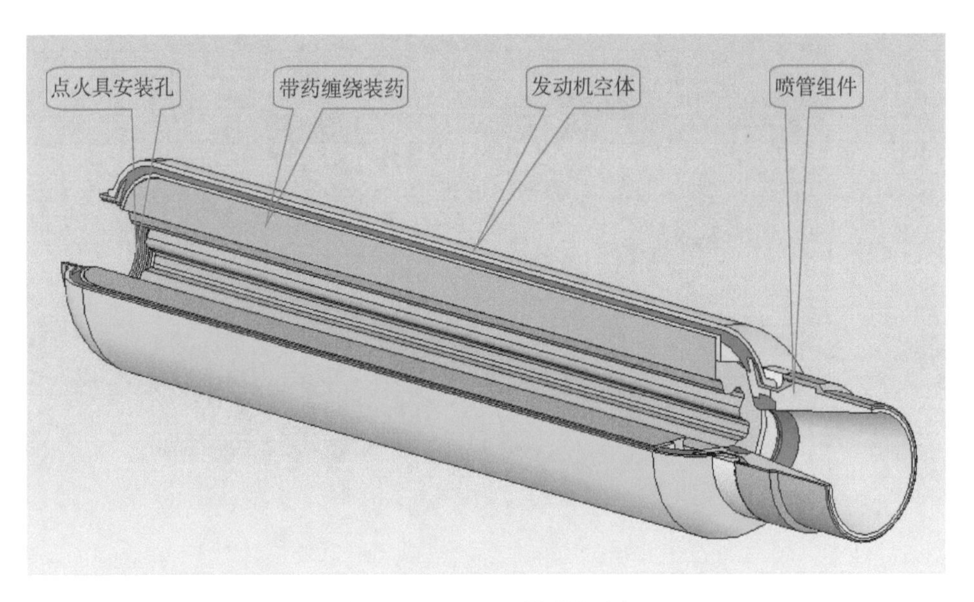

图 5 - 53　140 mm 导弹发动机

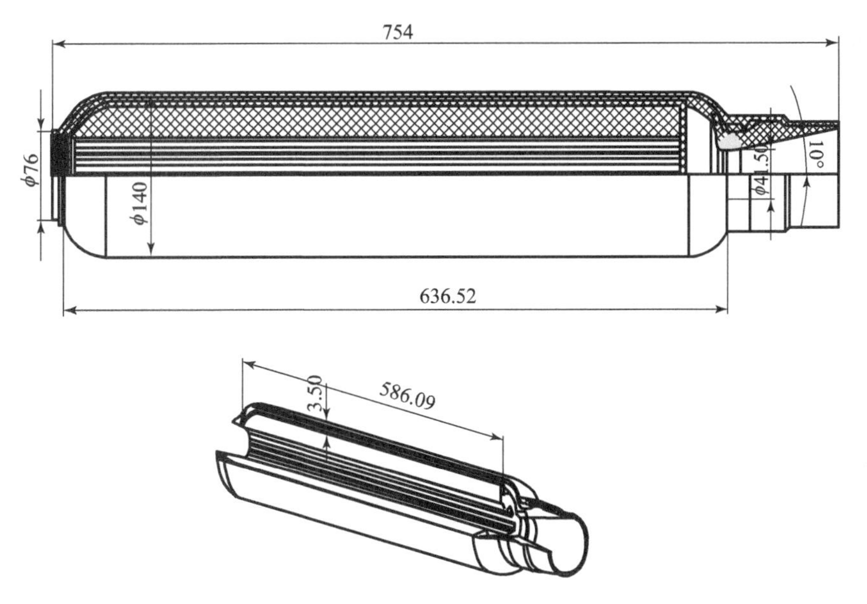

图 5 - 54　140 mm 导弹发动机的工程图

1）发动机空体

发动机空体由前封头、玻璃纤维缠绕的燃烧室壳体和喷管座组件组成。在燃烧室内表面，衬有橡胶为基体材料的隔热层，喷管座组件由石墨喉衬和高硅氧材料压制成形的喷管组成。发动机空体如图 5－55 所示。

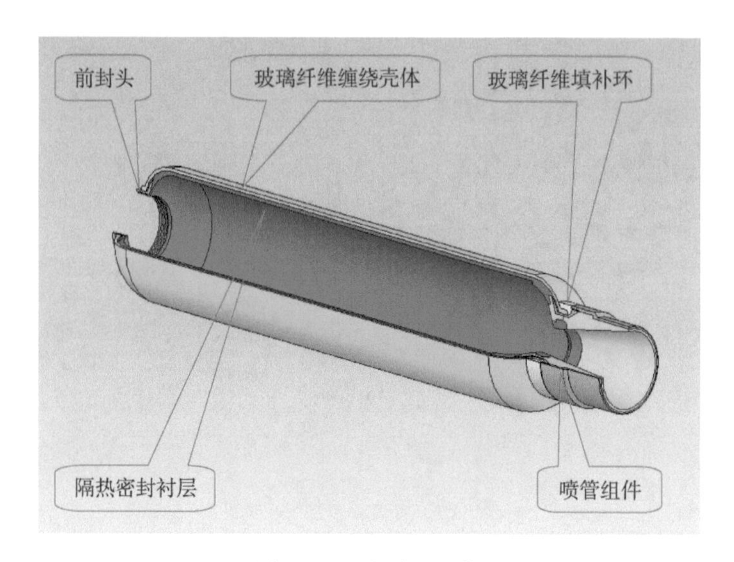

图 5－55 发动机空体

2）发动机装药

该发动机装药由内孔燃烧七角星形药柱和侧面包覆组成。选用改性双基推进剂，药柱采用螺压工艺成形。

在采用的带药缠绕成形工艺中，为防止药柱温差变化引起的破损，在装药外表面的前后端，采用“人工脱粘”结构。经方案试验，装药工作可靠，性能满足要求。装药药形结构如图 5－56 所示。

3）装药包覆

该装药采用弹性较好的橡胶为基体材料的包覆层，成形时，用专用模具将未硫化的包覆剂压制成包覆筒，经硫化后采用套包工艺成形装药。将带包覆的装药、缠绕芯模、水溶性碎填充件、前封头和喷管组件等组装成缠绕纤维前的模具组合体。在铺好隔热层后，进行纤维缠绕，经固化脱模即成形出装药，隔热层和纤维缠绕的复合材料为一体的整体式发动机。

4）发动机前部结构

发动机前部结构给出前封头、带药缠绕装药、隔热密封衬层、纤维缠绕壳体及点火具安装螺孔等位置结构，其结构如图 5－57 所示。

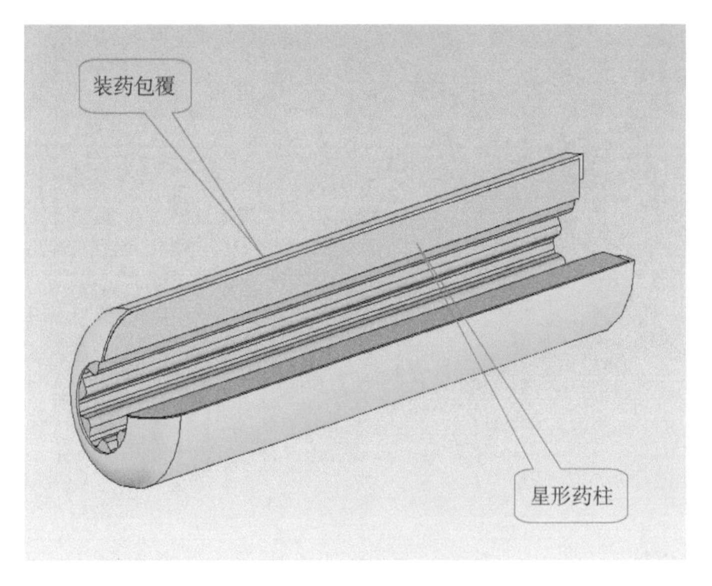

图5-56　装药药形结构

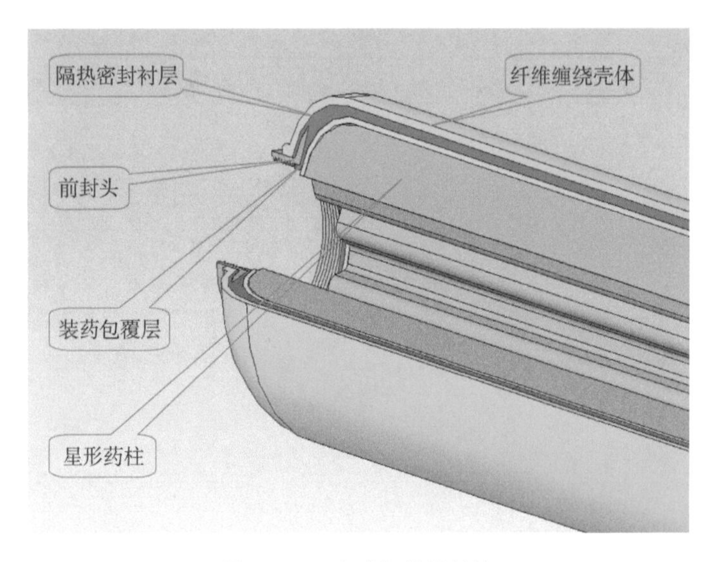

图5-57　发动机前部结构

5）发动机后部结构

发动机后部结构给出装药、装药后端包覆层与壳体隔热层、喷管组件收敛段与喷管体封头之间互相嵌套的密封结构等，如图5-58所示。

6）喷管座组件

喷管座组件由喷管壳体、收敛段、喷管喉衬、扩张段和喷管压环组成。

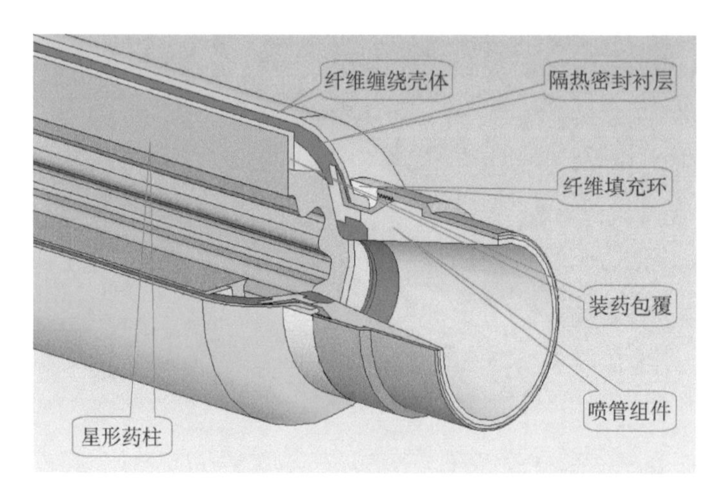

图 5－58 发动机后部结构

喉衬采用高强度石墨制成。收敛段与扩张段均采用高硅氧短纤维预浸料经模压制成。喷管座组件如图 5－59 所示。

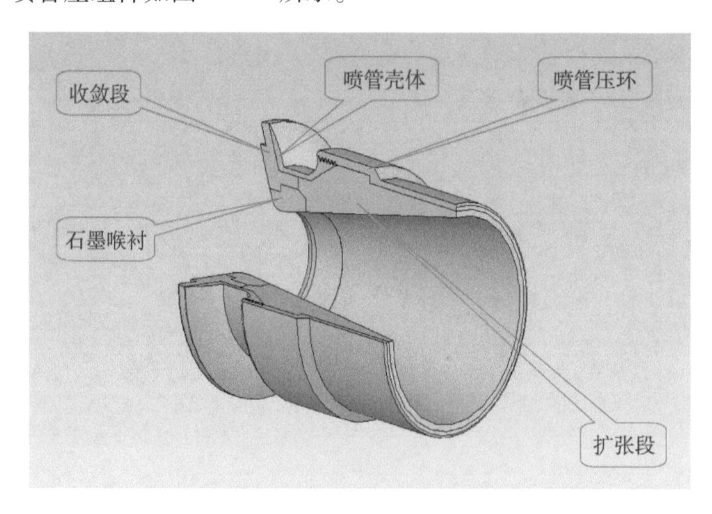

图 5－59 喷管座组件

7）带药缠绕芯模组合体

在缠绕芯模上，按要求先装好装药、水溶性填充环、喷管组件。其中，装药通过星角根圆各圆弧面，喷管喉部圆柱段与芯模实现径向定位，以保证装药与喷喉的同轴度。

在装药和喷管组件的外面，铺设一层未硫化的壳体隔热衬层，利用专用工装将喷管组件的收敛段与第一层隔热层压实，再在喷管体的后封头曲面外，套装未硫化的隔热套，并与喷管组件的前端形成嵌套的密封结构。

前封头也装在装药外的隔热衬层上，形成前封头内表面的隔热层。按结构要求，装好前端定位压环，再在前封头外表面套装未硫化的隔热套，并与铺设好的装药隔热层贴合在一起，形成将前封头夹在中间的隔热密封结构，构成带药缠绕的芯模组合体。在完成纤维缠绕和固化后，采用水冲法，取出水溶性材料制作的填充环，即成形出整体结构的发动机。带药缠绕芯模组合体如图5－60所示。

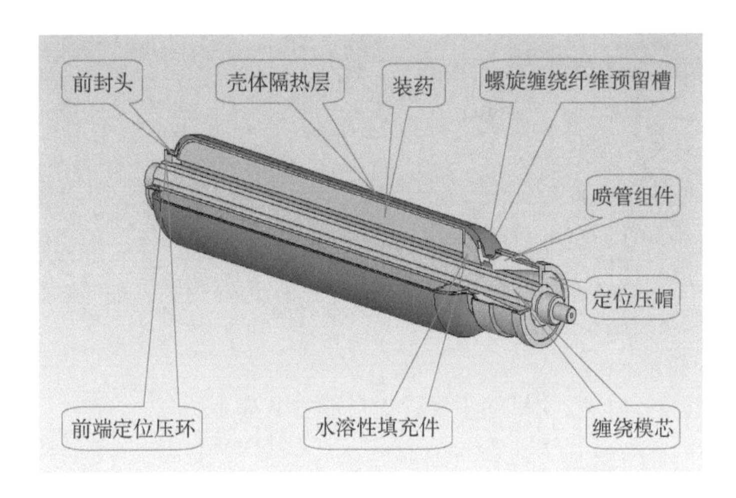

图5－60　带药缠绕芯模组合体

8）装药药形参数

药形参数如图5－61所示。

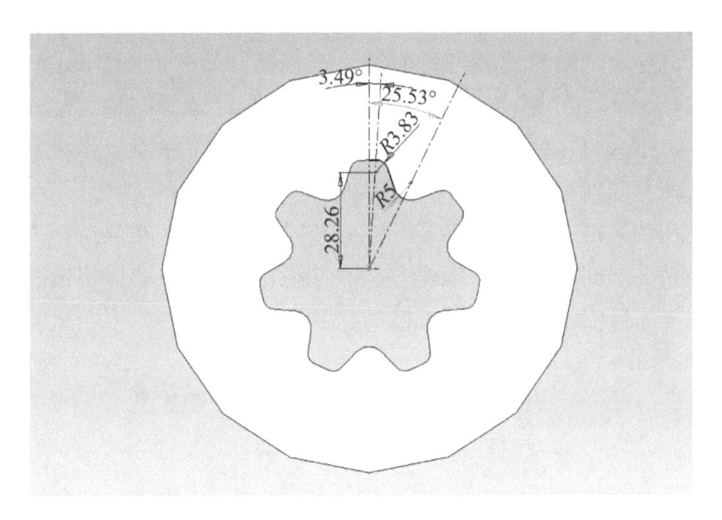

图5－61　内孔锥形药柱药形参数

装药外径：124 mm；

药柱外径：120 mm；

装药长度：579. 5 mm；

星角数：7；

最大燃层厚度：28 mm；

初始燃烧面积：1 455 cm^2；

装填系数：69%。

9）结构及质量参数

燃烧室壳体外径：140 mm；

发动机总长：755 mm；

装药药柱质量：8. 45 kg；

喷喉直径：41. 5 mm；

扩张半角：10°；

扩张比：1. 9。

2. 弹道参数

经性能计算，该发动机的主要弹道性能参数如下：

平均推力 F_{cp}：14 kN；

推力冲量 I_o：19. 4 kN · s；

燃烧时间 t_b：1. 12 s；

燃烧室平均压强 P_{cp}：10 MPa。

3. 性能特点

（1）该发动机采用纤维带药缠绕成形工艺，制成结构简单、质量轻的整体式发动机，发动机质量比和冲量质量比都较高，综合性能好。

（2）装药采用内孔燃烧药形，装药两端都采用球形结构，能很好与纤维缠绕封头结构相适应，使发动机两端的纤维与结构件的连接强度得到了充分保证，设计较为合理。

（3）采用内孔燃烧药形、装药药柱、包覆层、壳体隔热层以及复合材料壳体；都具有良好的隔热性，装药燃烧的热损失小，发动机实测比冲明显高于金属材料壳体自由装填装药发动机。

4. 工程应用

该发动机为导弹动力系统方案，可推广使用在其他类型导弹。经同类型发动机试验，已证明其弹道性能稳定，综合性能较好，有推广使用的价值。

5. 3. 8 152 mm 导弹发动机

152 mm 导弹发动机也是一种战术导弹动力系统方案发动机，为获最轻发动机质量，选用轻质复合材料壳体，为降低成本，该复合材料壳体采用普通玻璃纤维燃烧而成。药柱内孔为管形，外表面两端都带有锥形，选用螺压成形的改性双基推进剂。发动机为自由装填结构形式。装药前端由前支撑环（图5－62）和后挡板（图5－63）轴向定位，装药径向由药柱径向定位块进行初始定位，前支撑环和后挡板均采用高硅氧模压件。

图5－62　药柱前支撑环

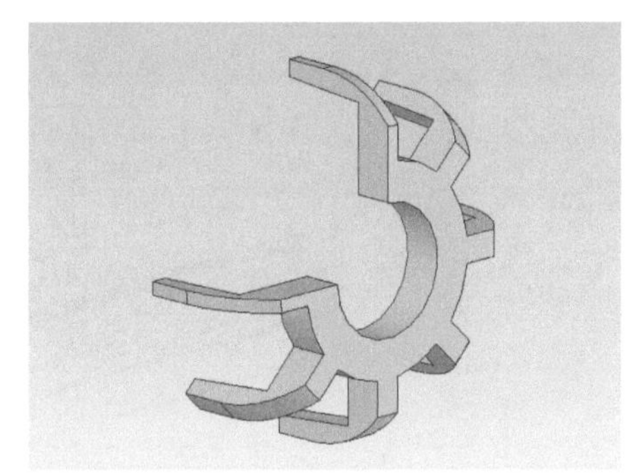

图5－63　药柱后挡板

1. 结构组成

发动机由发动机空体、自由装填装药和点火具组成。152 mm导弹发动机如图5－64所示，其工程图如图5－65所示。

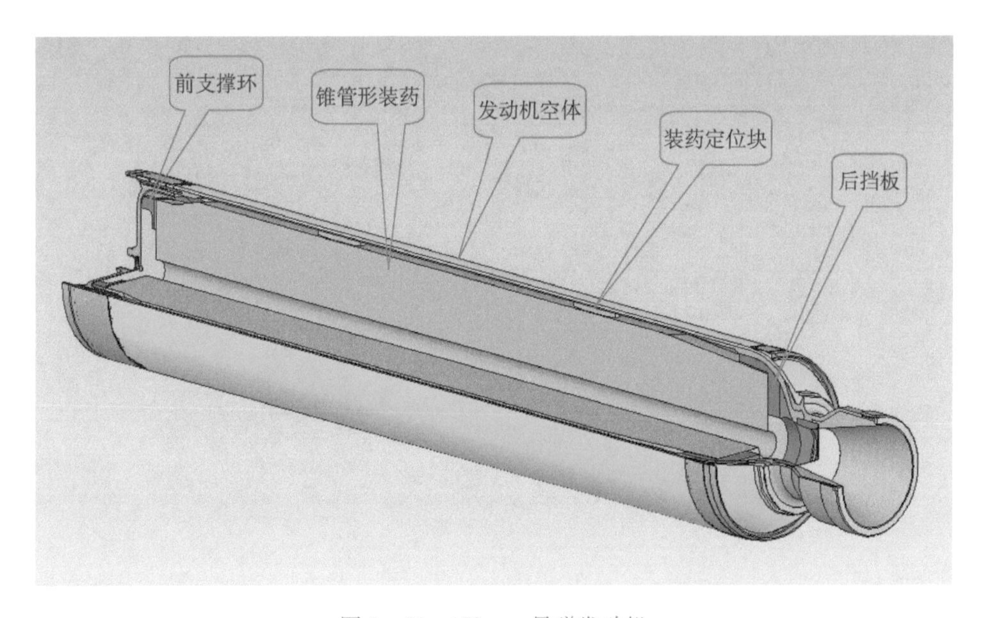

图5－64　152 mm导弹发动机

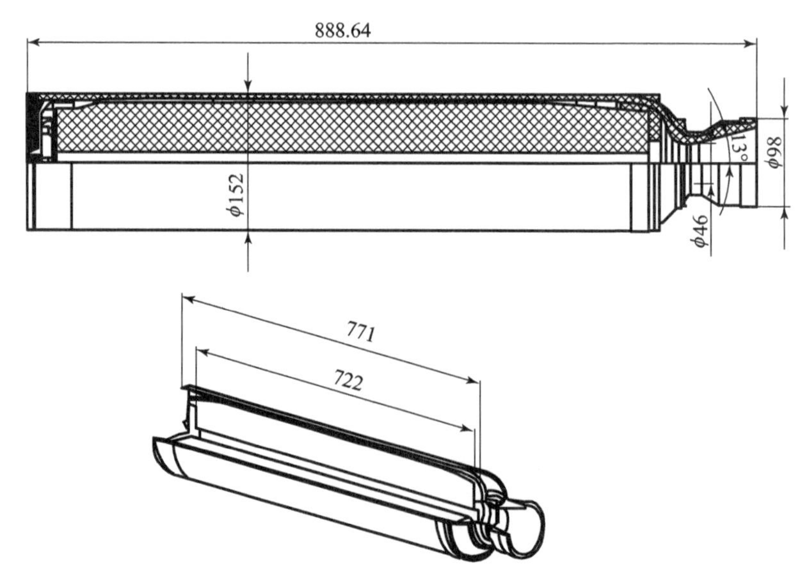

图 5-65 152 mm 导弹发动机的工程图

1）发动机空体

发动机空体由“销柱挂线”前连接结构、玻璃纤维缠绕的燃烧室壳体和喷管座组件组成。在燃烧室内表面衬有橡胶为基体材料的隔热层，喷管座组件由石墨喉衬和高硅氧材料压制成形的喷管扩张段及喷管压帽组成。燃烧室壳体为前端大开口的结构，可方便装药自由装填。发动机空体如图 5-66 所示。

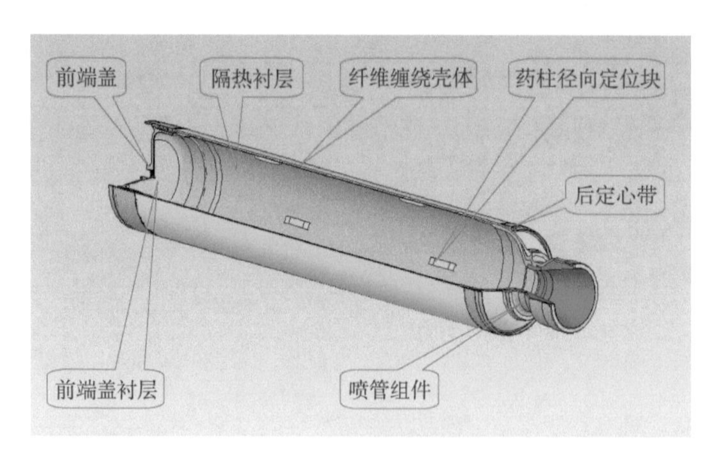

图 5-66 发动机空体

2）发动机装药

该发动机装药药柱的内孔为管形，外表面前、后端都带有锥面的药形。

药柱前端面进行包覆，其余表面为燃烧面。选用改性双基推进剂，药柱采用螺压工艺成形。装药药形结构如图5－67所示。

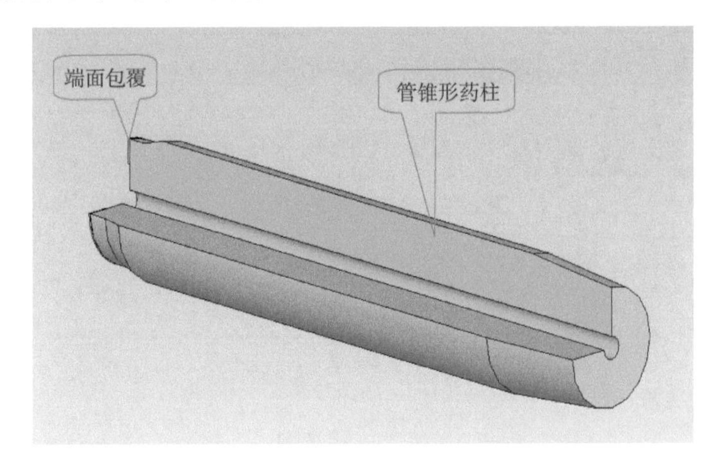

图5－67　装药药形结构

3）发动机前部结构

发动机前部结构给出“销柱挂线”前连接结构、自由装填装药、隔热密封衬层、纤维缠绕壳体及点火具安装螺孔等位置结构，其结构如图5－68所示。

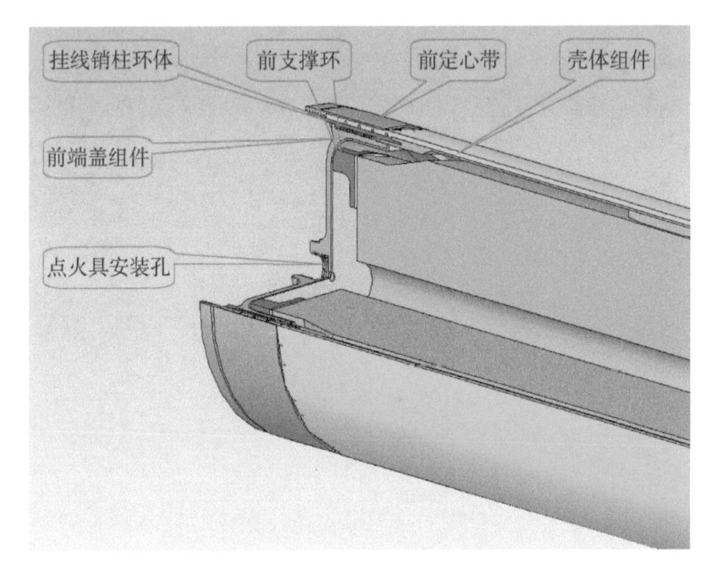

图5－68　发动机前部结构

4）前端挂线局部结构

该局部结构给出销柱挂线环与前堵盖的螺纹连接结构、挂线销柱与纤维的挂线剖视、销柱挂线环与壳体隔热衬层、玻璃纤维壳体互相嵌套的结构等，该结构满足了燃烧室最大压强的承载要求，试验证明这种销柱挂线环连接结构的强度满足设计要求。前端挂线销柱局部结构如图 5－69 所示，销柱挂线环如图 5－70 所示，其工程图如图 5－71 所示。

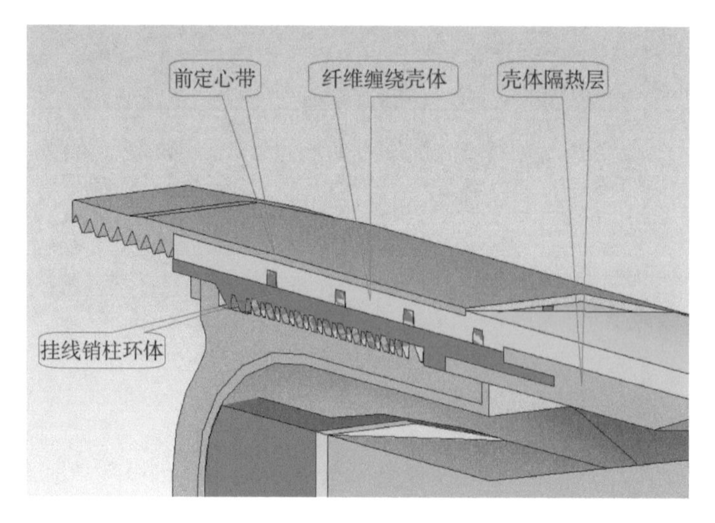

图 5－69 前端挂线销柱局部结构

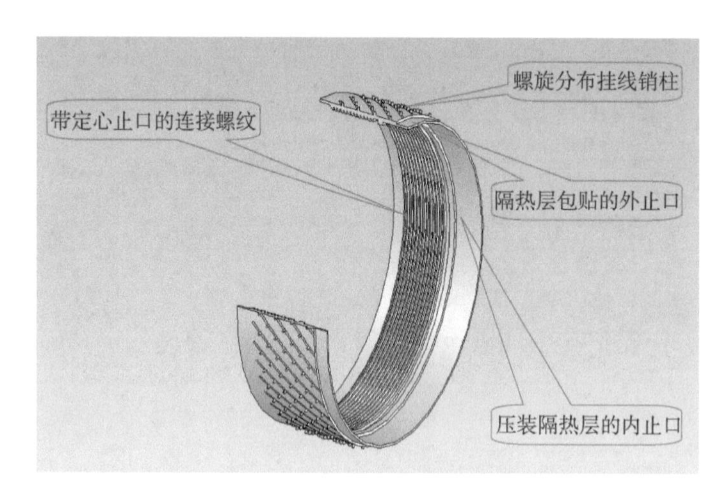

图 5－70 销柱挂线环

5）发动机后部结构

发动机后部结构给出装药后端结构，纤维缠绕壳体、隔热层与喷管座组件的密封结构，以及缠绕纤维与喷管组件的包缠结构等，如图 5－72 所示。

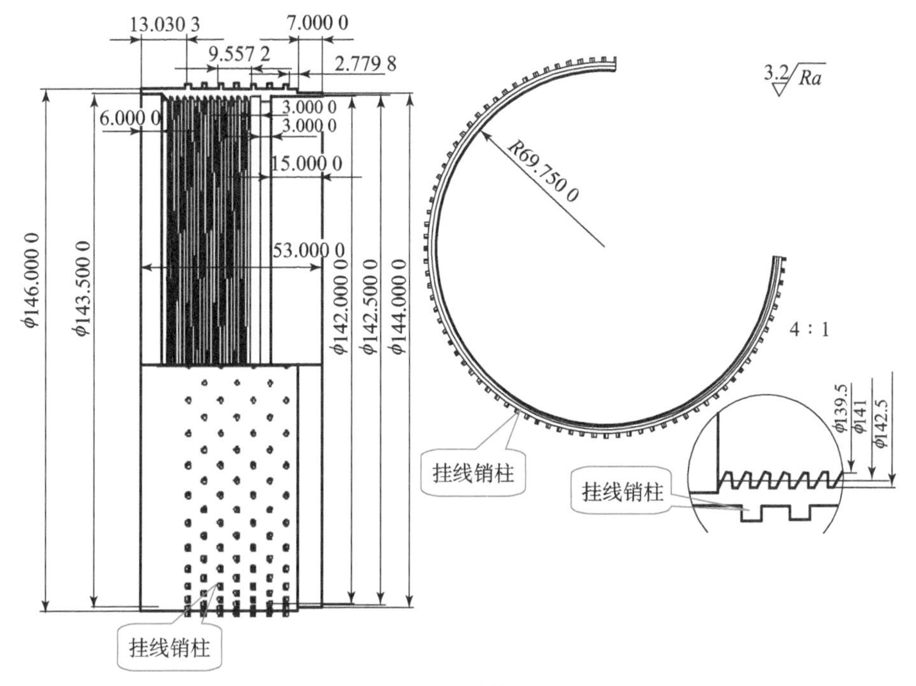

图5－71　销柱挂线环工程图

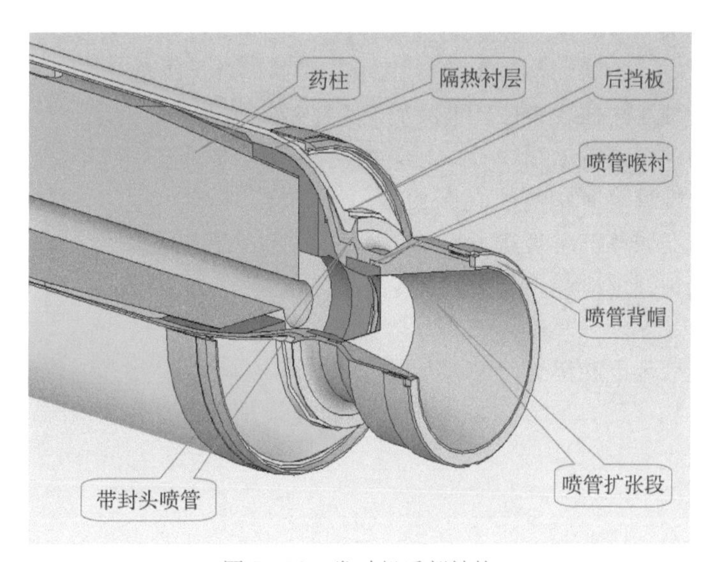

图5－72　发动机后部结构

6）喷管座组件

喷管座组件由带封头曲面喷管体、喷管压帽、喷管喉衬及喷管扩张段组成。喉衬采用高强度石墨制成。喷管扩张段均采用高硅氧短纤维预浸料经模压制成。喷管座组件如图5－73所示。

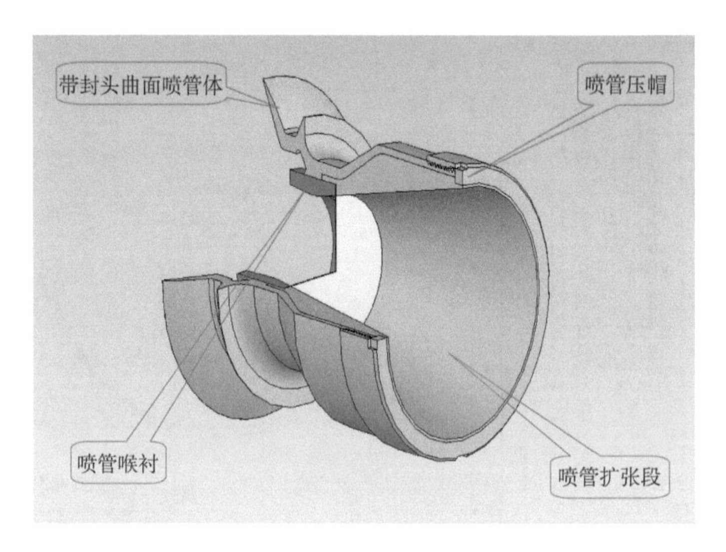

图 5-73 喷管座组件

7）挂线销柱环

挂线销柱环为高强度合金钢加工件，根据纤维缠绕规律确定挂线销柱的几何尺寸。各销柱上缠绕的都是螺旋缠绕纤维，沿横向每排销钉数由每循环螺旋缠绕纤维的纤维束条数决定，每循环缠绕两层互相交织的纤维沿周向均匀布满后完成一个循环螺旋缠绕，由计数装置记录纤维的条数，这在纤维缠绕试排线时确定，挂线销柱环上沿横向每排销钉数也由此确定。

挂线销柱环上沿轴线销钉的排列数由螺旋纤维的循环数确定，销钉的高度要根据纤维缠绕到销钉所在断面上每条纤维和树脂可能堆积的高度确定。因为在纤维挂线环仅缠绕螺旋纤维，可以适当增加柱的高度，留有一定的高度余量以避免纤维滑脱，在加工固化后的纤维缠绕壳体时，再按图纸要求加工到位。

挂线销柱环上的销钉是按螺旋分布的，其螺旋角的大小要与螺旋纤维缠绕的缠绕角相一致。该发动机纤维缠绕的挂线销柱环结构如图 5-70 所示，其尺寸如图 5-71 所示。

8）装药药形参数

药柱外径：135 mm；

药柱内径：22 mm；

装药长度：722 mm；

前外锥半角：15.2°；

后外锥半角：4.5°；

初始燃烧面积：3 615 cm^2；

通气参量：128；

装填系数：65%。

9）结构及质量参数

发动机外径：152.5 mm；

燃烧室壳体外径：152 mm；

燃烧室壳体内径：145 mm；

发动机总长：888 mm；

装药药柱质量：16.33 kg；

喷喉直径：46 mm；

扩张半角：13°；

扩张比：1.8。

2. 弹道参数

经性能计算，该发动机的主要弹道性能参数如下：

平均推力 F_{cp}：37.4 kN；

推力冲量 I_o：39.2 kN·s；

燃烧时间 t_b：1.05 s；

燃烧室平均压强 P_{cp}：15 MPa。

3. 性能特点

（1）该发动机采用纤维缠绕成形壳体的工艺，发动机的质量轻。采用自由装填装药结构，纤维缠绕壳体与装药可分别在两地制造，利于大批量生产。

（2）采用销柱挂线环连接结构，可实现纤维缠绕壳体一端或两端大开口的结构，使发动机的结构设计更加灵活，装配与试验准备方便，扩大了纤维缠绕壳体的使用范围。

（3）发动机燃烧室壳体内采用轻质的非金属结构件，连同金属材料壳体，都有效减轻了发动机的消极质量，减少散热损失，提高了发动机的推进效能。

4. 工程应用

经该发动机试验，已证明其弹道性能稳定，综合性能较好。该发动机为导弹动力系统方案，已作为其他类型导弹发动机的参考方案。

5.3.9　170 mm 导弹发动机

170 mm 导弹发动机是战术导弹动力系统方案发动机，经方案试验，发动机结构和性能满足总体要求，可作为射程 20 km 的战术导弹使用。

1. 结构组成

发动机由发动机空体、自由装填装药和点火具组成。170 mm 导弹发动机如图 5－74 所示，其工程图如图 5－75 所示。

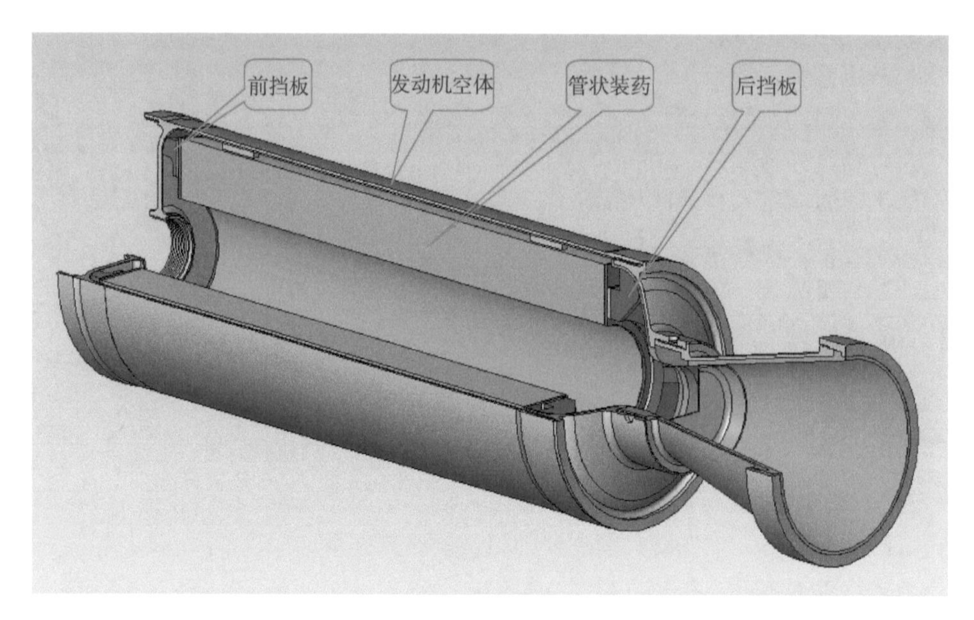

图 5-74　170 mm 导弹发动机

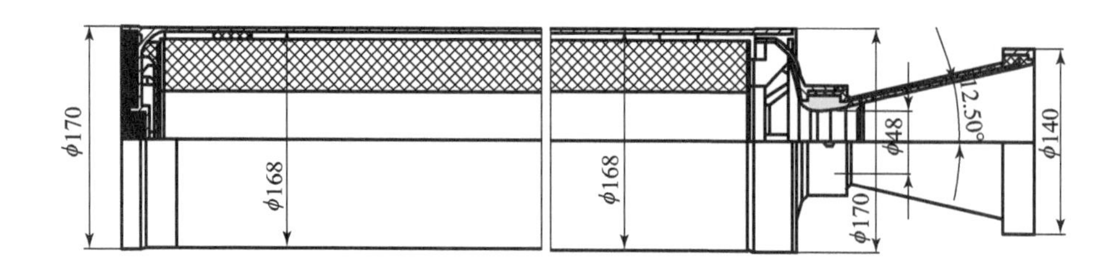

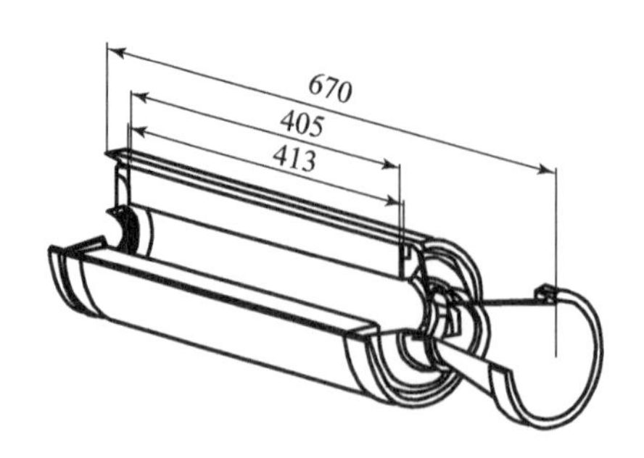

图 5-75　170 mm 导弹发动机的工程图

1）发动机空体

发动机空体由燃烧室壳体、后盖、喷管组件、燃烧室隔热层及后盖隔热层组成。燃烧室壳体（含前端盖）、后盖、喷管壳体都采用30CrMnSiA合金钢经机械加工而成，筒身和前端盖为机械加工后焊接制成。在燃烧室内表面，后盖的内圆弧表面都衬有橡胶材料制成的隔热层。燃烧室内表面粘有轴向均布的药柱径向定位块，共两排六块松木块。发动机空体如图5－76所示。

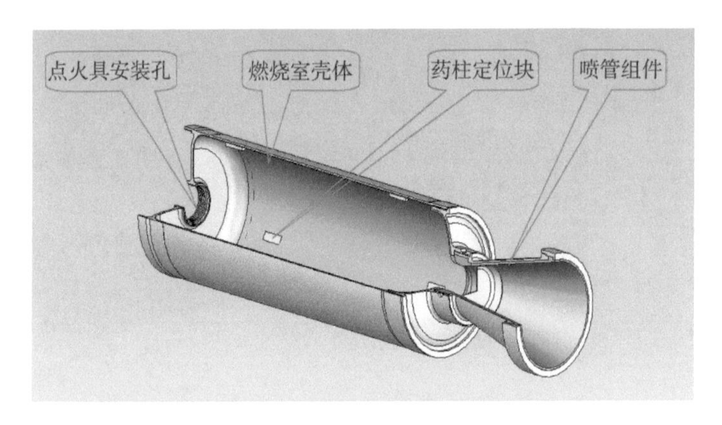

图5－76　发动机空体

2）发动机装药

该发动机装药药柱采用内外表面燃烧的管状药形，前、后端都进行端面包覆。选用改性双基推进剂，药柱采用螺压工艺成形。装药药形如图5－77所示。

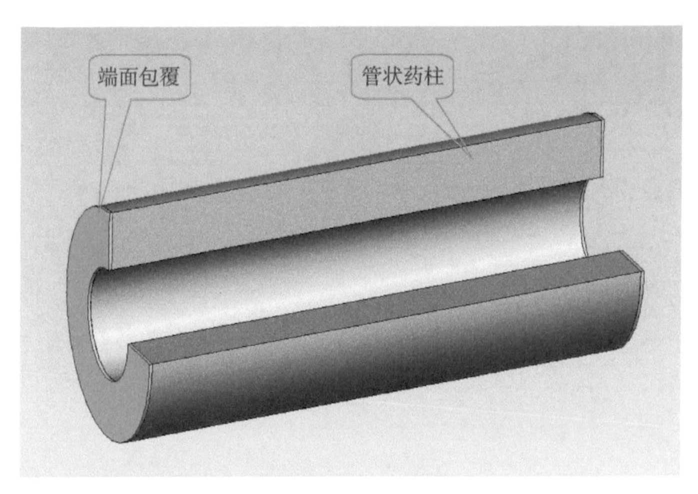

图5－77　装药药形

3）发动机前部结构

发动机前部结构给出燃烧室前端结构，包括装药轴向、径向定位及缓冲结构等，其结构如图5－78所示。

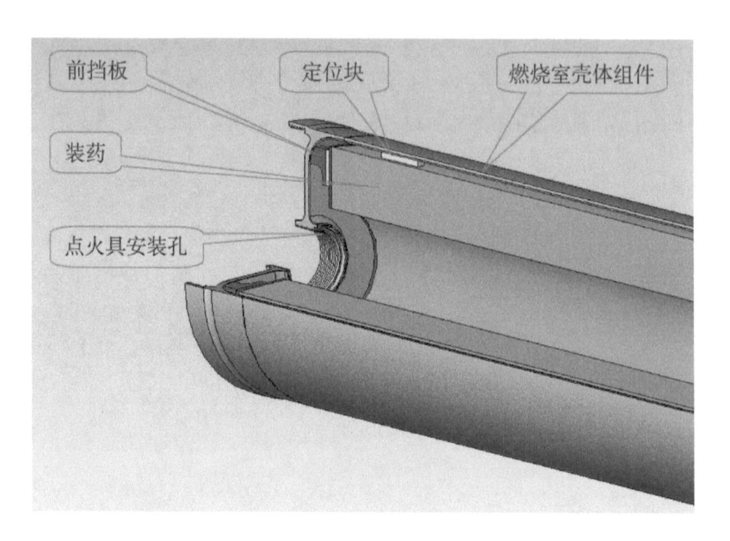

图5－78　发动机前部结构

4）发动机后部结构

发动机后部结构给出装药后端结构，包括装药轴向、径向定位及缓冲结构，燃烧室壳体与喷管座组件的连接及喷管组件结构等。发动机后部结构如图5－79所示。燃烧室壳体组件如图5－80所示。

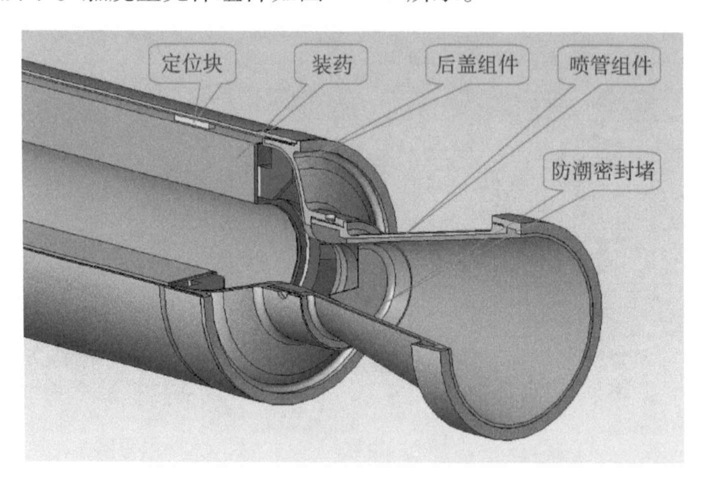

图5－79　发动机后部结构

5）喷管座组件

喷管座组件由喷管壳体、后盖组件、喷管喉衬、扩张段组件及喷管压帽组成。后盖组件和扩张段组件的隔热层均采用C－C材料压制成形。喷管喉衬采用高强度石墨机加而成。喷管体、后盖和喷管压帽均采用螺纹连接，喷管座组件如图5－81所示。

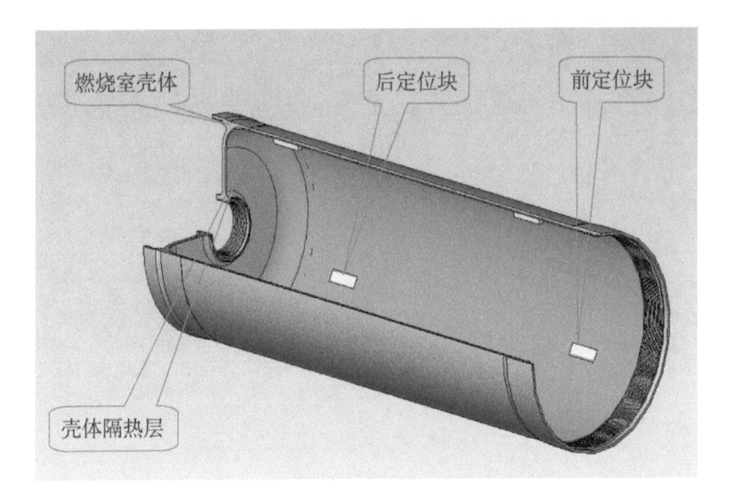

图5－80　燃烧室壳体组件

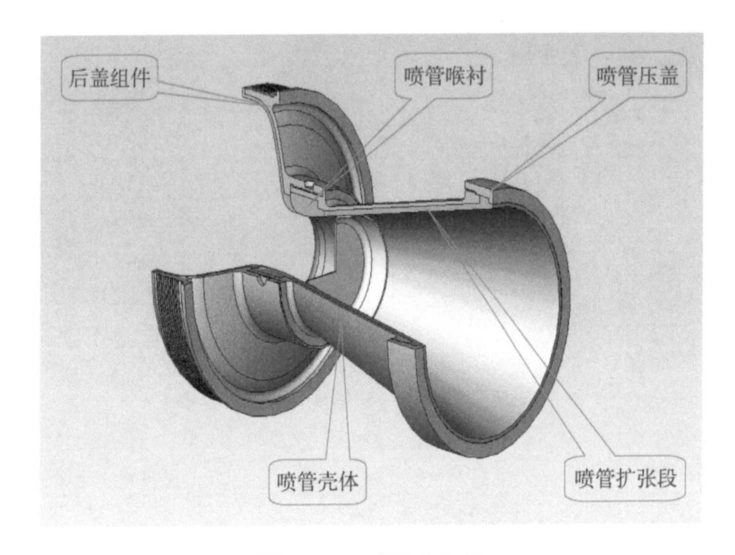

图5－81　喷管座组件

6）前后挡板及缓冲垫

前后挡板均采用高硅氧短纤维预浸料模压而成。缓冲垫采用航空海绵橡胶制成。前后挡板分别如图5－82和图5－83所示。

7）装药药形参数

药柱外径：152 mm；

药柱内径：74 mm；

装药长度：405 mm；

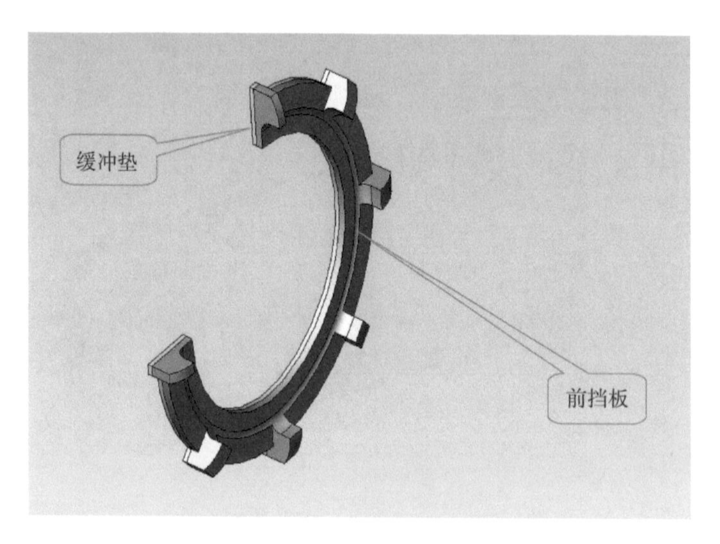

图 5-82 前挡板组件

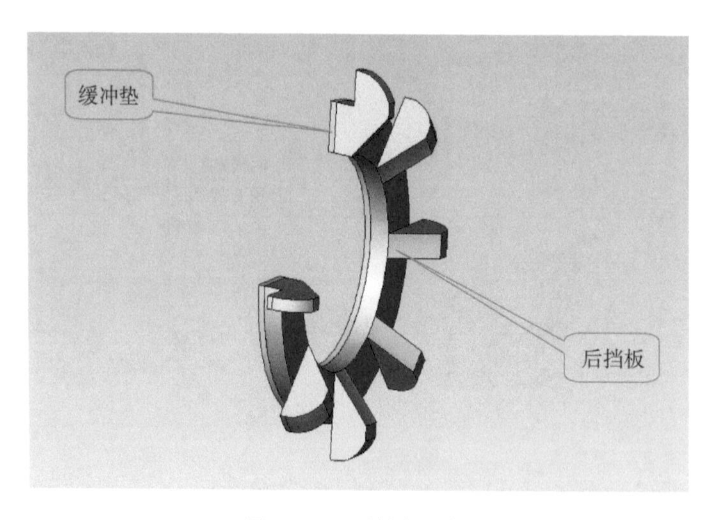

图 5-83 后挡板组件

初始燃烧面积：2 875.5 cm^2；

通气参量：110；

装填系数：63%。

8）结构及质量参数

发动机外径：170 mm；

燃烧室壳体外径：168 mm；

燃烧室壳体内径：164 mm；

发动机总长：670 mm；

装药药柱质量：9. 5 kg；

喷喉直径：48 mm；

扩张半角：12. 5°；

扩张比：2. 5。

2. 弹道参数

经性能计算，该发动机的主要弹道性能参数如下：

平均推力 F_{cp}：27. 5 kN；

推力冲量 I_o：42 kN · s；

燃烧时间 t_b：1. 5 s；

燃烧室平均压强 P_{cp}：11 MPa。

3. 性能特点

（1）该发动机采用自由装填装药结构，初始定位可靠，发动机结构简单，成本低，利于大批量生产。

（2）发动机弹道曲线平直，性能稳定，高低温性能参数散布小，发次间性能参数一致性好。

4. 工程应用

经该发动机试验，已证明其弹道性能稳定，综合性能较好。该发动机为导弹动力系统方案，已作为中程战术导弹发动机的参考方案。

5. 3. 10　208 mm 导弹续航发动机

208 mm 导弹发动机是战术导弹动力系统方案发动机，是一种长时间续航发动机，工作时间可长达 60 s，主要用于为导弹长时间巡航飞行提供动力。

1. 结构组成

发动机由发动机空体、自由装填端面燃烧装药和点火具组成。208 mm 导弹续航发动机如图 5 - 84 所示，其工程图如图 5 - 85 所示。

1）发动机空体

发动机空体由燃烧室壳体、后盖组件、喷管组件、燃烧室隔热层及后盖隔热垫组成。燃烧室壳体采用前端为球形、后端为大开口的半封闭式圆筒结构，金属壳体采用旋压工艺成形。后盖、喷管壳体都采用 30CrMnSiA 合金钢经机械加工而成，在燃烧室内表面衬有橡胶材料制成的隔热层，后盖的圆弧内表面衬有 C - C 复合材料压制的耐烧蚀隔热衬垫。发动机空体结构如图 5 - 86 所示。

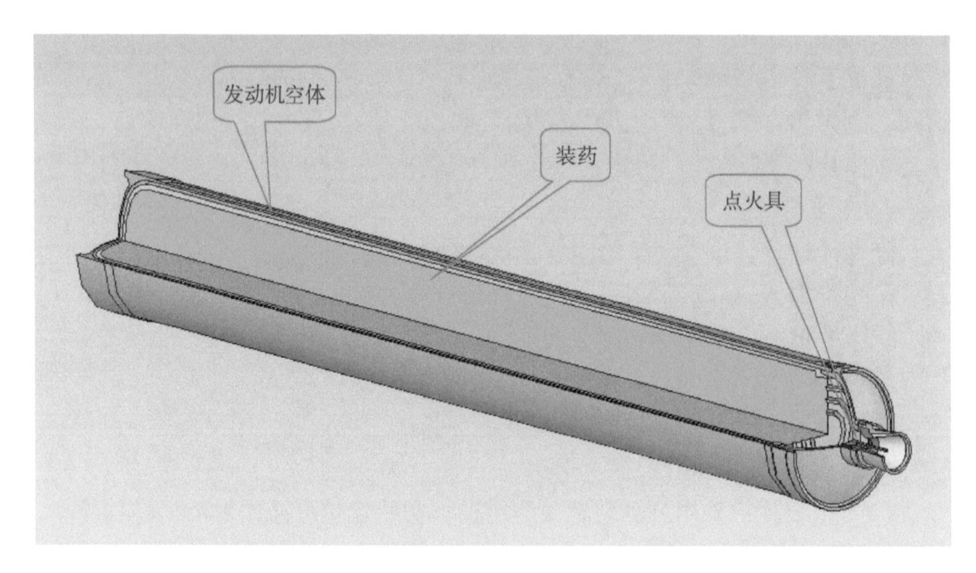

图 5-84　208 mm 导弹续航发动机

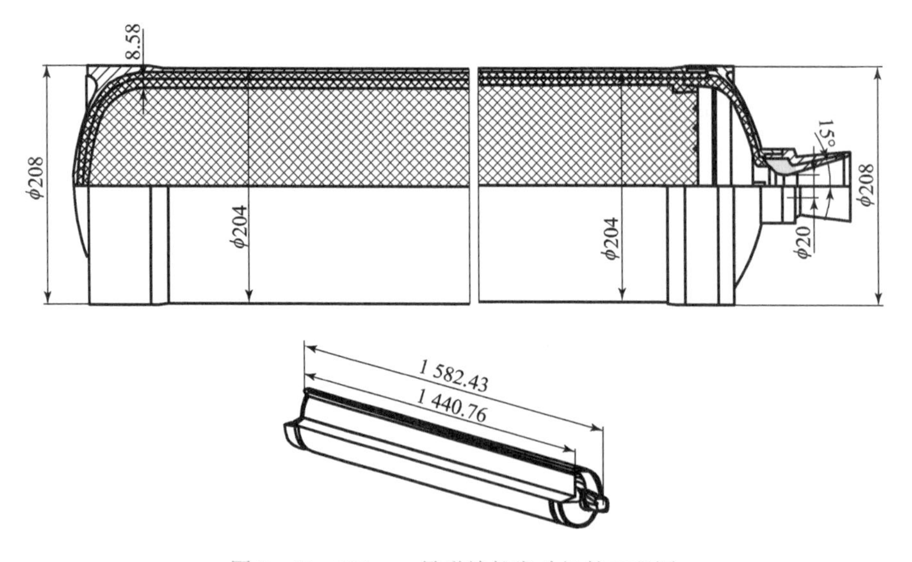

图 5-85　208 mm 导弹续航发动机的工程图

2）发动机装药

该发动机装药药柱为实心端面燃烧药柱，前端球形面和外侧面进行包覆。选用改性双基推进剂，药柱采用浇铸工艺成形。药柱外表面为锥形，球面前端药柱直径尺寸小，而靠喷管端直径尺寸大，这样设计药柱尺寸，是为了改善弹道曲线随燃烧时间变化的曲线爬升，使其平稳性更好。这种长时间工作的端面燃烧药柱，常常由于固体颗粒及包覆层碳化的残渣等，从喷喉排出或

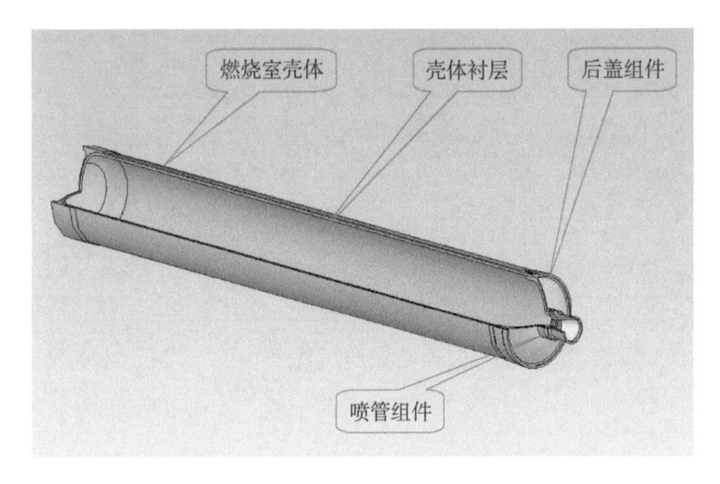

图5-86　发动机空体结构

连续沉积而引起压强曲线缓慢爬升。采用小角度的外锥药形，是较有效的技术途径之一。成形的装药包覆，也随之带有相同尺寸的内形面。药柱端面开有三个环形沟槽，主要为增加初始燃烧面积，一方面可利于点燃药柱，也可弥补为了装药密封设计，需要药柱直径尺寸减小，也减缓了环形沟槽使初始燃烧面积过大，初始压强峰值过高的问题。装药结构如图5-87所示。

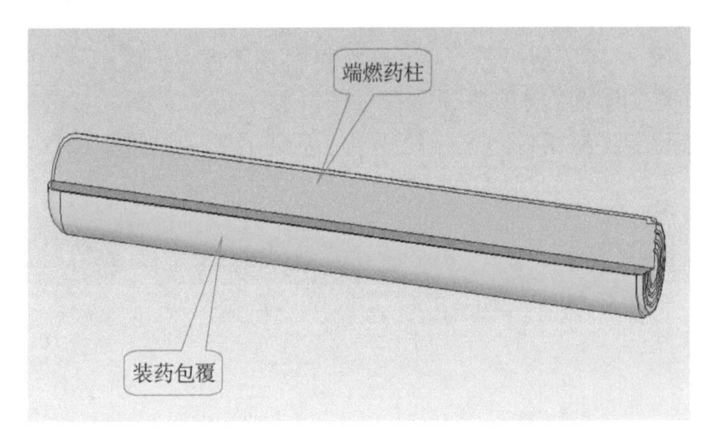

图5-87　装药结构

3）发动机后部结构

发动机后部结构给出装药后端，包括装药与后盖隔热垫之间；装药包覆层、后盖隔热垫与壳体隔热层之间，互相嵌套的隔热密封结构，这种利用耐烧蚀的非金属隔热层互相嵌套，对燃气流动形成迷宫似的密封结构，能在长时间燃气烧蚀和冲刷的工作条件下，使发动机工作可靠。试验表明，对相近直径发动机装药工作时间可达到150 s以上，发动机工作可靠。发动机后部结构如图 5－88 所示。

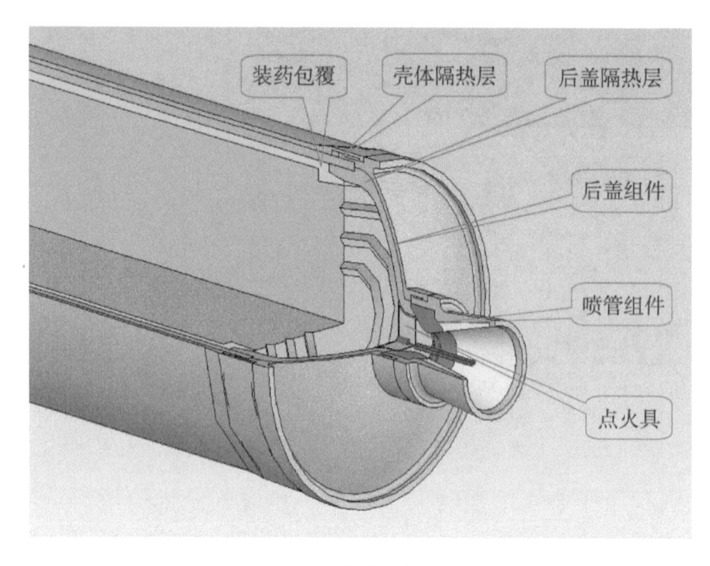

图 5－88 发动机后部结构

4）喷管座组件

喷管座组件由后盖组件、喷管组件组成。后盖组件和喷管扩张段的隔热层均采用 C－C 材料压制成形。喷管喉衬材料采用难熔金属钼。喷管体与后盖采用螺纹连接，由于内层用非金属材料进行隔热防护，喷管座组件强度及连接强度都能满足装药长时间工作的要求。后盖及喷管结构如图 5－89 所示。

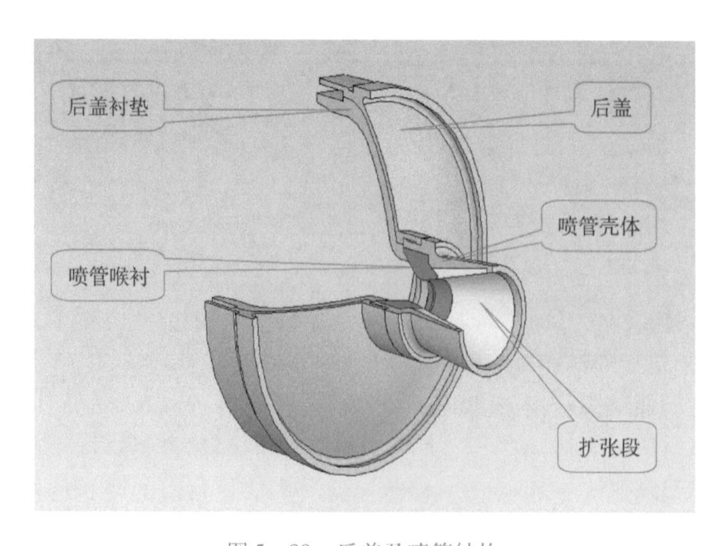

图 5－89 后盖及喷管结构

5）装药药形参数

药柱大端外径：177 mm；

药柱小端外径：169.8 mm；

外锥长度：1 367.5 mm；

药柱长度：1 440.76 mm；

初始燃烧面积：186.21 cm^2；

环槽数：3。

6）结构及质量参数

发动机外径：208 mm；

燃烧室壳体外径：204 mm；

燃烧室壳体内径：198 mm；

发动机总长：1 594 mm；

装药药柱质量：56.5 kg；

喷喉直径：20 mm；

扩张半角：15°；

扩张比：2.6。

2. 弹道参数

经性能计算，该发动机的主要弹道性能参数如下：

平均推力 F_{cp}：3.0 kN；

推力冲量 I_o：118.65 kN·s；

燃烧时间 t_b：60 s；

燃烧室平均压强 P_{cp}：7.1 MPa。

3. 性能特点

（1）该发动机采用自由装填装药结构，隔热密封结构工作可靠，发动机结构简单，成本低，利于作长时间续航发动机使用。

（2）发动机弹道曲线平直，性能稳定，推进剂具有较好的低特征信号特性，发动机排出烟雾少，导弹在弹道上飞行的隐蔽性好。

4. 工程应用

经该发动机试验，已证明其弹道稳定性能较好，该发动机适合作导弹长时间巡航飞行的动力。

成形燃烧时间大于60 s的端面燃烧实心药柱时，由于受到现有工艺设备的限制，需采用分段药柱对接黏结的方法成形装药，黏结剂的选择应不影响黏合界面的性能。

5.3.11 290 mm 导弹发动机

290 mm 导弹发动机是针对机载远程导弹设计的方案发动机，为单室双推力型。该导弹的射程较远，可装在强击机、歼击机和轰炸机上使用，装备该发动机的导弹配有多种模式的导引方式和不同类型的战斗部，用于对付地面或海上大型重要目标，也可用于对空作战。该发动机的装药有两种药形方案，第一级为六角星形和环槽形两种，分别与第二级端燃实心药柱构成双推力组合装药。

1. 结构组成

290 mm 导弹发动机，由发动机空体、自由装填装药、点火具等零部件组成。290 mm 六角星形装药导弹发动机如图 5 - 90 所示，其工程图如图 5 - 91 所示。290 mm 环槽形组合装药导弹发动机如图 5 - 92 所示，其工程图如图 5 - 93 所示。

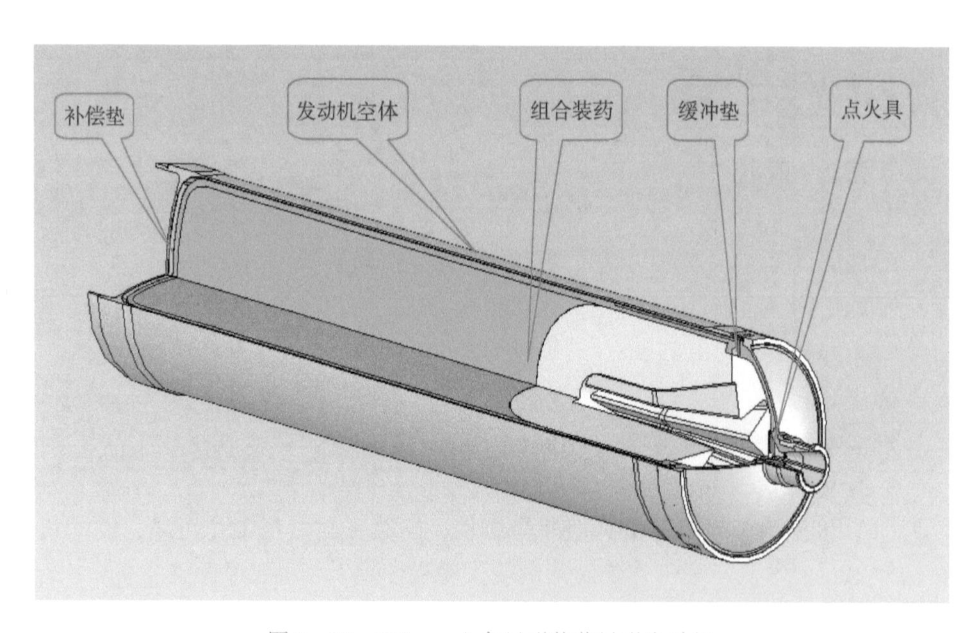

图 5 - 90 290 mm 六角星形装药导弹发动机

1）发动机空体

发动机空体由半封闭式燃烧室壳体、喷管座组件和喷管组件组成。燃烧室壳体材料选用高强度钢制造，内表面涂有隔热涂层，与喷管座组件采用螺纹连接。两种装药的发动机空体结构相同，如图 5 - 94 所示。

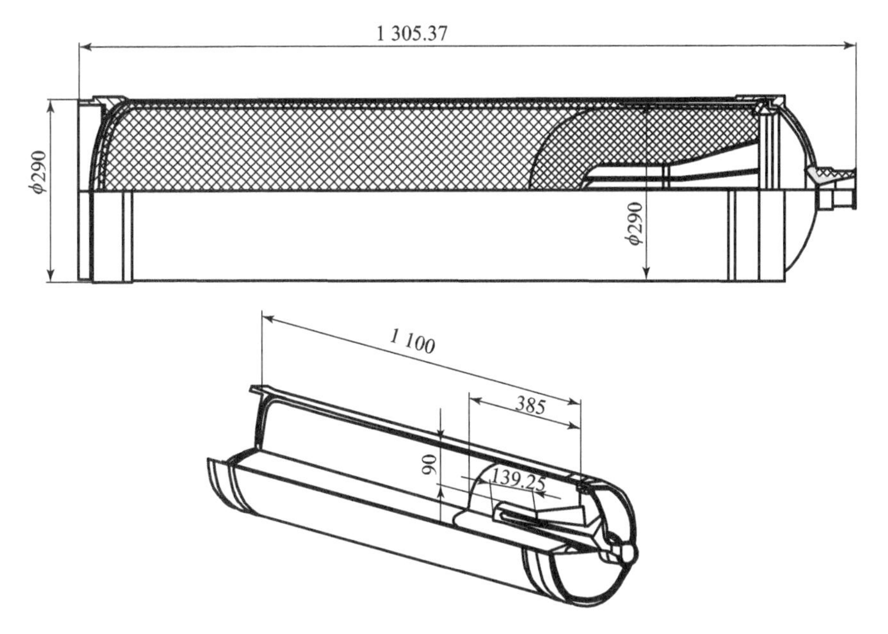

图5-91 290 mm 六角星形装药导弹发动机的工程图

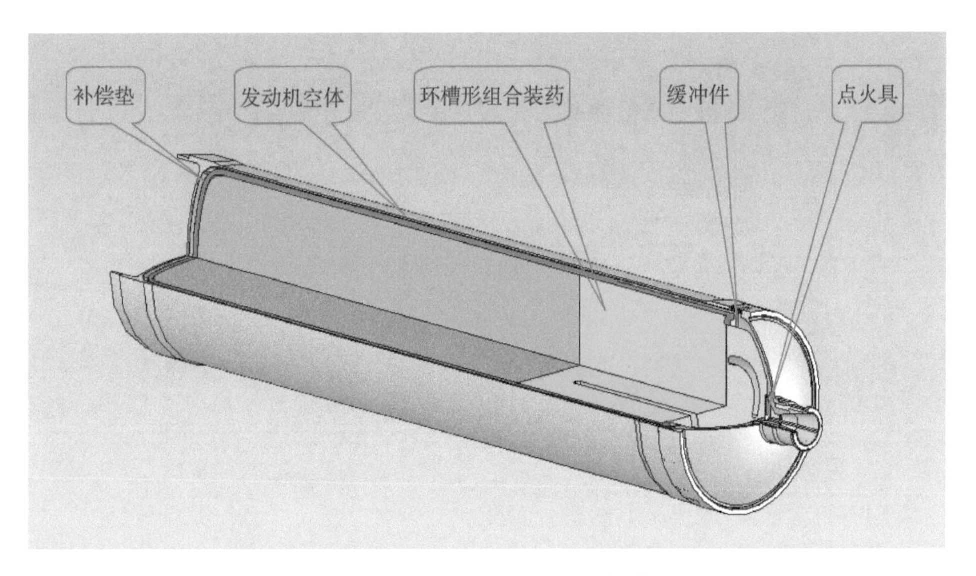

图5-92 290 mm 环槽形组合装药导弹发动机

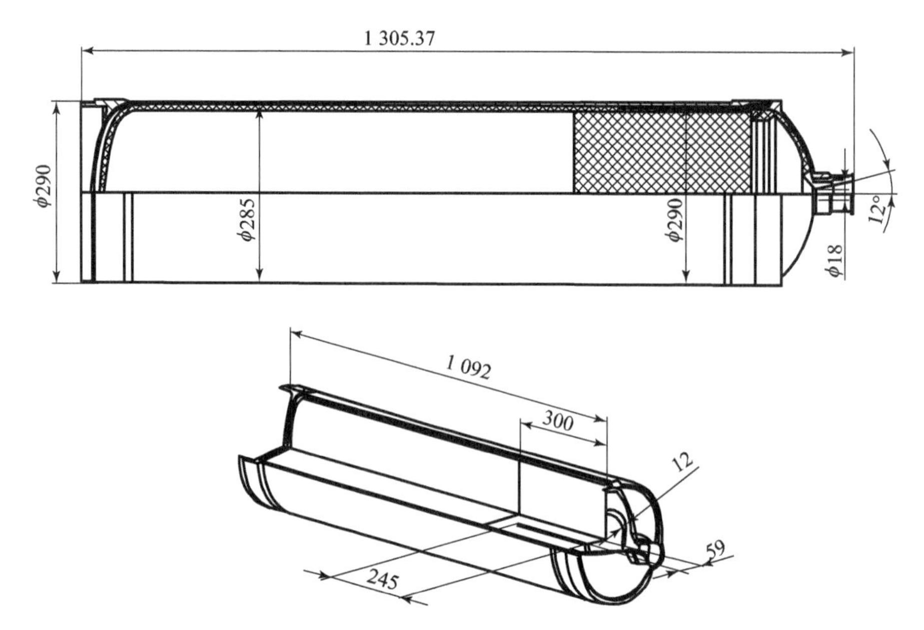

图 5－93　290 mm 环槽形组合装药导弹发动机的工程图

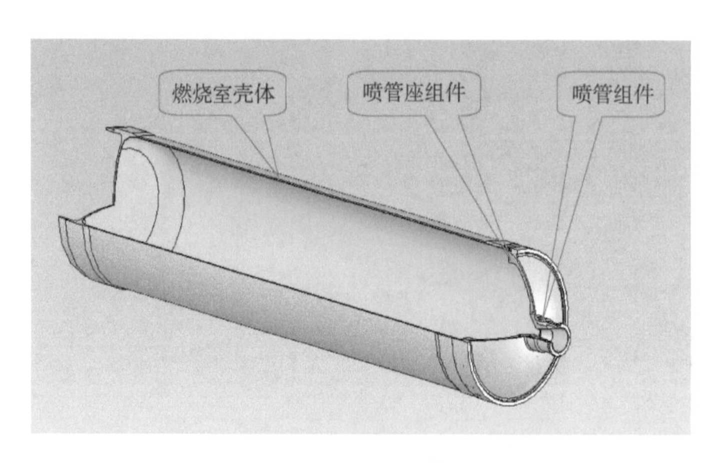

图 5－94　发动机空体结构

2）发动机装药

（1）第一级为六角星形的组合装药。

装药采用少烟改性双基推进剂，造粒浇铸工艺成形。第一级药形为六角星形，因要求长时间工作，这级药柱的燃层厚度较大。为降低星边消失后的增面比，药柱内孔为斜锥表面，星顶圆和星根圆在沿轴向设计有不同的锥角，以使燃烧面积随燃层厚度变化具有较好的平直性。装药结构如图 5－95 所示。

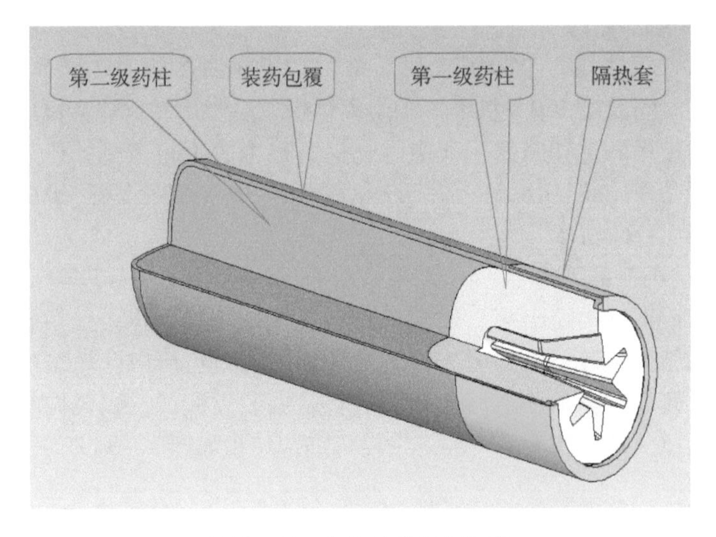

图 5-95　六角星形组合装药

（2）第一级为环槽形的组合装药。

采用的推进剂和药柱成形工艺与六角星形药柱相同。第一级采用环槽深孔燃烧药形，其燃烧面积随燃层厚度变化的平直性较好，属于恒面燃烧药形。为防止高温下环形药形中心药柱的变形，采用在环槽内设置三个加强筋。由于受到药柱径向尺寸和燃速的限制，与六角星形药柱相比，第一级药柱工作时间较短。环槽形的组合装药如图 5-96 所示。

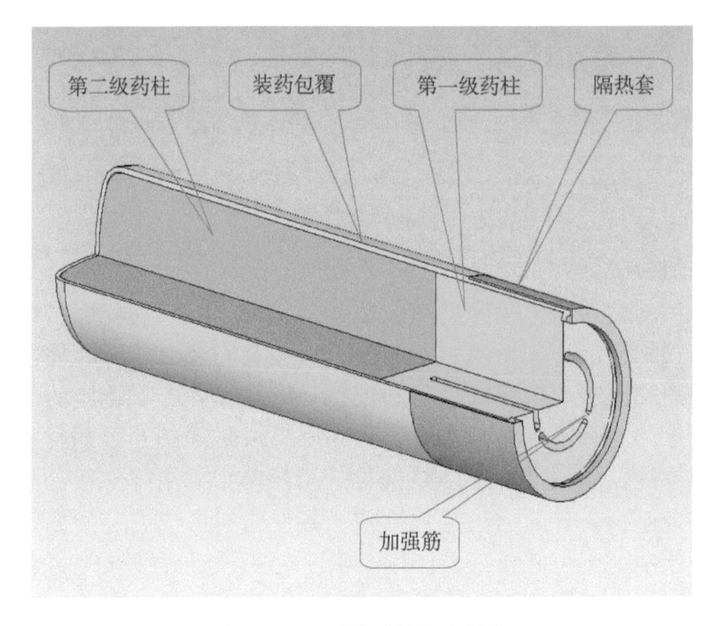

图 5-96　环槽形的组合装药

（3）装药包覆。

两种组合药柱均为半封闭式药形结构，药柱侧面和前端球面进行包覆。因装药燃烧时间长达100 s以上，采用黏结层、阻燃层和后端局部隔热层组成的双层包覆进行隔热和阻燃。其中阻燃层为硅橡胶类包覆剂，用灌注工艺成形。隔热层是采用碳复合材料制作的隔热套，用耐高温胶套装粘在装药后端。其结构如图5－96所示。

3）发动机前部结构

发动机前部结构给出第二级端燃实心装药的装填结构，包括燃烧室壳体前端内形面结构、装药补偿垫和装药的装配结构。对于内孔燃烧的半封闭式组合装药，侧面和前端面进行包覆，这种自由装填装药，其径向靠装配间隙定位，发动机前部结构简单可靠。发动机前部结构如图5－97所示。

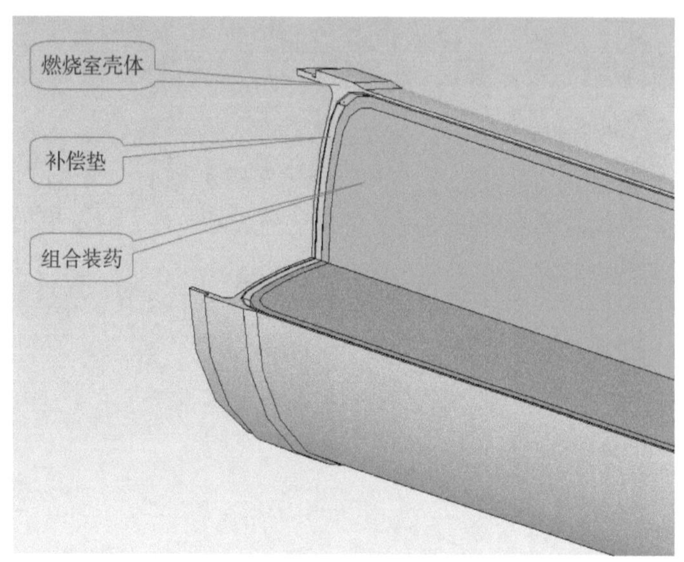

图5－97　发动机部部结构

4）发动机后部结构

发动机后部结构给出装药后端隔热密封结构、点火具安装结构、组合喷管结构及连接结构等，如图5－98所示。点火具安装在喷管收缩段，点火药盒采用赛璐珞片压制，内装点火药和钝感型电起爆器。喷管座的后盖内表面装有一定厚度的隔热垫，并与燃烧室隔热层构成封闭的非金属材料层，以其良好的隔热性能，对发动机金属结构件进行热防护。由第一级药柱、包覆层和隔热层构成互相嵌套的隔热密封结构，各件之间形成的装配面为搭接压紧的结构，连同喷管座与燃烧室壳体端面槽一起，形成对燃气的“迷宫式”密封结构，以对高温高压燃气的隔热与密封，保证发动机装药长时间工作的可靠性。其隔热密封结构如图5－98所示。

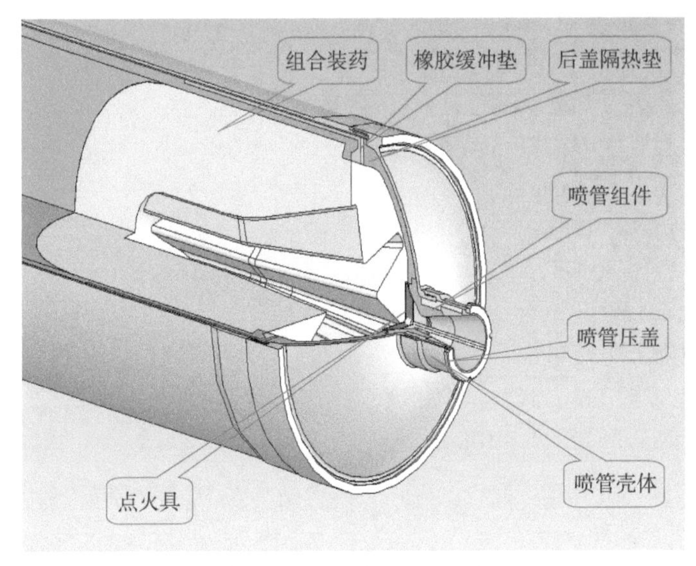

图5－98　发动机后部结构

5）喷管座组件

喷管座组件由金属后盖、橡胶缓冲垫、后盖隔热垫、钼制喷管本体、石墨扩张段、喷管隔热背衬、喷管壳体、喷管压盖、点火具及防潮密封盖等零部件组成。后盖采用高强度合金钢制成，后盖隔热垫用碳纤维预浸料压制而成，分别与钼制喷管本体、高硅氧材料制作的喷管隔热背衬、石墨扩张段等零件装配在喷管壳体内，并用喷管压盖背紧。

点火具黏结在喷管收敛段上，并与喷管座构成整体件。其结构如图5－99所示。

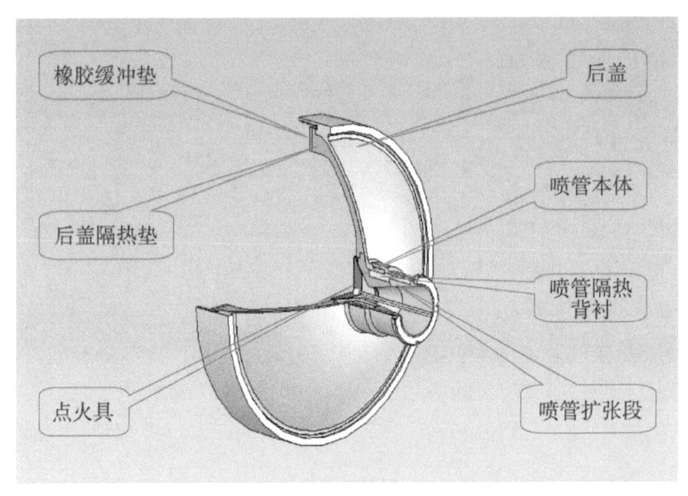

图5－99　喷管座组件的结构

6）装药药形参数

（1）六角星形药形参数。

药柱外径 D_p：260 mm；

最大燃层厚度 E：90 mm；

特征长度 L：37 mm；

星边夹角 θ：40°；

星角系数 ε：0.95；

星角数 n：6；

星根圆锥半角 β_1：6°；

星顶圆内半角 β_2：15°。

星形装药药形如图 5－100 所示。

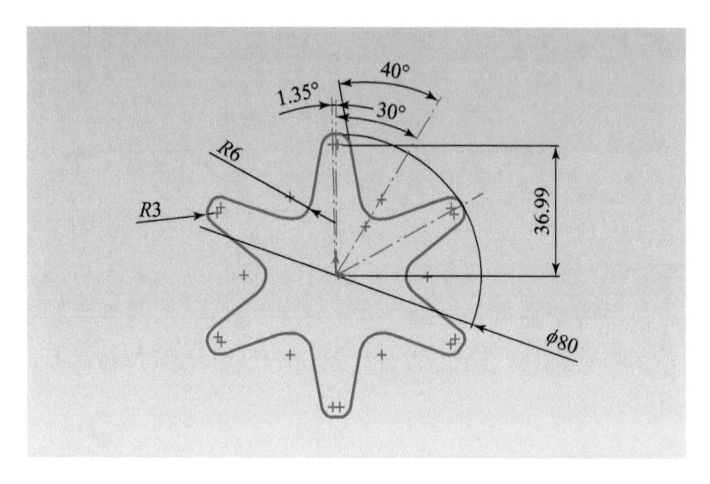

图 5－100 星形装药药形

（2）环槽形药形参数。

药柱外径：260 mm；

环槽外径：142 mm；

环槽内径：59 mm；

环槽深度：245 mm；

燃层厚度：59 mm。

7）结构及质量参数

发动机最大外径：292 mm；

燃烧室壳体外径：290 mm；

燃烧室壳体内径：285 mm；

发动机总长：1 305 mm；

发动机质量：150 kg；

喷喉直径：18 mm；

扩张半角：12°；

装填密度：81%。

8）两种组合装药的结构质量参数

两种组合装药的结构质量参数如表 5－3 所示。

表 5－3　两种组合装药的结构质量参数

组合装药性能	星形－端燃装药		环槽形－端燃装药	
	第一级	第二级	第一级	第二级
药柱外径/mm	260	260	260	260
药柱长度/mm	385	715	300	750
药柱质量/kg	28. 56	66. 57	25	57
平均燃面/cm^2	1 869. 14	608. 46	2 032	535
内孔深度/mm	300		245	
药柱总长/mm	1 100		1 050	

2. 弹道参数

1）主要弹道参数

两种组合装药的弹道性能如表 5－4 所示。

表 5－4　两种组合装药的弹道性能

组合装药性能	指标参数	星形－端燃装药		环槽形－端燃装药	
		第一级	第二级	第一级	第二级
平均推力/kN	5/1. 2	5. 0	1. 2	5. 0	1. 2
燃烧时间/s	15/112	13. 6	116	9. 7	115
推力冲量/(kN · s)		66	140. 5	57. 5	119. 7
平均压强/MPa		14	4	14	4
总推力冲量/(kN · s)	210	206. 5		177. 2	
喷喉面积/cm^2		2. 46		2. 46	

2）内弹道性能

（1）装药分层燃烧图。

（2）装药燃面变化曲线。

由装药分层燃烧图（图 5－101）计算并绘制装药燃烧面积随燃层厚度变化曲线如图 5－102 所示。

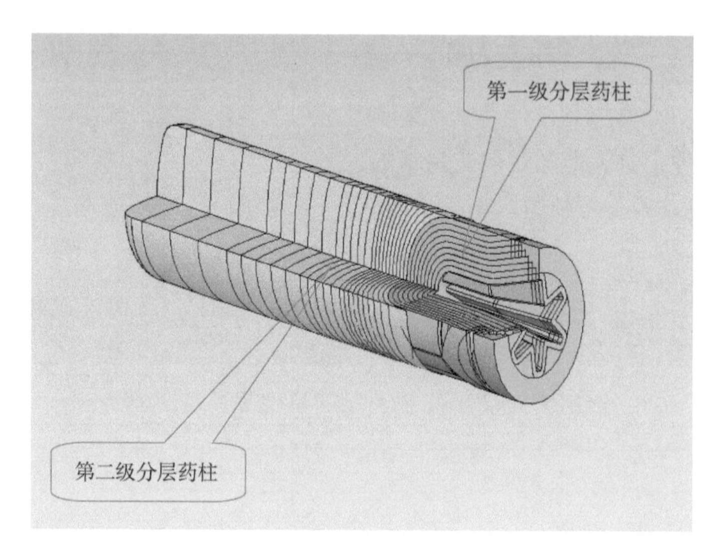

图 5-101　第一级为六角星形组合装药分层燃烧图

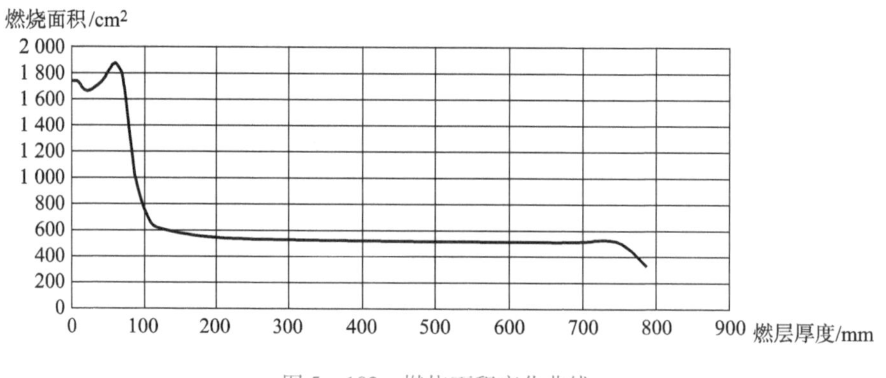

图 5-102　燃烧面积变化曲线

（3）压强-时间曲线。

六角星形组合装药压强-时间曲线如图 5-103 所示。

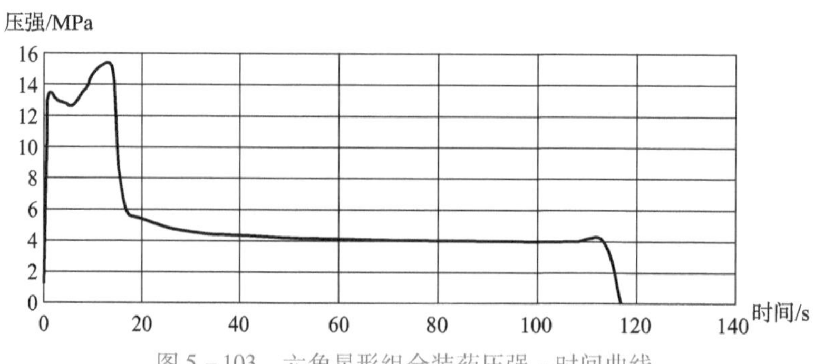

图 5-103　六角星形组合装药压强-时间曲线

3. 性能特点

（1）该单室双推力发动机的两级药柱均采用改性双基推进剂成形，能量较高。采用造粒浇铸工艺成形较大尺寸装药，密度均匀，成形质量高。加上采用高装填密度设计，发动机总推力冲量大，发动机具有较高的推进效能。

（2）采用双锥角内孔燃烧星孔药形的装药，装填密度大，大燃层厚度下，燃烧面积随燃层厚度变化平缓，最大增面比小，内弹道曲线平直性较好。

（3）发动机的两级工作时间都很长，所采用的隔热层和隔热垫等热防护措施，减少了发动机热损失，有效保护金属结构件免受高温影响，有效发挥了金属材料强度。

4. 工程应用

该双推力发动机可组装成多用途导弹，两种药形装药都采用高装填密度装药设计，发动机能连续为导弹提供增速和续航飞行的动力，可作为远程高速战术导弹的动力，也可用于机载发射的空地或空空导弹，对地面或空中目标进行打击。

第6章　特种用途发动机

固体推进剂发动机的使用范围随着武器装备的发展越来越受到关注，其使用功能和用途也越来越广。从水下发射到鱼雷推进，从陆地发射到潜艇发射，从无人机助推到战机弹射，从姿态控制微动力到返回舱着陆反推动力等都有应用。

因受使用条件和结构的限制，发动机的外形结构和弹道参数要求与普通固体推进剂发动机不同，常用的有球形结构发动机、锥形结构发动机、环形结构发动机、哑铃形结构发动机等。弹道参数随时间变化也出现不同特点，有的是逐渐爬升的推力-时间曲线，有的是脉冲式推力曲线，还有的是多次启动形成的间隔工作推力曲线等。

这些特殊用途发动机需根据总体结构需要和弹道性能特点进行设计。现国内外常用的特种用途或特殊结构发动机型号较多，虽然发动机外形各异，但采用固体推进剂发动机都能较好满足这种特定用途和特殊结构的需要。

6.1　总体要求

6.1.1　战术技术要求

由于这类发动机结构与结构尺寸变化很大，外形各有差异，发动机的结构件制造和装药的成形工艺需要根据要求进行，成形药柱和制备装药要比普通发动机复杂。在弹道性能方面除有特殊要求以外，发动机弹道曲线变化的平直性、发动机工作的稳定性、使用安全性、弹道性能的一致性等，仍需按照固体推进剂发动机设计、制造和试验的程序进行。有的需要采用特殊设备和仪器进行试验测试发动机的各项性能。对发动机使用环境要求及储存要求等都与传统发动机的要求一致。

6.1.2　使用安全性和工作可靠性要求

这种发动机一般都承担着全过程的推进功能，或需严格保证终端动力推进的效果，对于这种特种用途发动机使用安全性和工作可靠性要求更要严格。对此，常选用较成熟的推进剂和装药技术，设计上应追求发动机性能较稳定、工作安全可靠。

对用于姿态控制的多发动机点火时间，多次启动发动机装药的点燃和燃烧时间，也有较为严格的要求，以保证发动机的工作按照预先设定的程序进行。

由于这种发动机燃烧室点火空间不同，对点火装置的设置和安装、点火位置的确定以及点火控制等，更需要严格设计和筹划以保证发动机使用安全、工作和点火可靠。

6.2　发动机主要特点

6.2.1　发动机结构外形与传统发动机的差别较大

这种发动机的燃烧室要根据发动机的结构要求设计，如球形发动机的燃烧室和装药需设计成球形的，同样，锥形发动机的燃烧室和装药需要设计成锥形的。其他发动机的外形也一样，所设计的燃烧室和装药结构要与发动机的结构相协调。这种不同外形发动机与传统的筒形发动机及装药设计相比，都有较大的不同。

对于中、小直径发动机，需根据燃烧室壳体结构和尺寸要求，确定合适的制造工艺。由于结构外形与传统筒形发动机不同，如燃烧室壳体为球形或锥形的，需要采用数控机床进行加工；对尺寸小的发动机，其结构件的加工精度要求较高，也需要相应的加工设备和工艺予以保证。

6.2.2　动力推进方案的变化大

任何发动机的推力方案都要满足动力系统的推进要求，特种用途发动机也一样。但由于推力方案要求的特殊性，给装药及药形设计、推进剂性能参数的确定也带来一定的难度，有时需要选择和设计特定的药形，以使燃烧面积随燃层厚度变化与推力方案要求相适应。如球形发动机的装药形、所确定的药形参数，应尽量减小燃面变化的增面比。对锥形发动机可充分利用锥形药柱的特点，通过调整锥面角使装药燃烧面积随燃层厚度变化的平直性更好。可见，不同形状的发动机虽然装药形状变化较大，推力方案差别较大，但通过合理的药形设计和恰当的选择所用推进剂性能，均可满足特种发动机推力方案的要求。

6.2.3　性能参数测试设备较特殊

也由于特种用途发动机的外形不像筒形发动机那样规则，地面静止试验时，在试验台上的安装一般都需要通过辅助设备或装置进行调试；对于小尺寸的发动机，试验装置和测试仪器的精度要求较高；如龙式导弹的球形发动机，单个发动机的推力很小，在单独测试时就需要小量程高精度的测试仪器和设备。在总成试验时，也需要通过辅助试验装置进行测试；对装药呈哑铃形发动机，常将发动机的喷管设计在中间部位，也有的设计在燃烧室的两端，测试发动机的推力需要通过过渡装置进行试验测试，这与筒形发动机的试验和测试要求也有很大不同。

6.3 几种特种用途发动机

6.3.1 400 mm 锥形结构发动机

锥形结构发动机以其特殊结构和外形能很好适应可控飞行器的要求，被战术武器所采用。由于固体推进剂动力推进装置设计灵活、结构紧凑和使用方便等优点，常被用作水下推进动力、水下发射动力和地面发射动力等。

1. 结构组成

该发动机有两种装药结构，一种为星形内孔装药结构，另一种是端面燃烧实心装药结构，两种发动机除喷管喉径不同以外，其他结构都相近。由于发动机的长细比较小，很适合带药纤维缠绕成形整体式发动机，并可实现高装填密度设计，装药质量大，结构简单紧凑，消极质量小。该结构由发动机空体、装药和点火具等零部件组成。400 mm 星形装药锥形发动机如图 6－1 所示，其工程图如图 6－2 所示；400 mm 端面燃烧装药锥形发动机如图 6－3 所示，其工程图如图 6－4 所示。

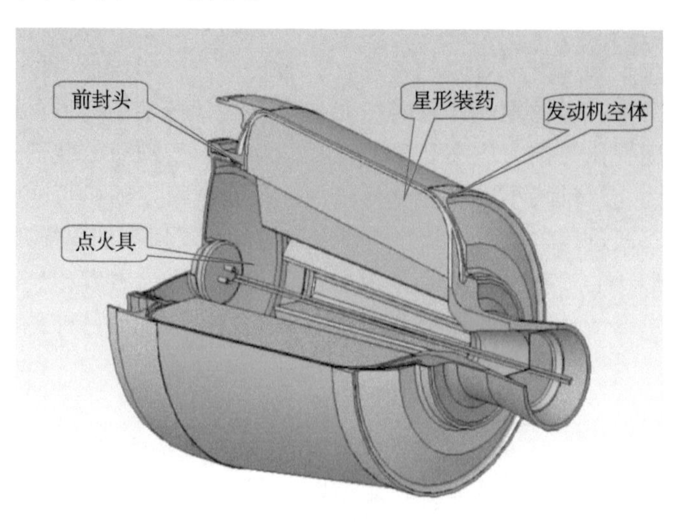

图 6－1 400 mm 星形装药锥形发动机

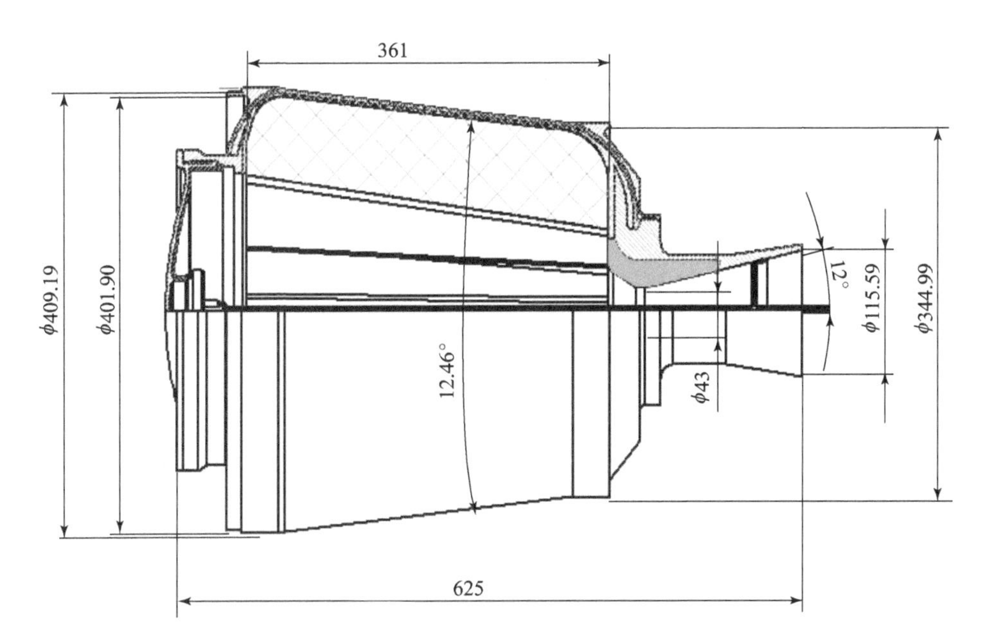

图 6－2　400 mm 星形装药锥形发动机的工程图

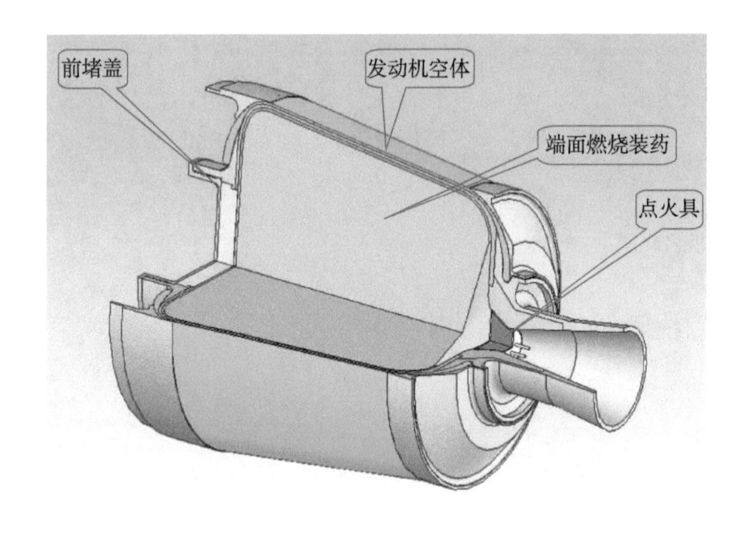

图 6－3　400 mm 端面燃烧装药锥形发动机

1）发动机空体

将装药与纤维缠绕壳体拆分，发动机空体的结构如图 6－5 所示。前连接件和后连接件与总体结构件相连，由高强度铝合金经机械加工而成，前封头和喷管体用合金钢加工而成，由于纤维缠绕挂线的需要常将两端封头的外表面设计成曲面形状，称为封头曲面，以满足缠绕螺旋纤维的挂线需要。壳体

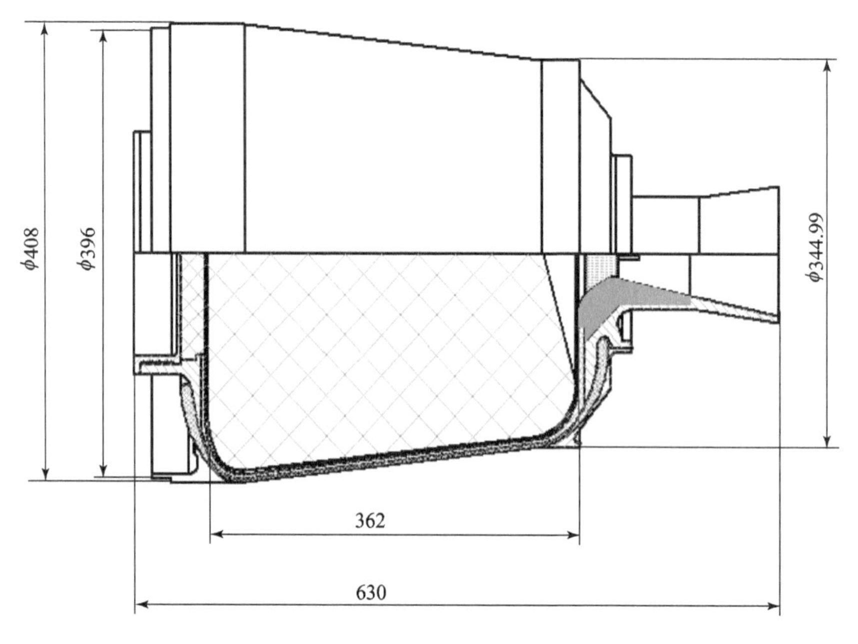

图 6－4 400 mm 端面燃烧装药锥形发动机的工程图

衬层由隔热性能好和耐燃气流冲刷的橡胶材料制成。与其他带药缠绕纤维壳体一样，也是将前封头、装药和喷管组件装好后再将未硫化的橡胶隔热层铺在装药外面，作为纤维壳体隔热衬层并构成缠绕纤维的芯模。经纤维缠绕固化后脱模，即构成整体式发动机结构。

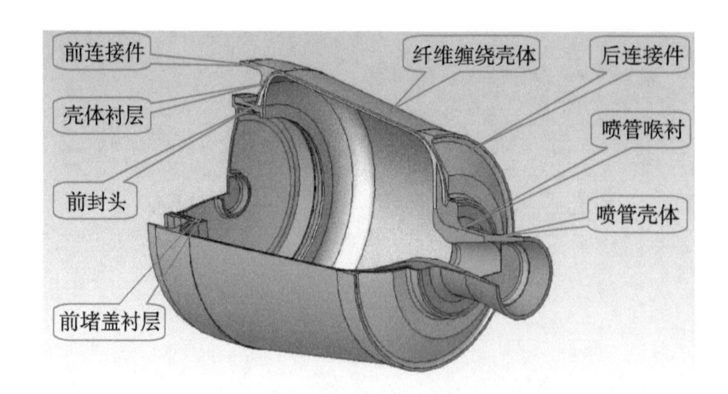

图 6－5 发动机空体的结构

2）发动机装药

该发动机装药有两种装药形式，这两种不同药形装药，一种是初始推力大而燃烧时间短的星形内孔燃烧装药；另一种是小推力、长时间工作的实心端面燃烧装药，能很好满足两种不同的动力推进需求。两种装药都选用改性双基推进剂，星形装药药柱采用螺压工艺或浇铸工艺成形，端面燃烧药柱采用浇铸工艺成形，药柱前、后端及外侧面进行包覆。星形装药的包覆材料和壳体隔热层衬材料相同，选用浇铸工艺成形的装药，在前、后端采取“人工脱粘”工艺措施，经纤维燃烧固化后，两者即成为一体。星形内孔燃烧装药药柱的结构如图6－6所示，实心装药结构如图6－7所示。

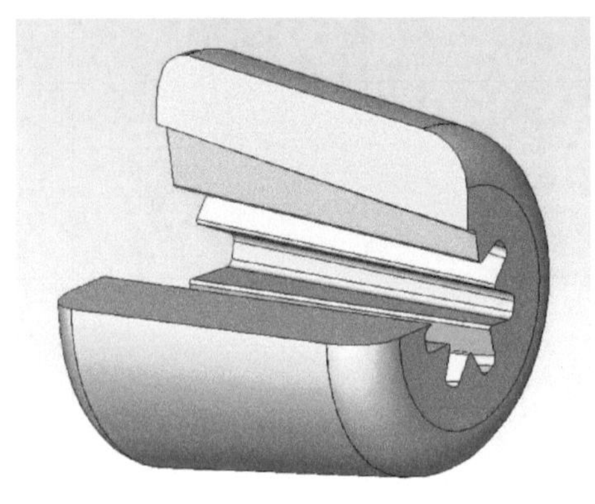

图6－6　星形内孔燃烧装药药柱的结构

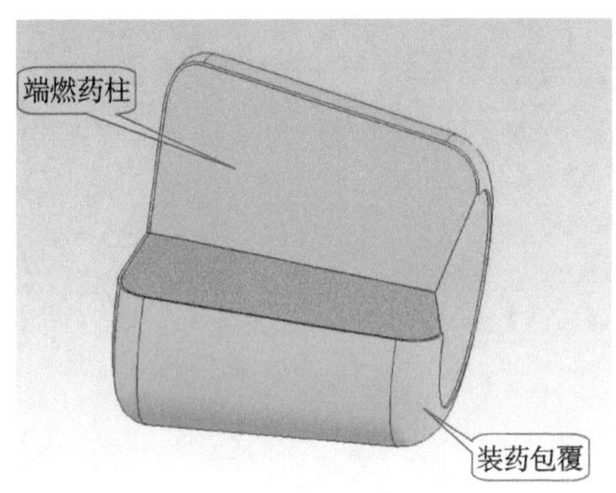

图6－7　实心装药结构

3）发动机前部局部结构

发动机前部结构给出燃烧室前端的隔热密封、总体连接结构等。方案试验结果表明，要将隔热层和装药包覆贴紧在药柱端面上通过芯模结构件定位，将前封头紧压在药柱前端的包覆层上，在前封头外再贴一层隔热层，形成前封头金属件和隔热层互相嵌套的隔热密封结构，连同喷管端的隔热密封结构形成对缠绕纤维壳体的整体隔热密封结构，装药燃烧中由隔热密封层将高温、高压燃气与纤维壳体隔开，这种隔热密封结构既能使纤维壳体不受燃气的高温影响，又能对高温高压燃气密封。其局部结构如图6－8所示。

4）发动机后部局部结构

发动机后部结构与前部结构相同，在将喷管组件与装药和芯模组装时，也是用硫化前的隔热衬层将金属材料制成的喷管体与纤维壳体隔开，保证了对纤维壳体的隔热和结构密封。发动机后部局部结构如图6－9所示。

5）装药药形参数（星形装药/端燃装药）

药柱最大外径：406 mm/384 mm；

药柱最小外径：132 mm/324 mm；

装药长度：361 mm/359 mm；

平均燃烧面积：3 901 cm^2/435 cm^2；

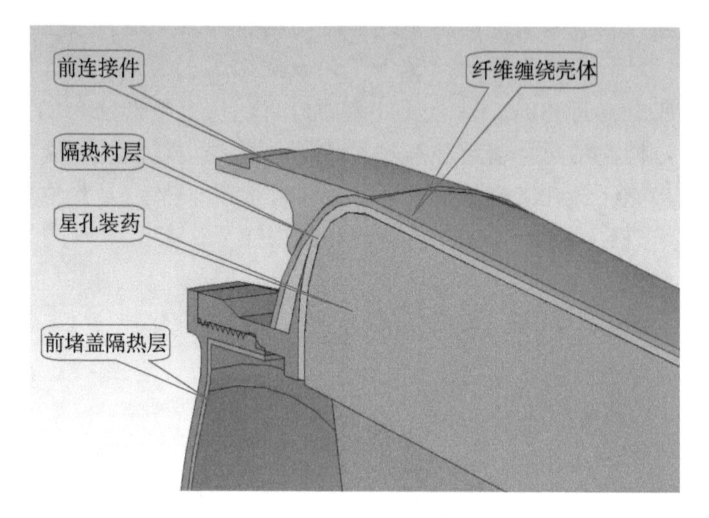

图 6-8　发动机前部局部结构

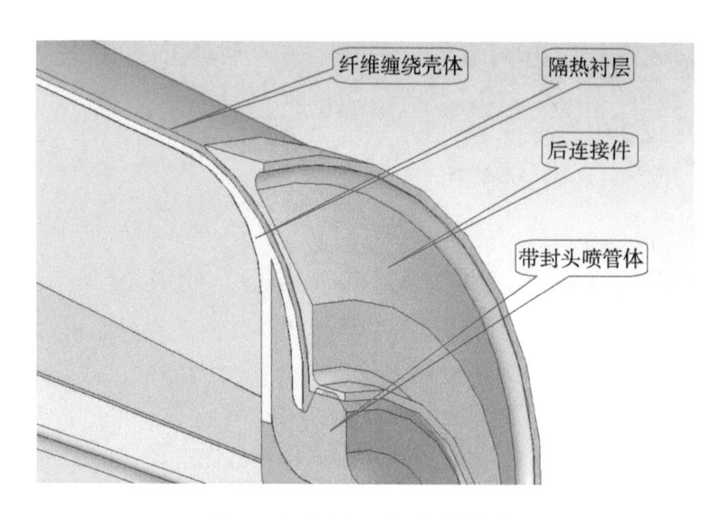

图 6-9　发动机后部局部结构

装填系数：78%/96%。

6）结构及质量参数

发动机大端外径：408 mm；

发动机小端外径：172 mm；

发动机总长：625 mm；

纤维壳体壁厚：3 mm；

隔热层厚度：4 mm；

药柱质量：50 kg/57 kg；

喷喉直径：42 mm/20 mm；

扩张半角：12°；

扩张比：2.6。

2. 弹道参数

1）主要弹道参数

经性能计算，两种发动机的主要弹道性能参数如表 6－1 所示。

表 6－1　两种发动机的主要弹道性能参数　　+20℃

主要性能参数	星孔装药发动机	端燃装药发动机
平均推力/kN	33.4	4.6
燃烧时间/s	3.5	25
平均压强/MPa	16	10
推力冲量/(kN·s)	114.5	115

2）压强曲线

按星孔药柱分层燃烧图（图 6－10），计算燃烧面积随燃层厚度变化的逐点数据，再根据所用推进剂燃烧性能可计算出压强曲线，如图 6－11 所示。端面燃烧药柱的后端面为锥形面，一是为增大初始燃面积利于点燃装药；二是通过设置合适的锥角，使装药燃烧时燃烧面积向后推移的减面性与药柱直径增加的增面性相抵消，以使燃烧面积随燃层厚度的变化尽量平直。

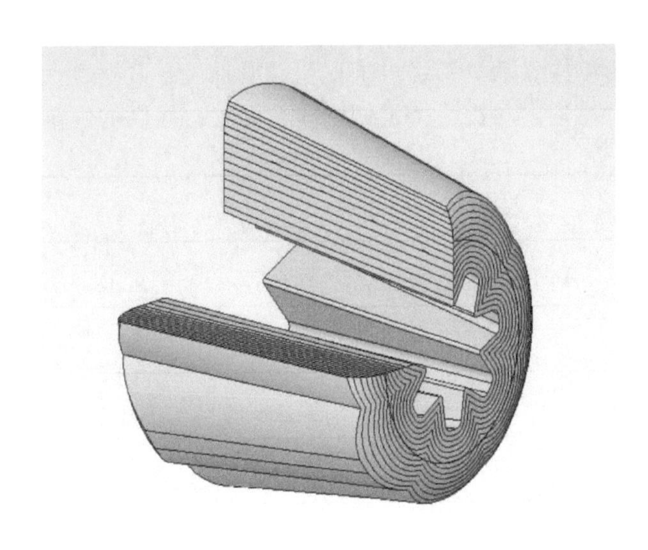

图 6－10　星形药柱分层燃烧图

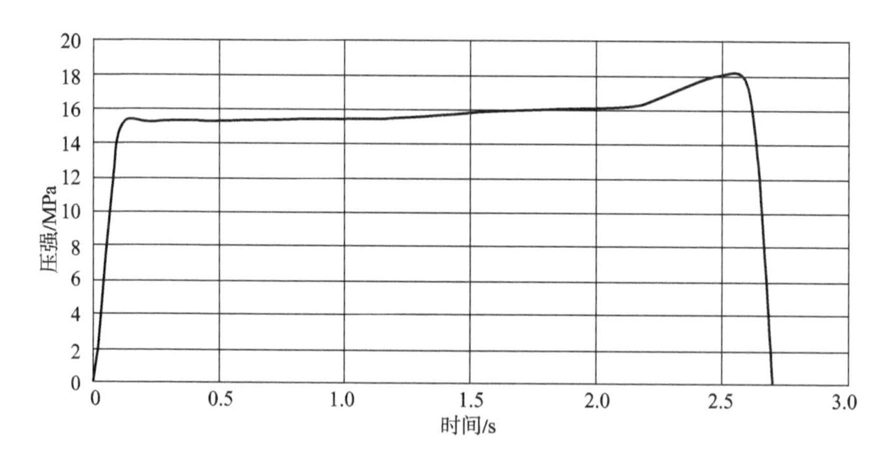

图 6－11 星孔药形锥形结构发动机压强曲线

3. 性能特点

（1）采用带药纤维缠绕工艺成形整体式发动机结构使发动机结构紧凑、质量轻；带药缠绕的装药与燃烧室壁无间隙，增大了装填密度，对大直径发动机增加装药质量的效果明显。

（2）发动机弹道曲线平直，性能稳定，高低温性能参数散布小，发次间性能参数一致性好；非金属材料壳体和良好的隔热防护措施减少装药燃烧的热损失。发动机的质量比和冲量质量比都较高，综合性能好。

4. 工程应用

这两种锥形结构发动机都经过缩比发动机试验，其弹道性能稳定、综合性能较好。这种结构发动机为特定用途动力系统，提供的固体推进剂动力推力方案可行。

6.3.2 弹射动力发动机

弹射动力发动机是飞行器或飞机上弹出设备或人员的动力装置，如战斗机的弹射座椅等。发动机结构形式较多，使用环境要求严格，工作可靠性要求高。所提供的动力与发动机的质量平衡关系，以及对整个动力装置的质量和质心位置等参数的一致性要求较高。该发动机是弹射动力装置之一。

1. 结构组成

该发动机装药由两组多根药柱组装而成，单根药柱的药形为内外表面燃烧的锁形药形，分别装在喷管的两侧，而喷管为多喷管布置在燃烧室壳体的中部。以燃烧壳体中间截面为基准，在发动机左右两侧的各结构和零组件，其结构尺寸和质量都是对称的。弹射动力发动机如图 6－12 所示，其工程图如图 6－13 所示。

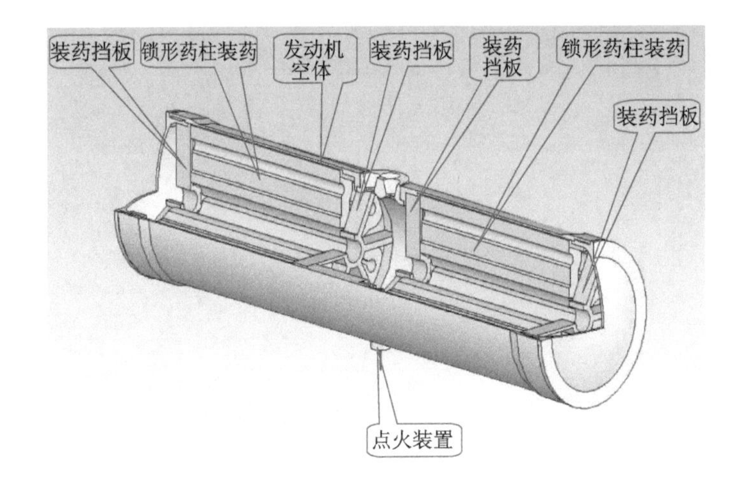

图6-12　弹射动力发动机

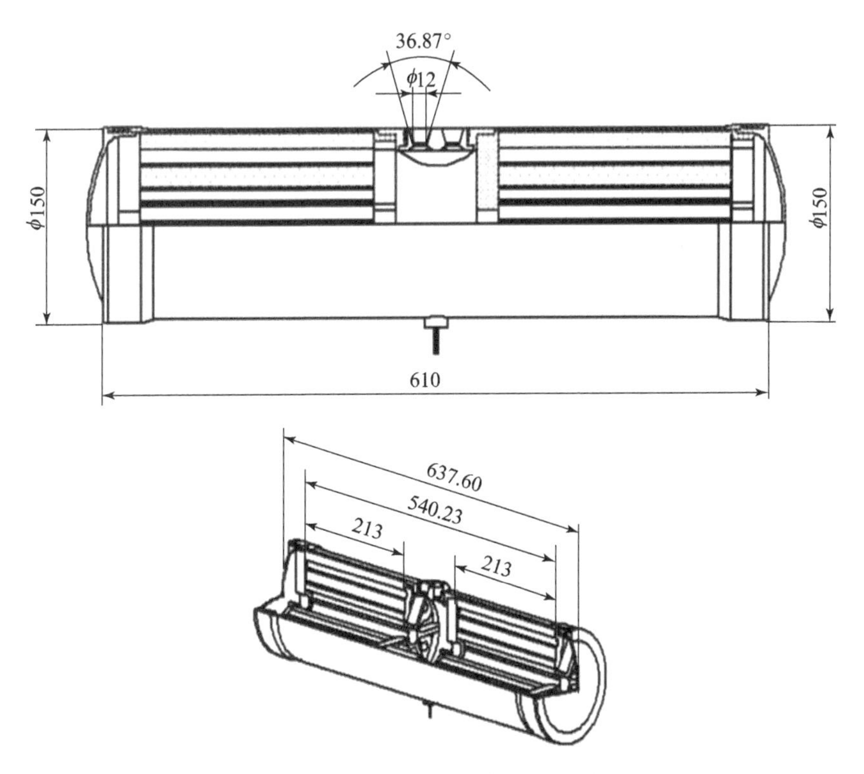

图6-13　弹射动力发动机的工程图

1）发动机空体

发动机空体由燃烧室壳体、喷管体和两端堵盖组成，采用高强度合金钢经机械加工而成。喷管体与壳体连接，堵盖与燃烧室壳体连接，均采用螺纹连接。喷管体与壳体连接采用由室内向外装配结构，以保证非等厚度结构尺寸的连接强度与密封。发动机空体结构如图 6－14 所示。

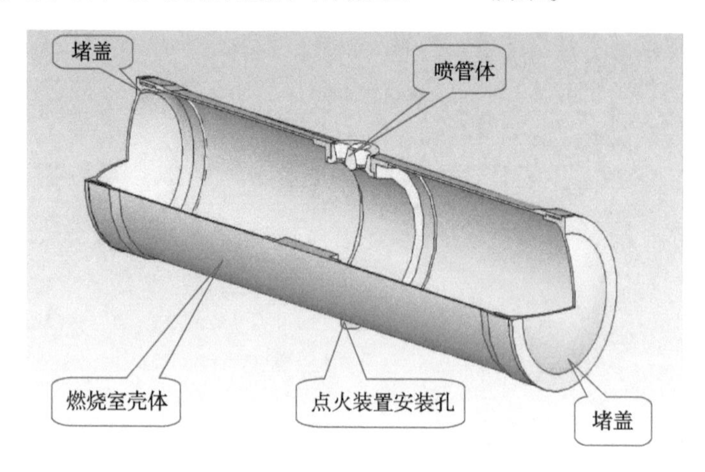

图 6－14　发动机空体结构

2）发动机装药

装药由两组药柱构成，每组药组有 6 根锁形药柱，为内外表面燃烧药柱，组装后的装药结构如图 6－15 所示。单根锁形药柱药形参数如图 6－16 所示。

图 6－15　组装后的装药结构

药柱选用普通双基推进剂，采用螺压工艺成形。虽然推进剂的能量较低，但其工艺成熟、性能稳定，是保证发动机可靠性的重要条件。锁形药形燃烧面积随燃层厚度变化平直性较好，弹道性能也较稳定，发动机工作可靠性高。

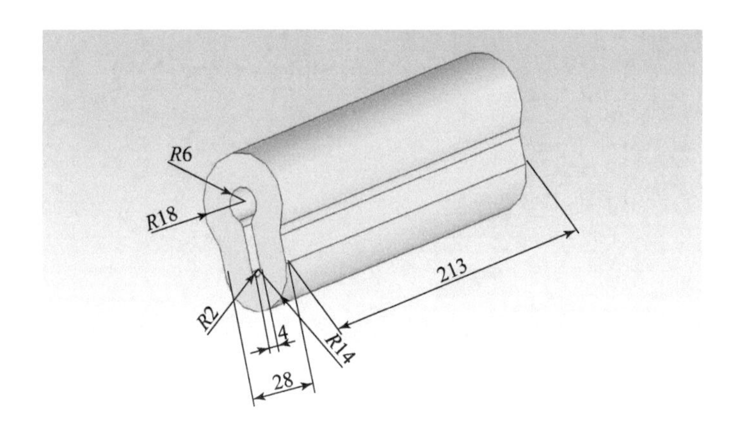

图6-16　单根锁形药柱药形参数

3）发动机中部局部结构

该局部结构给出装药的装填结构、喷管体与燃烧室的连接、中间点火位置和安装结构。这种类型发动机的喷管多采用多喷管结构，根据发动机总体布局和发动机的形状，有的采用多喷管分散布置对称分布，有的采用多喷管集中布置对称分布，使发动机或弹射装置产生的弹射力均匀、弹射力的偏离小。

该发动机的点火装置由钝感型电起爆器、带喷射孔的点火药盒壳体、内装黑火药的点火药包组成。该点火装置设置在两组药柱的中间，以利于两组药柱的同时点燃。点火装置能很好满足防静电、防射频等电气安全性要求。发动机中部局部结构如图6-17所示。

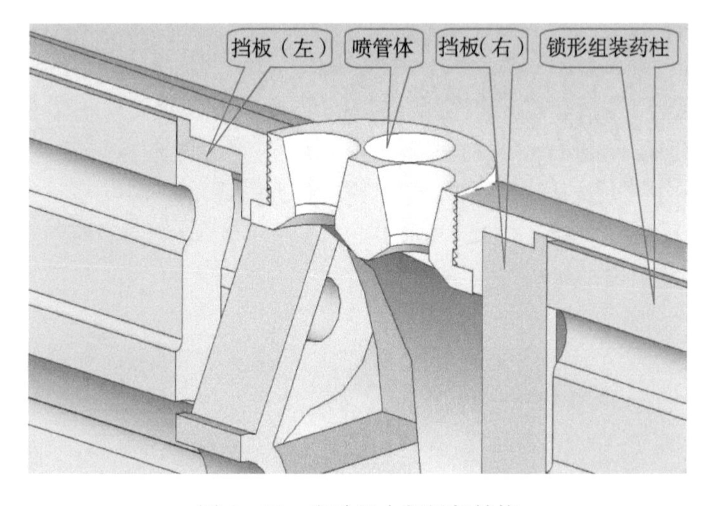

图6-17　发动机中部局部结构

4）装药药形参数

装药的总燃烧面积为6 000 cm^2；其他药形参数如图6－16所示。

5）结构及质量参数

发动机大端外径：150 mm；

燃烧室壳体外径：145 mm；

发动机总长：641 mm；

药柱质量：5.36 kg；

喷管数：4；

喷喉直径：12 mm；

扩张半角：18.43°；

扩张比：1.67。

2. 弹道参数

总弹射力：9.4～9.6 kN；

燃烧室压强：15 MPa；

持续时间：1 s。

3. 性能特点

（1）该发动机结构具有轴向对称性，包括结构尺寸、结构质量、径向弹射作用力的大小等，相对弹射力中截面对称保证了弹射力作用匀称。

（2）发动机采用成熟推进剂，恒面燃烧药形，弹道曲线平直，性能稳定，高低温性能参数散布小，发次间性能参数一致性好，发动机工作可靠性高。

4. 工程应用

该结构发动机试验已有相近产品使用。这种结构发动机为弹射动力系统。

6.3.3 水下推进动力发动机

水下推进动力发动机是鱼雷发射后的动力推进装置，可有效增加鱼雷在水中的前行速度和射程。发动机结构形式较多，根据布置在鱼雷上的位置，采用锥形结构和筒形发动机结构的较多。由于固体推进剂发动机的结构设计灵活，快速反应能力强等优点，国内外的水下布雷运载装置和鱼雷推进装置采用固体推进剂发动机的较为普遍。

1. 结构组成

该发动机为筒形固体推进剂发动机，直径为228 mm。其结构由发动机空体、星形装药和喷管座组件组成，采用复合推进剂贴壁浇铸的装药，药柱的药形为内表面燃烧的七角星形药形，扩张段形面为弧形。228 mm水下推进动力发动机如图6－18所示，其工程图如图6－19所示。

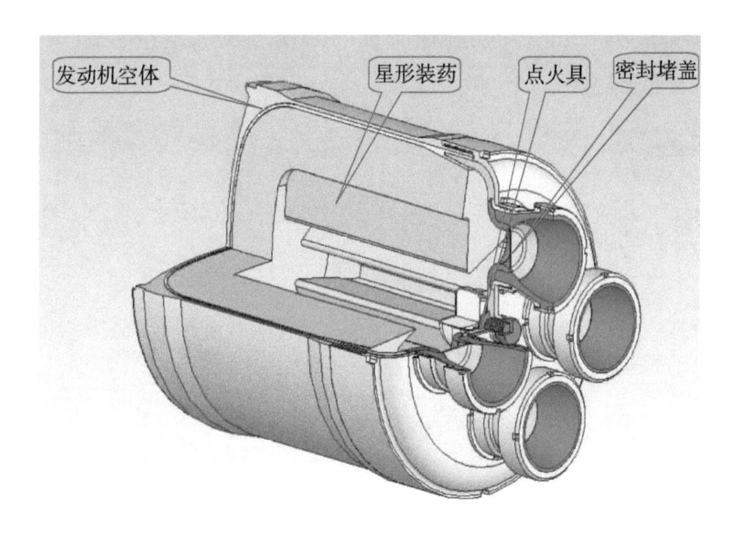

图6－18　228 mm 水下推进动力发动机

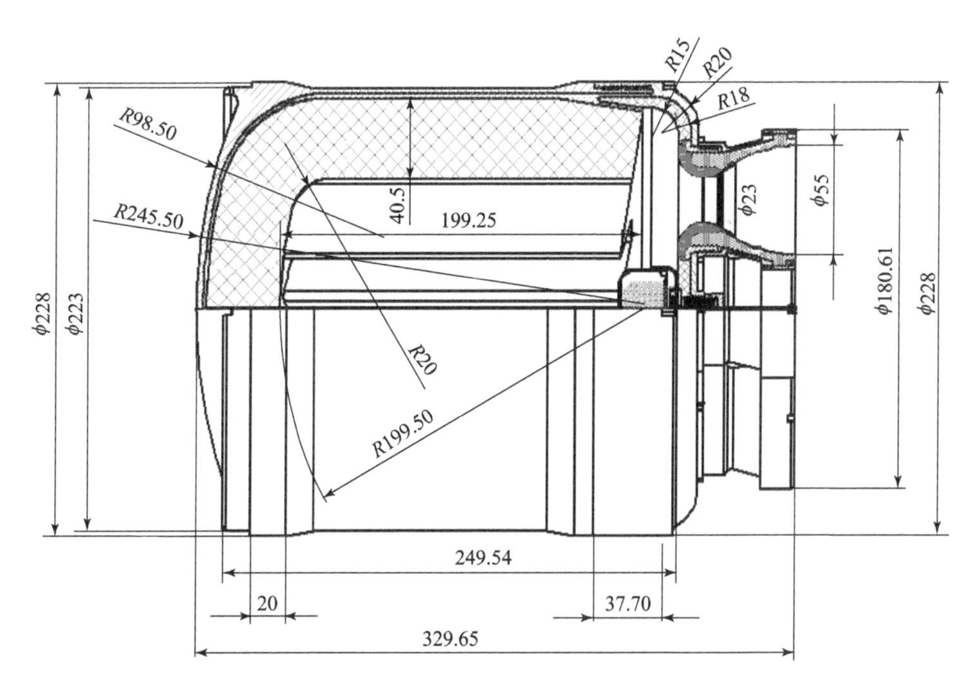

图6－19　228 mm 水下推进动力发动机的工程图

1）发动机空体

发动机空体由燃烧室壳体和喷座组件组成，金属壳体、后盖和喷管壳体等均采用30CrMnSiA中碳合金钢加工而成，采用耐冲刷、隔热性能好的橡胶材料作壳体衬层。用高硅氧短纤维预浸料采用模压工艺成形后盖的隔热垫，对壳体和后盖的热防护充分发挥了金属件的强度。发动机空体结构如图 6-20 所示。

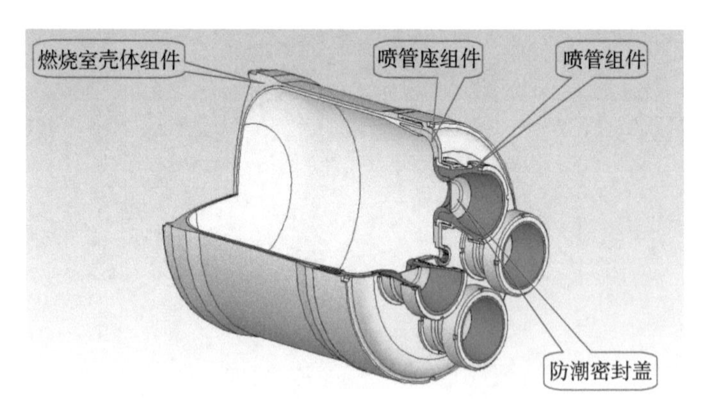

图 6-20 发动机空体结构

2）发动机装药

装药为半封闭式结构，采用七角星形内孔燃烧药形，后端面为锥形面，药柱的外侧面和前端球形面进行包覆，其材料与隔热层材料相同，其结构如图 6-21 所示，药柱药形参数如图 6-22 所示。

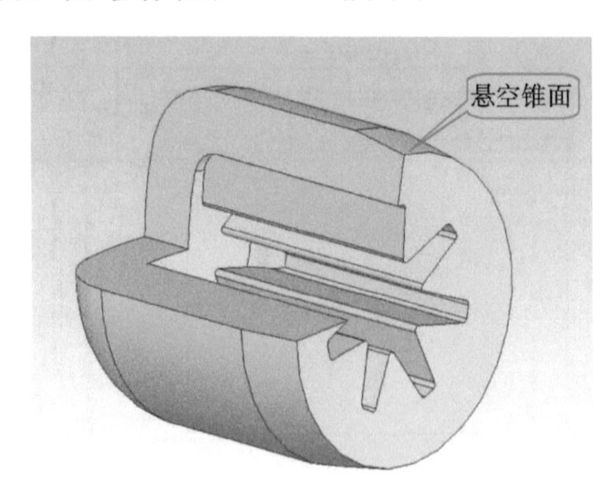

图 6-21 半封闭式星形药柱的结构

药柱直径：212 mm；
燃层厚度：40.5 mm；
星顶圆半径：3 mm；
星根圆半径：3 mm；
特征长度：62.5 mm；
星边夹角：32°；

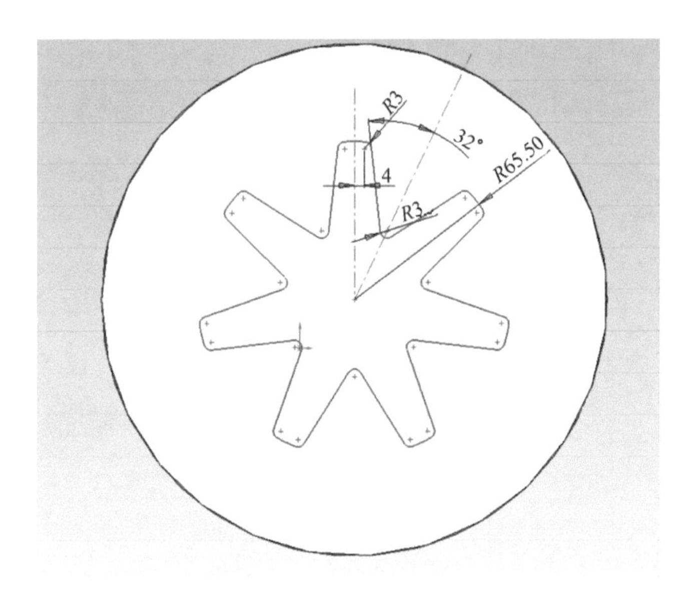

图6-22 药柱药形参数

角系数：0.9；

星角数：7。

3）燃烧室组件

燃烧室组件由半封闭式金属壳体和隔热衬层组成。衬层的成形需分两次进行：第一次在经处理后的金属壳体内壁表面装入用模具成形的还未硫化的橡胶衬套，采用气囊加压法将衬套紧粘贴在壳体内壁；在第一层衬层贴好后，在前端按“人工脱粘”位置做好脱粘面，在后端按“自由悬空结构”要求装入专用工装，再用同样方法粘贴第二层衬层，进行加压硫化。拆除工装后即形成燃烧室组件。作为贴壁浇铸复合推进剂前成形合格的燃烧室组件，是该发动机制造的关键工序。其中，制作“人工脱粘层”和成形“自由悬空衬层”结构，是防止较大直径尺寸装药在固化中的收缩变形，引起药柱界面破坏的重要措施。在发动机装配后，自由悬空结构与喷管座组件相应结构配合，也起到对燃烧室后端隔热密封的作用。装药前的燃烧室组件如图6-23所示，装药后的燃烧室组件如图6-24所示。

4）燃烧室组件与喷管组件局部连接

该局部结构给出装药后端悬空部位的装配结构，装药后的燃烧室组件与喷管座组件的连接结构。悬空结构的预留斜口与隔热衬垫伸出的锥形斜面互相嵌套，形成非金属件构成的隔热密封结构。该结构对装药燃烧生成的高压燃气实现可靠密封，起到与贴壁浇铸药柱固化收缩相协调的作用。带药燃烧

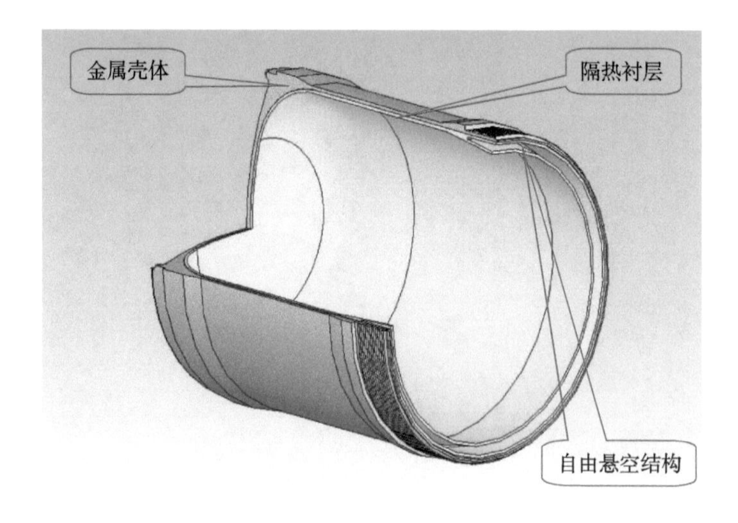

图 6－23　装药前的燃烧室组件

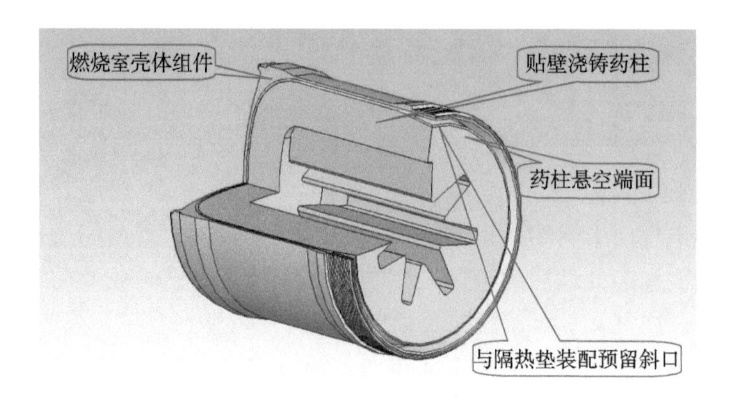

图 6－24　装药后的燃烧室组件

室组件与喷管组件连接结构如图 6－25 所示。

5）后盖组件与喷管组件局部结构

该局部结构给出后盖组件的隔热衬垫、喷管喉衬、喷管扩张段等非金属件的装配结构，以及由这些结构件构成的喷管体与后盖的装配结构。通过各件的配合与相互嵌套构成喷管座组件的整体密封结构。喷管座后盖与喷管组件连接结构如图 6－26 所示。

其中，隔热衬垫为碳化复合材料，用碳纤维与耐热树脂的预浸料模压而成；喷管喉衬用高强石墨加工而成；喷管扩张段用高硅氧短纤维预浸料模压制成。由这些件的嵌套组合构成喷管的内形结构，利用非金属材料的良好隔

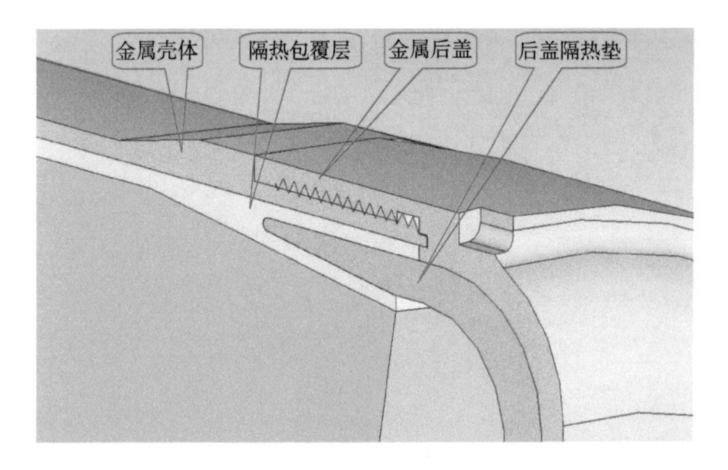

图6－25　带药燃烧室组件与喷管座组件连接结构

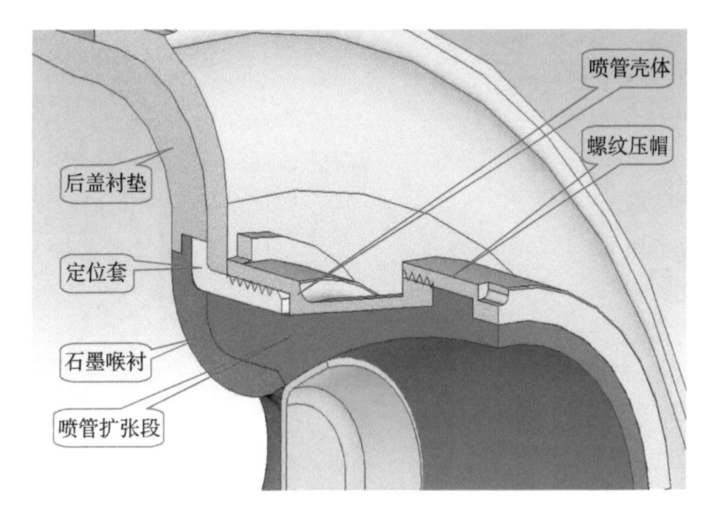

图6－26　喷管座后盖与喷管组件连接结构

热性能对喷管壳体起热防护作用。

6）喷管座组件

该组件由金属后盖、后盖隔热垫和喷管组件组成，如图6－27所示。喷管组件包括喷管扩张段、喷管壳体和喷管压盖。喷管组件通过压装在后盖上的定位套与喷管体用螺纹连接。完成与后盖的连接后再分别装入喷管喉衬和后盖隔热衬垫。装配的喷管座其内形面的各结构件形成互相嵌套的结构形式，以保证对喷管壳体等金属件的隔热和结构密封。由于装配件中包含有金属件和非金属件，都要按照设计尺寸精度和形位要求制造以保证顺利装配。

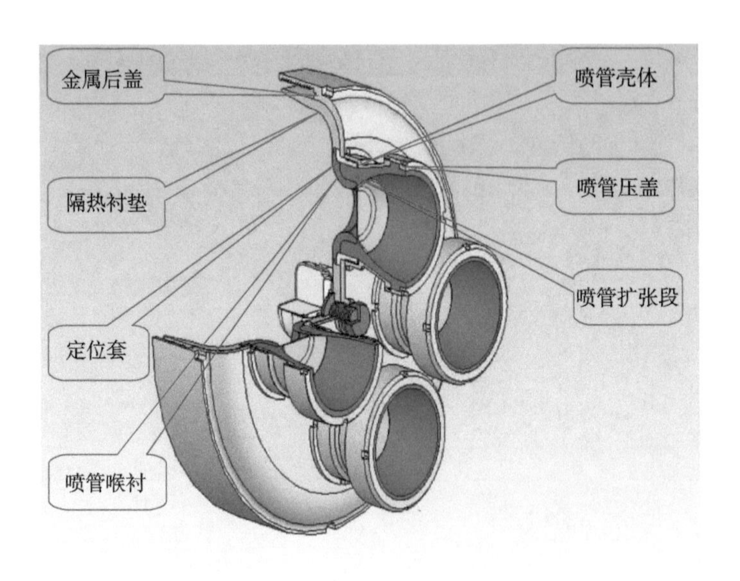

图 6-27 喷管座组件

7）装药药形参数

装药的平均燃烧面积为 1 540 cm^2；其他药形参数如图 6-22 所示。

8）结构及质量参数

发动机大端外径：228 mm；

燃烧室壳体外径：220 mm；

发动机总长：330 mm；

药柱质量：10.74 kg；

初始燃烧面积：1 490.4 cm^2；

燃层厚度：4.05 mm；

喷管数：4；

喷喉直径：23 mm；

扩张比：2.4。

2. 弹道参数

推力冲量：25.8 kN · s；

平均推力：7.6 kN；

燃烧室压强：15 MPa；

持续时间：3.5 s。

3. 性能特点

（1）该发动机装药采用复合推进剂贴壁浇铸装填方式，装填密度高；选用高能量推进剂；采用较好的热防护措施减少了推进剂燃烧的热损失，发动机的推进效能较高。

（2）发动机装药后端采用“自由悬空结构”防止药柱固化收缩引起的破坏，以及对连接结构、隔热结构采用配合部位互相嵌套的结构等密封措施有效保证了发动机的工作可靠性。

4. 工程应用

该发动机适用于水下布雷运载装置、鱼雷动力推进等动力推进装置。

6.3.4 发射动力发动机

该发动机是从舰上发射多管联装导弹或其他武器的动力发射装置，发动机装药采用少烟推进剂，发射和飞离舰艇时烟雾小，特征信号低，适于舰艇发射和使用环境隐蔽性强。发动机结构形式和发射动力的大小都有所不同，常根据发射的动力需要确定。可将发射动力单独与飞行器分开并采取与弹体分离等技术措施，大大增强了有效载荷的攻击效果，常单独用于舰艇潜射武器的发射动力。

1. 结构组成

该发动机为固体推进剂发动机，直径为 150 mm。结构上由发动机空体、多根管状装药和点火装置组成。采用螺压工艺成形的少烟改性双基推进剂装药。该发动机有两种结构方案，一种是采用单喷管，另一种是四喷管，除各自喷管座组件的结构不同外，其装药、点火形式均相同。采用潜入式单喷管和四喷管的目的主要是为减短发动机的总长。单喷管发动机如图 6－28 所示，四喷管发动机工程图如图 6－29 所示。

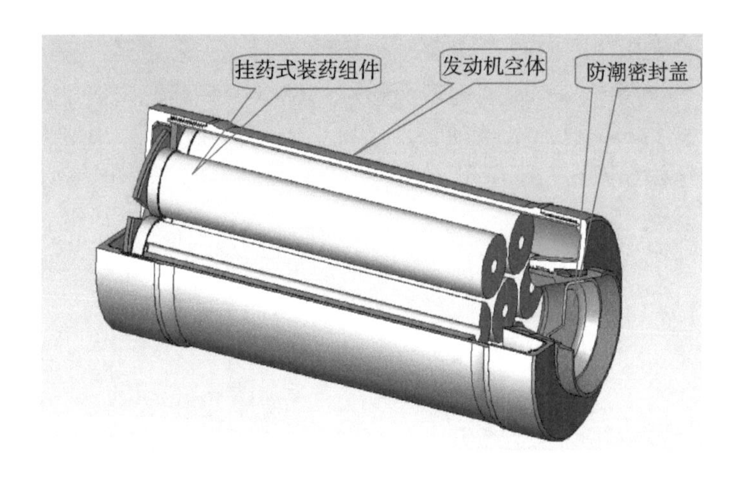

图 6－28　单喷管发动机

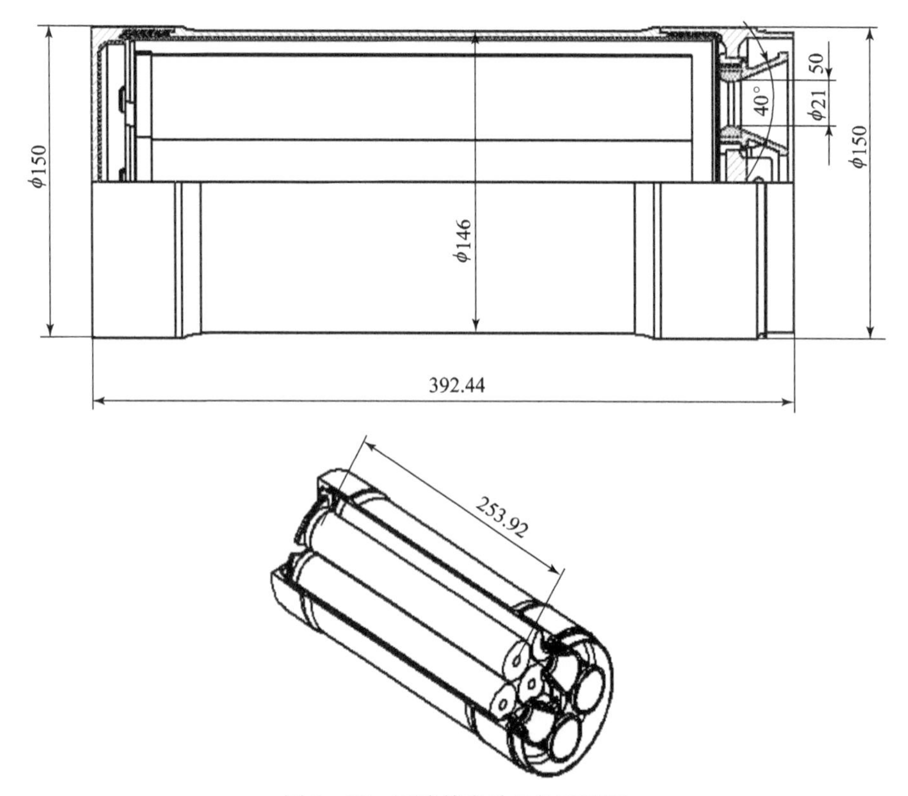

图 6-29 四喷管发动机的工程图

1）发动机空体

发动机空体由前盖、燃烧室壳体和喷管座组件组成，金属壳体、后盖和喷管壳体等均采用 30CrMnSiA 中碳合金钢加工而成，采用耐冲刷、隔热性能好的橡胶材料作壳体及前后盖内表面衬层，以减少装药燃烧时的热损失，也利于发挥金属材料的强度。单喷管发动机空体结构如图 6-30 所示，四喷管发动机空体结构如图 6-31 所示。

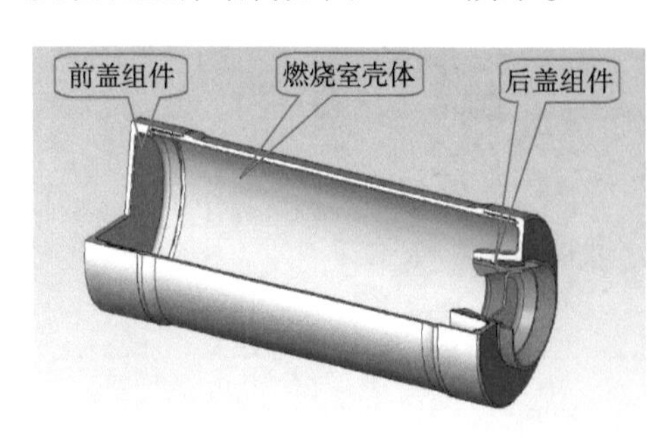

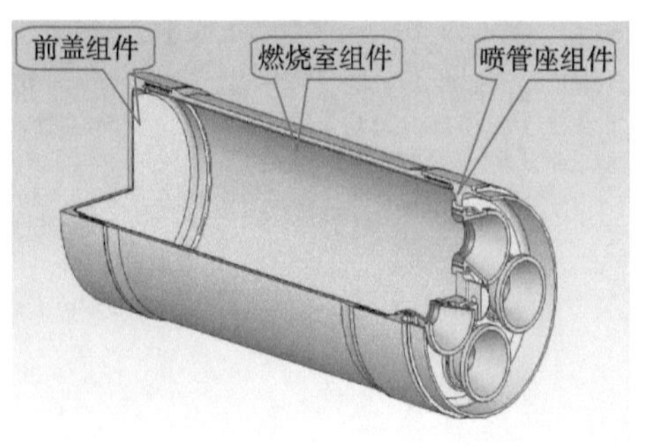

图 6-30 单喷管发动机空体结构　　图 6-31 四喷管发动机空体结构

2）发动机装药

装药为七根内外燃管状药柱组合而成，采用挂药板挂药的装填形式。单根管状药柱组件是将内外燃表面燃烧的管状药柱通过固药胶黏结在固药盘内，再将各药柱组件装入挂药板上。七根管状药柱组装结构如图6－32所示，单根药柱组件如图6－33所示。挂药板的各安装孔在周向设有不连续的环形槽，通过固药盘的卡槽将各药柱组件卡在挂药板上，对各药柱组件进行轴向固定，并在轴向留有可移动的间隙以利于装配。七根管状药柱挂药结构如图6－34所示。

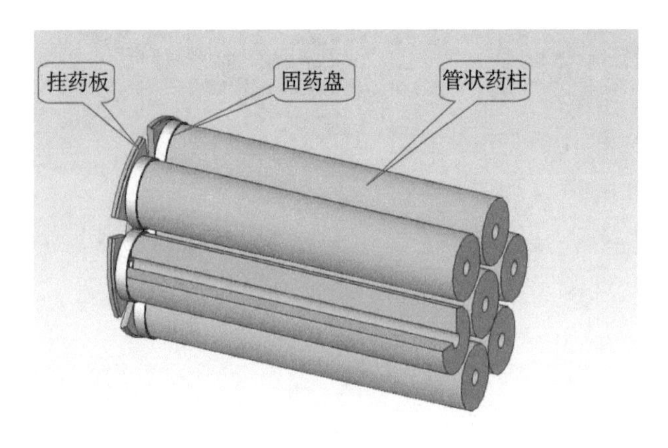

图6－32 七根管状药柱组装结构

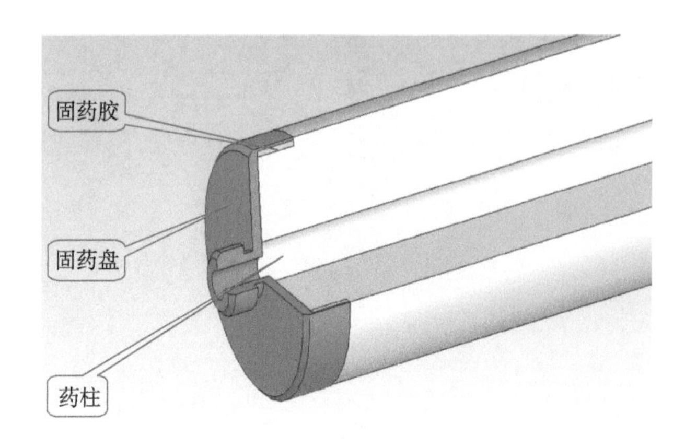

图6－33 单根药柱组件

3）前盖组件

燃烧室组件和前盖组件都是在金属壳体内表面衬制隔热衬层而成。隔热

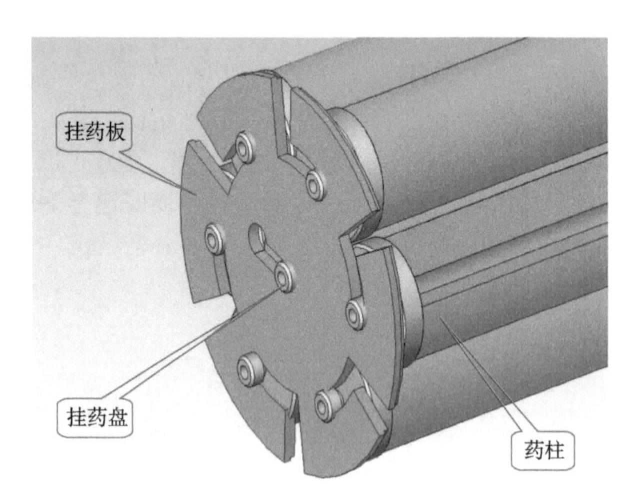

图 6－34　七根管状药柱挂药结构

涂层起对壳体隔热作用，是用常温固化柔性隔热涂料经旋涂工艺成形。燃烧室前盖如图 6－35 所示。

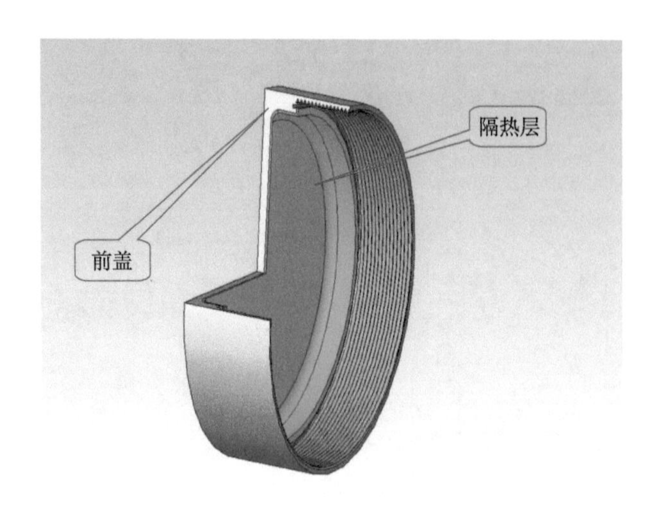

图 6－35　燃烧室前盖

4）喷管座组件

喷管座组件由喷管壳体、喷管喉衬和后盖组成。潜入式单喷管是通过螺纹将喷管壳体连接在后盖上，在后盖的内表面涂有隔热衬层。四喷管的喷管座组件是将喷管通过螺纹连接在后盖上的定位套上，采用过盈配合并通过压装工艺将定位套压装在后盖上。潜入式单喷管的喷管座组件如图 6－36 所示，四喷管的喷管座组件如图 6－37 所示。

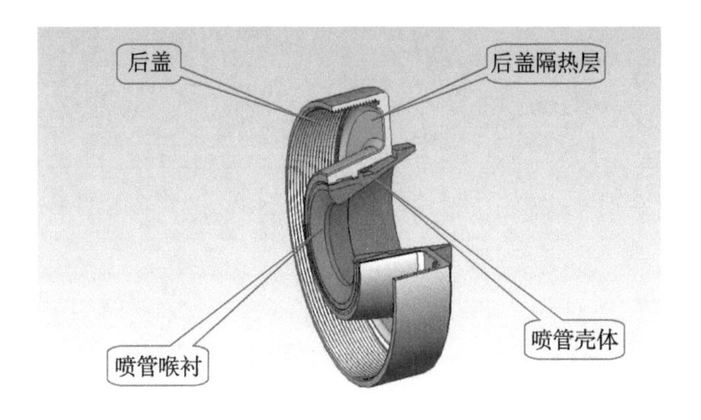

图 6－36　潜入式单喷管的喷管座组件

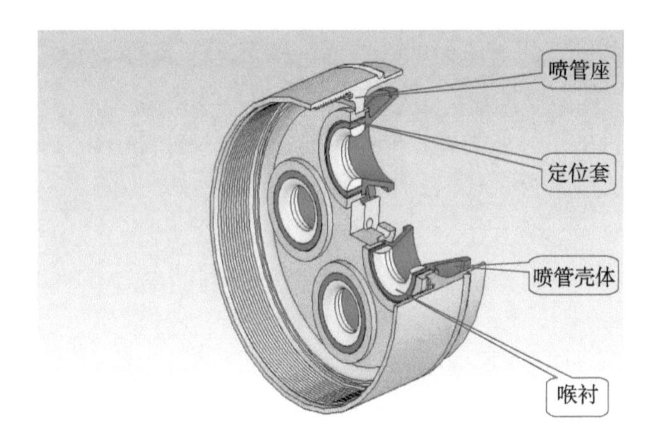

图 6－37　四喷管的喷管座组件

5）装药药形参数

药柱外径：43 mm；

药柱内径：10 mm；

药柱长度：270 mm；

药柱根数：7；

药柱总质量：4.36 kg；

总燃烧面积：3 129 cm^2。

6）结构及质量参数

发动机最大外径：150 mm；

燃烧室壳体外径：146 mm；

发动机总长：356 mm；

药柱质量：4.36 kg；

初始燃烧面积：3 129 cm^2；

燃层厚度：1.65 mm；

喷喉直径：21.5 mm；

扩张半角：20°；

扩张比：2.6。

2. 弹道参数

推力冲量：10.1 kN·s；

平均推力：19.6 kN；

燃烧室压强：15 MPa；

燃烧时间：0.5 s。

3. 性能特点

（1）该发动机装药采用少烟改性双基推进剂，装药无包覆阻燃，发动机排出烟雾少，特征信号低，适于舰上发射导弹。

（2）发动机结构简单紧凑。采用多根管状装药挂药结构，装填使用方便，经发动机方案试验性能稳定、工作可靠。

4. 工程应用

该发动机适用于导弹助推、水面发射等动力推进装置。

6.3.5 陆基发射动力发动机

该发动机是一种动力发射装置，靠发动机在发射装置中的推动力，将导弹发射出筒后随即抛落。根据发射动力要求，从启动到工作结束的时段内，需要提供由小变大的变推力方案。为此，发动机装药采用在外表面包覆、内孔燃烧的管形药柱状药，压强和推力的变化都是渐增的。采用少烟推进剂，特征信号低，发射场地隐蔽性强。

1. 结构组成

该发动机直径为140 mm。结构上由发动机空体、多根带包覆管状装药和点火装置组成，采用螺压工艺成形的少烟改性双基推进剂装药。陆基发射动力发动机如图6-38所示，其工程图如图6-39所示。

1）发动机空体

发动机空体由前盖、燃烧室壳体和喷管座组件组成，燃烧室壳体、后盖和喷管壳体等均采用30CrMnSiA中碳合金钢加工而成，前后端采用螺纹连接。发动机空体结构如图6-40所示。

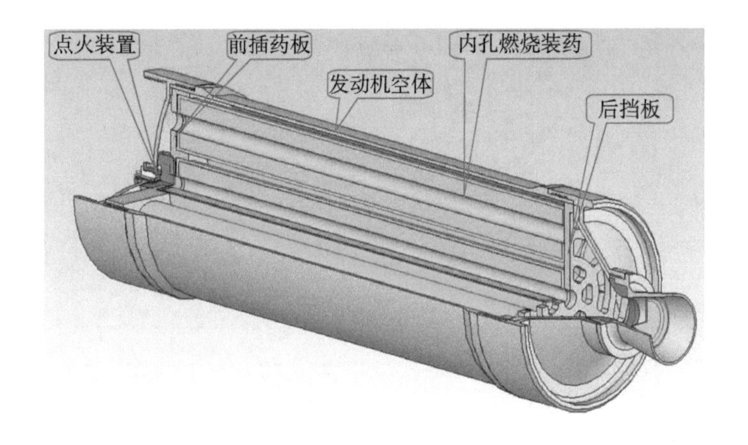

图6-38　陆基发射动力发动机

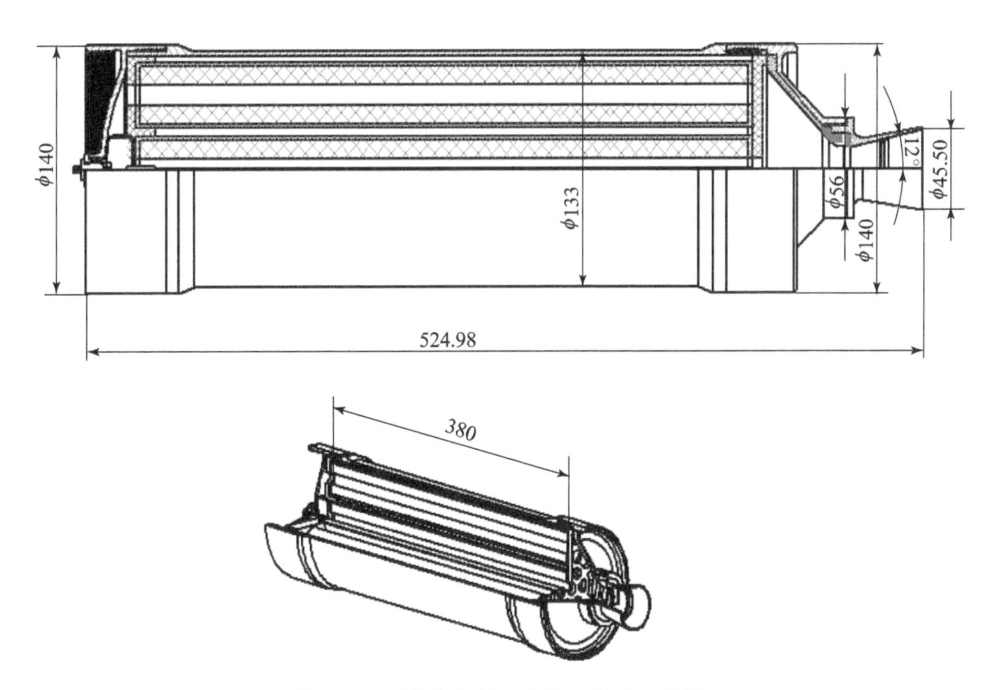

图6-39　陆基发射动力发动机的工程图

2）发动机装药

装药由七根内孔燃烧管状药柱组成，各药柱的侧面和两端面进行包覆阻燃，包覆后的药柱分别粘接在插药板的孔中，七根药柱组装后的结构如图6-41所示，单根药柱装药如图6-42所示。插药板采用短的玻璃纤维预浸料模压而成，如图6-43所示。各带侧面包覆药柱插入插药板后，装药燃烧的燃气在各药柱侧面包覆之间的空间内是滞止的，以防止包覆被燃气流冲刷。

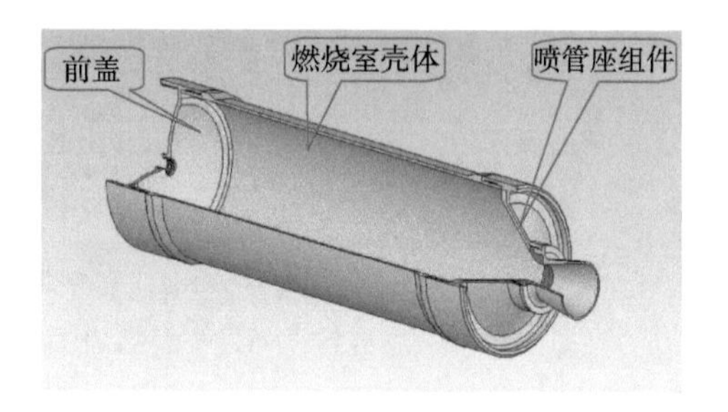

图 6－40 发动机空体结构

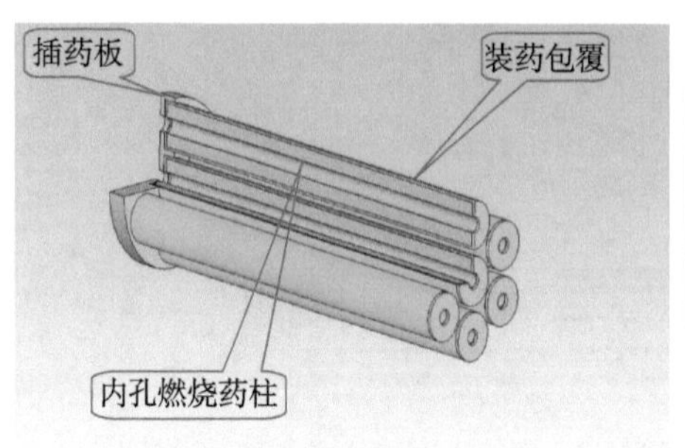

图 6－41 七根药柱组装后的结构

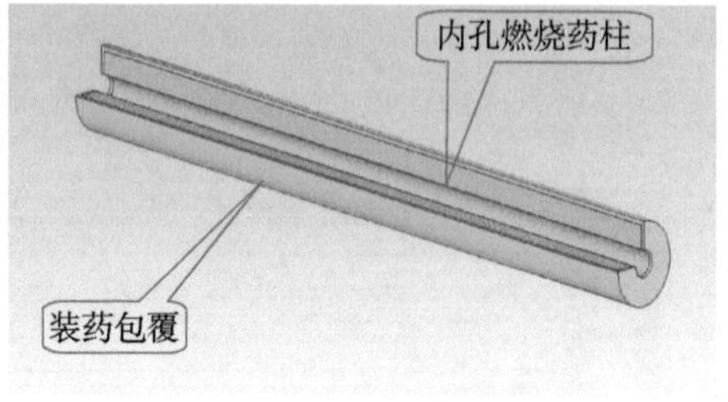

图 6－42 单根药柱装药

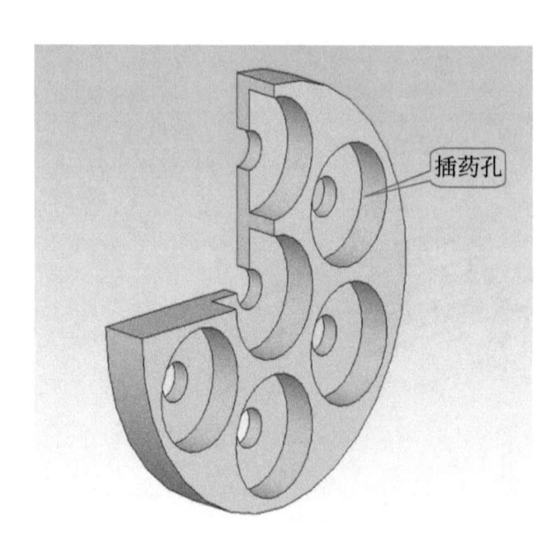

图 6－43 插药板

3）发动机前部结构

发动机前部结构给出插药板与多根装药在前端的安装结构、点火装置的安装结构等。点火装置设置在装药前端，点火燃气通过内孔点燃装药，利于各药柱内孔点燃的一致性。发动机前部结构如图 6－44 所示。

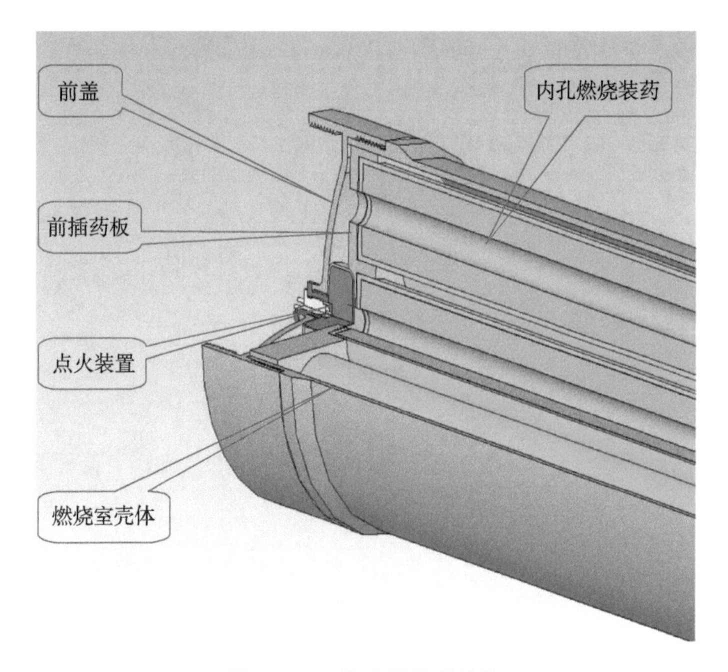

图 6－44　发动机前部结构

4）发动机后部结构

发动机后部结构给出装药后端结构。挡药板（图 6－45）的设置除对装药起轴向定位的作用以外，也防止包覆被燃烧碳化的残渣阻挡喷喉。挡药板的通气面积较大，以利于对内孔装药燃烧燃气的流动。发动机后部结构如图 6－46 所示，后挡板材料和成形工艺与插药板相同。

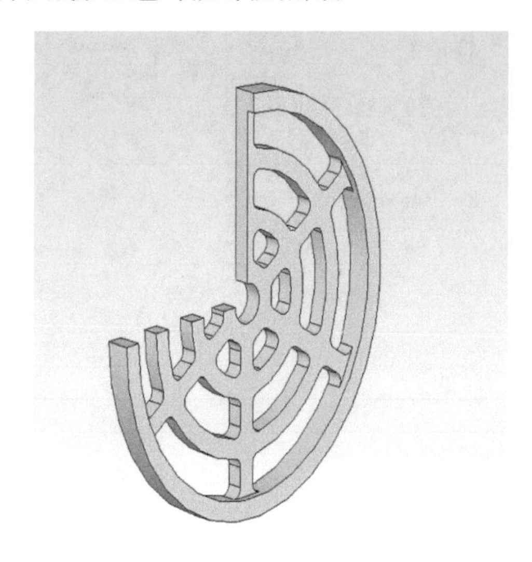

图 6－45　挡药板

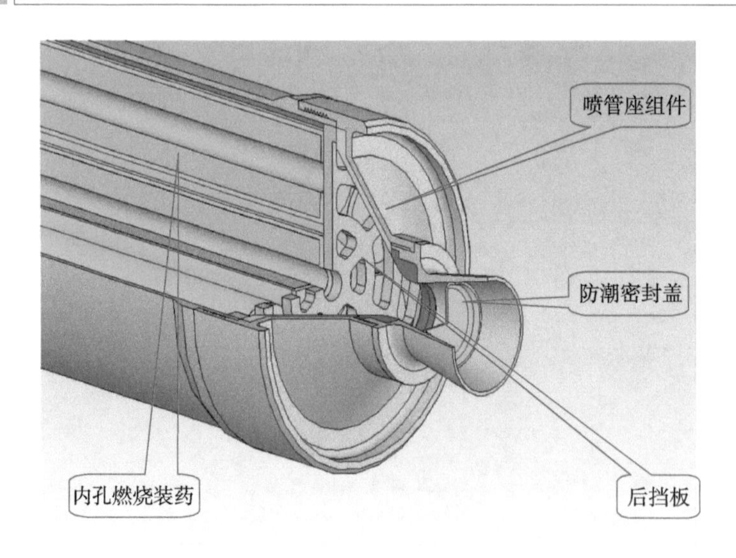

图 6－46　发动机后部结构

5）喷管座组件

喷管座组件由喷管壳体、喷管喉衬和后盖组成。后盖与喷管壳体采用螺纹连接。喷管喉衬采用高强度石墨加工而成。喷管座组件如图 6－47 所示。

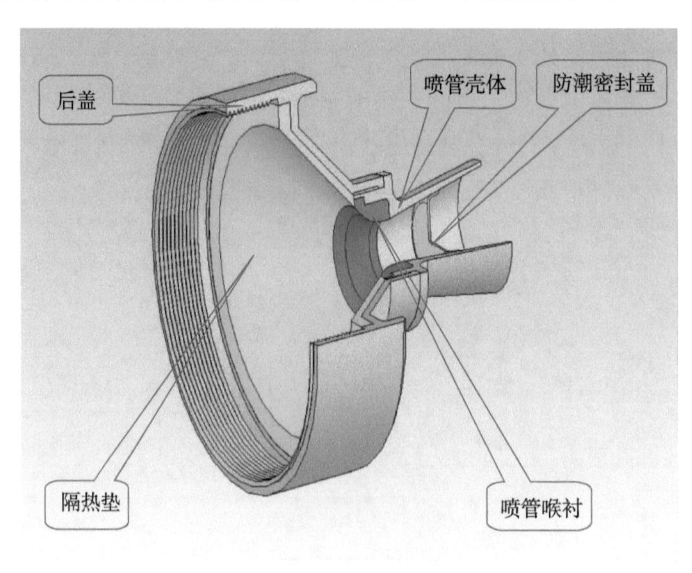

图 6－47　喷管座组件

6）装药药形参数

药柱外径：33 mm；

药柱内径：12 mm；

药柱长度：380 mm；

药柱根数：7；

药柱总质量：3.32 kg；

初燃烧面积：1 002 cm^2；

终燃烧面积：2 758 cm^2。

7）结构及质量参数

发动机最大外径：140 mm；

燃烧室壳体外径：133 mm；

燃烧室壳体内径：128 mm；

发动机总长：525 mm；

喷喉直径：24 mm；

扩张半角：12°；

扩张比：1.8。

2. 弹道参数

推力冲量：7.5 kN·s；

起始推力：5 kN；

终燃推力：13.85 kN；

燃烧室压强：15 MPa；

燃烧时间：0.8 s。

3. 性能特点

（1）该发动机装药采用少烟改性双基推进剂，发动机排出烟雾少，特征信号低，发射场地隐蔽性好。

（2）装药为多根管带侧面包覆药柱装药，燃烧面随燃层厚度变化呈增面性，在装药燃烧时间内提供的推力为由小变大的变推力动力，很好满足了陆基特殊发射的需要。

4. 工程应用

该发动机作为陆基发射动力，经发射试验验证这种类型装药发动机可提供一种新形式的发射动力。

6.3.6 160 mm 燃气微动力发动机

燃气微动力发动机是指采用低燃温推进剂装药，在燃烧后燃气流经过滤网生成清洁的燃气，通过燃气导管向燃气微动力的动作器提供燃气喷射的微动力，也常将此类发动机称作燃气发生器或燃气微动力装置。根据结构需要，其直径大小也有不同。一般采用低燃速推进剂，装药的工作时间都较长。有的燃气微动力装置为单一动作器提供微动力气源，有的为多个动作器提供气源，如陀螺仪、舵机驱动阀等。由于对提供燃气的洁净度要求高，从各燃气喷嘴喷出气流参数的稳定性要求也较高等，这种燃气微动力发动机的装药设计、燃气过滤器设计和导流设计等都与一般固体推进剂发动机有所不同。现给出 160 mm 燃气微动力发动机的性能和结构。

1. 结构组成

该发动机最大直径为 163 mm，结构上由发动机空体，前、后装药，多层过滤装置，导流喷嘴和点火装置组成。采用螺压工艺成形的低燃温双基推进剂装药，发动机为双燃烧室串联结构。160 mm 燃气微动力发动机如图 6－48 所示，其工程图如图 6－49 所示。

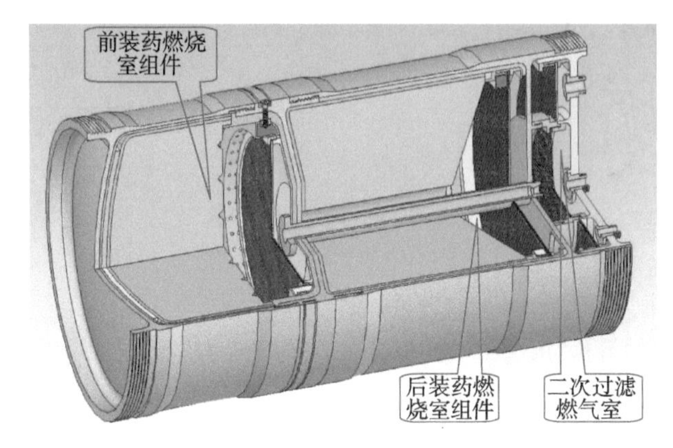

图 6－48　160 mm 燃气微动力发动机

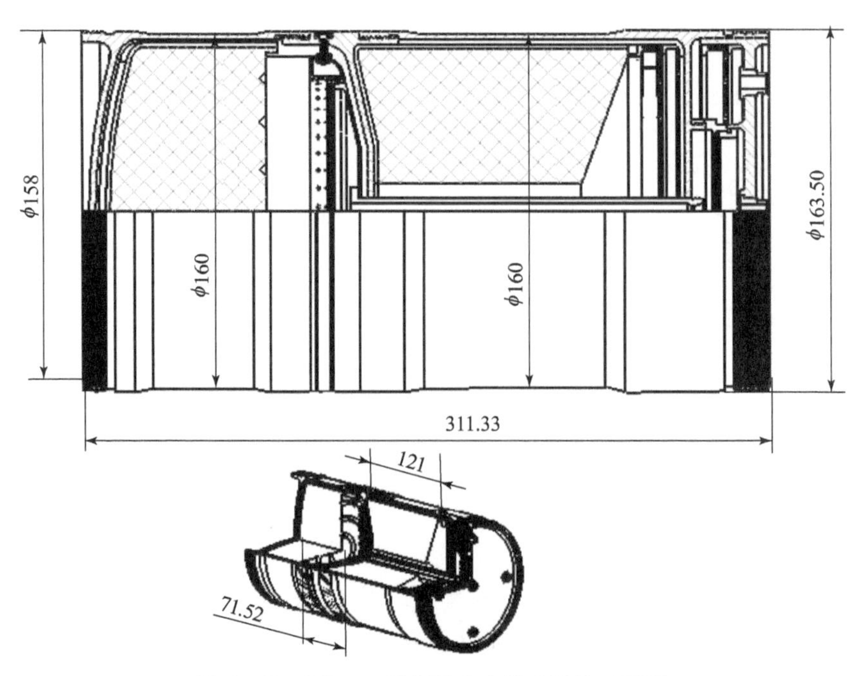

图 6－49　160 mm 燃气微动力发动机的工程图

1）发动机空体

发动机空体由带盖的半封闭式前燃烧室壳体组件、中间底组件、带后底的半封闭式后燃烧室壳体组件、中心导流管和导流喷嘴组件等组成。壳体和中间底零件均采用30CrMnSiA中碳合金钢加工而成，前后燃烧室内壁和中间底前端面都衬有隔热衬层，前后壳体与中间底采用螺纹连接。发动机空体结构如图6-50所示。

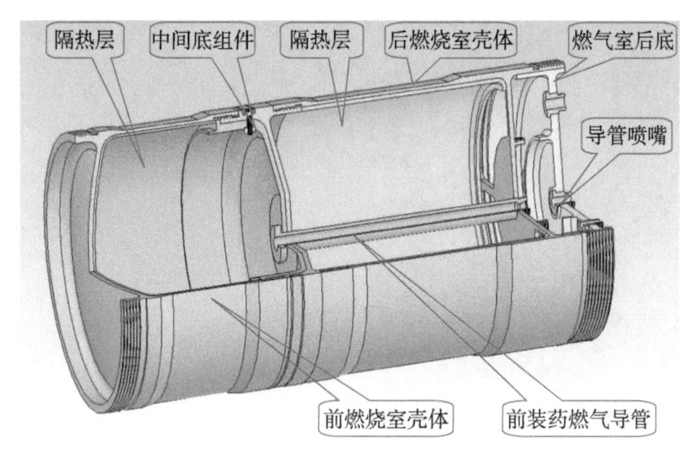

图6-50　发动机空体结构

2）发动机前装药

发动机前装药采用端燃药形，外侧面进行包覆。为使装药与前燃烧室壳体结构相协调，装药前端为球形，后端面开有三个环形沟槽以利于点燃。前燃烧室装药如图6-51所示。

3）发动机后装药

发动机后装药为管形内孔燃烧药形，前端斜锥面及外侧面进行包覆。因其药柱长细比较小，采用前后端面设置锥面的措施，使内孔燃烧药柱的燃烧面积随燃层厚度变化的平直性较好，燃烧后生成的压强参数平稳。后燃烧室装药如图6-52所示。

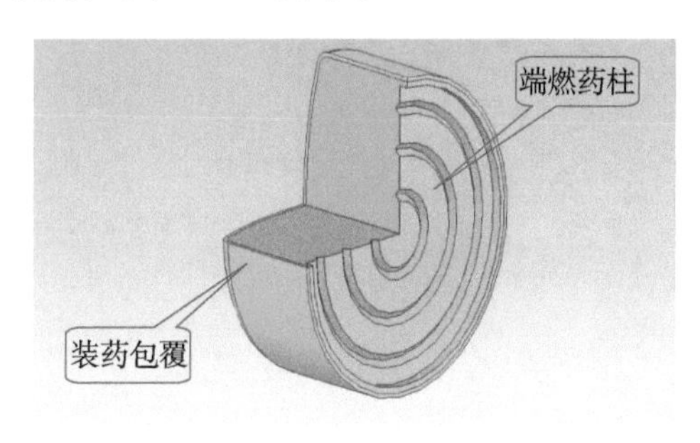

图6-51　前燃烧室装药

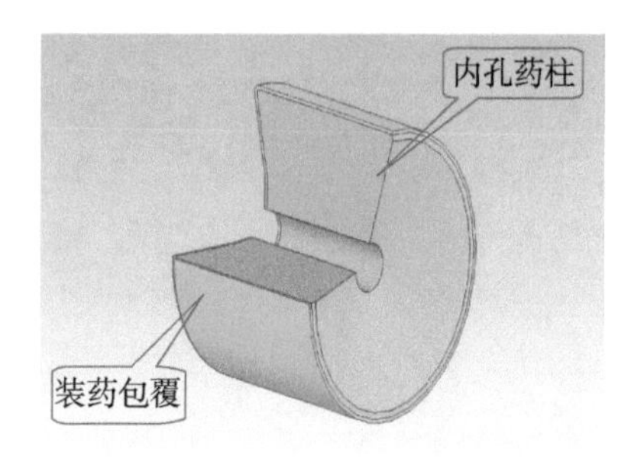

图6-52　后燃烧室装药

4）发动机中间底组件

中间底组件由金属中间底、隔热垫和导电环组成。发动机中间底组件如图 6－53 所示。

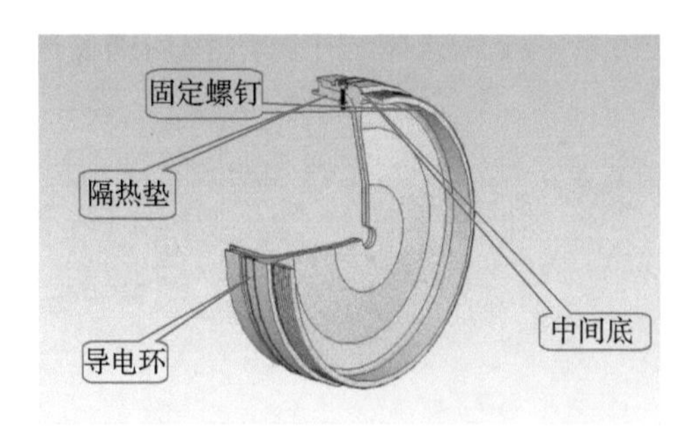

图 6－53　发动机中间底组件

5）点火装置

前燃烧室点火装置和后燃烧室点火装置都是由点火药盒、内装点火药、电发火管和导电环等组成。为防止点火后的导线及残留物进入导管，采用无导线的导电环点火结构，导电环经绝缘环绝缘形成正负两极，通电后起爆电发火管点燃点火药。前后燃烧室点火装置的点火系统结构都相同，点火药盒与导电环的安装结构分别如图 6－54 和图 6－55 所示。

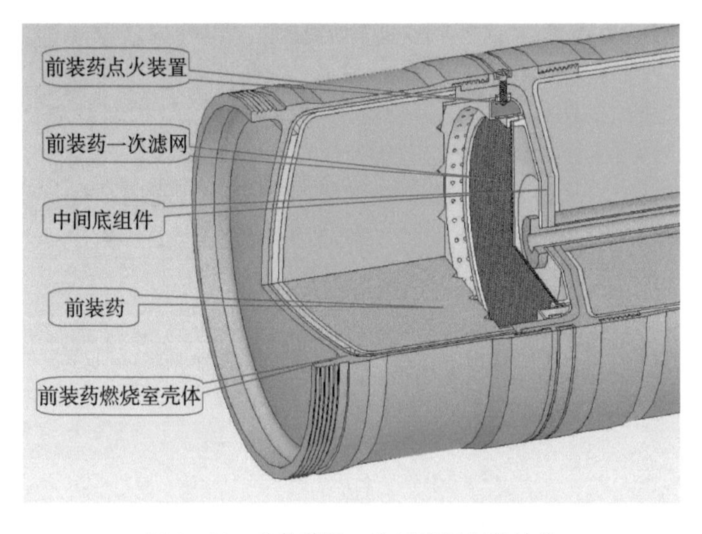

图 6－54　前装药及一次过滤网安装结构

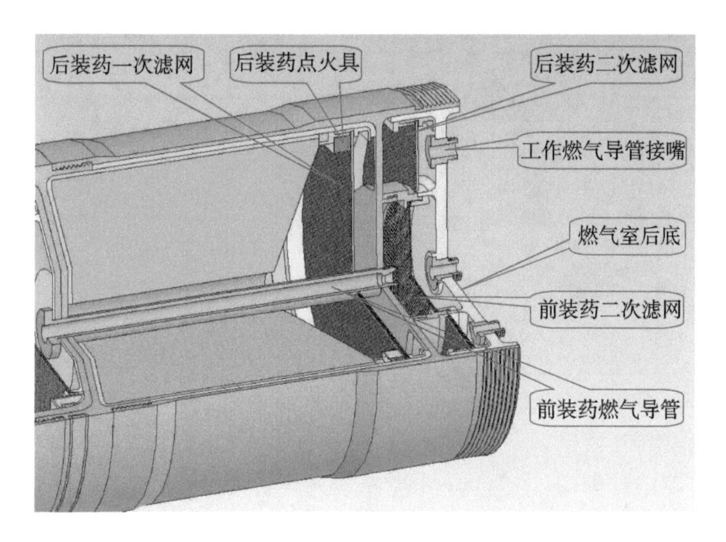

图6－55　后装药燃气一次过滤及燃气二次过滤结构

6）装药过滤网组件

该燃气微动力发动机共设置两次过滤燃气的措施，以保证所提供工作燃气的洁净度。两个过滤网组件分别设置在前、后装药的后端，实现第一次过滤；在发动机空体的后部分室设置两个过滤网，分别进行第二次燃气过滤，由各自喷口将经过滤的燃气导入亚声速导流管。在导流管的末端，通过喷嘴形成当地声速的工作气流。各过滤网组件的结构组成都相近，由过滤网座、压盖和滤网组成。过滤网座和压盖采用耐热钢加工而成，滤网用钼丝编织而成。在通气面积足够的条件下，要使网孔尽量小起到过滤药柱和包覆燃烧残渣的作用。第一次过滤网及第二次过滤网组件结构分别如图6－56、图6－57和图6－58、图6－59所示。过滤网安装结构如图6－54和图6－55所示。

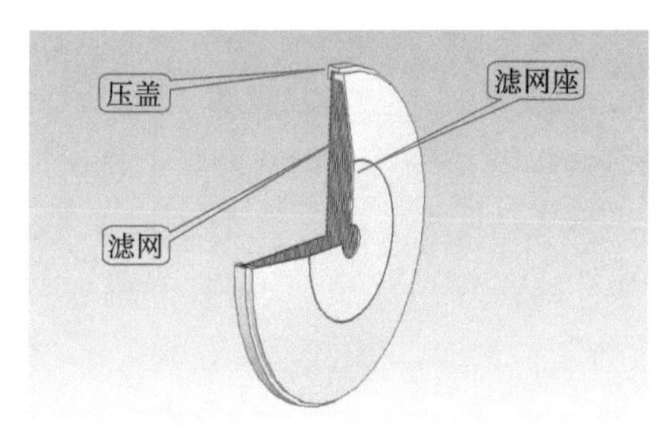

图6－56　前装药一次过滤网结构

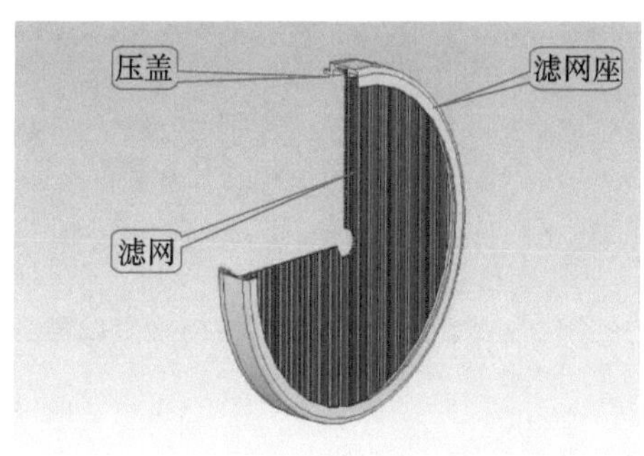

图6－57　后装药一次过滤网结构

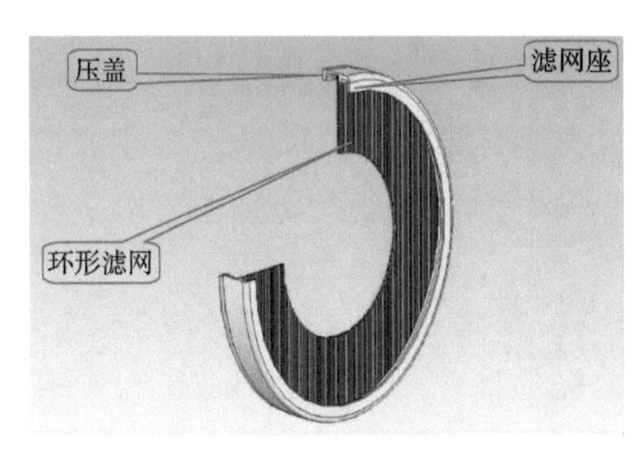

图 6-58 二次过滤环形滤网组件结构

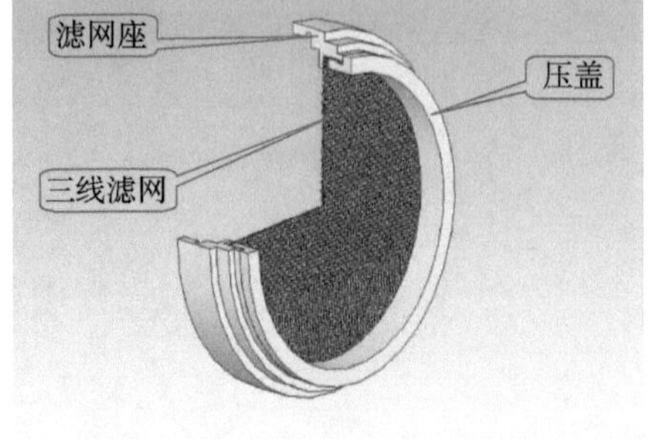

图 6-59 二次过滤中心滤网组件结构

7）过滤网

过滤网用钼丝编织而成，网孔大小和滤网的通气面积由装药燃气通气参量和工作燃气洁净度要求而定。应尽量采用小网孔的滤网以保证工作燃气的洁净度。一般滤网需装在网座内，并由螺纹压盖拧紧，也有的采用铆接形式固定滤网。滤网可用三线编织，有的采用双线编织，前者抗燃气冲刷和抗变形的能力较强，常用于大面积滤网，后者用于小面积滤网。

8）发动机中部结构

发动机中部结构给出前燃烧室装药、中间底组件和前装药点火装置的安装结构，前装药过滤网组件和前后燃烧室的连接结构。前装药及点火具安装结构如图 6-60 所示。

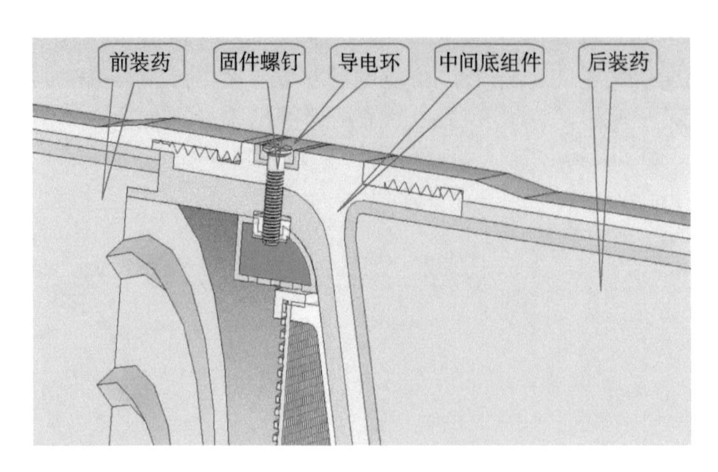

图 6-60 前装药及点火具安装结构

9）装药药形参数（表 6-2）

表6-2　装药药形参数

药形参数	前装药	后装药
药柱外径/mm	149	147
药柱内径/mm		25
药柱长度/mm	71.5	121
初始燃烧面积/cm^2	179.6	253.6
装药药形	实心端燃	管形内孔

10）结构参数（表6-3）

表6-3　结构参数

结构参数	参数值	
发动机最大直径/mm	163	
发动机总长/mm	311	
燃烧室壳体外径/mm	160	
燃烧室壳体内径/mm	155	
喷嘴直径/mm	1.5	2

2. 工作燃气参数（表6-4）

表6-4　工作燃气参数

主要性能参数	前装药	后装药
药柱总质量/kg	1.83	2.9
燃气秒流量/($kg \cdot s^{-1}$)	0.1	0.3
工作时间/s	15	10

3. 性能特点

（1）该燃气微动力装置可为较大直径导弹执行机构或陀螺仪驱动提供燃气的微动力，前装药的供气时间可根据需要调整。

（2）燃气经过二次过滤可以较好满足工作燃气的洁净度要求。

（3）经对前、后装药燃烧室和二次过滤器室的压强测试，压强随时间变化平稳，过滤前和过滤后的燃气未产生较大的压差，所确定的过滤网通气面积筛孔大小满足工作燃气的性能参数要求。

4. 工程应用

该燃气微动力装置适合较大口径的燃气驱动装置使用。

6.3.7 215 mm 轨道滑行动力发动机

轨道滑行动力发动机也称“火箭橇”，是在专用轨道上滑行的动力装置，与各种测试设备组成大型地面试验系统，用于模拟飞行器或导弹飞行时某种动态特性，通过地面滑行试验来获取所需测试数据，可用作空气动力学试验，是一种介于风洞试验和实际飞行试验之间的有效试验手段，还可用作导弹制导和控制试验、发动机排气羽流对相关结构件的热影响试验、排出的火焰烟雾对制导信号传输影响的试验、在导弹飞行最大过载下弹体结构完整性试验等。

轨道滑行动力发动机是该系统的动力装置。按弹道性能划分，可分为辅助助推动力装置和纯助推动力装置。前者将导弹样弹或试验部件连同其发动机安装在轨道滑行系统的结构中，采用辅助助推动力装置为全系统滑行提供导弹实际飞行的弹道参数进行试验，如试验最大速度、过载等对结构完整性的影响，或导弹发动机喷出燃气羽流对制导或相关构件的热影响等；后者纯助推动力装置主要用于做特定性能的模拟试验，如穿、破甲战斗部的威力试验，飞行弹道中的弹射试验等。该试验系统的优点是回收观测和重复性试验方便。

215 mm 轨道滑行动力发动机属于纯助推动力装置，用于试验穿、破甲战斗部的威力试验，可重复使用。

1. 结构组成

轨道滑行动力发动机一般采用成熟的产品发动机（单发或多发）组装而成，也有的根据结构和性能需要，采用成熟推进剂装药专门进行设计。215 mm 轨道滑行动力发动机为纯助推类型动力装置，由七个产品发动机的燃烧室装药组件组装而成。215 mm 轨道滑行动力发动机如图 6-61 所示，其工程图如图 6-62 所示。

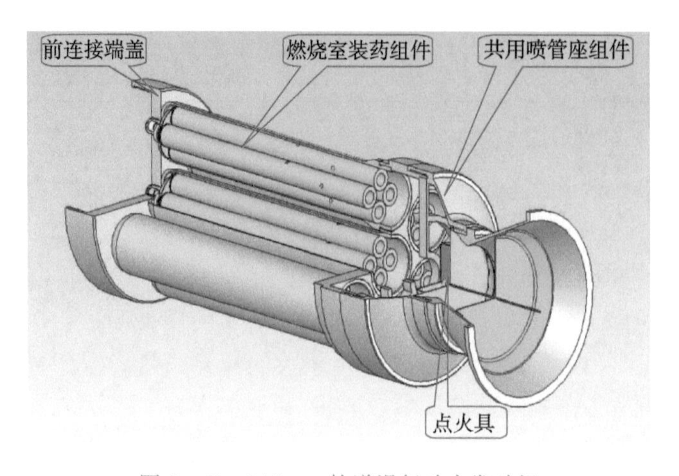

图 6-61 215 mm 轨道滑行动力发动机

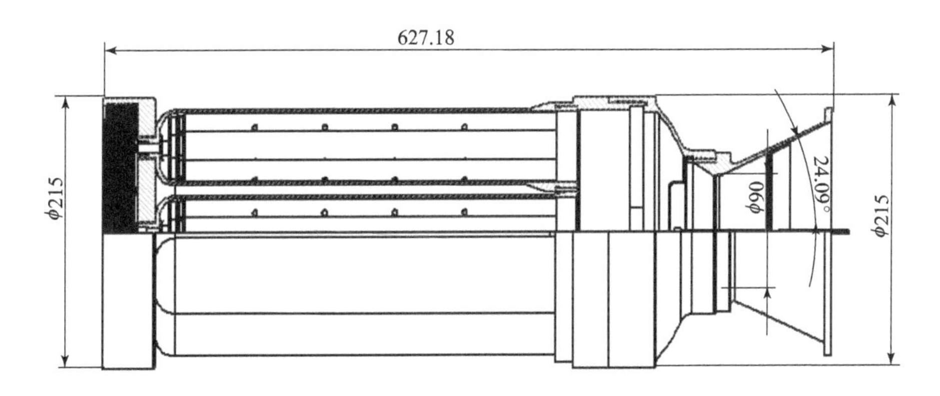

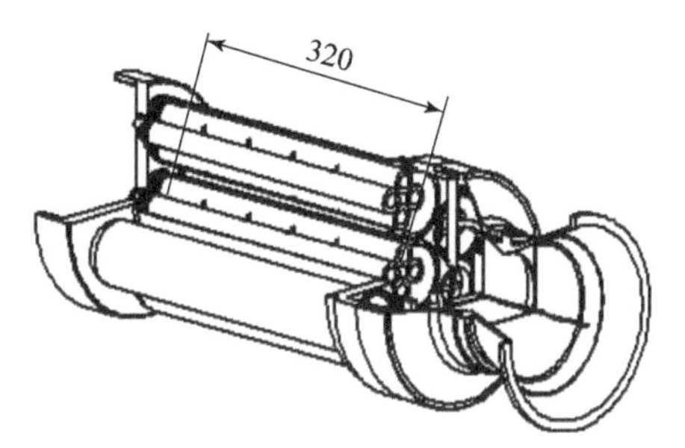

图 6－62　215 mm 轨道滑行动力发动机的工程图

1）发动机空体

该结构由前连接座、七发产品发动机燃烧室壳体、后连接座和喷管座组件等零部件组成，前连接座、后连接座和喷管座组件中的各零件均采用中碳钢经机械加工而成。采用轴对称均布的结构组成发动机空体，如图 6－63 所示。

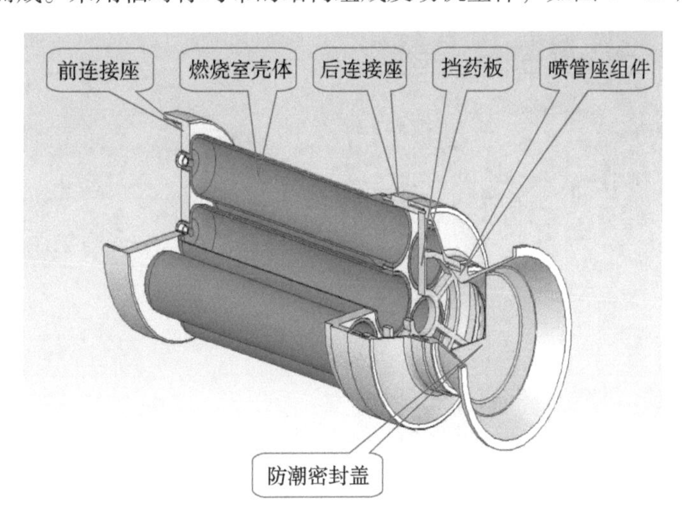

图 6－63　发动机空体结构

2）单发燃烧室装药组件

该组件是将原产品发动机去掉喷管座组件后形成的，如图6－64所示。

3）单发发动机前部结构

单发发动机前部结构给出四根管形装药组件与燃烧室壳体的装配结构，如图6－65所示。

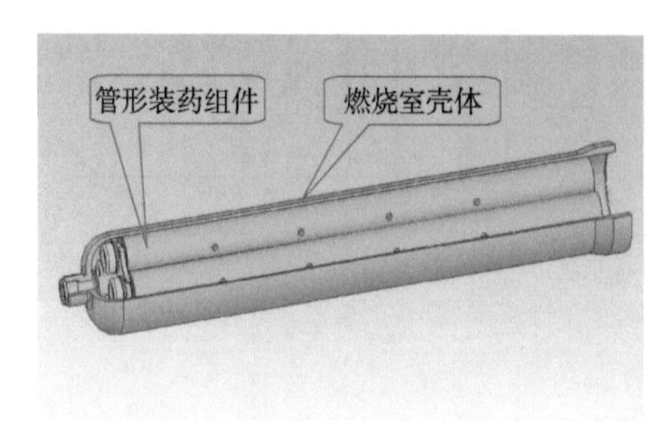

图6－64 单发燃烧室装药组件

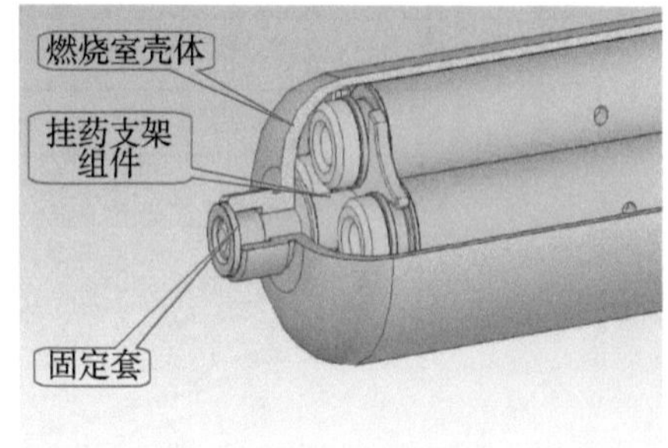

图6－65 单发发动机前部结构

4）四根管形装药组件

该组件由四根管形药柱、挂药销柱、挂药支架和固定套等组成。为快速点燃装药和形成稳定而分散的径向燃气流，每根药柱开有四个沿轴向均匀分布又沿轴向呈螺旋分布的径向孔。四根管形装药组件如图6－66所示。

5）燃烧室壳体

燃烧室壳体用高强度合金钢制成，采用前端封闭的圆筒结构，如图6－67所示。

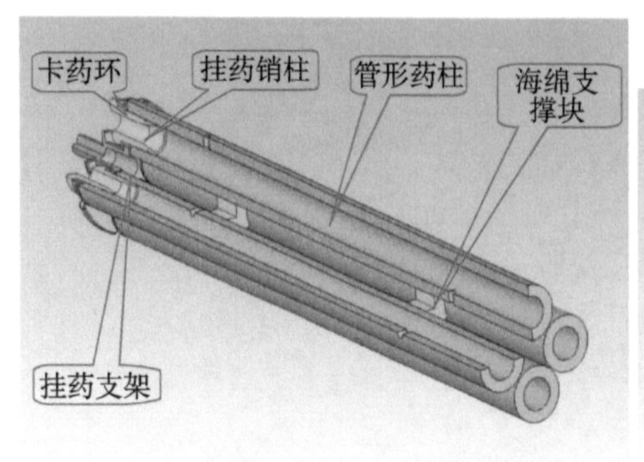

图6－66 四根管形装药组件

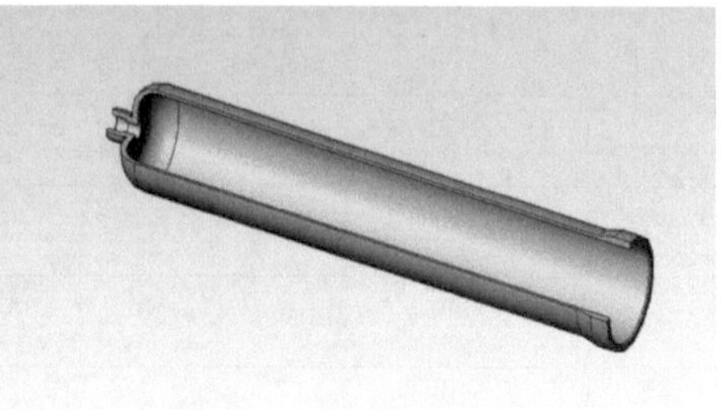

图6－67 燃烧室壳体

6）挂药支架组件

挂药支架组件由挂药支架、挂药销柱和卡药环组成，如图6－68所示。由挂药支架对四根粘有挂药销柱的药柱进行定位，挂药支架为金属加工件，挂药销柱为非金属件，与药柱内孔采用小锥角黏合。为保证药柱与挂药销柱的黏合质量，实际装配中是先将挂药销柱与药柱和卡药环黏结，待固化后再与燃烧室壳体嵌套进行装配，形成带四根药柱装药的单发燃烧室组件。

7）发动机后部结构

该发动机的后部结构与一般发动机有所不同，装药燃烧分别在各自的燃烧室内进行，燃烧后的燃气流入由后连接座端面到喷管收敛段的容腔内经挡药板排出。通过更换后连接座可组装不同的燃烧室和装药数量，用以调整推力和发动机推力冲量的大小来满足试验系统动态特性要求。发动机后部结构如图6－69所示。

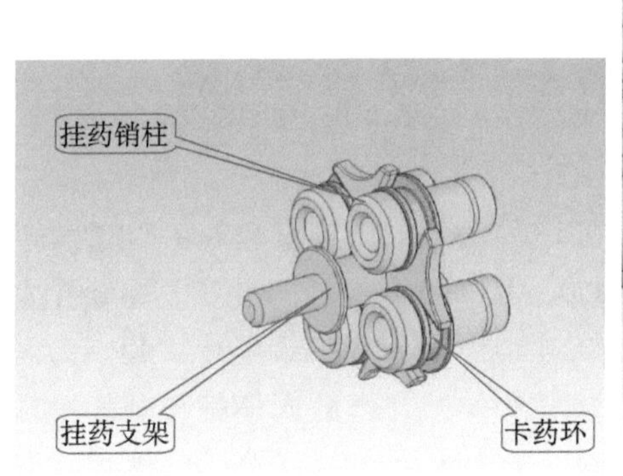

图6－68 挂药支架组件

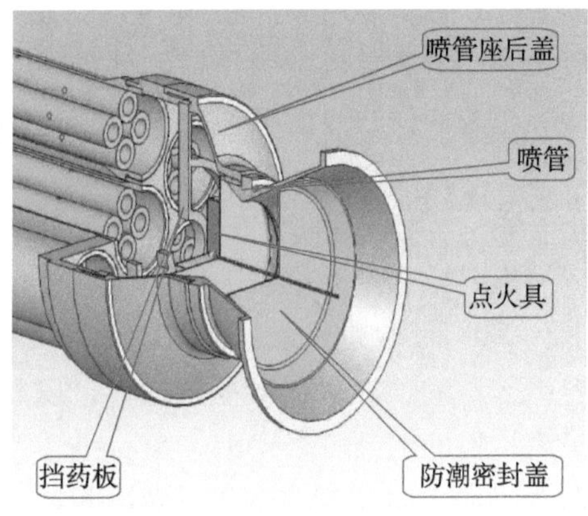

图6－69 发动机后部结构

8）装药药形及质量参数

药柱外径：22.5 mm；

药柱内径：13 mm；

药柱长度：315 mm；

药柱质量：0.142 kg；

药柱根数：28；

药柱总质量：4.0 kg。

9）结构参数

发动机外径：215 mm；

发动机总长：627 mm；

喷管喉径：90 mm。

2. 弹道参数

平均推力：89.6 kN；

推力冲量：9 kN·s；

工作时间：0.1 s。

3. 性能特点

（1）该发动机为短燃时大推力发动机，适合作为轨道滑行助推动力装置。发动机由多发相同燃烧室装药组件组成，通过调整燃烧室装药组件数量和喷管喉部面积，能方便获得所需不同动力推进特性的轨道滑行助推动力装置。

（2）发动机工作稳定、结构简单、装配使用方便、结构件可重复使用、成本低。

4. 工程应用

该轨道滑行助推动力装置是专为某型号导弹战斗部破甲威力地面模拟试验所设计，主要用于在模拟导弹动态飞行条件下试验导弹战斗部破甲威力。该助推动力装置也可用作辅助助推装置，试验导弹发动机喷出燃气羽流对制导或相关构件的热影响等。

6.3.8 120 mm 炮射导弹发动机

炮射导弹发动机是火炮发射导弹后的增程动力，应具有较高的抗过载性能，120 mm 火炮发射的导弹能承受 12 000 ~ 12 400 g 的轴向过载。在导弹发射出膛后的预定时间发动机工作，以其推进动力对导弹飞行进行增程。为满足炮发射的抗高过载要求，发动机结构及装药设计与一般固体推进剂发动机有所不同，如发动机燃烧室壳体和其他结构件的承载强度较高，强度设计裕度较大；装药常采用高抗压强度和高弹性模量的推进剂药柱，装药的缓冲设计较为严格，常采用较大燃层厚的药形，装药在燃烧室内的装填结构设计也要满足抗高过载的结构要求，对于装药与燃烧室内壁有间隙装填形式的装药，一般都设计有抗过载的扶正支撑结构等。

1. 结构组成

发动机由发动机空体、装药、点火具、点火固定套、装药支撑架和前后缓冲垫组成。120 mm 炮射导弹发动机如图 6－70 所示，其工程图如图 6－71 所示。

1）发动机空体

发动机空体由前封头、燃烧室壳体、喷管座、喷管和弹托等零件组成，均采用中碳合金钢经机械加工而成。前封头、喷管座与燃烧室壳体的连接均采用螺纹连接。炮发射有较大的过载力，燃烧室壳体厚度也较大，以使发动机空体的刚度满足要求。对于炮发射的导弹因需保证各结构件的刚度，常常增加设计裕度的设计，由此会引起结构质量加大，但同时也增加了导弹飞行的弹道系数，使结构质量增加所带来的不利影响也有所弥补。发动机空体结构如图 6－72 所示。

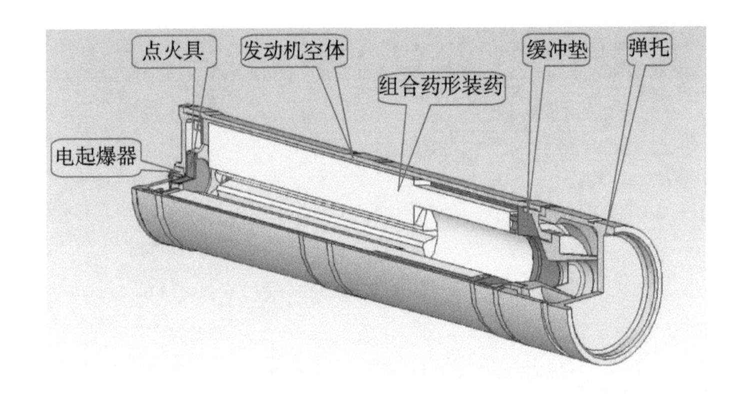

图 6－70　120 mm 炮射导弹发动机

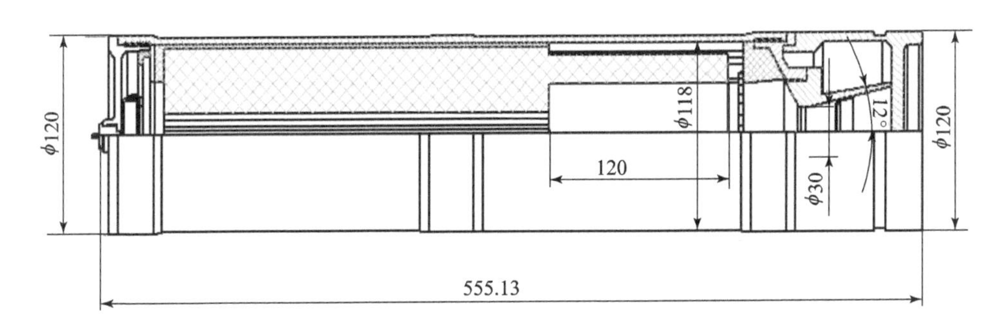

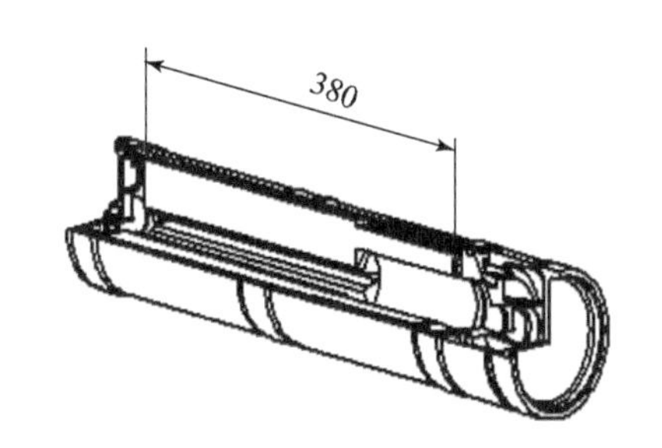

图 6－71　120 mm 炮射导弹发动机的工程图

2）发动机装药

装药采用抗压强度和弹性模量都较高的双基推进剂。药形为内外燃的管形和内孔为星形的组合药形，该装药属小推力比的双推力药形，星孔外侧面进行包覆。其装药结构适合对装药进行扶正支撑结构的设计，利于增加装药抗过载的性能。药柱选用改性双基推进剂，采用螺压工艺成形，内外燃管形药柱部分经车制而成。双推力组合药形装药如图 6－73 所示，组合装药药形参数如图 6－74 所示。

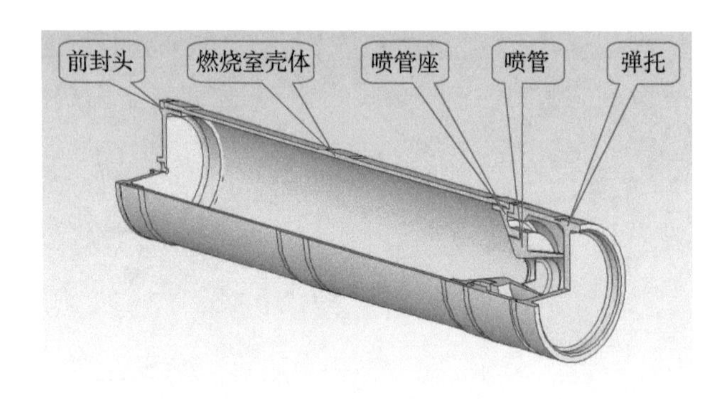

图 6－72　发动机空体结构

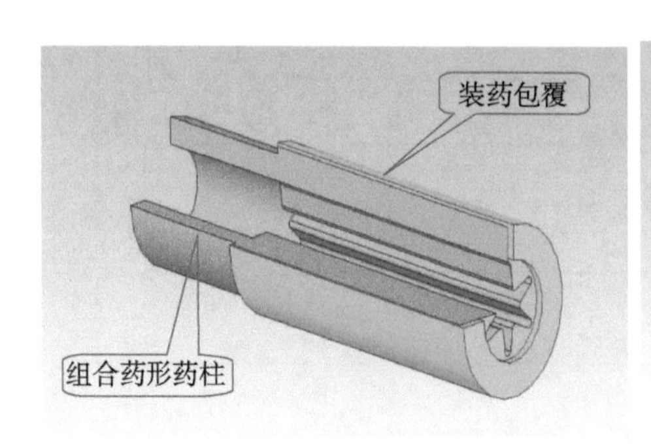

图 6－73　双推力组合药形装药

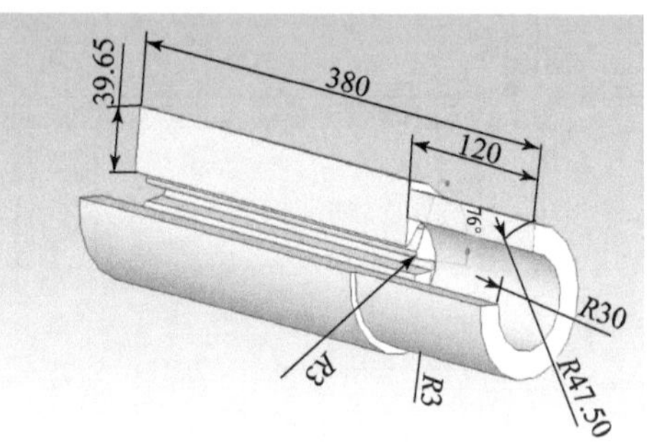

图 6－74　组合装药药形参数

3）发动机前部结构

前部结构给出点火具的安装与固定结构、装药前端的缓冲结构等。该发动机的点火具由钝感型电起爆器、内装黑火药的点火药盒组成，电起爆器能很好满足防静电、防射频等电气安全性要求，单独装在前封头上。点火药盒安装在点火具固定套（图 6－75）中。在导弹发射后的预定时刻，由电起爆器中的引燃药块点燃药盒中黑火药，点燃装药，发动机工作。发动机前部结构如图 6－76 所示。

图 6－75　点火具固定套

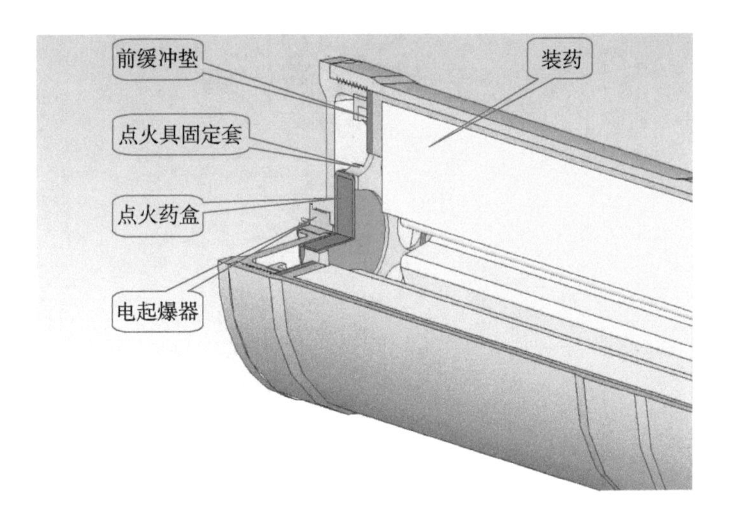

图6-76　发动机前部结构

4）发动机后部结构

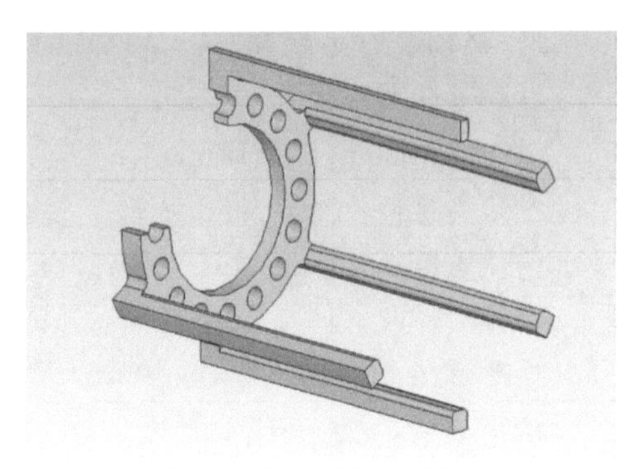

图6-77　装药支撑架

后部结构给出装药扶正支撑与缓冲结构、喷管座结构及与弹托的装配位置等。装药由支撑架支撑（图6-77），由硬橡胶垫对装药进行缓冲，以使装药满足炮发射导弹的高过载受力要求。

发动机后部结构如图6-78所示，喷管座组件如图6-79所示。

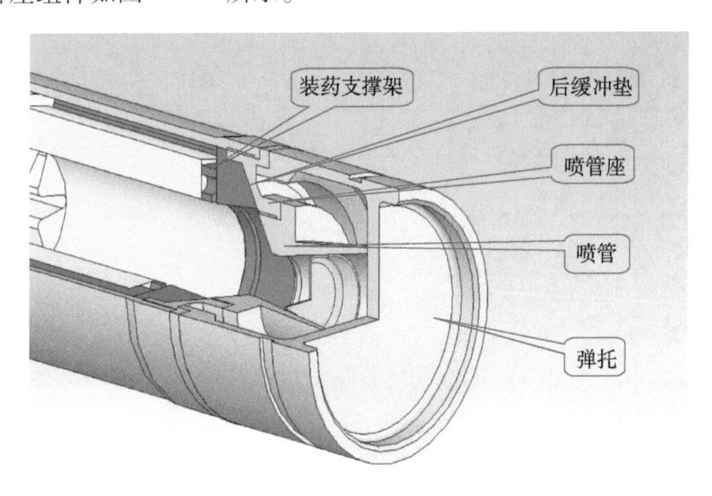

图6-78　发动机后部结构

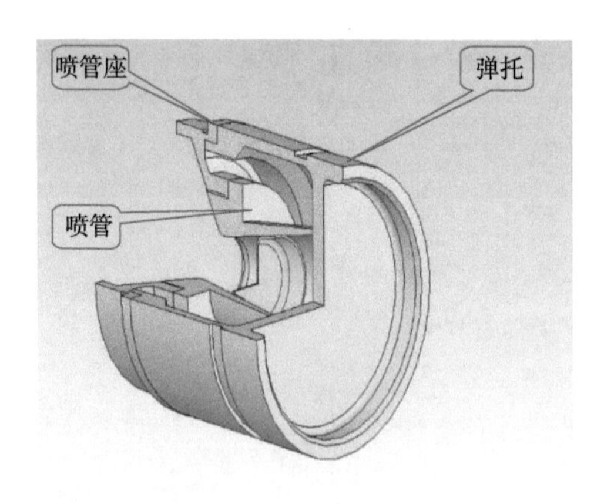

图6-79 喷管座组件

5）结构及质量参数

发动机最大外径：120 mm；

燃烧室壳体外径：118 mm；

发动机总长：555 mm；

药柱质量：4.1 kg；

喷管数：1；

喷喉直径：30 mm；

扩张半角：12°；

扩张比：1.8。

2. 弹道参数

第一级推力：9.8 kN；

第一级燃烧时间：0.36 s；

第二级推力：5.24 kN；

第一级燃烧时间：1.15 s；

总推力冲量：8.61 kN · s；

总工作时间：2.1 s。

3. 性能特点

（1）该发动机为炮射导弹发动机，承受的过载达到12 000 ~ 12 400 g，发动机结构简单紧凑，工作可靠性较高。

（2）采用小推力比的组合药形装药，增加了装填密度。药形结构有利于对装药的支撑与定位，有效增加了装药承受高过载的能力，发动机工作稳定可靠。

4. 工程应用

这种结构发动机可作为炮射导弹动力，已有类似结构发动机应用。

6.3.9　高速导弹发动机

设计高速飞行的导弹发动机，除需选用能量高的固体推进剂以外，大多在发动机设计中，采取高装填密度装药设计，通过增加装药量来保证发动机具有足够的推力冲量，以满足导弹高速飞行的需要。

近年来，单室多推力发动机的应用，也为导弹高速飞行提供一种有效的动力推进形式，这种类型发动机主要通过组合装药设计，实现用一台发动机为导弹连续提供发射、增速和续航等不同飞行段的推进动力；并通过尽量增加组合装药的续航级工作时间，使导弹在动力飞行段获得足够的飞行速度和射程。

为进一步提高这种单室多推力的推进效能，在组合装药续航级的端面燃烧药柱中，可采用嵌入金属丝的技术措施来增加端燃药柱的燃烧面积，很好地弥补了因目前所用续航推进剂燃烧速度低、续航级推力低的问题。

现以续航药柱镶金属丝双推力装药发动机为例，给出两种不同的装药结构和装填形式，并采用高装填密度装药设计措施，以满足导弹远程高速飞行的动力需求。

这种单室多推力的组合装药，可设计成整体装药和分立装药的不同形式，其中，常将增速级（第一级）设计成内孔燃烧药形，以较大燃烧面积和选用较高燃速的推进剂为大推力增速级具有足够的推力冲量提供技术保障；续航级（第二级）设计成镶有金属丝的端面燃烧药形，虽然端面燃烧药形的燃烧面积较小，续航级低压下工作使推进剂的燃速也较低，经采用镶入金属丝来增加燃烧面积，可有效增加续航级小推力段的推力；或者在保持续航级小推力条件下，用来增加增速级的推力冲量。这种镶金属丝的组合装药设计，对于中、小口径导弹发动机来说具有较好的应用价值。

6.3.9.1　120 mm 续航药柱镶金属丝整体式装药双推力发动机

该发动机为多种用途导弹发动机，采用双推力组合装药。第一级为内侧面燃烧药形，第二级为镶金属丝实心端面燃烧装药。该发动机可单独用作导弹的增速和续航飞行动力，也可在助推动力发射导弹后再作为飞行发动机给导弹飞行提供增速和续航飞行动力。由于该发动机可在要求的时间段提供不同的推进动力，扩大了这种类型发动机的使用范围。

为满足远程高速导弹发动机续航动力需求，采用在端面燃烧实心药柱中镶嵌四根银丝的技术措施，有效增大了续航级的燃烧面积，在规定时间内增加了发动机续航级推力。这种高装填密度装药设计很好满足了远程高速飞行导弹的动力推进要求。120 mm 续航药柱镶银丝双推力整体式装药发动机如图 6－80 所示，其工程图如图 6－81 所示。

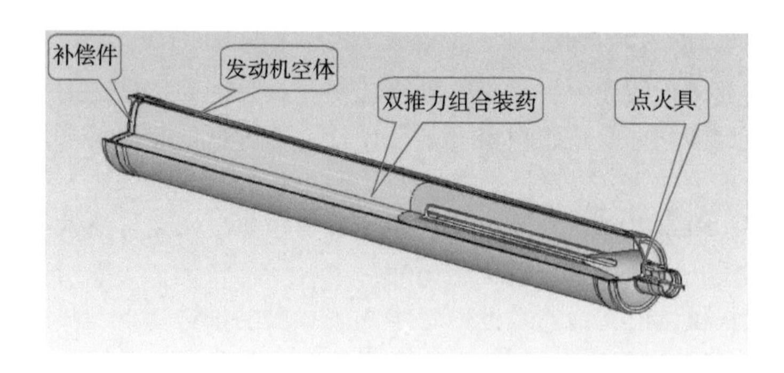

图 6－80　120 mm 续航药柱镶银丝双推力整体式装药发动机

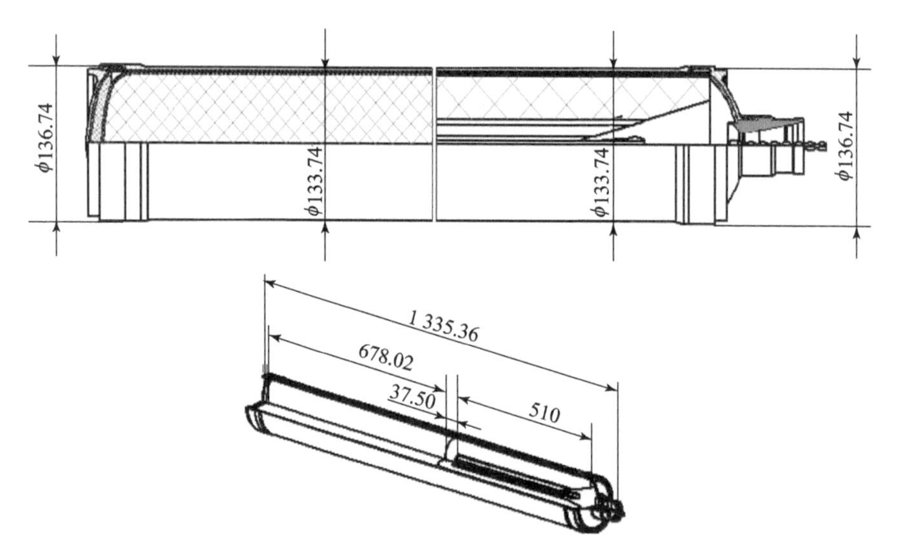

图 6－81　120 mm 续航药柱镶银丝双推力整体式装药发动机的工程图

1. 结构组成

发动机结构由发动机空体、双推力组合装药和点火具组成。发动机总长（L_p）：1 500 mm；药柱外径（D_p）：120 mm。

1）发动机空体

发动机空体由前封头组件、燃烧室组件、后盖组件和喷管组件组成。金属零件均采用中碳合金钢经机械加工而成，前封头、后盖与燃烧室壳体采用螺纹连接，内表面都衬有隔热层或隔热垫。发动机空体结构与通用固体推进剂发动机相同。发动机空体结构如图 6－82 所示。

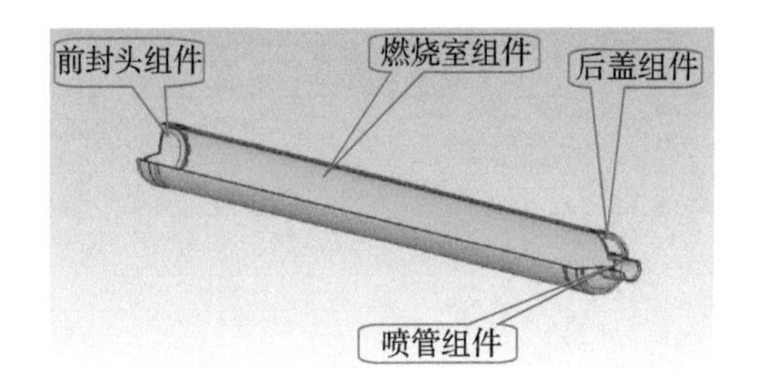

图6-82　发动机空体结构

2）发动机装药结构及药形参数

装药的增速级为内孔燃烧药形，续航级为端面燃烧药形并镶有四根0.2 mm直径的银丝。两级药柱均采用复合推进剂“先后间隔浇铸”工艺，并经一次固化成形。外侧面采用包覆层阻燃，采用自由装填形式。装药结构如图6-83所示，增速级内孔燃烧药柱药形参数如图6-84所示。

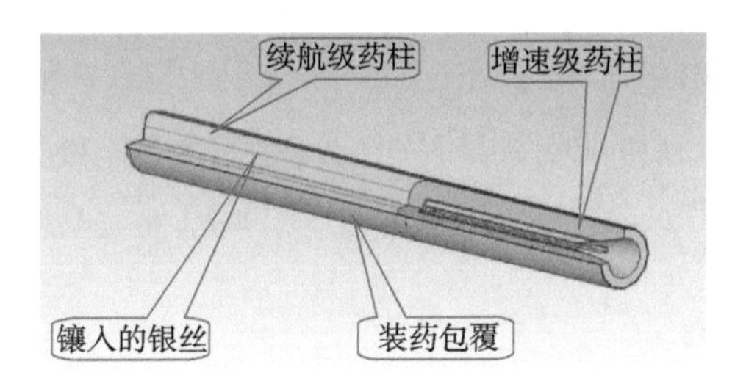

图6-83　装药结构

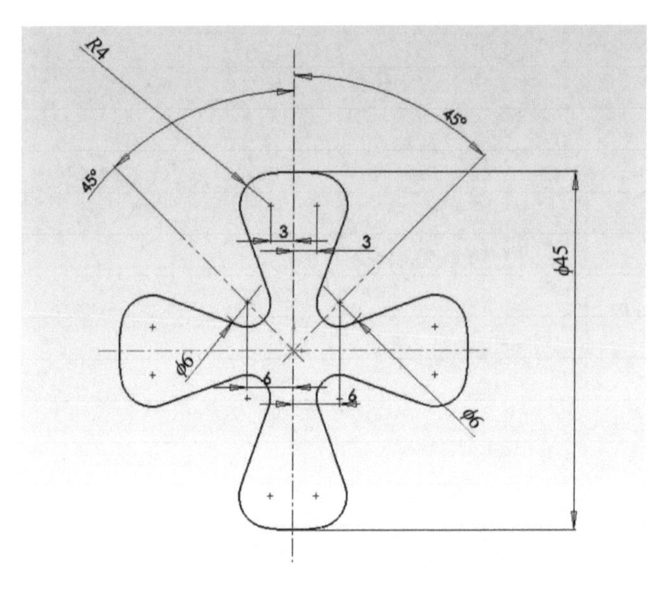

图6-84　增速级内孔燃烧药柱药形参数

3）装填参数

第一级：

初始燃烧面积：989.76 cm^2；

平均燃烧面积：1 134.69 cm^2；

药柱后端扩张锥半角：15°；

最大燃层厚度：3.75 cm；

四瓣花形内孔最大通气参量：92.5；

四瓣花形内孔出口处通气参量：19.5；

复合推进剂临界通气参量110，设计值小于临界值。

第二级：

工作段燃烧面积：400.57 cm^2；

镶银丝的燃烧锥面半角：11.31°；

启燃段燃层厚度：30 mm；

终燃段燃层厚度：150 mm。

4）发动机前部结构

前部结构给出发动机前封头组件与燃烧室壳体的连接结构、燃烧室前端的隔热密封结构、整体组合装药的补偿与缓冲结构等。发动机前部结构如图6－85所示。

5）发动机后部结构

后部结构给出后盖组件与燃烧室壳体的连接结构、喷管与后盖的装配结构及增速级装药、点火具的安装结构等，如图6－86所示。

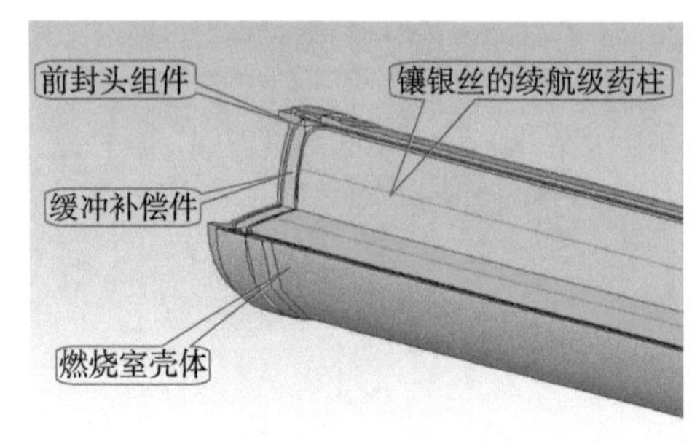

图6－85 发动机前部结构

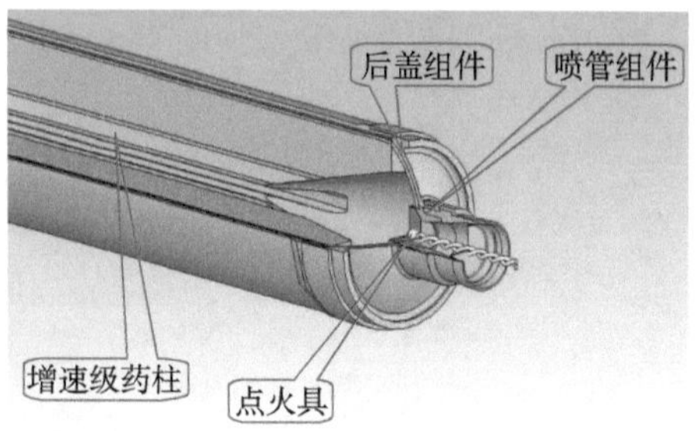

图6－86 发动机后部结构

2. 弹道参数

1）推进剂性能

第一级：

复合推进剂，比冲 I_{spz}：2.45(kN·s)/kg(＋20℃，12 MPa)；

燃速 u_z：2.0 cm/s（＋20℃，12 MPa）；

密度 r_p：1.75×10^{-3} kg/cm^3；
压强指数：0.4；
燃速公式：$u=0.741p^{0.4}$。
第二级：
复合推进剂，比冲 I_{spx}：2.3(kN·s)/kg(+20℃，3~4 MPa)；
燃速 u_x：1.4 cm/s；(+20℃，3~4 MPa)；
密度 r_p：1.75×10^{-3} kg/cm^3；
压强指数：0.3；
燃速公式：$u=0.93p^{0.3}$。
2）发动机性能
整体式双推力组合装药弹道性能如表 6-5 所示。

表 6-5　整体式双推力组合装药弹道性能

组合装药性能	设计结果		备注
	第一级	第二级	
平均推力/kN	11.45	2.93	
燃烧时间/s	1.375	12.5	
工作时间/s	1.5	15	
推力冲量/(kN·s)	20.23	31.2	未考虑余药损失
平均压强/MPa	12	3.5	
总推力冲量/(kN·s)	51.4		
喷喉面积/cm^2	6.36		喷喉直径 2.85 cm

3）装药结构质量参数
整体式组合装药结构质量参数如表 6-6 所示。

表 6-6　整体式组合装药结构质量参数

组合装药参数	花形-端燃药形参数		备注
	第一级	第二级	
装药外径/mm	124	124	
药柱外径/mm	120	120	
药柱长度/mm	521	700	
组合装药总长/mm	1 221		两级界面贴合后
药柱质量/kg	9.5	13.57	第一级含余药
平均燃面积/cm^2	1 334.69	520.65	
内孔深度/mm	510		
镶银丝根数		4	直径为 0.2 mm

4）第一级（增速级）分层燃烧图

第一级四瓣花形分层燃烧药柱及尺寸如图 6 – 87 所示。

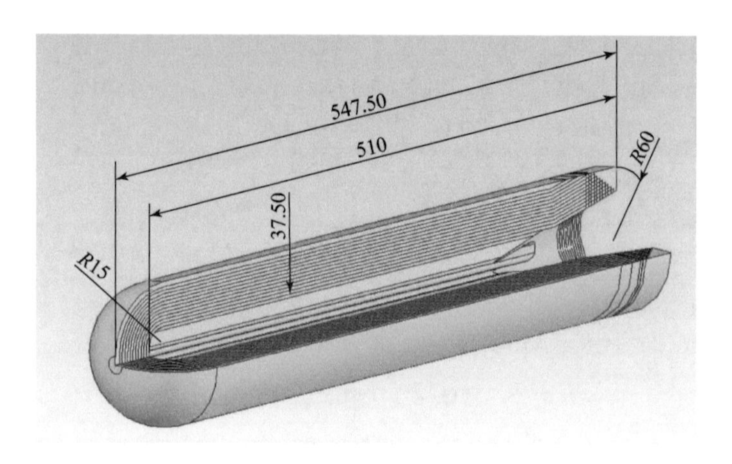

图 6 – 87　第一级四瓣花形分层燃烧药柱及尺寸

5）第二级（续航级）分层燃烧图

镶四根银丝端燃药柱分层燃烧药柱及尺寸如图 6 – 88 所示。

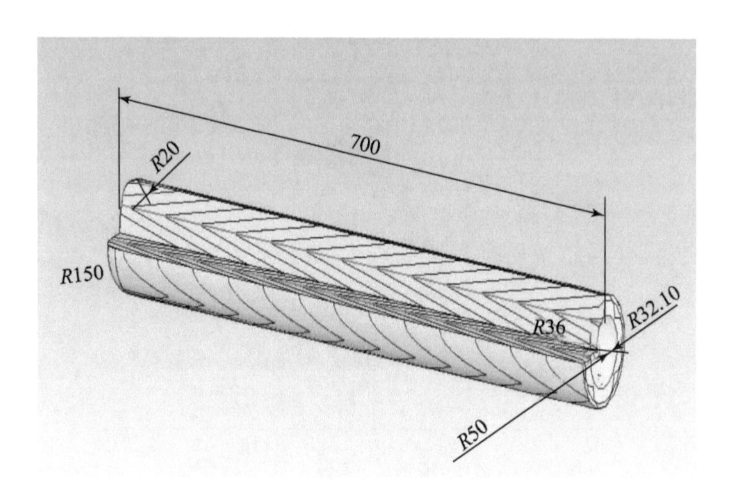

图 6 – 88　镶四根银丝端燃药柱分层燃烧药柱及尺寸

6）镶银丝双推力整体式组合装药燃面变化及弹道性能计算结果

整体式组合装药燃面变化及弹道性能如表 6 – 7 所示。

表6－7　整体式组合装药燃面变化及弹道性能

燃烧时间	燃层厚度	调整前			调整后		
		燃烧面积	压强	推力	燃烧面积	压强	推力
0	0	989.76	0	0	989.76	0	0
0.17	3	1 091.55	7.84	7.48	1 091.55	7.84	7.48
0.34	6	1 083.56	8.63	8.23	1 083.56	8.63	8.23
0.50	9	1 090.61	8.60	8.20	1 090.61	8.60	8.20
0.65	12	1 155.97	8.81	8.40	1 155.97	8.81	8.40
0.78	15	1 238.48	9.68	9.23	1 238.48	9.68	9.23
0.90	18	1 326.52	10.8	10.21	1 326.52	10.8	10.21
1.01	21	1 417.25	11.87	11.32	1 419.13	11.87	11.32
1.13	24	1 509.44	13.07	12.47	1 420.78	13.09	12.48
1.23	27	1 589.17	14.49	13.82	1 435.36	13.11	12.51
1.33	30	1 648.19	15.70	15.00	1 450.89	13.26	12.65
1.42	33	1 706.31	16.79	16.02	1 453.16	13.74	13.11
1.56	36	1 504.11	17.81	17.00	1 431.23	13.80	13.17
1.99	41	322.15	15.10	14.41	551.13	13.57	12.95
2.80	51	341.16	1.81	1.73	550.56	3.87	3.69
3.62	61	475.51	2.04	1.69	561.45	3.86	3.19
4.31	71	547.57	3.18	2.63	562.19	3.96	3.27
4.99	81	576.72	3.88	3.21	576.72	3.97	3.28
5.67	91	576.69	4.06	3.36	576.69	4.06	3.36
6.36	101	576.7	4.05	3.35	576.7	4.05	3.35
7.04	111	576.72	4.06	3.36	576.72	4.06	3.36
7.73	121	576.72	4.06	3.36	576.72	4.06	3.36
8.41	131	576.72	4.06	3.36	576.72	4.06	3.36
9.10	141	576.72	4.06	3.36	576.72	4.06	3.36
9.78	151	576.72	4.06	3.36	576.72	4.06	3.36
10.47	161	576.72	4.06	3.36	576.72	4.06	3.36
11.15	171	576.72	4.06	3.36	576.72	4.06	3.36

续表

燃烧时间	燃层厚度	调整前			调整后		
		燃烧面积	压强	推力	燃烧面积	压强	推力
11.85	181	531.13	4.06	3.36	531.13	4.06	3.36
12.65	191	348.76	3.68	3.04	348.76	3.68	3.04
13.0	201	301.12	2.11	1.74	301.12	2.11	1.74
13.5			0	0		0	0
平均燃烧面积（增速/续航）		1 333.69/520.65			1 375.92/554.75		

注：燃层厚度单位为 mm；燃烧时间单位为 s；燃烧面积单位为 cm^2；压强单位为 MPa；推力单位为 kN。

（1）增速－续航两级药柱燃烧面积随燃层厚度变化曲线如图 6－89 所示。

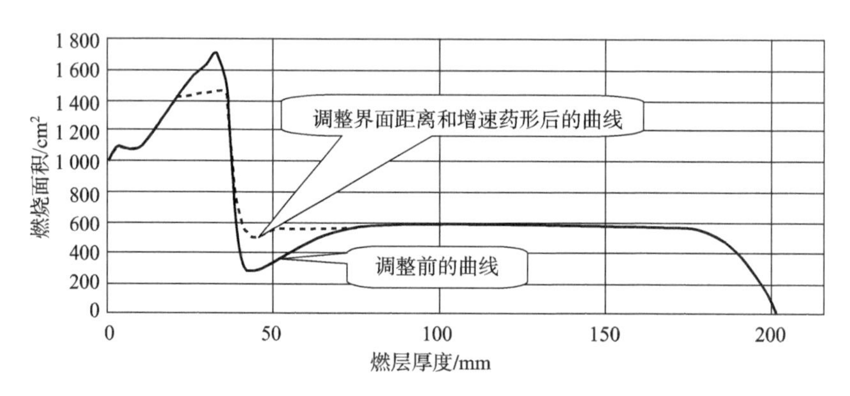

图 6－89 增速－续航两级药柱燃烧面积随燃层厚度变化曲线

（2）调整前后压强随燃烧时间变化曲线如图 6－90 所示。

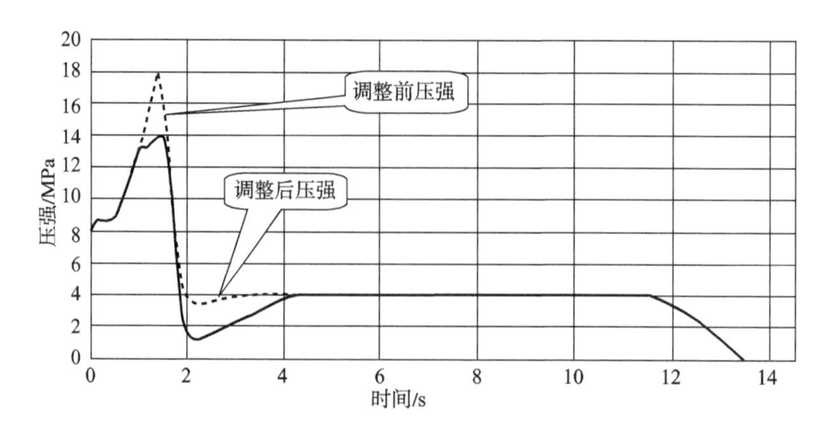

图 6－90 调整前后压强随燃烧时间变化曲线

3. 性能特点

该发动机为固体推进剂单室双推力发动机，与一般单室双推力发动机相比，该发动机的续航级药柱内采用了镶嵌四根金属丝的技术，通过金属丝快速烧熔的特性，在续航药柱燃烧中形成锥形燃烧面，从而增大了端燃药柱的燃烧面积，弥补低压下工作续航级推进剂燃速较低的不足，大大改善了发动机的推进效能，扩大了这类多推力发动机的使用范围。

4. 应用分析

1）镶金属丝端燃药柱的选用

根据导弹飞行需要，常要求动力推进系统提供能长时间巡航飞行的动力。一般在固体推进剂动力推进系统设计中，多采用端面燃烧装药的发动机来满足这种动力需求。其优点是结构简单、紧凑，装填密度高。这种端面燃烧装药可单独用于导弹的续航发动机，也可作为多级推力发动机的续航级装药。由于受到端面燃烧装药燃烧面积的限制，其燃烧面积小；又受到固体推进剂低压下工作燃烧性能的限制，燃速较低。这就使续航发动机为导弹巡航飞行提供的推力较小，有时不能满足导弹飞行动力的需要。

采用在端面燃烧实心药柱中镶入金属丝的技术措施，能成倍增加药柱端面燃烧的燃烧面积，在续航工作压强较小的燃烧条件下，能有效增加续航发动机的推力，很好地弥补了当前推进剂燃速低而使得续航推力小的问题，扩大了端面燃烧长时间续航装药的应用范围。现装备的高速飞行导弹中，采用镶金属丝端面燃烧装药用于长时间续航动力的导弹发动机在国内外都有应用。

2）镶金属丝端燃药柱提高发动机推力的机理

在镶有金属丝的端燃药柱燃烧时，由于金属丝比推进剂药柱具有更高的导热性，高温燃气的热量沿金属丝迅速向药柱深部传入，金属丝附近的推进剂被加热点燃，高的燃烧温度使裸露的金属丝端点熔化燃烧，形成向推进剂药柱深层燃烧的“推移点”，这样，由金属丝燃烧向药柱深层按推移速度燃烧的“推移点”和由推进剂燃烧速度向外燃烧的燃烧面形成一个燃烧锥面。由于金属丝燃烧向药柱深层推移速度远大于推进剂本身的燃烧速度，也使得这个燃烧锥面面积远大于药柱的原始端面面积，从而大大提高了端面燃烧装药发动机的推力。将镶金属丝端燃药柱燃烧中锥形燃烧面形成过程以三维图的形式表示在图 6 - 88 中。

试验结果表明，镶金属丝后端燃药柱燃烧面形状迅速发生改变，由端面燃烧变为一个或多个锥面燃烧，燃烧面积也随着增加。影响燃烧面积增加的因素较多，主要有：

（1）镶入金属丝的种类不同，金属丝的导热系数、熔点等也不同，金属丝燃烧向药柱深层推移速度也就不同。相同直径的金属丝在相同推进剂燃烧的工作环境下，银丝的燃烧推移速度最大，其次是铜丝、铝丝、康铜丝等。

（2）推进剂种类不同，其能量、燃速、燃烧温度、燃气成分等也不相同。燃速高，能量高，燃烧温度高的浇铸成形复合推进剂，金属丝燃烧推移速度大。

（3）燃烧压强较高也使推进剂本身的燃速较高，金属丝燃烧推移速度也随着增大。另外，金属丝直径不同，金属丝的表面状况不同，也都影响金属丝燃烧推移速度的大小。

3）镶金属丝端燃药柱双推力组合装药发动机的应用价值

根据导弹飞行弹道的需要，常采用单室双推力或单室三推力发动机为导弹飞行提供发射、续航飞行动力，或提供发射、增速和续航飞行动力。为提高导弹的飞行性能，设计上要保证续航级在较低的燃烧室压强下能满足导弹巡航飞行时克服飞行阻力和导弹重力分量的续航级推力要求。镶金属丝端燃药柱双推力组合装药发动机的应用，能很好满足高速飞行导弹的这种动力需求。

（1）可提高发射和增速级推力冲量。

根据组合装药设计理论，低压下续航级推进剂的燃速越高，燃烧面积越大，越有利于将组合装药的发射或增速级设计成有较高推力冲量的装药，使导弹飞行到增速段末端时有较高的飞行速度。

由续航级推力公式 $F_{\mathrm{cpx}}=I_{\mathrm{spx}}\times\rho_{\mathrm{px}}\times u_{\mathrm{x}}\times S_{\mathrm{bx}}$ 可得出，u_{x} 越高，S_{bx} 越大，F_{cpx} 值越大。由 $A_t=F_{\mathrm{cpx}}/(C_{\mathrm{Fx}}\times p_{\mathrm{x}})$ 关系式知，在确定的燃烧压强较低时，各级药柱燃烧共用喷管的喷喉面积 A_t 就越大。又由 $F_{\mathrm{cpF}}=C_{\mathrm{FF}}\times p_{\mathrm{F}}\times A_t$ 可得，在确定发射级合适的燃烧室压强下，较大的喷喉面积就能设计出较高的发射级推力，这同样也使增速级的推力加大，在要求的工作时间范围内可使这两级的推力冲量增加。

上述分析式中，注脚“x”和“F”分别表示续航级和发射级参数。目前技术水平在 4 ~5 MPa 下，可用于续航级复合推进剂的燃速最大可达到 15 ~ 20 mm/s，这对于高速飞行导弹的巡航动力需求来说还不能满足要求。而采用镶金属丝端燃装药，可有效增加续航级药柱的燃烧面积，在满足续航级推力的条件下可有效增加发射（或增速）级的推进效能。

（2）保证续航级装药有足够的推力冲量。

在导弹飞行的巡航段，以长时间工作续航级的大装药量，为导弹飞行提供长时间的巡航动力用来克服飞行阻力和导弹的重力，并在低加速度下保持较高的速度飞行就可以大大减少无动力飞行时间，提高平均飞行速度，实现远程高速飞行。

根据齐奥可夫最大速度公式，可分析和估算导弹无控飞行的最大速度：

$$V_m = I_{SP} \times g \times Ln[Q_0/(Q_0 - W_P)]$$

式中，V_m 为导弹飞行最大速度；I_{SP}为发动机比冲；g 为重力加速度；Q_0 为导弹总质量；W_P 为装药推进剂总质量。

由上式可见，通过高装填密度装药设计，当实现多推力装药的发射与增速两级大装药量设计后，根据最大速度公式进行分析可使导弹飞行达到较大的飞行速度；从增速段过渡到续航段飞行后，实心端燃药柱燃烧产生续航级推力，继续保持或略有增加增速级末所获得的飞行速度，并且通过增加续航药柱长度，即增加续航级药柱质量来增加导弹动力飞行时间，就可长时间保持导弹在较高速度下飞行，达到导弹远程高速飞行的目的。

4）镶金属丝药柱的燃烧过程

由于镶入药柱内的金属丝也参与燃烧，并按较高的烧熔速度向药柱深层燃烧推进，使得端燃药柱按照增面起始燃烧、恒面燃烧和减面终止燃烧三个阶段燃烧。图6－91所示为镶金属丝端燃药柱起始燃烧过程分解图。镶金属丝续航药柱燃终时燃面变化如图6－92所示。

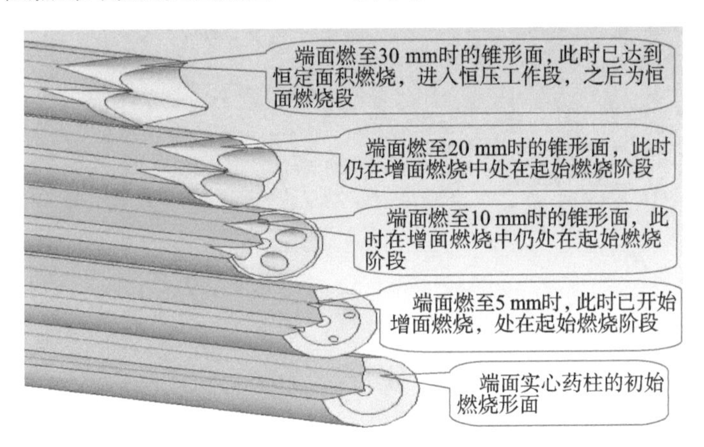

图6－91 镶金属丝端燃药柱起始燃烧过程分解图

5）镶金属丝根数的确定

镶金属丝药柱恒面燃烧面积不随金属丝的根数改变，只是镶入金属丝的根数多少、药柱起始燃烧时间和终止燃烧时间的长短不同，金属丝的根数越多，起始燃烧时间和终止燃烧时间越短。镶入金属丝的根数可根据发动机弹道性能和对内弹道曲线变化的要求来确定。

现通过三维图解计算的方法，给出镶不同根数金属丝的同直径药柱的恒面燃烧阶段的燃烧面积，其燃烧面积是相同的。镶1～6根金属丝端燃药柱恒面燃烧时的燃烧形面如图6－93～图6－96所示。

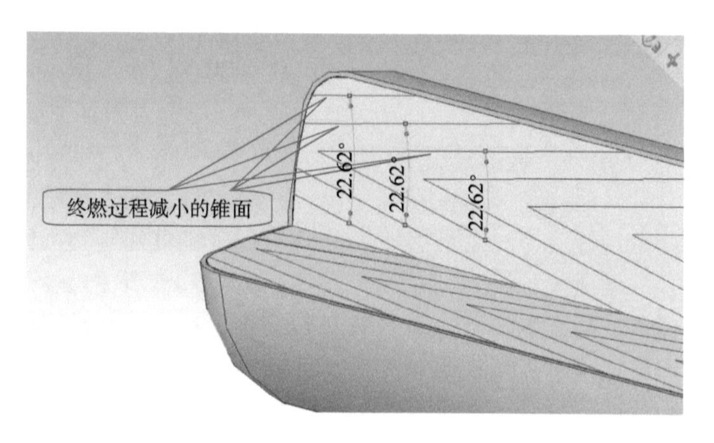

图 6-92　镶金属丝续航药柱燃终时燃面变化

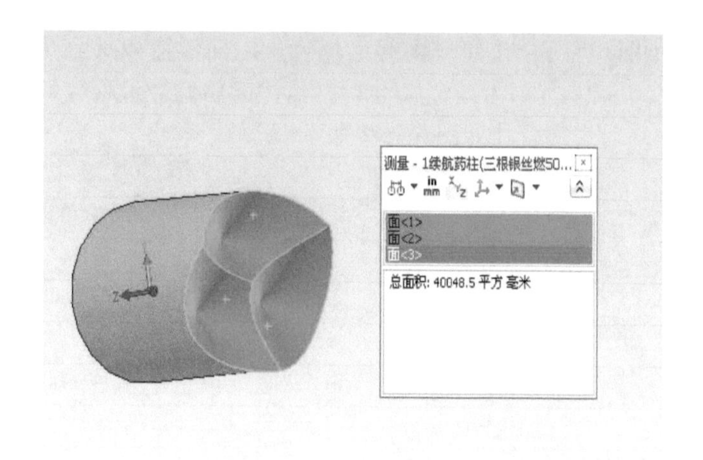

图 6-93　镶 3 根金属丝端燃药柱恒面燃烧时的燃烧形面

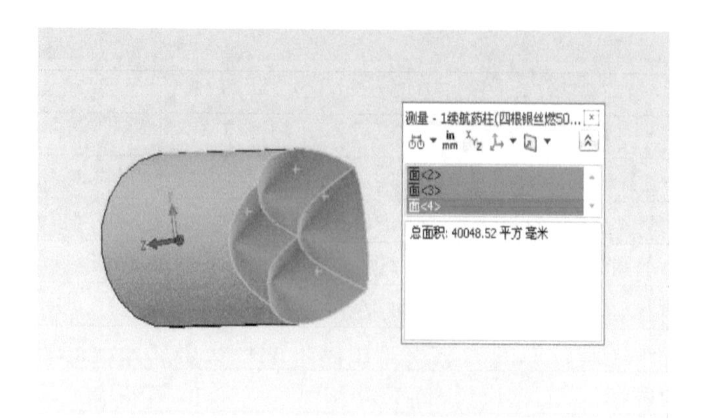

图 6-94　镶 4 根金属丝端燃药柱恒面燃烧时的燃烧形面

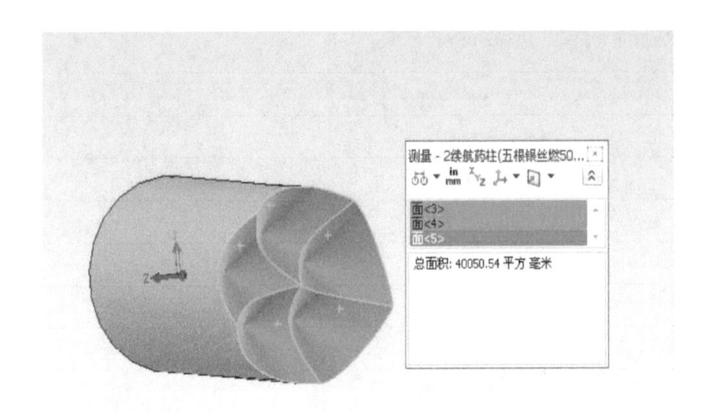

图 6－95　镶 5 根金属丝端燃药柱恒面燃烧时的燃烧形面

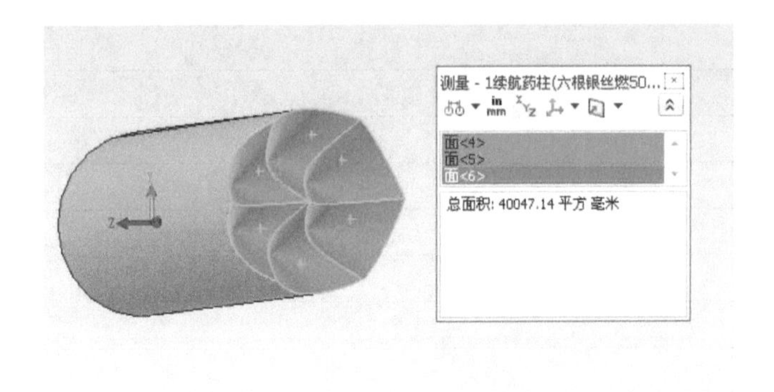

图 6－96　镶 6 根金属丝端燃药柱恒面燃烧时的燃烧形面

6）镶金属丝药柱燃烧面燃烧推移的方向

燃烧面燃烧推移方向垂直于各锥形燃烧面的母线；推移速度等于推进剂的燃速。各金属丝燃烧消熔方向与药柱轴向平行；金属丝烧熔速度与金属丝种类，与推进剂燃速、金属丝涂层及涂层种类等因素有关。镶 4 根金属丝端燃药柱恒面燃烧时的燃烧形面如图 6－97 所示。

7）镶金属丝药柱的燃烧面积计算

镶金属丝药柱的燃烧面积大小由锥面角反正弦 arcsin（u_1/u_2）（式中，u_1 为推进剂燃速；u_2 为金属丝熔速）和药柱直径决定。其恒面燃烧段的燃烧面积为单锥侧面积，如图 6－98 所示。按该续航级装药尺寸，燃烧锥面的锥面角为 $\theta=\arcsin(u_1/u_2)=11.31°$。计算的燃烧面积为 400.47 cm^2。所用推进剂的燃速不同形成这一燃烧锥面的面积也不相同。

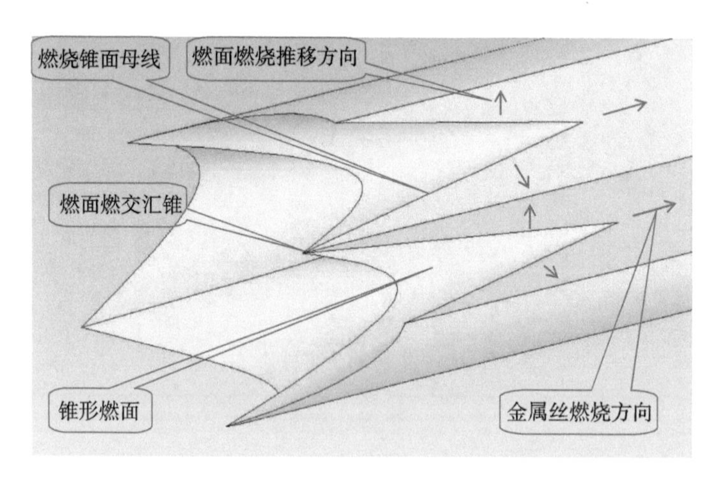

图 6-97 镶 4 根金属丝端燃药柱恒面燃烧时的燃烧形面

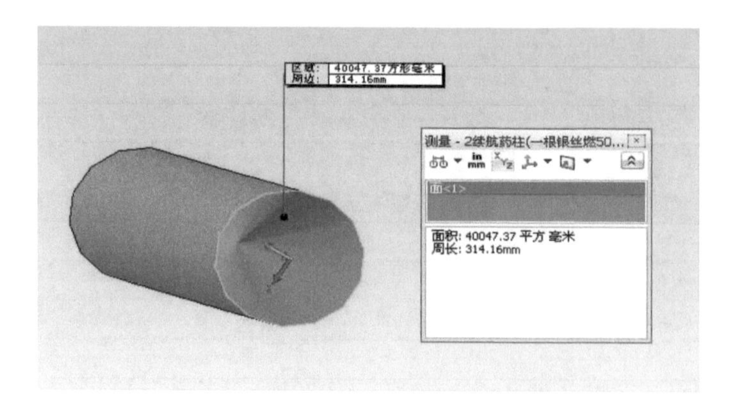

图 6-98 镶金属丝药柱的燃烧面积计算图

6.3.9.2 120 mm 续航药柱镶金属丝分立式装药双推力发动机

有的高速导弹在飞行初始段或发射时，要求第一级工作时发动机排出烟雾要少，设计时可将这一级装药所用的复合推进剂改为少烟的改性双基推进剂；两级装药采用分别组装的装填形式，形成分立式组合双推力装药发动机，使排出的烟雾大大减少，扩大了这种多推力组合装药发动机的应用范围。120 mm 分立式双推力组合装药发动机如图 6-99 所示，其工程图如图 6-100 所示。

1. 结构组成

发动机结构由发动机空体、增速级装药、镶四根银丝的续航装药和中间点火具等零部件组成。

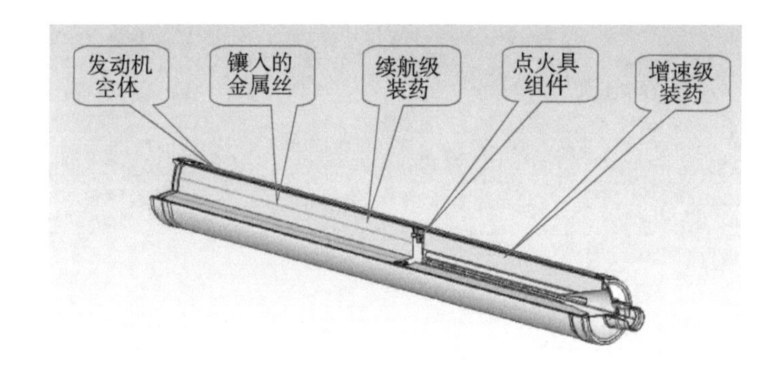

图6－99　120 mm分立式双推力组合装药发动机

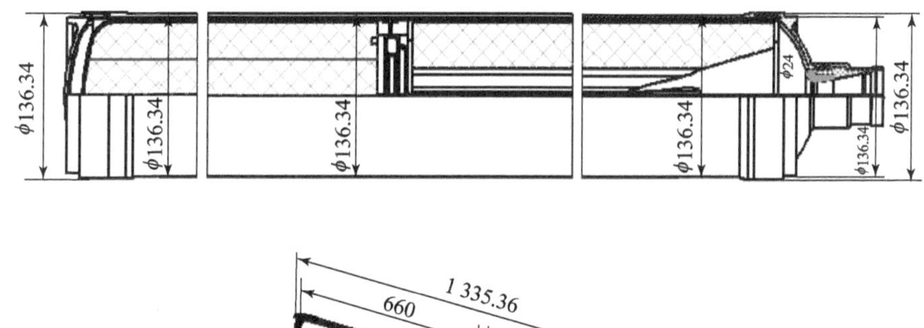

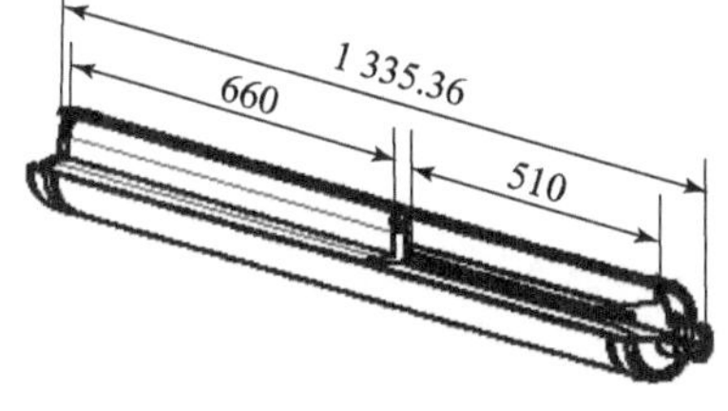

图6－100　120 mm分立式双推力组合装药发动机的工程图

1）发动机空体

该设计实例的发动机空体与120 mm整体式装药发动机相同，其结构如图6－82所示。

2）增速级装药结构

该发动机采用分立式双推力组合装药，如图6－101所示。其中增速级装药药形及药形参数与整体式组合装药中的增速级相同，如图6－84所示。

3）续航级装药结构

续航级药柱为实心端燃药柱，为满足续航级大推力要求，采用在药柱中镶入四根银丝的技术措施，有效增大了药柱的燃烧面积，从而增大了续航级的推力。续航级装药直径、镶入银丝的根数与位置也与整体式组合装药中的续航级药柱相同，只是采用的装填方式不同。

分立式续航级装药结构如图6－102所示。

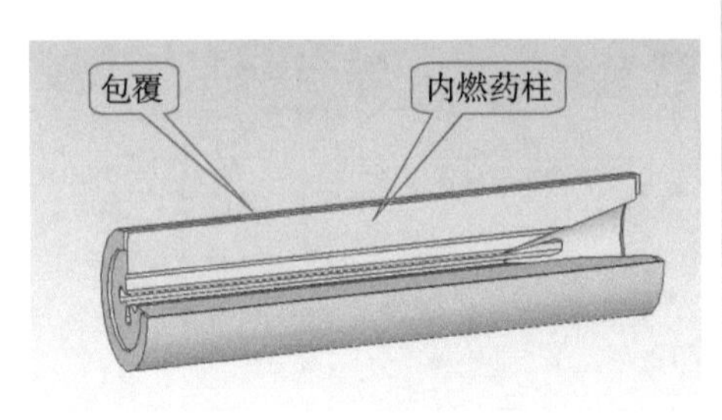

图6－101　分立式增速级装药结构

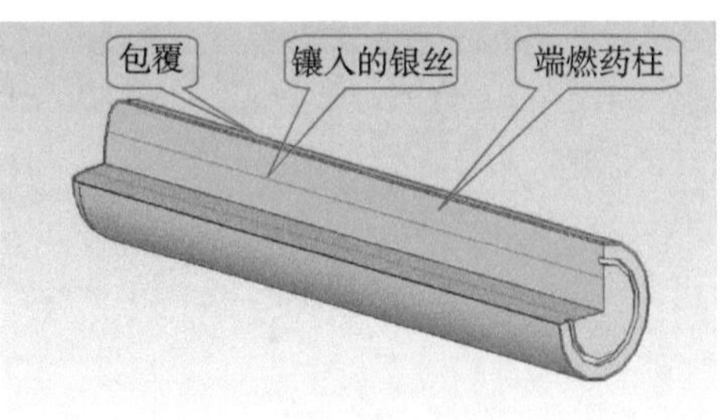

图6－102　分立式续航级装药结构

4）中间点火具

该发动机在增速级和续航级装药中间设置点火具，有利于装药各燃烧面被点燃的一致性，发动机的启动性能较好，中间点火具组件如图6－103所示。

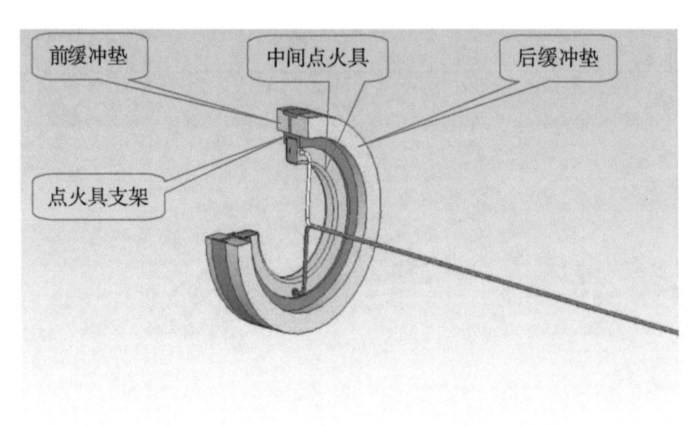

图6－103　中间点火具组件

5）发动机中部结构

发动机中部结构给出两级装药分立式装填结构、中间点火具组件的安装位置与结构，如图6－104所示。

6）装填参数

第一级：

初始燃烧面积：892.1 cm^2；

平均燃烧面积：1 131.6 cm^2；

最小燃层厚度：27.5 mm；

四瓣花形内孔最大通气参量：95；

四瓣花形内孔出口处通气参量：20.2；

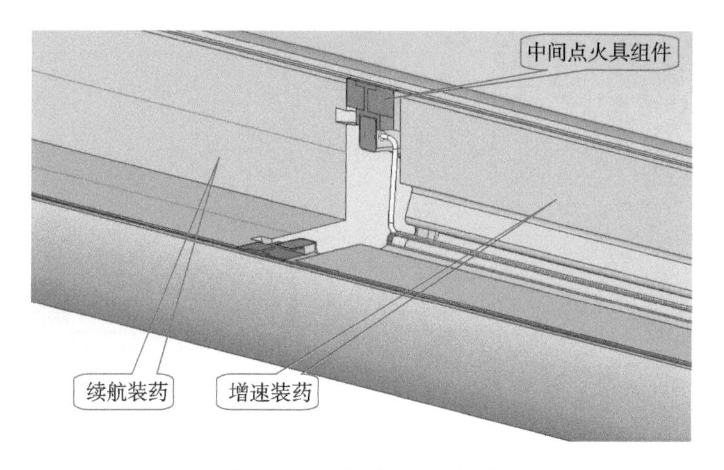

图6-104　发动机中部结构

改性双基推进剂的临界通气参量为110，设计值小于临界值。

第二级：

工作段燃烧面积、燃烧锥面半角、启燃段燃层厚度和终燃段燃层厚度均与整体式组合装药相同。

2. 弹道参数

1） 推进剂性能

第一级：

改性双基推进剂，比冲 I_{spz}：2.3 (kN·s)/kg（+20℃，10 MPa）;

燃速 u_z：1.5 cm/s（+20℃，10 MPa）;

密度 r_p：1.68×10^{-3} kg/cm^3;

压强指数：0.35;

燃速公式：$u=0.67p^{0.35}$。

第二级：

复合推进剂，比冲 I_{spx}：2.3 (kN·s)/kg（+20℃，3 MPa）;

燃速 u_x：1.4 cm/s（+20℃，3 MPa）;

密度 r_p：1.75×10^{-3} kg/cm^3;

压强指数：0.3;

燃速公式：$u=0.924p^{0.3}$。

续航药柱在增速级高压段燃烧时，续航级推进剂的燃速 u_{xz}：1.8 cm/s;

燃速公式：$u=0.842p^{0.33}$。

2） 发动机性能

表6-8所示为分立式双推力组合装药弹道性能。

表 6-8 分立式双推力组合装药弹道性能

组合装药性能	设计结果		备注
	第一级	第二级	
平均推力/kN	9.47	2.54	
燃烧时间/s	2.5	11.7	设计值为工作时间
推力冲量/(kN·s)	27.13	20.9	未考虑余药损失
平均压强/MPa	10	3.1	
总推力冲量/(kN·s)	35		
总工作时间/s	14.3		喷喉面积：6.31 cm^2

3）装药结构质量参数

表 6-9 所示为分立式组合装药结构质量参数。

表 6-9 分立式组合装药结构质量参数

组合装药参数	花形-端燃药形参数及性能		备注
	第一级	第二级	
装药外径/mm	124	124	
药柱外径/mm	120	120	
药柱长度/mm	521	710	
组合装药总长/mm	1 221		两级界面贴合后
药柱质量/kg	13.3	8.7	第一级含余药
平均燃面/cm^2	1 633.55	436.14	续航级为恒面段平均燃面
燃层厚度/mm	37.5	200	金属丝直径为 0.2 mm，根数：4

4）内弹道计算结果

按三维图形法计算两级装药燃烧面积随燃层厚度变化的逐点数据和变化曲线，再根据所选推进剂性能采用迭代方法，计算燃烧室压强和推力随时间变化的逐点数据和曲线。第一级（增速级）和第二级（续航级）装药分层燃烧图如图 6-105 和图 6-106 所示。

装药药柱后端带有锥形燃烧面，用以减小初始通气参量，使燃烧面积随燃层厚度变化的平直性更好。

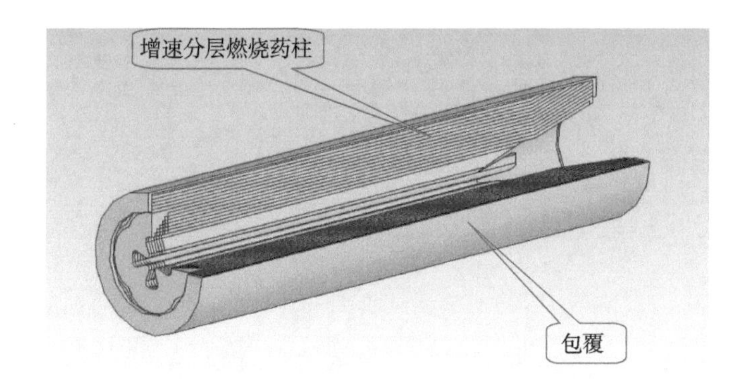

图6-105　第一级四瓣花形药柱分层燃烧图

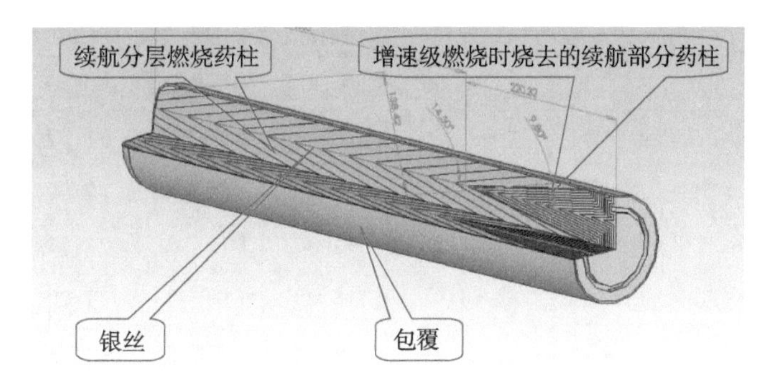

图6-106　续航级镶四根银丝端燃药柱分层燃烧装药

药柱端面开有环形沟槽，用于弥补镶金属丝药柱初始燃烧时增面燃烧所引起的初始燃烧面积小的特性，以增加初始燃烧面积，改善初始燃烧面积变化的平直性。

如图6-106所示，续航级镶四根银丝端燃药柱分层燃烧装药，给出分立式续航级药柱在增速级燃烧时，被烧掉的续航级部分药柱，这部分药柱按照增速级压强下的续航级推进剂燃速，沿垂直于燃烧锥面向外燃烧；镶入的银丝按增倍烧熔的速度沿轴向向后端燃烧。垂直于燃烧锥面向外燃烧的总厚度决定了续航级燃烧时间，该尺寸为138.42 mm；银丝按增倍烧熔的速度沿轴向向后端燃烧的距离为确定的续航药柱燃烧总长度，该尺寸为456.65 mm。

5）增速-续航两级药柱燃烧面积、压强和推力变化逐点数据

增速-续航两级药柱燃烧面积、压强和推力变化逐点数据的计算结果如表6-10所示。其中，增速级燃烧面积已包括了在增速级燃烧时烧掉续航级部分药柱的燃烧面积。

表 6-10 分立式组合装药燃烧面积及弹道参数逐点数据

燃烧时间	燃层厚度	调整前			调整后		
		燃烧面积	压强	推力	燃烧面积	压强	推力
0	0	1 350.2	0	0	1 350.2	0	0
0.22	3	1 345.9	7.47	6.84	1 345.9	7.47	6.84
0.45	6	1 300.3	7.43	6.80	1 300.3	7.43	6.80
0.67	9	1 285.12	7.10	6.50	1 285.12	7.10	6.50
0.89	12	1 343.09	7.07	6.47	1 343.09	7.07	6.47
1.10	15	1 458.18	7.60	7.00	1 458.18	7.60	7.00
1.30	18	1 585.52	8.91	8.61	1 585.52	8.91	8.61
1.50	21	1 750.22	9.66	8.84	1 750.22	9.66	8.84
1.69	24	1 858.31	10.05	9.30	1 858.31	10.05	9.30
1.88	27	1 956.37	11.96	10.91	1 900.66	11.92	10.91
2.06	30	2 048.49	13.07	11.96	1 965.42	12.97	11.87
2.24	33	2 128.71	14.06	12.87	1 935.22	12.51	11.84
2.41	36	2 199.58	14.92	13.65	1 916.23	11.90	10.89
2.59	37.5	1 876.74	15.74	14.40	1 875.36	11.31	10.34
3.30	47.5	455.5	3.81	3.13	455.5	3.81	3.13
4.01	57.5	451.7	3.14	2.58	451.7	3.14	2.58
4.73	67.5	451.7	3.11	2.55	451.7	3.11	2.55
5.44	77.5	451.7	3.11	2.55	451.7	3.11	2.55
6.16	87.5	451.7	3.11	2.55	451.7	3.11	2.55
6.87	97.5	451.7	3.11	2.55	451.7	3.11	2.55
7.59	107.5	451.5	3.11	2.55	451.5	3.11	2.55
8.30	117.5	451.5	3.10	2.54	451.5	3.10	2.54
9.01	127.5	451.5	3.10	2.54	451.5	3.10	2.54
9.73	137.5	451.5	3.10	2.54	451.5	3.10	2.54
10.44	147.5	451.7	3.10	2.54	451.7	3.10	2.54
11.16	157.5	451.7	3.11	2.55	451.7	3.11	2.55
11.87	167.5	451.7	3.11	2.55	451.7	3.11	2.55

续表

燃烧时间	燃层厚度	调整前			调整后		
		燃烧面积	压强	推力	燃烧面积	压强	推力
12.64	177.5	410.5	3.11	2.55	410.5	3.11	2.55
13.47	187.5	256.5	2.74	2.25	256.5	2.74	2.25
13.21	197.5	143.1	1.50	1.23	0	1.50	1.23
14.30			0	0		0	0
平均燃烧面积（增速/续航）		1 677.62/436.14			1 633.55/436.14		

注：燃层厚度单位为 mm；燃烧时间单位为 s；燃烧面积单位为 cm^2；压强单位为 MPa；推力单位为 kN。

6）增速－续航两级药柱燃烧面积变化的调整

分立式增速－续航两级药柱混合燃烧时，对燃烧面积调整前后的曲线如图 6－107 所示。

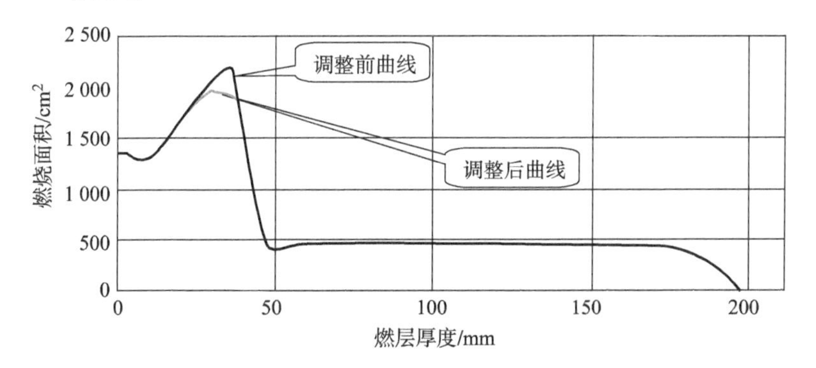

图 6－107　分立式增速－续航两级装药燃烧面积调整前后的曲线

7）燃烧室压强随时间变化曲线

分立式增速－续航两级燃烧室压强随燃烧时间变化曲线如图 6－108 所示。

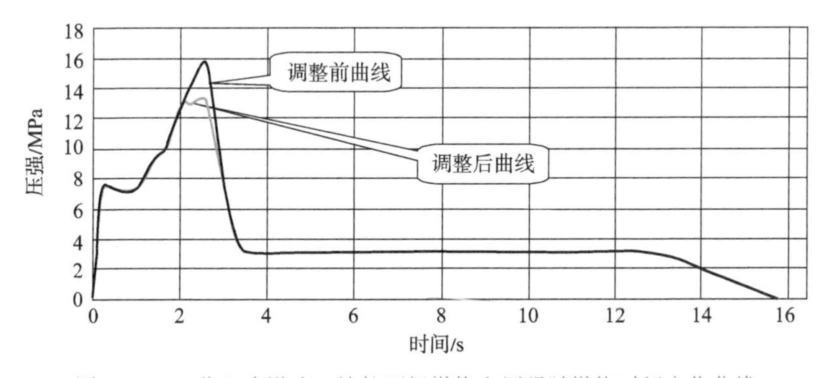

图 6－108　分立式增速－续航两级燃烧室压强随燃烧时间变化曲线

3. 性能特点

该发动机双推力装药的续航级药柱也采用了镶嵌金属丝的技术措施，与上节发动机的不同之处在于，上节发动机采用了整体式组合药柱的装药，而该发动机采用增速和续航两级是分立装填形式的装药，增速装药的推进剂采用少烟推进剂，可满足导弹发射和初始段飞行时的低特征信号要求。

4. 应用分析

1）整体式装药和分立式装药的燃烧特点

整体式和分立式组合装药双推力发动机的主要区别在于，整体式组合装药的两级推进剂都采用了复合推进剂，“先后间隔浇铸，一次固化”成形；而分立式组合装药的第一级（增速级）采用的是少烟改性双基推进剂，其优点是能减少导弹在发射和飞行初始段发动机排出的烟雾。由于在成形组合药柱时，改性双基推进剂和复合推进剂不能浇铸在一起，设计上采用分立式组合装药的装填形式，能较好满足设计要求，也可扩大这种装药形式的使用范围。

2）镶金属丝端面燃烧药柱的起燃和终燃过程

对于镶金属丝的端面燃烧装药，在初始燃烧和终止燃烧阶段，由于金属丝烧熔速度较推进剂的燃速要快，其烧熔点与推进剂以本身燃速向外扩燃形成的锥面是逐步扩大的，使得初始燃烧面逐步增加，当其燃烧锥面扩大到药柱外表面之后，才形成恒定的锥形燃烧面。因此这种镶金属丝端面燃烧药柱的起始燃烧时间都较长；同样，由于金属丝烧熔点燃至药柱最终端面后，形成的燃烧锥面是以推进剂的燃烧速度逐步消失，使得终止燃烧过程也较长，这是由燃烧面积随燃层厚度的变化所决定的。根据药柱直径的大小，可通过适当增加镶嵌金属丝的根数来缩短这一时间，镶嵌的金属丝越多，起燃和终燃的时间就越短。

3）整体式装药续航药柱起燃过程的调整

对于由增速级过渡到续航级的过渡段，应尽量使过渡段压强下降时不产生较大的波动，以避免两级过渡的时间过长，两级压强差过大而影响过渡段燃烧的稳定性，有时需要进行必要的调整。除了采用适当增加镶入金属丝的根数来缩短过渡段时间以外，对于增速级药柱最大燃烧面积在燃烧末端的药形，还可根据增速级药形出现最大燃烧面积的燃层厚度，通过调整增速级终燃端面到续航药柱起始燃烧面积的距离，在过渡段两种推进剂混合燃烧阶段，使得续航级初始起燃时的燃烧面积足够大，用以弥补过渡段压强变化曲线的下凹问题，使两级压强过渡的更稳定。调整前后的燃烧面积曲线和压强曲线分别如图 6 - 89 和图 6 - 90 所示。

根据设计要求，调整增速级终燃端面到续航药柱起始燃烧面的距离，是在浇铸增速级药柱时，按要求的位置尺寸确定增速级芯模的轴向位置，可实现这一调整。

为使这种调整措施更有效，还需要根据过渡段平均压强大于续航级压强的情况，对所引起的续航药柱初始燃烧面的增加这一因素来调整增速级芯模的位置，确定增速级终燃面的大小，避免两级药柱在过渡段燃烧过程中，由于镶金属丝的续航级药柱在过渡段以较大燃烧面参与燃烧，引起增速级的终燃压强过高，这也是应加以避免的。

4）分立式装药续航药柱启燃过程的调整

分立式装药的续航级药柱，在增速级启燃时就已经参与燃烧，当增速级燃终时，续航级药柱的燃烧已经燃烧到恒面燃烧阶段，由两级压差所引起的过渡段压强曲线下凹的现象并不明显，但由于镶金属丝的续航药柱在启燃过程较长，燃烧面积随燃层厚度由小到大的变化较大，一般都可达到药柱端面积的 4 ~ 5 倍，这对同时燃烧的增速级压强曲线初始段会造成影响，常常初始压强和推力不能达到要求值。这就需要对续航药柱的初始燃面的形面进行必要的调整。常常采用加端面槽来解决，根据燃烧面积随燃层厚度的变化，设置弧形截面、矩形截面或三角形截面的沟槽来进行调整，最终使燃烧面积随燃层厚度的变化与压强随时间的变化规律相吻合，如图 6 - 108 所示。

6.3.10　无人机靶机助推发动机

该推进动力发动机是无人机起飞的动力推进装置，在无人机起飞瞬间，提供足够的推力冲量，使其达到所需的飞行速度，一般在完成助推任务后自行脱落。

1. 结构组成

该发动机为固体推进剂发动机，直径为 122 mm，长度为 800 mm，总质量为 20 kg。结构上由带装药发动机壳体组件、前封头组件、喷管座组件和点火装置组成。采用复合推进剂贴壁浇铸的装药成形工艺。药柱的药形为内表面燃烧的八个翼柱形装药。无人机靶机助推发动机如图 6 - 109 所示，其工程图如图 6 - 110 所示。

1）发动机空体

发动机空体由燃烧室壳体、前封头组件和喷座组件组成，金属壳体、后盖和喷管壳体等均采用 30CrMnSiA 中碳合金钢加工而成，采用耐冲刷、隔热性能好的橡胶材料作壳体衬层。用高硅氧短纤维预浸料，采用模压工艺成形后盖的隔热垫。经对壳体和后盖的热防护，充分发挥了金属件的强度。发动机空体如图 6 - 111 所示。

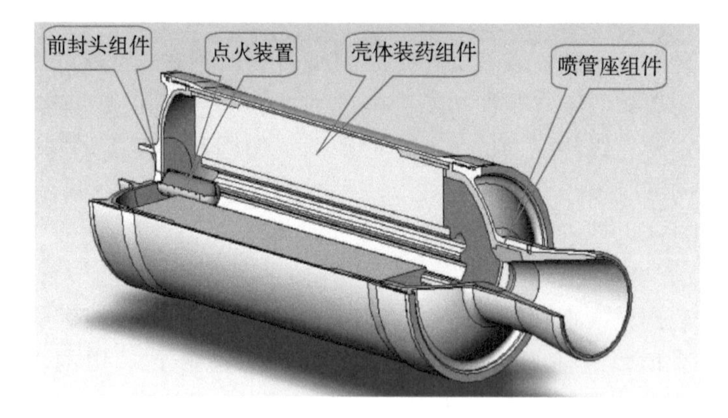

图 6-109 无人机靶机助推发动机

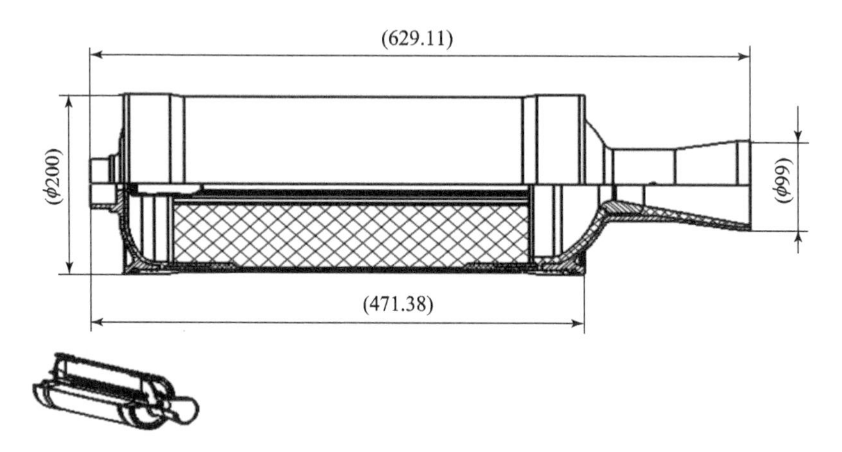

图 6-110 无人机靶机助推发动机的工程图

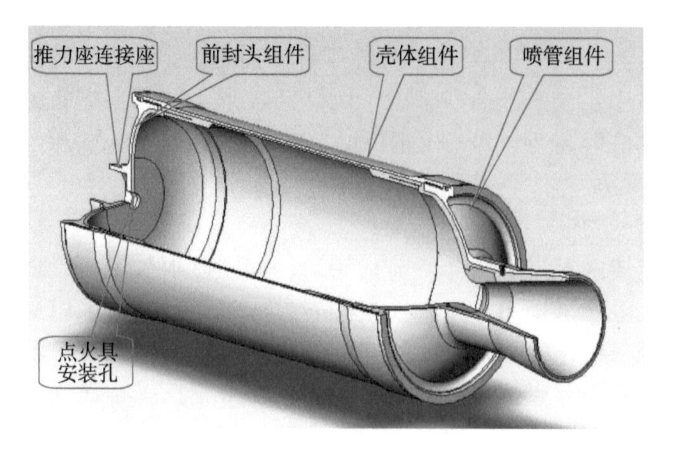

图 6-111 发动机空体

由前封头隔热层、壳体隔热层和后盖隔热层，隔热层间采用搭接结构相连接，构成该发动机燃烧室的整体热防护结构。该结构将装药燃烧产生的高温燃气与金属壳体隔开，能较好地实现热防护，可充分发挥各金属零件的强度。

2）发动机壳体组件

发动机壳体两端采用大开口的螺纹连接方式，结构简单，便于贴壁装药的成形，如图6－112所示。在壳体隔热层的两端制作人工脱粘层，以防止药柱固化收缩引起药柱和壳体间产生撕裂破坏。为保证前封头和喷管组件与发动机壳体组件装配的同轴度，在螺纹连接处都设计有直口定心面。

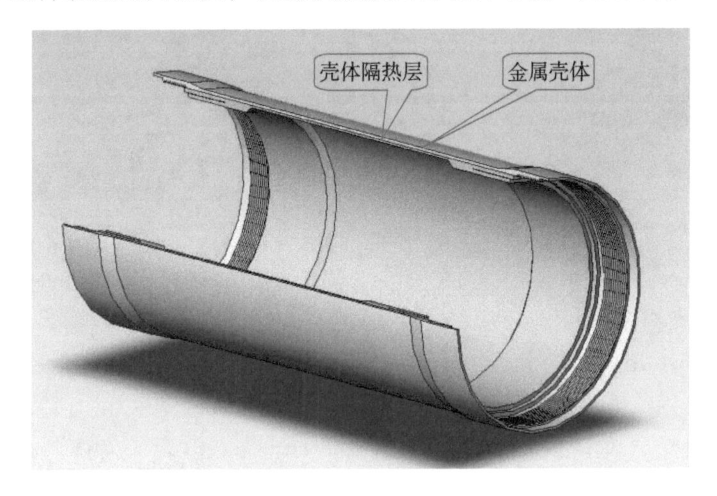

图6－112 发动机壳体组件

3）带装药发动机壳体（图6－113）

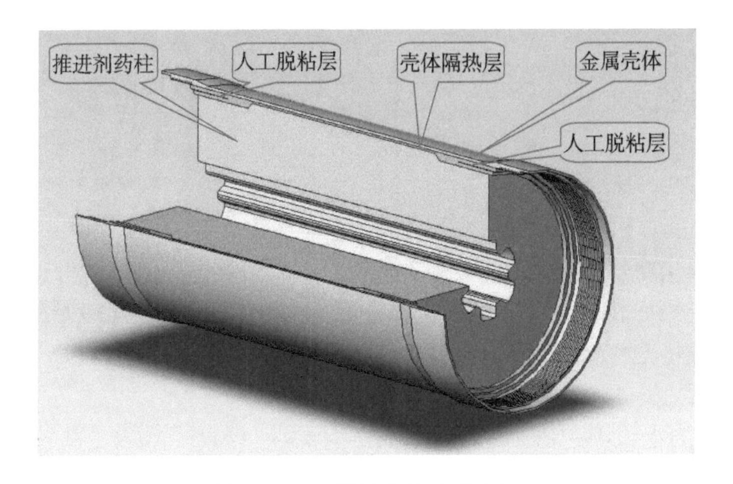

图6－113 带装药发动机壳体

4）前封头组件

前封头组件由金属壳体、隔热层和点火具组件组成，点火导线从后端喷管引出，如图6－114所示。

5）喷管组件（图6－115）

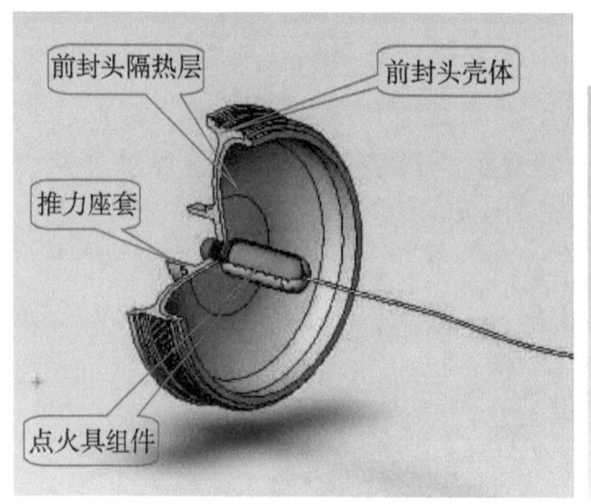

图6－114 前封头组件

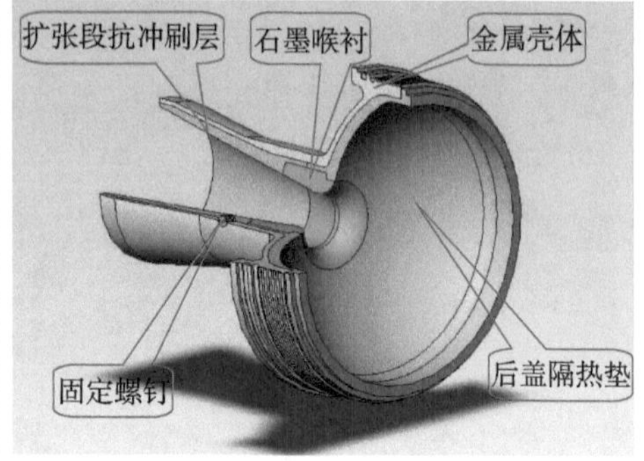

图6－115 喷管组件

6）推进剂药柱

（1）药柱及药形参数。

药形采用六角星形药柱，选用复合推进剂贴壁浇铸成形，药形参数如图6－116所示。装药药形参数：

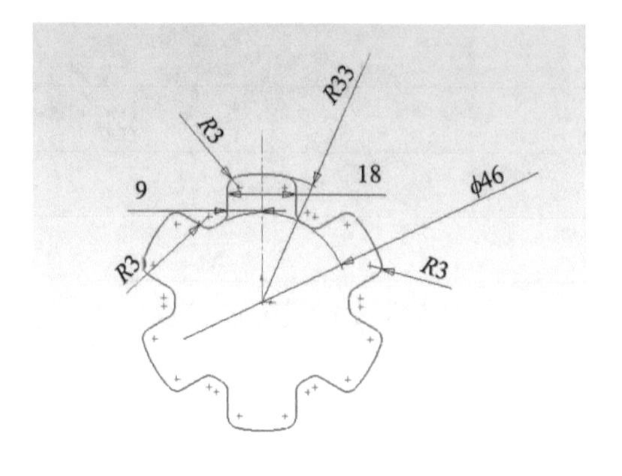

图6－116 药柱药形参数

星顶圆直径：46 mm；

星顶圆弧半径：3 mm；

根圆弧半径：3 mm；

星角宽度：18 mm；

星角数：6；

药柱外径：186.6 mm；

药柱长度：340 mm。

（2）分层燃烧药柱如图6－117所示。

（3）燃烧面积随燃层厚度变化逐点数据及曲线如图6－118所示。

（4）推进剂主要性能。

推进剂种类：复合推进剂；

实测比冲：2.45(kN·s)/kg；

推进剂密度：1.76 g/cm^3；

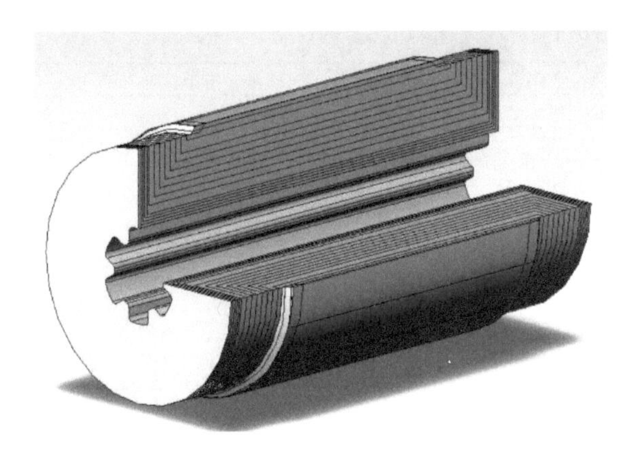

图6-117 分层燃烧药柱

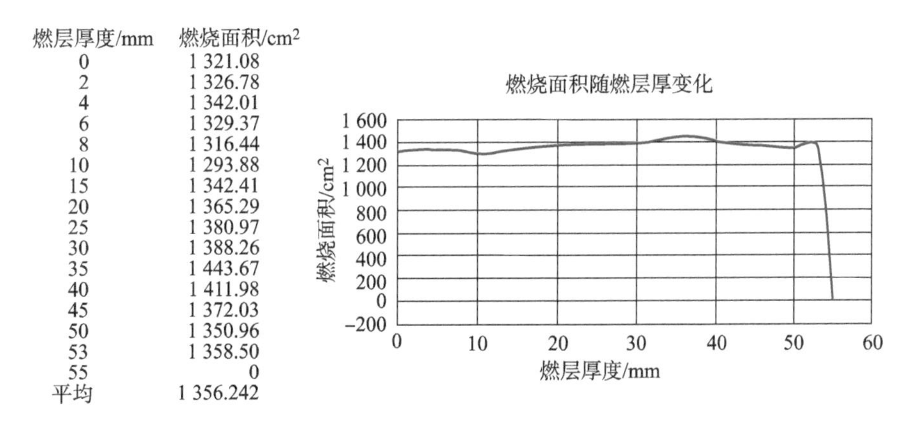

燃层厚度/mm	燃烧面积/cm²
0	1 321.08
2	1 326.78
4	1 342.01
6	1 329.37
8	1 316.44
10	1 293.88
15	1 342.41
20	1 365.29
25	1 380.97
30	1 388.26
35	1 443.67
40	1 411.98
45	1 372.03
50	1 350.96
53	1 358.50
55	0
平均	1 356.242

图6-118 燃烧面积随燃层厚度变化逐点数据及曲线

燃速：2 cm/s；

压强指数：0.3；

压强温度敏感系数：0.3%/℃。

2. 发动机结构及质量参数

发动机最大外径：200 mm；

燃烧室壳体外径：195 mm；

发动机总长：630 mm；

药柱质量：14 kg；

平均燃烧面积：1 356 cm^2；

燃层厚度：60.3 mm；

喷管数：1；

喷喉直径：34 mm；

扩张比：2.6。

3. 弹道参数

推力冲量：34.3 kN·s；

平均推力：11.8 kN；

燃烧室压强：0.86 MPa；

工作时间：3.1 s。

4. 性能特点

（1）该发动机结构简单，所用材料和所选用的推进剂的价格较低，发动机的成本较低，利于大批量生产。

（2）发动机的隔热及热防护等措施好，能有效发挥金属结构材料的强度，提高发动机工作可靠性和安全性。

（3）发动机前后端采用带止口的螺纹连接结构，同轴度较好；装药采用贴壁浇铸成形工艺，与燃烧室壳体实现无间隙黏结，可减少结构的几何偏心、质量偏心和燃气流偏心对推力偏心的影响。

（4）装药药形简单合理，燃层厚度随燃烧面积的变化平直性较好，推进剂压强指数较低，推力随时间变化平缓，弹道性能的稳定性好。

6.3.11 长尾喷管发动机

该发动机用于战术导弹的弹道飞行推进动力装置，在主动段末端为导弹飞行提供所需推力冲量。为满足导弹质心位置要求，采用由导流管从导弹尾部排出燃气，导流管外部布置控制部件和执行机构等，结构紧凑，导弹结构性能较好。

1. 结构组成

1）发动机空体

发动机空体由燃烧室壳体组件和尾喷管组件组成。燃烧室金属壳体由旋压筒体和前封头焊接而成，壳体后端采用螺纹连接形式。燃烧室内表面包括前封头、壳体筒身内表面、后盖内表面及导流管内表面，均采用非金属隔热材料进行热防护，各结合部位均采用搭接结构，形成整体隔热、抗烧蚀、防燃气冲刷结构，如图 6－119 所示。

2）发动机壳体组件

发动机壳体组件是在制作完整体隔热层的壳体之后，成形装药包覆和人工脱粘层后形成的壳体组件，用于浇铸推进剂药柱。发动机壳体组件如图 6－120 所示。

3）带装药发动机壳体

该壳体为贴壁浇铸推进剂后形成的壳体组件，如图 6－121 所示。

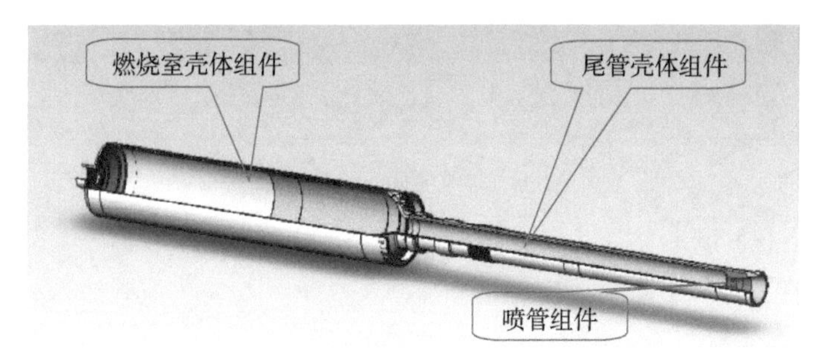

图6－119　发动机空体

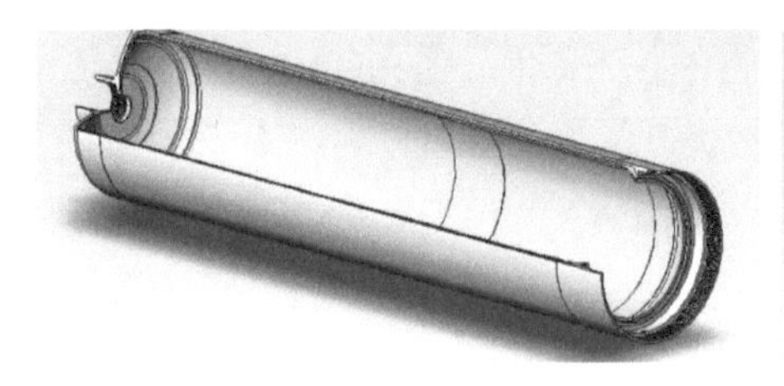

图6－120　发动机壳体组件

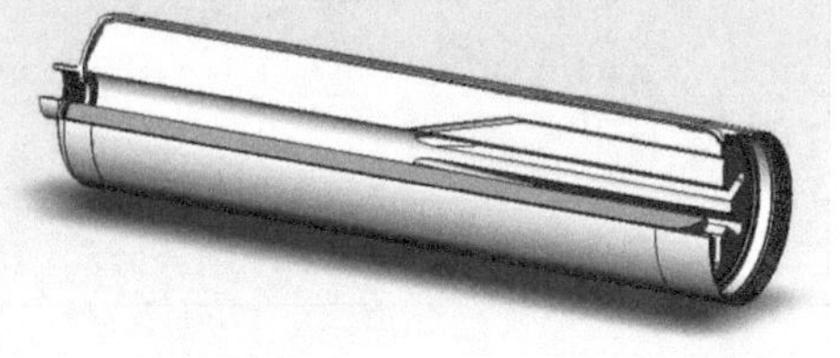

图6－121　带装药发动机壳体

4）推进剂药柱

推进剂为丁羟四组元复合推进剂。

（1）推进剂性能。

实测比冲：2.46(kN · s)/kg；

燃速：2.0 cm/s（+20℃，10 MPa）；

密度：1.75 g/cm^3；

压强指数：0.35；

压强温度敏感系数：0.3%/℃。

（2）推进剂药柱如图6－122所示。

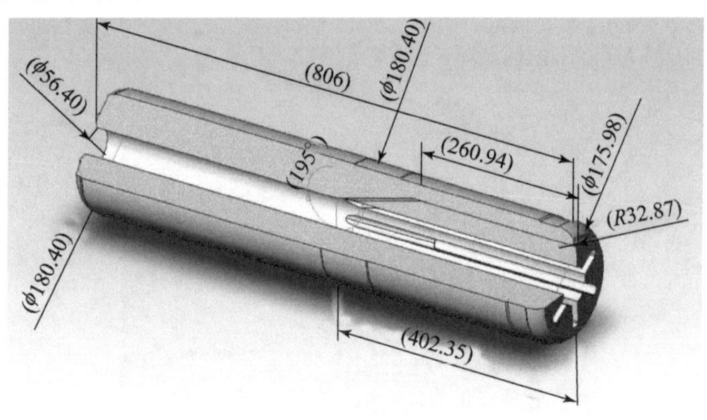

图6－122　推进剂药柱

（3）药形参数如图 6－123 所示。

翼柱形药形参数：

翼臂数：6；

翼臂宽：15 mm；

内孔直径：56. 4 mm；

过渡圆弧半径：3 mm；

药柱最大外径：180. 4 mm；

药柱长度：806 mm。

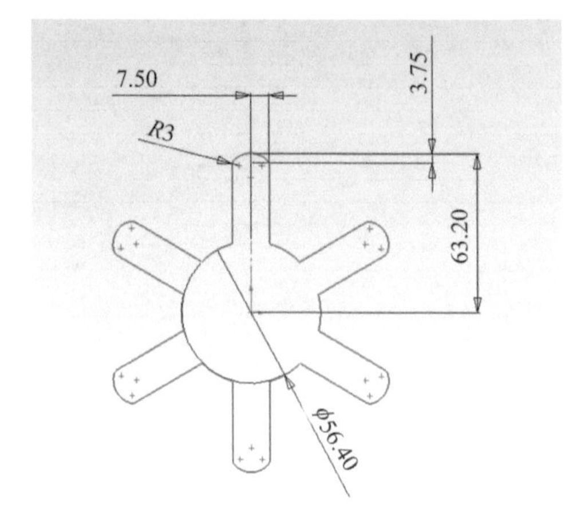

图 6－123　药形参数

5）发动机前端结构(图 6－124)

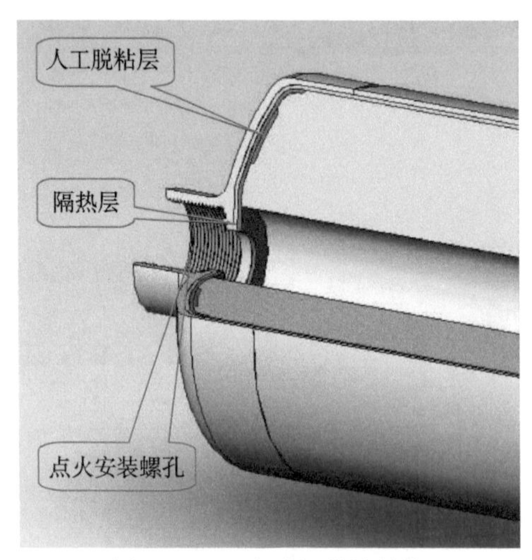

图 6－124　发动机前端结构

6）发动机后端结构（图 6－125）

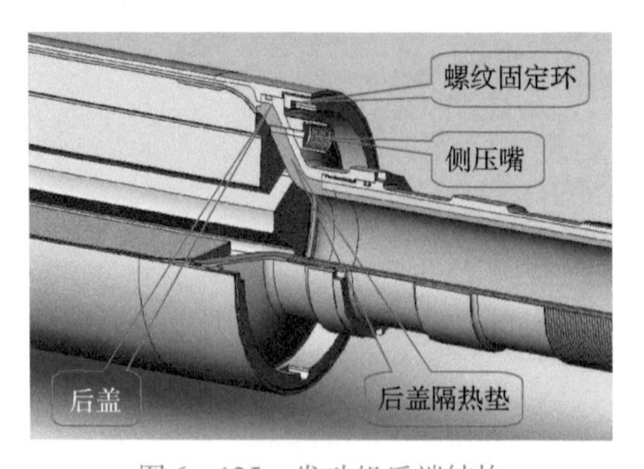

图 6－125　发动机后端结构

7）发动机尾喷管结构（图6－126）

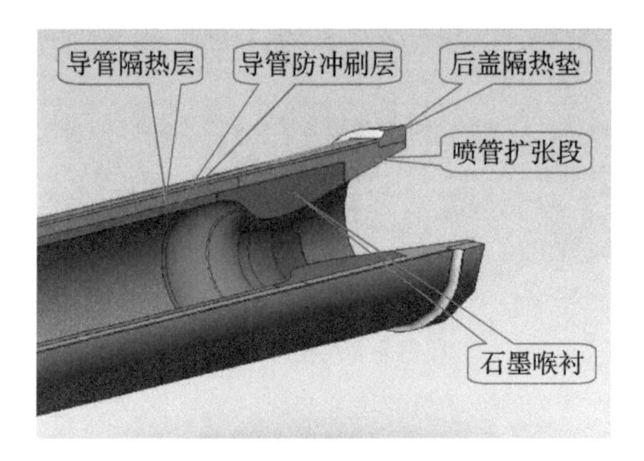

图6－126　发动机尾喷管结构

2. 发动机结构及质量参数

发动机外径：185 mm；
发动机总长：1 185 mm；
筒身部分长：888 mm；
导流管外径：90 mm；
导流管内径：63 mm；
导流管长：858 mm；
喷管喉径：36 mm；
发动机总质量：60 kg；
装药推进剂质量：30 kg。

3. 弹道性能参数

推力冲量：74 kN·s；
平均推力：24 kN；
工作时间：3.1 s；
燃烧室平均压强：10 MPa。

4. 性能特点

（1）该发动机采用贴壁浇铸的装填工艺，燃烧室装填系数大，发动机的推进效能高，在规定结构尺寸和质量要求条件下，能为导弹飞行提供较大的推力冲量。

（2）装药药形的设计合理，燃烧面随燃层厚度变化平稳；推进剂的燃烧性能稳定，压强指数较小，压强和推力随时间变化曲线比较平直，弹道性能参数稳定。

（3）发动机燃烧室与导流管热防护和密封设计都较好，能有效对外层金属壳体进行热封护，能较充分发挥各金属构件的优强，保证了发动机工作的可靠性。

长尾喷管发动机如图 6 – 127 所示，其工程如图 6 – 128 所示。

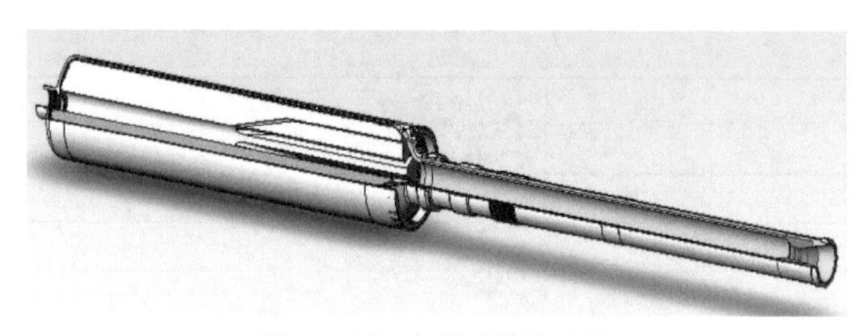

图 6 – 127 长尾喷管发动机

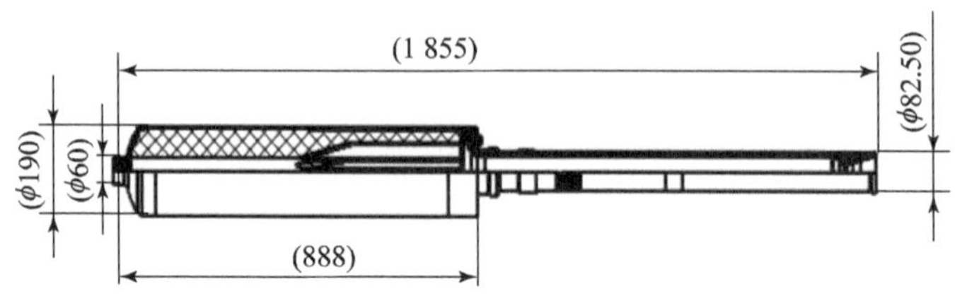

图 6 – 128 长尾喷管发动机的工程图

6.3.12 1 200 mm 远程飞行动力推进发动机

该发动机可用作空间飞行器的第一级推进动力，在要求的飞行时间内，可为火箭提供所需的推力冲量，使火箭达到预定的飞行速度。该发动机推力冲量/质量比高，性价比优越，是一种较典型的飞行动力推进发动机。

1. 结构组成

发动机装药为复合推进剂贴壁浇铸成形的装药，发动机的直径为 1 200 mm，长度为 5 415 mm，总质量 8 427 kg。结构上由燃烧室组件、喷管组件和安全点火装置组成。药柱两端的药形分别为不同尺寸的翼柱形药形、中间为管状药形的装药。该发动机如图 6 – 129 所示，其工程图如图 6 – 130 所示。

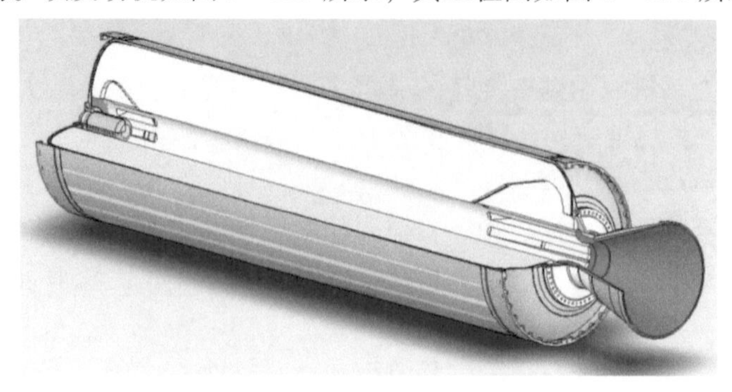

图 6 – 129 1 200 mm 远程飞行动力推进发动机

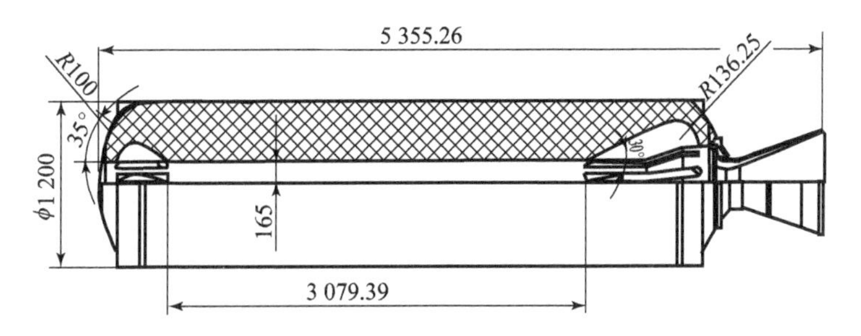

图 6－130　1 200 mm 远程飞行动力推进发动机的工程图

1）不带装药的发动机绝热壳体

发动机壳体由筒体和前、后封头焊接而成，壳体材料为 D406A 钢。壳体两端采用小开口的法兰连接方式，结构简单；前开口采用 16 个 M10 的螺栓连接，后开口采用 48 个 M16 的螺栓连接。该结构形式便于浇铸芯模的定位安装和推进剂的浇铸成形。壳体前封头内表面，壳体前后端和筒身部分都粘贴有丁腈橡胶隔热层，隔热层间采用搭接结构相互粘接，构成该发动机燃烧室的整体热防护结构。在壳体隔热层的两端，制作人工脱粘层，以降低固化降温过程引起的内孔或者翼槽斜坡处的应力水平。为保证前封头和喷管组件与发动机壳体组件装配的同轴度，在前后接头的连接处都设计有止口定心面，以使推力偏斜角和推力线偏心距满足设计要求。另外，止口设计可以降低连接螺栓因为发动机内压而产生的弯矩。不带装药的发动机绝热壳体如图 6－131 所示。

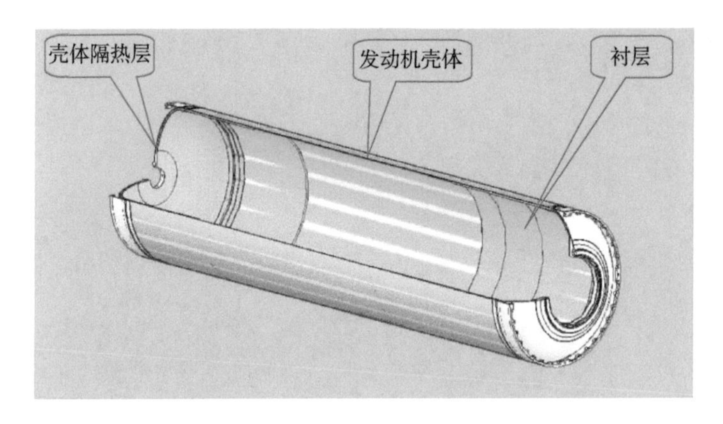

图 6－131　不带装药的发动机绝热壳体

2）带装药的燃烧室

推进剂药柱浇铸时，先将可拆卸芯模安装固定到位，待浇铸的推进剂药柱固化后进行拆卸浇铸模具，先拆下中心杆，再从两端卸下芯模的各片翼柱，药柱整形后形成带装药的燃烧室组件，如图 6－132 所示。

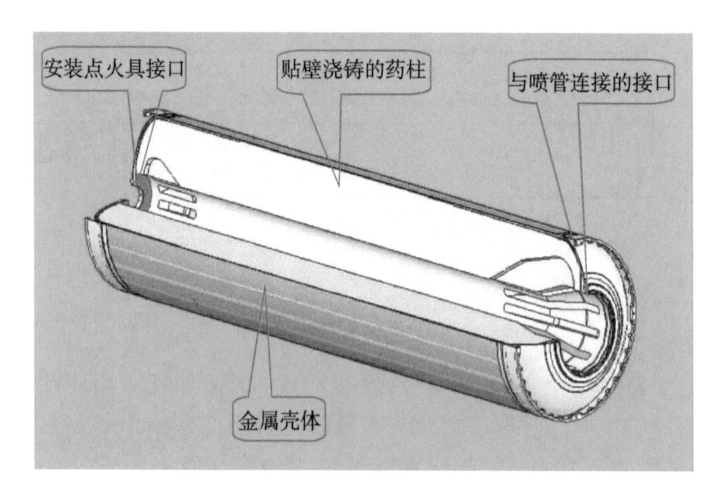

图 6－132 带装药的燃烧室

3）发动机前部结构

该结构给出前端翼柱形药形，前端隔热层及过渡层（衬层）的结构等。前端开孔用于安装点火具和低通滤波器（或安全机构）。发动机前部结构如图 6－133 所示。

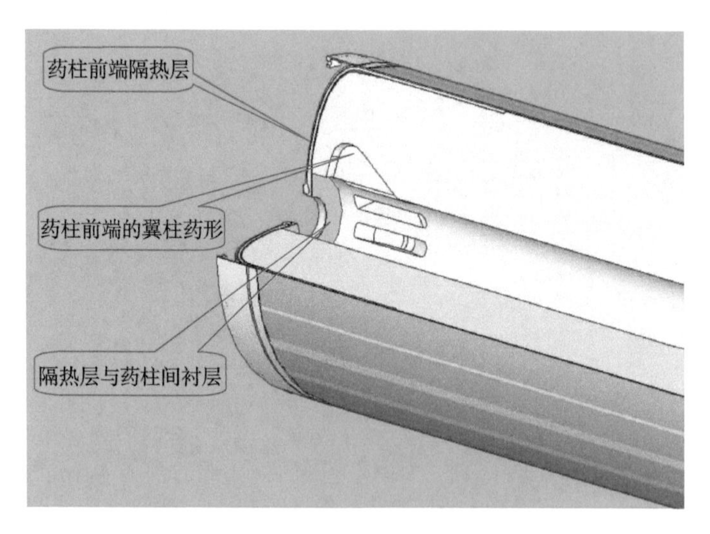

图 6－133 发动机前部结构

4）装药前部局部结构（图 6－134）

5）发动机后部结构

从装药前后局部结构，可以看出药柱两端的热防护结构，人工脱粘层及

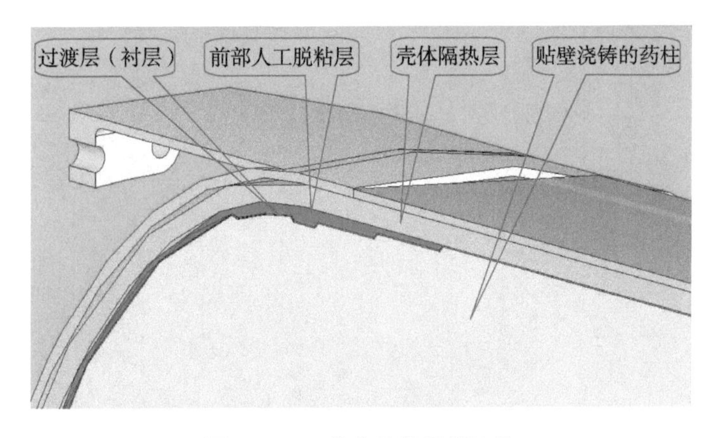

图6-134　装药前部局部结构

位置；后端喷管与壳体连接结构，如图6-135所示。壳体后封头隔热层中间设置一层碳板隔热结构，在后端球形药柱燃完后，能对壳体进行有效热防护，特别是长时间小过载或短时大过载的飞行弹道，硬质碳板隔热层的添加是尤为必要的。

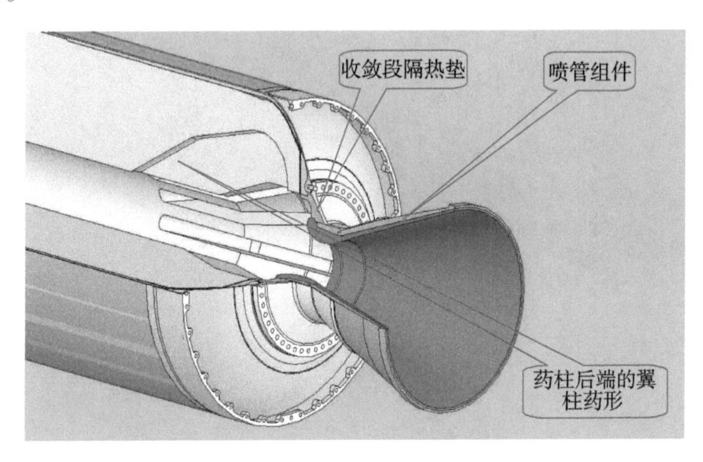

图6-135　发动机后部结构

6）发动机后部局部结构

该局部结构给出后端翼柱形药形，也给出了带装药筒体组件与喷管组件的连接结构，如图6-136所示。

7）喷管组件

喷管壳体采用30CrMnSiA中碳合金钢加工而成。喉衬为C/C材料，背衬由高硅氧布/酚醛树脂缠绕而成。喷管收敛段和扩张段都粘有高硅氧/酚醛树脂层做隔热层，与燃气接触表面，是由碳带/酚醛树脂缠绕制成的一层抗冲刷层。如图6-137所示喷管组件。

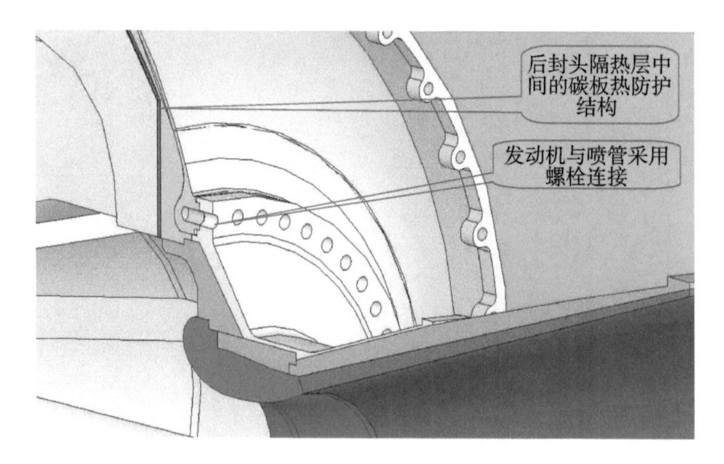

图 6-136　发动机后部局部结构

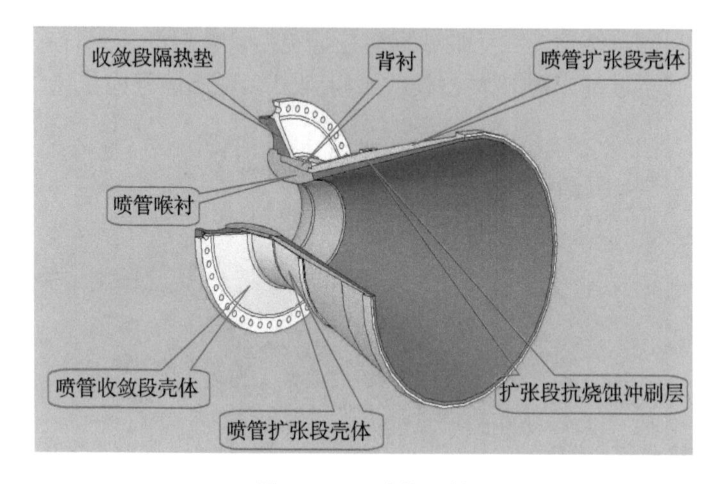

图 6-137　喷管组件

8）药柱及药形

药柱两端翼柱药形的推进剂燃完后，其端面燃烧面与中部内管形药柱的侧燃面一起燃烧，形成接近恒面燃烧的药形。贴壁浇铸药柱如图 6-138 所示，装药药形如图 6-139 所示，药形参数如图 6-140 和图 6-141 所示。

2. 弹道性能

1）推进剂选择

推进剂种类：丁羟三组元复合推进剂。

其主要性能：

实测比冲：2.48(kN·s)/kg(+20℃，8.6 MPa)；

推进剂密度：1.795 g/cm^3；

燃速：11.4 mm/s(8.5 MPa)；

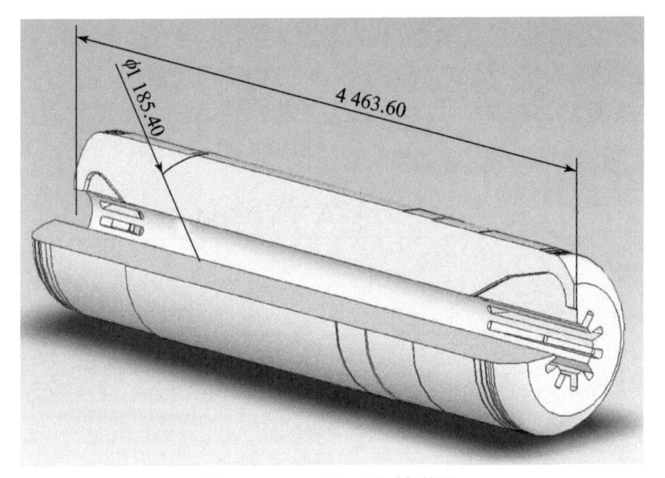

图 6－138　贴壁浇铸药柱

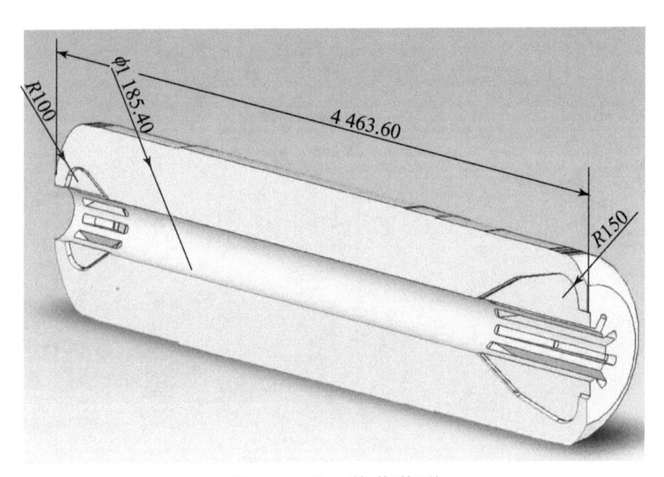

图 6－139　装药药形

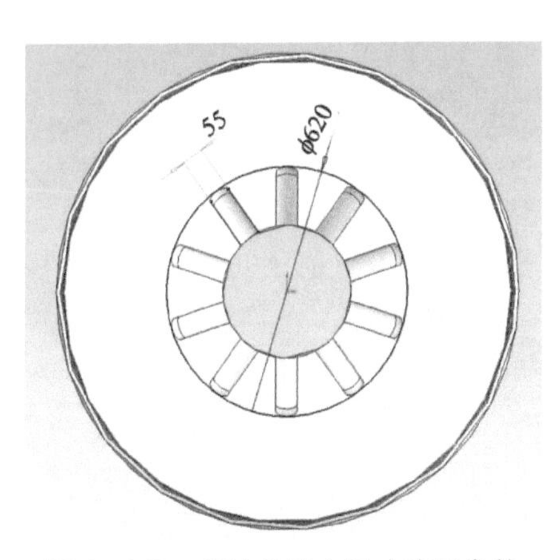

图 6－140　药柱前端小尺寸药形参数

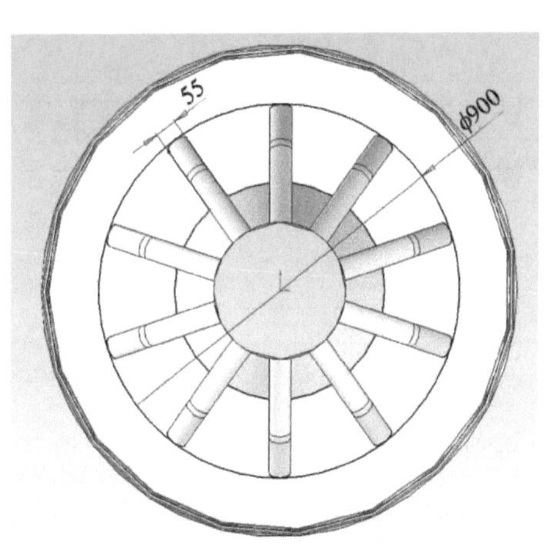

图 6－141　药柱后端大尺寸药形参数

压强指数：0.35；

压强温度敏感系数：0.20 %/℃ （+5 ~ +35℃）；

2）推进剂的燃烧性能

燃速仪实测的燃速数据如表6－11所示。

表6－11 推进剂燃速数据

使用压强范围/MPa	4.0	6.0	8.5	10.0	12.0
实测燃速值/($mm \cdot s^{-1}$)	8.75	10.10	11.4	12.07	12.86

压强范围内燃速公式：

$$u = 5.39\ p^{0.35}$$

3）发动机主要性能

将发动机试验评定结果列于表6－12中。

表6－12 发动机主要性能参数

性能参数	指标参数	实际参数	备注
发动机直径/mm	1 200	1 200	
发动机总长/mm	≤5 420	5 415	
平均推力/kN	460	465	样机实测
平均压强/MPa		8.5	样机实测
推力冲量/(kN · s)	≥18 100	18 600	样机实测
工作时间/s	38.6	40	样机实测
发动机比冲/($kN \cdot s \cdot kg^{-1}$)	2.45	2.48	样机实测
发动机工作温度/℃	+5 ~ +35		
工作高度/km	40		
药柱外径/mm		1 185.4	
药柱长度/mm		4 464	
药柱质量/kg		7 500	
喷管出口直径/mm	≤800	700	
发动机总质量/(kN · s)		8 427	
质量比	0.88	0.89	

4）燃烧面积随燃层厚变化曲线（图6－142）

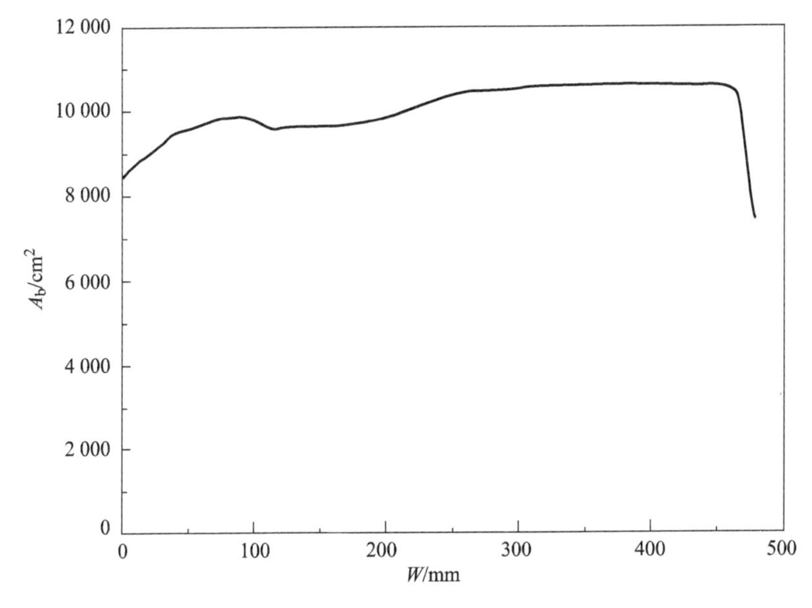

图6－142　燃烧面积随燃层厚变化曲线

5）压强随时间变化曲线（图6－143）

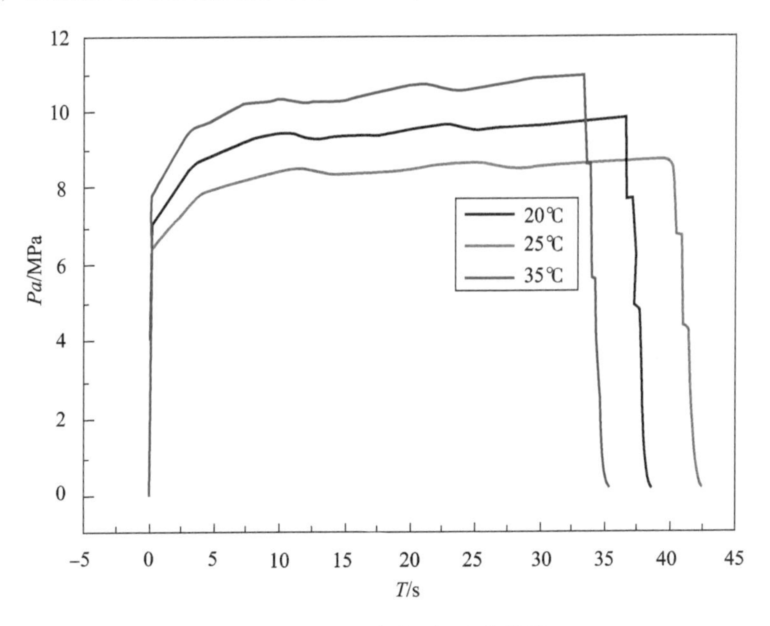

图6－143　压强随时间变化曲线

6）推力曲线（图6－144）

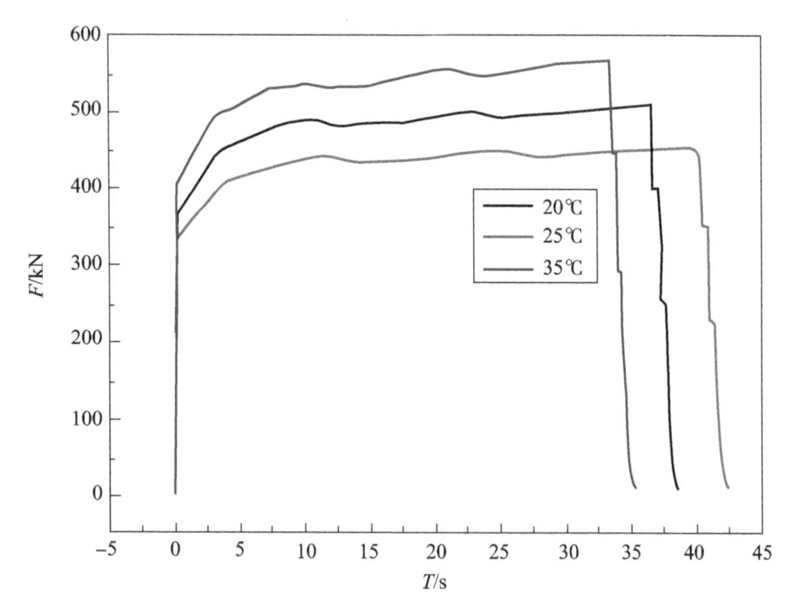

图6－144 推力随时间变化曲线

3. 发动机特点

（1）药柱两端设计成翼柱形药形，中间为内孔燃烧的管形药形，其装填系数大，在有限的燃烧室容腔内，实现大装药量的设计，有效增加了发动机的推力冲量。

（2）该发动机的装药药形，利用两端翼柱药形与中部内孔管状药形相结合，形成近似恒面燃烧药形；所选推进剂具有良好的燃烧特性，压强指数较低，燃烧时压强变化平稳，发动机工作稳定。

（3）发动机燃烧室的热防护和喷管的隔热、抗冲刷设计合理可靠，加上贴壁浇铸药柱又具有较好的隔热作用，发动机装药在燃烧室内燃烧的热损失较小，燃烧效率高，也是使冲量/质量比较高的重要因素。

（4）从图6－137可以看出，其扩张段壳体，采用碳带/酚醛－高硅氧带/酚醛复合缠绕的轻质复合材料，抗烧蚀和隔热性能良好，有效满足喷管热防护的需要。

（5）发动机壳体采用的高强度D406A钢，比强度较30CrMnSiA高，使发动机的质量比（装药质量与发动机质量之比）大大提高，达到0.89。如果将壳体材料更换为碳纤维缠绕方案，则发动机的质量比可以达到0.93左右，进一步提升发动机的性能。

（6）经试验评定，发动机选材和设计合理，综合性能较好，性价比高。在满足总体参数要求条件下，发动机的比冲效率（发动机实测比冲与理论比冲之比），燃烧室效率（特征速度实测值与理论特征速度之比）和喷管效率

(喷管实测推力系数与理论推力系数之比）都较高，这里所说的理论值，是指该推进剂在燃烧室内燃烧压强下，进行热力计算所得到的结果。计算结果表明，该发动机是一种适合为空间弹道飞行提供动力的发动机。

6.3.13　750 mm 大型战术导弹助推发动机

该发动机可作为大型战术导弹或远程火箭弹助推动力，在要求的飞行时间内，可为导弹提供所需的推力冲量，使导弹达到预定的飞行速度。该发动机通过药型实现单室双推力的功能，一级短时大推力，实现导弹迅速增加到预定速度；二级长时小推力，实现导弹长时间巡航。该种动力是大型战术导弹及火箭弹领域应用较为典型的飞行动力助推发动机。

1. 结构组成

发动机的直径为750 mm，长度为4 400 mm，总质量2 765 kg。发动机由燃烧室、喷管、点火装置、安全发火机构和直属件组成。发动机采用D406A材料壳体、丁羟三组元复合推进剂装药、固定C/C单喷管、篓式点火装置方案。其发动机三维模型如图6－145所示。

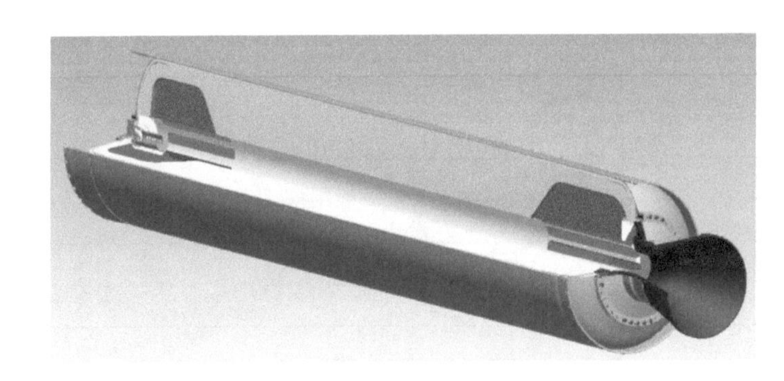

图6－145　750 mm 大型战术导弹及远程火箭弹助推发动机三维模型图

1）绝热壳体

发动机壳体材料为D406A钢，由筒段、前后封头、前后接头、前后裙、电缆罩支座组焊而成，如图6－146所示。壳体筒段采用旋压工艺成形，前后封头采用冲压工艺，前、后封头外形面为2∶1的椭球。前开口采用24个M10的螺栓连接，后开口采用48个M14的螺栓连接。在壳体隔热层的两端，制作人工脱粘层，以降低固化降温过程引起的内孔或者翼槽斜坡处的应力水平。绝热层设计时，根据不同位置的暴露时间设计不同厚度。如果导弹飞行工况下，发动机燃烧过程中存在较大横法向过载时刻（通常大于3g)，则需要根据内流场计算结果，在燃气粒子冲刷严重位置设计相应厚度的硬质绝热材料，加强热防护效果。

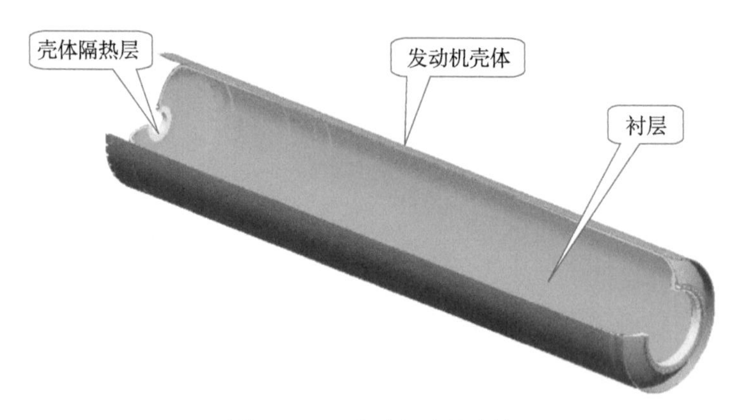

图 6-146　发动机绝热壳体

2）燃烧室组件图

推进剂药柱浇铸时，先将可拆卸芯模安装固定到位，待浇铸的推进剂药柱固化后进行拆卸浇铸模具，先拆下中芯杆，再从两端卸下芯模的各片翼，药柱整形后形成带装药的燃烧室组件，如图 6-147 所示。

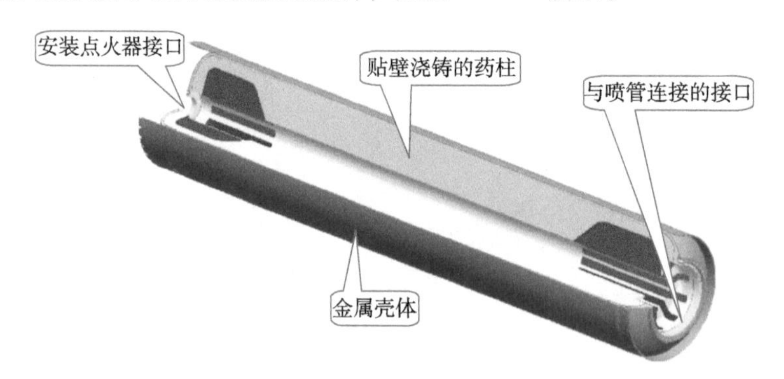

图 6-147　带装药的燃烧室组件

3）发动机前部结构图

该结构给出前端翼形结构，前端隔热层及人脱层的结构等，如图 6-148 所示。前端开孔用于安装篓式点火器和安全机构。

4）发动机后部结构

该结构给出后端翼形结构、后端隔热层及人脱层的结构等，如图 6-149 所示。

5）药柱及药形

在设计药形时，为了消除或减小出现侵蚀燃烧效应，同时降低不稳定燃烧的风险，药形设计为小前翼、大后翼结构，翼的形状近似为矩形，前部 8 个翼，后部 10 个翼结构，装药 m 数为 3.8。装药药柱如图 6-150 所示。

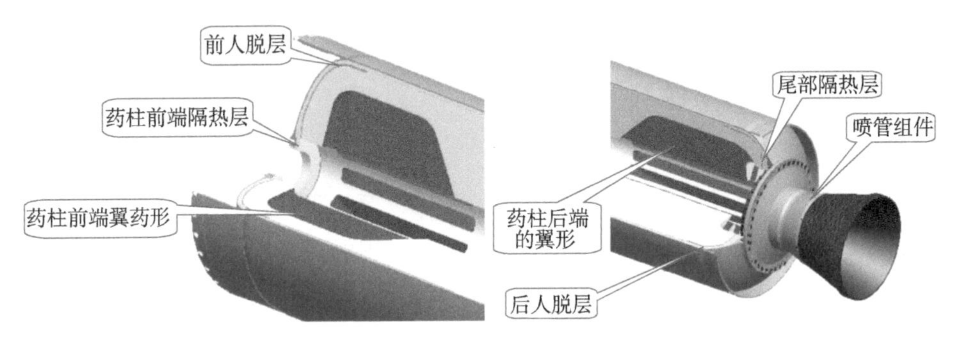

图6-148 发动机前部结构　　图6-149 发动机后部结构

6）安全点火装置

发动机安全发火机构由安全机构和两个电发火管组成，安全发火机构外形如图6-151所示。电发火管具有双防功能，满足1 A、1 W、5 min不发火要求。采用两只电发火管并联点火，以冗余结构保证其可靠发火。为了满足导弹推力加速性要求，采用篓式点火装置。点火装置由篓式点火器、绝热顶盖、引燃药盒等组成，点火装置结构图如图6-152所示。

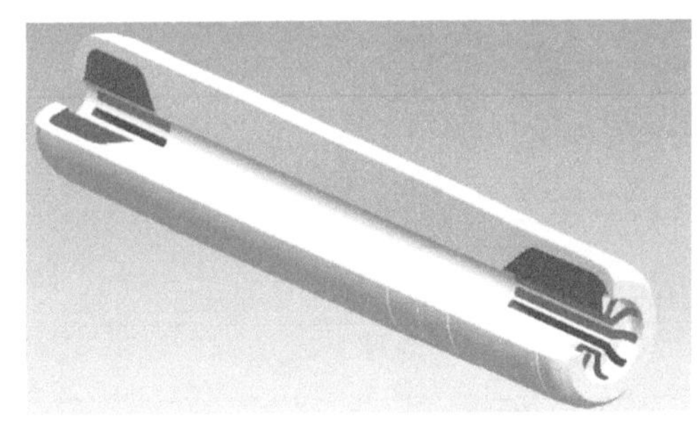

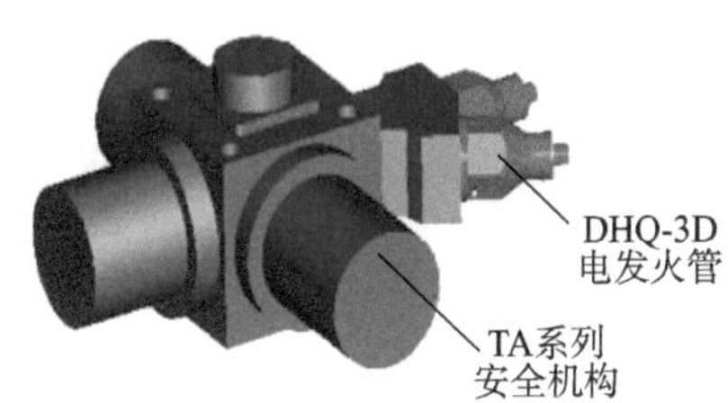

图6-150 装药药柱　　图6-151 发动机安全发火机构外形

7）喷管结构

喷管设计时需要考虑推进剂类型、喉衬材料和烧蚀率、工作压强、喉径大小、流量以及产品的实际生产工艺等。本发动机采用固定单喷管结构，由喷管壳体、收敛段、喉衬组件和扩张段绝热层组成。喷管出口有燃气舵，为了保证燃气舵工作可靠性，喷管采用橡胶软堵盖方案；扩张段绝热层选用碳带-高硅氧带/酚醛树脂复合缠绕结构；收敛段绝热层选用碳纤维-高硅氧纤维复合模压材料；喉衬采用细编穿刺或者轴偏C/C复合材料。喷管结构如图6-153所示。

2. 弹道性能

1）推进剂选择

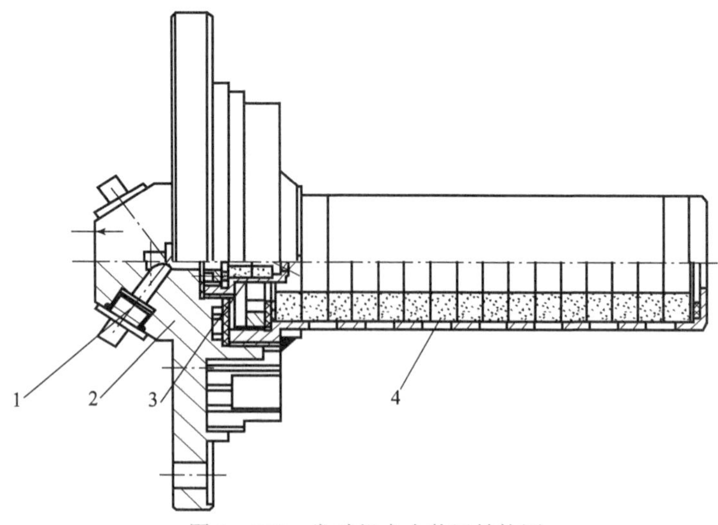

图 6-152 发动机点火装置结构图

1—发光元件（或远距离发火装置）；2—绝热顶盖；3—点火药盒；4—点火器

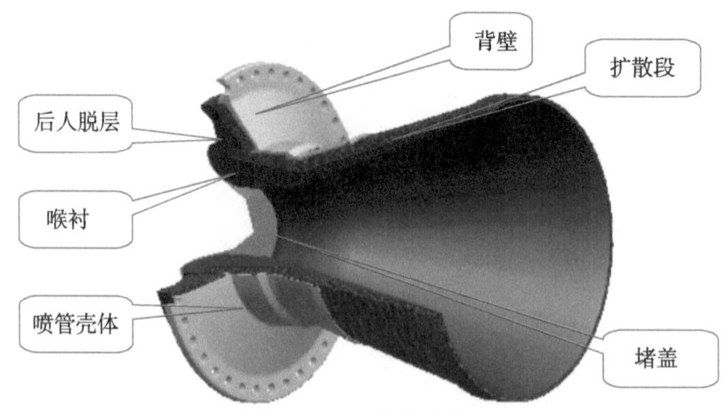

图 6-153 喷管示意图

燃速：$r=7.35\pm0.3$ mm/s（20℃，7.4 MPa）；

动态压强指数：$n\leqslant0.35$（$r=aP^n$，3.0～10 MPa）；

密度：$\rho\geqslant1.785$ g/cm^3（20℃）；

燃速温度敏感系数：$\tau\leqslant0.002$/℃（-10～+50℃）；

比冲：$I_s\geqslant2\ 401$(N·s)/kg（7.0 MPa，20℃，ϕ315 实测）；

铝粉含量：17.5%。

力学性能：

抗拉强度：$\sigma_m\geqslant0.70$ MPa(+20℃，$V=100$ mm/min)；

延伸率：$\varepsilon_m\geqslant45\%$(+20℃，$V=100$ mm/min)；

$\varepsilon_m\geqslant45\%$(-40℃，$V=100$ mm/min)；

$\varepsilon_m \geqslant 45\%$ (+70℃， $V=2$ mm/min)。

黏接强度（K/J/B/Y）： $\sigma_m \geqslant 0.70$ MPa(+20℃， $V=20$ mm/min)。

2）燃烧面积随燃层厚变化曲线（图 6－154）

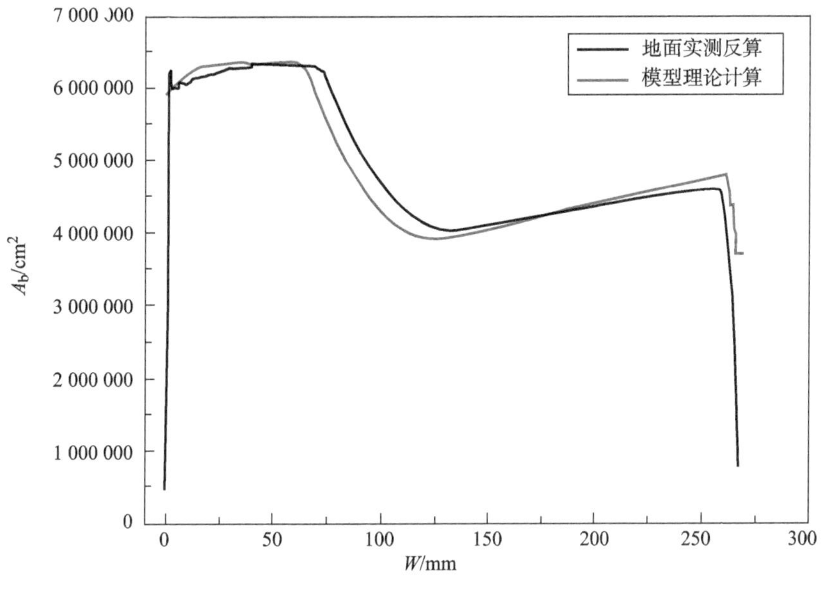

图 6－154 燃烧面积随燃层厚变化曲线

3）地面实测压强及推力曲线（图 6－155）

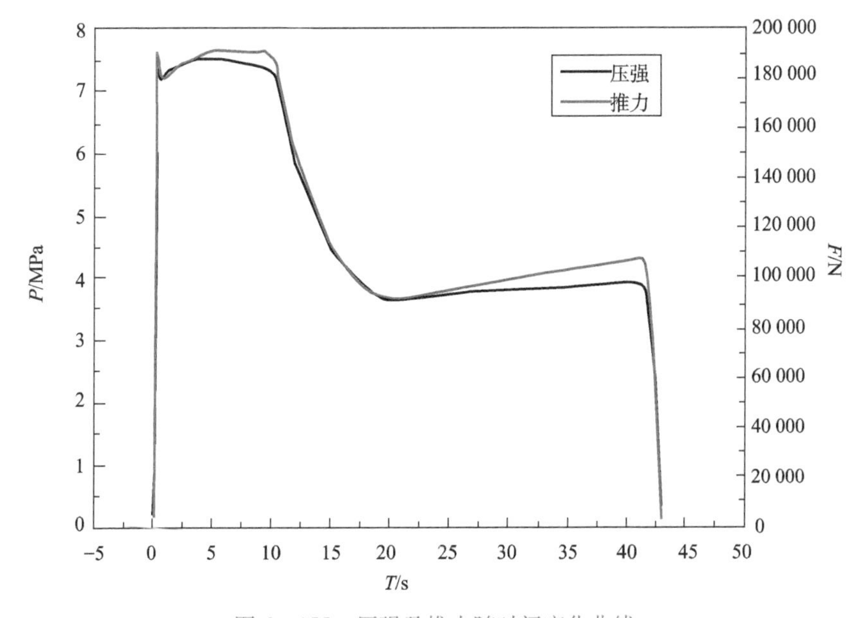

图 6－155 压强及推力随时间变化曲线

4）发动机主要性能

将发动机试验评定结果列于表6－13中。

表6－13 发动机主要性能参数

性能参数	指标参数	实际参数	备注
发动机直径/mm	750	750	
发动机总长/mm	≤4 400	4 400	
平均推力/kN	123	125	样机实测
平均压强/MPa		4.8	
推力冲量/(kN·s)	≥5 360	5 362	
工作时间/s	43	42.9	
发动机平均比冲/(kN·s·kg^{-1})	2.25	2.28	
发动机工作温度/℃	+5～+35	+5～+35	
工作高度/km	40	40	
药柱质量/kg		2 350	
喷管出口直径/mm	≤500	460	
发动机总质量/(kN·s)		2 765	
质量比	0.845	0.85	

3. 发动机特点

（1）药柱两端设计成矩形翼药形，实现初始大燃面、持续小燃面的形式，实现大型发动机的单室双推力能力。另外前翼数量少，后翼数量多，有效降低了发动机发生侵蚀燃烧和不稳定燃烧的可能。

（2）该发动机采用篓式点火器，使发动机的推力加速性较好，一般0.2 s即可达到70%平均推力。

（3）喷管组件设计时，采用高硅氧/碳纤维复合模压收敛段、高硅氧带/碳带复合缠绕扩张段、细编穿刺C/C喉衬，抗烧蚀和隔热性能良好，有效满足喷管热防护及热结构强度的需要。

（4）发动机壳体采用的高强度D406A钢，比强度较30CrMnSiA高，使发动机的质量比（装药质量与发动机质量之比）大大提高，达到0.85。如果将壳体材料更换为碳纤维缠绕方案，则发动机的质量比可以达到0.88左右，进一步提升发动机的性能。

（5）经试验评定，发动机选材和设计合理，综合性能较好，性价比高，适合作为大型战术导弹和远程火箭弹的助推动力。

参考文献

[1] 沈泰昌. 国外反坦克导弹 [M]. 北京：国防工业出版社，1978.

[2] 卜昭献，周玉燕，杨月先. 固体火箭发动机手册 [M]. 北京：国防工业出版社，1988.

[3] 刘桐林. 世界导弹大全 [M]. 北京：军事科学出版社，1998.

[4] 周伯金，李明，于立忠，等. 地空导弹 [M]. 北京：解放军出版社，1999.

[5] 袁军堂，等. 武器装备概论 [M]. 北京：国防工业出版社，2011.

[6] 张忠阳，张维刚，等. 防空反导导弹 [M]. 北京：国防工业出版社，2012.

[7] 金其明，防空导弹工程 [M]. 北京：中国宇航出版社，2004.

[8] 顾照杨，俄罗斯海军武器装备手册 [M]. 北京：解放军出版社，2000.

[9] 孙忠敏. 从“毒刺”到“中后卫”——“布雷得利”战车更新防空系统 [J]. 国外坦克. 1998(2).

[10] 卢石. 浅谈弹炮结合防空武器系统. 兵器博览，2006 (2).

[11] 覃光明，卜昭献，张晓宏. 固体推进剂装药设计 [M]. 北京：国防工业出版社，2013.

[12] 卜昭献，覃光明，李宏岩. 单室多推力固体推进剂发动机 [M]. 北京：国防工业出版社，2013.